中国国家标准汇编

425

GB 23762～23808

（2009 年制定）

中国标准出版社　编

中国标准出版社
北　京

图书在版编目（CIP）数据

中国国家标准汇编：2009年制定．425：GB 23762～23808/中国标准出版社编．—北京：中国标准出版社，2010

ISBN 978-7-5066-6009-9

Ⅰ．①中…　Ⅱ．①中…　Ⅲ．①国家标准-汇编-中国-2009　Ⅳ．①T-652.1

中国版本图书馆CIP数据核字（2010）第166514号

中国标准出版社出版发行
北京复兴门外三里河北街16号
邮政编码：100045
网址 www.spc.net.cn
电话：68523946　68517548
中国标准出版社秦皇岛印刷厂印刷
各地新华书店经销
*
开本 880×1230　1/16　印张 39　字数 1 154 千字
2010年9月第一版　2010年9月第一次印刷
*
定价 220.00 元

ISBN 978-7-5066-6009-9

出 版 说 明

1.《中国国家标准汇编》是一部大型综合性国家标准全集。自1983年起，按国家标准顺序号以精装本、平装本两种装帧形式陆续分册汇编出版。它在一定程度上反映了我国建国以来标准化事业发展的基本情况和主要成就，是各级标准化管理机构，工矿企事业单位，农林牧副渔系统，科研、设计、教学等部门必不可少的工具书。

2.《中国国家标准汇编》收入我国每年正式发布的全部国家标准，分为"制定"卷和"修订"卷两种编辑版本。

"制定"卷收入上一年度我国发布的、新制定的国家标准，顺延前年度标准编号分成若干分册，封面和书脊上注明"20××年制定"字样及分册号，分册号一直连续。各分册中的标准是按照标准编号顺序连续排列的，如有标准顺序号缺号的，除特殊情况注明外，暂为空号。

"修订"卷收入上一年度我国发布的、修订的国家标准，视篇幅分设若干分册，但与"制定"卷分册号无关联，仅在封面和书脊上注明"20××年修订-1，-2，-3，……"字样。"修订"卷各分册中的标准，仍按标准编号顺序排列(但不连续)；如有遗漏的，均在当年最后一分册中补齐。需提请读者注意的是，个别非顺延前年度标准编号的新制定的国家标准没有收入在"制定"卷中，而是收入在"修订"卷中。

读者配套购买《中国国家标准汇编》"制定"卷和"修订"卷则可收齐上一年度我国制定和修订的全部国家标准。

3. 由于读者需求的变化，自1996年起，《中国国家标准汇编》仅出版精装本。

4. 2009年我国制修订国家标准共3158项。本分册为"2009年制定"卷第425分册，收入国家标准GB 23762～23808的最新版本。

中国标准出版社

2010年8月

目　　录

GB/T 23762—2009　光催化材料水溶液体系净化测试方法 …… 1
GB/T 23763—2009　光催化抗菌材料及制品　抗菌性能的评价 …… 9
GB/T 23764—2009　光催化自清洁材料性能测试方法 …… 19
GB/T 23765—2009　氰化钠和氰化钾产品测定方法 …… 27
GB/T 23766—2009　固体危险物质冲击感度测定通用方法 …… 39
GB/T 23767—2009　固体化工产品在气态氧化剂中燃烧极限测定的通用方法 …… 57
GB/T 23768—2009　无机化工产品　火焰原子吸收光谱法通则 …… 71
GB/T 23769—2009　无机化工产品　水溶液中 pH 值测定通用方法 …… 83
GB/T 23770—2009　液体无机化工产品　色度测定通用方法 …… 89
GB/T 23771—2009　无机化工产品中堆积密度的测定 …… 99
GB/T 23772—2009　无机化工产品中总氮含量测定的通用方法　蒸馏-纳氏试剂比色法 …… 103
GB/T 23773—2009　无机化工产品中铵含量测定的通用方法　纳氏试剂比色法 …… 111
GB/T 23774—2009　无机化工产品白度测定的通用方法 …… 119
GB/T 23775—2009　压缩食用菌 …… 125
GB/T 23776—2009　茶叶感官审评方法 …… 131
GB/T 23777—2009　葡萄酒储藏柜 …… 149
GB/T 23778—2009　酒类及其他食品包装用软木塞 …… 173
GB/T 23779—2009　预包装食品中的致敏原成分 …… 183
GB/T 23780—2009　糕点质量检验方法 …… 187
GB/T 23781—2009　黑芝麻糊 …… 201
GB/T 23782—2009　方便豆腐花(脑) …… 207
GB/T 23783—2009　方便粉丝 …… 215
GB/T 23784—2009　食品微生物指标制定和应用的原则 …… 222
GB/Z 23785—2009　微生物风险评估在食品安全风险管理中的应用指南 …… 229
GB/T 23786—2009　速冻饺子 …… 241
GB/T 23787—2009　非油炸水果、蔬菜脆片 …… 251
GB/T 23788—2009　保健食品中大豆异黄酮的测定方法　高效液相色谱法 …… 257
GB/T 23789—2009　低钠食品 …… 263
GB/T 23790—2009　婴幼儿配方粉企业良好生产规范 …… 267
GB/T 23791—2009　企业质量信用等级划分通则 …… 285
GB/T 23792—2009　信用标准化工作指南 …… 291
GB/T 23793—2009　合格供应商信用评价规范 …… 299
GB/T 23794—2009　企业信用评价指标体系分类及代码 …… 309
GB/T 23795—2009　病媒生物密度监测方法　蜚蠊 …… 317
GB/T 23796—2009　病媒生物密度监测方法　蝇类 …… 325
GB/T 23797—2009　病媒生物密度监测方法　蚊虫 …… 335
GB/T 23798—2009　病媒生物密度监测方法　鼠类 …… 351
GB/T 23799—2009　车用甲醇汽油(M85) …… 359

GB/T 23800—2009　有机热载体热稳定性测定法 …… 379
GB/T 23801—2009　中间馏分油中脂肪酸甲酯含量的测定　红外光谱法 …… 387
GB/T 23802—2009　石油天然气工业　套管、油管和接箍毛坯用耐腐蚀合金无缝管　交货技术条件 …… 393
GB/T 23803—2009　石油和天然气工业　海上生产平台管道系统的设计和安装 …… 423
GB/T 23804—2009　岩心常规分析仪器通用技术条件 …… 487
GB/T 23805—2009　精细陶瓷室温拉伸强度试验方法 …… 505
GB/T 23806—2009　精细陶瓷断裂韧性试验方法　单边预裂纹梁(SEPB)法 …… 515
GB/T 23807—2009　精细陶瓷分类系统 …… 534
GB/T 23808—2009　全息防伪膜 …… 603

ICS 71.060.01
G 10

中华人民共和国国家标准

GB/T 23762—2009

光催化材料水溶液体系净化测试方法

Test method of photocatalytic materials for purification of water solution

2009-05-13 发布　　　　2010-01-01 实施

中华人民共和国国家质量监督检验检疫总局
中国国家标准化管理委员会　发布

前　言

本标准由中国石油和化学工业协会提出。

本标准由全国化学标准化技术委员会无机化工分会(SAC/TC 63/SC 1)归口。

本标准负责起草单位:中国科学院理化技术研究所。

本标准参加起草单位:清华大学、中国科学院广州能源研究所、攀钢集团攀枝花钢铁研究院、北京英特雅光高技术有限公司。

本标准主要起草人:朱永法、宗瑞隆、李新军、何明兴。

本标准为首次发布。

光催化材料水溶液体系净化测试方法

1 范围

本标准规定了水溶液净化用光催化材料的定义、原理、安全提示、一般规定、试剂、仪器、设备、测试基本条件、分析步骤、结果计算和试验报告。

本标准适用于在各种液相环境中使用的具有水溶液净化能力的光催化材料的光催化性能测试。

本标准方法适用于测试粉体光催化剂，薄膜状和块状光催化剂，颗粒状光催化剂和网孔状光催化剂。

本标准不适用于气相中使用的光催化净化材料的测试。

2 规范性引用文件

下列文件中的条款通过本标准的引用而成为本标准的条款。凡是注日期的引用文件，其随后所有的修改单(不包括勘误的内容)或修订版均不适用于本标准，然而，鼓励根据本标准达成协议的各方研究是否可使用这些文件的最新版本。凡是不注日期的引用文件，其最新版本适用于本标准。

GB/T 6682—2008 分析实验室用水规格和试验方法(ISO 3696:1987,MOD)

3 术语和定义

下列术语和定义适用于本标准。

3.1

光催化水净化材料 photocatalytic materials for water purification

用于水溶液体系净化的光催化剂，可以是纯品光催化剂或负载在固定载体上的光催化剂。

3.2

光催化剂 photocatalyst

在一定光源激发下，能够产生光催化作用的材料。

3.3

去除量 removal amount

一定量的光催化材料在一定时间内去除污染物的量，用 $\mu g/(min \cdot g)$ 或 $\mu g/(min \cdot cm^2)$ 表示。

3.4

去除率 removal ratio

反应结束时，污染物的去除量与其初始量之比，数值以百分数表示。

3.5

光催化降解量 degradation amount by photocatalysis

光照条件下的去除量与无光照的去除量之差，用 $\mu g/(min \cdot g)$ 或 $\mu g/(min \cdot cm^2)$ 表示。

3.6

光催化降解率 degradation ratio by photocatalysis

污染物在光催化后的降解量与去除量之比，数值以百分数表示。

3.7

光催化水净化材料稳定性 stability of photocatalytic materials for water solution purification

光催化材料经连续一段时间的光催化净化作用后，仍保持降解能力的性能。以连续光催化净化后测得的光催化降解量与第一次试验时测得的光催化剂降解量的比值表示，数值以百分数表示。

4 原理

在液相光催化反应器中，通过特定波长的紫外光线的辐照，分散或固定在溶液里的光催化剂吸收光线，激发产生空穴和电子，并迁移到光催化剂的表面与溶液中的反应物探针分子发生反应，把探针分子降解为其他物质。通过对溶液中的探针分子浓度随光催化反应时间变化分布的测定，可以对光催化剂的催化氧化降解性能进行测试。

5 安全提示

本试验方法中使用的紫外光源对于人眼及皮肤具有伤害，操作者须小心谨慎！注意反应器须密闭，当光源打开时不要用眼睛直接观察。

6 一般规定

本标准所用的试剂和水，在没有注明其他要求时，均指分析纯试剂和 GB/T 6682—2008 中规定的三级水。

7 试剂

7.1 亚甲基蓝；

7.2 亚甲基蓝溶液：10 mg/L，每次配置 2 L。

8 仪器、设备

8.1 紫外-可见分光光度计

双光束紫外可见分光光度计，扫描波长范围为 220 nm～800 nm，配置有 1 cm 的石英比色皿，仪器的测量精度应优于 1%。

8.2 光照度计

8.2.1 紫外光照度计：测定波长为 254 nm 或 365 nm，量程范围为 0.1 $\mu W/cm^2$～20 mW/cm^2，测量精度优于 2%。

8.2.2 可见光光照度计：测定波长范围为 400 nm～800 nm，量程范围为 1 mW/cm^2～100 mW/cm^2，测量精度优于 2%。

8.3 光源

8.3.1 254 nm 无臭氧紫外光源，光源的主波长为 254 nm 的 H 型紫外灯管，紫外灯的功率不高于 11 W。

8.3.2 365 nm 无臭氧紫外光源，光源的主波长为 365 nm 的 H 型紫外灯管，紫外灯的功率不高于 11 W。

8.3.3 可见光光源，采用 300 W 功率以上氙灯，采用 420 nm 的截止滤光片屏蔽掉紫外线部分。

8.4 反应器

反应器所采用的材料应该对反应溶液中的亚甲基蓝没有明显的吸附作用，并且本身具有的有机物释放性能很低。推荐使用的反应器材料有：玻璃，不锈钢，聚乙烯，聚丙烯等。

8.4.1 悬浮型光催化材料测试反应器

本反应器适合颗粒度小于 1 mm 的粉体光催化剂的活性测试。如图 1 所示，反应器直径为 80 mm，高度为 100 mm，总容积为 500 mL。粉体催化剂和溶液直接放入反应器中搅拌混合均匀。对于 250 mL 的反应液，其液面高度约为 50 mm。采用聚四氟乙烯包覆的磁子进行搅拌，搅拌速度控制到使溶液能充分流动起来。

8.4.2 颗粒型和薄膜型光催化反应器

本反应器适合颗粒度大小在 1 mm 以上的颗粒状光催化剂以及薄膜状、片状和网孔薄膜状光催化剂的活性测试。要求该类催化材料铺成一定的形状和面积，并对等同光照面积进行活性的测试。薄膜和片状样品可以取样成一定的形状，最好是 50 mm×50 mm 的方型。颗粒状样品可以铺在不锈钢丝网组成的一定形状中，要求铺满单层。反应器如图 2 所示，在反应器中放置一个不锈钢架子(60 mm×60 mm×15 mm)，架子中间是空的，其上固定不锈钢丝网框孔径为 0.425 mm(40 目)。固体样品均可以直接放置在不锈钢丝网框上，丝网框离反应器底面的距离为 15 mm，这样可以方便磁子的搅拌以及液体的流动。

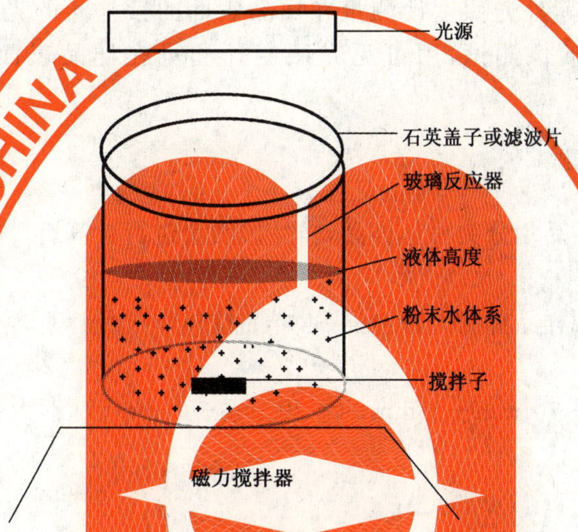

图 1　粉体光催化材料的液相反应测试装置

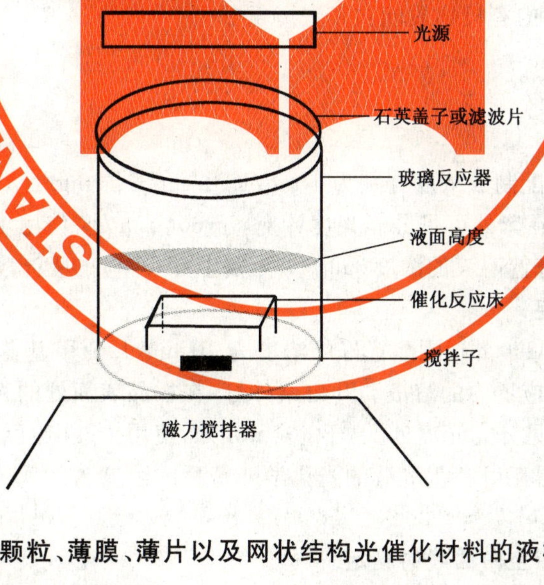

图 2　大颗粒、薄膜、薄片以及网状结构光催化材料的液相测试装置

9　测试基本条件

9.1　测试温度

室温。

9.2　污染物及其起始浓度

亚甲基蓝溶液的起始浓度为 10 mg/L。

9.3 光催化反应的光源

9.3.1 使用紫外灯

采用H型管状紫外灯，功率8 W～11 W，主波长254 nm，灯数1盏。

采用H型管状紫外灯，功率8 W～11 W，主波长365 nm，灯数1盏。

9.3.2 使用可见光灯

采用氙灯，功率300 W～500 W，主波长400 nm～760 nm，灯数1盏。

需要用420 nm以上的截止滤光片过滤420 nm以下波长的紫外线。

9.4 照度

对于紫外光活性测试，用紫外光照度计测量在样品表面的紫外光的光照强度为1.5 mW/cm^2 ± 0.05 mW/cm^2，对于可见光活性测试，用可见光照度计测量在样品表面的可见光的光照强度为30 mW/cm^2 ±0.1 mW/cm^2。

9.5 样品大小

9.5.1 粉体样品

粒度小于1 mm以下的样品划分为粉体样品，样品按质量进行计算。

9.5.2 大颗粒状样品

粒度在1 mm以上的负载样品称为大颗粒样品，样品按体积进行计算。

9.5.3 薄膜或大片状样品

具有二维大小的样品，长70 mm±1 mm，宽30 mm±1 mm，厚不大于10 mm。样品按面积进行计算。

9.6 样品预处理

样品预处理尽量在测试前进行，处理好后应立即进行测试。如果不能立即进行测试，样品必须保持在干净的、无污染性气体的气密性的容器中。

在样品测试前，样品应该置于紫外灯下光照8 h以上(要求到达样品表面的紫外光的光照强度达到2 mW/cm^2)，确保其表面吸附的有机物质能被彻底分解。

10 分析步骤

10.1 工作曲线的绘制

称取一定量的亚甲基蓝，配制成浓度分别为1 mg/L、2 mg/L、4 mg/L、6 mg/L、8 mg/L、10 mg/L、12 mg/L的25 mL水溶液。在紫外可见分光光度计上，于664 nm处，使用1 cm比色皿，以水调零测量上述溶液的吸光度。以亚甲基蓝溶液的浓度(mg/L)为横坐标，对应的吸光度为纵坐标绘制工作曲线。

10.2 光化学降解空白的测定

在光催化反应器中，加入250 mL刚配置好的浓度为10 mg/L亚甲基蓝溶液。在不加催化剂的条件下，采用磁力搅拌器搅拌反应器内的溶液。开启紫外灯(在样品表面处的光照强度为1.5 mW/cm^2)，在光照120 min后，在紫外可见分光光度计上，于664 nm处，使用1 cm比色皿，以水调零测量溶液的吸光度值。从工作曲线上中查得亚甲基蓝溶液的光化学降解后的浓度 ρ_p。

10.3 暗反应空白的测定

10.3.1 粉体光催化剂暗反应空白曲线的测定

在悬浮型光催化反应器中，加入250 mL刚配制好的浓度为10 mg/L亚甲基蓝溶液。在磁力搅拌的条件下，把100 mg粉体光催化剂加入到反应溶液中。搅拌120 min后，取2 mL溶液，经3 000 rpm离心分离5 min，在紫外可见分光光度计上，于664 nm处，使用1 cm比色皿，以水调零测量上清液的吸光度值。从工作曲线上中查得亚甲基蓝溶液经暗反应后的浓度 ρ_d。

10.3.2 大颗粒光催化剂暗反应空白的测定

首先把光催化剂平铺在催化反应床上，保证其覆盖面积不小于9.0 cm^2。把催化反应床安装在薄膜型光催化反应器中，加入 250 mL 刚配置好的浓度为 10 mg/L 亚甲基蓝水溶液。在磁力搅拌溶液的条件下，平衡 120 min，取 2 mL 溶液，经 3 000 rpm 离心分离 5 min，在紫外可见分光光度计上，于 664 nm处，使用 1 cm 比色皿，以水调零测量上清液的吸光度值。从工作曲线上中查得亚甲基蓝溶液经暗反应后的浓度 ρ_d。

10.4 光催化降解活性的测定

10.4.1 粉体光催化剂的光催化降解活性的测定

在悬浮型光催化反应器中，加入 250 mL 刚配制好的浓度为 10 mg/L 亚甲基蓝溶液。在磁力搅拌下，把 100 mg 粉体光催化剂加入到反应溶液中。搅拌分散后，开启紫外灯(在样品表面处的光照强度为 1.5 mW/cm^2)，经反应 120 min，取 2 mL 溶液，经 3 000 rpm 离心分离 5 min，在紫外可见分光光度计上，于 664 nm 处，使用 1 cm 比色皿，以水调零测量上清液的吸光度值。从工作曲线上中查得亚甲基蓝溶液经光催化降解后的浓度 ρ_c。

10.4.2 大颗粒和薄膜光催化剂的光催化降解活性的测定

首先把光催化剂平铺在催化反应床上，保证其覆盖面积不小于 9.0 cm^2。把催化反应床安装在薄膜型光催化反应器中，加入 250 mL 刚配置好的浓度为 10 mg/L 亚甲基蓝溶液。首先在搅拌的条件下，开启紫外灯(在样品表面处的光照强度为 1.5 mW/cm^2)，经反应 120 min 后，取 2 mL 溶液，在紫外可见分光光度计上，于 664 nm 处，使用 1 cm 比色皿，以水调零测量溶液的吸光度值。从工作曲线上中查得亚甲基蓝溶液经光催化降解后的浓度 ρ_c。

10.5 光催化材料稳定性试验

按上述光催化活性测试方法，将污染物浓度提高到 100 mg/L 进行试验，持续反应 48 h 后结束，分别测量光化学降解后的浓度、暗反应后的浓度以及光催化降解后的浓度，计算光催化去除率。然后再把经反应过的催化剂重复进行一次上述测试，计算第二次实验的光催化去除率，根据两次实验的光催化去除率计算光催化材料对液相降解净化的稳定性。

11 结果计算

11.1 亚甲基蓝光催化降解速率的计算

11.1.1 粉体光催化剂的亚甲基蓝光催化降解速率以 Q_1 计，数值以[μg/(min·g)]表示，按式(1)计算：

$$Q_1 = \frac{(\rho_p + \rho_d - \rho_0 - \rho_c) \times V}{t \times m} \times 10^3 \quad \cdots\cdots(1)$$

式中：

ρ_0——亚甲基蓝的初始浓度的数值，单位为毫克每升(mg/L)；

ρ_p——光化学反应 120 min 后的亚甲基蓝溶液的浓度的数值，单位为毫克每升(mg/L)；

ρ_d——暗反应 120 min 后的亚甲基蓝溶液的浓度的数值，单位为毫克每升(mg/L)；

ρ_c——光催化反应 120 min 后的亚甲基蓝的浓度的数值，单位为毫克每升(mg/L)；

V——反应液总体积的数值，单位为升(L)；

t——测试时间的数值，单位为分(min)；

m——催化剂试料质量的数值，单位为克(g)。

11.1.2 大颗粒、薄膜光催化剂的亚甲基蓝光催化降解速率以 Q_1 计，数值以[μg/(min·cm^2)]表示，按式(2)计算：

$$Q_1 = \frac{(\rho_p + \rho_d - \rho_0 - \rho_c) \times V}{t \times S} \times 10^3 \quad \cdots\cdots(2)$$

式中：

ρ_0——亚甲基蓝的初始浓度的数值，单位为毫克每升(mg/L)；

ρ_p——光化学反应 120 min 后的亚甲基蓝溶液的浓度的数值，单位为毫克每升(mg/L)；

ρ_d——暗反应 120 min 后的亚甲基蓝溶液的浓度的数值，单位为毫克每升(mg/L)；

ρ_c——光催化反应 120 min 后的亚甲基蓝的浓度的数值，单位为毫克每升(mg/L)；

V——反应液总体积的数值，单位为升(L)；

t——测试时间的数值，单位为分(min)；

S——催化剂试料折合有效面积(等于催化剂床边框所限面积)的数值，单位为平方厘米(cm^2)。

11.2　**亚甲基蓝光催化去除率的计算**

亚甲基蓝光催化去除率为粉体催化剂 100 mg，大颗粒或薄膜催化剂 20 cm^2 样品，光催化降解 120 min时的去除率。原则上光催化剂重量或面积不等同时需要折合，可以采用线性折合。

亚甲基蓝光催化去除率以 P 计，数值以%表示，按式(3)或式(4)计算：

$$P = \frac{0.1 \times (\rho_p + \rho_d - \rho_0 - \rho_c)}{m \times \rho_0} \times 100 \quad \cdots\cdots(3)$$

式中：

m——催化剂试料的有效质量的数值，单位为克(g)。

$$P = \frac{20 \times (\rho_p + \rho_d - \rho_0 - \rho_c)}{S \times \rho_0} \times 100 \quad \cdots\cdots(4)$$

式中：

S——催化剂试料折合的有效面积(等于催化剂床边框所限面积)的数值，单位为平方厘米(cm^2)。

11.3　光催化稳定性以 D 计，数值用%表示，按式(5)计算：

$$D = \frac{P_{c2nd}}{P_{c1st}} \times 100 \quad \cdots\cdots(5)$$

式中：

P_{c1st}——第一次的光催化去除率，数值以%表示；

P_{c2nd}——经过 48 h 高浓度强化实验后，第二次标准测试的光催化去除率，数值以%表示。

12　试验报告

试验报告应包括以下内容：

12.1　试验日期、温度等；

12.2　试验样品说明(材料、规格、形状等)；

12.3　试验装置说明；

12.4　试验条件(初始反应物浓度、光源种类及个数、光照强度、使用仪器名称及型号)；

12.5　试验样品的光催化降解速率、去除率及稳定性；

12.6　备注(包括试验过程中出现的特殊现象等)。

ICS 71.060.50
G 12

中华人民共和国国家标准

GB/T 23763—2009

光催化抗菌材料及制品抗菌性能的评价

Photo-catalytic antimicrobial materials and products—Assessment for antimicrobial activity and efficacy

2009-05-13 发布　　2010-01-01 实施

中华人民共和国国家质量监督检验检疫总局
中国国家标准化管理委员会　发布

前　言

本标准由中国石油和化学工业协会提出。

本标准由全国化学标准化技术委员会无机化工分会(SAC/TC 63/SC 1)归口。

本标准负责起草单位:中国科学院理化技术研究所。

本标准参加起草单位:东陶(中国)有限公司、湖南日之谷环保科技有限公司、广东微生物分析检测中心、攀枝花纳尔美环境科技有限公司。

本标准主要起草人:郑苏江、只金芳、高月红。

本标准为首次发布。

引　言

随着社会的发展、科技的进步，光催化材料及制品的应用日渐广泛。为保护光催化抗菌产业的健康发展，建立评价体系，规范生产企业相关产品质量，规范市场准入及增强国际竞争力，特制定本标准。

本标准主要涉及光催化材料及制品的抗菌性能试验方法与评价，对于光催化材料及制品的其他性能如自清洁、空气净化、水体净化等试验方法可参考其他相关标准，本标准不涉及。

另外，光催化抗菌效果的长期保持性能涉及因素较多，需要进一步研究，本标准暂不涉及。

光催化抗菌材料及制品
抗菌性能的评价

1 范围

本标准规定了光催化抗菌材料及制品的抗菌性能的术语和定义、抗菌性能的评价、试验方法和试验报告。

本标准适用于在光照激发下产生抗菌性能的光催化抗菌材料及制品，要求试验样品表面平整、与覆盖膜接触良好，其材质可以为玻璃、陶瓷、塑料、涂层、织物等。

2 规范性引用文件

下列文件中的条款通过本标准的引用而成为本标准的条款。凡是注日期的引用文件，其随后所有的修改单(不包括勘误的内容)或修订版均不适用于本标准，然而，鼓励根据本标准达成协议的各方研究是否可使用这些文件的最新版本。凡是不注日期的引用文件，其最新版本适用于本标准。

GB/T 4789.2　食品卫生微生物学检验　菌落总数测定

GB/T 6682—2008　分析实验室用水规格和试验方法(ISO 3696:1987,MOD)

3 术语和定义

下列术语和定义适用于本标准。

3.1

抑菌　bacteriostasis

抑制微生物生长繁殖的作用，称为抑菌。

3.2

杀菌　bactericide

具有杀死微生物营养体和繁殖体的作用，称为杀菌。

3.3

抗菌　antimicrobial

同时具有抑菌和杀菌作用，称为抗菌。

3.4

光催化　photo-catalysis

在一定光源激发下，所产生的催化作用，称为光催化。

4 抗菌性能的评价

按本标准规定的试验方法，得到的总抗细菌率($R_{总}$)的评价：

抗细菌率≥90%，具有抗菌作用；

抗细菌率≥99%，具有较强的抗菌作用。

注：在报告上同时注明在365 nm光源照射下的光催化抗菌贡献值($R_{光}$)。

5 试验方法

5.1 安全提示

本试验方法中使用的紫外光源对于眼睛及皮肤具有伤害，操作者须小心谨慎！注意反应器须密闭，当光源打开时不要用眼睛直接观察。

本试验方法中使用的部分试剂具有腐蚀性，操作者须小心谨慎！如溅到皮肤或眼睛应立即用水冲洗，严重者应立即治疗。

5.2 一般规定

本标准所用试剂和水，在没有注明其他要求时，均指分析纯试剂和 GB/T 6682—2008 中规定的三级水。

5.3 设备

5.3.1 黑灯管(UVA)：主波长 365 nm；

5.3.2 紫外照度计：传感器在 UVA 段，测定范围 0.1 $\mu W/cm^2$～199 mW/cm^2；

5.3.3 恒温培养箱；

5.3.4 压力蒸汽灭菌器。

5.4 试剂和材料

5.4.1 磷酸盐缓冲(PBS，0.06 mol/L)生理盐水洗脱液：

称取 2.7 g 磷酸二氢钾，7.0 g 磷酸氢二钾，8.5 g 氯化钠，加 1 000 mL 蒸馏水溶解。为便于细菌洗脱，可加入少量表面活性剂(如吐温-80)。置于压力蒸汽灭菌器中，于 121 ℃下高压湿热灭菌 15 min。

灭菌后的洗脱液应于 5 ℃～10 ℃下保存。保存期为 30 天。

5.4.2 菌种

5.4.2.1 大肠埃希氏菌(*Escherichia coli*) AS 1.90

5.4.2.2 金黄色葡萄球菌(*StapHylococcus aureus*) AS 1.89 等同 ATCC 6538p

注：根据产品的使用要求，也可选用其他菌种作为试验菌种，但所用菌种必须由国家相应菌种保藏管理中心提供并可溯源。

5.4.3 营养肉汤(NB)

称取 3.0 g 牛肉膏，10.0 g 蛋白胨，5.0 g 氯化钠，加 1 000 mL 蒸馏水溶解，室温下用 0.1 mol/L 的氢氧化钠或 0.1 mol/L 的盐酸溶液调节 pH 值为 7.0～7.2；置于压力蒸汽灭菌器中，于 121 ℃下高压湿热灭菌 15 min。

灭菌后的营养肉汤应于 5 ℃～10 ℃下保存。保存期为 30 d。

5.4.4 营养琼脂(NA)

称取 5.0 g 牛肉膏，10.0 g 蛋白胨，5.0 g 氯化钠，15.0 g 琼脂，加 1 000 mL 蒸馏水溶解，室温下用 0.1 mol/L 的氢氧化钠或 0.1 mol/L 的盐酸溶液调节 pH 值为 7.0～7.2；置于压力蒸汽灭菌器中，于 121 ℃下高压湿热灭菌 15 min。

灭菌后的营养琼脂应于 5 ℃～10 ℃下保存。保存期为 30 d。

5.4.5 平板计数琼脂

称取 2.5 g 酵母粉，5.0 g 胰蛋白胨，1.0 g 葡萄糖，15.0 g 琼脂，加 1 000 mL 蒸馏水溶解，室温下用 0.1 mol/L 的氢氧化钠或 0.1 mol/L 的盐酸溶液调节 pH 值为 7.0～7.2，置于压力蒸汽灭菌器中，于 121 ℃下高压湿热灭菌 15 min。

灭菌后的平板计数琼脂应于 5 ℃～10 ℃下保存。保存期为 30 d。

5.5 操作步骤

5.5.1 菌种保藏

将标准菌种用接种环接种在营养琼脂(NA)斜面培养基或其他适合的培养基上，置于恒温培养箱中，在 37 ℃±1 ℃下培养 24 h～48 h，然后于冰箱中在 5 ℃～10 ℃下保藏。一个月内将其接种到新的斜面(以此类推)，但接种次数从菌种中心得到的细菌算起不应超过 14 代。如保存时间达到或超过一个月，不可进行继代培养。

5.5.2 菌种的活化

将斜面保藏菌转接到 NA 平板或斜面培养基上，置于恒温培养箱中，在 37 ℃±1 ℃下培养 24 h±1 h，每天转接 1 次，连续转接不超过 2 周。试验时应采用连续转接 2 次后（第 3～14 代）的 24 h 内转接的新鲜细菌培养物。

5.5.3 接种菌液的制备

用于大肠杆菌菌悬液配制的 NB 为 500 倍水稀释液（即 0.2%NB），用于金黄色葡萄球菌菌悬液配制的 NB 为 100 倍水稀释液（即 1%NB）。室温下用 0.1 mol/L 的氢氧化钠或 0.1 mol/L 的盐酸溶液调节 pH 值为 7.0～7.2；为便于细菌分散可加入少量表面活性剂（如吐温-80）。

用接种环从活化好的新鲜细菌培养物上取少量新鲜细菌，加到上述稀释液中，依次 10 倍梯度稀释，选取菌液浓度为 2.5×10^5 cfu/mL～10×10^5 cfu/mL 的梯度作为试验用菌液。

若配好的接种液不能立刻使用，则应在 0 ℃下保存，4 h 内使用。

5.5.4 样片制备

5.5.4.1 标准空白对照样

采用医用级聚乙烯（PE）制成的试样，标准尺寸为（50 mm±2 mm）×（50 mm±2 mm），厚度小于 10 mm。准备 9 片，其中 3 片用于 0 接触时间洗脱，3 片用于明条件试验，3 片用于暗条件试验。

5.5.4.2 光催化试样

从制品或材料上选取平整的部分，按步骤 5.5.4.1 中的标准尺寸准备 6 片，3 片用于明条件试验，3 片用于暗条件试验。

5.5.4.3 试验用膜

采用医用级聚乙烯膜（PE）制成，标准尺寸为（40 mm±2 mm）×（40 mm±2 mm），厚度 0.02 mm～0.1 mm；若样片尺寸较小，可相应减少膜的尺寸，并适当减少接种菌液量，但要保证接种菌液中细菌个数不少于 10^5 cfu。

若试样是织物，采用的膜尺寸为（50 mm±2 mm）×（50 mm±2 mm），样品尺寸为（40 mm±2 mm）×（40 mm±2 mm）。

5.5.4.4 试样、膜的清洁

用脱脂棉蘸酒精擦拭上述试样、膜 2 次～3 次，充分干燥待用。若试样不适合用酒精擦拭，也可采用其他适合的方法清洁（如无菌水擦拭后，置紫外灯下照射）。

对于光催化试样，采用不低于 1.0 mW/cm² 的紫外（UVA）照射 24 h 来清洁样片表面。

5.5.5 接种

将步骤 5.5.4 中的各个试样分别放入洁净的平皿中，试验面朝上。用移液管准确量取 0.4 mL 5.5.3制得的接种液，滴加到每个试样的表面，小心的用薄膜覆盖，调节薄膜使菌液分散均匀。注意不要将菌液溢出洒落，否则试验无效。

对于织物试样，将薄膜置于样品下方，然后滴加菌液到样品上。

5.5.6 培养

打开黑光灯（UVA），稳定 0.5 h 以上，然后调节黑灯管高度或功率来调节光照强度，采用紫外照度计测量，使明条件中到达样片表面的光照强度为 0.01 mW/cm²～0.1 mW/cm²，具体光照强度须在报告中注明。

将步骤 5.5.5 得到的 3 个标准空白对照样、3 个光催化试样置于明条件下，另外 3 个标准空白对照样、3 个光催化试样置于暗条件下。为保证样品培养过程中的湿度，平皿中样品下部可以放置一块潮湿纱布，注意不要将菌液沾染到纱布上。

明条件和暗条件的培养条件控制为：温度 35 ℃±1 ℃，相对湿度不低于 85%，培养时间为 8 h～24 h。

5.5.7 洗脱、计数

5.5.7.1 “0”接触时间试样的洗脱、计数

在 3 个 0 接触时间的标准空白对照样中分别加入 20 mL 磷酸盐缓冲生理盐水洗脱液，充分洗脱后，按照 GB/T 4789.2 对洗脱液进行活菌计数。

5.5.7.2 培养后试样的洗脱、计数

采用步骤 5.5.7.1 的方法进行洗脱，之后马上按照 GB/T 4789.2 对洗脱液进行活菌计数。

注：如任何培养皿中均没有菌落，则记录为小于 1。如果细菌数和稀释比例不成反比，则要考虑是否是脱落抗菌剂的作用而影响了菌落的形成。

5.6 活菌数计算

活菌数以 N 计，数值以 cfu 表示，按式(1)计算：

$$N = C \times D \times V \quad \cdots\cdots(1)$$

式中：

C——菌落数(3 个培养皿的平均值)的数值，单位为 cfu；

D——稀释倍数；

V——用于洗脱的洗脱液的体积的数值，单位为毫升(mL)。

对三个试样的活菌数取算术平均值，保留二位有效数字。

5.7 结果计算

5.7.1 试验成立条件

只有下述 3 个条件全部成立，试验被判定有效。反之，则试验无效，须重新进行试验。

1) 空白对照样 0 接触时间的活菌数满足如下条件：

$(L_{最大} - L_{最小})/L_{平均} \leqslant 0.2$

式中：

$L_{最大}$——活菌数的最大对数值；

$L_{最小}$——活菌数的最小对数值；

$L_{平均}$——三个试样的活菌数对数的平均值。

2) 0 接触时间空白对照样的活菌平均值应为 $(1.0 \sim 4.0) \times 10^5$ cfu。

3) 明条件、暗条件的 3 个空白对照样经 8 h～24 h 培养后的活菌数均不能小于 1.0×10^3 cfu。

5.7.2 抗细菌率的计算

试验成立条件下，抗细菌率以 $R_{总}$ 计，数值以%表示，按式(2)计算：

$$R_{总} = [(C_0 - C_1)/C_0] \times 100 \quad \cdots\cdots(2)$$

式中：

C_0——明条件下对照样片经培养后的活菌计数的数值，单位为 cfu；

C_1——明条件下光催化样片经培养后的活菌计数的数值，单位为 cfu。

光催化材料在 UVA 照射下的抗细菌贡献值以 $R_{光}$ 计，数值以%计算，按式(3)计算：

$$R_{光} = [(B_1 - C_1)/B_1] \times 100 \quad \cdots\cdots(3)$$

式中：

B_1——暗条件下光催化样片经培养后的活菌计数的数值，单位为 cfu。

6 试验报告

试验报告至少包括以下内容：

a) 光照条件（包括光源波长、到达试样表面的光照强度、光照时间）；

b) 试验用菌；

c) 抗细菌率（$R_{总}$、$R_{光}$）等。

ICS 71.060.01
G 10

中华人民共和国国家标准

GB/T 23764—2009

光催化自清洁材料性能测试方法

Test method of photocatalytic materials for self-cleaning

2009-05-13 发布　　2010-01-01 实施

中华人民共和国国家质量监督检验检疫总局
中国国家标准化管理委员会　发布

前　言

本标准修改采用日本标准 JIS R 1703-1:2007《光触媒材料的自清洁性能试验方法　第一部分:水接触角的测定》(日本版)。

本标准根据日本标准 JIS R 1703-1:2007《光触媒材料的自清洁性能试验方法　第一部分:水接触角的测定》起草。

考虑到我国国情,在采用日本标准 JIS R 1703-1:2007《光触媒材料的自清洁性能试验方法　第一部分:水接触角的测定》时,本标准做了一些修改。有关技术性差异已编入正文中并在它们所涉及的条款的页边空白处用垂直单线标识。在附录 A 及附录 B 中给出了这些技术性差异、结构性差异及其原因的一览表以供参考。

本标准的附录 A、附录 B、附录 C 为资料性附录。

本标准由中国石油和化学工业协会提出。

本标准由全国化学标准化技术委员会无机化工分会(SAC/TC 63/SC 1)归口。

本标准负责起草单位:中国科学院理化技术研究所、中国科学院化学研究所国家纳米工程中心。

本标准参加起草单位:北京首创纳米科技有限公司、广州市华之特奥因特种材料科技有限公司、福州大学光催化研究所。

本标准主要起草人:只金芳、郑苏江、江雷、张玲娟。

本标准为首次发布。

光催化自清洁材料性能测试方法

1 范围

本标准规定了光催化自清洁材料性能测试方法的术语和定义、安全提示、一般规定、原理、试剂、设备、实验环境、样品制备、分析步骤、结果计算、试验报告。

本标准适用于可制备成平面状的自清洁材料。

本标准不适用于黑暗环境中使用及可见光应答型的光催化自清洁材料,以及水可以浸润的透水性材料。

2 规范性引用文件

下列文件中的条款通过本标准的引用而成为本标准的条款。凡是注日期的引用文件,其随后所有的修改单(不包括勘误的内容)或修订版均不适用于本标准,然而,鼓励根据本标准达成协议的各方研究是否可使用这些文件的最新版本。凡是不注日期的引用文件,其最新版本适用于本标准。

GB/T 6682—2008 分析实验室用水规格和试验方法(ISO 3696:1987,MOD)

3 术语和定义

下列术语和定义适用于本标准。

3.1

光催化 photocatalysis

在一定光源激发下,所产生的催化作用,称为光催化。

3.2

自清洁 self-cleaning

在一定条件下,能保持表面清洁不易被污染的性质。

4 安全提示

本试验方法中使用的紫外光源对于人眼及皮肤具有伤害,操作者须小心谨慎!注意反应器须密闭,当光源打开时不要用眼睛直接观察。

本试验方法中使用的部分试剂具有腐蚀性,操作者须小心谨慎!如溅到皮肤上应立即用水冲洗,严重者应立即治疗。

5 一般规定

本标准所用试剂和水,在没有注明其他要求时,均指分析纯试剂和 GB/T 6682—2008 中规定的三级水。

6 原理

通过测试样品的最小接触角来评价光催化材料的自清洁性能。先在样品表面上附载有机物(前处理),使用一定的紫外光进行照射,然后测定这个过程的接触角的变化,表征样品自清洁的性质。

7 试剂

7.1 油酸:纯度(质量分数)大于 60.0%;

7.2　油酸正庚烷溶液：1+199。

8　设备

8.1　黑灯管(UVA)：主波长 351 nm。

8.2　紫外光照射装置：试验样品及灯管的位置可以移动调节。如果使用灯光反射板，需选择对紫外线的吸收及劣化影响较小的材料。

8.3　紫外照度计：传感器在 UVA 段，测定范围 0.1 μW/cm^2～199 mW/cm^2。

8.4　接触角测定仪：测定范围 0 ℃～180 ℃，测定读数 0.1°，测定精度±1°。

9　实验环境

试验室温度为 23 ℃±5 ℃，相对湿度为(50^{+20}_{-10})%。

10　样品制备

从制品或材料上选取平整的部分，按标准尺寸为(100 mm±2 mm)×(100 mm±2 mm)进行裁切，数量为 5 个。在对样品裁切过程中，需要注意防止油等有机污染物的污染，以及试样之间的交叉污染。样品由待测样品裁制而成，若待测样的形状不能得到所需要的标准样品，也可以使用相同原料及相同加工方法在平板上加工得到的材料作为样品。

待测样不能切割成标准尺寸时，若能选取不同的 5 个点测接触角，也可以使用其他尺寸与形状的样品。

11　分析步骤

11.1　试片的前处理

对于前处理困难，紫外光照射前的初期接触角在 20°以上的样品，可以不实施前处理、直接测试最小接触角。

11.1.1　有机物的去除

使用紫外光照射装置，将样品表面的照度调节为 2.0 mW/cm^2(用紫外光照度计检验)，对试验片进行 24 h 以上的紫外光照射。

注：为了防止来自疏水性物质等的污染，可以使用聚乙烯制或棉质的手套等。

11.1.2　油酸的涂覆

11.1.2.1　手涂覆：将光催化材料的正面朝上，在样品中央附近滴下 200 μL 的油酸后，用无纺布以放射状涂覆法将油酸均匀的铺展开。擦掉多余的油酸，把涂覆好的样品放在天平上称量，调节油酸的涂覆量在每 100 cm^2 为 2.0 mg±0.2 mg。

11.1.2.2　提拉法：将样品浸入油酸正庚烷溶液中，以 60 cm/min 的速度提拉，在 70 ℃下干燥 15 min。

注：若涂覆后不能立即开始试验，需把涂覆好的试验片放入没有使用硅酮膏的玻璃制密闭容器内保存。

11.2　水接触角的测定

接通黑灯管的电源，稳定 15 min 后调节光强，对于手工涂覆样片，使到达样片表面的光强为 2.0(mW/cm^2)±0.1(mW/cm^2)(用紫外光照度计检验)；对于提拉法的样片，使到达样片表面的光强为 1.0 mW/cm^2±0.1 mW/cm^2(用紫外光照度计检验)。

11.2.1　紫外光照射 0 时间后的接触角测定

经前处理后的每个样品，使用接触角测定仪分别选定 5 个点测定其接触角。水滴接触试验片后移动到试验片上形成液滴，应在 3 s～5 s 内快速测定。取其算术平均值，作为各样品的“初始接触角(紫外光照射 0 时间后的接触角)”。

注：水滴的用量，可根据使用的接触角测定仪的要求适当调节。

11.2.2 紫外光照射 *n* 时间后的接触角测定

样品在紫外光照射开始后，选择适当的时间间隔，对每个样品分别选定 5 个点进行接触角的测定。取其算术平均值，作为各个样品的“紫外光照射 *n* 时间后的接触角”。

11.2.3 最小接触角的测定

对于每个样品，求得时间上连续 3 次的“紫外光照射 *n* 时间后的接触角”的算术平均值。若该平均值≤5°时，则该值作为该样品的“最小接触角”。若所测接触角变动系数≤10%时，则取算术平均值为该试验片的“最小接触角”。

若紫外光照射 *n* 时间后的接触角达到 5°以下时，可结束测定，这时的接触角测定值为该样品的“最小接触角”。

12 结果计算

12.1 试验成立条件

初始接触角在 20°以上时为有效试验。

12.2 最小接触角的计算

最小接触角以 θ_f 计，数值以度表示，按式(1)～式(3)计算：

对于每个样品，利用时间上连续 3 次的紫外光照射 n_1，n_2，n_3 时间后的接触角求得其平均值及标准偏差，当变动系数在 10%以下时，这 3 次接触角的算术平均值即为最小接触角。试验测定实例参见附录 C。

$$\bar{x} = \frac{\theta_{n_1} + \theta_{n_2} + \theta_{n_3}}{3} \quad \cdots\cdots(1)$$

$$\frac{s}{\bar{x}} \leqslant 10\% \quad \cdots\cdots(2)$$

$$\theta_f = \bar{x} \quad \cdots\cdots(3)$$

式中：

θ_{n_1}——紫外光照射 n_1 时间后的接触角的数值，单位为度(°)；

θ_{n_2}——紫外光照射 n_2 时间后的接触角的数值，单位为度(°)；

θ_{n_3}——紫外光照射 n_3 时间后的接触角的数值，单位为度(°)；

$\bar{x}$——连续 3 次的平均值的数值，单位为度(°)；

s——连续 3 次的平均偏差的数值，单位为度(°)；

θ_f——最小接触角。

13 试验报告

试验报告应包括以下内容：

a) 规格型号；
b) 试验日期、温度、相对湿度等；
c) 试验片的种类、尺寸、材质及形状；
d) 有机物除去方法及紫外光照射时间；
e) 油酸的涂敷方法；
f) 各试验片的初期接触角；
g) 各试验片的最小接触角及当时的照射时间；
h) 其他根据需要变更了试验条件，变更点。

附　录　A
（资料性附录）
本标准与日本标准技术性差异及其原因一览表

表 A.1 给出了本标准与日本标准 JIS R 1703-1：2007《光触媒材料的自清洁性能试验方法　第一部分：水接触角的测定》（日本版）技术性差异及其原因。

表 A.1　本标准与日本标准 JIS R 1703-1：2007 技术性差异及原因一览表

本标准的章条编号	技术性差异	原　因
3	术语和定义的内容进行了删减	删除了没必要的术语和定义
11.1	未规定前处理程序	日本标准的处理程序主要为解释性的陈述

附 录 B
（资料性附录）
本标准与日本标准的结构性差异一览表

表 B.1 给出了本标准与日本标准 JIS R 1703-1:2007《光触媒材料的自清洁性能试验方法　第一部分:水接触角的测定》(日本版)的结构性差异。

表 B.1　本标准与日本标准 JIS R 1703-1:2007 的结构性差异一览表

本标准		JIS R 1703-1:2007《光触媒材料的自清洁性能试验方法 第一部分:水接触角的测定》	
章节	内容	章节	内容
—	—	目次	目次
前言	前言	序文	序文
1	范围	1	适用范围
2	规范性引用文件	2	引用标准
3	术语和定义	3	用语及定义
4	安全提示	—	—
5	一般规定	—	—
6	原理	4	原理
7	试剂	—	—
8	设备	5	试验装置
9	实验环境	5.3	试验室的温度及湿度
10	样品制备	6	试验片的准备
11	分析步骤	7	试验操作
12	结果计算	8	试验结果的计算
13	试验报告	9	试验结果报告

附 录 C
（资料性附录）
试验测定实例

表C.1所显示的为一例试验实测结果。

表C.1 试验实测结果实例

试验片		5点的测定值/(°)					θ_n/(°)	$(s/\overline{x})$/%	连续3次的平均值
		1	2	3	4	5			
紫外光照射时间/h	0	54.8	55.2	60.6	55.9	47.7	54.8	—	—
	2	55.9	60.3	60.9	59.2	59.4	59.1		
	4	57.8	60.2	60.9	62.3	59.3	60.1	4.9	58.0
	6	57.4	55.7	58.7	54.9	61.3	57.6	2.1	58.9
	24	45.5	27.1	14.8	19.8	16.1	24.7	41.6	47.5
	28	48.5	34.2	19.7	23.6	35.0	32.2	45.2	38.2
	48	12.8	8.3	9.8	10.0	10.8	10.3	49.7	22.4
	72	8.3	7.4	8.2	8.8	7.6	8.1	79.0	16.9
	74	7.3	8.2	9.8	7.9	7.5	8.1	14.4	8.8
	76	9.8	9.7	9.5	8.6	9.3	9.4	8.8	8.5
试验片的前处理(油酸的涂敷方法)为提拉法的一例。									

试验片：

试验成立条件的确认

θ_f：试验片的初期接触角＝54.8°

54.8°＞20° 因此，试验成立。

最小接触角的计算：

θ_{n_1}——紫外光照射72 h后的接触角＝8.1°(n_1＝72)；

θ_{n_2}——紫外光照射74 h后的接触角＝8.1°(n_2＝74)；

θ_{n_3}——紫外光照射76 h后的接触角＝9.4°(n_3＝76)；

$\overline{x}$——上记连续3次的平均值＝8.5°；

s——上记连续3次的标准偏差＝0.75；

$s/\overline{x}$——上记连续3次的变动系数＝8.8%；

θ_f——最小接触角＝8.5°；

当时的照射时间＝76 h。

ICS 71.060.01
G 10

中华人民共和国国家标准

GB/T 23765—2009

氰化钠和氰化钾产品测定方法

Test method of sodium cyanide and potassium cyanide products

2009-05-13 发布　　2010-01-01 实施

中华人民共和国国家质量监督检验检疫总局
中国国家标准化管理委员会　发布

前　言

本标准的附录A是资料性附录。

本标准由中国石油和化学工业协会提出。

本标准由全国化学标准化技术委员会无机化工分会(SAC/TC 63/SC 1)归口

本标准起草单位:安徽省安庆市曙光化工股份有限公司、中海油天津化工研究设计院、河北诚信有限责任公司。

本标准起草人:陈长斌、王琳、郭凤鑫、申银山、董志彦。

本标准为首次发布。

氰化钠和氰化钾产品测定方法

1 范围

本标准规定了氰化钠和氰化钾的外观检验、氰化钠(或氰化钾)含量、氢氧化钠(或氢氧化钾)含量、碳酸钠(或碳酸钾)含量、甲酸钠(或甲酸钾)含量、氯化物含量、水分、水不溶物含量、铁含量的测定方法。

本标准适用于氰化钠和氰化钾产品。

2 规范性引用文件

下列文件中的条款通过本标准的引用而成为本标准的条款。凡是注日期的引用文件,其随后所有的修改单(不包括勘误的内容)或修订版本均不适用于本标准。然而,鼓励根据本标准达成协议的各方研究是否可使用这些文件的最新版本。凡是不注日期的引用文件,其最新版本适用于本标准。

GB/T 3049—2006 工业用化工产品 铁含量测定的通用方法 1,10-菲啰啉分光光度法(ISO 6685:1982,IDT)

GB/T 6682—2008 分析实验室用水规格和试验方法(ISO 3696:1987,MOD)

HG/T 3696.1 无机化工产品化学分析用标准滴定溶液的制备

HG/T 3696.2 无机化工产品化学分析用杂质标准溶液的制备

HG/T 3696.3 无机化工产品化学分析用制剂及制品的制备

3 安全警告

氰化钠和氰化钾是剧毒品,在取样和分析操作时,应严格执行产品标准中安全要求的规定,并严格按本标准的分析步骤进行操作。含氰废液参见附录A进行处理。分析中所用酸、碱等腐蚀性试剂,使用者应小心操作,避免溅到皮肤上。如溅到皮肤上,立即用大量水冲洗,严重者应立即治疗。

4 一般规定

本标准所用的试剂和水,在没有注明其他要求时,均指分析纯试剂和GB/T 6682—2008中规定的三级水。

试验中所用的标准滴定溶液、杂质标准溶液、制剂和制品,在没有注明其他要求时,均按HG/T 3696.1、HG/T 3696.2和HG/T 3696.3的规定制备。

5 外观检验

5.1 固体产品

在自然光条件下,用目视法判别。

5.2 液体产品

将液体产品置于50 mL比色管中,在自然光条件下,用目视法判别。

6 氰化钠(或氰化钾)含量的测定

6.1 硝酸银法(仲裁法)

6.1.1 原理

在氨性介质中,银离子与氰离子定量反应生成络合物,用硝酸银溶液作滴定剂,滴定氰离子,过量的银离子与碘化钾生成黄色沉淀,以此指示滴定终点。根据硝酸银标准滴定溶液的消耗量及浓度计算含量。

$$Ag^{+} + 2CN^{-} = Ag(CN)_2^{-}$$

$$Ag^{+} + I^{-} = AgI$$

6.1.2 试剂和材料

6.1.2.1 氨水溶液:2+3;

6.1.2.2 硝酸银标准滴定溶液:$c(AgNO_3)\approx 0.05$ mol/L;

6.1.2.3 碘化钾溶液:50 g/L;

6.1.2.4 无二氧化碳的水。

6.1.3 称样量

固体氰化钠的称样量为 2 g~2.5 g,液体氰化钠的称样量为 7 g~8 g,固体氰化钾的称样量为 3 g~7 g,液体氰化钾的称样量为 9 g~10 g,精确至 0.000 2 g。

6.1.4 试验溶液 A 的制备

将称取的试料,用无二氧化碳的水溶解。然后移入 500 mL 容量瓶中,用无二氧化碳的水稀释至刻度,摇匀。此溶液为试验溶液 A,用于氰化钠(或氰化钾)含量、氢氧化钠(或氢氧化钾)含量、碳酸钠(或碳酸钾)含量、甲酸钠(或甲酸钾)含量和氯化物含量的测定。

6.1.5 分析步骤

用移液管移取 25 mL 试验溶液 A,置于锥形瓶中,加 75 mL 水、1 mL 氨水溶液和 1 mL 碘化钾溶液,用硝酸银标准滴定溶液滴定至刚出现混浊为终点。

6.1.6 结果计算

氰化钠或氰化钾含量以氰化钠(NaCN)或氰化钾(KCN)的质量分数 w_1 计,数值以%表示,按式(1)计算:

$$w_1 = \frac{(V/1\,000)cM}{m(25/500)} \times 100 \qquad \cdots\cdots(1)$$

式中:

V——滴定消耗的硝酸银标准滴定溶液的体积的数值,单位为毫升(mL);

c——硝酸银标准滴定溶液浓度的准确数值,单位为摩尔每升(mol/L);

m——试料质量的数值,单位为克(g);

M——氰化钠(2NaCN)或氰化钾(2KCN)的摩尔质量的数值,单位为克每摩尔(g/mol)[M(2NaCN)=98.02;M(2KCN)=130.24]。

取平行测定结果的算术平均值为测定结果,两次平行测定结果的绝对差值不大于 0.2%。

6.2 硝酸镍法

6.2.1 方法提要

在氨性介质中,镍离子与氰离子定量络合,以硝酸镍溶液作滴定剂,滴定氰离子。过量的镍离子与丁二酮肟生成亮红色絮凝状沉淀,指示滴定终点。根据硝酸镍滴定溶液的消耗量和对硝酸银标准滴定溶液的换算系数及硝酸银标准滴定溶液的浓度计算含量。

6.2.2 试剂

6.2.2.1 氨水溶液:2+3;

6.2.2.2 碘化钾溶液:50 g/L;

6.2.2.3 硝酸银标准滴定溶液:$c(AgNO_3)\approx 0.05$ mol/L;

6.2.2.4 硝酸镍滴定溶液;

配制:称取 7.27 g 硝酸镍,精确至 0.01 g,溶于 1 000 mL 水中,摇匀。

硝酸镍滴定溶液对硝酸银标准滴定溶液的换算系数(K)的标定:用移液管移取 25 mL 试验溶液 A,置于锥形瓶中,加 75 mL 水和 6 滴~8 滴丁二酮肟溶液,用硝酸镍滴定溶液滴定至亮红色絮凝状沉淀出现为止。再用移液管移取 25 mL 试验溶液 A，置于另一锥形瓶中，加 75 mL 水，1 mL 氨水和 1 mL 碘化钾溶液，用硝酸银标准滴定溶液滴定至刚出现混浊为终点。

取三次平行测定结果的算术平均值作为换算系数（K）的值。三次平行测定的极差不大于 0.02 mL。

硝酸镍滴定溶液对硝酸银标准滴定溶液的换算系数 K，按式(2)计算：

$$K=\frac{V_2}{V_1} \qquad \cdots\cdots(2)$$

式中：

V_1——三次测定平均消耗的硝酸镍滴定溶液的体积的数值，单位为毫升(mL)；

V_2——三次测定平均消耗的硝酸银标准滴定溶液的体积的数值，单位为毫升(mL)。

所得结果应表示至四位小数。

6.2.2.5 丁二酮肟氨水溶液：5 g/L。

6.2.3 分析步骤

用移液管移取 25 mL 试验溶液 A，置于锥形瓶中，加 75 mL 水和 6 滴～8 滴丁二酮肟氨水溶液，用硝酸镍滴定溶液滴定，当溶液变为亮黄色，不断摇动下出现亮红色絮凝状沉淀时为终点。

6.2.4 结果计算

氰化钠或氰化钾含量以氰化钠(NaCN)或氰化钾(KCN)的质量分数 w_1 计，数值以%表示，按式(3)计算：

$$w_1=\frac{(V/1\,000)cMK}{m(25/500)}\times 100 \qquad \cdots\cdots(3)$$

式中：

V——滴定消耗的硝酸镍滴定溶液的体积的数值，单位为毫升(mL)；

c——硝酸银标准滴定溶液浓度的准确数值，单位为摩尔每升(mol/L)；

K——硝酸镍滴定溶液对硝酸银标准滴定溶液换算系数的准确数值；

m——试料质量的数值，单位为克(g)；

M——氰化钠(2NaCN)或氰化钾(2KCN)的摩尔质量的数值，单位为克每摩尔(g/mol) [M(2NaCN)=98.02；M(2KCN)=130.24]。

取平行测定结果的算术平均值为测定结果，两次平行测定结果的绝对差值不大于 0.3%。

7 氢氧化钠(或氢氧化钾)含量的测定

7.1 方法提要

用硝酸镍滴定溶液掩蔽氰根离子，用氯化钡沉淀碳酸根离子，以酚酞为指示液，用盐酸标准滴定溶液滴定氢氧化钠(或氢氧化钾)，根据盐酸标准滴定溶液的消耗量及浓度计算含量。

7.2 试剂和材料

7.2.1 氯化钡溶液：100 g/L；

7.2.2 盐酸标准滴定溶液：c(HCl)≈0.05 mol/L；

用移液管移取 50 mL 按 HG/T 3696.1 配制的 c(HCl)约 1 mol/L 盐酸标准滴定溶液，置于 1 000 mL 容量瓶中，用水稀释至刻度，摇匀。

7.2.3 酚酞指示液：10 g/L；

7.2.4 无二氧化碳的水。

7.3 仪器、设备

微量滴定管：分度值为 0.02 mL。

7.4 分析步骤

用移液管移取 25 mL 试验溶液 A，置于 25 mL 锥形瓶中，加入 50 mL 无二氧化碳的水，加入与

6.2.3 条滴定时所消耗的相同体积的硝酸镍滴定溶液，并再过量 0.1 mL～0.2 mL，强烈摇动。加入 10 mL 氯化钡溶液，充分摇动 1 min～2 min 后放置 15 min。加 2 滴酚酞指示液，用盐酸标准滴定溶液滴定至红色消失。

7.5 结果计算

氢氧化钠或氢氧化钾含量以氢氧化钠(NaOH)或氢氧化钾(KOH)的质量分数 w_2 计，数值以%表示，按式(4)计算：

$$w_2 = \frac{(V/1\ 000)cM}{m(25/500)} \times 100 \qquad \cdots\cdots(4)$$

式中：

V——滴定消耗的盐酸标准滴定溶液的体积的数值，单位为毫升(mL)；

c——盐酸标准滴定溶液浓度的准确数值，单位为摩尔每升(mol/L)；

m——6.1.4 称取的试料质量的数值，单位为克(g)；

M——氢氧化钠(NaOH)或氢氧化钾(KOH)的摩尔质量的数值，单位为克每摩尔(g/mol)[M(NaOH)=40.00；M(KOH)=56.10]。

取平行测定结果的算术平均值为测定结果，两次平行测定结果的绝对差值不大于 0.05%。

8 碳酸钠(或碳酸钾)含量的测定

8.1 方法提要

用硝酸镍滴定溶液掩蔽氰根离子，以酚酞为指示液，用盐酸标准滴定溶液滴定总碱量，减去氢氧化钠(或氢氧化钾)含量。

8.2 试剂和材料

8.2.1 盐酸标准滴定溶液：$c(HCl) \approx 0.05$ mol/L；

8.2.2 酚酞指示液：10 g/L；

8.2.3 无二氧化碳的水。

8.3 仪器、设备

微量滴定管：分度值为 0.02 mL。

8.4 分析步骤

用移液管移取 25 mL 试验溶液 A，置于锥形瓶中，加入 50 mL 无二氧化碳的水，加入与 6.2.3 条滴定时所消耗的相同体积的硝酸镍标准滴定溶液，再过量 0.1 mL～0.2 mL，强烈摇动。加入 2 滴酚酞指示液，用盐酸标准滴定溶液滴定至红色消失。

8.5 结果计算

碳酸钠或碳酸钾含量以碳酸钠(Na_2CO_3)或碳酸钾(K_2CO_3)的质量分数 w_3 计，数值以%表示，按式(5)计算：

$$w_3 = \frac{[(V - V_0)/1\ 000]cM}{m(25/500)} \times 100 \qquad \cdots\cdots(5)$$

式中：

V——滴定消耗盐酸标准滴定溶液的体积的数值，单位为毫升(mL)；

V_0——7.4 中滴定所消耗的盐酸标准滴定溶液的体积的数值，单位为毫升(mL)；

c——盐酸标准滴定溶液浓度的准确数值，单位为摩尔每升(mol/L)；

m——6.1.4 称取的试料的质量的数值，单位为克(g)；

M——碳酸钠(Na_2CO_3)或碳酸钾(K_2CO_3)的摩尔质量的数值，单位为克每摩尔(g/mol)[$M(Na_2CO_3)$=106.00；$M(K_2CO_3)$=138.20]。

取平行测定结果的算术平均值为测定结果，两次平行测定结果的绝对差值不大于 0.05%。

9 甲酸钠(或甲酸钾)含量的测定

9.1 原理

利用银离子与氰根离子生成氰化银沉淀来消除氰根的干扰。在强碱性条件下高锰酸钾与甲酸根反应,反应中生成的锰酸根和过量的高锰酸钾在酸性条件下与碘化钾反应生成碘。用硫代硫酸钠与生成的碘反应,以此间接碘量法来测定含量,反应式如下:

$2Ag^+ + 2CN^- = 2AgCN\downarrow$

$2MnO_4^- + HCOO^- + 3OH^- = 2MnO_4^{2-} + CO_3^{2-} + 2H_2O$

$MnO_4^{2-} + 4I^- + 8H^+ = Mn^{2+} + 2I_2 + 4H_2O$

$2MnO_4^- + 10I^- + 16H^+ = 2Mn^{2+} + 5I_2 + 8H_2O$

$I_2 + 2S_2O_3^{2-} = S_4O_6^{2-} + 2I^-$

9.2 试剂

9.2.1 碘化钾;

9.2.2 氢氧化钠溶液:100 g/L;

9.2.3 硫酸溶液:1+9;

9.2.4 硝酸银溶液:17 g/L;

9.2.5 高锰酸钾溶液:$c\left(\frac{1}{5}KMnO_4\right)\approx 0.1$ mol/L;

9.2.6 硫代硫酸钠标准滴定溶液:$c(Na_2S_2O_3)\approx 0.1$ mol/L;

9.2.7 酚酞指示液:10 g/L;

9.2.8 淀粉指示液:5 g/L。

9.3 分析步骤

用移液管移取 50 mL 试验溶液 A,置于 250 mL 锥形瓶中,加 1 mL 氢氧化钠溶液,滴加硝酸银溶液,边加边震摇,直至出现棕褐色沉淀为止。用快速定性滤纸过滤,用水洗涤沉淀至滤液不呈碱性(用酚酞指示液检验)。滤液和洗液收集于 250 mL 碘量瓶中,加 2 mL 氢氧化钠溶液,准确加入 25 mL 高锰酸钾溶液,在沸水中加热 20 min,取出冷却至室温。加 2 g 碘化钾,然后快速加入 10 mL 硫酸溶液,加盖摇匀,水封,于暗处放置 5 min。用硫代硫酸钠标准滴定溶液滴定,近终点时加入 2 mL 淀粉指示液,继续滴定至溶液蓝色消失为终点。同时作空白试验。

9.4 结果计算

甲酸钠或甲酸钾含量以甲酸钠(HCOONa)或甲酸钾(HCOOK)的质量分数 w_4 计,数值以%表示,按式(6)计算:

$$w_4 = \frac{[(V_0 - V)/1\,000]cM}{m(50/500)} \times 100 \qquad \cdots\cdots(6)$$

式中:

V_0——空白试验消耗的硫代硫酸钠标准滴定溶液的体积的数值,单位为毫升(mL);

V——滴定消耗的硫代硫酸钠标准滴定溶液的体积的数值,单位为毫升(mL);

c——硫代硫酸钠标准滴定溶液浓度的准确数值,单位为摩尔每升(mol/L);

m——6.1.4 称取的试料质量的数值,单位为克(g);

M——甲酸钠(1/2HCOONa)或甲酸钾(1/2HCOOK)的摩尔质量的数值,单位为克每摩尔(g/mol)$\left[M\left(\frac{1}{2}HCOONa\right)=34.01; M\left(\frac{1}{2}HCOOK\right)=42.06\right]$。

取平行测定结果的算术平均值为测定结果,两次平行测定结果的绝对差值不大于 0.1%。

10 氯化物含量的测定

10.1 方法提要

试样加酸并加热，消除氰根的干扰，然后加硝酸银溶液，所产生的浊度与氯化物标准溶液所产生的浊度比较。

10.2 试剂和材料

10.2.1 硝酸溶液：1＋9；

10.2.2 硝酸银溶液：17 g/L；

10.2.3 冰乙酸溶液：1＋1；

10.2.4 氯化物标准溶液：1 mL 溶液含氯(Cl)0.1 mg；

用移液管移取 10 mL 按 HG/T 3696.2 配制的氯化物标准溶液，置于 100 mL 容量瓶中，用水稀释至刻度，摇匀。

10.2.5 氰化氢检测试纸；

溶液 1：邻联甲苯胺乙酸盐溶液：约 1 g/L。将 0.64 g 邻联甲苯胺溶于 5 mL 冰乙酸溶液中，用水稀释至 1 L。

溶液 2：乙酸铜溶液：1 g/L。

需要时，溶液 1 与溶液 2 等体积混合，将窄条滤纸浸于混合液中制备试纸。

10.3 仪器、设备

比色管：50 mL。

10.4 分析步骤

警告——此操作应在排风良好的通风橱中进行。

用移液管移取 5 mL 试样溶液 A，置于 150 mL 烧杯中。加 50 mL 水，置于通风橱中，加 6 mL 硝酸溶液，盖上表面皿，煮沸，直至用氰化氢检测试纸检验无氰化氢为止(无蓝色出现)。冷却，用水冲洗表面皿，将该溶液转移至比色管中，用水稀释至刻度，摇匀。

取 6 支比色管，各加入 40 mL 水，5 mL 硝酸溶液。分别加入 0 mL、0.20 mL、0.40 mL、0.60 mL、0.80 mL 和 1.00 mL 氯化物标准溶液，用水稀释至刻度，摇匀。

在每支比色管中加入 1 mL 硝酸银溶液，摇匀，放置 5 min。以黑色为背景将试样溶液与标准溶液进行比较。

10.5 结果计算

氯化物含量以氯(Cl)的质量分数 w_5 计，数值以％表示，按式(7)计算：

$$w_5 = \frac{m_1 \times 10^{-3}}{m(5/500)} \times 100 \qquad \cdots\cdots(7)$$

式中：

m_1——与试样溶液浊度相对应的标准比色管中氯的质量的数值，单位为毫克(mg)；

m——6.1.4 称取的试料质量的数值，单位为克(g)。

取平行测定结果的算术平均值为测定结果，两次平行测定结果的绝对差值不大于 0.03％。

11 水分的测定

11.1 仪器、设备

11.1.1 称量瓶：Φ45 mm×25 mm；

11.1.2 电热恒温干燥箱：能控制温度在 105 ℃±2 ℃。

11.2 分析步骤

用预先在 105 ℃±2 ℃下干燥至质量恒定的称量瓶称取 3 g～5 g 固体试样，精确至 0.000 2 g。移入电热恒温干燥箱中，打开盖，在105 ℃±2 ℃下干燥2.5 h。取出，置于干燥器中，冷却30 min。称量，精确至0.000 2 g。

11.3 结果计算

水分以质量分数 w_6 计，数值以%表示，按式(8)计算：

$$w_6 = \frac{m_1 - m_2}{m} \times 100 \qquad \cdots\cdots(8)$$

式中：

m_1——干燥前称量瓶和试样的质量的数值，单位为克(g)；

m_2——干燥后称量瓶和试样的质量的数值，单位为克(g)；

m——试料质量的数值，单位为克(g)。

取平行测定结果的算术平均值为测定结果，两次平行测定结果的绝对差值不大于表1所列。

表1 水分的质量分数平行测定结果的绝对差值 %

水　分	绝对差值
>0.5	0.05
0.2~0.5	0.04
<0.2	0.03

12 水不溶物含量的测定

12.1 试剂

12.1.1 硝酸银溶液：50 g/L。

12.2 仪器、设备

12.2.1 玻璃砂坩埚：滤板孔径为5 μm~15 μm；

12.2.2 电热恒温干燥箱：能控制温度在105 ℃±2 ℃。

12.3 分析步骤

称取约5 g固体试样，精确至0.01 g，置于烧杯中，加30 mL热水(50 ℃~60 ℃)溶解。用预先在105 ℃±2 ℃下干燥至质量恒定的玻璃砂坩埚过滤，用热水洗涤至滤液中不含氰根离子（用硝酸银溶液检查）。将玻璃砂坩埚连同不溶物一并移入电热恒温干燥箱中，在105 ℃±2 ℃下干燥至质量恒定。

12.4 结果计算

水不溶物含量以质量分数 w_7 计，数值以%表示，按式(9)计算：

$$w_7 = \frac{m_1 - m_2}{m} \times 100 \qquad \cdots\cdots(9)$$

式中：

m_1——玻璃砂坩埚连同不溶物的质量的数值，单位为克(g)；

m_2——玻璃砂坩埚的质量的数值，单位为克(g)；

m——试料质量的数值，单位为克(g)。

取平行测定结果的算术平均值为测定结果，两次平行测定结果的绝对差值不大于0.01%。

13 铁含量的测定

13.1 方法提要

试样加酸并加热消除氰根的干扰，然后采用邻菲啰啉分光光度法进行测定。

13.2 试剂

13.2.1 盐酸溶液：2+1；

其他试剂同 GB/T 3049—2006 的第 4 章。

13.3 仪器、设备

同 GB/T 3049—2006 的第 5 章。

13.4 分析步骤

13.4.1 工作曲线的绘制

按 GB/T 3049—2006 的 6.3 进行，选用 4 cm 吸收池及对应的铁标准溶液用量，绘制工作曲线。

13.4.2 测定

警告——此操作应在排风良好的通风橱中进行。

称取 2 g～5 g 试样，精确至 0.01 g，置于 250 mL 高型烧杯中，加 25 mL 水，置于通风柜内，加入 25 mL 盐酸溶液(2+1)，在电炉上蒸发至干，冷却后再加入 5 mL 盐酸溶液(2+1)溶解残渣，溶液转移至 100 mL 容量瓶中，以下按 GB/T 3049—2006 的 6.4，从“加水至 60 mL，……”开始进行操作。

空白试验是在 250 mL 高型烧杯中，加 25 mL 水，置于通风柜内，加入 25 mL 盐酸溶液(2+1)，以下操作与试验溶液同时同样处理。

从工作曲线中查出试验溶液和空白试验溶液中铁的质量。

13.5 结果计算

铁含量以铁(Fe)的质量分数 w_8 计，数值以%表示，按式(10)计算：

$$w_8 = \frac{(m_1 - m_0) \times 10^{-3}}{m} \times 100 \qquad (10)$$

式中：

m_1——从工作曲线上查得的试验溶液中铁的质量的数值，单位为毫克(mg)；

m_0——从工作曲线上查得的空白试验溶液中铁的质量的数值，单位为毫克(mg)；

m——试料质量的数值，单位为克(g)。

取平行测定结果的算术平均值为测定结果，两次平行测定结果的绝对差值不大于表 2 所列。

表 2 铁含量平行测定结果的绝对差值

%

铁含量	绝对差值
>0.5	0.05
0.1～0.5	0.03
0.01～0.1	0.01
<0.01	0.002

附 录 A
（资料性附录）
含氰废液的处理

为了防止含氰废液的污染，分析后的含氰废液均应进行处理后方可排放。

A.1 方法提要

在碱性溶液中，以次氯酸盐为氧化剂使氰离子氧化分解为无毒的氮气和二氧化碳。

A.2 处理步骤

将废液收集于约 10 L 的容器中，加入氢氧化钠溶液至废液的 pH 值大于 8.5（用 pH 试纸检验）。置于通风厨内，加入适量的漂白粉，充分搅拌，放置 12 h，达标后排放。

上述操作中所用药剂均为工业级。

ICS 13.300
R 04

中华人民共和国国家标准

GB/T 23766—2009

固体危险物质
冲击感度测定通用方法

Solid hazardous materials—
General method for the determination of impact sensitivity

2009-05-13 发布　　2010-01-01 实施

中华人民共和国国家质量监督检验检疫总局
中国国家标准化管理委员会　发布

前　言

本标准修改采用 ASTM E680:1979 (2005 年重新批准)的《固态危险物落锤冲击敏感度的标准试验方法》(英文版)。

本标准根据 ASTM E680:1979(2005 年重新批准)的《固态危险物落锤冲击敏感度的标准试验方法》起草。在采用 ASTM E680:1979 时,本标准做了一些修改,有关技术性差异、结构性差异已编入正文中,并在它们涉及的条款的页边空白处用垂直单线标识。附录 A、附录 B 技术性差异和结构性差异及原因的一览表以供参考。

本标准的附录 A、附录 B、附录 C 和附录 D 为资料性附录。

本标准由中国石油和化学工业协会提出。

本标准由全国化学标准化技术委员会无机化工分会(SAC/TC 63/SC 1)归口。

本标准起草单位:中华人民共和国山东出入境检验检疫局、中海油天津化工研究设计院。

本标准主要起草人:王骏、杨裴、刘幽若。

本标准为首次发布。

固体危险物质冲击感度测定通用方法

1 范围

1.1 本试验方法用于测定固体危险物质在落锤冲击刺激下的相对敏感性。

1.2 本标准适用于固体危险物质冲击感度测定的操作和设备。本标准中没提及使用本标准时所涉及的所有安全问题。任何使用本标准者有责任在使用之前查阅并确定相关法规限定的适用范围，并建立合适的安全、健康的操作规程。

2 方法提要

在所规定的撞击工具的质量范围和可能使用的撞击表面直径内，按所有试验中叙述的标准样品的厚度，制备和处理样品，通过测试的步骤，用著名的布鲁斯顿升降法进行落锤冲击试验，同时采用不同冲击装置获得规范化数据的方法。

3 术语和定义

下列术语和定义适用于本标准。

3.1

H_{50}值 H_{50} value

50%冲击破坏高度，通过布鲁斯顿升降法测定。

3.2

撞击工具 impact tools

用于撞击的落锤、上击柱、铁砧。

3.3

落锤 drop weight

锤升到选择的高度然后释放，该锤不直接撞击样品，它撞击另一与样品相接触的固定击柱。

3.4

上击柱 intermediate weight

与样品接触的固定击柱。

3.5

铁砧（下击柱） anvil

放置样品或装样品的杯子的平滑而坚硬的表面。

3.6

非限定试验 unconfined test

试验样品直接放置在铁砧上，侧面不密封的试验方式。

3.7

限定试验 confined test

试验样品放置在密封杯中(样品容器)，然后将密封杯放于铁砧上的试验方式。

3.8

密封杯 confinement cup

在限定试验中使用的金属样品容器。

3.9

引导衬套 guide bushing

在适当位置包围、调整并固定上击柱的金属套管。

3.10

滑轨系统 guide system

引导落锤下落的栏杆、钢丝绳、轴。

3.11

冲击面 striking surface

与试验样品接触的上击柱的坚硬、平滑的底部圆形表面。

3.12

撞击装置或机器 impact apparatus or machine

整个装置包括基础部分、导轨、电磁起重、绞车和工具。

4 装置

4.1 专用的撞击装置。

4.2 落锤的质量(m_1)和上击柱的质量(m_2)最好相等。然而上击柱的质量可以小于落锤的质量，只要质量比 m_2/m_1 大于或等于 0.6 即可。确保撞击试验样品的力量在自然状态下不随时间变化而波动，确保落锤通过上击柱传递的能量没有较大的改变。

4.3 落锤的质量应在 1.0 kg～3.5 kg 之间。

4.4 所有冲击工具表面的硬度应在罗克韦尔硬度 55～59 之间(包括落锤、上击柱、铁砧)。

4.5 上击柱直径在 9.52 mm～19.05 mm 之间(在此直径范围内能获得成功试验的数据)。

4.6 上击柱表面和铁砧冲击表面的光洁度尽管对于固体爆炸物不是非常关键，但应达到 No.8 或更细，如果所使用的表面光洁度有极大的不同，则在所得到的数据旁做脚注标明所使用的表面光洁度。

4.7 在限定试验中，密封杯用 302 不锈钢制造。杯底的厚度范围须在 0.13 mm～0.15 mm。撞击栓的外圆周一部分与杯底部结合处以圆弧边相连。如果参与撞击的仅是杯底部平坦部分的金属，则允许杯内部的金属有较大的能量损耗，以确保更好的密封性和置于撞击栓和杯上试验物质不流动。图 1 显示的是典型的密封杯。图 2 进一步提供了一些在撞击栓和杯之间零配件尺寸。

4.8 设备的安装方式将直接影响其使用。因此，设备在安装时应牢牢的固定在水泥基础上，最好与建筑物的地基固定。

4.9 图 3 为一典型冲击装置的图解，图 4 和图 1 详细绘制了落锤、上击柱、密封杯(材质——302 不锈钢，已退火，罗克韦尔 B-90)。这些工具有用的信息参见附录 C。所有的设计包含在一个装置中，就是当落锤弹回时抓住落锤以防止再次和上击柱相互作用。

单位为毫米

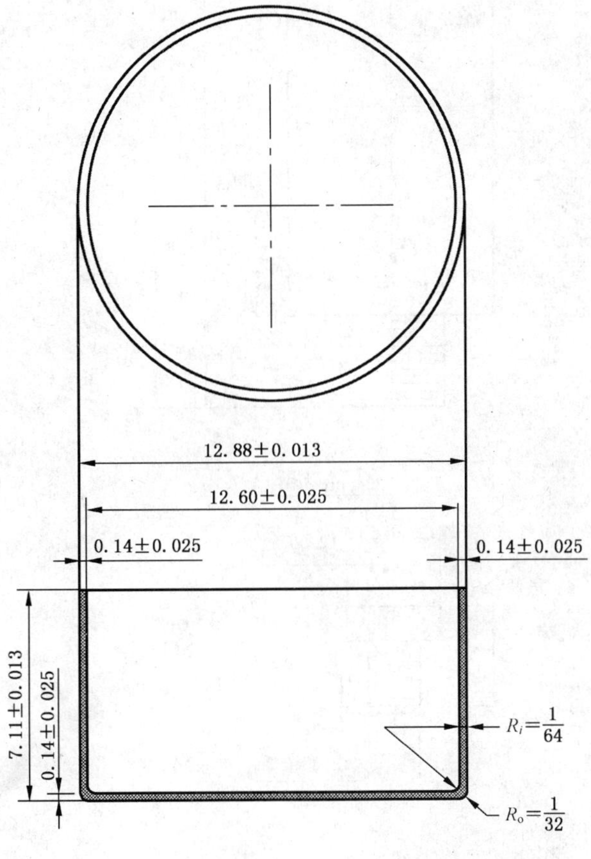

图 1 限定试验样品容器密封杯

单位为毫米

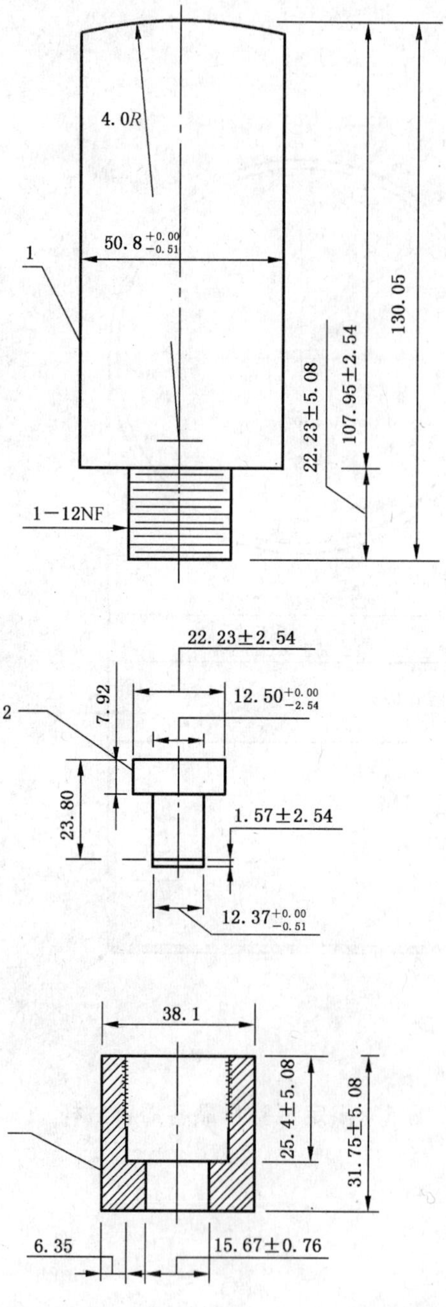

1——上击柱；

2——撞击栓；

3——轴环。

图 2　上击柱装配图

1——电磁体；　　2——落锤；　　3——样品杯；　　4——*A*-*A* 剖面。

图 3　冲击装置

5 试验样品

5.1 所有试验样品的厚度应相同，可通过将样品均匀地平铺在一定面积上，使得体积达到固定。标准为 31.5 mm^3/cm^2。为确保试验样品单位质量有相同的能量输入，不论撞击的表面积为多少，推荐样品的厚度为 0.315 mm。因此使用的样品直径为 12.7 mm，其体积 40 mm^3。样品体积的大小与样品直径的变化成正比，只要单位面积上样品的体积为 31.5 mm^3/cm^2 即可使用。样品的体积可有 10%的误差，为达到此目的，样品的量匙要加工成具有合适的体积。如试验过程样品的厚度与标准不同，则需做简单的标注，尤其是当这个 H_{50} 值与用标准厚度样品测得的 H_{50} 值出现在同一表格中时。

在某些情况下，样品的密度将妨碍样品在量匙中的测量，通过质量(m)来测定样品体积的大小；$m=\rho V$，V 为样品的体积，ρ 是样品的疏松密度，如果密度不是规定的，则应测定。

5.2 各种规格直径的样品与不同直径的工具相连，如下：

a) 限定试验特指样品被封闭在一圆柱杯中，样品的直径与杯内径相同，因此，根据密封杯的内径计算样品的体积或质量。

b) 非限定试验特指样品被直接置于由金属、塑料或带子制作的厚度为 0.33 mm 带孔的模板中，将模板插入固定在铁砧上，样品堆在孔内，用刮铲或直尺刮水平。在任何情况下孔径都将大于工具接触面的直径，因为工具接触面的尺寸较大，在冲击时很容易撞击模板孔的边缘部位而使样品被遗漏掉。在冲击试验时将模板放在原位置，模板能很好的辅助样品入内。对应工具直径为 12.7 mm 时，模板孔径应为 15.9 mm，也可以为 19.1 mm 或更大，只要与较大的样品成比例即可。

注：固定厚度的样品的体积和质量是依据模板的直径而不是工具的直径。

样品的直径不应小于工具的直径，否则不能应用本标准方法。此外，本标准方法不能应用到限定和非限定试验的混合数据试验。一般在非限定试验中适用，在限定试验中不提倡使用。然而，限定试验归一化的密封参数同样是合理可信的。4.7 中规定了重要的杯参数。

单位为毫米

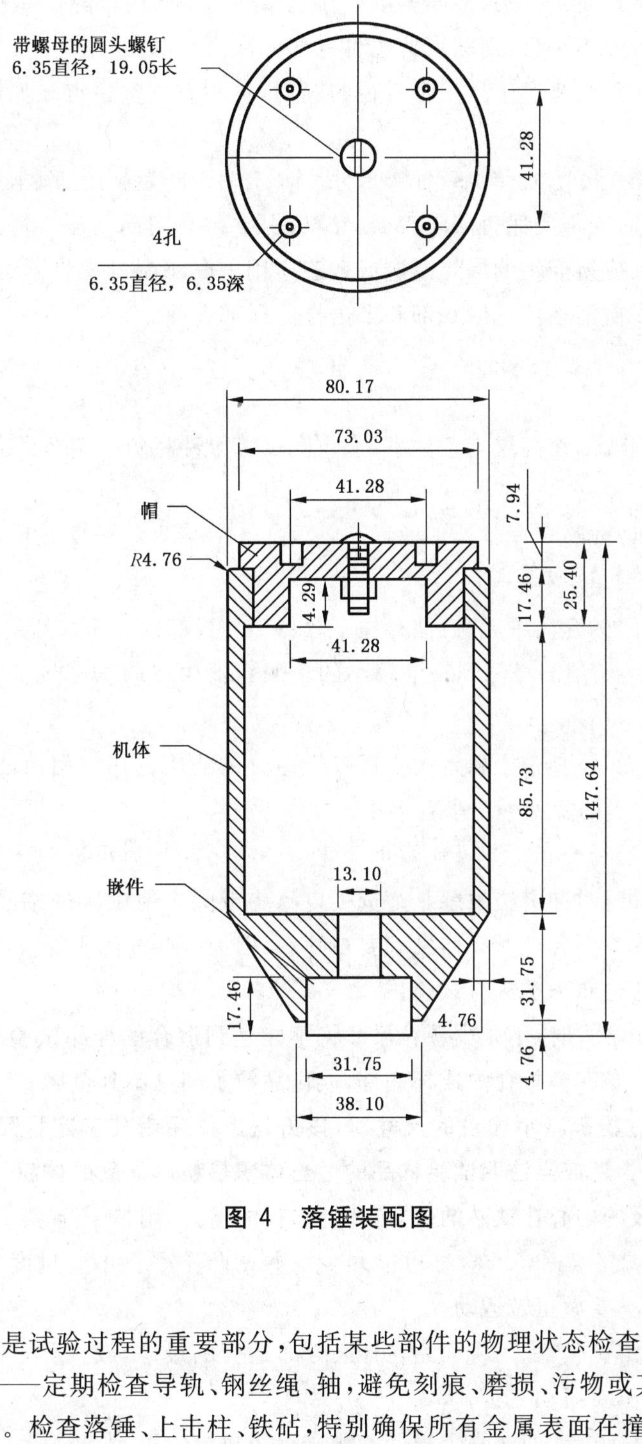

图 4 落锤装配图

6 装置的准备

对装置的检验检查是试验过程的重要部分，包括某些部件的物理状态检查、校准和清洁度检查。

6.1 设备的物理状态——定期检查导轨、钢丝绳、轴，避免刻痕、磨损、污物或其他的物理损伤，消除任何阻止落锤下落的损伤。检查落锤、上击柱、铁砧，特别确保所有金属表面在撞击过程中没有损伤。确保上击柱在引导衬套内能滑动穿过并旋转自如不偏靠一边。如果上击柱的底面（冲击面）或铁砧的顶面有任何的损伤，要及时修理或替换。在每次限定试验中，如果使用密封杯，则需用一个新的清洁的密封杯。

6.2 校准

6.2.1 校准滑轨，允许落锤沿与地面垂直在±0.25°之内的轨道下落。这个角偏差很容易通过铅垂线来测定，因为0.25°误差使3 000 mm 长的铅垂线产生超过13 mm 偏移。

6.2.2 校准上击柱的底面（冲击面）和铁砧的顶面。这些表面应水平而且平行。用普鲁士蓝染料可方便的检验它。在一张纸上放少量染料，将这张纸插入上击柱冲击面和铁砧之间，然后用手降低上击柱到含染料的纸上。提起上击柱，插入一张洁净的纸。在这张纸的不同区域降低和升高上击柱数次，做许多不同的印记。如果两个表面不平行，则圆周的边将有部分缺损。凸面冲击工具所产生圆周的直径小于撞击工具本身。然而凹面工具将产生一正常直径的圆周，中心有一空白点。如果注意到有任何的缺损或其他，需按步骤消除它。

注：不要依据第一次或第二次的印记单独做判断，因为过量的染料会将缺损的地方变模糊或覆盖。

6.3 洁净度——在任何时候都要保持砝码表面、导轨、引导衬套内部洁净。每次试验上击柱冲击面和铁砧顶部需特别清洁。反应所产生的爆炸痕迹或残渣应用丙酮蘸湿的棉纸除去，然后再用干棉纸擦干净。在升降法试验中需多次清洁落锤的底部和上击柱的顶部表面。

7 步骤

7.1 如果不能控制气候状况，在高湿度条件下，避免测试吸湿性材料。调节样品和试验步骤，使湿度的影响降低到最小。

7.2 对于贮存于未知条件或高湿度条件下的样品，要在 90 ℃下真空干燥 2 h；对于在 90 ℃热敏的样品，在 50 ℃下真空干燥 8 h。

7.3 干燥后样品放于封闭的容器中，然后储存在干燥器中。样品须在干燥后的几天内完成测试。

7.4 取可完成 H_{50}测试足够量的样品到一个较小的干燥容器中，进行升降法试验，在每次试验间盖严小容器。

7.5 有些物质将不用干燥，特别是干燥将失去挥发性组分的物质。在使用前，将它们密封在不透气的容器中。为 H_{50}试验取适当的量到一个小容器中。

7.6 试验结果随颗粒的粒径分布不同可能发生变化。一些结晶物质可能包含有若干种结晶形态。例如，一种形态可能为大尺寸，对冲击更敏感。筛选可以集中或除去更敏感的结晶形态。通常，只有当粒径的分布比较相同才有效。不要求所有样品都要被筛选，因为一些样品不能被筛选，通常情况下希望试验样品以到货时粒子尺寸分布为准进行试验。

当样品颗粒的尺寸非常大时，不减少颗粒尺寸将不能达到适合的样品试验厚度。此时将样品粉碎到一定程度使其能均匀分布在模板孔内或杯底部，或样品粒子间见不到金属底。

警示——当必须通过粉碎减小颗粒的尺寸时，该方法的使用者应确定样品是否危险，如果不能肯定，采用远程粉碎的方法。还应当注明试验样品的适当体积是粉碎样品的体积。

7.7 对非限定试验，模板的中心在铁砧的上方，在上击柱的下方，用带子拴紧。用小刮铲将样品均匀分布于整个模板孔区域内(见 5.1 和 5.2)，尽可能减少一些凹凸不平。不要过度的下压或夯实样品。轻轻降低上击柱到样品上，不要做扭转运动。

7.8 按相同的步骤做限定试验，除了将样品在杯底分布适当的尺寸，放置杯子于铁砧上时要确保杯子和样品水平，插入杯子时不要扭动工具。

7.9 进行布鲁斯顿升降法试验，即在一个较低的测试等级执行“反应”，稍后在一个较高的测试等级执行“未反应”。测试的最小值推荐为 21。

注意——试验操作人员在释放落锤进行所有操作之前应该佩戴有侧护板的安全镜，当落锤释放时应躲在防护板后面或远端地点。

7.10 推荐的试验高度见表 1。以相等的对数间隔为步长，符合冲击试验中的正常误差。如果这些间隔不适合，可做适当的调整。使用等距的“真实高度”间隔也可产生合适的 H_{50} 值。概测法选择的间隔为所估算的 H_{50} 值的 20%～25%。

表 1　推荐的规范高度范围

对数增量	相应的高度/mm	试验高度[a]（最近点 5 mm)/mm
1.705	50.7	50
1.805	63.8	65
1.905	80.4	80
2.005	101.0	100
2.105	127.0	125
2.205	160.0	160
2.305	202.0	200
2.405	254.0	255
2.505	320.0	320
2.605	403.0	405
2.705	507.0	505
2.805	638.0	640
2.905	804.0	805
3.005	1 012.0	1 010
3.105	1 274.0	1 275
3.205	1 603.0	1 605
3.305	2 018.0	2 020
3.405	2 541.0	2 540
3.505	3 199.0	3 200

[a] 试验高度的最近点为 5 mm，因为设备的调整是以 5 mm 为增量。

8　反应测试

8.1　冲击过程中出现下列一种或更多种现象，被定义为反应：

a)　可听见的爆炸声；

b)　可见的火焰或光亮；

c)　确切的烟雾(不要和样品扩散所产生的大片尘埃混淆)；

d)　确切的由于样品分解而褪色；

8.2　反应中当无法区别爆炸声、没有明显火焰和少量的样品消耗时，可根据试验后样品的外观确定临界点。在大多数情况下，冲击将把样品压成一个薄的圆片。圆片的一部分可能粘在冲击工具的表面、铁砧的表面或两者都有。检查工具和铁砧的表面，查找空缺(圆片缺失部分)。在出现空缺的地方查找由于分解而褪色的区域。如果因分解而褪色，则指定为反应试验。如果有小的空缺而未褪色，则指定为试验未反应。如果不能确定褪色或没有褪色，则指定为试验未反应。如果仅存在轻微的气味或少量的烟尘，很可能由于样品扩散造成的烟雾，则认为试验未反应。

9　计算

9.1　在计算过程中可根据相同的对数间隔确定不同的试验高度(见表 1)。以对数为步长计算均值(m)和标准偏差(S)。在实际高度中，m 的反对数即为 H_{50} 值。如果使用等距试验间隔，则均值(m)和标准偏差(S)直接按实际高度计算。

9.1.1 均值的计算公式：

$$m = c + d\left(\frac{A}{N} \pm \frac{1}{2}\right) \quad\cdots\cdots(1)$$

9.1.2 H_{50}的计算公式

$$H_{50} = \text{anti lg}m \quad\cdots\cdots(2)$$

9.1.3 标准偏差 S 的计算公式

$$S = 1.62d\left(\frac{NB - A^2}{N^2} + 0.029\right) \quad\cdots\cdots(3)$$

式中：

c——在出现一个有效事件时的最小试验值的对数；例如：对于示例试验为 lg32；

d——间隔增量，落高间隔(对数值)；

n——在一个特定高度出现的“反应”或“未反应”的个数；

N——在已完成的升降法试验中出现的“反应”或“未反应”的总个数；两者相等时取任意态，不相等时取数值小者；

i——试验水平的序号，取最低试验水平的序号为 0，例如：对于 c 来说 $i=0$，对于 $c+d$，$i=1$；

$A=\sum i\cdot n_i$，$N=\sum n$；选取的状态与 N 对应；

$B=\sum i^2\cdot n_i$；选取的状态与 N 对应；

$-\frac{1}{2}$——当 N 值使用反应数时，取$-\frac{1}{2}$计算；

$+\frac{1}{2}$——当 N 值使用未反应数时，取$+\frac{1}{2}$计算。

9.2 与升降法试验结果记录在一起的重要数据如下：

9.2.1 落锤和上击柱的质量及冲击工具表面的直径。

9.2.2 限定或非限定试验。

9.2.3 试验所用样品的体积(或质量和密度)。

9.2.4 在非限定试验中样品区域的直径，或限定试验中样品杯的内径。

9.2.5 样品的处理(干燥或过筛)。

9.2.6 试验中与本标准不一致的步骤。

9.3 做对比试验时，只改变 9.2.1 中规定的参数而 9.2.2～9.2.6 中的试验参数保持不变，测定不同的归一化 H_{50}值并进行比较。

9.4 本标准方法不包括统计试验，可以用概测法判别结果，将两个归一化的 H_{50}值相减，其差值与两个标准偏差中的较大值比较(当 H_{50}值与附录 D 所列举的相同时，标准偏差以质量单位面积表示)，其差值小于标准偏差，则可认为无显著性差异。

注：测定试验的高度间隔是等对数间隔，则概测法也应以对数计算；如测试不以等对数间隔，则以实际高度值计算。

9.5 所给物质在两个不同的落锤冲击装置上利用不同的质量和工具的撞击直径，以下列两种方法得到规范的数据。

a) 对一个 H_{50}值应用归一化因数，把它作为与另一个比较的基础。

b) 对两个 H_{50}值应用归一化因数，m_iA_i(m_i 表示落锤的质量，A_i 表示上击柱的冲击面积，具体见附录 D 计算示例 2 的方法 2)；得到与最初任意的 H_{50}值不同的比较标准。

如果在进行升降法试验时使用的是相等的实际(非对数)高度间隔，而且均值的统计试验也是以实际高度执行，则标准偏差 S 能够以类似的方式被归一化。如果使用等距的对数间隔，则 S 不能以实际高度为步长转换(通过反对数)，应该用均值。如果用等价均值做统计试验，则在归一化数据和统计试验的整个过程使用对数形式。

10 精密度和准确度

10.1 用落锤的高度间隔(d)限制试验的精密度，标准偏差 S 应在间隔数量级上比较。

10.2 试验结果的取舍以下列规则为依据：如果 $\frac{1}{2}d \leqslant S \leqslant 2d$，则试验结果接受；否则适当的扩大或缩小间隔重做试验。

10.3 依据在某一基础上执行的 H_{50} 试验，从很多爆炸试验中得到的标准偏差 S 与均值的平均比率大约为 20%。此平均比率是以真实高度值(非对数)得到的，提供了试验中关于精密度的进一步理解。正是在此基础上，推荐最初选择的间隔为“估算”均值的 20%到 25%。

附 录 A
（资料性附录）
本标准与 ASTM E680:1979 的技术性差异及其原因一览表

表 A.1 给出了本标准与美国材料与试验协会标准 ASTM E680:1979《固态危险物质落锤冲击感度的标准试验方法》(英文版)技术性差异及其原因。

表 A.1 本标准与 ASTM E680:1979 的技术性差异及其原因一览表

本标准的章条编号	技术性差异	原 因
9	本标准将计算公式突出，并增加 H_{50} 的计算公式	使公式更加详实明确
9	本标准对 i、N、A、B 的解释进行了补充	ASTM 标准的解释不够详细
9	本标准对均值(m)计算公式中的 $\pm\frac{1}{2}$ 的选择进行说明	ASTM 标准没有对此进行说明，容易引起混淆
附录 D	本标准将示例计算在附录 D 中描述	使标准的层次清晰
附录 D	本标准在示例 1 中标准偏差(S)的计算过程第二步中将×0.1 添加	ASTM 标准在此步计算中存在错误

附 录 B
（资料性附录）
本标准与 ASTM E680：1979 的结构性差异

表 B.1 给出了本标准与美国材料与试验协会标准 ASTM E680：1979《固态危险物落锤冲击感度的标准试验方法》（英文版）结构性差异。

表 B.1 本标准与 ASTM E680：1979 结构性差异一览表

本标准		ASTM E680：1979	
章节	内容	章节	内容
前言	前言	前言	前言
1	范围	1	适用范围
—	—	2	参考文献
2	方法概要	3	方法总结
—	—	4	意义和用途
3	术语和定义	5	定义
4	装置	6	装置
5	试验样品	7	试验样品
6	装置的准备	8	装置准备
7	步骤	9	步骤
8	反应测试	10	反应测试
9	计算	11	计算
10	精密度和准确度	12	精密度和准确度
附录 A	本标准与 ASTM E680：1979 技术性差异及原因一览表	—	—
附录 B	本标准与 ASTM E680：1979 的结构性差异	—	—
附录 C	落锤工具的结构信息	附录	落锤工具的结构信息
附录 D	计算示例	—	—

附 录 C
（资料性附录）
落锤工具的结构信息

C.1 上击柱装置

C.1.1 上击柱和撞击栓的材质应是已经淬火的在罗克韦尔C范围内洛氏硬度55到59。轴环可以是冷轧钢。

C.1.2 除撞击栓底部表面外，所有的锐利的边角已淬火部分要被磨去尽可能的与相应的部分相匹配。此目的是为了消除应力点和可能形成的龟裂。

C.1.3 如果轴环由六角钢制成，将十分方便。如果由圆钢制成，则需在外表面（180度区域）磨出平坦区域，使板钳能将轴环勒紧。

C.1.4 这三部分的总质量应在2.00 kg±0.04 kg范围内。遇到这种情况，上击柱的长度可根据需要改变。检查淬火期间的质量。

C.1.5 淬火后，将上击柱和撞击栓的顶部和底部的表面磨到No.8细度或更细。

C.1.6 撞击栓的详细信息是：底部12.50 mm，轴径12.37 mm。削减直径与在限定试验中用做样品杯的不锈钢杯相适应。

C.2 落锤

C.2.1 落锤的总质量（帽、机体、嵌件）应为2.00 kg±0.04 kg。给出的尺寸将造成轻微超重，清理主体内表面以减轻质量。

C.2.2 嵌件（在落锤试验中打击上击柱的部分）由淬火后在罗克韦尔C范围内洛氏硬度55到59的这一类钢制造。这将适应插入主体金属与金属间的压合。主体被加热而嵌件冷却以帮助压制。

C.2.3 机械旋进式帽的目的是为了帮助落锤在提升到所期望的高度时于电磁控制头处就位。这些细节可以改变以适应个体的需要。

附 录 D
（资料性附录）
计 算 示 例

D.1 计算示例 1

表 D.1 和表 D.2 显示的是按顺序进行的单个试验结果以及数据总结，落锤对 21 个试样进行试验，计算均值(m)，H_{50}，标准偏差(S)。

表 D.1 个体试验结果

落锤高度/cm	1	2	3	4	5	6	7	8	9	10	11	12	13	14	15	16	17	18	19	20	21
101.0																					
80.5																					
64.0												×						×			
50.5	×		×						×		○		×		×		○		×		×
40.5		○		×		×		○		○				○		○				○	
32.0					○		○														
25.5																					
×：表示反应；○：表示未反应																					

表 D.2 相关结构数量的计算

试验高度/cm	×(反应)	○(未反应)	i	$i \cdot n_i$	$i^2 \cdot n_i$
64.0	2	0	3	0	0
50.5	7	2	2	4	8
40.5	2	6	1	6	6
32.0	0	2	0	0	0
合计	11	10		10	14
表示符号	—	—		A	B

$d=\lg 40.5-\lg 32=1.607-1.505=0.102\approx 0.10$

$c=\lg 32=1.505\,1$

取未破坏值计算，则 $N=10$；$A=10$；$B=14$

$$m=c+d\times\left(\frac{A}{N}+\frac{1}{2}\right)=1.505\,1+0.1\times\left(\frac{10}{10}+\frac{1}{2}\right)=1.655\,1$$

$$H_{50}=\text{anti}\ \lg m=\text{anti}\ \lg 1.655\,1=45.2\ \text{cm}$$

$$S=1.62\times d\times\left(\frac{NB-A^2}{N^2}+0.029\right)=1.62\times 0.1\times\left(\frac{10\times 14-100}{100}+0.029\right)=0.070$$

D.2 计算示例 2

装置 A：

落锤质量＝2.0 kg，

中间工具冲击直径＝12.7 mm

中间工具冲击面积＝1.27 cm^2

H_{50}＝500 mm(对于爆炸物××)

装置B：

落锤质量＝3.0 kg，

中间工具冲击直径＝9.52 mm

中间工具冲击面积＝0.712 cm^2

H_{50}＝187 mm(对于爆炸物××)

方法1——采用装置B中较大的落锤质量和较小的中间工具冲击直径得到相对于装置A较小的 H_{50} 值。两个归一化因数都大于个体，代表质量和直径(或面积)的结果应用到用装置B得到的 H_{50} 值上作为和装置A比较的基础。

质量因数：3 kg/2 kg＝1.50

直径因数：$(12.7\ mm/9.52\ mm)^2=1.78$

或

面积因数：$(1.27\ cm^2/0.712\ cm^2)=1.78$

总因数：＝2.68

规范的 $H^B_{50} \rightarrow H^B_{50}$：$(2.68)(H^B_{50})=(2.68)(187\ mm)=500\ mm$

方法2——两个 H_{50} 值分别和各自的 m/A 值相乘，

$m_i/A_i H^i_{50}$＝常数

$m_A/A_A H^A_{50}=(2.0/1.27)(500\ mm)=790\ mm$

$m_B/A_B H^B_{50}=(3.0/0.712)(187\ mm)=790\ mm$

从上所述两种方法都完成了预期目标，由不同的工具质量和冲击面积产生的不同冲击效果进行了规范。

ICS 13.300
R 04

中华人民共和国国家标准

GB/T 23767—2009

固体化工产品在气态氧化剂中燃烧极限测定的通用方法

General method for measuring solid chemicals fire limits in gaseous oxidants

2009-05-13 发布　　2010-01-01 实施

中华人民共和国国家质量监督检验检疫总局
中国国家标准化管理委员会　发布

前 言

本标准修改采用美国材料与试验协会标准 ASTM G 125:2000《液体和固体材料在气态氧化剂中燃烧极限的标准试验方法》(英文版)。

本标准根据 ASTM G 125:2000《液体和固体材料在气态氧化剂中燃烧极限的标准试验方法》重新起草。

在采用 ASTM G 125:2000 时,本标准做了一些修改,有关技术性差异及结构性差异已编入正文中,并在它们涉及的条款的页边空白处用垂直单线标识。附录 A 和附录 B 中给出了这些技术性差异及结构性差异及原因的一览表以供参考。

本标准附录 A、附录 B、附录 C、附录 D、附录 E 为资料性附录。

本标准由中国石油和化学工业协会提出。

本标准由全国化学标准化技术委员会无机化工分会(SAC/TC 63/SC 1)归口。

本标准起草单位:中华人民共和国山东出入境检验检疫局、中海油天津化工研究设计院。

本标准主要起草人:赵祖亮、郭永欣、刘幽若。

本标准为首次发布。

固体化工产品在气态氧化剂中燃烧极限测定的通用方法

1 范围

本标准规定了在特定的压力、温度、流动状况、燃烧传播方向和通常系统中其他各种几何特性等情况下，测定材料在各种氧化剂气体中能维持燃烧平衡的极限条件。

本标准适用于在规定实验条件下对热和火焰有反应的材料、产品或成型配件的性能进行测定和描述，而不能直接用来描述或评价材料在实际燃烧条件下着火的危险和危害。本方法更适合于评价与试验要求的尺寸相近的材料和组分的燃烧性能。

2 规范性引用文件

下列文件中的条款通过本标准的引用而成为本标准的条款。凡是注日期的引用文件，其随后所有的修改单（不包括勘误的内容）或修订版本均不适用于本标准，然而，鼓励根据本标准达成协议的各方研究是否可使用这些文件的最新版本。凡是不注日期的引用文件，其最新版本适用于本标准。

GB/T 2918—1998　塑料　试样状态调节和试验的标准环境

GB/T 3863—2008　工业氧

GB/T 3864—2008　工业氮

3 术语和定义

下列术语和定义适用于本标准。

3.1

氧相容性　oxygen compatibility

在可接受的危险参数范围内（在预期的压力和温度条件下），某物质与氧以及可产生助燃物的物质共存的能力。

3.2

氧指数　oxygen index

在规定的试验条件下，物质在氮氧混合物中刚能维持有焰燃烧时的最低氧浓度，以体积分数表示。

3.3

燃烧极限　fire limit

在特定条件下，且至少有一个变量时（常见的变量有氧化剂浓度、稀释剂性质、压力、温度、几何型式、流量或燃烧参数），某材料刚能维持连续燃烧的临界条件。

3.4

氧化剂相容性　oxidant compatibility

在可接受的危险参数范围内（在预期的压力和温度条件下），某物质与氧化剂以及可产生助燃物的物质共存的能力。

3.5

氧化剂指数　oxidant index

在给定的温度、压力、流动状态和传播方向等条件下，某氧化剂（如氧、氧化二氮、氟等）在氧化剂和稀释剂（如氮、氦、二氧化碳等）的混合物中刚能维持连续燃烧时的最低氧化剂浓度，以体积分数表示。

氧化剂指数也可根据氧化剂的名字定义：如氧极限（指数）、氧化二氮极限（指数）、氟极限（指数）等。除特殊说明外，氧化剂均指氧，稀释剂均指氮，温度指室温。

3.6

压力极限　pressure limit

在给定的氧化剂浓度、温度、流动状态和传播方向等条件下，某材料刚能维持连续燃烧时氧化剂(或混合物)的最小压力。

压力极限也可根据氧化剂的名字定义：如氧压力极限、氧化二氮压力极限、氟压力极限等。

3.7

温度极限　temperature limit

在给定的氧化剂浓度、温度、流动状态和传播方向等条件下，某材料刚能维持连续燃烧时氧化剂(或混合物)的最低温度。

温度极限也可根据氧化剂的名字定义：如氧温度极限、氧化二氮温度极限、氟温度极限等。

4　安全提示

采用本试验方法时，燃烧过程中产生的气体、蒸气、气溶胶、烟及其混合物可能是有害的。应提供足够的防护设施以保护试验操作人员。

本标准没有将所有的安全事项列出，如有需要可另行增加。本标准的使用者有义务确定安全和健康方面的具体事项，并对其在应用中的适用范围作出限定。

5　方法提要

以试验仪器测定在平衡条件下恰能维持连续燃烧时的极限条件(最低氧化剂浓度、最小压力、最低温度等)。通过对一个或任意两个条件中的一个进行测定(即试样燃烧的时间或燃烧的长度)，确立样品燃烧时产生的热量(有些氧化剂的分解可能加速放热)与释放到环境中的热量之间的平衡关系。为了确定燃烧极限，该极限点要接近临界极限的上限和下限。

6　影响试验的变量

6.1　试验过程中涉及到的变量主要有氧化剂、稀释剂、压力、温度、流动状况和流向等。

6.1.1　氧化剂：改变氧化剂会使试验结果产生较大的变化，因为在不同的材料中其基本化学作用不同，试验中应注明选用的为何种氧化剂。可用的氧化剂有：氧、氧化二氮、氟、三氟化氮和氮(氮大多用作稀释剂，在有些情况下也作氧化剂用)。

6.1.2　稀释剂：稀释剂对燃烧极限有一定影响。稀释剂的导热性和热容量是其最重要的两个性质，其次是活性。可用的稀释剂有：氮、氦、氩、二氧化碳、氖和氙。

6.1.3　压力：压力对燃烧极限有显著影响。但其作用很复杂，因为氧气系统的压力变化范围较宽，可达到 82 MPa，试验时应选择适当的压力。

6.1.4　温度：温度对燃烧极限有重要影响。有些材料在室温条件下并不燃烧，但是只要温度略高于室温就能较好的燃烧。

6.1.5　流动和传播体系：流动体系和传播方向的参数变化对燃烧极限有显著影响。在大多数聚合物试验中，如果流体将热的燃烧产物携带到试样的未燃部分，则所得氧指数偏低。因此如果试样是由底部点燃而气流向上流动或由顶部点燃而气流向下流动，则所得的极限值比试样由顶部点燃且气流向上流动要低。在气体不流动的系统中，惰性燃烧产物的浓度、稀释剂的浓度及氧化剂气体中杂质的含量均会使所测得的极限值较其他情况时偏高。

6.1.6　几何形状：几何形状对燃烧极的影响并不明确，对不同的材料其作用有所不同。一般来讲，粉体材料的燃烧极限比其相应的块状材料的极限值要低。

7　材料

7.1　氧气：符合 GB/T 3863—2008 要求的气态氧；

7.2　氮气：符合 GB/T 3864—2008 要求的气态氮。

8 仪器、设备

8.1 试验柱：内径最小为 75 mm、高度为 450 mm 的耐热玻璃管，垂直固定在不燃材料上并可使气体混合物通过基座进入柱内。底部填充直径 3 mm～5 mm 的玻璃珠，深度在 80 mm～100 mm 为宜（如图 1 所示）。

注 1：最小内径 95 mm、高 210 mm、顶部限制出口（直径 50 mm）的试验柱可得到相当的试验结果。

注 2：在不燃材料上方装金属网可接住下落的燃烧残渣以便使试验柱底部保持洁净。

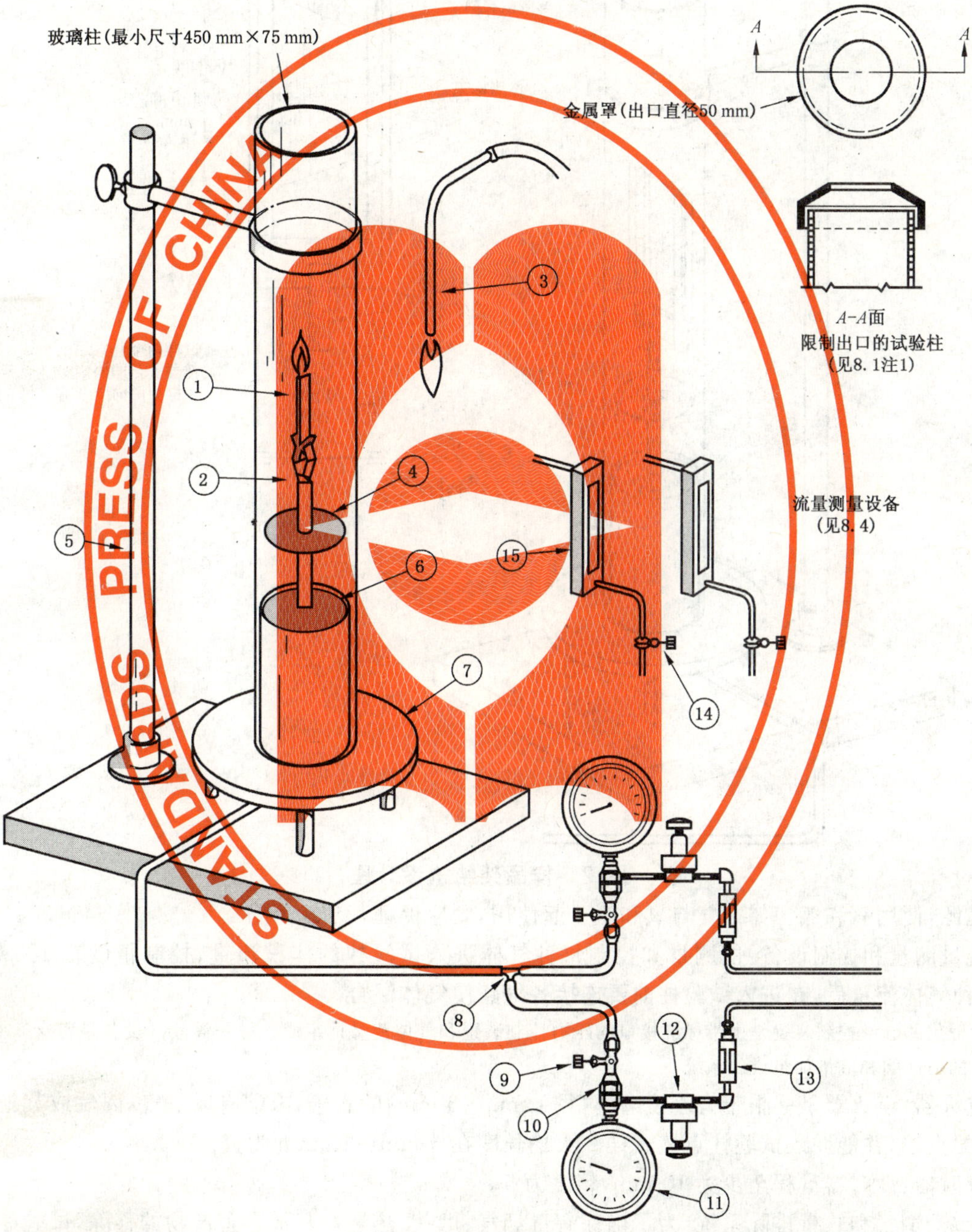

1——燃烧的试样；
2——试样夹；
3——点火器；
4——金属网；
5——环架；
6——支座中的玻璃珠；
7——黄铜基座；
8——三通；
9——截止阀；
10——接口；
11——压力表；
12——精密压力控制器；
13——过滤器；
14——针阀；
15——转子流量计。

图 1 典型的设备结构图

8.2 样品架：将样品垂直固定在试验柱基座上并支撑试样位于试验柱中心的小构件。为支撑试样，其样品架装置如图1所示，将一实验室温度计夹插入玻璃管底部的玻璃珠中(或用其他材料作支撑物)。对其他型式的试样，如薄膜和薄片，其样品架如图2所示，被安放在上述玻璃管中。用夹子或其他器具将试样的两边安全地固定在样品架上。

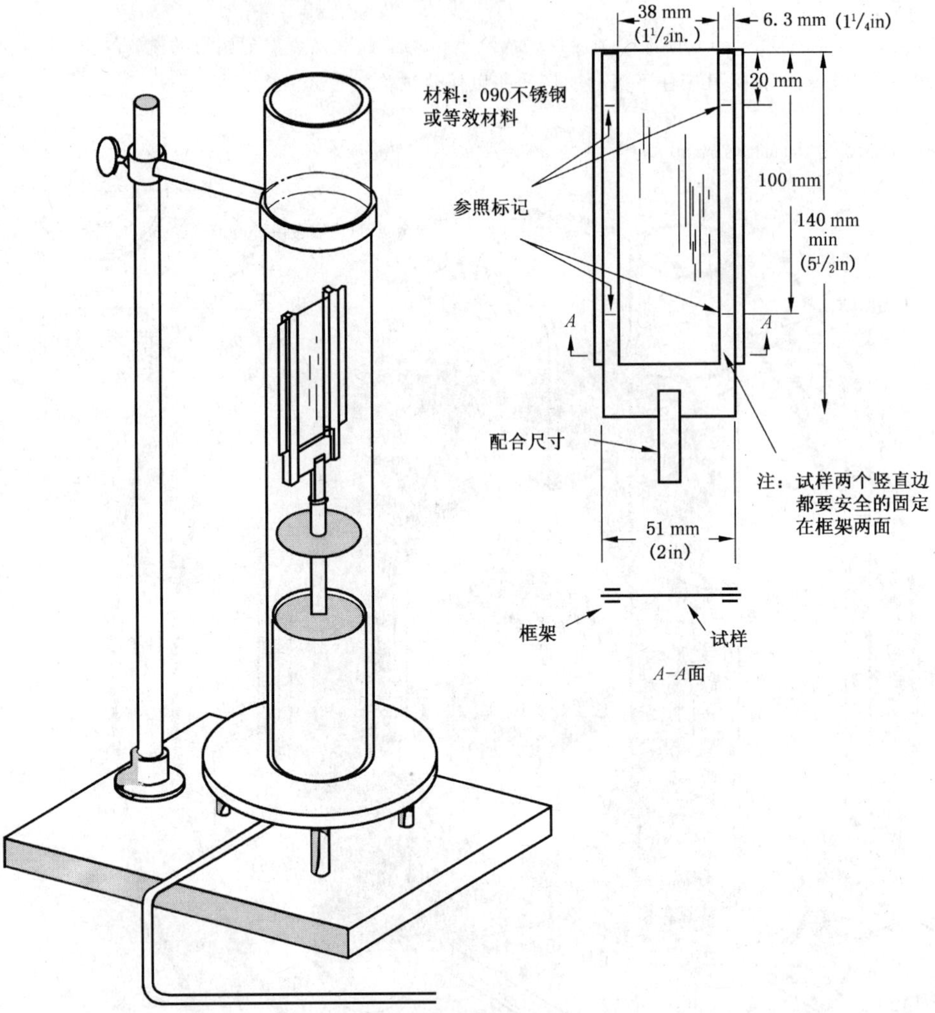

图2 样品架结构设计图

8.3 气源：使用氧和氮。如空气与氧和氮一起使用，则应保证其洁净、干燥。

8.4 流量测量和控制设备：能测量和控制每种气体进入试验柱的体积流量，控制精度在1%范围内。测量每种气体流量后，在进入试验柱前要连接各气路使气体混合。

注：理想的流量控制装置是由带标准接口的压力控制装置和气体流量计组成。另一等效的设备是符合8.4中要求的由针阀和流量计组成的系统。

8.5 点火器：点火器是一根带有小喷嘴(内径1 mm～3 mm)的管子，末端有以氢气、丙烷或其他可燃气体点燃的火焰，并能插入试验柱点燃试样。火焰长度在6 mm～25 mm为宜。

8.6 计时器：计时器量程至少为10 min，精度为5 s。

8.7 烟灰、烟气和热量排除系统：为了确保有毒烟气、烟灰、热量及其他有害产物的移除，试验柱应安装在通风厨内或使用其他适宜的排风装置。

注：对易产生烟灰的样品进行试验时，烟灰会覆盖试验柱内壁，因此要时常清理以确保较好的可见度。

9 试样

按照表1要求的试样尺寸，从待测样品上切取足够数量的试样(通常取5份～10份)。

表 1 试样尺寸

单位为毫米

类型	试样型式	宽	厚	长
A	自撑试样	6.5±0.5	3.0±0.5	70～150
B	自撑弹性塑料的代用材料	6.5±0.5	2.0±0.25	70～150
C	泡沫塑料	12.5±0.5	12.5±0.5	125～150
D	非自撑试样(薄膜、薄板或薄片)	52±0.5	接样状态	140±5

9.1 以接样时的样品条件进行试验，除非有其他协商条件。

9.2 一些材料中的水分可能会影响氧指数，当怀疑样品中的水分会对试验有影响时，可按 GB/T 2918 处理。如未使用标准尺寸的试样，则所得的氧指数会有差异。

9.3 对于 C 类型的试样，只有密度相似的材料才可比。

注：对于泡沫塑料类样品，各向异性对试验有影响，应加以评价，除非已事先协商确定了特定方向。

9.4 D 类型材料的厚度为接样时的情况，但是只有厚度相似的材料才可比。

9.5 试样的边缘应相对平滑，没有加工时遗留的毛边、毛刺。

10 试验步骤

10.1 用湿式气体流量计(水封式旋转鼓轮计)或其他等效的校准设备对流量测量系统进行校准。建议每 6 个月进行一次校准。校准的第一步就是要仔细检查各接点处有无渗漏。

10.2 试验环境应参照 GB/T 2918 要求的室温条件进行。

10.3 将试样垂直夹在试验柱的中心位置，保证试样顶端低于试验柱顶端至少 100 mm。如果使用的是限制开口的试验柱(见 8.1 注 1)，试样顶端应低于试验柱顶端至少 40 mm。

10.4 根据对类似材料测量的经验选择所需的初始氧浓度。如果没有相关的经验，则在空气中点燃试样并观察燃烧情况。如试样在空气中迅速燃烧，则开始试验时的氧浓度在 18%左右；如果试样熄灭，则开始试验的氧浓度至少为 25%，这取决于点燃的难易程度和燃烧的时间。

10.5 调节流量阀使通过试验柱的氧浓度能满足 10.4 所规定的初始浓度。试验柱内气体在标准温度(0 ℃)及压力(101.3 kPa)下的流速应保持在(4±1)cm/s[计算方法是用气体通过试验柱的总通量(mm^3/s)除以试验柱面积(mm^2)]。

10.6 用气体清洗试验柱 30 s。

10.7 用点火器将试样顶端全部点燃，以保证试样较好的燃烧。移开点火器开始计时。

10.7.1 对于 A、B、C 类型的试样当顶端全部点燃时，可以较好地燃烧。

10.7.2 对于 D 类型的试样，如果距样品夹 20 mm 的参照标记前(见图 2 所示)样品的任意部分被点燃，则可以较好地燃烧。但本试验方法不适用于材料在点燃前就收缩到 20 mm 标记线以下的情况。

注：大多数 D 类型的材料在氧浓度低于临界值时都会发生明显的收缩，而浓度高于临界值时就会燃烧。对这类材料进行试验时要特别注意。

10.8 如果试样的燃烧情况属于下列标准之一的，表明氧浓度过高，应降低氧浓度。

表 2 燃烧标准

类 型	A 和 B	C	D
燃烧标准	燃烧至少 3 min 或 50 mm	燃烧至少 3 min 或 75 mm	超过 100 mm 参照标记

10.9 如果试样的火焰在达到 10.8 中所述标准之前就熄灭了，则应升高氧浓度。

注：对 D 类型的试样进行试验时，样品支撑架可能会伸入玻璃柱 12 mm。此时可能因为玻璃柱变得很热而使氧指数降低。当发现这种情况时，建议将玻璃柱的温度回复至室温后再进行下次试验。大部分实验室是通过更换玻璃柱来完成这一要求的。

10.10 调节氧浓度，放入新样品，如果先前的样品足够长，可以更换另一端或将燃烧过的部分清除后，重新点燃。

10.11 重复10.6～10.10步骤直到临界氧浓度确定。这是符合10.8标准的最低氧浓度。在下一个更低的氧浓度时(低于氧指数0.2%或以下),试样应不符合10.8的标准。

注1:临界氧浓度取决于试样点燃时的温度和气体混合物的温度。

注2:对于燃烧性质稳定的材料,试样按10.8燃烧和按10.9熄灭所得的氧浓度之差具有重复性,在0.1%～0.3%之间,这取决于流量测量设备的灵敏度和特定的氧浓度。而有些材料的不均匀性、结炭、熔滴、弯曲等,会使燃烧性质不稳定,这使得试验结果的重复性很差。对于这种情况,临界氧浓度可通过统计学试验方法确定,这里不作详述。

10.12 以略微不同的流速开始试验,仍保持流速在30 mm/s～50 mm/s,至少进行3次试验并重复上述10.5～10.11的步骤。

10.13 常规检验试验:进行常规检验或指定检验时,在指定的氧浓度下对指定数量的试样进行试验,其他条件同10.1～10.7。试验结果应给出被测样品符合10.8的燃烧标准的最大数量。

例:"在氧浓度为__%的条件下,燃烧至3 min或50 mm以上的试样不大于____"。

注:如6.1.5所指,当试样是在底部点燃,而火焰随氧化剂混合物一起向上流动时,所得的氧指数较低。底部点燃试验所用试样的长度要短于表1中所列长度。除样品点燃位置不同外,其他试验步骤与标准方法相似。

11 结果的计算

11.1 10.12中每次平行测定的材料氧指数n,数值以%表示,按式(1)计算:

$$n=\frac{V_{O_2}}{V_{O_2}+V_{N_2}}\times 100 \quad \cdots\cdots(1)$$

式中:

V_{O_2}——按10.11确定的氧浓度下氧的体积流速的数值,单位为立方毫米每秒(mm^3/s);

V_{N_2}——与O_2相对应的氮的体积流速的数值,单位为立方毫米每秒(mm^3/s)。

11.2 如果使用的是空气,假设空气中含氧20.9%。或按需要加入氧和氮,则氧指数n数值以%表示,按式(2)计算:

$$n=\left(V_{O_2}+\frac{0.209\times V_A}{V_{O_2}+V_{N_2}+V_A}\right)\times 100 \quad \cdots\cdots(2)$$

式中:

V_A——空气的体积流速的数值,立方毫米每秒(mm^3/s);

V_{O_2}——氧的体积流速的数值,立方毫米每秒(mm^3/s);

V_{N_2}——氮的体积流速的数值,立方毫米每秒(mm^3/s)。

12 精密度和偏差

12.1 氧指数低于21%的材料,其3次重复试验(实验室间比较)的平均标准偏差为0.4;氧指数高于21%的材料,其平均标准偏差为0.7～1.4(燃烧不规律的材料所对应的偏差值较高)。

12.2 实验室内的标准偏差介于完全燃烧材料的0.1和不规律燃烧材料的1.0之间。

12.3 对B、C和D类试样中的12种材料进行试验,所得标准偏差结果见表3所示。

表3 精密度结果

类型	实验室间的标准偏差	实验室内的标准偏差
B	0.5～1.1	<0.2
C	0.4～1.5	0.1～0.3(估计值)
D	0.5～1.4	<0.6

附　录　A
（资料性附录）
本标准与美国材料与试验协会标准 ASTM G 125:2000 的技术性差异及其原因一览表

表 A.1 给出了本标准与美国材料与试验协会标准 ASTM G 125:2000《液体和固体材料在气态氧化剂中燃烧极限的标准试验方法》(英文版)技术性差异及其原因。

表 A.1　本标准与 ASTM G 125:2000 的技术性差异及其原因一览表

本标准的章条编号	技术性差异	原　因
7	本标准设置"7 材料"中的氧气和氮气与 ASTM 的要求可能不同。	标准规定是市售产品，各国有不同的标准。

附 录 B
（资料性附录）
本标准与美国材料与试验协会标准 ASTM G 125:2000 的结构性差异

表 B.1 给出了本标准与美国材料与试验协会标准 ASTM G 125:2000《液体和固体材料在气态氧化剂中燃烧极限的标准试验方法》(英文版)结构性差异。

表 B.1 本标准与 ASTM G 125:2000 结构性差异一览表

本标准		ASTM 的 G 125:2000	
章节	内容	章节	内容
前言	前言	前言	前言
1	范围	1	范围
2	规范性引用文件	2	参考文献
3	术语	3	术语
4	安全提示		—
5	方法提要	4	方法概要
	—	5	意义和用途
	—	6	摘要
6	影响试验的变量	7	变量
7	材料		—
8	仪器、设备	8	仪器
9	试样	9	试样
10	试验步骤	10	分析步骤
11	结果的计算	11	计算
12	精密度和偏差	14	精密度和偏差
附录 A	本标准与美国材料与试验协会标准 ASTM G 125:2000 的技术性差异及其原因一览表	—	—
附录 B	本标准与美国材料与试验协会标准 ASTM G 125:2000 的结构性差异	—	—
附录 C	范围的补充说明	—	—
附录 D	试验结果分析	12	结果的分析解释
附录 E	试验报告	13	试验报告
	—		参考文献

附　录　C
（资料性附录）
范围的补充说明

C.1　经证实本试验方法可适用于多种形态材料的测试和分类。但同时也发现该方法在推测实际系统中“对氧稳定”的材料时作用有限。在试验过程中，如不能如实再现相关情况就没有必要应用该试验结果。燃烧极限是一种行为特性的量度而不是物理特性的量度。

注：虽然该方法可以适用于测定一系列材料在一系列含稀释剂的氧化剂中的燃烧极限，但是除了那些基本测试如测定塑料以外，对于其他制品及试样的几何形状测定准确度并不确定。

C.2　对于测定金属在氧气中燃烧极限的一系列特定试验条件参见其他相关标准。针对金属的一系列试验条件本标准不再作详述。

附 录 D
（资料性附录）
试验结果分析

D.1 试验原则：燃烧极限指试样在特定系统中能维持燃烧的临界条件。在该条件下，试样会发生燃烧并能使燃烧产生漫延。然而不必为了获得试样维持平衡燃烧的结果，而耗费超长的时间燃烧特长的试样。有些材料在很多试验条件下并不燃烧或是不规则燃烧，能给出这几类材料的燃烧极限试验结果是很有用的。

注：例如，给出氧指数 100 的结果就是指材料会在此浓度燃烧。而给出某材料氧指数＞100 时不燃烧的结论是没有意义的。本节叙述了对观测的试样进行分析解释的原则。

D.2 平衡燃烧：试验操作者寻求维持燃烧蔓延的终点情况。对于聚合物，燃烧蔓延至试样表面 50 mm 长的距离或燃烧 3 min 即视为持续燃烧。这两种标准中的持续蔓延都超过了点火器产生的有利于燃烧的不稳定状态点。达到上述两点中的任意一点，试验可终止并指定该试验结果为正结果。但是在这段长度及时间内的燃烧应呈现平衡，并有在不确定的时间内继续燃烧的趋势，可以允许样品长度和燃烧时间更长些。没必要以平稳、一致来衡量燃烧是否平衡，但是任何强度或不规律性的变化都不应为系统性衰减。

示例：点燃某 100 mm 长的试样。试样燃烧距离超过点火区域 50 mm 然后熄灭。如果燃烧距离已足 50 mm 长，则达到燃烧距离标准，将得到氧指数试验结果为正的结论。但分析解释这一结果还要衡量多种因素。如果火势蔓延到点火区域以外后燃烧性质逐渐衰减，则燃烧不平衡，不管燃烧长度如何，试验结果为负。如果燃烧已达平衡（意味着可能由试样不均匀而引起的燃烧性质重复式变化趋于一致），那么很可能得到正的试验结果，因为这时任何样品都可能燃烧完全。如果试样呈现燃烧强度波动或燃烧在较低的强度波动范围内熄灭，结果会有较大争议。如果通过大量试验借助统计置信度证实表面不均匀性具有可靠的阻燃机制，那么总体上将试验结果认定为负。

D.3 可点燃但不蔓延的材料：许多材料可以点燃但不能持续燃烧。在氧浓度低于氧指数的条件下进行聚合物氧指数试验时通常会得到不能持续燃烧的结果，仅将此以负试验结果报告。然而，有些聚合物及复合材料（惰性基体聚合物）能在纯氧中点燃，但燃烧过程中燃烧强度逐渐衰减，经过足够的时间会熄灭。这些结果可以氧指数“不传播（DNP.）”的形式报告。

D.4 不能点燃的材料：有些材料，如陶瓷制品，是不可点燃的。这些材料可长期置于火焰中，且在点火过程中不发生任何反应。这些材料可报告为“不可点燃（DNI.）”。

D.5 多重极限：有些材料在氧指数以上可能出现“不规律性熄灭”。据有关报道：某尼龙材料在氧指数试验中（建议试验条件低于燃点）在某一氧浓度范围内可产生重复的负试验结果，但在更低的氧浓度下也可产生重复的正试验结果和更低氧浓度下的负结果（此为明显的多重极限）。相对较高氧浓度下的负结果是归因于燃烧强度太强而使试样熔化，熔化物滴落并中断了燃烧，产生重复的负结果。因为燃烧极限是可燃烧的最小条件，所以两次测量结果中最低者是有价值的，须予以报告。这就是为什么方法提要中要求极限点“要接近临界极限的上限和下限”。操作者应注意：单次有效的正试验结果可以证明试验条件位于极限值以上，但是筛分机制却可能使得到的负试验结果为大于实际临界值的错误结果。因此，存在极限值可能低于试验值的不确定度，为了降低此不确定度，并减小此种情况发生的几率，需要确立一个有效负试验结果的统计基数，使结果始终位于即接近临界值又低于极限值的范围内。

附 录 E
（资料性附录）
试 验 报 告

试验报告应包括以下内容：

a） 待测材料的描述，包括类型、密度、各向异性的大体方向（对于C类试样）、来源、生产厂、样品形态、历史记录及状态调节情况等；

b） 试样尺寸；

c） 如果有的话指明特定试验条件（这里是底部点火）；

d） 每次试验各自的氧指数值及氧指数平均值；

e） 对异常情况的描述，如结炭、熔滴、弯曲及其他类似情况；

f） 其他需要说明的事项。

ICS 71.060.01
G 10

中华人民共和国国家标准

GB/T 23768—2009

无机化工产品
火焰原子吸收光谱法通则

**Inorganic chemicals for industrial use—
General rules for flame atomic absorption spectrometry**

2009-05-13 发布　　　　2010-01-01 实施

中华人民共和国国家质量监督检验检疫总局
中国国家标准化管理委员会　发布

前言

本标准与日本工业标准 JIS K 0121:2006《原子吸收光谱法通则》一致性程度为非等效。

本标准的附录 A 和附录 B 为资料性附录。

本标准由中国石油和化学工业协会提出。

本标准由全国化学标准化技术委员会无机化工分会(SAC/TC 63/SC 1)归口。

本标准起草单位:多氟多化工股份有限公司、中海油天津化工研究设计院、广东省汕头市质量计量监督检测所。

本标准主要起草人:薛旭金、刘幽若、郭永欣、陈敏、陈晓红。

本标准为首次发布。

无机化工产品
火焰原子吸收光谱法通则

1 范围

本标准规定了无机化工产品火焰原子吸收光谱法的术语和定义、方法原理、试剂、材料、仪器、测定、精密度、仪器实验室的条件和安全。

本标准适用于火焰原子吸收光谱法方法的编写、方法的研究、培训和教学以及对测定仪器的验收等。

2 规范性引用文件

下列文件中的条款通过本标准的引用而成为本标准的条款。凡是注日期的引用文件,其随后所有的修改单(不包括勘误的内容)或修订版本均不适用于本标准。然而,鼓励根据本标准达成协议的各方研究是否可使用这些文件的最新版本。凡是不注日期的引用文件,其最新版本适用于本标准。

GB/T 4470—1998 火焰发射、原子吸收和原子荧光光谱分析法术语(idt ISO 6955:1982)

GB/T 6379.2 测量方法与结果的准确度(正确度与精密度) 第2部分:确定标准测量方法重复性与再现性的基本方法

GB/T 6682—2008 分析实验室用水规格和试验方法(ISO 3696:1987,MOD)

GB/T 6819—2004 溶解乙炔

3 术语和定义

GB/T 4470—1998 确立的以及下列术语和定义适用于本标准。

3.1

火焰原子吸收光谱法 flame atomic absorption spectrometry

用火焰将分析试样中的待测元素转变为自由原子,通过测量蒸气相中该元素的基态原子对特征电磁辐射的吸收来确定化学元素含量的方法。

4 方法原理

从光源辐射出待测元素的特征波长的电磁辐射(光),通过火焰原子化系统产生的样品蒸气时,被蒸气中待测元素的基态原子吸收。在一定的实验条件下,吸光度值与试样中待测元素的浓度关系符合朗伯-比尔定律:$A=\lg\frac{\phi_0}{\phi_{tr}}=K\cdot l\cdot c$($A$ 为吸光度;ϕ_0 为入射光通量;ϕ_{tr} 为透射光通量;K 为吸收系数;l 为吸收光程长度;ρ 为待测元素的浓度)。

当吸收光程长度 l 与吸收系数 K 一定时,吸光度 A 与试样中待侧元素的浓度 ρ 成正比。利用此定律可进行定量分析。

5 试剂、材料

5.1 试剂

本标准所用试剂,在没有注明其他要求时,均指分析纯或分析纯以上试剂。

样品处理时常用到无机酸,如:盐酸、硝酸、高氯酸、氢氟酸等,使用前应检查,尽量保证其不含有待测金属元素。

5.2 水

符合 GB/T 6682—2008 中规定的二级水的规格。

5.3 溶液和标准溶液的配制

溶液和标准溶液的配制按相关标准配制。

配制标准溶液的试剂应采用纯度高、化学性质稳定的物质。

所用试剂应储存在洁净的容器中，不应有物质析出。

5.4 气体

火焰用的燃气通常为乙炔，其要求应符合 GB/T 6819—2004 的规定；所用的助燃气体通常为空气、氧化二氮，其要求应符合相关规定，使用压缩空气时应充分除去尘埃。

6 仪器

火焰原子吸收光谱仪主要由光源系统、火焰原子化系统、光学系统、检测系统和数据处理系统组成，另有背景校正系统和自动进样系统等。标准的仪器示意图如图 1 所示。

图 1 原子吸收光谱仪示意图

注：背景校正系统并不是原子吸收光谱仪的独立组成部分，在有些仪器中不包括该部分。

6.1 光源系统

6.1.1 光源系统由光源灯和灯电源两部分组成，常用光源灯如下：

a) 空心阴极灯是常用的分析光源，也用于背景校正，其结构如图 2 所示。

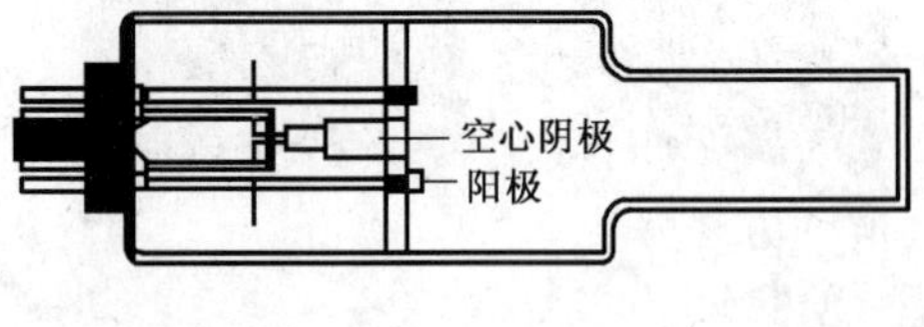

图 2 空心阴极灯结构示意图

b) 无极放电灯：用于特定元素（砷、锡、锑、铅、铋和锗等元素）的分析。

c) 氙气灯：用于待测元素分析和背景校正。

d) 氘灯：用于背景校正。

e) 钨灯：用于背景校正。

6.1.2 灯电源：灯电源应提供足够的能量来确保光源灯正常、稳定的使用。

6.2 火焰原子化系统

火焰原子化器由雾化器、雾化室和燃烧器组成，其功能是将试液雾化成气溶胶后再与燃气混合，进入燃烧器产生的火焰中，使其干燥、蒸发、离解，最后使待测元素形成基态原子。火焰原子化器可分为预混型原子化器和全耗型原子化器两种，目前大多使用预混型原子化器。

其所用的燃气和助燃气有乙炔-空气、乙炔-氧化二氮、氢气-氩气、氢气-空气等。

火焰原子化器应具备一定雾化效率、耐腐蚀、原子化效率高、噪声小及火焰稳定性能好，且应装有防止燃气、助燃气及废液泄漏的排放装置。

6.3 光学系统

6.3.1 光路系统

光路系统分为单光束系统和双光束系统。单光束型只有一束光通过，而双光束型产生的光通量通过分光镜分为两束，一束通过原子化系统，一束则作为参比。

6.3.2 单色器

单色器可将由光源发出的复合光分解成单色光或有一定宽度的谱带以便分析使用。单色器装有衍射光栅，它应具有足够的分辨率将邻近谱线分开。单色器种类较多，有利特罗单色器、策尔尼-特纳氏单色器、分级光栅单色器等等。

6.4 检测系统

检测系统是通过检测器将入射光光强转变为电信号。常用元件有光电倍增管、光电管或半导体探测器。

6.5 数据处理系统

数据处理系统用来进行数据处理，显示，记录吸光度、浓度、工作曲线和测定结果。数据处理系统包括模拟系统和数字系统；另外，显示系统通常由显示器、打印机、记录仪等组成。

注：数据处理包含积分信号、读取吸收峰值、绘制并记录工作曲线等功能，以便获得更好的精密度，并加快读取检测结果的速度。

6.6 背景校正系统

该系统的目的是校正背景。有四种常用的背景校正系统：连续光源背景校正，塞曼效应背景校正，非共振吸收线背景校正和自吸背景校正。

6.6.1 连续光源背景校正系统

该系统是利用空心阴极灯辐射的锐线光谱所测得原子吸收和背景吸收的总吸光度值与连续光源辐射的连续光谱所测得背景吸收的吸光度值之差，得到待测元素原子的吸光度值，从而达到扣除背景的目的。

用于背景校正的能发射连续光谱的光源灯有氘灯、钨丝灯等。用于背景校正的氘灯一般适用于180 nm～350 nm波长范围内，钨丝灯一般适用于350 nm～800 nm波长范围内。

该系统适用于装有连续光谱校正装置的仪器。

6.6.2 塞曼效应背景校正系统

该系统是利用磁场产生塞曼效应来进行背景校正。由产生塞曼效应的磁铁和分离光信号的信号处理器组成。

磁铁有永久磁铁和交变电磁铁。使用交变电磁铁时有两种情况，一种是磁场与光轴平行的，另一种是磁场与光轴垂直的。磁场强度有强度恒定系统和强度变化系统。当采用恒定磁场且磁场方向与光轴垂直的系统时，在强磁场作用下，原子吸收线分裂为位于中央的其偏振方向与磁场平行的 π 组分，和位于两侧的其偏振方向与磁场垂直的 σ^+ 和 σ^- 组分；而背景吸收线不发生分裂，也不产生偏振特性。来自光源的光在偏光元件的作用下变为偏振光，与磁场平行和垂直的偏振光交替通过原子化系统，平行于磁场的偏振光与吸收线塞曼分裂 π 组分波长相同，偏振方向相同，产生共振吸收，测得原子吸收和背景吸收的吸光度值；而垂直于磁场的偏振光和吸收线塞曼分裂 π 组分偏振不同，不为 π 组分吸收，仅能为背景吸收，测得背景吸收的吸光度值。两者相减即得待测元素原子的吸光度值。

它能在全波段校正背景，但是在火焰分析中由于火焰产生的粒子可能造成光散塞曼效应，而使塞曼效应无法正常地进行磁场分裂，因而其在火焰原子吸收光谱法中应用存在局限性。

该系统适用于装有塞曼效应背景校正装置的仪器。

6.6.3 非共振吸收线背景校正系统

该系统是用分析线测量原子吸收和背景吸收的总吸光度，用非共振吸收线来测量背景吸收的吸光度（因非共振吸收线不产生原子吸收），两次测量值相减，即得到扣除背景之后的待测元素原子的吸光度值。

此方法的背景吸收随波长而改变，因此校正背景的准确度不高，只适用于分析线附近背景分布比较均匀的场合。

选用的非共振吸收线应尽量靠近吸收线，同时必须证实其确为非吸收线。

6.6.4 自吸背景校正系统

该系统利用双脉冲供电空心阴极灯来扣除背景。用低电流脉冲供电空心阴极灯测得待测元素和背景吸收的吸光度总和，用高电流脉冲供电空心阴极灯测得背景吸收的吸光度值。将两次测的吸光度相减，即得待测元素原子吸光度值。

该系统适用于装有自吸背景校正装置的仪器。

6.7 附属设备

根据需要可附加自动进样、自动稀释和流动注射等设备。

a) 自动进样设备　该装置可使样品自动替换、抽样和进样。

b) 自动稀释设备　当样品溶液进入喷雾器后，样品可自动被稀释剂稀释。稀释方法，包括稀释率及工作曲线上限等，可以作为操作条件进行设置，当稀释率设定后测定中的样品均按照此比率稀释，如果测定的浓度超出了工作曲线上限，样品溶液也将被自动稀释并重新测定，以便使测定结果符合工作曲线浓度范围。

c) 流动注射设备　该设备用于将一定量的样品溶液随着载体溶液注入雾化器和反应器的情况。其信号通常是瞬时变化的。

6.8 仪器附加功能

a) 吸收信号的放大与还原；

b) 重复测量和统计；

c) 积分吸收信号峰高、峰面积；

d) 制取和保存工作曲线；

e) 基线校正；

f) 灵敏度校正；

g) 数据存储；

h) 灯自动调节；

i) 波长自动调节；

j) 狭缝宽度自动调节；

k) 气体流速自动调节。

7 测定

7.1 试样处理

原则上来说，样品经处理后应溶于水，并稀释或浓缩至合适的浓度以作为分析试样。

7.1.1 固体样品

通常固体样品都要溶于水后才能分析测定。对于不溶于水的样品要加入酸、碱或有机溶剂溶解，或采用低温煅烧、高温煅烧的方法溶解。对于采用任何方法处理后仍有悬浮固体或沉淀的样品溶液，可以采用过滤或离心分离等方法处理，并进一步用各自适宜的方法进行溶解。

7.1.2 液体样品

液体样品通常可以溶于水后分析或直接分析，对于有悬浮固体或沉淀的样品溶液可根据样品特点采取适宜的分离方法对样品进行预处理。对于某些样品可以用有机溶剂进行萃取，但要充分考虑到所用有机溶剂的物理性质(如表面张力、黏度、密度)，以及化学性质(如可燃性、致敏性、燃烧时的有害气体和降解时的产物)。

7.1.3 其他注意事项

使用分离或预富集的方法进行样品处理时,分离步骤要少,在分离富集过程中待测元素应全部被富集,不得损失。分离富集过程中所用试剂、器皿不得含有待测元素,以免污染。

配制好的试样溶液如长时间放置很容易因水解、氧化、还原等作用而变质,因此试样溶液配好后应尽快进行分析检测。

具体产品的样前处理可参考各自相应的产品标准,不作具体规定。

7.2 测定条件的选择

7.2.1 分析线的选择

所选的分析线,其波长应符合仪器示数盘的要求,且经显示调节后应处在最佳波长位置。对于带有波长自动调节系统的仪器上述程序可省略。通常选择灵敏度高的谱线作为分析线,但根据样品浓度等具体条件也可选次灵敏线作为分析线。常测元素的分析线波长值可参见表1。

表1 常测元素的分析线波长

元素符号	吸收波长/nm	元素符号	吸收波长/nm	元素符号	吸收波长/nm
Zn	213.9	Cr	357.9	Pb	283.3
Al	309.3	Co	240.7	Ni	232.0
Sb	217.6	Hg	253.7	Ba	553.6
Cd	228.8	Sr	460.7	Bi	223.1
K	766.5	Fe	248.3	As	193.7
Ca	422.7	Cu	324.8	Mg	285.2
Ag	328.1	Na	589.0	Mn	279.5

7.2.2 灯电流的选择

应综合考虑光源发出的锐线光强度、待测元素波长和检测器特性等因素,选择信噪比最好的灯电流值。

7.2.3 光谱仪狭缝宽度

在能分离出待测元素分析线的范围内应尽量选择较宽的狭缝,以获得好的信噪比。一般对谱线简单的元素使用较宽的通带,多谱线元素使用较窄的通带,且入射电磁辐射不能太弱。

7.2.4 火焰类型的选择

火焰类型是影响原子化效率的重要因素,它与燃气和助燃气的种类和比例有关,按照燃气和助燃气比例不同,可分为氧化性火焰(燃气量小于化学计量)、化学计量性火焰(燃气和助燃气比例与化学计量相近)和还原性火焰(燃气量大于化学计量),应根据分析试样和待测元素的性质选择合适的火焰。下表列出了几种常见的火焰,其中乙炔-空气火焰的应用比较广泛,其背景干扰较小,但火焰温度不及乙炔-氧化二氮火焰高。

表2 几种常见火焰的温度

气体组成	氢气-空气	乙炔-空气	乙炔-氧化二氮
温度/℃	2 000	2 300	2 900

7.2.5 燃气和助燃气的混合比

选择燃气和助燃气的混合比时,应综合考虑待测试样的性质、待测元素的灵敏度、稳定性等因素。

选择方法:固定助燃气(或燃气)的流量,改变燃气(或助燃气)流量,测量标准溶液在不同流量时的吸光度,绘制吸光度-燃助比关系曲线,选择吸光度值大,且火焰比较稳定的燃气和助燃气混合比。

7.2.6 燃烧器高度和角度

在火焰区内，自由原子的空间分布是不均匀的，且随火焰条件而改变，因此，应调节燃烧器的高度，以使来自空心阴极灯的光束从基态原子浓度最大的火焰区域通过，以获得高的灵敏度。

燃烧器的角度决定吸收光程的长度，根据待测元素含量的高低选择合适的吸收光程长度。

7.2.7 稳定性确定

仪器在运转状态并经充分预热后，应确保其波长、灯强度等条件的稳定。

7.2.8 工作曲线线性范围

应用火焰原子吸收光谱法通常在低浓度区能获得较好的线性，但在高浓度区由于多种因素的影响往往不能获得理想的线性。所以在定量分析时，工作曲线应用在浓度和吸光度能呈现较好线性的范围。

7.3 待测元素的检出限和特征浓度

7.3.1 待测元素的检出限

测定方法参见附录 A 中 A.1 所述。

7.3.2 待测元素的特征浓度

测定方法参见附录 A 中 A.2 所述。

7.4 测定中的干扰及消除方法

7.4.1 测定中的干扰

影响分析测定的干扰按其性质和产生的原因，可分为光谱干扰、物理干扰和化学干扰等。

7.4.2 干扰的消除方法

7.4.2.1 光谱干扰

消除光谱干扰可用背景校正法(连续光源背景校正、塞曼效应背景校正、非共振吸收线背景校正和自吸背景校正)。用作背景校正的非共振吸收线可参附录 B。

7.4.2.2 物理干扰

使校准溶液和试样溶液的组成保持一致可以减小物理干扰。在不知道试样组成或无法匹配试样时，可采用标准加入法或稀释法来减小或消除物理干扰。

7.4.2.3 化学干扰

可以通过加入释放剂、保护络合剂、缓冲剂等干扰抑制剂来消除化学干扰。

7.5 定量分析方法

根据数据处理系统显示的示数和下述方法来计算待测元素在样品溶液中的浓度。不论使用何种方法，曲线的绘制应与样品测量同步。

7.5.1 工作曲线法

工作曲线法这是最常用的基本分析方法。配制一组合适的标准样品，在最佳测定条件下，由低浓度到高浓度依次测定它们的吸光度 A，以吸光度 A 对浓度 ρ(或被测物的质量)作图。在相同的测定条件下，测定未知样品的吸光度，从 A-ρ 标准曲线上用内插法求出未知样品中被测元素的浓度(也可用回归方程计算)，如图 3 所示。该法一般适用于无主体干扰的测定。

7.5.2 标准加入法

当无法配制组成匹配的标准样品时，使用标准加入法是合适的。分取几份等量的被测试样，其中一份不加入被测元素，其余各份试样中分别加入不同已知量 ρ_0，$2\rho_0$，$3\rho_0$，…，$5\rho_0$ 的被测元素，然后，在标准测定条件下分别测定它们的吸光度 A，绘制吸光度 A 对被测元素加入量 ρ 的曲线。如果被测试样中不含被测元素，在正确校正背景之后，曲线应通过原点；如果曲线不通过原点，说明含有被测元素，截距所相应的吸光度就是被测元素所引起的效应。外延曲线与横坐标轴相交，交点至原点的距离所对应的浓度 ρ_x，即为所求的被测元素的含量(也可用回归方程计算)，如图 4 所示。应用标准加入法，一定要彻底校正背景。

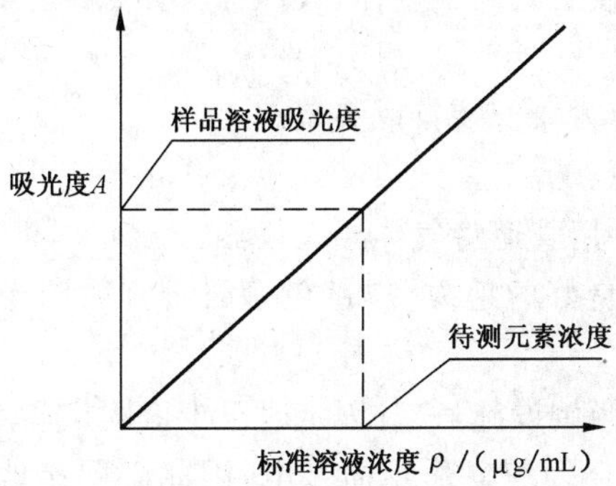

图 3　工作曲线法

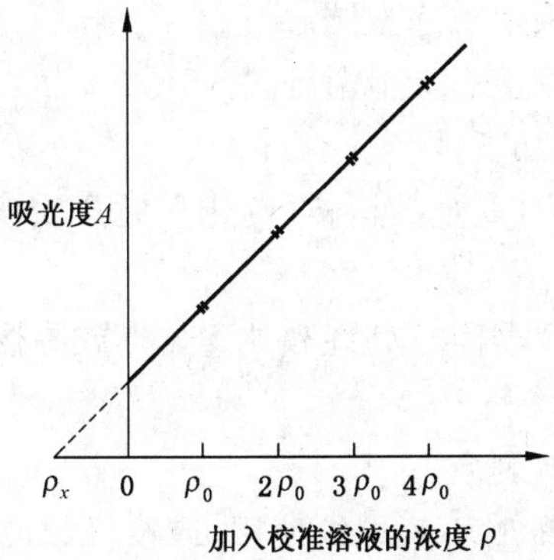

图 4　标准加入法

7.6　测量结果(待测元素含量)的表示方法

对于液体样品,待测元素含量的数值可以以质量浓度表示(μg/L、mg/L、μg/mL 等),也可以以质量分数表示(%、μg/kg、mg/kg 等);对于固体样品,以质量分数表示(%、μg/kg、mg/kg 等)。

8　精密度

可按照 GB/T 6379.2 确定。

同一实验室室内重复性精密度可在同一台仪器相同测定条件下,由同一人测定次数不少于 11 次的情况下,确定室内标准偏差和室内重复性。

9　仪器实验室的条件和安全

9.1　仪器实验室的条件

a)　原子吸收光谱仪周围不应安放其他可能产生强磁场、电场、高频率的仪器。

b)　不应存在振动。

c)　不存在尘埃和腐蚀性气体。

d)　仪器不受阳光直射。

e)　供电电源的波动应尽可能小。

f)　仪器安装固定时应考虑到抗地震措施。

g)　做好绝缘和接地防止电力事故发生。

h)　实验室温度应在 5 ℃～35 ℃之间;相对湿度不大于 85%;室内不能结露。

9.2 安全

火焰原子吸收光谱法常常会接触到高压气体、爆燃性气体、有毒有害气体等，所以应注意以下有关事项。

9.2.1 火焰原子吸收仪燃烧器上方要安装排风装置。

9.2.2 高压气体的储存条件如下：

a) 高压气瓶应放在户外，并用管道将气体导入仪器。

b) 高压气瓶应设置在通风良好的地方，应避免暴露于直射阳光、风雨、冰雪之下，同时应保持存放温度不高于 40 ℃。

c) 高压气瓶应设置抗震防倾倒设施，安装固定时至少应固定两点，所用到的支架也要固定。

d) 因为高压气体容器可能会因静电作用而带电，因此必须接地。另外，为防止高压气体容器带静电，其不应放置在橡胶、合成树脂板等绝缘材料上。

e) 在储存和使用乙炔容器时，为防止气体泄漏，应保持气瓶完好、直立放置。

f) 不能用铜或含铜 62%以上的合金作为乙炔管线。

g) 氧化二氮的压力控制阀应采用防冻型阀。

h) 应采用肥皂水等检查气体管道有无泄漏处。

9.2.3 高压气体及仪器的使用要求如下：

a) 为保证高压气体和仪器平稳、安全的运转，应建立健全安全检查条例和检查周期，并按此进行日检和定期检查。

b) 不得在使用燃气或氧气的仪器附近处理和放置可燃或易燃物质。

c) 不得猛开或猛关气体阀门。

d) 使用前应确认有足够的气体剩余。

e) 乙炔气体表压低于 0.3 MPa 时不宜继续使用，或按仪器说明书中有关气体表压的要求使用。

f) 如遇紧急情况（如突然断电）应关闭气体阀门。

g) 仪器的安全设施不得随意改变和调换。

h) 应确保样品原子化器及各结合点处无气体泄漏，并在点火前确认气体压力和流速符合燃烧头使用要求。

i) 燃烧器点火时，应先导入助燃气，后导入燃气再点火。熄火时，先停燃气后停助燃气。

j) 乙炔-氧化二氮点火时，应首先点燃乙炔-空气火焰，然后逐渐增加乙炔气体流量至特定值（至火焰呈黄色亮光），然后将阀门从“空气”转换到“氧化二氮”。熄火时操作顺序相反，先将阀门从“氧化二氮”转换到“空气”后再熄火。

k) 火焰燃烧时应密切注意气体压力和流速，如出现异常情况应立即熄火。

l) 火焰燃烧时，不要用眼睛直视火焰，必要时可以使用遮光罩、安全护目镜等设施。

m) 使用乙炔作燃气时，应尽量避免雾化含有大量铜、银、汞等物质的溶液。雾化这些溶液时雾化室内可能会产生爆炸性金属乙炔化合物的沉淀。

n) 分析测定含有大量高氯酸或高氯酸盐的溶液时，试验结束后要清洗雾化室和燃烧头。

o) 应配置灭火器和消防沙以防紧急情况发生。

附 录 A
（资料性附录）
检出限和特征浓度的测定方法

A.1 检出限的测定

A.1.1 以铜为代表元素，将仪器各参数调至最佳工作状态，用试剂空白溶液调零，分别对三种不同浓度(ρ)的铜校准溶液进行三次吸光度(A)重复测定，取三次测定的平均值后，按线性回归法求出工作曲线的斜率，得到火焰原子吸收光谱法的灵敏度[S_c，$A/(\mu g \cdot mL^{-1})$]。

$$S_c = dA/d\rho \qquad \cdots\cdots\cdots\cdots (A.1)$$

A.1.2 在与 A.1.1 完全相同的条件下，将标尺扩展 10 倍，对试剂空白溶液(或浓度三倍于检出限的溶液)进行 11 次吸光度测量，并求出其标准偏差：

$$S_A = \sqrt{\frac{\sum_{i=1}^{n}(A_i - \overline{A})}{n-1}} \qquad \cdots\cdots\cdots\cdots (A.2)$$

式中：

S_A——标准偏差；

A_i——某一单次测量的吸光度值；

$\overline{A}$——11 次测量的吸光度值的算术平均值；

n——测定次数。

A.1.3 按下式即可计算出仪器测铜的检出限[$\rho_L(k=3)$]，单位为 μg/mL。

$$\rho_L(k=3) = 3S_A/S_c \qquad \cdots\cdots\cdots\cdots (A.3)$$

A.2 特征浓度的测定

以铜为代表元素，用火焰原子吸收光谱法测铜的特征浓度(ρ_c)可引用 A.1.1 的测定结果，按式(A.4)进行计算。

$$\rho_c = \frac{0.0044}{S_c} \qquad \cdots\cdots\cdots\cdots (A.4)$$

式中：

S_c——A.1.1 中火焰原子吸收光谱法的灵敏度；

ρ_c——火焰原子吸收光谱法测铜的特征浓度，μg/mL；

0.004 4——相当于 1%吸收的吸光度值。

附　录　B
（资料性附录）
用于背景校正的非共振吸收线

以非共振吸收线背景校正法进行背景校正时，非吸收线可以是待测元素的谱线，也可以是其他元素的谱线，其波长值可参考表B.1、表B.2。

表 B.1　待测元素的吸收线

被测元素	共振吸收波长/nm	非吸收线波长(用作背景吸收) 被测元素本身的非吸收线/nm
Cd	228.8	226.5
Co	240.7	238.3
Cu	324.7	296.1
Fe	248.3	251.1
Mg	285.2	281.7
Mn	279.5	257.6
Ni	232.0	231.6
Pb	217.0 283.3	220.4 282.0
Sb	217.5	216.2
Se	196.0	198.1
V	318.4	319.6
Zn	213.9	210.4

表 B.2　其他元素的吸收线

被测元素	共振吸收波长/nm	非吸收线波长(用作背景吸收) 其他元素的非吸收线/nm	
Zn	213.9	Cu Tl Sb	213.6 214.3 217.6
Pb	217.0 283.3	Sb	217.6
		Cr	283.5 283.9
Pd	247.6	Fe	247.3
Mg	285.2	Sn	286.3
Cu	324.7	In	325.6
Cd	228.8 325.1	Bi In	227.7 325.6

ICS 71.060.01
G 10

中华人民共和国国家标准

GB/T 23769—2009

无机化工产品
水溶液中 pH 值测定通用方法

**Inorganic chemical products—
General method for the determination of pH values**

2009-05-13 发布　　　　2010-01-01 实施

中华人民共和国国家质量监督检验检疫总局
中国国家标准化管理委员会　发布

前　言

本标准的附录 A 为资料性附录。

本标准由中国石油和化学工业协会提出。

本标准由全国化学标准化技术委员会无机化工分会(SAC/TC 63/SC 1)归口。

本标准主要起草单位:湖北兴发化工集团股份有限公司、中海油天津化工研究设计院、建德市天石碳酸钙有限责任公司。

本标准主要起草人:李霞、郑光明、周新民、徐荣珠。

本标准为首次发布。

无机化工产品
水溶液中 pH 值测定通用方法

1 范围

本标准规定了用电位法测定无机化工产品水溶液 pH 值的原理、安全提示、一般规定、试剂、仪器和设备、分析步骤。

本标准适用于无机化工产品水溶液 pH 值的测定。pH 值测定范围为 1～12。

2 规范性引用标准

下列文件中的条款通过本标准的引用而成为本标准的条款。凡是注日期的引用文件，其随后所有的修改单(不包括勘误的内容)或修订版均不适用于本标准，然而，鼓励根据本标准达成协议的各方研究是否可使用这些文件的最新版本。凡是不注日期的引用文件，其最新版本适用于本标准。

GB/T 6682—2008 分析实验室用水规格和试验方法(ISO 3696:1987，MOD)

HG/T 3696.1 无机化工产品化学分析用标准滴定溶液的制备

HG/T 3696.3 无机化工产品化学分析用制剂及制品的制备

3 原理

将规定的指示电极和参比电极或复合电极浸入同一被测溶液中，构成一原电池，其电动势与溶液的 pH 值有关，通过测量原电池的电动势即可得出溶液的 pH 值。

4 安全提示

本标准中使用的部分试剂具有毒性或腐蚀性，操作时须小心谨慎！如溅到皮肤上应立即用水冲洗，严重者应立即就医。

5 一般规定

本标准所用标准缓冲溶液试剂指 pH 基准试剂；其他试剂和水在没有注明其他要求时，均指分析纯试剂和 GB/T 6682—2008 中规定的三级水，注明无二氧化碳的水指 HG/T 3696.3 中规定的无二氧化碳的水。试验中所用标准滴定溶液、制剂及制品，在没有注明其他要求时，均按 HG/T 3696.1、HG/T 3696.3的规定制备。

6 试剂

6.1 草酸盐标准缓冲溶液：

称取 12.71 g 四草酸钾[$KH_3(C_2O_4)_2 \cdot 2H_2O$]，溶于无二氧化碳的水，稀释至 1 000 mL。此溶液的浓度 c[$KH_3(C_2O_4)_2 \cdot 2H_2O$]为 0.05 mol/L。

6.2 酒石酸盐标准缓冲溶液：

在 25 ℃时，用无二氧化碳的水溶解外消旋的酒石酸氢钾($KHC_4H_4O_6$)，并剧烈振摇至成饱和溶液。

6.3 邻苯二甲酸盐标准缓冲溶液：

称取 10.21 g 于 110 ℃±2 ℃干燥 1 h 的邻苯二甲酸氢钾($C_6H_4CO_2HCO_2K$)，溶于无二氧化碳的

水，稀释至 1 000 mL。此溶液的浓度 $c(C_6H_4CO_2HCO_2K)$为 0.05 mol/L。

6.4 磷酸盐标准缓冲溶液：

称取 3.40 g 磷酸二氢钾(KH_2PO_4)和 3.55 g 磷酸氢二钠(Na_2HPO_4)，溶于无二氧化碳的水，稀释至 1 000 mL。磷酸二氢钾和磷酸氢二钠需预先在 120 ℃±2 ℃干燥 2 h。此溶液的浓度 $c(KH_2PO_4)$为 0.025 mol/L，$c(Na_2HPO_4)$为 0.025 mol/L。

6.5 硼酸盐标准缓冲溶液：

称取 3.81 g 四硼酸钠($Na_2B_4O_7 \cdot 10H_2O$)，溶于无二氧化碳的水，稀释至 1 000 ml。存放时防止空气中二氧化碳进入。此溶液的浓度 $c(Na_2B_4O_7 \cdot 10H_2O)$为 0.01 mol/L。

6.6 氢氧化钙标准缓冲溶液：

于 25 ℃，用无二氧化碳的水制备氢氧化钙的饱和溶液，氢氧化钙溶液的浓度 $c[\frac{1}{2}Ca(OH)_2]$应在 0.040 0 mol/L～0.041 2 mol/L。存放时应加碱石棉管以防止二氧化碳进入。一旦出现混浊，不能继续使用。

氢氧化钙溶液的浓度可以苯酚红为指示剂，用盐酸标准溶液[$c(HCl)$=0.1 mol/L]滴定测出。

6.7 不同温度时各标准缓冲溶液 pH 值见表 1。

酸性 pH 标准缓冲溶液应保存于硬制玻璃瓶或聚乙烯瓶中，三个月内有效；碱性 pH 标准缓冲溶液应保存于聚乙烯瓶中，一个月内有效。当发现有浑浊、发霉或沉淀现象时，不能继续使用。

表 1 不同温度时各种标准缓冲溶液的 pH 值

温度/℃	草酸盐标准缓冲溶液	酒石酸盐标准缓冲溶液	邻苯二甲酸盐标准缓冲溶液	磷酸盐标准缓冲溶液	硼酸盐标准缓冲溶液	碳酸盐标准缓冲溶液	氢氧化钙标准缓冲溶液
0	1.67	—	4.00	6.98	9.46	10.32	13.42
5	1.67	—	4.00	6.95	9.40	10.25	13.21
10	1.67	—	4.00	6.92	9.33	10.18	13.00
15	1.67	—	4.00	6.90	9.27	10.12	12.81
20	1.68	—	4.00	6.88	9.22	10.07	12.63
25	1.68	3.56	4.01	6.86	9.18	10.02	12.45
30	1.69	3.55	4.01	6.85	9.14	9.97	12.30
35	1.69	3.55	4.02	6.84	9.10	9.93	12.14
40	1.69	3.55	4.04	6.84	9.06	—	11.98

7 仪器和设备

7.1 电极(电极的使用参见附录 A)：

7.1.1 指示电极：玻璃电极；

7.1.2 参比电极：甘汞电极；

7.1.3 复合电极。

7.2 酸度计：分度值为 0.02。

8 分析步骤

8.1 试验溶液的制备

将样品用无二氧化碳的水按产品标准的要求配制成一定浓度的试验溶液。

8.2 酸度计的校准

同时准备两个标准缓冲溶液，使其中一个标准缓冲溶液的 pH 值大于并接近试验溶液的 pH 值，另一个标准缓冲溶液小于并接近试验溶液的 pH 值。用上述两种标准缓冲溶液校准酸度计。将温度补偿旋钮调至标准缓冲溶液的温度处，并参照该温度时标准缓冲溶液的 pH 值。用两种标准缓冲溶液分别校准，校准的误差不得大于 0.1(若大于 0.1，则电极需要清洗或更换)。用 pH 值与样品试验溶液接近的标准缓冲溶液定位。

8.3 测定

将电极用水冲洗，再用试验溶液洗涤，调节试验溶液的温度至 25 ℃±1 ℃，并将酸度计的温度补偿旋钮调至 25 ℃，将电极插入试验溶液，加入搅拌子，在搅拌状态下(或按产品标准具体要求)测定试验溶液的 pH 值，测得的 pH 值读数至少稳定 1 min。将溶液分成 2 份，分别测定，两次测定的 pH 值的差值不得大于±0.02。

操作过程中应避免酸性或碱性气体侵入。

取平行测定结果的算术平均值为测定结果，两次平行测定结果的绝对差值在产品标准中规定。

附 录 A
（资料性附录）
电极使用的注意事项

A.1 玻璃电极

暂时不用的玻璃电极浸泡在水中，并经常换水。长期不用的玻璃电极要干燥保存，再用时需要预先在水中浸泡 24 h，使之活化后才能使用。

测定 pH 值时，玻璃电极的球泡应全部浸入溶液中，并使其稍高于甘汞电极的陶瓷芯。

A.2 甘汞电极

甘汞电极在使用时，电极上端小孔的橡皮塞应拔出，以防止产生扩散电位影响测试结果。

电极内氯化钾溶液中不能有气泡，以防止断路，溶液内应保留少许氯化钾晶体，以保证氯化钾溶液的饱和，但氯化钾结晶不宜过多，以防堵塞电极与被测溶液的通路。

当电极外表附有氯化钾溶液或晶体时，应随时用水冲净。

A.3 复合电极

使用时电极下端的保护帽应取下。避免电极的敏感玻璃泡与硬物接触，以防止电极失效。使用后将电极保护帽套上，帽内应放少量外参比补充液（3 mol/L 氯化钾溶液），以保持电极球泡的湿润。

使用前发现保护帽中补充液干枯，应在 3 mol/L 氯化钾溶液中浸泡数小时，以保证电极使用性能。

使用时应拔出电极上端小孔的橡皮塞或橡皮套，以防止产生扩散电位，影响测定结果。电极不使用时，应将小孔堵住，以防止补充液干枯。

应避免长期浸在蒸馏水、蛋白质溶液和酸性氟化物溶液中，避免与有机硅油接触。

经长期使用后，如发现斜率有所降低，可将电极下端浸泡在氢氟酸溶液（质量分数为 4%）中 3 s～5 s。用蒸馏水洗净，在 0.1 mol/L 盐酸溶液中浸泡，使之活化。

A.4 电极表面污染时的处理

如果附着无机盐结垢，可用温的低于 1 mol/L 的稀盐酸溶解；对钙镁难溶性结垢，可用 EDTA 二钠溶液溶解；沾有油污时可用丙酮清洗。电极按上述方法处理后，应在蒸馏水中浸泡 24 h 再使用。忌用无水乙醇、脱水性洗涤剂处理电极。

在连续测量 pH 值＞7.5 以上样品后，为防止电极由碱引起的响应迟钝，建议将玻璃电极在 0.1 mol/L 盐酸溶液中浸泡一下后用水冲洗干净。

ICS 71.060.01
G 10

GB

中华人民共和国国家标准

GB/T 23770—2009

液体无机化工产品色度测定通用方法

Liquid inorganic chemical products—General method for the measurement of colour

[ISO 2211:1973 Liquid chemical products—Measurement of colour in Hazen units (platinum-cobalt scale),MOD]

2009-05-13 发布　　2010-01-01 实施

中华人民共和国国家质量监督检验检疫总局
中国国家标准化管理委员会　发布

前　言

本标准修改采用国际标准 ISO 2211:1973 (E)《液体化学制品——以黑曾(Hazen)单位(铂-钴标度)的颜色测量》(英文版)。

在采用 ISO 2211:1973 (E)时，本标准做了一些修改，有关技术性差异及结构性差异已编入正文中，并在它们涉及的条款的页边空白处用垂直单线标识。附录 B 和附录 C 中给出了这些技术性差异及结构性差异及原因的一览表以供参考。

本标准的附录 A 为规范性附录，附录 B 和附录 C 为资料性附录。

本标准由中国石油和化学工业协会提出。

本标准由全国化学标准化技术委员会无机化工分会(SAC/TC 63/SC 1)归口。

本标准主要起草单位：多氟多化工股份有限公司、中海油天津化工研究设计院、天津出入境检验检疫局。

本标准主要起草人：施秀华、郭贤惠、陆思伟、刘绍从、吕刚。

本标准为首次发布。

液体无机化工产品
色度测定通用方法

1 范围

本标准规定了以铂-钴标准液为标准色，用目视比色法测定色度的通用方法的术语和定义、方法提要、安全提示、一般规定、试剂、仪器、设备、分析步骤和结果判别。

本标准适用于色调接近铂-钴标准液的澄清透明、浅色液体无机化工产品色度的测定。利用本标准测定色度时，检测下限为4黑曾单位。

2 规范性引用文件

下列文件中的条款通过本标准的引用而成为本标准的条款。凡是注日期的引用文件，其随后所有的修改单(不包括勘误的内容)或修订版本均不适用于本标准，然而，鼓励根据本标准达成协议的各方研究是否可使用这些文件的最新版本。凡是不注日期的引用文件，其最新版本适用于本标准。

GB/T 601—2002 化学试剂 标准滴定溶液的制备

GB/T 6682—2008 分析实验室用水规格和试验方法(ISO 3696:1987，MOD)

HG/T 3696.3 无机化工产品化学分析用制剂及制品的制备

3 术语和定义

下列术语和定义适用于本标准。

3.1

黑曾单位 Hazen nuits

每升含有1 mg以氯铂酸(H_2PtCl_6)形式存在的铂和2 mg六水合氯化钴($CoCl_2 \cdot 6H_2O$)的铂-钴溶液的色度。

4 方法提要

按一定的比例将氯铂酸钾、氯化钴和盐酸配成水溶液(铂-钴标准溶液)，所得溶液的色调与待测样品的色调在多数情况下是相近的，用目视法比较样品与铂-钴标准溶液，可得出样品的色度。

5 安全提示

本试验方法中使用的部分试剂具有腐蚀性，操作者须小心谨慎！如溅到皮肤上应立即用水冲洗，严重者应立即治疗。

6 一般规定

本标准所用试剂和水在没有注明其他要求时，均指分析纯试剂和GB/T 6682—2008中规定的三级水。试验中所用标准滴定溶液按GB/T 601规定制备，制剂及制品按HG/T 3696.3的规定制备。

7 试剂

7.1 盐酸；

7.2 六水合氯化钴；

7.3　氯铂酸钾；

7.4　500黑曾单位铂-钴标准溶液；

准确称取1.000 g六水合氯化钴、1.245 g氯铂酸钾，置于250 mL烧杯中，用100 mL盐酸和适量水溶解，全部转移至1 000 mL容量瓶中，用水稀释至刻度，摇匀。称量前应按本标准附录A规定的方法测定六水合氯化钴和氯铂酸钾的含量，如含量不足100%，称量时应根据含量的测定结果对称取的量做相应的修正。

用1 cm的比色皿，以水为参比用分光光度计按表1规定的波长测定溶液的吸光度，其值应在表1所列范围之内。

表1　500黑曾单位铂-钴标准液吸光度允许范围

波长/nm	吸光度
430	0.110～0.120
455	0.130～0.145
480	0.105～0.120
510	0.055～0.065

500黑曾单位铂-钴标准溶液置于具塞棕色瓶中，避光密封保存，有效期为1年。如超过有效期，溶液的吸光度仍在表1所列的范围之内还可继续使用。

7.5　铂-钴标准工作溶液。此溶液应在使用前配制。

7.5.1　配制

用移液管移取不同体积的500黑曾单位铂-钴标准溶液，用蒸馏水稀释至100 mL，可得不同黑曾单位的铂-钴标准工作溶液。

7.5.2　计算

配制100 mL所需黑曾单位铂-钴标准工作溶液，所移取500黑曾单位铂-钴标准溶液的体积(V)，数值以mL表示，按式(1)计算：

$$V=\frac{N\times 100}{500} \qquad \cdots\cdots(1)$$

式中：

N——欲配制的铂-钴标准工作溶液的黑曾单位数。

7.5.3　以5黑曾单位及5黑曾单位的整数倍的铂-钴标准工作溶液

配制：在10个500 mL及14个250 mL的两组容量瓶中，分别加入表2所示的500黑曾单位铂-钴标准溶液的体积数，用蒸馏水稀释到刻线并混匀。

表2　以5黑曾单位及5黑曾单位的整数倍的铂-钴标准工作溶液

500 mL容量瓶		250 mL容量瓶	
500黑曾单位铂-钴标准溶液	相应颜色	500黑曾单位铂-钴标准溶液	相应颜色
mL	黑曾(Hazen)单位铂-钴色号	mL	黑曾(Hazen)单位铂-钴色号
0	0	30	60
5	5	35	70
10	10	40	80
15	15	45	90
20	20	50	100

表 2（续）

500 mL 容量瓶		250 mL 容量瓶	
500 黑曾单位 铂-钴标准溶液	相应颜色	500 黑曾单位 铂-钴标准溶液	相应颜色
mL	黑曾（Hazen）单位 铂-钴色号	mL	黑曾（Hazen）单位 铂-钴色号
25	25	62.5	125
30	30	75	150
35	35	87.5	175
40	40	100	200
50	50	125	250
—	—	150	300
		175	350
		200	400
		225	450

8 仪器、设备

8.1 比色管：50 mL 或 100 mL，平底，在底部以上 100 mm 处有刻度标记。一套比色管的玻璃颜色和刻线高度应相同。

8.2 比色管架：底部衬白色底板，也可安有反光镜，以提高观察颜色的效果。

9 分析步骤

向纳氏比色管中注入试样，注满到刻线处。同样向另一支纳氏比色管中注入具有类似颜色的标准铂-钴对比溶液注满到刻线处。

比较试样与铂-钴标准工作溶液的颜色，比色时应在日光或日光灯照射下，正对白色背景，从上往下观察，避免侧面观察。

10 结果判别

试样的颜色以最接近于铂-钴标准工作溶液的黑曾（Hazen）单位铂-钴颜色号表示，如果试样的颜色与任何标准铂钴对比溶液不相符合，则根据估计配制一个可能接近的铂-钴色号，再比对并描述观察到的颜色。

附 录 A
（规范性附录）
六水合氯化钴、氯铂酸钾含量的测定方法

A.1 六水合氯化钴含量的测定

A.1.1 试剂和溶液

A.1.1.1 氨-氯化铵缓冲溶液甲（pH≈10）；

A.1.1.2 乙二铵四乙酸二钠标准滴定溶液：c(EDTA)≈0.05 mol/L；

A.1.1.3 紫脲酸铵指示剂。

A.1.2 分析步骤

称取约0.4 g试样，精确至0.000 1 g。置于250 mL锥形瓶中，加50 mL水溶解。用乙二铵四乙酸二钠标准滴定溶液滴定至终点前约1 mL时，加10 mL氨-氯化铵缓冲溶液甲及0.2 g紫脲酸铵指示剂，继续滴定至溶液呈紫红色。

A.1.3 结果计算

六水合氯化钴的质量分数 w_1，数值以%表示，按式(A.1)计算：

$$w_1 = \frac{VcM}{m \times 1\,000} \times 100 \qquad \text{(A.1)}$$

式中：

V——乙二铵四乙酸二钠标准滴定溶液体积的数值，单位为毫升(mL)；

c——乙二铵四乙酸二钠标准滴定溶液浓度的准确数值，单位为摩尔每升(mol/L)；

M——六水合氯化钴($CoCl_2 \cdot 6H_2O$)摩尔质量的数值，单位为克每摩尔(g/mol)(M=237.9)；

m——试样质量的数值，单位为克(g)。

取平行测定结果的算术平均值为测定结果，两次平行测定结果的绝对差值不大于0.2%。

A.2 氯铂酸钾含量的测定

A.2.1 试剂和溶液

A.2.1.1 甲酸钠；

A.2.1.2 硫酸溶液：1+3；

A.2.1.3 氯化钡溶液：100 g/L；

A.2.1.4 盐酸溶液：c(HCl)=0.1 mol/L。

A.2.2 仪器、设备

高温炉：温度能控制在800 ℃±25 ℃。

A.2.3 分析步骤

称取约0.5 g试样，精确至0.000 1 g。用170 mL硫酸溶液加热溶解，加2 g甲酸钠，于电炉上煮沸至反应完全，上层溶液澄清（可不断补充水保持溶液体积不变）。冷却后，加入130 mL水，搅匀。用慢速定量滤纸过滤，用热盐酸溶液洗至滤液无硫酸盐反应（取10 mL滤液，加2 mL氯化钡溶液，不得出现混浊）。将沉淀置于已在800 ℃下灼烧至质量恒定的坩埚中，再于800 ℃下灼烧至质量恒定。

A.2.4 结果计算

氯铂酸钾含量的质量分数 w_2，数值以%表示，按式(A.2)计算：

$$w_2 = \frac{m_1 \times 2.491}{m} \times 100 \qquad \text{(A.2)}$$

式中：

m_1——沉淀质量的数值，单位为克(g)；

m——试样质量的数值，单位为克(g)；

2.491——将沉淀质量的数值换算为氯铂酸钾的系数。

取平行测定结果的算术平均值为测定结果，两次平行测定结果的绝对差值不大于0.2%。

附 录 B
（资料性附录）
本标准与国际标准的技术性差异及其原因一览表

表B.1给出了本标准与国际标准ISO 2211:1973 (E)《液体化学制品以黑曾(Hazen)单位(铂-钴标度)的颜色测量》(英文版)技术性差异及其原因。

表B.1 本标准与ISO 2211:1973 (E)技术性差异及其原因一览表

本标准的章条编号	技术性差异	原 因
1	本标准规定了测定色度的下限。	明确了本方法的适用范围。
4	对国际标准中的叙述作了适当修改。	结合分析方法说明了本方法的提要。
7	取消了氯铂酸及制备方法。	制备时需要贵金属铂,制备方法相对繁复。可用氯铂酸钾代替氯铂酸制备500黑曾单位铂-钴标准溶液。
7.4	增加了500黑曾单位铂-钴标准溶液吸光度允许范围(表1)。	使制备的500黑曾单位铂-钴标准溶液更为准确。
7.5.2	增加了配制铂-钴标准工作溶液时所用的计算公式。	对于非5黑曾单位及5黑曾单位的整数倍的铂-钴标准工作溶液,可以进行计算后,确定所取500黑曾单位铂-钴标准溶液的体积。
7.5.3	取消了国际标准中测定步骤中的备注。	本标准只规定用目视比色法测定。
附录A	增加了六水合氯化钴、氯铂酸钾含量的测定方法。	由于市售六水合氯化钴、氯铂酸钾试剂的含量有一定差异,为准确制备500黑曾单位铂-钴标准溶液,需对根据其含量对称样量进行修正。

附 录 C
（资料性附录）
本标准与国际标准的结构性差异一览表

表 C.1 给出了本标准与国际标准 ISO 2211:1973 (E)《液体化学制品——以黑曾(Hazen)单位(铂-钴标度)的颜色测量》(英文版)结构性差异。

表 C.1 本标准与 ISO 2211:1973 (E)结构性差异一览表

本标准		ISO 2211:1973 (E)	
章节	内容	章节	内容
前言	前言	—	—
1	范围	1	范围和应用领域
2	规范性引用文件	—	—
—	—	2	原理
3	术语和定义	3	定义
4	方法提要	—	—
5	安全提示	—	—
6	一般规定	—	—
7	试剂	4	试剂
8	仪器、设备	5	仪器
—	—	6	标准比色溶液的制备方法
—	—	6.1	500 黑曾单位标准溶液
—	—	6.2	黑曾标准溶液(稀释方法)
—	—	6.3	储存
9	分析步骤	7	程序(测定步骤)
10	结果判别	8	结果表达
		9	试验报告
附录 A	六水合氯化钴、氯铂酸钾含量的测定方法	—	—

ICS 71.060.01
G 10

中华人民共和国国家标准

GB/T 23771—2009

无机化工产品中堆积密度的测定

Determination of bulk density for inorganic chemical products

2009-05-13 发布 2010-01-01 实施

中华人民共和国国家质量监督检验检疫总局
中国国家标准化管理委员会 发布

前言

本标准由中国石油和化学工业协会提出。

本标准由全国化学标准化技术委员会无机化工分会(SAC/TC 63/SC 1)归口。

本标准负责起草单位:湖北兴发化工集团股份有限公司、中海油天津化工研究设计院。

本标准主要起草人:李光明、熊萍。

本标准为首次发布。

无机化工产品中堆积密度的测定

1 范围

本标准规定了无机化工产品中堆积密度的测定方法原理、仪器、分析步骤和结果计算。

本标准适用于粒径大于 45 μm 的无机化工产品的堆积密度的测定。

2 方法原理

一定量的试样通过圆锥形漏斗，自由落入已知容积的圆柱形料罐中，准确称量装满料罐的试料的质量，经计算获得被测试样的堆积密度。

3 仪器

3.1 堆积密度测定装置的材质：有机玻璃、塑料、不锈钢等。

3.2 堆积密度测定装置：如图 1 所示。

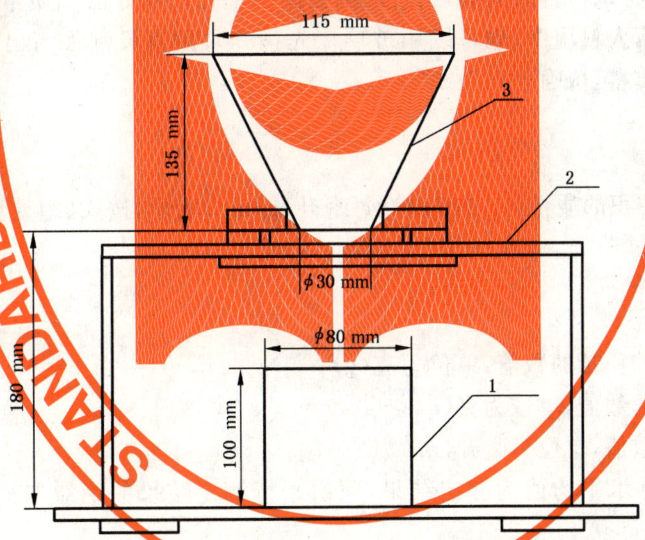

1——料罐；

2——支架；

3——漏斗。

图 1 堆积密度测定装置

3.3 料罐体积的测定

3.3.1 测定

将料罐洗净、晾干，盖上玻璃片，称量料罐和玻璃片的质量。小心将水倒入料罐中，近满时用滴管加水至全满，盖上玻璃片。用滤纸吸干料罐及玻璃片外部的水，玻璃片与料罐中水平面之间应无气泡，再称量料罐和玻璃片的质量。

3.3.2 水的密度与温度相关参数

3.3.2.1 表 1 给出了 10 ℃～27 ℃水的密度参数。

表 1

温度/℃	10	11	12	13	14	15	16	17	18
密度/(g/mL)	0.999 73	0.999 63	0.999 52	0.999 40	0.999 27	0.999 13	0.998 97	0.998 80	0.998 62
温度/℃	19	20	21	22	23	24	25	26	27
密度/(g/mL)	0.998 43	0.998 23	0.998 02	0.997 80	0.997 56	0.997 32	0.997 07	0.996 81	0.996 54

3.4 料罐体积的计算

料罐体积以 V 计，数值以毫升表示，按式(1)计算：

$$V=\frac{m_1-m_2}{\rho_{水}} \qquad \cdots\cdots(1)$$

式中：

m_1——灌满水的料罐及玻璃片的质量的数值，单位为克(g)；

m_2——未灌水的料罐及玻璃片的质量的数值，单位为克(g)；

$\rho_{水}$——测定不同温度下水密度的数值，单位为克每毫升(g/mL)。

4 分析步骤

按图 1 安装好堆积密度测定装置。

称量料罐的质量，精确至 0.1 g。

关好漏斗下底阀门，将试样自然倒满，用直尺刮去高出部分。放好已知质量的料罐，打开漏斗下底阀门。使试料全部自动流入料罐中(也可以用玻璃棒先捅开)，用直尺刮去高出部分(刮平前勿移动料罐)，称量试料和料罐的质量，精确至 0.1 g。

5 结果计算

堆积密度 ρ 以单位体积的质量计，数值以克每毫升(g/mL)表示，按式(2)计算：

$$\rho=\frac{m_1-m_2}{V} \qquad \cdots\cdots(2)$$

式中：

m_1——料罐和试料的质量的数值，单位为克(g)；

m_2——料罐的质量的数值，单位为克(g)；

V——料罐体积的数值，单位为毫升(mL)。

取平行测定结果的算术平均值为测定结果，两次平行测定结果的绝对差值符合有关产品标准的规定。

ICS 71.060.01
G 10

中华人民共和国国家标准

GB/T 23772—2009

无机化工产品中总氮含量测定的通用方法 蒸馏-纳氏试剂比色法

Inorganic chemicals for industrial use—
General method for the determination of total nitrogen content—
Nessler's reagent colorimetric method

2009-05-13 发布 2010-01-01 实施

中华人民共和国国家质量监督检验检疫总局
中国国家标准化管理委员会
发布

前　言

本标准的附录 A 为资料性附录。

本标准由中国石油和化学工业协会提出。

本标准由全国化学标准化技术委员会无机化工分会(SAC/TC 63/SC 1)归口。

本标准主要起草单位:多氟多化工股份有限公司、中海油天津化工研究设计院、天津出入境检验检疫局。

本标准主要起草人:施秀华、郭贤惠、陆思伟、刘绍从、孙书军。

本标准为首次发布。

无机化工产品中总氮含量测定的通用方法 蒸馏-纳氏试剂比色法

1 范围

本标准规定了无机化工品产中总氮含量测定的通用方法纳氏试剂比色法的方法提要、安全提示、一般规定、试剂、仪器、设备、分析步骤和结果计算。

本方法适用于无机化工产品中微量无机氮化合物(包括硝酸盐、亚硝酸盐及铵盐)总量的测定。检测范围为 0.05 μg/mL～0.8 μg/mL(以 N 计)。

2 规范性引用文件

下列文件中的条款通过本标准的引用而成为本标准的条款。凡是注日期的引用文件,其随后所有的修改单(不包括勘误的内容)或修订版均不适用于本标准,然而,鼓励根据本标准达成协议的各方研究是否可使用这些文件的最新版本。凡是不注日期的引用文件,其最新版本适用于本标准。

GB/T 6682—2008 分析实验室用水规格和试验方法(ISO 3696:1987,MOD)

HG/T 3696.2 无机化工产品 化学分析用杂质标准溶液的制备

HG/T 3696.3 无机化工产品 化学分析用制剂及制品的制备

3 方法提要

在碱性溶液中,定氮合金可将试样中的硝酸盐、亚硝酸盐还原为氨或铵。将氨或铵从碱性溶液中蒸出后,可用纳氏试剂比色法测定总氮量。

4 安全提示

本试验方法中使用的部分试剂具有毒性或腐蚀性,操作者须小心谨慎!如溅到皮肤上应立即用水冲洗,严重者应立即治疗。

5 一般规定

本标准所用试剂和水,在没有注明其他要求时,均指分析纯试剂和 GB/T 6682—2008 规定的三级水。

试验中所需杂质标准溶液、制剂和制品,在没有注明其它要求时均按 HG/T 3696.2、HG/T 3696.3 之规定制备。

6 试剂

6.1 无氨水。

6.2 定氮合金(Cu:50%、Al:45%、Zn:5%):粒径不大于 0.85 mm。

6.3 硫酸溶液:1+200。

6.4 氢氧化钠溶液:320 g/L。

6.5 氮标准贮溶液Ⅰ:1 mL 溶液含氮(N)0.1 mg。

用移液管移取 10 mL 按 HG/T 3696.2 配制的氮标准溶液,置于 100 mL 容量瓶中,用水稀释至刻度,摇匀。

6.6 氮标准溶液Ⅱ:1 mL 溶液含氮(N)0.01 mg。

用移液管移取 10 mL 氮标准溶液Ⅰ,置于 100 mL 容量瓶中,用水稀释至刻度,摇匀。此溶液应在使用当天配制。

6.7 纳氏试剂。

7 仪器、设备

7.1 分光光度计：带有厚度为 1 cm 或 3 cm 比色皿。

7.2 比色管：100 mL。

7.3 蒸馏仪器：如图 1 或其他具有相同蒸馏能力的定氮蒸馏仪器。

单位为毫米

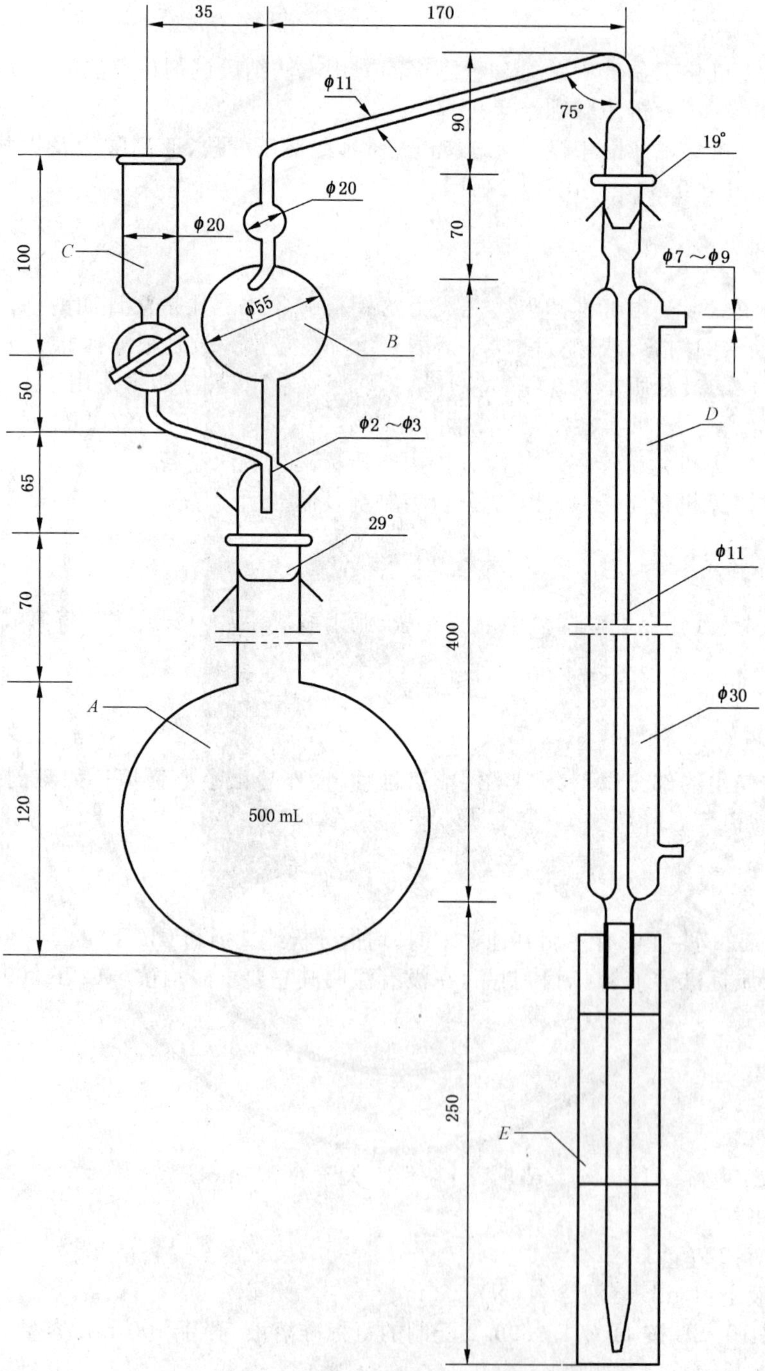

A——蒸馏瓶；

B——防溅球管；

C——滴液漏斗；

D——冷凝管；

E——100 mL 比色管。

图 1 蒸馏仪器图

7.4 蒸馏加热装置：1 000 W～1 500 W 电炉，置于升降台架上，可自由调节高度。也可使用调温电炉或能够调节供热强度的其他形式热源。

7.5 防暴沸颗粒。

8 分析步骤

8.1 分光光度法

8.1.1 试验溶液的制备

按有关产品标准中的规定称样并制备试样溶液，转移至蒸馏烧瓶中并用无氨水稀释至约 140 mL。加入 1 g 定氮合金和防暴沸颗粒，将蒸馏烧瓶连接于蒸馏装置上。在比色管中加入 5 mL 硫酸溶液，按图 1 将蒸馏装置连接好。

通过蒸馏装置的分液漏斗加入 5 mL 氢氧化钠溶液，在溶液将流尽时加入 10 mL～15 mL 水冲洗漏斗，剩 3 mL～5 mL 水时关闭活塞。静置 10 min 后，开通冷却水，同时开启加热装置，沸腾时根据泡沫产生程度调节供热强度，避免泡沫溢出或液滴带出。蒸馏出 75 mL 馏出液后结束蒸馏，将比色管中馏出液全部转移至 100 mL 容量瓶中，并调节试验溶液 pH 值约为 7，用水稀释至刻度，摇匀（干扰测定的离子及消除方法参见附录 A）。

注 1：蒸馏装置的接口处均应涂硅脂。

注 2：调节试验溶液 pH 值时，不能使用含硝酸根、亚硝酸根和铵离子的溶液。

8.1.2 空白试验溶液的制备

制备试验溶液的同时，除不加试验溶液外，以同样试剂、同样用量和同一方法制备空白试验溶液，稀释至同体积。

8.1.3 工作曲线的绘制

8.1.3.1 系列氮标准工作溶液的配制

在每一次测定之前，在 5 个 100 mL 容量瓶中分别移入系列氮标准溶液Ⅰ或氮标准溶液Ⅱ，配制标准工作溶液，其浓度范围应覆盖待测试验溶液中氮的浓度。

8.1.3.2 吸光度测量

在系列氮标准工作溶液中加无氨水至约 75 mL，加 3 mL 氢氧化钠溶液及 2 mL 纳氏试剂，用水稀释至刻度，摇匀。放置 10 min 后，在 420 nm 波长处，选用 1 cm 或 3 cm 的比色皿。以水做参比，测量吸光度。

8.1.3.3 曲线绘制

从每个标准参比溶液的吸光度值中减去试剂空白溶液的吸光度值，以氮质量为横坐标，吸收值为纵坐标，绘制工作曲线。

8.1.4 试样测定

用移液管移取适量试验溶液（含氮少于 0.20 mg）和同样体积空白试验溶液，以下按 8.1.3.2，从“加无氨水至约 75 mL，……”开始进行操作，测得其吸收值。从试验溶液的吸光度减去空白试验溶液的吸光度后，在工作曲线上查出试验溶液中氮的质量。

8.1.5 结果计算

氮含量以氮（N）的质量分数 w_1 计，数值以%表示，按式（1）计算：

$$w_1 = \frac{m_1 \times 10^{-3}}{m \times V_1/V} \times 100 \qquad \cdots\cdots(1)$$

式中：

V_1——8.1.4 中所移取试验溶液的体积的数值，单位为毫升（mL）；

V——8.1.1 中所制备试验溶液的体积的数值，单位为毫升（mL）；

m_1——从工作曲线上查得的试验溶液中氮的质量的数值，单位为毫克（mg）；

m——试料的质量的数值，单位为克(g)。

取平行测定结果的算术平均值为测定结果，两次平行测定结果的绝对差值在有关产品标准中规定。

8.2 目视比色法

用移液管移取适量试验溶液(含氮少于 0.10 mg)和同样体积空白试验溶液，用无氨水稀释至约 75 mL，加 3 mL 氢氧化钠溶液及 2 mL 纳氏试剂，稀释至 100 mL，摇匀。所呈黄色与标准比色液比较。

标准比色液是取规定量的氮(N)标准溶液，无氨水稀释至 75 mL，与同体积试样溶液同时同样处理。

附 录 A
（资料性附录）
干扰及消除

A.1 碘酸钾、过硫酸钾等会消耗大量的定氮合金，使硝酸盐、亚硝酸盐的还原难以进行。消除方法可以采用加大定氮合金用量。

A.2 高锰酸钾在碱性溶液中可被还原为二氧化锰，沉积到定氮合金上，使反应受阻。消除方法是在酸性条件下，用草酸将 Mn(Ⅶ)还原为 Mn(Ⅱ)，然后调整为碱性，再测总氮。

A.3 过氧化氢干扰的消除方法是在酸性条件下，将试验溶液在水浴上蒸干后进行测定。

A.4 硫化物能与纳氏试剂中的汞离子生成沉淀而使溶液浑浊，可在蒸馏前加入碳酸铅消除。

ICS 71.060.01
G 10

中华人民共和国国家标准

GB/T 23773—2009

无机化工产品中铵含量测定的通用方法 纳氏试剂比色法

Inorganic chemicals for industrial use—General method for determination of Ammonium content—Nessler's reagent colorimetric method

2009-05-13 发布　　2010-01-01 实施

中华人民共和国国家质量监督检验检疫总局
中国国家标准化管理委员会　发布

前　言

本标准的附录 A 和附录 B 为资料性附录。

本标准由中国石油和化学工业协会提出。

本标准由全国化学标准化技术委员会无机化工分会(SAC/TC 63/SC 1)归口。

本标准主要起草单位:多氟多化工股份有限公司、中海油天津化工研究设计院、天津出入境检验检疫局。

本标准主要起草人:王建萍、施秀华、陆思伟、吕刚、刘军。

本标准为首次发布。

无机化工产品中铵含量测定的通用方法 纳氏试剂比色法

1 范围

本标准规定了无机化工产品中铵含量测定的通用方法纳氏试剂比色法的方法提要、安全提示、一般规定、试剂、仪器、设备、分析步骤和结果计算。

本标准适用于无机化工产品中微量铵离子的测定。试验溶液体积为 100 mL 时，铵离子浓度 $\rho(NH_4) \leqslant 2$ mg/L。试验溶液体积为 100 mL 时，目视法最低检出浓度为 0.02 mg/L。分光光度法使用光程长为 1 cm 比色皿时，最低检出浓度为 0.05 mg/L。当 $\rho(NH_4)=1.0$ mg/L 时，灵敏度约为 0.2 个吸光度单位。

2 规范性引用文件

下列文件中的条款通过本标准的引用而成为本标准的条款。凡是注日期的引用文件，其随后所有的修改单(不包括勘误的内容)或修订版均不适用于本标准，然而，鼓励根据本标准达成协议的各方研究是否可使用这些文件的最新版本。凡是不注日期的引用文件，其最新版本适用于本标准。

GB/T 6682—2008 分析实验室用水规格和试验方法(ISO 3696:1987，MOD)

HG/T 3696.2 无机化工产品 化学分析用杂质标准溶液的制备

HG/T 3696.3 无机化工产品 化学分析用制剂及制品的制备

3 方法提要

在碱性溶液中，游离氨或结合态的铵与纳氏试剂反应，生成淡黄色到棕红色的难溶化合物。铵含量较高时，生成物为红褐色沉淀；铵含量较低时，则形成稳定的悬浮液，可用目视比色法与标准比对液比对或分光光度法测定。

4 安全提示

本试验方法中使用的部分试剂具有毒性或腐蚀性，操作者须小心谨慎！如溅到皮肤上应立即用水冲洗，严重者应立即治疗。

5 一般规定

本标准所用试剂和水，在没有注明其他要求时，均指分析纯试剂和 GB/T 6682—2008 规定的三级水。

试验中所需杂质标准溶液、制剂和制品，在没有注明其他要求时均按 HG/T 3696.2、HG/T 3696.3 之规定制备。

6 试剂

6.1 无氨水；

6.2 氢氧化钠溶液：320 g/L。

6.3 铵标准溶液Ⅰ：1 mL 溶液含铵(NH_4)0.10 mg；

用移液管移取 10 mL 按 HG/T 3696.2 配制的铵标准溶液，置于 100 mL 容量瓶中，用水稀释至刻度，摇匀。

6.4 铵标准溶液Ⅱ：1 mL溶液含铵(NH_4)0.010 mg；

用移液管移取10 mL铵标准溶液Ⅰ，置于100 mL容量瓶中，用水稀释至刻度，摇匀。此溶液现用现配。

6.5 纳氏试剂。

7 仪器、设备

7.1 分光光度计：带有厚度为1 cm或3 cm比色皿；

7.2 比色管：100 mL。

8 分析步骤

8.1 分光光度法

8.1.1 称样和试验溶液的制备

称样量和制备试验溶液的方法按有关产品标准中的规定，并调节试验溶液pH值约为7(干扰测定的离子及消除方法参见附录A和附录B)。

注：调节试验溶液pH值时，不能使用含铵离子的溶液。

8.1.2 空白试验溶液的制备

制备试验溶液的同时，除不加试验溶液外，以同样种类和用量的试剂，以同一方法制备空白试验溶液，稀释至同体积。

8.1.3 工作曲线的绘制

8.1.3.1 系列铵标准工作溶液的配制

在每一次测定之前，在5个100 mL容量瓶中分别移入系列铵标准溶液Ⅰ或铵标准溶液Ⅱ，配制标准工作溶液，其浓度范围应覆盖待测试验溶液中铵的浓度。

8.1.3.2 吸光度测量

在系列铵标准工作溶液中加无氨水至约75 mL，加3 mL氢氧化钠溶液及2 mL纳氏试剂，用无氨水稀释至刻度，摇匀。放置10 min后，在420 nm波长处，选用1 cm或3 cm的比色皿。以水做参比，测量吸光度。

8.1.3.3 曲线绘制

从每个标准参比液的吸光度值中减去试剂空白溶液的吸光度值，以铵质量为横坐标，吸收值为纵坐标，绘制工作曲线。

8.1.4 试样测定

用移液管移取适量试验溶液(含铵少于0.20 mg)(8.1.1)和同样体积空白试验溶液(8.1.2)，以下按8.1.3.2，从“加无氨水至约75 mL，……”开始进行操作，测得其吸收值。从试验溶液的吸光度减去空白试验溶液的吸光度后，在工作曲线上查出试验溶液中铵的质量。

8.1.5 结果计算

铵含量以铵(NH_4)的质量分数 w_1 计，数值以%表示，按式(1)计算：

$$w_1 = \frac{m_1 \times 10^{-3}}{m \times V_1/V} \times 100 \quad \cdots\cdots(1)$$

式中：

V_1——8.1.4中所移取试验溶液的体积的数值，单位为毫升(mL)；

V——8.1.1中所制备试验溶液的体积的数值，单位为毫升(mL)；

m_1——从工作曲线上查得的试验溶液中氮的质量的数值，单位为毫克(mg)；

m——试料的质量的数值，单位为克(g)。

取平行测定结果的算术平均值为测定结果，两次平行测定结果的绝对差值在有关产品标准中规定。

8.2 目视比色法

用移液管移取适量试验溶液（含铵少于 0.10 mg）（8.1.1）和同样体积空白试验溶液（8.1.2），置于 100 mL 比色管中，加无氨水至约 75 mL，加 3 mL 氢氧化钠溶液及 2 mL 纳氏试剂，用无氨水稀释至 100 mL，摇匀。所呈黄色与标准比色液比较。

标准比色液是取规定量的铵（NH_4）标准溶液，加无氨水至约 75 mL，与同体积试液同时同样处理。

附　录　A
（资料性附录）
干扰及消除

A.1　干扰本方法的金属离子主要是在碱性溶液中易水解产生沉淀的钙、镁、铁等离子。如果试样中含有钙、镁、铁等离子，可在试验溶液中加入 1 mL～2 mL 酒石酸钾钠溶液（500 g/L）掩蔽干扰离子。

A.2　当试样中含有大量的钙、镁、铁等离子，酒石酸钾钠溶液不能完全掩蔽干扰离子时，可采用蒸馏法将氨与主体分离。

A.3　硫化物能与纳氏试剂中的汞离子生成沉淀而使溶液浑浊，可在蒸馏前加入碳酸铅消除。

附 录 B
（资料性附录）
样品的蒸馏法处理

B.1 试剂和溶液

B.1.1 无氨水；

B.1.2 硼酸溶液：20 g/L；

B.1.3 氢氧化钠溶液：40 g/L；

B.1.4 盐酸溶液：1 mol/L；

B.1.5 溴百里酚蓝指示液：0.5 g/L。

B.2 仪器、设备

B.2.1 蒸馏仪器：按图 B.1 配备或其他具有相同蒸馏能力的定氮蒸馏仪器；

B.2.2 蒸馏加热装置：1 000 W～1 500 W 电炉，置于升降台架上，可自由调节高度。也可使用调温电炉或能够调节供热强度的其他形式热源；

B.2.3 防爆沸颗粒。

单位为毫米

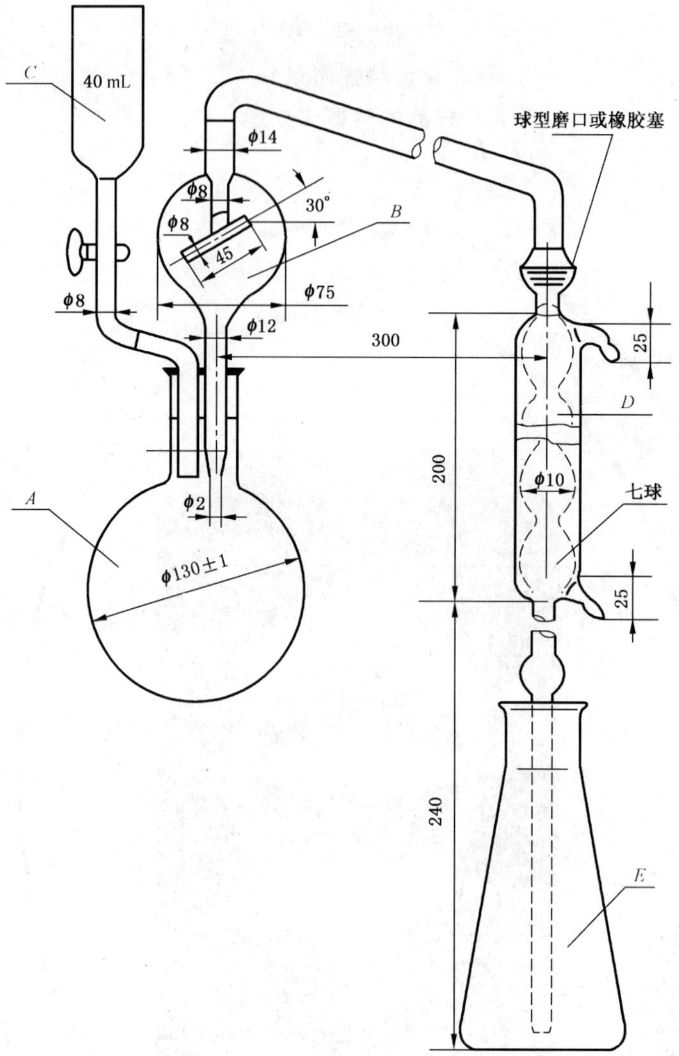

A——蒸馏瓶；

B——防溅球管；

C——滴液漏斗；

D——冷凝管；

E——吸收瓶。

图 B.1　蒸馏仪器图

B.3　操作步骤

吸收瓶内移入 50 mL 硼酸溶液，确保冷凝管出口在硼酸溶液液面之下。称取适量试样(含铵约 500 μg)，用适量水溶解，转移至蒸馏烧瓶中，加几滴溴百里酚蓝指示液，用氢氧化钠溶液或盐酸溶液调整 pH 至 6.0(黄色)～7.4(蓝色)之间，加无氨水使总体积约为 350 mL。向蒸馏烧瓶中加入少许防爆沸颗粒，立即将蒸馏烧瓶与冷凝管连接好，加入 30 mL 氢氧化钠溶液。加热蒸馏，使馏出液速率约为 10 mL/min，待馏出液约为 200 mL 时，停止蒸馏。将馏出液转移至 250 mL 容量瓶中，用水稀释至刻度，摇匀。取适量试验溶液供测定，比色测定前，预先用氢氧化钠溶液调节至试验溶液为中性。

ICS 71.060.01
G 10

中华人民共和国国家标准

GB/T 23774—2009

无机化工产品白度测定的通用方法

Inorganic chemicas for industrial use—General method for the determination of whiteness

2009-05-13 发布 2010-01-01 实施

中华人民共和国国家质量监督检验检疫总局
中国国家标准化管理委员会 发布

前　言

本标准由中国石油和化学工业协会提出。

本标准由全国化学标准化技术委员会无机化工分会(SAC/TC 63/SC 1)归口。

本标准主要起草单位:广西贺州市科隆粉体有限公司、中海油天津化工研究设计院、建德市天石碳酸钙有限公司。

本标准主要起草人:李奇洪、张小燕、王璐璐、周新民、付丽琼。

本标准为首次发布。

无机化工产品白度测定的通用方法

1 范围

本标准规定了采用白度计测定无机化工产品中白度测定通用方法的术语和定义、仪器设备、试验步骤和结果计算。

本标准适用于无机化工产品中粉体产品白度的测定。

2 规范性引用文件

下列文件中的条款通过本标准的引用而成为本标准的条款。凡是注日期的引用文件，其随后所有的修改单(不包括勘误的内容)或修订版均不适用于本标准，然而，鼓励根据本标准达成协议的各方研究是否可使用这些文件的最新版本。凡是不注日期的引用文件，其最新版本适用于本标准。

GB/T 3979　物体色的测量方法

GB/T 9086　用于色度和光度测量的标准白板

GB/T 5950　建筑材料及非金属矿产品白度测量方法

3 术语和定义

下列术语和定义适用于本标准。

3.1

白度　whiteness

是指被测物体的表面在可见光区域内相对于完全白(标准白)物体漫反射辐射能的大小的比值，用百分数表示，即白色的程度，称为白度。

3.2

白度值　whiteness value

光谱漫反射比恒等于1的理想完全反射漫射体(PRD)表面的白度为100度，光谱漫反射比恒等于0的黑体表面的白度为0度。

任何白色物体的白度则表示对于PRD白色程度的相对值。

4 仪器、设备

4.1 白度计

4.1.1　本标准采用的白度计以 D_{65} 或A光源照明，照明和观测条件采用垂直/漫射(0/d)；漫射/垂直(d/0)中的任何一种。

4.1.2　仪器的有效峰值波长(主波长)457 nm±5 nm，半宽度(半波宽)44 nm，黑筒的绝对反射因数不大于0.1%，10°视场。

4.1.3　仪器的读数精度要求达到小数点后一位。

4.2 标准白板

陶瓷标准白板和粉体标准白板(氧化镁和硫酸钡)应符合GB/T 9086的规定。

4.3 工作标准白板

为了测定方便，可用表面平整、无污点、无裂纹和无影响其使用性能的划痕的白色陶瓷板作为日常校正仪器量值的工作标准白板。工作标准白板应符合GB/T 3979物体色的测量方法的规定。工作标准白板应每月用标准白板自行标定，标定三次以上的平均值为工作标准白板的白度值，三次最大之差不大于 0.3。

注：陶瓷标准白板、硫酸钡及氧化镁粉体标准白板、工作白板均应置于干燥器中避光保存。

4.4 恒压粉体压样器

恒压粉体压样器与压样盒见图 1。

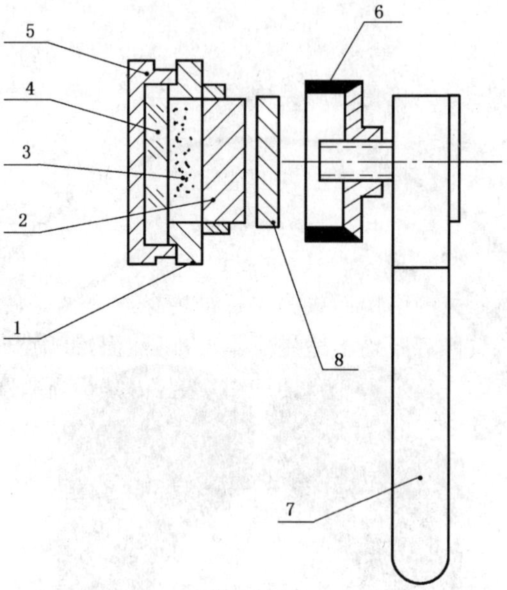

1——压容器(样品盒)；

2——压块；

3——试样；

4——玻璃板；

5——压盖；

6——压样器螺母；

7——手柄；

8——底盖。

图 1 恒压粉体压样器与压样盒

5 试验步骤

5.1 制样：将采取的试样充分混合，用四分法缩取总量不少于 500 g 的平均样，按压制试样步骤压制成表面平整、无凹凸面的试样面，供仪器测量。

5.2 压制试样步骤

5.2.1 将洁净的玻璃板(4)的毛面放置于样品盒(1)上，用压盖(5)压住，拧紧，翻转 180°，装样盒口朝上置于平台面上。

5.2.2 将试样加入样品盒内，以满为宜，在台面上约 1 cm 高处自由落下 20 次，让试样充实于样品盒内。

5.2.3 将压块(2)放置于试样上面，再将压样器螺母(6)拧到样品盒上，顺时针旋转 2～3 圈，再顺时针旋转手柄(7)，通过螺杆加压于试样上，当压力达到一定值时，手柄便产生滑动，听到响声后表示自动停止加压。

5.2.4 反时针旋转手柄 2～3 圈，再反时针旋转卸下压样器螺母(6)，取出压块。将底盖(8)拧到样品盒上压住试样，拧紧即可。

5.2.5 翻转样品盒 180°，拧下压盖(5)，旋动中移出玻璃板(4)，这样即完成了试样的压制工作。

5.3 仪器调校按仪器说明书要求进行，并对试样进行测定。

5.4 在同一测试条件下，连续三次测定结果之差不大于0.3或转动试样角度前后二次测定结果之差不大于0.6。符合以上要求的测定结果平均值为试样白度值。

5.5 同一试样测定后若发现有压痕，测定数据无效应重作。

6 结果计算

6.1 蓝反白度以 w_r 计，按式(1)计算：

$$w_r = 0.925Z + 1.16 \quad \cdots\cdots(1)$$

式中：

Z——测得试样的值(物体颜色三刺激值)。

取平行测定结果的算术平均值为测定结果，两次平行测定结果的绝对差值不大于0.6。

注：蓝反白度又称为R457白度，它规定用近似的A光源照明，白度仪器的总体有效光谱灵敏度曲线的峰值波长在457 nm处，半波宽度为44 nm。

6.2 甘蔗白度以 w_g 计，按式(2)计算：

$$w_g = Y + 800(0.313\,8 - x) + 1\,700(0.331\,0 - y) \quad \cdots\cdots(2)$$

式中：

Y,x,y——测得试样的值(x,y 为物体颜色三刺激值)。

取平行测定结果的算术平均值为测定结果，两次平行测定结果的绝对差值不大于0.6。

注：甘蔗白度又称为CIE86白度，是以国际照明委员会(CIE)推荐的白度公式计算出的白度值。

6.3 建材白度以 w_j 计，按式(3)计算：

$$w_j = Y + 400x - 1\,000y + 205.5 \quad \cdots\cdots(3)$$

式中：

Y,x,y——测得试样的值(x,y 为物体颜色三刺激值)。

取平行测定结果的算术平均值为测定结果，两次平行测定结果的绝对差值不大于0.6。

注：建材白度是以GB/T 5950中制定的测定公式计算出的白度值。

ICS 67.080.20
B 31

GB

中华人民共和国国家标准

GB/T 23775—2009

压缩食用菌

Compressed edible mushroom

2009-05-12 发布　　2009-09-01 实施

中华人民共和国国家质量监督检验检疫总局
中国国家标准化管理委员会　发布

前　言

本标准由中华全国供销合作总社提出并归口。

本标准起草单位:中华全国供销合作总社昆明食用菌研究所。

本标准主要起草人:徐俊、桂明英、朱萍、高观世、张陶、张莉菁、罗孝坤。

压 缩 食 用 菌

1 范围

本标准规定了压缩食用菌的相关术语和定义、要求、试验方法、检验规则及标志、标签、包装、运输和贮存的要求。

本标准适用于经压缩工艺制成的食用菌制品。

2 规范性引用文件

下列文件中的条款通过本标准的引用而成为本标准的条款。凡是注日期的引用文件,其随后所有的修改单(不包括勘误的内容)或修订版均不适用于本标准,然而,鼓励根据本标准达成协议的各方研究是否可使用这些文件的最新版本。凡是不注日期的引用文件,其最新版本适用于本标准。

GB/T 191 包装储运图示标志

GB/T 5009.3 食品中水分的测定

GB/T 6543 运输包装用单瓦楞纸箱和双瓦楞纸箱

GB 7096 食用菌卫生标准

GB 7718 预包装食品标签通则

GB 9687 食品包装用聚乙烯成型品卫生标准

GB/T 12532 食用菌灰分测定

定量包装商品计量监督管理办法 国家质量监督检验检疫总局令第75号

3 术语和定义

下列术语和定义适用于本标准。

3.1

压缩食用菌 compressed edible mushroom

利用食用菌压缩设备制成的食用菌干品压缩块。如黑木耳、银耳、香菇、猴头菇等压缩块。

3.2

杂质 extraneous matters

除压缩食用菌以外的物质。

4 要求

4.1 感官要求

应符合表1规定。

表1 压缩食用菌感官要求

项目	指标
形态	压块表面规整,无缺损
色泽	具有食用菌干品应有的颜色
气味	具有食用菌原品种特有的气味,无异味
其他	无霉烂、无虫蛀

4.2 理化要求

应符合表2规定。

表2 压缩食用菌理化要求

项目	指标
干湿比	≥1∶(7～10)(黑木耳干湿比≥1∶12)
水分/%	≤12.0
灰分/%	≤8.0
杂质/%	≤0.5

4.3 卫生要求

应符合GB 7096的规定。

4.4 净含量

应符合《定量包装商品计量监督管理办法》的要求。

5 试验方法

5.1 感官指标

肉眼观察形态、色泽和其他感官指标，鼻嗅判断气味。

5.2 理化指标

5.2.1 干湿比

称取样品50.0 g(精确至±0.1 g)，将样品放入常温蒸馏水中浸泡4 h后，取出用普通纱布或漏水容器尽滤余水，观察在至少1 min时间不产生水滴为止后称量，按式(1)计算干湿比，计算结果精确到小数点后一位。

$$X_1 = 1 : \frac{m_2}{m_1} \tag{1}$$

式中：

X_1——样品干湿比；

m_2——样品湿重，单位为克(g)；

m_1——样品干重，单位为克(g)。

5.2.2 水分

按GB/T 5009.3规定的方法测定。

5.2.3 灰分

按GB/T 12532规定的方法测定。

5.2.4 杂质

随机抽取样品一块，用感量为0.1 g的天平称其质量，然后放在水中充分浸泡，将浸泡在水中的压缩食用菌捞出，将水中的杂质过滤、干燥、称量。按式(2)计算其占样品的百分率，计算结果精确到小数点后一位。

$$X_2 = \frac{m_4}{m_3} \times 100\% \tag{2}$$

式中：

X_2——杂质的百分率，%；

m_4——杂质的质量，单位为克(g)；

m_3——样品的质量，单位为克(g)。

6 检验规则

6.1 组批规则

同一班次,同一生产线,同一生产工艺,同一规格作为一个检验批次。

6.2 抽样

6.2.1 抽样数量

在整批货物中,包装产品以同类货物的小包装袋(盒、箱等)为基数,按下列整批货物件数的基数进行随机取样:

——整批货物 50 件以下,抽样基数为 2 件;

——整批货物 51 件～100 件,抽样基数为 4 件;

——整批货物 101 件～200 件,抽样基数为 5 件;

——整批货物 201 件以上,以 6 件为最低限度,每增加 50 件加抽 1 件。

小包装质量不足检验所需质量时,适当加大抽样量。

6.2.2 抽样方法

在整批货物中,随机抽取所需样品。每次随机抽取样品 1 000 g,其中 500 g 作为检样,500 g 作为存样。型式检验应从交收检验合格的产品中抽取。

6.3 检验分类

6.3.1 交收检验

每批产品交收前,生产者应进行交收检验。交收检验内容包括感官指标、标志和包装。检验合格后,附合格证方可交收。

6.3.2 型式检验

型式检验是对产品进行全面考核,即第 4 章规定的全部项目进行检验。有下列情形之一者应进行型式检验:

a) 国家质量监督机构或行业主管部门提出型式检验要求时;

b) 前后两次抽样检验结果差异较大时;

c) 原辅料、设备、工艺改变时;

d) 正常生产一年检验一次。

6.4 判定规则

6.4.1 气味、霉烂菇、杂质、水分指标及卫生指标中任何一项不符合要求的,即判定该批产品不合格。其他指标如有一项不合格,允许在同批次产品中加倍抽样,对不合格项目进行复检,若仍有一项不合格,则判定该批产品不合格。

6.4.2 批次样品标志、包装、净含量不合格时,允许生产者进行整改后再申请复检一次;复检仍按原要求,以复检结果作为最终判定依据。

7 标志、标签

7.1 外包装标志应符合 GB/T 191 的规定。应标明:产品名称、产品执行标准、等级、质量或数量、规格、生产日期、保质期、生产企业名称、地址等。

7.2 标签应符合 GB 7718 的要求。

8 包装、运输和贮存

8.1 包装

8.1.1 内外包装材料应坚固、洁净、干燥、无破损、无异味、无毒、无害,卫生指标应符合 GB 9687 和 GB/T 6543 的规定。

8.1.2 每批产品所用的包装、质量单位应一致。

8.1.3 包装检验规则：逐件称量抽取的样品，每件的净含量应不低于包装外标志的净含量。

8.2 运输

8.2.1 运输时应轻装、轻卸、防重压，避免机械损伤。

8.2.2 运输工具应清洁、卫生、无污染物、无杂物。

8.2.3 防日晒、防雨淋、不可裸露运输。

8.2.4 不得与有毒、有害、有异味的物品和鲜活动物混装混运。

8.3 贮存

8.3.1 不得与有毒、有害、有异味和易于传播霉菌、虫害的物品混合存放。

8.3.2 在通风、阴凉干燥、洁净、有防潮设备及防霉变、虫蛀和防鼠设施的常温条件下库房贮存。

8.3.3 在规定的包装、贮运条件下，保质期为24个月。

ICS 67.140.10
X 55

中华人民共和国国家标准

GB/T 23776—2009

茶叶感官审评方法

Methodology of sensory evaluation of tea

2009-05-12 发布　　2009-09-01 实施

中华人民共和国国家质量监督检验检疫总局
中国国家标准化管理委员会　发布

前　言

本标准的附录 A 为资料性附录。

本标准由中华全国供销合作总社提出。

本标准由全国茶叶标准化技术委员会归口。

本标准起草单位：浙江大学、中国农业科学院茶叶研究所、农业部茶叶质量监督检验测试中心、中华全国供销合作总社杭州茶叶研究院、国家茶叶质量监督检验中心、中国农业大学、福建农林大学、中国标准化研究院。

本标准主要起草人：龚淑英、鲁成银、刘栩、赵玉香、沈红、郭雅玲、吴继红、赵镭、顾志雷。

茶叶感官审评方法

1 范围

本标准规定了茶叶感官审评的审评条件、审评方法及审评结果与判定。

本标准适用于各类茶叶的感官审评。

2 规范性引用文件

下列文件中的条款通过本标准的引用而成为本标准的条款。凡是注日期的引用文件，其随后所有的修改单(不包括勘误的内容)或修订版均不适用于本标准，然而，鼓励根据本标准达成协议的各方研究是否可使用这些文件的最新版本。凡是不注日期的引用文件，其最新版本适用于本标准。

GB 5749 生活饮用水卫生标准

GB/T 8302 茶 取样

GB/T 14487 茶叶感官审评术语

3 术语和定义

下列术语和定义适用于本标准。

3.1

茶叶感官审评 sensory evaluation of tea

审评人员用感官来鉴别茶叶品质的过程。即按照本标准规定的方法，审评人员运用正常的视觉、嗅觉、味觉、触觉的辨别能力，对茶叶产品的外形、汤色、香气、滋味与叶底等品质因子进行审评，从而达到鉴定茶叶品质的目的。

3.2

粉茶 tea powder

磨碎后颗粒大小在 0.076 mm(200 目)及以下的直接用于食用的茶叶。

4 审评条件

4.1 环境

4.1.1 茶叶感官审评室(审评室)应坐南朝北，北向开窗。面积按评茶人数和日常工作量而定，最小不得小于 15 m^2。室内色调为白色或浅灰色，无色彩、无异味干扰。

4.1.2 室内光线应柔和、自然光、明亮，无阳光直射。干评台工作面照度宜在 1 000 lx；湿评台工作面照度不低于 750 lx。自然光线不足时，应有辅助照明。辅助光源光线应均匀、柔和、无投影。

4.1.3 评茶时，保持安静。控制噪声不得超过 50 dB。室内温度宜保持在 15 ℃～27 ℃。

4.2 用具

4.2.1 审评台

干评台高度 800 mm～900 mm，宽度 600 mm～750 mm，台面为黑色亚光；湿评台高度 750 mm～800 mm，宽度 450 mm～500 mm，台面为白色亚光。审评台长度视实际需要而定。

4.2.2 评茶专用杯碗

白色瓷质，大小、厚薄、色泽一致。

a) 初制茶(毛茶)审评杯碗：杯呈圆柱形，高 76 mm、外径 82 mm、内径 76 mm，容量 250 mL。具盖，杯盖上有一小孔，与杯柄相对的杯口上缘有一呈月牙形的滤茶口。口中心深 5 mm，宽为

15 mm。碗高 60 mm,上口外径 100 mm,上口内径 95 mm,底外径 65 mm,底内径 60 mm,容量 300 mL。

b) 精制茶(成品茶)审评杯碗:杯呈圆柱形,高 65 mm,外径 66 mm,内径 62 mm,容量 150 mL。具盖,盖上有一小孔,杯盖上面外径 72 mm,下面内圈外径 60 mm。与杯柄相对的杯口上缘有三个呈锯齿形的滤茶口,口中心深 3 mm,宽 2.5 mm。碗高 55 mm,上口外径 95 mm,上口内径 90 mm,下底外径 60 mm,下底内径 54 mm,容量 250 mL。

c) 乌龙茶审评杯碗:杯呈倒钟形,高 55 mm,上口外径 82 mm,上口内径 78 mm,底外径 46 mm,底内径 40 mm,容量 110 mL。具盖,盖外径 70 mm。碗高 52 mm,上口外径 95 mm,上口内径 90 mm,底外径 46 mm,底内径 40 mm,容量 150 mL。

4.2.3 评茶盘

木板或胶合板制成,正方形,外围边长 230 mm,边高 33 mm,盘的一角开有缺口,缺口呈倒等腰梯形,上宽 50 mm,下宽 30 mm。涂以白色油漆,要求无气味。

4.2.4 分样盘

木板或胶合板制成,正方形,内围边长 320 mm,边高 35 mm。盘的两端各开一缺口,涂以白色,要求无气味。

4.2.5 叶底盘

黑色小木盘和白色搪瓷盘。小木盘为正方形,外径:边长 100 mm,边高 15 mm,供审评精制茶用;搪瓷盘为长方形,外径:长 230 mm,宽 170 mm,边高 30 mm,一般供审评初制茶和名优茶叶底用。

4.2.6 称量用具

天平,感量 0.1 g。

4.2.7 计时器

定时钟或特制砂时计,精确到秒。

4.2.8 其他

a) 刻度尺:刻度精确到毫米。

b) 网匙:不锈钢网制半圆形小勺子。捞取碗底沉淀的碎茶用。

c) 茶匙:不锈钢或瓷匙,容量约 10 mL。

d) 其他用具:烧水壶、电炉、塑料桶等。

4.3 用水

审评用水的理化指标及卫生指标参照 GB 5749 执行。同一批茶叶审评用水水质应一致。

4.4 人员

4.4.1 茶叶审评人员应获有《评茶员》国家职业资格证书,或具备相应的专业技能。

4.4.2 身体健康,个人卫生条件好。

4.4.3 审评过程中不能使用化妆品,禁止吸烟。

5 审评

5.1 取样方法

5.1.1 精制茶取样

按照 GB/T 8302 规定执行。

5.1.2 初制茶取样

a) 匀堆取样法:将该批茶叶拌匀成堆,然后从堆的各个部位分别扦取样茶,扦样点不得少于八点。

b) 就件取样法:从每件上、中、下、左、右五个部位各扦取一把小样置于扦样匾(盘)中,并查看样品间品质是否一致。若单件的上、中、下、左、右五部分样品差异明显,应将该件茶叶倒出,充分拌匀后,再扦取样品。

c) 随机取样法：按 GB/T 8302 规定的抽取件数随机抽件，再按就件扦取法扦取。

注：上述各种方法均应将扦取的原始样茶充分拌匀后，用对角四分法扦取 200 g～300 g 两份作为审评用样，其中一份直接用于审评，另一份留存备用。

5.1.3 压制茶取样

采用每块(个)中段或对角线的部分取样，不少于五点，用手或工具解散法，然后用四分法缩分到约 200 g。用于外形与内质的审评。

5.2 审评内容

5.2.1 审评因子

名优茶和初制茶审评因子：按照茶叶的外形(包括形状、嫩度、色泽、匀整度和净度)、汤色、香气、滋味和叶底“五项因子”进行。

精制茶审评因子：按照茶叶外形的形态、色泽、匀整度和净度，内质的汤色、香气、滋味和叶底“八项因子”进行。

5.2.2 审评因子的审评要素

a) 外形：干茶的形状、嫩度、色泽、匀整度和净度。

形状指产品的造型、大小、粗细、宽窄、长短等；嫩度指产品原料的生长程度；色泽指产品的颜色与光泽度；匀整度指产品的整碎的完整程度；净度指茶梗、茶片及非茶叶夹杂物的含量。

压制成块、成个的茶(如沱茶、砖茶、饼茶)的外形审评产品压制的松紧度、匀整度、表面光洁度、色泽和规格。分里、面茶的压制茶，审评是否起层脱面，包心是否外露等。茯砖加评“金花”是否茂盛、均匀及颗粒大小。

b) 汤色：茶汤的颜色种类与色度、明暗度和清浊度等。

c) 香气：香气的类型、浓度、纯度、持久性。

d) 滋味：茶汤的浓淡、厚薄、醇涩、纯异和鲜钝等。

e) 叶底：叶底的嫩度、色泽、明暗度和匀整度(包括嫩度的匀整度和色泽的匀整度)。

5.3 审评方法

5.3.1 外形审评方法

将缩分后的有代表性的茶样 200 g～300 g，置于评茶盘中，双手握住茶盘对角，用回旋筛转法，使茶样按粗细、长短、大小、整碎顺序分层并顺势收于评茶盘中间呈圆馒头形，根据上层(也称面张、上段)、中层(也称中段、中档)、下层(也称下段)，按 5.2 的审评内容，用目测、手感等方法，通过调换位置、反复察看比较外形。

a) 初制茶

按 5.3.1 方法，用目测审评面张茶后；审评人员用手轻轻地将大部分上、中段茶抓在手中，审评没有抓起的留在评茶盘中的下段茶的品质；然后，抓茶的手反转、手心朝上摊开，将茶摊放在手中，用目测审评中段茶的品质。同时，用手掂估同等体积茶(身骨)的重量。

b) 精制茶

按 5.3.1 方法，用目测审评面张茶后，审评人员双手握住评茶盘，用“簸”的手法，让评茶盘中的茶叶按形态的大小从里向外从大到小在评茶盘中排布，在评茶盘中分出上、中、下档，然后目测审评。

5.3.2 茶汤制备方法与审评顺序

a) 红茶、绿茶、黄茶、白茶、乌龙茶

从评茶盘中扦取充分混匀的有代表性的茶样 3.0 g～5.0 g，茶水比为 1∶50，置于相应的评茶杯中，注满沸水、加盖、计时，根据表 1 中茶类要求选择冲泡时间，到规定时间后按冲泡顺序依次等速将茶汤滤入评茶碗中，留叶底于杯中，按香气(热嗅)、汤色、香气(温嗅)、滋味、香气(冷嗅)、叶底的顺序逐项审评。

表1 各类茶茶汤准备冲泡时间

茶 类	冲泡时间/min
普通(大宗)绿茶	5
名优绿茶	4
红茶	5
乌龙茶(条型、拳曲型、螺钉型)	5
乌龙茶(颗粒型)	6
白茶	5
黄茶	5

b) 乌龙茶(盖碗审评法)

先用沸水将评茶杯碗烫热,随即称取有代表性茶样 5.0 g,置于 110 mL 倒钟形评茶杯中,迅速注满沸水,并立即用杯盖刮去液面泡沫,加盖。1 min 后,揭盖嗅其盖香,评茶叶香气,至 2 min 将茶汤沥入评茶碗中,用于评汤色和滋味,并闻嗅叶底香气。接着第二次注满沸水,加盖,2 min 后,揭盖嗅其盖香,评茶叶香气,至 3 min 将茶汤沥入评茶碗中,再评茶水的汤色和滋味,并闻嗅叶底香气。接着第三次再注满沸水,加盖,3 min 后,揭盖嗅其盖香,评茶叶香气,至 5 min 将茶汤沥入评茶碗中,再用于评汤色和滋味,比较其耐泡程度,然后审评叶底香气。最后将杯中叶底倒入叶底盘中,审评叶底。

c) 黑茶与紧压茶

称取有代表性的茶样 5.0 g,置于 250 mL 毛茶审评杯中,注满沸水,加盖浸泡 2 min,按冲泡次序依次等速将茶汤沥入评茶碗中,用于审评汤色与滋味,留叶底于杯中,审评香气。然后第二次注入沸水,加盖浸泡至 5 min,按冲泡次序依次等速将茶汤沥入评茶碗中,按先汤色、香气,后滋味、叶底的顺序逐项审评。汤色结果以第一次为主要依据,香气、滋味以第二次为主要依据。

d) 花茶

首先拣除茶样中的花干、花萼等花的成分,然后称取有代表性的茶样 3.0 g,置于 150 mL 精制茶评茶杯中,注满沸水,加盖,计时,浸泡至 3 min,按冲泡次序依次等速将茶汤沥入评茶碗中,用于审评汤色与滋味,留叶底于杯中,审评杯内叶底香气的鲜灵度和纯度。然后第二次注满沸水,加盖,计时,浸泡至 5 min,再按冲泡次序依次等速将茶汤沥入评茶碗中,再次评汤色和滋味,留叶底于杯中,用于审评香气的浓度和持久性。然后综合审评汤色、香气和滋味。最后审评叶底。

e) 袋泡茶

取一有代表性的茶袋置于 150 mL 审评杯中,注满沸水并加盖,冲泡 3 min 后揭盖上下提动袋茶两次(每分钟一次),提动后随即盖上杯盖,至 5 min 时将茶汤沥入茶碗中,依次审评汤色、香气、滋味和叶底。叶底审评茶袋冲泡后的完整性,必要时可检视茶渣的色泽、嫩度与均匀度。

f) 粉茶

扦取 0.4 g 茶样,置于 200 mL 的评茶碗中,冲入 150 mL 的沸水,依次审评其汤色与香味。

5.3.3 内质审评方法

a) 汤色

审评汤色时用目测根据 5.2 的审评内容审评茶汤,审评时应注意光线、评茶用具对茶汤审评结果的影响,随时可调换审评碗的位置以减少环境对汤色审评的影响。

b) 香气

审评香气时，一手持杯，一手持盖，靠近鼻孔，半开杯盖，嗅评从杯中散发出来的香气，每次持续 2 s～3 s，后随即合上杯盖。可反复 1 次～2 次。根据 5.2 的审评内容判断香气的质量。并热嗅（杯温约 75 ℃左右）、温嗅（杯温约 45 ℃左右）、冷嗅（杯温接近室温）结合进行。

c) 滋味

审评滋味时，用茶匙取适量（约 5 mL）茶汤于口内，用舌头让茶汤在口腔内循环打转，使茶汤与舌头各部位充分接触，并感受刺激，随后将茶汤吐入吐茶桶中或咽下，根据 5.2 的审评内容审评滋味。审评滋味最适宜的茶汤温度在 50 ℃左右。

d) 叶底

审评叶底时，精制茶采用黑色木制叶底盘，毛茶与名优绿茶采用白色搪瓷叶底盘，操作时应将杯中的茶叶全部倒入叶底盘中，其中白色搪瓷叶底盘中要加入适量清水，让叶底漂浮起来。根据 5.2 的审评内容，用目测、手感等方法审评叶底。

6 审评结果与判定

6.1 对样审评

6.1.1 级别判定

对照一组标准样品，比较未知茶样品与标准样品之间某一级别在外形和内质的相符程度（或差距）。首先，对照一组标准样品的外形，从外形的形状、嫩度、色泽、整碎和净度五个方面综合判定未知样品等于或约等于标准样品中的某一级别，即定为该未知样品的外形级别；然后从内质的汤色、香气、滋味与叶底四个方面综合判定未知样品等于或约等于标准样品中的某一级别，即定为该未知样品的内质级别。未知样品最后的级别判定结果计算见式(1)：

$$\text{未知样品的级别} = (\text{外形级别} + \text{内质级别}) \div 2 \quad \cdots\cdots(1)$$

6.1.2 合格判定

a) 评分

以成交样品或（贸易）标准样品相应等级的色、香、味、形的品质要求为水平依据，按规定的审评因子（大多数为八因子，具体见表 2）和审评方法，将生产样品对照（贸易）标准样品或成交样品逐项对比审评，判断结果按“七档制”（见表 3）方法进行评分。

表 2 各类成品茶品质审评因子

茶类	外形				内质			
	形状(A_1)	整碎(B_1)	净度(C_1)	色泽(D_1)	香气(E_1)	汤色(F_1)	滋味(G_1)	叶底(H_1)
绿茶	√	√	√	√	√	√	√	√
红茶	√	√	√	√	√	√	√	√
乌龙茶	√	√	√	√	√	√	√	√
白茶	√	√	√	√	√	√	√	√
黑茶	√	√	√	√	√	√	√	√
压制茶	√	√	√	√	√	√	√	√
黄茶	√	√	√	√	√	√	√	√
花茶	√	√	√	√	√	√	√	√
袋泡茶	√	√	√	√	√	√	√	√
粉茶	√	×	√	√	√	√	√	×
注：“×”为非审评因子。								

表3 七档次审评方法

七档制	评分	说　　明
高	+3	差异大，明显好于标准样品
较高	+2	差异较大，好于标准样品
稍高	+1	仔细辨别才能区分，稍好于标准样品
相当	0	标准样品或成交样品的水平
稍低	−1	仔细辨别才能区分，稍差于标准样品
较低	−2	差异较大，差于标准样品
低	−3	差异大，明显差于标准样品

b) 结果计算

审评结果按式(2)计算：

$$Y = A_1 + B_1 + \cdots\cdots + H_1 \qquad (2)$$

式中：

Y——茶叶审评总得分；

A_1、B_1……H_1——各审评因子的得分。

c) 结果判定

任何单一审评因子中得−3分者判为不合格；总得分≤−3分者为不合格。

6.2 茶叶品质顺序排列

6.2.1 评分

a) 评分的形式

1) 独立评分：整个审评过程由一个或若干个评茶员独立完成。

2) 集体评分：整个审评过程由三人或三人以上(奇数)评茶员一起完成。参加审评的人员组成一个审评小组，推荐其中一人为主评。审评过程中由主评先评出分数，其他人员根据品质标准对主评出具的分数进行修改与确认，对观点差异较大的茶进行讨论，最后共同确定分数，如有争论，投票决定。并加注评语，评语应引用GB/T 14487中的术语。

b) 评分的方法

茶叶品质顺序的排列样品应在二只以上，评分前工作人员对茶样进行分类、密码编号，审评人员在不了解茶样的来源、密码条件下进行盲评，根据审评知识与品质标准，按外形、汤色、香气、滋味和叶底“五因子”，采用百分制，在公平、公正条件下给每个茶样每项因子进行评分，并加注评语，评语应引用GB/T 14487中的术语。评分表参见附录A。

c) 分数的确定

1) 每个评茶员所评的分数相加的总和除以参加评分的人数所得的分数；

2) 当独立评分评茶员人数达五人以上时，可在评分的结果中去除一个最高分和一个最低分，其余的分数相加的总和除以其人数所得的分数。

d) 结果计算

将单项因子的得分与该因子的评分系数相乘，并将各个乘积值相加，即为该茶样审评的总得分。计算见式(3)：

$$Y = A \times a + B \times b + \cdots\cdots + E \times e \qquad (3)$$

式中：

Y——茶叶审评总得分；

A、B……E——各品质因子的审评得分；

a、b……e——各品质因子的评分系数。

各茶类审评因子评分系数见表 4。

表 4　各类茶品质因子评分系数

单位：%

茶类	外形(a)	汤色(b)	香气(c)	滋味(d)	叶底(e)
名优绿茶	25	10	25	30	10
普通(大宗)绿茶	20	10	30	30	10
工夫红茶	25	10	25	30	10
(红)碎茶	20	10	30	30	10
乌龙茶	20	5	30	35	10
黑茶(散茶)	20	15	25	30	10
压制茶	25	10	25	30	10
白茶	25	10	25	30	10
黄茶	25	10	25	30	10
花茶	20	5	35	30	10
袋泡茶	10	20	30	30	10
粉茶	10	20	35	35	0

6.2.2　结果评定

根据计算结果审评的名次按分数从高到低的次序排列。

如遇分数相同者，则按"滋味→外形→香气→汤色→叶底"的次序比较单一因子得分的高低，高者居前。

附 录 A
（资料性附录）
茶叶品质评语与品质因子评分表

A.1 名优绿茶品质评语与各品质因子评分表见表A.1。

表A.1 名优绿茶品质评语与各品质因子评分表

因子	档次	品质特征	给分	评分系数
外形（a）	甲	细嫩，以单芽到一芽二叶初展或相当嫩度的单片为原料，造型美且有特色，色泽嫩绿或翠绿或深绿，油润，匀整，净度好	90～99	25%
	乙	较细嫩，造型较有特色，色泽墨绿或黄绿，较油润，尚匀整，净度较好	80～89	
	丙	嫩度稍低，造型特色不明显，色泽暗褐或陈灰或灰绿或偏黄，较匀整，净度尚好	70～79	
汤色（b）	甲	嫩绿明亮，浅绿明亮	90～99	10%
	乙	尚绿明亮或黄绿明亮	80～89	
	丙	深黄或黄绿欠亮或浑浊	70～79	
香气（c）	甲	嫩香、嫩栗香、清高、花香	90～99	25%
	乙	清香、尚高、火工香	80～89	
	丙	尚纯、熟闷、老火或青气	70～79	
滋味（d）	甲	鲜醇、甘鲜、醇厚鲜爽	90～99	30%
	乙	清爽、浓厚、尚醇厚	80～89	
	丙	尚醇、浓涩、青涩	70～79	
叶底（e）	甲	细嫩多芽，嫩绿明亮、匀齐	90～99	10%
	乙	嫩匀，绿明亮、尚匀齐	80～89	
	丙	尚嫩、黄绿、欠匀齐	70～79	

A.2 普通（大宗）绿茶品质评语与各品质因子评分表见表A.2。

表A.2 普通（大宗）绿茶品质评语与各品质因子评分表

因子	档次	品质特征	给分	评分系数
外形（a）	甲	以一芽二叶初展到一芽二叶为原料，造型有特色，色泽较嫩绿或翠绿或深绿，油润，匀整，净度好	90～99	20%
	乙	较嫩，以一芽二叶为主为原料，造型较有特色，色泽墨绿或黄绿，较油润，尚匀整，净度较好	80～89	
	丙	嫩度稍低，造型特色不明显，色泽暗褐或陈灰或灰绿或偏黄，较匀整，净度尚好	70～79	

表 A.2（续）

因子	档次	品质特征	给分	评分系数
汤色 (*b*)	甲	绿明亮	90～99	10%
	乙	尚绿明亮或黄绿明亮	80～89	
	丙	深黄或黄绿欠亮或浑浊	70～79	
香气 (*c*)	甲	高爽有栗香或略有嫩香或带花香	90～99	30%
	乙	清香、尚高、火工香	80～89	
	丙	尚纯、略熟闷、老火	70～79	
滋味 (*d*)	甲	鲜醇、醇厚鲜爽	90～99	30%
	乙	清爽、浓厚、尚醇厚	80～89	
	丙	尚醇、浓涩、青涩	70～79	
叶底 (*e*)	甲	嫩匀多芽，尚嫩绿明亮、匀齐	90～99	10%
	乙	嫩匀略有芽，绿明亮、尚匀齐	80～89	
	丙	尚嫩、黄绿、欠匀齐	70～79	

A.3 乌龙茶品质评语与各因子评分表见表 A.3。

表 A.3 乌龙茶品质评语与各因子评分表

因子	档次	品质特征	给分	评分系数
外形 (*a*)	甲	重实、壮结，品种特征或地域特征明显，色泽油润，匀整，净度好	90～99	20%
	乙	较重实、较壮结，有品种特征或地域特征，尚重实，色润，较匀整，净度尚好	80～89	
	丙	尚紧实或尚壮实，带有黄片，色欠润，欠匀整，净度稍差	70～79	
汤色 (*b*)	甲	色度因加工工艺而定，可从蜜黄加深到橙红，但要求清澈明亮	90～99	5%
	乙	色度因加工工艺而定，较明亮	80～89	
	丙	色度因加工工艺而定，多沉淀，欠亮	70～79	
香气 (*c*)	甲	品种特征或地域特征明显，花香、花果香浓郁，香气优雅纯正	90～99	30%
	乙	品种特征或地域特征尚明显，有花香或花果香，但浓郁与纯正性稍差	80～89	
	丙	花香或花果香不明显，略带粗气或老火香	70～79	
滋味 (*d*)	甲	浓厚甘醇或醇厚滑爽	90～99	35%
	乙	浓醇较爽	80～89	
	丙	浓尚醇，略有粗糙感	70～79	
叶底 (*e*)	甲	做青好，叶质肥厚软亮	90～99	10%
	乙	做青较好，叶质较软亮	80～89	
	丙	稍硬，青暗，做青一般	70～79	

A.4 工夫红茶品质评语与各品质因子评分表见表 A.4。

表 A.4 工夫红茶品质评语与各品质因子评分表

因子	档次	品质特征	给分	评分系数
外形 (*a*)	甲	细紧或紧结重实，露毫有锋苗，色乌黑油润或棕褐油润显金毫，匀整，净度好	90～99	25%
	乙	较细紧或紧结，稍有毫，较乌润，匀整，净度较好	80～89	
	丙	紧实或壮实，尚乌润，尚匀整，净度尚好	70～79	
汤色 (*b*)	甲	红明亮	90～99	10%
	乙	尚红亮	80～89	
	丙	尚红欠亮	70～79	
香气 (*c*)	甲	嫩香，嫩甜香，花果香	90～99	25%
	乙	高，有甜香	80～89	
	丙	纯正	70～79	
滋味 (*d*)	甲	鲜醇或甘醇	90～99	30%
	乙	醇厚	80～89	
	丙	尚醇	70～79	
叶底 (*e*)	甲	细嫩（或肥嫩）多芽或有芽，红明亮	90～99	10%
	乙	嫩软，略有芽，红尚亮	80～89	
	丙	尚嫩，多筋，尚红亮	70～79	

A.5 黑茶（散茶）品质评语与各品质因子评分表见表 A.5。

表 A.5 黑茶（散茶）品质评语与各品质因子评分表

因子	档次	品质特征	给分	评分系数
外形 (*a*)	甲	肥硕或壮结、显毫、形态美，色泽油润，匀整，净度好	90～99	20%
	乙	尚壮结或较紧结、有毫，色泽尚匀润，较匀整，净度较好	80～89	
	丙	壮实或紧实或粗实，尚匀整，净度尚好	70～79	
汤色 (*b*)	甲	根据后发酵的程度可有红浓、橙红、橙黄色，明亮	90～99	15%
	乙	根据后发酵的程度可有红浓、橙红、橙黄色，尚明亮	80～89	
	丙	红浓暗或深黄或黄绿欠亮或浑浊	70～79	
香气 (*c*)	甲	香气纯正、无杂气味，香高爽	90～99	25%
	乙	香气较高尚纯正、无杂气味	80～89	
	丙	尚纯	70～79	
滋味 (*d*)	甲	醇厚，回味甘爽	90～99	30%
	乙	较醇厚	80～89	
	丙	尚醇	70～79	

表 A.5（续）

因子	档次	品质特征	给分	评分系数
叶底 (*e*)	甲	嫩软多芽，明亮、匀齐	90～99	10%
	乙	尚嫩匀略有芽，明亮、尚匀齐	80～89	
	丙	尚柔软、尚明、欠匀齐	70～79	

A.6 压制茶品质评语与各品质因子评分表见表 A.6。

表 A.6 压制茶品质评语与各品质因子评分表

因子	档次	品质特征	给分	评分系数
外形 (*a*)	甲	形状完全符合规格要求，松紧度适中。肥硕或壮结、显毫，匀、整、净，不分里、面茶，润泽度好	90～99	25%
	乙	形状符合规格要求，松紧度适中。尚壮结、有毫，尚匀整、润泽度较好	80～89	
	丙	形状基本符合规格要求，松紧度较适合。壮实或粗实，尚匀，尚润泽	70～79	
汤色 (*b*)	甲	根据后发酵的程度可有红浓、橙红、橙黄色，明亮	90～99	10%
	乙	根据后发酵的程度可有红浓、橙红、橙黄色，尚明亮	80～89	
	丙	红浓暗或深黄或黄绿欠亮或浑浊	70～79	
香气 (*c*)	甲	香气纯正、高爽，无杂异气味	90～99	25%
	乙	香气较高尚纯正、无异杂气味	80～89	
	丙	尚纯、有烟气、微粗等	70～79	
滋味 (*d*)	甲	醇厚，回味甘爽	90～99	30%
	乙	尚醇厚	80～89	
	丙	尚醇	70～79	
叶底 (*e*)	甲	嫩软多芽，明亮、匀齐	90～99	10%
	乙	尚嫩匀略有芽，明亮、尚匀齐	80～89	
	丙	尚软、尚明、欠匀齐	70～79	

A.7 白茶品质评语与各品质因子评分表见表 A.7。

表 A.7 白茶品质评语与各品质因子评分表

因子	档次	品质特征	给分	评分系数
外形 (*a*)	甲	以单芽到一芽二叶初展为原料，芽毫肥壮，造型美、有特色，白毫显露，匀整，净度好	90～99	25%
	乙	以单芽到一芽二叶初展为原料，芽较瘦小，较有特色，白毫显，尚匀整，净度好	80～89	
	丙	嫩度较低，造型特色不明显，色泽暗褐或灰绿，较匀整，净度尚好	70～79	

表 A.7（续）

因子	档次	品质特征	给分	评分系数
汤色 (*b*)	甲	杏黄、嫩黄明亮或浅白明亮	90～99	10%
	乙	尚绿黄明亮或黄绿明亮	80～89	
	丙	深黄或泛红或浑浊	70～79	
香气 (*c*)	甲	嫩香、毫香显	90～99	25%
	乙	清香、尚有毫香	80～89	
	丙	尚纯，或有酵气或有青气	70～79	
滋味 (*d*)	甲	毫味明显、甘和鲜爽	90～99	30%
	乙	醇厚较鲜爽	80～89	
	丙	尚醇、浓稍涩、青涩	70～79	
叶底 (*e*)	甲	全芽或一芽二叶完整，软嫩灰绿明亮、匀齐	90～99	10%
	乙	尚软嫩匀，尚灰绿明亮、尚匀齐	80～89	
	丙	尚嫩、黄绿有红叶、欠匀齐	70～79	

A.8 黄茶品质评语与各品质因子评分表见表 A.8。

表 A.8 黄茶品质评语与各品质因子评分表

因子	档次	品质特征	给分	评分系数
外形 (*a*)	甲	细嫩，以单芽到一芽二叶初展为原料，造型美，有特色，色泽嫩黄或金黄、油润，匀整，净度好	90～99	25%
	乙	较细嫩，造型较有特色，色泽褐黄或绿带黄，较油润，尚匀整，净度较好	80～89	
	丙	嫩度稍低，造型特色不明显，色泽暗褐或深黄，欠匀整，净度尚好	70～79	
汤色 (*b*)	甲	嫩黄明亮	90～99	10%
	乙	尚黄明亮或黄明亮	80～89	
	丙	深黄或绿黄欠亮或浑浊	70～79	
香气 (*c*)	甲	嫩香或嫩栗香，有甜香	90～99	25%
	乙	高爽，较高爽	80～89	
	丙	尚纯、熟闷、老火	70～79	
滋味 (*d*)	甲	醇厚甘爽，醇爽	90～99	30%
	乙	浓厚或尚醇厚，较爽	80～89	
	丙	尚醇、浓涩	70～79	
叶底 (*e*)	甲	细嫩多芽，嫩黄明亮、匀齐	90～99	10%
	乙	嫩匀，黄明亮、尚匀齐	80～89	
	丙	尚嫩、黄尚明、欠匀齐	70～79	

A.9 花茶品质评语与各品质因子评分表见表 A.9。

表 A.9 花茶品质评语与各品质因子评分表

因子	档次	品质特征	给分	评分系数
外形 (*a*)	甲	细紧或壮结、多毫或锋苗显露，造型有特色，色泽尚嫩绿或嫩黄、油润，匀整，净度好	90～99	20%
	乙	较细紧或较紧结、有毫或有锋苗，造型较有特色，色泽黄绿，较油润，匀整，净度较好	80～89	
	丙	紧实或壮实，造型特色不明显，色泽黄或黄褐，较匀整，净度尚好	70～79	
汤色 (*b*)	甲	嫩黄明亮，尚嫩绿明亮	90～99	5%
	乙	黄明亮或黄绿明亮	80～89	
	丙	深黄或黄绿欠亮或浑浊	70～79	
香气 (*c*)	甲	鲜灵、浓郁、纯正、持久	90～99	35%
	乙	较鲜灵、浓郁、较纯正、持久	80～89	
	丙	尚浓郁、尚鲜，较纯正，尚持久	70～79	
滋味 (*d*)	甲	甘醇或醇厚，鲜爽，花香明显	90～99	30%
	乙	浓厚或较醇厚	80～89	
	丙	熟、浓涩、青涩	70～79	
叶底 (*e*)	甲	细嫩多芽，黄绿明亮	90～99	10%
	乙	嫩匀有芽，黄明亮	80～89	
	丙	尚嫩、黄明	70～79	

A.10 袋泡茶品质评语与各品质因子评分表见表 A.10。

表 A.10 袋泡茶品质评语与各品质因子评分表

因子	档次	品质特征	给分	评分系数
外形 (*a*)	甲	滤纸质量优，包装规范、完全符合标准要求	90～99	10%
	乙	滤纸质量较优，包装规范、完全符合标准要求	80～89	
	丙	滤纸质量较差，包装不规范、有欠缺	70～79	
汤色 (*b*)	甲	色泽依茶类不同，但要清澈明亮	90～99	20%
	乙	色泽依茶类不同，较明亮	80～89	
	丙	欠明亮或有浑浊	70～79	
香气 (*c*)	甲	香高鲜、纯正，有嫩茶香	90～99	30%
	乙	高爽或较高鲜	80～89	
	丙	尚纯、熟、老火或青气	70～79	
滋味 (*d*)	甲	鲜醇、甘鲜、醇厚鲜爽	90～99	30%
	乙	清爽、浓厚、尚醇厚	80～89	
	丙	尚醇、浓涩、青涩	70～79	

表 A.10（续）

因子	档次	品质特征	给分	评分系数
叶底 (*e*)	甲	滤纸薄而均匀、过滤性好，无破损	90～99	10%
	乙	滤纸厚薄较均匀，过滤性较好，无破损	80～89	
	丙	掉线或有破损	70～79	

A.11 （红）碎茶品质评语与各品质因子评分表见表 A.11。

表 A.11 （红）碎茶品质评语与各品质因子评分表

因子	档次	品质特征	给分	评分系数
外形 (*a*)	甲	嫩度好，锋苗显露，颗粒匀整、净度好，色鲜活油润	90～99	20%
	乙	嫩度较好，有锋苗，颗粒较匀整、净度较好，色尚鲜活油润	80～89	
	丙	嫩度稍低，带细茎，尚匀整，净度尚好，色欠鲜活油润	70～79	
汤色 (*b*)	甲	色泽依茶类不同，但要清澈明亮	90～99	10%
	乙	色泽依茶类不同，较明亮	80～89	
	丙	欠明亮或有浑浊	70～79	
香气 (*c*)	甲	香高鲜、纯正，有嫩茶香	90～99	30%
	乙	高爽或较高鲜	80～89	
	丙	尚纯、熟、老火或青气	70～79	
滋味 (*d*)	甲	鲜醇、甘鲜、醇厚鲜爽	90～99	30%
	乙	清爽、浓厚、尚醇厚	80～89	
	丙	尚醇、浓涩、青涩	70～79	
叶底 (*e*)	甲	嫩匀多芽尖，明亮、匀齐	90～99	10%
	乙	嫩尚匀，尚明亮、尚匀齐	80～89	
	丙	尚嫩、尚亮、欠匀齐	70～79	

A.12 粉茶品质评语与各品质因子评分表见表 A.12。

表 A.12 粉茶品质评语与各品质因子评分表

因子	档次	品质特征	给分	评分系数
外形 (*a*)	甲	嫩度好、匀净，色鲜活	90～99	10%
	乙	嫩度较好、匀净，色尚鲜活	80～89	
	丙	嫩度稍低、较匀净，色欠鲜活	70～79	
汤色 (*b*)	甲	色彩鲜艳、明亮	90～99	20%
	乙	色彩尚鲜艳、尚明亮	80～89	
	丙	色彩较差、欠明亮	70～79	
香气 (*c*)	甲	嫩香、嫩栗香、清高、花香	90～99	35%
	乙	清香、尚高、栗香	80～89	
	丙	尚纯、熟、老火、青气	70～79	

表 A.12（续）

因子	档次	品质特征	给分	评分系数
滋味 (d)	甲	鲜醇爽口、醇厚甘爽、醇厚鲜爽，口感细腻	90～99	35%
	乙	浓厚、尚醇厚，口感较细腻	80～89	
	丙	尚醇、浓涩、青涩，有粗糙感	70～79	

ICS 97.040.30
Y 61

中华人民共和国国家标准

GB/T 23777—2009

葡萄酒储藏柜

Wine cooler

2009-05-18 发布　　2009-12-01 实施

中华人民共和国国家质量监督检验检疫总局
中国国家标准化管理委员会　发布

前　言

本标准的附录C为规范性附录，附录A、附录B为资料性附录。

本标准由中国标准化研究院提出并归口。

本标准负责起草单位：海尔集团公司。

本标准参与起草单位：广州威凯检测技术研究所、青岛市产品质量监督检验所、青岛澳柯玛股份有限公司、河南新飞电器有限公司、中法合营王朝葡萄酿酒有限公司、中粮酒业有限公司、青岛华东葡萄酿酒有限公司、烟台张裕葡萄酿酒股份有限公司、海信容声（广东）冷柜有限公司、博西华家用电器有限公司。

本标准主要起草人：王京春、赵建芳、陈占开、李云美、程贵亮、户建波、王海军、张春娅、张辉、刘春生、于彩灵、吕振荣、葛守猛、曾继术。

葡萄酒储藏柜

1 范围

本标准规定了葡萄酒储藏柜的术语和定义、分类和型号命名、技术要求、试验方法、标志和说明、检验规则。

本标准适用于可用于储存葡萄酒与类似果酒的封闭式电机驱动压缩式制冷的葡萄酒储藏柜(以下简称酒柜)。

2 规范性引用文件

下列文件中的条款通过本标准的引用而成为本标准的条款。凡是注日期的引用文件,其随后所有的修改单(不包括勘误的内容)或修订版均不适用于本标准,然而,鼓励根据本标准达成协议的各方研究是否可使用这些文件的最新版本。凡是不注日期的引用文件,其最新版本适用于本标准。

GB/T 1019 家用和类似用途电器包装通则

GB/T 2423.3 电工电子产品环境试验 第2部分:试验方法 试验Cab:恒定湿热试验(GB/T 2423.3—2006, IEC 60068-2-78:2001,IDT)

GB/T 2423.17 电工电子产品环境试验 第2部分:试验方法 试验Ka:盐雾(GB/T 2423.17—2008,IEC 60068-2-11:1981,IDT)

GB/T 2828.1 计数抽样检验程序 第1部分:按接收质量限(AQL)检索的逐批检验抽样计划(GB/T 2828.1—2003,ISO 2859-1:1999,IDT)

GB/T 2829 周期检验计数抽样程序及表(适用于对过程稳定性的检验)

GB/T 4214.1 声学 家用电器及类似用途器具噪声测试方法 第1部分:通用要求(GB/T 4214.1—2000, eqv IEC 60704-1:1997)

GB 4706.1—2005 家用及类似用途电器的安全 第1部分:通用要求[IEC 60335-1:2004(Ed4.1),IDT]

GB 4706.13—2004 家用及类似用途电器的安全 制冷器具、冰淇淋机和制冰机的特殊要求(IEC 60335-2-24:2000,IDT)

GB 5296.2 消费品使用说明 第2部分:家用和类似用途电器

GB 15763.2—2005 建筑用安全玻璃 第2部分:钢化玻璃

3 术语和定义

下列术语和定义适用于本标准。

3.1

葡萄酒储藏柜 wine cooler

一个有适当容积和装置的绝热箱体,用消耗电能的手段来制冷,并具有一个或多个间室用来储存葡萄酒的储藏柜。该储藏柜主要用于冷却和储存葡萄酒。

3.2

白酒室 white wine compartment

适用于储藏白葡萄酒和桃红葡萄酒(以下简称白酒)的独立储酒间室。

3.3

红酒室 red wine compartment

适用于储藏红葡萄酒(以下简称红酒)的独立储酒间室。

3.4

单温室酒柜　single compartment wine cooler

具有一个独立储酒间室的酒柜。

3.5

双温室酒柜　double compartment wine cooler

具有两个独立储酒间室的酒柜。

3.5.1

双温室转换酒柜　variational double compartment wine cooler

红酒室或白酒室可以按照用户要求进行相互转换的双温室酒柜。

3.6

多温室酒柜　multi-compartment wine cooler

具有3个或3个以上独立间室的酒柜。

3.6.1

多温室转换酒柜　variational multi-compartment wine cooler

红酒室或白酒室可以按照用户要求进行相互转换的多温室酒柜。

3.7

嵌入式酒柜　built-in wine cooler

安装于柜体内、墙凹壁或类似装置的酒柜。

3.8

驻立式酒柜　stationary wine cooler

固定式酒柜或非便携式酒柜。

3.9

稳定运行状态　stable operating conditions

酒柜在运转期间不对温控装置的调定位置再做任何调整，并且至少24 h的两段时间(每段时间均包括若干完整的运行周期)内储藏温度的波动不超过0.5 K，耗电量的波动不超过3%的状态。如果一个运行周期超过48 h，则用两个连续运行周期中每个运行周期的前24 h的储藏温度和耗电量数值进行比较。

4　分类和型号命名

4.1　产品分类

4.1.1　按结构可分为单温室酒柜、双温室酒柜和多温室酒柜。

4.1.2　按安装方式可分为驻立式酒柜和嵌入式酒柜。

4.2　环境温度要求

符合本标准的酒柜分为四种气候类型或温度范围(见表1)。酒柜在表1中规定的环境温度范围使用时，各间室温度应满足5.4.1要求。

表1　气候类型

类　型	气候环境温度
亚温带型(SN)	10 ℃～32 ℃
温带型(N)	16 ℃～32 ℃
亚热带型(ST)	16 ℃～38 ℃
热带型(T)	16 ℃～43 ℃

4.3 型号命名

□ □-□ □

- 产品改进顺序号(以大写字母 A、B、C…… 顺序表示)
- 规格代号(总有效容积以阿拉伯数,单位用 L 表示)
- 用途分类代号("C" 表示冷藏柜)
- 产品代号("J" 表示酒柜)

示例 1:JC-152A

表示有效容积为 152 L 的酒柜的第一次改进型号。

5 技术要求

5.1 使用环境

5.1.1 气候类型应符合表 1 的规定。

5.1.2 电源电压为 AC 187 V~242 V、电源频率 50 Hz±1 Hz。

5.2 有效容积

酒柜有效容积按照 6.2 规定进行试验,当实测值小于额定值时,实测值与额定值的差值不应大于额定值的 3%或 1 L(取高者)。

5.3 结构

5.3.1 强度和刚度

酒柜及其部件在安装、运输以及使用时应具有足够的强度和刚度,应注意以下事项:

a) 柜内部件如搁架及其支撑应有较大的强度,以保证其功用;

b) 对于滑动的搁架或抽屉在满负荷下应保证其不变形并可灵活移动;

c) 带止动装置的部件,在满负荷下被拉出到极限位置时,应能防止意外坠落;

d) 保持静止。

5.3.2 制冷系统

5.3.2.1 冷凝器的设计应尽量避免积聚灰尘。

5.3.2.2 蒸发器的设计应防止器具在正常使用时受到损坏。热交换器表面应采用耐腐蚀材料制造,或表面采用防锈、无毒涂层,以承受在结霜与除霜状态交替变化下的温度变化。

5.3.2.3 用户可以调节的温度控制装置,应便于操作并能满足器具性能试验的要求。

5.3.2.4 运动或弹性安装部件的管道及连接的设计应考虑到避免产生噪声,不传递振动,以及防止由于疲劳而损毁。其他部位的管道及连接的安装固定应安全可靠。必要时,管道和阀门应采取良好的绝热保温措施。

5.3.2.5 制冷系统的设计应采取适当措施防止水气在低温部件上凝结,以避免影响制冷系统的运行并对器具和周围环境造成危害。

5.3.3 冷凝排水

在需要排水处,滴水盘或蒸发皿应有足够的排水能力,其安装位置应留有足够的空间,以便于拆卸和清洗。

5.3.4 接口和接缝

在净容积内的所有接口和接缝应避免污物的沉积,应使污物易于清除。

5.3.5　门封气密性

酒柜门在关闭时，不能自行弹开。酒柜门应具有良好的气密性，将门关闭后，门封（或盖封）四周应严密，经 6.3.1 测试后，纸片不应自由滑动。

5.3.6　门铰链和把手的耐久性

酒柜的门铰链和把手应坚固和耐腐蚀。经 6.3.2 测试后，酒柜外门应无损坏并无影响到气密性。试验结束后，再经 6.3.1 测试后，其结果应符合 5.3.5 要求。试验后，紧固系统仍能使门易于开闭保持其良好的功能，附件应能保持它们正常的功能。

5.3.7　搁架和容器的机械强度

酒柜的搁架和容器及其类似部件应有足够的机械强度，经 6.3.3 测试后，不应发生变形而影响到原有的功能。

5.3.8　门的开启力

应可以从内部打开带有自由空间酒柜间室的门，经 6.3.4 测试后，门的打开力应不超过 70 N。

5.3.9　玻璃部件

5.3.9.1　在酒柜内部的玻璃组件（除灯泡外）在日常使用时，包括做清洁工作时容易触及到的，都应有光滑的边缘。在正常贮存位置的玻璃组件，其暴露的边缘应经过火焰抛光，热强化或回火，或在表面覆盖永久性附着的光滑的框。

5.3.9.2　除灯泡外的玻璃组件应：

a）是不碎的或是经过回火的，在打碎时应符合 GB 15763.2—2005 的 6.6 关于建筑物所用的玻璃材料的安全性能和实验方法；

b）经 6.3.5 测试后玻璃不应破碎。

5.4　制冷性能

5.4.1　储藏温度

经 6.4.1 测试后，酒柜的储藏温度应符合表 2 规定。

表 2　储藏温度

温度状况	气候类型	环境温度/℃	柜内测点温度/℃					
			单温室		双温室及多温室			
					红酒室		白酒室	
			t_1、t_2、t_3	t_m	t_1、t_2、t_3	t_m	t_1、t_2、t_3	t_m
储藏温度	SN	10～32	$4 \leq t_1$、t_2、$t_3 \leq 18$	$t_m \leq 11$	$10 \leq t_1$、t_2、$t_3 \leq 18$	$t_m \leq 14$	$4 \leq t_1$、t_2、$t_3 \leq 12$	$t_m \leq 8$
	N	16～32						
	ST	16～38						
	T	16～43						
化霜周期内允许的温度偏移	SN	10～32	$4 \leq t_1$、t_2、$t_3 \leq 18$	—	$4 \leq t_m \leq 18$			
	N	16～32						
	ST	16～38						
	T	16～43						

5.4.2　耗电量

经 6.4.2 测试后，酒柜耗电量的实测值不应大于额定值的 115%。

5.4.3 储藏湿度要求

酒柜的设计应尽可能考虑葡萄酒储藏湿度的要求，附录A规定了相关试验的要求。

5.4.4 冷却速度

经6.4.3测试后，各间室达到规定温度的时间不大于240 min。

5.5 材料性能

5.5.1 绝热性能和防凝露

酒柜应有良好的绝热性能，绝热材料不应有明显的收缩变形，应采取适当措施以防止由于水气进入而降低隔热性，也不允许外表面在正常工作时积聚过多的水气。

酒柜设计时应有适当的防凝露措施，经6.5测试后，酒柜外表面不允许出现珠状或流水状凝露，雾状凝露不应影响酒柜性能。

5.5.2 内部材料

a) 酒柜内部材料及其附件在正常使用时对储藏物品不应产生和吸附气味，按附录B进行气味性试验时，其评定值(平均值)不大于1；

b) 酒柜内部材料与存放物品接触时，不应污染存放物品，材料应具有耐潮气、耐食品酸的作用；

c) 所有供使用的表面涂层应耐冲击，有适当的强度，色泽均匀、光滑、易清洗并具有耐潮气、耐酸的作用。

5.6 噪声和振动

5.6.1 酒柜在运行时，不应产生明显的噪声，按6.6.1测试后，酒柜噪音限值应符合表3要求。

表3 噪音限值

容积/L	直冷式酒柜噪音限值/dB(A)	风冷式酒柜噪音限值/dB(A)
≤250	45	47
>250	48	52

5.6.2 酒柜在运行时，不应产生明显的振动，经6.6.2测试后，其振动速度的有效值不大于0.71 mm/s。

5.7 电镀件

酒柜的电镀件经6.7测试后，检查电镀层表面腐蚀情况，镀层上的金属锈点和锈迹，每100 cm^2 不应超过两个，每个锈点、锈迹的面积不得大于1 mm^2。当试件表面积小于100 cm^2 时，则不允许出现锈点和锈迹。

5.8 表面涂层

5.8.1 酒柜的表面涂层试样经6.8.1测试后，其表面外观应良好，不允许有明显的针孔。试样主要表面任意100 cm^2 正方形面积内，直径为0.5 mm～1 mm的气泡不得多于两个。不允许出现直径大于1 mm的气泡。

5.8.2 酒柜的表面涂层经6.8.2测试后，不允许有超过三分之一面积的涂层脱落。

5.9 外观

外观不应有明显的缺陷，装饰性表面应平整光亮。电镀件、塑料件、涂层表面应平整光亮、颜色一致。铭牌和一切标志应齐全，按照第7章检查应符合标准要求。

5.10　防紫外线

对于具有玻璃门的葡萄酒储藏柜，生产厂家应采取有效措施减少紫外线射入柜内，如采用有色玻璃门、镀膜玻璃门、双层或多层玻璃门等。

5.11　酒柜装瓶量

酒柜装瓶量应在铭牌和说明书中注明。

5.11.1　测试酒瓶外形尺寸

测试酒瓶外形尺寸要求瓶底直径为 78 mm，瓶口直径为 33 mm，酒瓶高度为 320 mm(具体尺寸见附录 C)。

5.11.2　装瓶量规定

按照酒柜说明书中的装瓶图进行装瓶，装瓶数应不少于说明书中的声明值。装满葡萄酒后不应影响酒柜的正常使用，如带滑道的酒架的抽拉、制冷效果等。

5.12　安全要求

对酒柜的安全要求参照 GB 4706.1—2005 和 GB 4706.13—2004 执行。

6　试验方法

6.1　试验条件

6.1.1　总述

试验室内的环境温度在 10 ℃～43 ℃范围内可调。若有多台酒柜同时试验，试验室应布局合理，以便保证每台酒柜周围条件与 6.1.2～6.1.5 中规定的温度要求一致。

电源电压和频率应保持在额定值的 100%±1%范围内。

试验前酒柜应放在 6.1.2～6.1.5 的规定的环境下自然静置(打开柜门)，使柜内温度达到平衡，其间的温差最大不应超过±1 K。达到平衡后，酒柜才能开始进行试验。

如果酒柜装有可由用户通断的防凝露电加热器，进行 6.5 试验时应接通该加热器，进行 6.4 试验时应断开该加热器。

如该加热器功率可调时，应调到最大功率。

6.1.2　酒柜的安置

每台酒柜应安置在一个涂黑色无光泽木制坚固的试验平台上。平台下面敞开以使空气自由流通，平台底面应比试验室地面高出至少 50 mm，平台底面比被测酒柜两侧壁及前壁伸出至少 300 mm，平台后边则应伸至酒柜背面的垂直隔板处。

注：该试验平台可以是一个悬空地板，符合平台的其他规格要求，并可在其下测量温度。

空气温度在平台下方 20 mm～30 mm 处使用铜柱或者黄铜柱测量，该值应在环境温度的正负 1.0 K 之内。这个测试点设置在酒柜的几何中心的垂直中心轴上。

在酒柜开始试验前，温度测试已经开始。

酒柜周围的空气流通应受到围绕酒柜的三块涂黑色无光泽的垂直隔板所限制，隔板厚度为 16 mm～30 mm。

a)　一块隔板应平行地放置在酒柜的后部，对于嵌入式的酒柜，应按厂家明示的距离放置。该隔板的后部与房间的墙之间有足够的空气间隙(≥30 mm)，并对邻近结构的影响减至最小；

b)　另两块隔板平行的安置于酒柜的两侧，距离 0.3 m 处，隔板宽为 0.3 m；

c)　整个隔板结构及尺寸见图 1。

单位为米

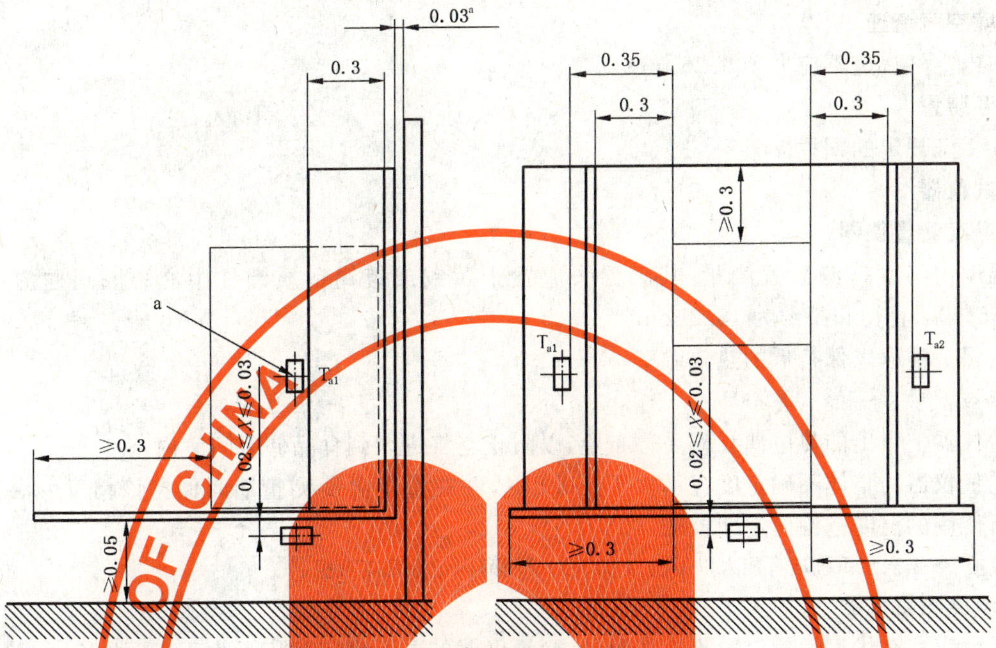

在距器具各表面的中心 0.3 m 处(含顶部)的空气流速＜0.25 m/s。

[a] 与试验房间墙壁的距离＞0.03 m。

图 1　限制空气流通的隔板和环境温度传感器的位置

三块垂直隔板应连续无间断，隔板的高度应至少比酒柜顶部高出 300 mm。

酒柜放置的位置应防止加热加湿器具、窗户的热辐射的影响，确保酒柜周围的空气温度等同于环境温度。

试验室的空气循环应使环境温度保持在规定的公差范围内。试验室内空气流速不应大于 0.25 m/s。

试验室内的空气循环不应干扰酒柜本身的空气循环。

嵌入式酒柜应按制造厂的说明放置。

嵌入式酒柜与其他器具组合时，应在组合状态下进行试验，但是所组合的其他器具不运行。

注：背板与实验室墙壁接触时会有不同于环境温度的温度。这归因于酒柜冷凝器的辐射与传导，而测试墙的表面温度取决于测试墙的周围环境。

6.1.3　环境温度

a)　测试储藏温度时，试验室内环境温度为：

——SN 型：10 ℃和 32 ℃；

——N 型：16 ℃和 32 ℃；

——ST 型：16 ℃和 38 ℃；

——T 型：16 ℃和 43 ℃。

b)　测试耗电量时，试验室内环境温度为：

——SN、N、ST 型：25 ℃；

——T 型：32 ℃；

——测试其他项目时，按其试验要求的环境温度进行。

c)　在要求达到稳定运行状态和试验期间，各个规定测点处的温度波动范围在±0.5 K 以内。在离试验平台(6.1.2 规定)2 m 高的范围内，其垂直方向的环境温度梯度不应超过 2 K/m。

6.1.4　**环境湿度**

试验室内相对湿度无特别注明时，应不超过75%。

6.1.5　**环境空气流速**

试验室内空气流速不应大于0.25 m/s。

6.1.6　**测温装置**

符合6.1.7规定的铜柱。

6.1.7　**测试仪器**

6.1.7.1　**温度测量仪器**

储藏温度由温度探测装置测量，其感温头应置于黄铜或镀锡铜质圆柱中心。该圆柱的质量为25 g×(1±5%)，直径和高约为15.2 mm。

圆柱应保持洁净以保持低的热辐射率。

温度应被记录。

从测量仪器上引出的热电偶线应妥善布置，以防止空气进入到食品储藏间室内。

温度测量仪器的整体不确定度应不大于±0.5 K，并在整个温度测量期间保持该精度。温度测量仪器需在所使用的温度范围内定期校准。

注：需要时，数据采集系统应有能力以不超过60 s的时间间隔记录温度数据。

6.1.7.2　**湿度测量仪器**

相对湿度应在有代表性的位置测量并记录，测量仪器的总不确定度应不大于±0.3 K(在露点温度处)。

6.1.7.3　**电气测量仪器**

电能表的分度值应能读出0.001 kWh，其精度为在耗电量试验期间为所测总电能的±1%以内(如：1%的读数误差)。电能表应在测量使用的范围内定期校准。

测量精度应在试验报告中说明。

6.1.8　**温度测量**

将酒柜放置在试验室内，试验条件应符合6.1的规定，将酒柜温控器调到一定位置，照明灯处于关闭状态(如果照明灯常亮的处于常亮状态)，使用铜柱测量温度 t_1、t_2、t_3，其中 t_m 是 t_1、t_2、t_3 的算术平均值，t_1、t_2、t_3 是整个运行周期内的累积时间平均温度，记录间隔为60 s或更短时间。

将试验铜柱按图2放置，待酒柜达到稳定运行状态时，测定酒柜储藏温度应符合表2规定(T_1、T_2、T_3 指测量用铜柱)。

单位为毫米

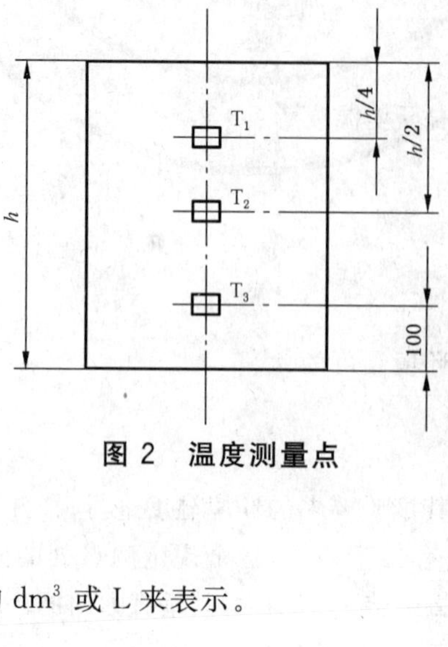

图2　温度测量点

6.2　**有效容积的测定**

6.2.1　**一般要求**

所计算的容积应以整数形式的 dm^3 或L来表示。

6.2.2 毛容积的测定

毛容积通过将总容积分为若干易于测量的简单几何形状计算出。

计算毛容积时，酒柜内部的配件(如：搁架、活动隔板、容器、蒸发器、温度控制装置、照明灯罩等)不予考虑，但酒柜内壁的准确形状(凹凸部分)则应计算在内。

6.2.3 总有效容积的测定

酒柜的总有效容积应为包含所有间室有效容积的总和。

6.2.4 有效容积的测定

有效容积应为其毛容积减去下列空间容积：

——蒸发器空间容积；

——各种护罩、外壳(例如照明灯罩、温控器护罩等)的容积；

——厚度超过 13 mm 的搁架、搁板、隔板及其他附件的容积；

——内胆突出物(护栏)与箱体内胆之间的空间容积，除非该容积打算用来储藏葡萄酒。

6.2.5 蒸发器容积的测定

6.2.5.1 容积

蒸发器空间容积应为其深度、宽度及高度的乘积。

6.2.5.2 深度

如果蒸发器的前方没有储藏空间，则其深度应为蒸发器所在隔间前壁到后壁之间的平均水平距离。

如果蒸发器的前方有储藏空间，则其深度应为箱体后部内壁到蒸发器的最前方边缘或到蒸发器的门体(如有门时)的平均距离。

6.2.5.3 宽度

宽度是蒸发器自身水平方向的总宽度(忽略蒸发器顶部附近的进气管口)，如两侧边缘有翅片则应包含翅片宽度。

如蒸发器两侧边缘或蒸发器的翅片距箱体两侧内壁之间的水平距离小于 70 mm 时，则此水平距离也算入蒸发器的宽度之内。

6.2.5.4 高度

蒸发器高度应为蒸发器的最低部位到箱体间室内部封闭空间的上部之间的平均垂直距离。

如蒸发器上表面(或顶部)与储藏间室的上部搁板之间的垂直距离大于 40 mm 时，此部分空间容积不应算在蒸发器容积内，而应算在储藏间室的有效容积内。

蒸发器的高度应包括接水盘(或接水槽)，但如接水盘高度大于 40 mm，且需人工化霜时，则不计算在内。

6.2.6 搁架与隔板容积的测定

6.2.6.1 厚度

搁架或隔板的厚度是其外表面之间的平均距离。

当搁架或隔板的表面呈波纹状或装有外部管排，且相邻两波峰之间或排管之间的距离小于 100 mm 时，搁架或隔板的外表面为连接各波峰或排管顶部的平面。

6.2.6.2 整体搁架和隔板

整体搁架或隔板的容积应为其厚度与深度、宽度或高度之间任两个参数的乘积。该深度、宽度和高度是指搁架或隔板所在平面与箱体内壁所包围的空间尺寸。

6.2.6.3 部分搁架和隔板

当水平搁架或隔板的边缘距离箱体内表面的距离大于 70 mm 时，垂直搁架或隔板的边缘距离箱体内表面的距离大于 100 mm 时，被认为是部分搁架或隔板。

部分搁架或隔板的容积应为其厚度与深度、宽度或高度之间任两个参数的乘积。

该深度、宽度或高度是指搁架或隔板所在相邻表面与箱体内壁所包围的空间尺寸。通常相邻表面间的尺寸为搁架或隔板最边缘的距离，或当部分搁架或隔板可触及到蒸发器时蒸发器之间的距离。

6.2.7 储藏搁架面积的测定

6.2.7.1 一般要求

面积单位应以 dm^2 或 m^2 来表示。

6.2.7.2 搁架面积的测定

6.2.7.2.1 由单一部分组成的整体搁架

整体搁架是由单一部分组成时，其面积是由宽度与深度的乘积得出，宽度与深度由以下方法确定：

宽度：通过测量箱体两侧壁内表面之间的平均距离得到，该尺寸与搁架的表面平行，不应超过搁架实际宽度 20 mm，否则以搁架实际尺寸为准。

深度：通过测量箱体前、后壁的内表面之间的平均距离得到，该尺寸与搁架的表面(或酒柜底部的表面)平行，不应超过搁架实际尺寸 20 mm，否则以搁架实际尺寸为准。如果直立式酒柜的门上设置了搁架，该尺寸用类似方法测量。

6.2.7.2.2 部分搁架

计算部分搁架的面积与计算整体搁架的方法类似。

6.2.7.2.3 可移除搁架

当一个搁架是可移除的，则可移除部分面积应被减去。

6.3 结构性能试验

6.3.1 门封气密性

试验前酒柜在 16 ℃～32 ℃室温下放置，不通电，并使酒柜与室温达到平衡。将一厚 0.08 mm、宽 50 mm、长 200 mm 的纸片放在门封条的任意一点处，将门关闭垂直的压在纸片上，其结果应符合 5.3.5 要求。

6.3.2 门铰链和把手的耐久性试验

试验前酒柜在 16 ℃～32 ℃室温下放置，不通电，并按照 6.3.3 规定装入圆柱负荷，门的开启角为 45°。

a) 门的开启程序：门开启时，开启角从 0°到 5°～15°之间，门的运动过程是受控制的过程，该受控运动近似为正弦曲线变化，随后是门的自由运动过程。门的开启应发生在开启周期的前 1/4 周期处。

b) 门的关闭程序：门关闭时，从开启角 45°到 40°～35°之间，门的运动过程应是受控制的过程。随后关闭到 0°时的过程是自由运动过程，按正常使用情况关闭门。

试验的周期数为每分钟 10 次～25 次。

酒柜经过 100 000 次开闭试验后，结果应符合 5.3.6 要求。

6.3.3 搁架和容器的机械强度

试验前酒柜在 16 ℃～32 ℃室温下放置，不通电，开门。

如果制造商在使用说明书中表明有些搁物架或容器为维护或运输之故可以取出几个搁物架或容器，在正常使用中应保持在限定位置上，那么应把它们看作是固定的，并应像测试储存温度一样在这些位置上进行检查。检查方法是：酒柜搁架上依次放置直径 80 mm、重 1 000 g 的圆柱负荷。但正常使用中，受试部件上方净空小于 150 mm 时，则采用直径相同、重 500 g 的圆柱负荷。负荷应按其轴线垂直放置，尽量多放。负载不能互相重叠，也不能伸出部件的边缘。对于特殊形状的门搁架，必要时，可根据搁架的具体形状改变负荷的直径，但保持其压强不变。

所有滑动式或转动的搁物架和容器在不更换其负载的情况下应移动到允许的活动路程 1/2 的位置上，这时应把搁物架和容器移动到挡块位置上，即 1/2 处，除非配备的挡块限制移动到不是 1/2 的位置上，这时应把搁物架和容器移动到挡块位置为止。

所有装有负荷的受试部件在规定的位置上经受试验 1 h，观察受试部件的变形情况。

结果应符合5.3.7要求。

6.3.4 门的开启力

试验前酒柜在16 ℃～32 ℃室温下放置，不通电，并使酒柜与室温达到平衡，按照GB 4706.13—2004第22章的相关要求进行试验。

结果应符合5.3.8要求。

6.3.5 玻璃部件试验

对玻璃组件样品进行钢球冲击试验，钢球直径50.8 mm，质量0.54 kg，钢球冲击的能量为2.2 J。冲击能量由钢球施加于样品的方法可以是垂直下落，或像摆锤那样从413 mm高度摆动。样品组件受冲击的位置应在其中心的25.4 mm范围内。

结果应符合5.3.9要求。

6.4 制冷性能试验

6.4.1 储藏温度

6.4.1.1 酒柜放置在试验室内，试验条件符合6.1要求，将单温室酒柜温控器调到一定位置，照明灯和电加热门均处于关闭状态(如果照明灯常亮的处于常亮状态)，按6.1.8规定放置铜柱，至少通电24 h，待酒柜达到稳定运行状态时(稳定运行状态的含义应符合3.9要求)测定酒柜储藏温度，结果应符合表2规定。

6.4.1.2 对双温室转换酒柜按间室不同组合方式进行储藏温度测试，结果应符合表2规定。

6.4.1.3 对多温室非转换酒柜参照6.4.1.1测试，对多温室转换酒柜参照6.4.1.2测试。

6.4.2 耗电量

6.4.2.1 单温室酒柜耗电量

酒柜放置在试验室内，试验条件应符合6.1要求，照明灯和电加热门均处于关闭状态(如果照明灯常亮的处于常亮状态)。采用两点内插法测量耗电量，以求出酒柜t_m=12.8 ℃时的耗电量。在$t_m \pm 2$ K范围内取点t_{m1}、t_{m2}，使$t_m-2\ \text{K} \leqslant t_{m1} \leqslant t_m$，$t_m \leqslant t_{m2} \leqslant t_m+2\ \text{K}$，测定$t_{m1}$、$t_{m2}$时酒柜的耗电量，用内插法即可求出酒柜$t_m$=12.8 ℃时的耗电量，结果应符合5.4.2要求。对于双温室不可转换酒柜的耗电量测试，可将其看作单温室酒柜测试，但布点需要按双温室布点。

注：t_m=12.8 ℃引用CEC-400-2006-002-REV1《美国加利福尼亚规范标准 器具能效规则》中对酒柜标准温度规定。

6.4.2.2 双温室酒柜耗电量

酒柜放置在试验室内，试验条件应符合6.1要求，照明灯和电加热门均处于关闭状态(如果照明灯常亮的处于常亮状态)。采用两点内插法测量耗电量，以求出t_m=12.8 ℃时酒柜的耗电量。在$t_m \pm 2$ K(间室1的t_{mmax}与间室2的t_{mmax}应同时处于t_m-2 K或t_m+2 K范围内)范围内取点t_{m1}、t_{m2}，使$t_m-2\ \text{K} \leqslant t_{m1} \leqslant t_m$，$t_m \leqslant t_{m2} \leqslant t_m+2\ \text{K}$，测定$t_{m1}$、$t_{m2}$时酒柜的耗电量，用内插法即可求出$t_m$=12.8 ℃时酒柜的耗电量，结果应符合5.4.2要求。

注：t_{m1}为在满足$t_m-2\ \text{K} \leqslant t_{m1} \leqslant t_m$条件时间室$1t_{mmax}$与间室$2t_{mmax}$的算术平均值；$t_{m2}$为在满足$t_m \leqslant t_{m2} \leqslant t_m+2\ \text{K}$条件时间室$1t_{mmax}$与间室$2t_{mmax}$的算术平均值。

6.4.2.3 多温室酒柜耗电量

对多温室温度不可转换的酒柜参照6.4.2.1测试；对多温室温度可转换的酒柜参照6.4.2.2测试。

6.4.3 冷却速度试验

酒柜在试验室内至少放置6 h(打开箱门)，试验条件应符合6.1要求(除特别注明者除外)。环境温度为32 ℃，间室内按6.1.8规定放置铜质圆柱。待酒柜内部温度与环境温度平衡后(温差±1 K)，关闭箱门，使酒柜连续运行。记录酒柜各间室温度达到表2规定的温度所需要的时间。其结果应符合5.4.4要求。

6.5 凝露试验

a) 酒柜放置在试验室内，试验条件应符合6.1要求。

b) 环境温度为：SN、N、ST、T 型：32 ℃±0.5 ℃。

c) 相对湿度以露点温度表示为 28.2 ℃。

d) 如果酒柜装有可由用户接通和断开的防凝露电加热器，则应断开。如果在酒柜的外表面有流动的水出现，则将防凝露电加热器接通，并调至最大功率，重复此项试验。

e) 箱内温度保持在 t_m-2 K 和 t_m+2 K 之间（t_m 为 12.8 ℃）。

f) 试验期间，酒柜外表面有雾状、珠状或流水状的凝露出现时应将其轮廓画出，并用相应的代码“A”、“B”和“C”表示。见图 3。

g) 试验报告应表明所选择的试验周期和观察凝露的持续时间，并说明防凝露电加热器是否按 d）规定接通或断开。

h) 结果应符合 5.5.1 要求。

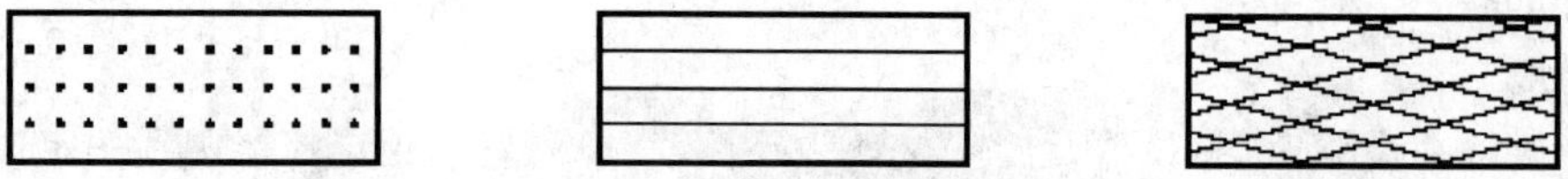

A——雾；
B——水滴；
C——流动的水。

图 3 凝露代码

6.6 噪声和振动试验

6.6.1 噪声试验

在测试场所地面的几何中心处，将器具放在弹性基础上（厚 5 mm～6 mm 弹性橡胶垫层）。器具应空箱。将温度控制装置调至中等程度或偏于强冷的位置上，关闭门（或盖）。器具至少运行 30 min 后才开始测试。在测试期间，如果箱内温度达到温控器规定的温度而停机时，则此时应中断测量，待压缩机重新开机工作 3 min 后再测量。

噪声测试环境为半消声室，其他环境下的测试应符合 GB/T 4214.1 中的规定。

噪声测试按图 4 所示。将传声器分别置于 1、2、3、4 各测试点，用声级计（A 计权）测试噪声，读取在噪声较大情况下指示的平均值，以四点噪声的算术平均值作为被测器具的平均声压级噪声。

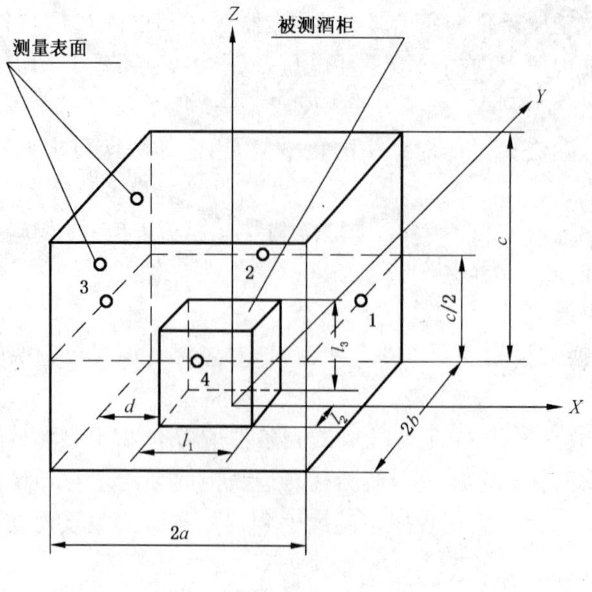

图 4 噪声测定坐标点

根据测试结果，按式(1)计算出被测器具的声功率级：

$$L_W = (L_{PA} - 2) + 10\lg S \qquad \cdots\cdots(1)$$

式中：

L_W——A 声功率级，单位为分贝(dB)(基准值为 1 PW)；

L_{PA}——测量表面平均声压级，单位为分贝(dB)(基准值为 20 μPa)；

S——测量表面的包络面积，单位为平方米(m^2)。

设 l_1、l_2、l_3 分别为器具的长、宽和高，单位为米(m)。

$$a = \frac{l_1}{2} + d \qquad b = \frac{l_2}{2} + d \qquad c = l_3 + d$$

取 $d=1$ m，则 $S=4(ab+bc+ac)$。

各测点的位置见表 4。

表 4 测点位置

编号	X	Y	Z
1	a	0	$c/2$
2	0	b	$c/2$
3	$-a$	0	$c/2$
4	0	$-b$	$c/2$

6.6.2 振动试验

将酒柜平稳地放置于 5 mm～6 mm 厚的弹性橡胶垫上，在额定电压下运转 15 min 后开始测试振动。振动测试仪在箱体的前、后、左、右及顶部的几何中心位置，测试酒柜振动速度的有效值(当酒柜后面外表面装有冷凝器时，后面一点可以不测)。以几个测点最大值作为考核指标。振动测试时，探头应牢固地贴在箱体表面上。

6.7 电镀件试验

酒柜的电镀件应按 GB/T 2423.17 规定进行盐雾试验，周期为 24 h。试验前电镀件表面应清洗除油。试验完成后，取出试样，用清水冲去残留在表面上的盐分，检查电镀表面腐蚀情况，结果应符合 5.7 要求。

6.8 表面涂层试验

6.8.1 表面涂层湿热试验

试验前，将试样表面清洗除油。酒柜的表面涂层试样应按 GB/T 2423.3 规定进行湿热试验，试验周期为 96 h。取箱体侧面或门的任何部位。取样尺寸 150 mm×150 mm。试验结束后，检查涂层表面情况，结果应符合 5.8.1 要求。

6.8.2 表面涂层附着力试验

取样部位与尺寸同湿热试验。

试验前，将试样表面清洗除油。

附着力的测定用栅格进行检查。用附着力测定器或刀片在平整的涂层上横竖垂直切割 4 条至底金属的划痕，形成 9 个 1 mm×1 mm 小方格，用宽 25 mm～35 mm 的漆刷去刷，检查涂层是否从方格脱落。根据 9 个方格中涂层脱落的总面积来进行评定。结果应符合 5.8.2 要求。

6.9 安全试验

葡萄酒储藏柜的安全试验参见 GB 4706.1—2005 和 GB 4706.13—2004。

7 标志和说明

7.1 铭牌

每台酒柜均应具有一个或多个可靠固定、耐久性的铭牌。其上应清晰地标出以下内容：

a) 产品类型；

b) 制造商或责任承销商的名称或商标；

c) 产品型号；

d) 制造日期或序列号；

e) 总有效容积(L)；

f) 气候类型，SN、N、ST、T；

g) 制冷剂(名称、分子式或代号)和质量(g)(参见 ISO 817)；

h) 与电源有关的参数；

i) 酒柜类型；

j) 耗电量(kWh/24 h)；

k) 装瓶量。

b)～d)中的内容应标在器具正常使用时可看到的位置。其他标志内容也应在当酒柜离开墙后，或不借助工具移除挡板或格栅后，就能明显看到的位置上。

制造商可自行添加其他所需的标志。

7.2 说明书

每台酒柜都应提供酒柜安装、使用及用户维护说明，使用销售所在国家的文字。说明书应符合 GB 5296.2 的规定并包含下述内容：

a) 产品特点。

b) 内部构造和部件名称、标志解释、安全注意事项。

c) 安装要求(如：最佳位置、水平度、用于化霜水的连接及能源的连接)和放置环境。

d) 使用前准备。

e) 对于嵌入式酒柜，凹壁的尺寸及附加的通风要求。

f) 各种控制装置的使用说明。

g) 不同气候类型的酒柜使用环境温度范围的限值。在实际使用中酒柜内部的温度会被诸如酒柜摆放的位置、环境温度、开门的频率等因素所影响，因此，应有由于上述因素的影响温度控制装置可能处于不同的调定设置的警告内容。

h) 用户对酒柜的维护和清洁。

i) 除霜、清扫及停用。

j) 贮存指导。

k) 答疑和售后服务。

l) 技术数据(包括电路图)。

m) 装箱单。

n) 装瓶图。

8 检验规则

8.1 出厂检验

8.1.1 凡提出交货的酒柜均应进行出厂检验，出厂检验项目、要求、试验方法见表 5，可采用与试验等效的方法。第 1～8 项为出厂必检项目。

表 5 出厂检验项目

序号	试验项目	标 准	标准条款	不合格分类			致命缺陷
				A	B	C	致命
1	外观	本标准	5.9		√		
2	泄漏电流(冷态)	GB 4706.1—2005 GB 4706.13—2004	16 章				√
3	电气强度(冷态)	GB 4706.1—2005 GB 4706.13—2004	16 章				√
4	接地措施	GB 4706.1—2005 GB 4706.13—2004	27 章				√
5	工作温度下的泄漏电流	GB 4706.1—2005 GB 4706.13—2004	13 章				√
6	工作温度下的电气强度	GB 4706.1—2005 GB 4706.13—2004	13 章				√
7	资料文件及附件、配件	本标准	视检			√	
8	冷却速度	本标准	5.4.4 6.4.3		√		
9	防触电保护	GB 4706.1—2005 GB 4706.13—2004	8 章				√
10	储藏温度	本标准	5.4.1 6.4.1		√		
11	耗电量	本标准	5.4.2 6.4.2		√		
12	标志	GB 4706.1—2005 GB 4706.13—2004	7 章				√
13	内部布线	GB 4706.1—2005 GB 4706.13—2004	23 章				√
14	电源连接及外部软线	GB 4706.1—2005 GB 4706.13—2004	25 章				√
15	稳定性和机械危险	GB 4706.1—2005 GB 4706.13—2004	20 章				√
16	耐潮湿	GB 4706.1—2005 GB 4706.13—2004	15 章				√
17	泄漏电流(潮态)	GB 4706.1—2005 GB 4706.13—2004	15.3 和 16 章				√
18	电气强度(潮态)	GB 4706.1—2005 GB 4706.13—2004	15.3 和 16 章				√

注 1：出厂检验中的安全检验项目属致命缺陷的，只要出现一项不合格，即判该批产品不合格。

注 2：出厂检验后，经检验合格的产品方可作为合格品交付给定货方。

注 3：冷却速度试验各生产厂家在出厂检验时可根据实际情况进行等效测试。

8.1.2 抽检项目为表5中第8～18项，抽检项目的抽样按GB/T 2828.1进行。逐批检验的抽样项目、批量、抽样方案、检查水平及合格质量水平等可由制造厂质量检验部门自行决定。

8.2 型式试验

8.2.1 型式试验正常生产每年进行一次，有以下情况应进行型式试验：

a) 新产品或老产品转厂生产的试制定型时；

b) 正式生产后，如结构、材料、工艺有较大改变，可能影响产品性能时；

c) 产品长期停产后，恢复生产时；

d) 正常生产，定期或累积一定产量后，应周期性进行一次检验，每年不少于一次；

e) 出厂检验结果与上次型式检验有较大差异时；

f) 国家监督部门提出要求时。

8.2.2 型式检验项目应包括表6中所有项目和GB 4706.1—2005及GB 4706.13—2004中规定的全部检验项目。原则上全部试验应在同一台样品上进行。

表6 型式检验项目

序号	试验项目	标准条款	不合格分类		
			A	B	C
1	总有效容积	5.2 6.2			√
2	门封气密性	5.3.5 6.3.1			√
3	门铰链和把手的耐久性	5.3.6 6.3.2			√
4	搁架和容器的机械强度	5.3.7 6.3.3			√
5	储藏温度	5.4.1 6.4.1		√	
6	耗电量	5.4.2 6.4.2		√	
7	冷却速度	5.4.4 6.4.3		√	
8	绝热性能和防凝露	5.5.1 6.5.1			√
9	噪声和振动	5.6 6.6	√		
10	电镀件	5.7 6.7			√
11	表面涂层	5.8 6.8			√
12	包装试验	GB/T 1019		√	
13	装瓶量	5.11		√	

8.2.3 型式检验抽样按 GB/T 2829 中判别水平为Ⅰ的一次抽样方案进行抽样，样本 $n=3$，不合格质量水平及判定规则见表 7。

表 7 型式检验抽样方案

判别水平	抽样方案	样本大小 n	不合格质量水平					
			A 类 RQL＝30		B 类 RQL＝65		C 类 RQL＝100	
			合格判定数 Ac	不合格判定数 Re	合格判定数 Ac	不合格判定数 Re	合格判定数 Ac	不合格判定数 Re
Ⅰ	一次抽样	3	0	1	1	2	2	3

8.2.4 型式检验的安全项目属致命缺陷项，要求 100％合格。若出现 1 台不合格，即判该周期产品不合格。

8.2.5 周期性的型式检验应符合 8.2 的规定，型式检验的样本应从合格的成品中随机抽取。

8.2.6 型式检验的样品一律不能作为合格品交与订货方。

8.3 验收

订货方有权检查产品质量是否符合本标准要求。交货时订货方按出厂检验项目验收。

根据订货方的要求，供货方应提供一年内完整的型式检验报告，验收的质量指标和抽样方案由生产方和订货方共同商定，抽样方案按 GB/T 2828.1 进行，如订货方对产品质量有疑问时，可由订货方和生产方共同商定，增加型式检验中部分项目或全部检验项目。如仍有争议，由法定部门进行仲裁。

若产品储存超过两年再出厂，则应重新按照出厂检验项目验收。

附 录 A
（资料性附录）
储藏湿度要求

A.1 一般要求

葡萄酒应储藏在适宜的湿度环境中，酒柜生产厂家应采取一定措施，尽量使酒柜内的积分湿度保持在40%～80%之间。

A.2 试验方法

将酒柜放置在试验室内，试验条件应符合6.1的规定，环境温度为25 ℃，湿度60%。将酒柜温控器调到一定位置（当酒柜为机械温控时，调节温控旋钮；当酒柜为电子温控时，调节温度控制键，使柜内几何中心点的平均温度保持在12.8 ℃±2 ℃之内。照明灯处于关闭状态（如果照明灯常亮的处于常亮状态），使用湿度测试仪测量湿度 h（h 是整个运行周期内的累积时间平均湿度），记录间隔为60 s或更短时间。

湿度测试仪放在酒柜几何中心处，待酒柜达到稳定运行状态，测试湿度结果应符合A.1的要求。

附 录 B
（资料性附录）
气 味 性

B.1 目的

用于酒柜内部所使用材料的气味性试验。

B.2 程序

B.2.1 环境温度

环境温度应在 16 ℃～32 ℃之间。

B.2.2 清洁

酒柜应在试验前按照制造商说明的要求进行清洁，再用纯净水冲洗干净。

B.2.3 温控器设置

制冷器具运行 48 h，调节温控器和其他控制器使储藏间室温度达到 t_{am}＝12.8 ℃±2 ℃。

B.2.4 样本

对于每个间室都应分别制作以下分析样本和比对样本：

a） 100 mL 饮用水；

b） 一片无盐的新鲜黄油，尺寸为 75 mm×35 mm×5 mm。

对于 a）和 b），至少分别准备六个分析样本和比对样本以供每个间室的检测。

将分析样本放置在皮氏培养皿中，将比对样本装在密封的玻璃容器中。

在之前，所有用的培养皿和容器要用浓硝酸进行清洁，然后使用蒸馏水进行冲洗，直至没有残留的气味。

水和黄油的分析样本放置于酒柜间室中（对于有天然木香的木质酒架应提前取出），不要进行遮盖。

密封于玻璃容器中的比对样本，放在分析样本的旁边。

B.2.5 时间

将分析样本和比对样本放在运行的酒柜中，关好门达到特定温度后放置 48 h。48 h 后盖上分析样本所在器皿的盖子。

然后将分析样本和比对样本取出放在试验室中，并将试验室的温度升至大约 20 ℃。

B.3 检查样本

B.3.1 条件

从酒柜中取出样本 2 h 后进行检查，由至少三名熟练掌握试验方法的专家评价员完成。

每个专家评价员应得到：

——两份水的分析样本；

——两份水的比对样本；

——两份黄油的分析样本；

——两份黄油的比对样本。

不要让专家评价员知道样本的来源。应在检查味道之前先检查气味。

应在检查黄油的样本前，先检查水的样本，除非专家评价员是分开进行检查的。

检查者应将结论各自记录下来。

B.3.2 评价

对分析样本的评价应按以下标准进行衡量：

0 分：无异常气味或味道；

1 分：轻微的异常气味或味道；

2 分：可清晰感觉到的异常气味或味道；

3 分：很明显的异常气味或味道。

如果第一次的评价超过 1 分，应重复一次。第二次应补充以下附加程序：

a) 进行酒柜的化霜；

b) 清洁间室；

c) 酒柜在空置情况下运行一周；

d) 进行酒柜的化霜和清洁间室；

e) 调节储藏间室的温度，进行气味性试验。

B.4 报告

报告中应注明评价的结果。

附 录 C
（规范性附录）
测试酒瓶外形尺寸

单位为毫米

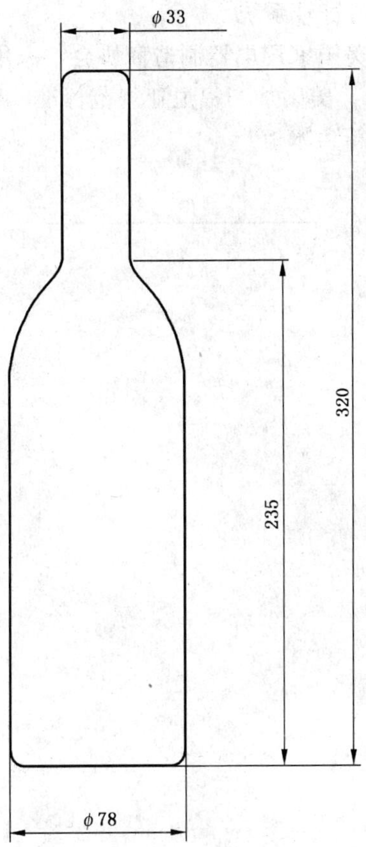

图 C.1 测试酒瓶尺寸示意图

参 考 文 献

[1] GB 15037—2006 葡萄酒
[2] GB/T 15038—2006 葡萄酒、果酒通用分析方法
[3] GB 19606—2004 家用和类似用途电器噪声限值
[4] GB/T 21001.2—2007 冷藏陈列柜 第2部分:分类、要求和试验条件
[5] ISO 817 制冷剂 名称与符号系统
[6] ANSI/AHAM HRF-1 美国家用电器制造商协会 家用电冰箱/家用冷冻箱
[7] CEC-400-2006-002-REV1 美国加利福尼亚规范标准 器具能效规则
[8] UL 250-2000 家用电冰箱和冰柜

ICS 79.100
A 82

中华人民共和国国家标准

GB/T 23778—2009

酒类及其他食品包装用软木塞

Cylindrical cork stoppers for alcohol and other food packaging

2009-05-18 发布　　2009-12-01 实施

中华人民共和国国家质量监督检验检疫总局
中国国家标准化管理委员会　发布

前言

本标准由中国标准化研究院提出。

本标准由中国标准化研究院归口。

本标准主要起草单位:国家葡萄酒及白酒、露酒产品质量监督检验中心,烟台麒麟包装有限公司,烟台华顶包装有限公司,烟台意隆葡萄酒包装有限公司。

本标准主要起草人:朱济义、冯韶辉、赵一嵘、张燕、薛绪山、王书玲、蒋友光、邢国庆。

酒类及其他食品包装用软木塞

1 范围

本标准规定了酒类及其他食品包装用软木塞的术语和定义、产品分类、要求、试验方法、检验规则、标志、包装、运输及贮存。

本标准适用于酒类、饮料及其他食品包装容器使用的软木塞。

2 规范性引用文件

下列文件中的条款通过本标准的引用而成为本标准的条款。凡是标注日期的引用文件，其随后所有的修改单(不包括勘误的内容)或修订版均不适用于本标准，然而，鼓励根据本标准达成协议的各方研究是否可使用这些文件的最新版本。凡是不注日期的引用文件，其最新版本适用于本标准。

GB/T 601 化学试剂 标准滴定溶液的制备

GB/T 2828.1 计数抽样检验程序 第1部分：按接收质量限(AQL)检索的逐批检验抽样计划(GB/T 2828.1—2003，ISO 2859-1：1999，IDT)

GB/T 4789.2 食品卫生微生物学检验 菌落总数测定

GB/T 4789.15 食品卫生微生物学检验 霉菌和酵母计数

GB/T 4789.28 食品卫生微生物学检验 染色法、培养基和试剂

3 术语和定义

下列术语和定义适用于本标准。

3.1

软木 cork

栓皮栎生长过程中，在树皮中形成的由一层层细胞组成的木栓层，当达到一定的年限和厚度时剥离下来的栓皮栎树皮。

3.2

软木塞 cylindrical cork stoppers

用整备的块状软木加工或软木颗粒聚合而成的用来封堵瓶子或其他容器的塞子。

3.3

天然塞 natural cork stoppers

用一块或两块以上软木加工成的塞子。

3.4

填充塞 filled cork stoppers

在外观质量较差的天然塞表面均匀地涂上一层用软木粉末与粘结剂制作的混合物，将表面的缺陷与孔洞进行填充和掩盖的塞子。

3.5

贴片塞 pasted N+N cork stoppers

用聚合塞做塞体，在塞体的两端或一端粘贴1片或2片天然软木圆片的塞子。通常表示为贴片0+1软木塞、贴片0+2软木塞、贴片1+1软木塞、贴片2+2软木塞等。

3.6

聚合塞　agglomerated cork stoppers

用软木颗粒与粘结剂混合，在一定的温度和压力下，压挤而成板、棒或单体压铸后，经加工而成的塞子。

3.7

加顶塞　T-top cork stoppers

用天然软木或聚合软木做塞体，用木材、塑料、金属、玻璃、陶瓷等做顶制成的塞子。

3.8

皮孔　lenticel

在软木塞中出现的沟槽或孔洞。

4　产品分类

按材料或加工工艺不同，软木塞可分为：天然塞（含填充塞）、贴片塞、聚合塞、加顶塞。

5　要求

5.1　原材料要求

5.1.1　软木塞所用的主要原材料（软木）应满足用其生产的软木塞达到本标准所规定的技术要求。

5.1.2　生产软木塞时，应使用符合国家食品级要求的粘结剂、油墨、润滑剂（硅、蜡）等。

5.2　感官要求

5.2.1　色泽

同一批软木塞表面色泽应基本一致、柔和、无水渍痕迹。

5.2.2　气味

软木塞不应有霉味及其他异味。

5.2.3　外观质量

5.2.3.1　表面光洁，端面平整。天然塞表面允许有皮孔。

5.2.3.2　印制或火烫图案应清晰、对称、完整。

注：天然塞外观分级按照供需双方合同约定执行。

5.3　尺寸要求

应符合表1规定。

表1　尺寸偏差

分　类	直径允许偏差/mm	长度允许偏差/mm	不圆度允许偏差/mm
天然塞	±0.5	±1.0	≤0.5
其他塞[a]	±0.4	±0.5	≤0.4
贴片塞的贴片单片厚度/mm	≥3.5		
注：起泡酒用贴片塞的贴片单片厚度≥6.0 mm。			
[a] 加顶塞直径、不圆度以柱体为准。			

5.4　物理特性

应符合表2规定。

表 2 物理特性

项目		指标	
	天然塞	聚合塞	贴片塞
含水率[a]/%	4.0～8.0		
拔塞力/N	150～450		
回弹率/% ≥	90		
密度/(kg/m³)	100～220	260～320	250～330
掉渣量/(mg/只) ≤	3.0	1.0	2.0
密封性能	在 0.15 MPa 气压条件下，保持 30 min,不渗漏	在 0.20 MPa 气压条件下，保持 3 h,不渗漏	在 0.20 MPa 气压条件下，保持 3 h,不渗漏
聚合体结构稳定性[b]	软木塞在沸水中浸泡 90 min,无软木颗粒从聚合体上分离		

a 加顶塞只检含水率。

b 只适用于聚合塞。

5.5 氧化剂残留量

氧化剂残留量不大于 0.2 mg/只。

5.6 微生物指标

应符合表 3 规定。

表 3 微生物指标

项目	指标
菌落总数/(CFU/只) ≤	5
酵母/(CFU/只) ≤	3
霉菌/(CFU/只) ≤	5

6 试验方法

6.1 试验用水

试验用水应达到实验室用二级水要求。

6.2 感官检验

6.2.1 色泽及外观

应在光线充足的地方目测软木塞的色泽及外观质量。

6.2.2 气味

取 10 个软木塞分别置于 10 个盛有 100 mL 蒸馏水的密闭容器中，浸泡 24 h 后经鼻嗅，记录软木塞有无发霉等异味。

6.3 规格尺寸

6.3.1 直径

6.3.1.1 天然塞、聚合塞和两端贴片的贴片塞

用精度为 0.02 mm 的卡尺沿长度方向的中间部位正交方向测量，精确到 0.1 mm。

6.3.1.2 一端贴片的贴片塞

用精度为 0.02 mm 的卡尺在聚合体和软木圆片之间的胶线位置测量，精确到 0.1 mm。

6.3.2 长度

用精度为 0.02 mm 的卡尺在软木塞两个端面的中心位置测量，精确到 0.1 mm。

6.3.3 不圆度

按 6.3.1 的要求测量软木塞的直径，最大直径减最小直径即为不圆度，精确到 0.1 mm。

6.4 含水率

6.4.1 方法

取 10 只软木塞，用万分之一天平称量每个样品质量(m_1)，放到温度为 103 ℃±4 ℃的烘箱内 24 h。对于贴片塞在放烘箱前应将贴片和聚合体分开。取出软木塞，在干燥器内冷却 30 min 称重。重新把软木塞放入烘箱中 2 h，取出冷却后称重，使样品达到恒重(m_2)(连续两次称重绝对差值不超过 10 mg 即为恒重)。

6.4.2 结果计算

含水率按式(1)计算。

$$X = \frac{m_1 - m_2}{m_1} \times 100 \qquad \cdots\cdots(1)$$

式中：

X——试样的含水率，%；

m_1——干燥前试样的质量，单位为克(g)；

m_2——干燥后试样的质量，单位为克(g)。

计算 10 只试样的算术平均值，并精确至小数点后一位数。

6.5 拔塞力

6.5.1 设备与装置

6.5.1.1 标准柱内径为 18.5 mm±0.02 mm 或与瓶塞匹配的玻璃瓶。

6.5.1.2 带有穿透性的螺旋器：

可用长度：40 mm～60 mm。

内径：3 mm～4 mm。

外径：8.5 mm～10 mm。

螺旋器的钢丝直径：2.7 mm～3.2 mm。

螺距：8 mm～11 mm。

6.5.1.3 拔塞仪：带有精确度为 1 N 的压力传感器，速度 0 mm/min～500 mm/min 可调。

6.5.2 试验方法

用丙酮清洗标准柱或玻璃瓶口，晾干。取软木塞 10 只，用打塞机将软木塞压入到与酒瓶瓶颈相匹配的标准柱或玻璃瓶内，静置 1 h。将螺旋器从软木塞端面的中心位置插入，把标准柱或玻璃瓶固定到拔塞仪上，连接螺旋器和拔塞仪，以 300 mm/min 的速度拔出，显示的最大数值即为拔塞力。每个软木塞的拔塞力均在标准规定的数值范围内。仲裁检验采用将软木塞压入标准柱内拔出的试验方法。

6.6 回弹率

6.6.1 方法

取软木塞 10 只，在 6.3.1 所要求的部位，用精确到 0.02 mm 的卡尺，测量软木塞压缩前的直径(d_1)，然后使用压塞机将其直径压缩到原直径的 65%～70%后，取出软木塞，停放 3 min。再在原测量位置测得压缩后的直径(d_2)。

6.6.2 结果表示

回弹率按式(2)计算。

$$T = \frac{d_2}{d_1} \times 100 \qquad \cdots\cdots(2)$$

式中：

T——试样的回弹率，%；

d_2——试样压缩后的直径,单位为毫米(mm);

d_1——试样压缩前的直径,单位为毫米(mm)。

计算 10 只试样的算术平均值,并精确至整数位。

6.7 密度

6.7.1 方法

取软木塞 10 只,在温度 20 ℃±4 ℃,湿度 60%±10%的试验环境中放至质量恒定,用万分之一的天平称量每一个软木塞的质量(m)。

6.7.2 结果表示

密度按式(3)计算。

$$\rho=\frac{m\times 10^6}{\pi\times\left(\frac{d}{2}\right)^2\times L} \qquad \cdots\cdots(3)$$

式中:

ρ——试样的密度,单位为千克每立方米(kg/m^3);

m——试样的质量,单位为克(g);

d——试样的直径,单位为毫米(mm);

L——试样的长度,单位为毫米(mm)。

计算 10 只试样的算术平均值,并精确至整数位。

6.8 掉渣量

6.8.1 方法

以 4 只软木塞作为一组,取两组做平行试验。将 1.2 μm 滤膜放入 103 ℃±4 ℃烘箱中烘干至恒重后取出,用万分之一的天平称重(m_1)。把每组软木塞放入盛有 250 mL 10%(体积分数)乙醇水溶液的 500 mL 锥形烧瓶中,置于振荡器(振荡频率为 140 r/min~160 r/min)中振荡 10 min,倒入过滤器过滤,再用 50 mL 10%(体积分数)乙醇水溶液冲洗锥形烧瓶和过滤器。将滤膜置于烘箱中烘干后取出,放入干燥器内冷却 30 min 称重,使样品达到恒重(m_2)(连续两次称重不超过 10 mg 即为恒重)。

6.8.2 结果表示

掉渣量按式(4)计算。

$$X=\frac{m_2-m_1}{4}\times 1\,000 \qquad \cdots\cdots(4)$$

式中:

X——试样的掉渣量,单位为毫克每只(mg/只);

m_2——过滤后烘干至恒重的滤膜质量,单位为克(g);

m_1——过滤前烘干至恒重的滤膜质量,单位为克(g)。

计算两组试样的算术平均值,精确至小数点后一位。

6.9 密封性能

用丙酮清洗标准柱,晾干。取软木塞 10 只,用打塞机将软木塞压入与酒瓶瓶颈相仿的标准柱内,静置 30 min,注入 3 mL~5 mL 亚甲基蓝染色的 10%(体积分数)乙醇水溶液,将每个标准柱放到压力仪(压力表精确度为 0.01 MPa)上,每个标准柱的底部放置一片滤纸并接触软木塞。对标准柱内的彩色溶液施加气压:天然软木塞在 0.15 MPa 气压下,保持 30 min;聚合软木塞、贴片软木塞在 0.20 MPa 气压下,保持 3 h。通过滤纸上的流动液体,观察软木塞有无渗漏现象。

6.10 聚合体结构稳定性

取 10 只聚合软木塞,完全浸泡在沸水中 90 min,观察软木颗粒有无从聚合体上分离现象。

6.11 氧化剂残留量

6.11.1 原理

在酸性条件下，氧化剂残留物与碘化钾生成碘，用硫代硫酸钠标准溶液滴定生成的碘，以淀粉作为指示剂，溶液颜色由蓝色褪成无色为滴定终点，记录滴定消耗的硫代硫酸钠标准溶液的体积，通过公式计算出氧化剂残留量。

化学反应方程式：$H_2O_2 + 2H^+ + 2I^- \rightarrow I_2 + 2H_2O$

$$2S_2O_3^{2-} + I_2 \rightarrow S_4O_6^{2-} + 2I^-$$

6.11.2 试剂

6.11.2.1 硫酸溶液(1+3)：取1体积浓硫酸缓慢注入3体积水中。

6.11.2.2 碘化钾溶液：50 g/L。使用时配制。

6.11.2.3 0.02 mol/L 硫代硫酸钠标准溶液：按 GB/T 601 配制与标定 0.1 mol/L 硫代硫酸钠标准溶液，临用前准确稀释5倍。

6.11.2.4 5 g/L 淀粉溶液：称取 0.5 g 淀粉，加 5 mL 水使其成糊状，在搅拌下将糊状物加到 50 mL 沸腾的水中，煮沸 1 min～2 min，冷却，稀释至 100 mL。使用期为两周。

6.11.2.5 醋酸溶液(1+1)：取1体积冰乙酸与1体积水混合。

6.11.3 方法

以4只软木塞作为一组，取两组做平行试验。向 500 mL 具塞碘量瓶中，依次加入 25 mL 碘化钾溶液(6.11.2.2)、5 mL 硫酸溶液(6.11.2.1)、0.5 mL 淀粉溶液(6.11.2.4)、5 mL 醋酸溶液(6.11.2.5)、200 mL 的蒸馏水，然后将每组软木塞放入碘量瓶中，旋紧瓶塞，振荡 0.5 h。用 0.02 mol/L 的硫代硫酸钠标准溶液(6.11.2.3)滴定碘量瓶内溶液。溶液颜色由蓝色褪成无色，且 30 s 不变色作为滴定终点。记录消耗的硫代硫酸钠标准溶液体积(V_1)。

同时进行空白试验，操作同上。记录消耗的硫代硫酸钠标准溶液体积(V_0)。

6.11.4 结果表示

氧化剂残留量按式(5)计算。

$$X = \frac{c \times (V_1 - V_0) \times 17}{4} \qquad \cdots\cdots(5)$$

式中：

X——试样的氧化剂残留量，单位为毫克每只(mg/只)；

c——硫代硫酸钠标准溶液的摩尔浓度，单位为摩尔每升(mol/L)；

V_1——测定试样时消耗的硫代硫酸钠标准溶液的体积，单位为毫升(mL)；

V_0——空白试验消耗的硫代硫酸钠标准溶液的体积，单位为毫升(mL)；

17——与 1 mmol 硫代硫酸钠相当的过氧化氢的质量，单位为毫克(mg)。

计算两组试样的算术平均值，精确至小数点后一位。

平行试验的相对误差小于5%。

6.12 菌落总数

6.12.1 方法

按照 GB/T 4789.2，将所使用的器皿、吸管、培养基、100 mL 生理盐水、过滤装置和直径 50 mm 0.45 μm 滤膜等试验用品高压灭菌。

以4只软木塞作为一组，取两组做平行试验。在无菌条件下，将每组软木塞放入盛有 100 mL 生理盐水的无菌容器中，密封。在振荡器上摇动 0.5 h，用孔隙为 0.45 μm 的无菌滤膜过滤，把滤膜放入培养皿，倒入温度为 46 ℃±1 ℃的营养琼脂培养基(培养基的配制见 GB/T 4789.28)。

待琼脂凝固后，翻转平板，置 36 ℃±1 ℃的温箱内培养 48 h±2 h。同时用 100 mL 生理盐水做空白对照。

6.12.2 菌落计数方法

做平板菌落计数时,可用肉眼观察,必要时用放大镜检查,以防遗漏。计下各平板的菌落总数,除以4只即为每只试样的菌落总数。计算两组试样的算术平均值,结果保留至整数位。

6.13 霉菌和酵母菌

6.13.1 方法

按照GB/T 4789.15,将所使用的器皿、吸管、培养基、100 mL生理盐水、过滤装置和直径50 mm 0.45 μm滤膜等试验用品高压灭菌。

以4只软木塞作为一组,取两组做平行试验。在无菌条件下,将成品软木塞放入盛有100 mL生理盐水的无菌容器中,密封。在振荡器上摇动0.5 h,用孔隙为0.45 μm的无菌滤膜过滤,把滤膜放入46 ℃±1 ℃的培养基(培养基的配制见GB/T 4789.28)。

待琼脂凝固后,翻转平板,置25 ℃～28 ℃的温箱内培养。从第3天观察,共培养5天。同时用100 mL生理盐水做空白对照。

6.13.2 菌落计数方法

做平板菌落计数时,可用肉眼观察,必要时用放大镜检查,以防遗漏。分别计下各平板的霉菌数和酵母菌数,除以4只即为每只试样的菌落总数。计算两组试样的算术平均值,结果保留至整数位。

7 检验规则

7.1 出厂检验

7.1.1 产品以一批为单位进行验收,以同一原料、工艺情况下连续生产的同一品质、同一规格的软木塞为一批,每批数量不超过100万只。

7.1.2 出厂检验项目为感官要求、尺寸、含水率、密度。

7.1.3 感官要求、尺寸按GB/T 2828.1,采用正常检验一次抽样方案,取特殊检验水平S-3,按接收质量限(AQL)4.0。

抽样方案按表4规定执行。

表4 抽样方案

单位为只

批量 *N*	样本量 *n*	接收数 Ac	拒收数 Re
≤500	8	1	2
501～1 200	13	1	2
1 201～3 200	13	1	2
3 201～10 000	20	2	3
10 001～35 000	20	2	3
35 001～150 000	32	3	4
150 001～500 000	32	3	4

7.1.4 在计数抽样合格的产品中,随机抽取足够的样品,进行含水率、密度的试验。

7.1.5 出厂检验判定:出厂检验项目中如有一项不合格,应从该批中加倍抽样,对不合格的项目进行复验,如仍不合格则判该批产品为不合格品。

7.2 型式检验

7.2.1 检验项目

随机抽取足够的样品进行型式检验,型式检验项目为第6章中要求的全部项目。

7.2.2 下列情况之一时应进行型式检验:

a) 新产品在制成样品或批量生产、提请鉴定前进行;

b） 当工艺或主要材料上有重大变动时进行；

c） 停产一年后又重新投产时进行；

d） 上级质量检验部门提出型式检验要求时进行。

7.2.3 检验结果判定

微生物指标不合格即判为不合格；其他项目不合格时则加倍抽样进行复验，如仍不合格则判为型式检验不合格。

8 标志、包装、运输和贮存

8.1 产品标志

外包装上应清晰标注以下内容：产品名称、规格型号、产品类别、质量等级、数量、生产日期、产品标准号、厂名厂址、联系电话、原料的原产国以及防雨、防潮等标志（文字或图案）。

8.2 包装

8.2.1 外包装

软木塞的外包装可采用符合本品要求的并符合相应标准的瓦楞纸箱或编织袋。

8.2.2 内包装

软木塞的内包装应采用符合食品要求的聚乙烯塑料袋。软木塞装入后，聚乙烯塑料袋需抽真空，并注入二氧化硫或氮气后密封。

8.3 运输

产品的装卸应轻拿轻放，运输中应避免挤压、碰撞、曝晒、雨淋和腐蚀。

8.4 贮存

产品应存于干燥通风的库房内，避免与有毒、有异味或腐蚀性物质同室存放，底层应有隔地垫板。贮存期不超过 6 个月，产品宜在温度 15 ℃～20 ℃，湿度 40%～70%环境下贮存。

ICS 67.230
X 10

中华人民共和国国家标准

GB/T 23779—2009

预包装食品中的致敏原成分

Allergenic ingredients in prepackaged foods

2009-05-18 发布　　2009-12-01 实施

中华人民共和国国家质量监督检验检疫总局
中国国家标准化管理委员会　发布

前言

本标准与 CODEX STAN 1—1985《预包装食品标签通则》(2005 年英文版)的一致性程度为非等效。

本标准由中国标准化研究院提出。

本标准由中国标准化研究院归口。

本标准主要起草单位:国家质量监督检验检疫总局国际检验检疫标准与技术法规研究中心、广东检验检疫局、北京安普生化科技有限公司。

本标准主要起草人:蒲民、高东微、李建军、刘中勇、李志勇、邹志飞、张喆、刘津、凌莉、李丹宁、谢力。

预包装食品中的致敏原成分

1 范围

本标准规定了预包装食品中的致敏原成分。

本标准适用于预包装食品的生产、加工和销售。

2 规范性引用文件

下列文件中的条款通过本标准的引用而成为本标准的条款。凡是注日期的引用文件,其随后所有的修改单(不包括勘误的内容)或修订版均不适用于本标准,然而,鼓励根据本标准达成协议的各方研究是否可使用这些文件的最新版本。凡是不注日期的引用文件,其最新版本适用于本标准。

GB 7718　预包装食品标签通则

3 术语和定义

GB 7718 中确立的以及下列术语和定义适用于本标准。

3.1

致敏原　allergen

能够诱发机体发生过敏反应的抗原物质。

3.2

食品致敏原　food allergen

普通食品中正常存在的天然或人工添加物质,被过敏体质人群消耗后能够诱发过敏反应。

4 预包装食品中的致敏原成分

4.1　含麸质的谷类及其制品。

含麸质的谷类示例:小麦、黑麦、大麦、燕麦及其杂交品系。

4.2　甲壳类及其制品。

甲壳类示例:蟹、龙虾或虾。

4.3　鱼类及其制品。

鱼类示例:鲈、鲽或鳕。

4.4　蛋类及其制品。

4.5　花生及其制品。

4.6　大豆及其制品。

4.7　乳及其制品。

注:乳制品包括乳糖在内。

4.8　坚果及其制品。

坚果示例:杏仁(*Amygdalus communis* L.)、榛子(*Corylus avellana*)、胡桃(*Juglans regia*)、腰果(*Anacardium occidentale*)、美洲山核桃[*Carya illinoiesis* (Wangenh.) K. Koch]、巴西坚果(*Bertholletia excelsa*)、阿月浑子果(*Pistacia vera*)、澳洲坚果(*Macadamia ternifolia*)。

ICS 67.050
X 04

中华人民共和国国家标准

GB/T 23780—2009

糕点质量检验方法

Quality examination methods of the pastry

2009-05-18 发布　　2009-05-29 实施

中华人民共和国国家质量监督检验检疫总局
中国国家标准化管理委员会　发布

前　言

本标准的附录A为资料性附录。

本标准由中国商业联合会提出。

本标准由中国标准化研究院归口。

本标准由中国商业联合会商业标准中心、国家食品质量监督检验中心、咀香园健康食品(中山)有限公司、深圳市华测检测有限公司、东莞市广益食品添加剂实业有限公司、中山市日威食品有限公司、太原双合成食品有限公司、新疆麦趣尔食品有限公司、东莞徐记食品有限公司、天津市糕点行业协会起草。

本标准主要起草人:钱志先、元晓梅、张延杰、周以群、梁嘉臻、罗紫明、赵光晋、李刚、蒋明蔚、马浩、高树山、李晓彬、侯玉柱。

糕点质量检验方法

1 范围

本标准规定了糕点质量的检验方法，提供了糕点质量检验所需的环境与设施设备检测的方法。

本标准适用于糕点生产、销售中的质量检验。

2 规范性引用文件

下列文件中的条款通过本标准的引用而成为本标准的条款。凡是注日期的引用文件，其随后所有的修改单(不包括勘误的内容)或修订版均不适用于本标准，然而，鼓励根据本标准达成协议的各方研究是否可使用这些文件的最新版本。凡是不注日期的引用文件，其最新版本适用于本标准。

GB/T 601 化学试剂 标准滴定溶液的制备

GB 2760 食品添加剂使用卫生标准

GB/T 4789.2 食品卫生微生物学检验 菌落总数测定

GB/T 4789.3 食品卫生微生物学检验 大肠菌群计数

GB/T 4789.4 食品卫生微生物学检验 沙门氏菌检验

GB/T 4789.5 食品卫生微生物学检验 志贺氏菌检验

GB/T 4789.10 食品卫生微生物学检验 金黄色葡萄球菌检验

GB/T 4789.15 食品卫生微生物学检验 霉菌和酵母计数

GB/T 4789.24 食品卫生微生物学检验 糖果、糕点、蜜饯检验

GB/T 5009.3—2003 食品中水分的测定

GB/T 5009.5—2003 食品中蛋白质的测定

GB/T 5009.6 食品中脂肪的测定

GB/T 5009.11 食品中总砷及无机砷的测定

GB/T 5009.12 食品中铅的测定

GB/T 5009.22 食品中黄曲霉毒素 B_1 的测定

GB/T 5009.56 糕点卫生标准的分析方法

GB/T 5009.182 面制食品中铝的测定

GB/T 5750 生活饮用水标准检验方法

GB/T 6682—2008 分析实验室用水规格和试验方法(ISO 3696:1987, MOD)

GB 7718 预包装食品标签通则

GB/T 12456 食品中总酸的测定方法(GB/T 12456—2008, ISO 750:1981, NEQ)

GB 13432 预包装特殊膳食用食品标签通则

GB/T 16294 医药工业洁净室(区)沉降菌的测试方法

JJF 1070 定量包装商品净含量计量检验规则

《消毒技术规范》[2002年版] 中华人民共和国卫生部

《食品标识管理规定》 中华人民共和国国家质量监督检验检疫总局[2007]第102号令

3 术语和定义

下列术语和定义适用于本标准。

3.1

糕点 pastry

以谷物粉、油、糖、蛋等为主料，添加(或不添加)适量辅料，经调制、成型、熟制等工序制成的食品。

[改写 GB/T 12140—2007，定义 2.1]

4 产品检验

4.1 感官

取包装完好的样品一份，去除包装，置于清洁的白瓷盘中，在自然光线下目测形态、色泽，然后用刀按四分法切开观察内部组织，嗅其气味，品其滋味，按标准要求进行检验。

4.2 食品标签

应按 GB 7718、GB 13432 和《食品标识管理规定》的相关规定进行检查。

4.3 净含量

按 JJF 1070 规定的方法检测。

4.4 样品处理方法

4.4.1 理化检验

取适量样品，充分粉碎(标准中有特殊要求的除外)，贮存在样品瓶内，冷藏储存备用。

4.4.2 微生物检验

按 GB/T 4789.24 规定的方法取样品一份，准确称取 25 g 于密封容器内，添加 225 mL 生理盐水，根据样品状态均质 0.5 min～1 min 后检测。

4.5 理化指标检验方法

4.5.1 干燥失重的检验

按 GB/T 5009.3—2003 中直接干燥法测定。

4.5.2 总糖的检测(斐林氏容量法)

4.5.2.1 原理

斐林溶液甲、乙液混合时，生成的酒石酸钾钠铜被还原性的单糖还原，生成红色的氧化亚铜沉淀。达到终点时，稍微过量的还原性单糖将次甲基蓝染色体还原为无色的隐色体而显出氧化亚铜的鲜红色。

4.5.2.2 试剂

4.5.2.2.1 斐林溶液甲液：准确称取 69.3 g 化学纯硫酸铜，加蒸馏水溶解，配成 1 000 mL。

4.5.2.2.2 斐林溶液乙液：准确称取 346 g 化学纯酒石酸钾钠和 100 g 氢氧化钠，加蒸馏水溶解，配成 1 000 mL。

4.5.2.2.3 次甲基蓝指示剂：1%。

4.5.2.2.4 氢氧化钠溶液：20%。

4.5.2.2.5 盐酸：6 mol/L。

4.5.2.3 仪器

三角烧瓶：150 mL、250 mL。

容量瓶：250 mL。

糖滴管：25 mL。

烧杯：100 mL。

离心机：0 r/min～4 000 r/min。

天平：感量 0.000 1 g，最大称量 200 g。

电炉：300 W。

4.5.2.4 操作方法

4.5.2.4.1 在天平上准确称取样品 1.5 g～2.5 g，放入 100 mL 烧杯中，用 50 mL 蒸馏水浸泡 30 min

(浸泡时多次搅拌)。转入离心试管,用 20 mL 蒸馏水冲洗烧杯,洗液一并转入离心试管中,置离心机上以 3 000 r/min 离心 10 min,上层清液经快速滤纸滤入 250 mL 三角烧瓶,用 30 mL 蒸馏水分 2 次～3 次冲洗原烧杯,再转入离心试管搅匀后,以 3 000 r/min 离心 10 min,上清液经滤纸滤入 250 mL 三角烧瓶中。浸泡后的试样溶液也可直接用快速滤纸过滤(必要时加沉淀剂)。在滤液中加 6 mol/L 盐酸 10 mL,置 70 ℃水浴中水解 10 min。取出迅速冷却后加酚酞指示剂 1 滴,用 20%氢氧化钠溶液中和至溶液呈微红色,转入 250 mL 容量瓶,加水至刻度,摇匀备用。

4.5.2.4.2 斐林溶液的标定

准确称取经烘干冷却的分析纯葡萄糖 0.4 g(精确至 0.000 1 g),用蒸馏水溶解并转入 250 mL 容量瓶中,加水至刻度,摇匀备用。准确吸取斐林溶液甲、乙液各 2.50 mL,放入 150 mL 三角烧瓶中,加蒸馏水 20 mL。置电炉上尽快加热至沸,保持微沸状态下,用配好的葡萄糖溶液滴定至溶液变红色时,加入次甲基蓝指示剂 1 滴,继续滴定至蓝色消失显鲜红色为终点。正式滴定时,先加入比预试时少 0.5 mL～1 mL 的葡萄糖溶液,置电炉上煮沸 2 min,加次甲基蓝指示剂 1 滴,继续用葡萄糖溶液滴定至终点。按式(1)计算 5 mL 斐林溶液(2.5 mL 甲液、2.5 mL 乙液)相当于葡萄糖的质量:

$$m = \frac{m_1 V}{250} \quad \cdots\cdots(1)$$

式中:

m——5 mL 斐林溶液(2.5 mL 甲液、2.5 mL 乙液)相当于葡萄糖的质量,单位为克(g);

m_1——葡萄糖的质量,单位为克(g);

V——滴定时消耗葡萄糖溶液的体积,单位为毫升(mL)。

4.5.2.4.3 采用标定斐林溶液的方法,测定样品中总糖。

4.5.2.5 计算

总糖含量按式(2)计算:

$$X = \frac{m}{m_2 \times V/250} \times 100 \quad \cdots\cdots(2)$$

式中:

X——总糖质量分数,以葡萄糖计,单位为克每百克(g/100 g);

m——5 mL 斐林溶液(2.5 mL 甲液、2.5 mL 乙液)相当于葡萄糖的质量,单位为克(g);

m_2——样品质量,单位为克(g);

V——滴定时消耗样品溶液的量,单位为毫升(mL)。

平行测定两个结果间的差数不得大于 0.4%。

4.5.3 单、双糖的测定

4.5.3.1 液相色谱法

4.5.3.1.1 方法提要

试样脱脂后用水溶解,浸提,离心,过滤后再经 0.2 μm 滤膜过滤,液相色谱示差折光检测器测定,外标法定量。

4.5.3.1.2 试剂

石油醚:分析纯,沸程 30 ℃～60 ℃。

乙腈:色谱纯。

水:除非另有说明,水为 GB/T 6682—2008 规定的一级水。

4.5.3.1.3 标准溶液

4.5.3.1.3.1 标准储备液

准确称取 2 g(精确至 0.000 1 g)经干燥恒重的木糖、果糖、葡萄糖、半乳糖、蔗糖、麦芽糖、乳糖标准品,分别用水定容于 50 mL 容量瓶中。

4.5.3.1.3.2 **标准使用液**

用移液管各分别准确吸取 1.0 mL、2.0 mL、3.0 mL、5.0 mL 上述标准储备液，用水定容于 10 mL 容量瓶中(浓度分别为 4.0 mg/mL、8.0 mg/mL、12.0 mg/mL、20.0 mg/mL)。

4.5.3.1.4 **仪器**

液相色谱仪(配示差折光检测器)。

超声波振荡器。

分析天平：感量 0.000 1 g 和 0.001 g。

离心机：10 000 r/min。

4.5.3.1.5 **样品制备**

根据样品含糖量的不同准确称取(4.4.1)项中样品 5 g～10 g(精确至 0.001 g)，置于 100 mL 离心管中，加约 50 mL 石油醚，封口，振摇，放置 30 min 后 2 000 r/min 下离心 10 min，除去石油醚，反复操作，至脂肪完全除去。将脱脂后样品转入 100 mL 带塞试管中，加 50 mL 水溶解，置于 85 ℃～90 ℃水浴浸提 25 min，冷却至室温后定容，过滤，取滤液 30 mL 于 50 mL 离心管中，4 000 r/min 离心 10 min，取上清液用 0.2 μm 滤膜过滤，若混浊，10 000 r/min 离心 5 min，取上清液用 0.2 μm 滤膜过滤，待上机测定。

4.5.3.1.6 **色谱参考条件**

色谱柱：氨基色谱柱(4.6 mm×250 mm)或相当者。

流动相：乙腈：水＝80：20(体积比)。

检测器：示差折光检测器。

柱温：40 ℃。

流速：1.0 mL/min。

进样量：20 μL。

4.5.3.1.7 **样品测定**

取处理液和标准使用液各 20μL(或相同体积)注入色谱仪进行分离，以其标准溶液峰的保留时间为依据进行定性，以峰面积对应浓度制作标准曲线定量。

4.5.3.1.8 **计算**

按式(3)计算样品中单、双糖的含量：

$$X_i = \frac{c_i \times V}{m_3} \times 100 \qquad \cdots\cdots(3)$$

式中：

X_i——样品中 i 组分(i＝半乳糖、葡萄糖、木糖、果糖、蔗糖、乳糖及麦芽糖)的质量分数，单位为克每百克(g/100 g)；

V——样品溶液定容体积，单位为升(L)；

c_i——试样中 i 组分(i＝半乳糖、葡萄糖、木糖、果糖、蔗糖、乳糖及麦芽糖)的测定浓度，单位为克每升(g/L)；

m_3——称取样品质量，单位为克(g)。

4.5.3.1.9 **结果及重复性**

4.5.3.1.9.1 **结果**

平行测定结果用算术平均值表示，保留小数点后两位。

4.5.3.1.9.2 **重复性**

在重复条件下获得的两次独立测定结果的绝对差值不得超过其算术平均值的 5%。

4.5.3.2 **离子色谱法**

4.5.3.2.1 **方法提要**

样品用石油醚脱脂后，加适量乙酸锌和亚铁氰化钾溶液沉淀蛋白质，过柱除去样品中阳离子，经滤膜过滤后用离子交换色谱分离,依据保留时间定性、峰面积定量。

4.5.3.2.2 **试剂及耗材**

除非另有说明,在检测中仅使用分析纯试剂,水为GB/T 6682—2008规定的一级水。

4.5.3.2.2.1 石油醚:沸程30 ℃~60 ℃。

4.5.3.2.2.2 乙酸锌溶液:称取21.9 g乙酸锌,加3 mL冰乙酸,加水溶解并稀释至100 mL。

4.5.3.2.2.3 亚铁氰化钾溶液:称取10.6 g亚铁氰化钾,加水溶解并稀释至100 mL。

4.5.3.2.2.4 50% NaOH(m/m)溶液:碳酸根含量低于0.1%。

4.5.3.2.2.5 醋酸钠:纯度≥99.0%。

4.5.3.2.2.6 H型前处理柱。

4.5.3.2.2.7 标准储备液:

分别准确称取0.1 g(精确至0.000 1 g)经过96 ℃±2 ℃干燥2 h后的色谱纯的半乳糖、葡萄糖、木糖、果糖、蔗糖、乳糖、麦芽糖,加水溶解,移入100 mL容量瓶中,加水定容至100 mL,含量为1 g/L,作为储备溶液,于4 ℃下保存。

4.5.3.2.2.8 标准混合中间液:

取各标准储备溶液1 mL,置于100 mL容量瓶中,加水至刻度。此溶液含半乳糖、葡萄糖、木糖、果糖、蔗糖、乳糖、麦芽糖各10 mg/L。

4.5.3.2.2.9 标准混合使用液:

用移液管分别吸取0.1 mL、1.0 mL、2.0 mL、5.0 mL上述标准混合中间液,用水定容于10 mL容量瓶中,浓度分别为0.1 mg/L、1.0 mg/L、2.0 mg/L、5.0 mg/L。

4.5.3.2.3 **仪器**

离子色谱仪:配安培检测器,四元梯度泵。

分析天平:感量0.000 1 g。

离心机:4 000 r/min。

4.5.3.2.4 **样品制备**

4.5.3.2.4.1 **脱脂**

根据样品含糖量的不同准确称取(4.3.1)项中样品1 g~5 g(精确至0.001 g),置于50 mL离心管中,加30 mL石油醚,加盖,振摇,放置30 min后2 000 r/min下离心10 min,倾去石油醚,反复操作,至脂肪完全除去。

4.5.3.2.4.2 **除蛋白质**

将经脱脂后的样品全部转移至100 mL具塞试管中,加水至50 mL左右,置于85 ℃~90 ℃水浴浸提25 min,冷却至室温后,慢慢加入5 mL乙酸锌溶液及5 mL亚铁氰化钾溶液,加水定容至刻度,混匀,静置30 min,用干燥滤纸过滤,弃去初滤液数毫升,将滤液稀释100倍后过H型前处理柱,再过0.2 μm滤膜过滤后待测。

4.5.3.2.5 **测定**

4.5.3.2.5.1 **梯度色谱参考条件**

——色谱柱:CarboPac PA10 4×250 mm(带CarboPac PA10 4×50 mm保护柱)或可采用其他型号同等性能的OH^{-1}型阴离子交换分析柱。

——流动相:使用50% NaOH液配制成含OH^{-1}离子的浓度为250 mmol/L的淋洗液。准确移取13.1 mL 50% NaOH溶液于1 000 mL容量瓶中,以水定容至刻度。

——检测器:安培检测器;Au工作电极;Ag/AgCI参比电极。检测池温度:30 ℃。检测糖波形参数表见表1。

——进样量:25 uL。

——柱温:30 ℃。

——淋洗液梯度：见表 2。

表 1　安培检测器检测糖波形参数表

时间/s	电位/V	积分	时间/s	电位/V	积分
0.00	+0.10	—	0.42	−2.00	—
0.20	+0.10	开始	0.43	+0.60	—
0.40	+0.10	结束	0.44	−0.10	—
0.41	−2.00	—	0.50	−0.10	—

表 2　淋洗液 OH^{-1} 梯度表

时间/min	流速/(mL/min)	OH^{-1}浓度/(mmol/L)	乙酸钠浓度/(mol/L)	梯度曲线 curve
0	0.8	25	0	线性
15	0.8	25	0	线性
35	0.8	50	0.05	线性
40	0.8	100	0	线性
45	0.8	25	0	线性
60	0.8	25	0	线性

注：可使用同等性能仪器及配置，但表 2 中的梯度应略作调整。

4.5.3.2.5.2　标准曲线的制备

使用 4.5.3.2.2.9 中单、双糖标准混合使用溶液按照表 2 中梯度程序测得标准溶液的响应值（峰面积），以浓度为横坐标，峰面积为纵坐标，绘制标准曲线。

4.5.3.2.5.3　样品测定

使用 4.5.3.2.4.2 中所得滤液注入离子色谱仪测定，使用外标法（峰面积）定量。

4.5.3.2.5.4　结果计算

按式(4)计算样品中单、双糖的含量：

$$X_i = \frac{c_i \times V \times F}{m_4 \times 1\,000 \times 1\,000} \times 100 \qquad \cdots\cdots(4)$$

式中：

X_i——样品中 i 组分（i=半乳糖、葡萄糖、木糖、果糖、蔗糖、乳糖及麦芽糖）的含量，单位为克每百克(g/100 g)；

c_i——样品中 i 组分（i=半乳糖、葡萄糖、木糖、果糖、蔗糖、乳糖及麦芽糖）的测定浓度，单位为毫克每升(mg/L)；

V——样品溶液定容体积，单位为毫升(mL)；

F——样品溶液稀释倍数；

m_4——称取样品质量，单位为克(g)。

4.5.3.2.5.5　结果及重复性

——结果：平行测定结果用算术平均值表示，保留小数点后两位。

——重复性：在重复条件下获得的两次独立测定结果的绝对差值不得超过算术平均值的 5%。

4.5.4　粗脂肪的检验

按 GB/T 5009.6 规定的方法测定。

4.5.5 碱度的检验

4.5.5.1 试剂

4.5.5.1.1 盐酸标准溶液(0.05 mol/L):按 GB/T 601 规定的方法配制与标定。

4.5.5.1.2 甲基橙指示剂(0.1%):称取甲基橙 0.1 g 溶于 70 ℃的蒸馏水中,冷却,稀释至 100 mL。

4.5.5.2 样品及试液的制备

按 GB/T 12456 规定的方法制备。

4.5.5.3 分析步骤

准确吸取试液 50 mL,置于 250 mL 三角瓶中,加入甲基橙指示液两滴,用盐酸标准溶液(0.05 mol/L)滴定至微红色出现,记录耗用盐酸标准溶液的体积。同时用蒸馏水作空白试验。

4.5.5.4 计算

按式(5)计算碱度含量:

$$X=\frac{c(v_1-v_2)\times 0.053\times k}{m_5}\times 100 \qquad (5)$$

式中:

X——碱度,以 100 g 试样中所含碳酸钠的克数表示,单位为克每百克(g/100 g);

c——盐酸标准溶液的实际浓度,单位为摩尔每升(mol/L);

v_1——滴定试样时消耗盐酸标准溶液的体积,单位为毫升(mL);

v_2——空白试验消耗盐酸标准溶液的体积,单位为毫升(mL);

k——稀释倍数;

m_5——样品的质量,单位为克(g)。

4.5.5.5 重复性

同一样品的两次测定值之差,不得超过两次测定平均值的 2%。

4.5.6 蛋白质的检验

按 GB/T 5009.5—2003 中第一法测定。

4.5.7 馅料含量的检验

取样品三块,以最小分度值为 0.1 g 感量的天平称净重后,分离糕饼皮与馅芯,称取馅芯质量,按式(6)计算:

$$X=\frac{m_6}{m_7}\times 100\% \qquad (6)$$

式中:

X——馅料质量分数,单位为克每百克(g/100g);

m_6——馅芯总质量,单位为克(g);

m_7——三块糕饼总质量,单位为克(g)。

4.6 卫生指标的检验

4.6.1 酸价、过氧化值

按 GB/T 5009.56 规定的方法测定。

4.6.2 铝

按 GB/T 5009.182 规定的方法测定。

4.6.3 总砷

按 GB/T 5009.11 规定的方法测定。

4.6.4 铅

按 GB/T 5009.12 规定的方法测定。

4.6.5 黄曲霉毒素 B_1

按 GB/T 5009.22 规定的方法测定。

4.6.6 菌落总数

按 GB/T 4789.2 规定的方法测定。

4.6.7 大肠菌群

按 GB/T 4789.3 规定的方法测定。

4.6.8 致病菌

按 GB/T 4789.4、GB/T 4789.5、GB/T 4789.10 规定的方法测定。

4.6.9 霉菌计数

按 GB/T 4789.15 规定的方法测定。

4.7 其他项目检验

4.7.1 羰基价、防腐剂、甜味剂、着色剂、抗氧化剂等按国家相关标准的方法进行检测。

4.7.2 因原辅料带入的苯甲酸、二氧化硫，执行 GB 2760 的规定和要求。

5 环境与设施设备检测

参见附录 A。

附 录 A
（资料性附录）
环境与设施设备检测

A.1 生产场所空气沉降菌的检测

按 GB/T 16294 规定的方法测定。

A.2 可能与食品接触的设备设施等表面的微生物检测

A.2.1 采样方法

A.2.1.1 涂抹法（适用于平坦表面）

将经过灭菌的方框（框内面积为 50 cm^2）放在待测面上，用经过灭菌的镊子取无菌医用棉拭子，蘸上无菌生理盐水擦拭方框中间部分后，将棉球投入盛有 50 mL 无菌生理盐水的三角瓶中送检。结果以每平方厘米含菌量计。

A.2.1.2 贴纸法（适用于不平坦表面）

将无菌规格纸（5×5 cm^2，纸质要薄而软）用无菌生理盐水泡湿后，用经过灭菌的镊子取两张分别贴合于待测面后，取下放入盛有 50 mL 无菌生理盐水的三角瓶中送检。结果以每平方厘米含菌量计。

A.2.2 检测方法

A.2.2.1 菌落总数测定

按 GB/T 4789.2 规定的方法执行。

A.2.2.2 大肠菌群的测定

按 GB/T 4789.3 规定的方法执行。

A.2.2.3 致病菌检验

按 GB/T 4789.4、GB/T 4789.5、GB/T 4789.10 规定的方法执行。

A.3 人员手部的微生物检测

A.3.1 采样方法

用经过灭菌的镊子取一支蘸有无菌生理盐水的棉拭子，边转动边涂擦待测手的全部，反复两次后，将棉拭子放入装有 100 mL 无菌生理盐水的三角瓶内立即送检。结果以每只手含菌量计。

注：应避免操作者手接触棉拭子，若接触，应去除相应部位。

A.3.2 检测方法

按 4.2.2 规定的方法检测。

A.3.3 设施设备等消毒效果的检测

A.3.3.1 试剂、仪器

磷酸盐缓冲液（PBS，0.03 mol/L，pH7.2）。

采样液（在 PBS 中加入相应中和剂）。

中和剂（按《消毒技术规范》的要求，经鉴定试验合格）。

采样规格板（中央空格为 5.0 cm×5.0 cm）。

A.3.3.2 采样方法

A.3.3.2.1 消毒前采样

将无菌棉拭子在含 10 mL PBS 试管中浸湿，并于管壁上挤压至不出水后，对无菌的采样规格板框定的被检表面进行涂抹采样,横竖往返各 8 次,且使棉拭子四周都接触到被检表面。以无菌操作[a] 方式将棉拭采样端剪入原 PBS 试管内,充分振打,进行活菌培养计数。结果以每平方厘米含菌量计。

注:对不适宜用规格板采样的物体表面可按实际面积采样。

A.3.3.2.2 消毒后采样

消毒至设定的时间后,在消毒前采样点附近的类似部位进行棉拭涂抹采样。除用采样液代替 PBS 外,其余步骤和方法与消毒前采样相同。结果以每平方厘米含菌量计。

A.3.3.3 检测方法

按 A.2.2 规定的方法检测。

A.4 生产用水的检测

按 GB/T 5750 规定的方法测定。

a 无菌操作的要求,见《消毒技术规范》[2002 年版]的 1.4.1.2。

参 考 文 献

［1］ GB/T 12140—2007 糕点术语

ICS 67.060
X 11

中华人民共和国国家标准

GB/T 23781—2009

黑芝麻糊

Black sesame paste

2009-05-18 发布　　　　2009-12-01 实施

中华人民共和国国家质量监督检验检疫总局
中国国家标准化管理委员会　发布

前　言

本标准由全国食品工业标准化技术委员会提出并归口。

本标准负责起草单位：天津市产品质量监督检测技术研究院、广西容县南方食品股份有限公司。

本标准参加起草单位：黑牛食品股份有限公司、江西光阳谷物有限公司、广东省汕头市质量计量监督检测所。

本标准主要起草人：张洁、汪晓冬、陆振猷、赖学佳、罗宝剑、林腾光、姚庆伟、李建珍。

黑 芝 麻 糊

1 范围

本标准规定了黑芝麻糊的要求、试验方法、检验规则和标志、包装、运输及贮存。

本标准适用于黑芝麻糊的生产、检验和销售。

2 规范性引用文件

下列文件中的条款通过本标准的引用而成为本标准的条款。凡是注日期的引用文件，其随后所有的修改单(不包括勘误的内容)或修订版均不适用于本标准，然而，鼓励根据本标准达成协议的各方研究是否可使用这些文件的最新版本。凡是不注日期的引用文件，其最新版本适用于本标准。

GB 317 白砂糖

GB 1354 大米

GB 1355 小麦粉

GB 2760 食品添加剂使用卫生标准

GB 2761 食品中真菌毒素限量

GB/T 5009.3 食品中水分的测定

GB/T 5009.5 食品中蛋白质的测定

GB/T 5009.6 食品中脂肪的测定

GB/T 5009.7—2003 食品中还原糖的测定

GB/T 5009.8—2003 食品中蔗糖的测定

GB/T 5009.22 食品中黄曲霉毒素 B_1 的测定

GB/T 5009.56 糕点卫生标准的分析方法

GB 7718 预包装食品标签通则

GB/T 11761 芝麻

GB 13432 预包装特殊膳食用食品标签通则

GB 14880 食品营养强化剂使用卫生标准

GB 15203 淀粉糖卫生标准

GB/T 20880 食用葡萄糖

GB/T 20883 麦芽糖

3 术语和定义

下列术语和定义适用于本标准。

3.1

黑芝麻糊 black sesame paste

以黑芝麻(添加量不低于10%)、大米、小麦粉、白砂糖或淀粉糖(添加或不添加)等为主要原料，添加辅料，经加工制成的粉状食品。

4 要求

4.1 原辅料要求

4.1.1 黑芝麻应符合 GB/T 11761 的规定。

4.1.2 大米应符合 GB 1354 的规定。

4.1.3 小麦粉应符合 GB 1355 的规定。

4.1.4 白砂糖应符合 GB 317 的规定。

4.1.5 食用葡萄糖应符合 GB/T 20880 的规定。

4.1.6 麦芽糖应符合 GB/T 20883 的规定。

4.1.7 淀粉糖应符合 GB 15203 的规定。

4.2 感官要求

感官要求应符合表 1 的规定。

表 1 感官要求

项　目	要　求
色　泽	呈灰黑色或产品特有的色泽，均匀一致
滋味及气味	具有该品种应有的滋味及气味，无焦糊及其他异味
组织形态	呈干燥、疏松的粉末状或微粒状，无结块、无霉变
杂　质	无正常视力可见外来杂质
冲调性	用适量 80 ℃以上的开水冲调均匀后可呈糊状

4.3 理化指标

理化指标应符合表 2 的规定。

表 2 理化指标

项　目		指　标
水分/%	≤	7
总糖(以葡萄糖计)/%	≤	60
蛋白质/%	≥	5.0
脂肪/%	≥	4.0
酸价(以脂肪计)(KOH)/(mg/g)	≤	5
过氧化值(以脂肪计)/%	≤	0.3
黄曲霉毒素 B_1/(μg/kg)		应符合 GB 2761 的规定

4.4 污染物、微生物指标

污染物、微生物指标应符合相应的标准和有关规定。

4.5 食品添加剂和食品营养强化剂要求

4.5.1 食品添加剂的使用应符合 GB 2760 的规定。

4.5.2 食品营养强化剂的使用应符合 GB 14880 的规定。

5 试验方法

5.1 感官检验

5.1.1 取两个以上最小独立包装样品，将样品倒入清洁的白瓷盘中，在光线充足柔和的环境中用目测法观察样品的色泽、组织形态及杂质。

5.1.2 取一个最小独立包装样品，倒入透明玻璃容器中，先加入少量温开水搅拌成糊状，再加入一定量 80 ℃以上的开水，充分搅拌均匀，鼻嗅其气味，品尝其滋味，观察其冲调性。

5.2 理化指标

5.2.1 水分

按 GB/T 5009.3 中规定的方法测定。

5.2.2 总糖

5.2.2.1 原理

试样经除去蛋白质后，再将样品中的蔗糖和其他糖类经盐酸水解全部转化为还原糖后，测定其还原糖的含量即为总糖。酸水解处理后的样品经中和定容后，在加热条件下，以次甲基蓝作指示剂，直接滴定标定过的碱性酒石酸铜溶液，根据试样溶液消耗体积计算还原糖含量，即为总糖(以葡萄糖计)含量。

5.2.2.2 试剂

按 GB/T 5009.7—2003 中第 3 章和 GB/T 5009.8—2003 中第 4 章规定的方法配制。

5.2.2.3 分析步骤

称取约 10.00 g～20.00 g 样品(试样量可根据样品中总糖含量高低而定)，置于 250 mL 容量瓶中，加 200 mL 水，在 45 ℃水浴中加热 1 h，并时时振摇。冷后加水至刻度，混匀，静置，沉淀。吸取 200 mL 上清液于另一 250 mL 容量瓶中，慢慢加入 5 mL 乙酸锌溶液及 5 mL 亚铁氰化钾溶液，加水至刻度，混匀，沉淀，静置 30 min，用干燥滤纸过滤，弃去初滤液，滤液备用。吸取 50 mL 滤液置于 250 mL 容量瓶中，加入 5 mL 盐酸(1+1)，在 68 ℃～70 ℃水浴中加热 15 min，冷却后加两滴甲基红指示液，用氢氧化钠溶液(质量浓度 200 g/L)中和至中性，加水至刻度，混匀，以此作为滴定用样品溶液，然后按 GB/T 5009.7—2003 中 5.2～5.4 规定的步骤测定还原糖。

5.2.2.4 结果计算

总糖的质量分数 Z 按式(1)计算：

$$Z = X \times 5 \qquad (1)$$

式中：

Z——样品中总糖的含量(以葡萄糖计)，%；

X——滴定样品中还原糖的含量(以葡萄糖计，按 GB/T 5009.7—2003 中第 6 章规定的方法计算)，%；

5——酸水解后样品的稀释倍数。

5.2.2.5 允许差

在重复性条件下获得的两次测定值的绝对差值不得超过其算术平均值的 10%。

5.2.3 蛋白质

按 GB/T 5009.5 中规定的方法测定。

5.2.4 脂肪

按 GB/T 5009.6 中规定的方法测定。

5.2.5 酸价

按 GB/T 5009.56 中规定的方法测定。

5.2.6 过氧化值

按 GB/T 5009.56 中规定的方法测定。

5.2.7 黄曲霉毒素 B_1

按 GB/T 5009.22 中规定的方法测定。

6 检验规则

6.1 组批与抽样

以同一批投料、同一工艺、同一班次生产的同一规格的产品为一批。采用随机抽样法从同一批次产品中按质量的万分之一的比例抽取样品，抽样量不少于 3 kg。

6.2 检验分类

6.2.1 出厂检验

出厂检验项目包括：感官要求、净含量、水分、酸价、过氧化值、菌落总数、大肠菌群。

6.2.2 型式检验

型式检验项目包括本标准中所规定的全部项目。正常生产时每半年进行一次，当出现下列情况之一时亦应进行：

a) 新产品试制鉴定时；

b) 正式生产后，原料、工艺、设备发生较大变化，可能影响产品质量时；

c) 产品停产半年以上，再恢复生产时；

d) 出厂检验结果与上一次型式检验结果有较大差异时；

e) 国家质量监督部门提出要求时。

6.3 判定规则

6.3.1 检验结果全部符合本标准规定时，则判定该批产品为合格品。

6.3.2 检验结果中有一项或一项以上不符合本标准规定时，可从原批次产品中加倍抽样复验。复验结果合格时，则判定该批产品为合格品；复验结果仍有一项或一项以上不合格，则判定该批产品为不合格品。

7 标志、包装、运输及贮存

7.1 标志

预包装产品的标签应符合 GB 7718、GB 13432 及相关法规的规定，并标明产品的食用方法。

7.2 包装

产品的包装应清洁、严密、牢固、无破损，并符合食品安全的要求。

7.3 运输

产品在运输过程中要防止污染，避免日晒、雨淋及受潮。运输工具应清洁、卫生、干燥，不得与有毒、有害、有异味、易挥发、易腐蚀的物品混装运输。

7.4 贮存

产品应贮存在清洁、通风、干燥、避光、无虫害和鼠害的仓库内，不得接触地面及墙面，不得与有毒、有害、有腐蚀性或有异味物品混合堆放。

ICS 67.060
X 11

中华人民共和国国家标准

GB/T 23782—2009

方便豆腐花（脑）

Instant jellied bean curd

2009-05-18 发布　　2009-12-01 实施

中华人民共和国国家质量监督检验检疫总局
中国国家标准化管理委员会　发布

前　言

本标准的附录A为规范性附录。

本标准由中国标准化研究院提出。

本标准由全国食品工业标准化技术委员会归口。

本标准起草单位：天津市产品质量监督检测技术研究院、广西梧州冰泉实业股份有限公司、广东省汕头市质量计量监督检测所。

本标准主要起草人：张洁、高亦军、何勇波、曾晓都、姚庆伟、张华。

方便豆腐花(脑)

1 范围

本标准规定了方便豆腐花(脑)的术语和定义、产品分类、要求、试验方法、检验规则和标志、包装、运输及贮存。

本标准适用于方便豆腐花(脑)的生产、检验和销售。

2 规范性引用文件

下列文件中的条款通过本标准的引用而成为本标准的条款。凡是注日期的引用文件，其随后所有的修改单(不包括勘误的内容)或修订版均不适用于本标准，然而，鼓励根据本标准达成协议的各方研究是否可使用这些文件的最新版本。凡是不注日期的引用文件，其最新版本适用于本标准。

GB 317 白砂糖(GB 317—2006,Codex Stan 212—1999,NEQ)

GB 1352 大豆

GB 1892 食品添加剂 硫酸钙

GB 2760 食品添加剂使用卫生标准

GB/T 5009.3 食品中水分的测定

GB/T 5009.5 食品中蛋白质的测定

GB/T 5009.7—2003 食品中还原糖的测定

GB/T 5009.8—2003 食品中蔗糖的测定

GB/T 5009.183 植物蛋白饮料中脲酶的定性测定

GB/T 5410 乳粉(奶粉)

GB 7657 食品添加剂 葡萄糖酸-δ-内酯

GB 7718 预包装食品标签通则

GB 13432 预包装特殊膳食用食品标签通则

GB 14880 食品营养强化剂使用卫生标准

GB 15203 淀粉糖卫生标准

GB/T 20880 食用葡萄糖

GB/T 20883 麦芽糖

GB/T 20884 麦芽糊精

3 术语和定义

下列术语和定义适用于本标准。

3.1

豆腐脑粉 jellied bean curd powder

以大豆为原料，以麦芽糊精和麦芽糖浆为辅料，经加工制成的粉状物。

4 产品分类

产品按照原辅料及包装形式分为两种类型：混合型、非混合型。

a) 混合型：以大豆、白砂糖或淀粉糖(添加或不添加)等为主要原料，添加其他原辅料，经加工制成粉状物，再与食用凝固剂混合而成的产品。

b) 非混合型：豆腐脑粉、食用凝固剂、调味料分别独立包装（或豆腐脑粉与食用凝固剂的混合物、调味料分别独立包装）后组合而成的产品。

5 要求

5.1 原辅料要求

5.1.1 大豆应符合 GB 1352 的规定。

5.1.2 葡萄糖酸-δ-内酯应符合 GB 7657 的规定。

5.1.3 硫酸钙应符合 GB 1892 的规定。

5.1.4 白砂糖应符合 GB 317 的规定。

5.1.5 食用葡萄糖应符合 GB/T 20880 的规定。

5.1.6 麦芽糖应符合 GB/T 20883 的规定。

5.1.7 淀粉糖应符合 GB 15203 的规定。

5.1.8 麦芽糊精应符合 GB/T 20884 的规定。

5.1.9 乳粉应符合 GB/T 5410 的规定。

5.2 感官要求

感官要求应符合表 1 的规定。

表 1 感官要求

项 目	要 求
色泽	呈现本产品应有的色泽，均匀一致
滋味及气味	具有该品种应有的滋味及气味，无异味，无豆腥味
组织形态	呈干燥、疏松的粉末（或微粒）状，无结块、无霉变
杂质	无正常视力可见外来杂质
凝结性	经 95 ℃以上开水冲调后，能迅速溶解为均匀的乳液状（食用凝固剂独立包装的非混合型产品此时还要加入一小包食用凝固剂，再搅拌均匀），静置，在 15 min 内应能凝结成豆腐花（脑）状

5.3 理化指标

理化指标应符合表 2 的规定。

表 2 理化指标

项 目		指 标	
		混合型	非混合型
水分/%	≤	6.0	5.0
总糖（以葡萄糖计）/%	≤	70	—
蛋白质/%	≥	8.0	18.0
凝结度/(g/cm^2)	≥	1.5	
脲酶定性		阴性	

5.4 污染物、真菌毒素、微生物指标

污染物、真菌毒素、微生物指标应符合相应的国家卫生标准的规定。

5.5 食品添加剂和食品营养强化剂要求

5.5.1 食品添加剂的使用应符合 GB 2760 的规定。

5.5.2 食品营养强化剂的使用应符合 GB 14880 的规定。

6 试验方法

6.1 感官检验

6.1.1 取两个以上最小独立包装样品，将样品倒入清洁的白瓷盘中，在光线充足柔和的环境中用目测法观察样品的色泽、组织形态及杂质。

6.1.2 取一个最小独立包装样品，按食用方法冲调后，鼻嗅其气味、品尝其滋味。

6.1.3 取一个最小独立包装样品(30 g～35 g)，倒入透明玻璃容器中，加入 95 ℃以上的开水约 180 mL，迅速定向搅拌 5 s～8 s，溶解后，(食用凝固剂独立包装的非混合型产品此时还要加入一小包食用凝固剂，再搅拌均匀)，加盖静置 15 min，观察是否凝结成豆腐花(脑)状。

6.2 理化指标

6.2.1 水分

按 GB/T 5009.3 中规定的方法测定。非混合型产品取豆腐脑粉(或豆腐脑粉与食用凝固剂的混合物)进行测定。

6.2.2 总糖

6.2.2.1 原理

试样经除去蛋白质后，再将样品中的蔗糖和其他糖类经盐酸水解全部转化为还原糖后，测定其还原糖的含量即为总糖。酸水解处理后的样品经中和定容后，在加热条件下，以次甲基蓝作指示剂，直接滴定标定过的碱性酒石酸铜溶液，根据试样溶液消耗体积计算还原糖含量，即为总糖(以葡萄糖计)含量。

6.2.2.2 试剂

按 GB/T 5009.7—2003 中第 3 章和 GB/T 5009.8—2003 中第 4 章规定的方法配制。

6.2.2.3 分析步骤

称取约 2.50 g～5.00 g 样品(试样量可根据样品中总糖含量高低而定)，置于 250 mL 容量瓶中，加 50 mL 水，摇匀后慢慢加入 5 mL 乙酸锌溶液及 5 mL 亚铁氰化钾溶液，加水至刻度，混匀。沉淀静置 30 min，用干燥滤纸过滤，弃去初滤液，滤液备用。吸取 50 mL 滤液置于 250 mL 容量瓶中，加入 5 mL 盐酸(1+1)，在 68 ℃～70 ℃水浴中加热 15 min，冷却后加 2 滴甲基红指示液，用氢氧化钠溶液(质量浓度 200 g/L)中和至中性，加水至刻度，混匀，以此作为滴定用样品溶液，然后按 GB/T 5009.7—2003 中 5.2～5.4 规定的步骤测定还原糖。

6.2.2.4 结果计算

总糖的质量分数 Z 按式(1)计算：

$$Z = X \times 5 \qquad \cdots\cdots(1)$$

式中：

Z——样品中总糖的含量(以葡萄糖计)，%；

X——滴定样品中还原糖的含量(以葡萄糖计，按 GB/T 5009.7—2003 中第 6 章规定的方法计算)，%；

5——酸水解后样品的稀释倍数。

6.2.2.5 允许差

在重复性条件下获得的两次测定值的绝对差值不得超过其算术平均值的 10%。

6.2.3 蛋白质

按 GB/T 5009.5 中规定的方法测定。蛋白质的换算系数为 6.25。非混合型产品取豆腐脑粉(或豆腐脑粉与食用凝固剂的混合物)进行测定。

6.2.4 凝结度

见附录 A。非混合型产品取豆腐脑粉和食用凝固剂(或豆腐脑粉与食用凝固剂的混合物)进行测定。

6.2.5 脲酶定性

按 GB/T 5009.183 中规定的方法测定。非混合型产品取豆腐脑粉(或豆腐脑粉与食用凝固剂的混合物)进行测定。

6.3 污染物、真菌毒素、微生物指标

按相应的国家卫生标准中规定的方法测定。

7 检验规则

7.1 组批与抽样

以同一批投料、同一工艺、同一班次生产的同一规格的产品为一批。采用随机抽样法从同一批次产品中按质量的万分之一的比例抽取样品,抽样量不少于 2 kg。

7.2 检验分类

检验分为出厂检验和型式检验。

7.2.1 出厂检验

出厂检验项目包括:感官要求、净含量、水分、凝结度、菌落总数、大肠菌群。

7.2.2 型式检验

型式检验项目包括本标准中所规定的全部项目。正常生产时每半年进行一次,当出现下列情况之一时亦应进行:

a) 新产品试制鉴定时;

b) 正式生产后,原料、工艺、设备发生较大变化,可能影响产品质量时;

c) 产品停产半年以上,再恢复生产时;

d) 出厂检验结果与上次型式检验结果有较大差异时;

e) 国家质量监督部门提出要求时。

7.3 判定规则

7.3.1 检验结果全部符合本标准规定时,则判定该批产品为合格品。

7.3.2 检验结果中有一项或一项以上不符合本标准规定时,可从原批次产品中加倍抽样复验。复验结果合格时,则判定该批产品为合格品;复验结果仍有一项或一项以上不合格,则判定该批产品为不合格品。

8 标志、包装、运输及贮存

8.1 标志

8.1.1 预包装产品的标签应符合 GB 7718、GB 13432 及相关法规的规定,并标明产品的食用方法。

8.1.2 产品等效的名称可标示为:速食豆腐花(脑)。

8.2 包装

产品的包装应清洁、严密、牢固、无破损,并符合食品安全的要求。

8.3 运输

产品在运输过程中要防止污染,避免日晒、雨淋及受潮。运输工具应清洁、卫生、干燥,不得与有毒、有害、有异味、易挥发、易腐蚀的物品混装运输。

8.4 贮存

产品应贮存在清洁、通风、干燥、避光、无虫害、无鼠害的仓库内,不得接触地面及墙面,不得与有毒、有害、有腐蚀性或有异味物品混合堆放。

附 录 A
（规范性附录）
凝结度检验方法

A.1 仪器

A.1.1 不锈钢片：分别准确称量所有不锈钢片的质量，准确至 0.01 g。

A.1.1.1 不锈钢片 a：取厚度为 2 mm 的不锈钢片，制成直径为 35 mm 带轴柱的圆片，轴柱直径为 3 mm，长度约为 20 mm，形状如图 A.1。

A.1.1.2 不锈钢片 b：取厚度为 0.8 mm 的不锈钢片，制成直径分别为 34 mm、32 mm、30 mm、……22 mm 的中心穿孔圆片，中心孔径为 5 mm，形状如图 A.2。

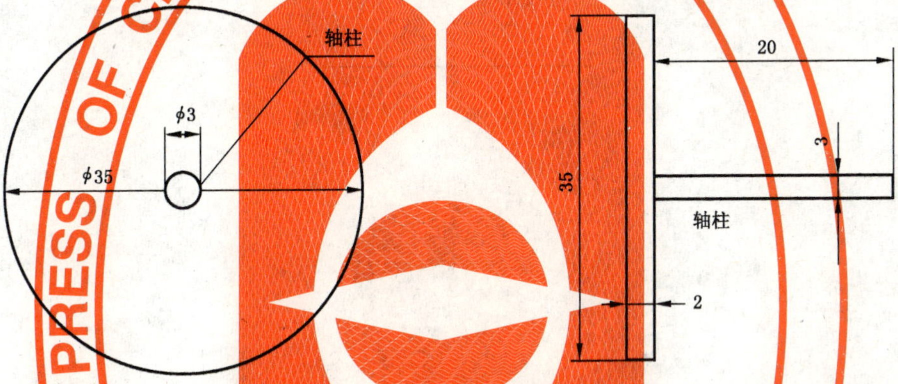

图 A.1

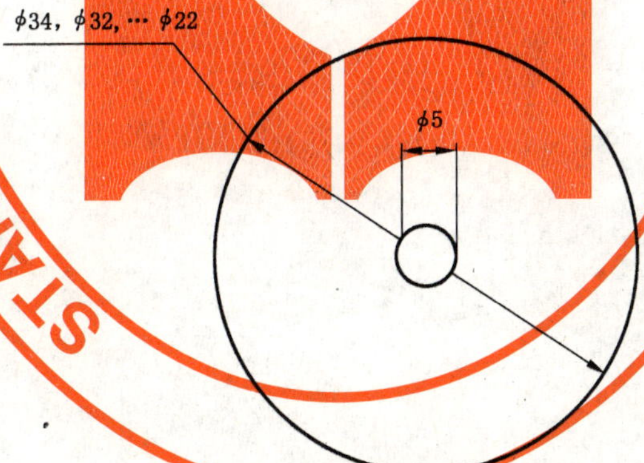

图 A.2

A.1.2 烧杯：250 mL，一个。

A.1.3 温度计：0 ℃～100 ℃，一支。

A.2 操作方法

将一个最小独立包装产品（30 g～35 g）倒入烧杯中，边搅拌边加入 95 ℃以上的开水至 200 mL 刻度，迅速定向搅拌 5 s～8 s 至完全溶解，（食用凝固剂独立包装的非混合型产品此时还要加入一小包食用凝固剂，再搅拌均匀），加盖表面皿。静置冷却至室温，移入温度恒定在 5 ℃±1 ℃的电冰箱中放置 30 min。取出后，将不锈钢片 a 平滑一面轻轻平置于已凝结的样品上，然后把不锈钢片 b 按从大到小的顺序穿过轴柱轻轻叠加到不锈钢片 a 上（叠加不锈钢片的时间不可间断，放入不锈钢片时力度要平衡，确保不锈钢片下的样品均匀受力)。直到不锈钢片周围的凝结样品开始破裂并稍有下陷为止,读取放置的不锈钢片的数量及直径,累加计算总质量。

A.3 计算方法

凝结度按式(A.1)计算,数值以克每平方厘米(g/cm^2)表示:

$$凝结度 = \frac{\sum m}{9.62} \qquad \cdots\cdots(A.1)$$

式中:

$\sum m$——不锈钢片 a 和叠加的不锈钢片 b 的总质量,单位为克(g);

9.62——直径 35 mm 的不锈钢片底面面积,单位为平方厘米(cm^2)。

A.4 允许差

在重复性条件下获得的两次独立测定结果的绝对差值不得超过 0.2 g/cm^2。

ICS 67.060
X 11

中华人民共和国国家标准

GB/T 23783—2009

方 便 粉 丝

Instant starch noodles

2009-05-18 发布　　　　2009-12-01 实施

中华人民共和国国家质量监督检验检疫总局
中国国家标准化管理委员会　发布

前言

本标准的附录A为资料性附录。

本标准由中国标准化研究院提出。

本标准由全国食品工业标准化技术委员会归口。

本标准起草单位:天津市产品质量监督检测技术研究院、郴州市裕湘面业有限公司、湖南省食品质量监督检测所、四川省产品质量监督检验检测院、江西省春丝食品有限公司。

本标准主要起草人:张洁、刘爽、陈绍光、杨代明、周晓群、齐红革、褚恒红。

方 便 粉 丝

1 范围

本标准规定了方便粉丝的术语和定义、要求、试验方法和标志、包装、运输及贮存。

本标准适用于方便粉丝的生产、检验和销售。

2 规范性引用文件

下列文件中的条款通过本标准的引用而成为本标准的条款。凡是注日期的引用文件，其随后所有的修改单(不包括勘误的内容)或修订版均不适用于本标准，然而，鼓励根据本标准达成协议的各方研究是否可使用这些文件的最新版本。凡是不注日期的引用文件，其最新版本适用于本标准。

GB/T 601 化学试剂 标准滴定溶液的制备

GB 2713 淀粉制品卫生标准

GB 2760 食品添加剂使用卫生标准

GB/T 5009.3 食品中水分的测定

GB/T 5009.4 食品中灰分的测定

GB/T 5009.9 食品中淀粉的测定

GB/T 5539 粮油检验 油脂定性试验

GB 7718 预包装食品标签通则

GB/T 8883 食用小麦淀粉

GB/T 8884 马铃薯淀粉

GB/T 8885 食用玉米淀粉

NY/T 875 食用木薯淀粉

3 术语和定义

下列术语和定义适用于本标准。

3.1

方便粉丝 instant starch noodles

以薯类、豆类、谷类食用淀粉为主要原料，经加工制成丝状干燥免煮粉丝饼，并配以调味料(包)而成的产品。

4 要求

4.1 原辅料要求

4.1.1 马铃薯淀粉：应符合 GB/T 8884 的规定。

4.1.2 食用玉米淀粉：应符合 GB/T 8885 的规定。

4.1.3 食用木薯淀粉：应符合 NY/T 875 的规定。

4.1.4 食用小麦淀粉：应符合 GB/T 8883 的规定。

4.1.5 不得以甲醛次硫酸氢钠(吊白块)和矿物油为辅料进行生产，矿物油的定性检验方法参见附录 A。

4.2 感官要求

感官要求应符合表 1 的规定。

表 1 感官要求

项目	要求
色泽	粉丝条呈均匀的乳白色、白色或产品应有的色泽
组织形态	粉丝条粗细均匀，外形整齐，基本无并丝、无碎丝
气味与滋味	具有该产品固有的气味、滋味，无异味
杂质	无正常视力可见外来杂质
复水性	复水后柔软、有韧性，无明显断条、并条，口感滑爽、不夹生、不粘牙、无砂齿感

4.3 理化指标

粉丝饼的理化指标应符合表 2 的规定。

表 2 理化指标

项目		指标
水分/%	≤	15
淀粉/%	≥	75
灰分/%	≤	0.8
碘呈色度(I_{OD}值)	≥	2.0
复水时间/min	≤	6
复水率/%	≥	250

4.4 污染物指标

应符合 GB 2713 的规定。

4.5 微生物指标

微生物指标应符合相应的标准和有关规定。

4.6 食品添加剂要求

食品添加剂的使用应符合 GB 2760 的规定。

5 试验方法

5.1 感官检验

5.1.1 取两袋(碗)以上的样品，将样品倒入清洁的白瓷盘中，在光线充足柔和的环境中用目测法观察粉丝饼的色泽、组织形态及杂质。

5.1.2 取一袋(碗)样品，放入带盖的容器中，加入一定量的沸水，浸泡 4 min～6 min，开盖，目测复水性，鼻嗅其气味、品尝其滋味。

5.2 理化指标

5.2.1 样品处理

粉丝饼的处理：直接取粉丝饼约 200 g，置于小型粉碎机中粉碎均匀后放置在广口瓶中，用于理化指标的检测。

5.2.2 水分

按 GB/T 5009.3 中规定的方法测定。

5.2.3 淀粉

按 GB/T 5009.9 中规定的方法测定。

5.2.4 灰分

按 GB/T 5009.4 中规定的方法测定。

5.2.5 碘呈色度

5.2.5.1 试剂

5.2.5.1.1 0.05 mol/L 碘-碘化钾溶液：按 GB/T 601 规定的方法配制。

5.2.5.1.2 pH5.8 磷酸二氢钾-磷酸氢二钾缓冲溶液：

a) 称取 13.60 g 磷酸二氢钾，溶于蒸馏水中，定容至 1 000 mL；

b) 称取 16.42 g 磷酸氢二钾，溶于蒸馏水中，定容至 1 000 mL；

c) 吸取 a 液 50 mL、b 液 4.5 mL，混合后用蒸馏水定容至 100 mL。

5.2.5.2 仪器

5.2.5.2.1 恒温振荡器：振幅 12 mm，振荡频率 140 r/min。

5.2.5.2.2 电动离心机。

5.2.5.2.3 分光光度计。

5.2.5.2.4 分析天平：感量 0.1 mg。

5.2.5.2.5 CB36 号(孔宽 0.166 mm)绢筛。

5.2.5.2.6 研钵。

5.2.5.3 试样处理

称取粉丝饼 100±5 g，用石油醚提净脂肪，置于 45 ℃烘箱中 24 h，取约 25 g，立即研磨，并全部通过 CB36 号(孔宽 0.166 mm)绢筛，备用。

5.2.5.4 分析步骤

5.2.5.4.1 提取

称取按 5.2.5.3 制备的试样 1.000 0 g(±0.000 1 g)于 150 mL 三角瓶中，加入 20.0 mL 蒸馏水，置于 50±1 ℃恒温振荡器中振荡 30 min，摇匀后倒入离心管，以 3 000 r/min 的转速离心 10 min。

5.2.5.4.2 定容

取上清液 1.00 mL，置于 50 mL 容量瓶中，加入 5 mL 缓冲溶液(5.2.5.1.2)和 0.05 mol/L 碘-碘化钾溶液(5.2.5.1.1)1.00 mL，用蒸馏水定容至 50 mL，摇匀。

同时取 1.00 mL 蒸馏水代替上清液制备空白溶液。

5.2.5.4.3 测定

将分光光度计的波长调至 570 nm 处，用 1 cm 比色皿，以空白液调整零点，测定吸光度。若吸光度 ≥0.900，则要减少上清液的取样体积，仍按 5.2.5.4.2 操作重新测定。

5.2.5.5 结果计算

碘呈色度按式(1)进行计算：

$$I_{OD} = 4 \times A \times \frac{1.00}{V} \quad \cdots\cdots(1)$$

式中：

I_{OD}——碘呈色度；

A——吸光度；

V——上清液的体积，单位为毫升(mL)。

计算结果精确至小数点后第二位。

5.2.5.6 允许差

在重复性条件下获得的两次测定值的绝对差值不得超过 0.15。

5.2.6 复水时间

取一块粉丝饼放入带盖的保温容器中，加入约 5 倍于粉丝饼质量的沸水，立即加盖，同时用秒表计时。当用玻璃片夹紧软化粉丝，观察其状态，无硬心且口感不夹生时，记录所用时间，即为复水时间。

5.2.7 复水率

取一块粉丝饼放入带盖的保温容器中，加入约 5 倍于粉丝饼质量的沸水，立即加盖保温，6 min 后，将试样和汤汁倒入标准筛上滤干 2 min，称量。粉丝饼的复水率按式(2)进行计算：

$$F = \frac{m_2 - m_1}{m_1} \times 100 \quad \cdots\cdots\cdots\cdots(2)$$

式中：

F——复水率，%；

m_1——粉丝饼复水前的质量，单位为克(g)；

m_2——粉丝饼复水后的质量，单位为克(g)。

5.3 污染物指标

5.3.1 样品处理

5.3.1.1 粉丝饼的处理：同 5.2.1。

5.3.1.2 粉丝饼加调味料的处理：将粉丝饼置于小型粉碎机中粉碎，然后与各种调味料按它们在产品中的质量比例混合均匀，备用。

5.3.2 按 GB 2713 中规定的方法测定。

5.4 微生物指标

5.4.1 样品处理

5.4.1.1 粉丝饼：按无菌操作开封取样，剪碎，称取 25 g，加入 225 mL 灭菌生理盐水，制成 1∶10 的匀质液，备用。

5.4.1.2 粉丝饼和调味料：按无菌操作开封取样，将粉丝饼剪碎，然后与各种调味料按它们在产品中的质量比例混合均匀，然后称取混合后的样品 25 g，加入 225 mL 灭菌生理盐水，制成 1∶10 的匀质液，备用。

6 标志、包装、运输及贮存

6.1 标志

预包装产品的标签应符合 GB 7718 及相关法规的规定，并标明产品的食用方法。

6.2 包装

产品的包装应清洁、严密、牢固、无破损，并符合食品安全的要求。

6.3 运输

产品在运输过程中要防止污染，避免日晒、雨淋及受潮。运输工具应清洁、卫生、干燥，不得与有毒、有害、有异味、易挥发、易腐蚀的物品混装运输。

6.4 贮存

产品应贮存在清洁、通风、干燥、避光、无虫害和鼠害的仓库内，不得接触地面及墙面，不得与有毒、有害、有腐蚀性或有异味物品混合堆放。

附 录 A
（资料性附录）
粉丝中矿物油的定性检验

A.1 样品处理

称取样品约 200 g，粉碎后过 0.45 mm 筛，置于 500 mL 烧瓶中，加入无水乙醚 400 mL 浸提 24 h，用滤纸过滤于 500 mL 磨口三角瓶中，滤液在恒温水浴锅中沸水蒸去乙醚，再于 100 ℃～105 ℃电热干燥箱中干燥 2 h，取出冷却，备用。

A.2 定性检验

按 GB/T 5539 中规定的方法检验。

ICS 67.040
X 00

中华人民共和国国家标准

GB/T 23784—2009

食品微生物指标制定和应用的原则

Principles for the establishment and application of microbiological criteria for foods

2009-05-18 发布　　2009-09-01 实施

中华人民共和国国家质量监督检验检疫总局
中国国家标准化管理委员会　发布

前　言

本标准修改采用食品法典委员会(CAC)发布的CAC/GL 21—1997《食品微生物指标制定和应用的原则》(英文版)。两者在技术内容上完全相同,仅作如下编辑性修改:

——按GB/T 1.1—2000的要求增加前言和规范性引用文件;

——将"危害分析与关键控制点体系及其应用指南"改为GB/T 19538《危害分析与关键控制点(HACCP)体系及其应用指南》;

——删除CAC/GL 21—1997中的5.1.3;

——将CAC/GL 21—1997中的实例改编为6.1中的注。

本标准由中国标准化研究院提出。

本标准由全国食品安全管理技术标准化技术委员会(SAC/TC 313)归口。

本标准起草单位:中国标准化研究院、中国农业大学、全国食品工业标准化技术委员会。

本标准主要起草人:许建军、刘文、戴岳、吴广枫、李强、郝煜、高胜普。

引　言

在从初级生产到消费的整个食品链中，微生物指标的制定和应用应遵循一定的原则。

食品安全保障主要依靠对原料来源、产品设计和生产流程进行控制，以及在食品的生产、加工、包装(包括标签)、运输、分销、贮存、零售、制备和食用等过程中执行良好操作规范和危害分析与关键控制点(HACCP)体系。这些预防性控制措施能更好地保障食品安全，而只通过微生物检测来评估食品的安全性是远远不够的。HACCP 体系可根据 GB/T 19538《危害分析与关键控制点(HACCP)体系及其应用指南》的指导来建立。

微生物指标的制定应建立在科学分析和建议的基础上，在数据充分的条件下，应对特定食品进行恰当的风险分析。制定微生物指标的过程应透明，应满足公平贸易的要求。应定期修订微生物指标，以应对新出现的病原体，并适应技术更新和科学发展的需要。

食品微生物指标制定和应用的原则

1 范围

本标准规定了食品微生物指标的构成、目的和运用、制定和应用的一般原则，微生物指标中的微生物学要素、抽样计划、方法和样品处理以及报告。

本标准适用于从初级生产到消费的食品链各环节中食品微生物指标的制定和应用。

2 规范性引用文件

下列文件中的条款通过本标准的引用而成为本标准的条款。凡是注日期的引用文件，其随后所有的修改单(不包括勘误的内容)或修订版均不适用于本标准，然而，鼓励根据本标准达成协议的各方研究是否可使用这些文件的最新版本。凡是不注日期的引用文件，其最新版本适用于本标准。

GB/T 19538 危害分析与关键控制点(HACCP)体系及其应用指南(GB/T 19538—2004，Annex to CAC/RCP 1—1969，Rev. 3(1997)，Amd，1999，IDT)

CAC/RCP 1—2003 食品卫生总则

3 术语和定义

下列术语和定义适用于本标准。

3.1

微生物指标 microbiological criteria

对某个产品或某个批次产品可接受程度的规定。这个规定基于单位质量、单位体积、单位表面积或每一批次产品中微生物(包括寄生虫)和(或)其代谢产物及毒素检出与否或数量。

4 食品微生物指标的构成

4.1 食品微生物指标包括：

——对微生物和(或)其所产毒素和代谢产物的说明以及将该种微生物作为指标的依据；

——微生物的定性和(或)定量分析方法；

——对现场抽样数量和分析单元大小的规定；

——与食品链特定环节相适应的微生物限量；

——与微生物限量相适应的分析单元的数量。

4.2 微生物指标应说明：

——适用的食品种类；

——适用的食品链环节；

——不符合指标时应采取的措施。

4.3 应用微生物指标评价产品时，为充分地利用人力、财力，应本着尽可能向消费者提供安全产品的原则，对食品种类、食品链环节及检测方法进行恰当取舍。

5 食品微生物指标的目的和运用

5.1 微生物指标可规范产品的工艺设计，有助于确立食品链各环节中原材料、辅料和最终产品应达到的微生物状况。当食品(包括原材料和辅料)的来源不明或不确定时，或无法保证 HACCP 体系和良好卫生规范的有效性时，微生物指标可作为食品检验的依据。总的来说，监管部门以及食品行业从业者可以运用微生物指标确定原材料、辅料以及产品是否可以被接受进入食品链的下一个环节。此外，微生物指标也可被用于确定加工工艺是否符合 CAC/RCP 1—2003 的要求。

5.1.1 监管部门对微生物指标的运用

5.1.1.1 微生物指标可用于定义和检查产品是否符合微生物学要求。

5.1.1.2 对于某种产品或食品链某个环节，如果没有其他更有效的控制措施，而又需要给消费者提供更好的卫生保证时，应制定强制性的微生物指标，同时明确这些指标适用的食品种类和食品链环节。

5.1.1.3 当食品中微生物指标超标时，依据对消费者风险的评估、食品种类及其所处的食品链环节，可以采取的监控措施如下：剔除、重新加工、废弃、销毁，或进一步调查以确定采取其他恰当的监控措施。

5.1.2 食品行业从业者对微生物指标的运用

5.1.2.1 食品行业从业者可以运用微生物指标检查产品是否符合法规、标准相关条款的要求，还可利用微生物指标规范产品工艺设计和检验最终产品，保证 HACCP 计划的有效性。

5.1.2.2 某些微生物指标适用于特定的产品以及食品链环节，它们可以比国家标准和法规更为严格，但不能作为法律依据。

5.2 微生物指标通常并不适合监控 GB/T 19538 中提出的关键限值。监控措施应能够检测出某个关键控制点的失控情况，从而及时提供信息以便采取改进措施，恢复对关键点的控制，避免产品的报废。因此，通常优先采用在线测定的物理和化学参数，它们比微生物检测更加快速并能实现现场检测。

6 制定和应用微生物指标的一般原则

6.1 需求明确并切实可行时，应制定和应用微生物指标，并阐明其必要性[1)]。

6.2 为便于微生物指标的应用，通常需要考虑以下因素：

——实际的或潜在的微生物及其代谢产物会对健康造成威胁的证据；

——原材料的微生物状况；

——加工过程对食品微生物状况的影响；

——在后续处理、贮藏和食用过程中，微生物污染和(或)生长的可能性及其后果；

——食品的消费人群；

——微生物指标应用的成本/效益分析；

——食品的预期用途。

6.3 对于所检验的每批次产品，其分析单元的大小及数量应在抽样计划中明确不得更改。不能为了使一批产品符合标准而对其进行重复检验。

7 微生物指标中的微生物学要素

7.1 食品中的微生物、寄生虫和(或)其所产毒素和代谢产物

7.1.1 本标准中的微生物、寄生虫和(或)其所产毒素和代谢产物主要包括：

——细菌、病毒、酵母、霉菌和藻类；

——寄生的原生动物和寄生虫；

——它们的毒素及代谢产物。

7.1.2 微生物指标中涉及的微生物应是被普遍认可的病原微生物、指示微生物和(或)造成食品腐败变质的微生物，对食品的危害尚不确定的微生物不应包含在内。

7.1.3 应优先考虑用可靠的方法直接检验病原微生物而不是指示物。如果检验指示物，应明确其目的

1) 例如，流行病学证据表明，所关注的食品会对公众健康构成威胁，而制定和应用微生物指标有利于保护消费者；或作为风险评估的结果，应制定和应用微生物指标。从技术角度，这些微生物指标应能通过实施良好操作规范的条款得以实现。

是检验不良卫生操作还是确认存在健康危害。

7.2 微生物检验方法

7.2.1 检验方法使用前,应经过多个实验室的比对和合作研究,对其可信度(准确性、再现性、实验室内和实验室间的偏差)进行统计学验证。应优先考虑那些推荐的用于特定食品的检验方法。检验方法应有较高的灵敏度和再现性,但在工厂内部检验中,为保证效率,允许选用灵敏度和再现性较低的检验方法,同时应证明此类检验方法能够提供充分可信的数据以及信息。

检验极易腐败的食品和货架期较短的食品时,尽可能保证选用的检验方法在这些食品被消费或超过货架期之前得到微生物检验结果。

7.2.2 为合理确定微生物检验的方法,应充分考虑方法的复杂性,所用试验材料和仪器设备是否易于获得,方法是否易于推广,以及检验的时间和成本。

7.3 微生物限量

7.3.1 微生物限量的确定应基于特定食品中的微生物数据,并适用于同类产品。这些数据应来自实施了良好卫生规范和HACCP体系的各类加工企业。

确定微生物限量时应考虑微生物菌落在食品贮藏和流通过程中可能发生变化(数量的减少或增加)。

7.3.2 微生物限量的确定应考虑该微生物的危害和这种食物的人均摄取量,以及食品在后续加工处理和食用时所处的环境。此外,还应考虑微生物在食品中的不均匀分布和分析方法本身存在的误差。

7.3.3 如果规定某种微生物不得检出,应指出分析单元的大小、数量以及抽样的数量。

8 抽样计划、方法和样品处理

8.1 抽样计划

抽样计划应包括抽样程序、某一批次样品的判定依据、所选检验方法中已明确的抽样数量和分析单元的大小。抽样计划应具有可行性。

抽样计划的选择应着重考虑:

——危害对公众健康的风险;

——目标消费人群的敏感程度;

——根据微生物分布的多样性,选用不同的抽样计划;

——可接受质量水平[2)]。

一般情况下,推荐采用2级或3级计数抽样计划。

8.2 抽样计划应尽可能提供操作特征曲线,为评估不符合要求产品的可接受程度提供专门信息。抽样的具体方法应在抽样计划中详细说明。现场抽样与样品分析的间隔时间应尽可能短,样品运往实验室的过程中,保存条件(如温度)不应造成微生物数量的上升或下降,从而保证检验结果抽样能够真实反映该批产品的微生物状况。

9 报告

检验报告的内容应包括完整的样品识别信息、抽样计划、检验方法以及检验结果,必要时应对上述内容给出解释和说明。

2) 指不符合要求的样品在整个批次中允许占有的比例。

ICS 67.040
X 00

中华人民共和国国家标准化指导性技术文件

GB/Z 23785—2009

微生物风险评估在食品安全风险管理中的应用指南

Guidelines for incorporating microbiological risk assessment in food safety risk management

2009-05-18 发布　　　　2009-09-01 实施

中华人民共和国国家质量监督检验检疫总局
中国国家标准化管理委员会
发布

前　言

本指导性技术文件由中国标准化研究院提出。

本指导性技术文件由全国食品安全管理技术标准化技术委员会(SAC/TC 313)归口。

本指导性技术文件主要起草单位:中国标准化研究院、中国农业大学、全国食品工业标准化技术委员会。

本指导性技术文件主要起草人:许建军、刘文、戴岳、吴广枫、李强、郝煜、高胜普。

微生物风险评估在
食品安全风险管理中的应用指南

1 范围

本指导性技术文件提供了食品安全风险管理的一般框架，为微生物风险评估在食品安全风险管理中的应用提供指导方法。

本指导性技术文件适用于食品安全风险管理过程。

2 术语和定义

下列术语和定义适用于本指导性技术文件。

2.1

危害 hazard

食品中所含有的对健康有潜在不良影响的生物、化学或物理因素或食品存在的状态。

2.2

危害识别 hazard identification

对某种食品中可能产生不良健康影响的生物、化学和物理因素的确定。

2.3

危害特征描述 hazard characterization

对食品中生物、化学和物理因素所产生的不良健康影响进行定性和(或)定量分析。

2.4

风险 risk

食品中危害产生某种不良健康影响的可能性和该影响的严重性。

2.5

风险分析 risk analysis

由风险评估、风险管理和风险信息交流三部分组成的过程。

2.6

风险评估 risk assessment

以科学为依据，由危害识别、危害特征描述、暴露评估以及风险特征描述四个步骤组成的过程。

2.7

风险管理 risk management

与各利益相关方磋商后，权衡各种政策方案，考虑风险评估和其他保护消费者健康、促进公平贸易有关的因素，并在必要时选择适当预防和控制方案的过程。

2.8

风险信息交流 risk communication

在风险分析全过程中，风险评估者、风险管理者、消费者、产业界、学术界和其他利益相关方对风险、风险相关因素和风险感知的信息和看法，包括对风险评估结果的解释和风险管理决策依据进行的互动式沟通。

2.9

风险特征描述 risk characterization

根据危害识别、危害特征描述和暴露评估的结果，对产生不良健康影响的可能性及特定人群中已发生或可能发生的不良健康影响的严重性进行定性和(或)定量估计及估计不确定性的描述。

2.10

风险概况描述 risk profile

对食品安全问题及其背景的说明。

2.11

风险评估政策 risk assessment policy

用于指导备选方案选择及风险评估决策的准则。

2.12

风险估计 risk estimate

根据风险特征描述对风险作出的数量估计。

2.13

合理保护水平 appropriate level of protection;ALOP

通过实施食品安全控制体系实现的对公众健康的保护程度。

2.14

食品安全目标 food safety objective;FSO

在能提供合理保护水平的情况下，食品在消费时危害的最大允许频率和(或)最大浓度。

2.15

绩效标准 performance criteria

食品链中确保满足 FSO 的某步或多步措施的既定结果。

2.16

微生物指标 microbiological criteria

对某个产品或某个批次产品可接受程度的规定。这个规定基于单位质量、单位体积、单位表面积或每一批次产品中微生物(包括寄生虫)和(或)其代谢产物及毒素检出与否或数量。

3 食品安全风险管理的一般框架

通用的食品安全风险管理框架应有四个组成部分：

——风险管理准备活动。它是风险管理的初级阶段，主要进行风险概况描述，为进一步行动提供足够的信息。

——风险管理措施评估。它是依据风险本身及其他因素，权衡食品安全风险管理中各种可行的管理措施。

——风险管理决策的实施。通常涉及规范的食品安全措施，如 HACCP。

——监控和审核。它是收集、分析数据，了解食品安全状况和消费者健康状况。当有证据表明公众健康的既定保护水平未达到时，应重新选择食品安全风险管理措施。

4 风险管理准备活动

4.1 一般要求

风险管理准备活动是食品安全风险管理框架的必要组成部分，它包括几个独立的部分。图 1 列出了风险管理准备活动中的决策及其与微生物风险评估的关系。

风险管理者与其他各方的信息交流和互动可发生于风险管理准备阶段的任一环节。

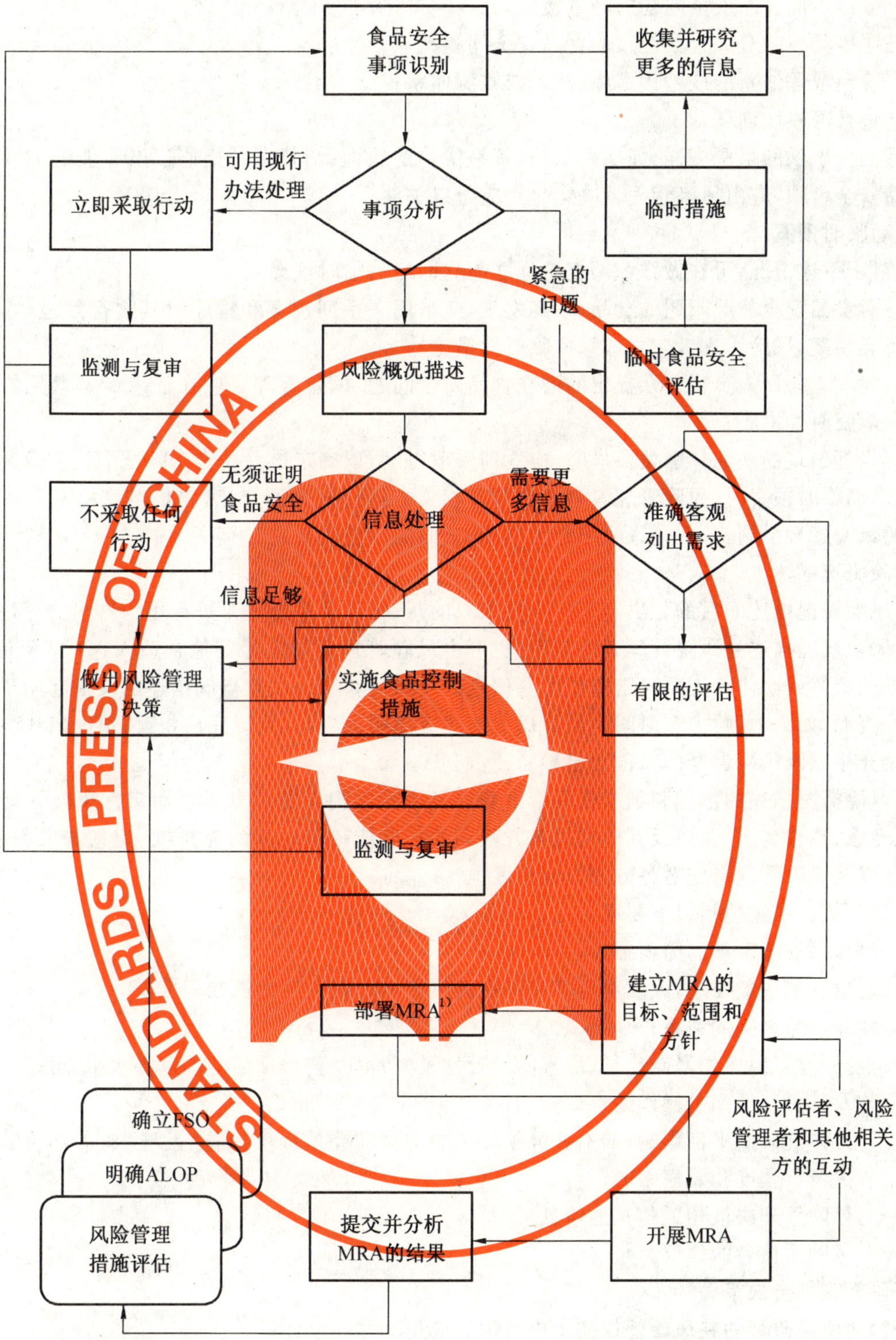

图 1　食品安全风险管理决策图

4.2　食品安全事项识别

识别食品安全事项是风险管理准备活动的首要工作。对食品安全事项有多种分类方式:广泛的还是特定的,影响一种商品还是多种商品,涉及一种病原体还是多种病原体,是已出现的问题还是潜在的问题。食品安全事项包括:

---

1)　MRA(microbiological risk assessment):微生物风险评估。

——分清不同食品安全问题的轻重缓急，如风险排序；
——明确具体的有关公共健康的食品安全问题；
——确定或评估新的或替代措施、技术或监测体系；
——进行等效性确认。

食品安全事项的来源多样，如疾病监控、贸易伙伴的质询、消费者的担心以及企业的需要。对于不同的食品安全事项，应由风险管理者决定是否应予以关注。

4.3 启动临时预案

4.3.1 对于下述情况，可在做详细调查论证之前立即启动临时预案：

——对食品安全状况不明的食品，一经发现，应采用一系列预案和程序对其进行处理(如果没有此类预案，风险管理者应立即采取临时性措施)；
——对独立科研人员或公众提出的潜在食品安全问题，风险管理者应在征求专家意见的基础上采取临时性措施；
——当新出现的病原体引发疾病时，应立即采取行动，以确定该食品安全问题的性质及影响范围。

4.3.2 启动临时预案时，风险管理者有必要与各相关方进行充分的交流，收集尽可能多的信息用于改进临时的风险管理措施，条件允许时用更为准确、全面的措施代替它。

4.4 风险概况描述

4.4.1 风险概况描述的目的是决定下一步要采取的行动，以及是否需要进行更为科学的评估。

4.4.2 风险概况描述是风险管理者的职责(也可由风险管理者指定给其他合适人选)。承担风险概况描述工作的个体或团体首先要确定需要哪些信息以及如何获取。风险概况描述的关键起始步骤是确定可获得的资源，如人力、财力和时间。风险概况描述应简明扼要，并及时完成，具体情况依风险管理者的时间是否充裕以及风险自身的特征而定。

4.4.3 风险概况描述的范围和细节依风险本身以及风险管理者的信息需求而定。风险管理者与风险评估者、专家、消费者、企业以及其他相关各方互动的程度依赖于时间的充裕度、信息需求程度、问题的复杂程度以及风险管理措施对各方的影响程度。

4.4.4 风险概况描述包括以下要素：

——对食品安全事项的简要描述；
——对危害的一般描述，人类对危害和不良健康影响之间关系的认知程度；
——病原体与人类的关系；
——危害暴露信息，如暴露途径、危害的流行性及其特征、整个食品链的危害水平、可采取的控制措施及其可行性和可操作性；
——对人体健康的不良影响，如不良健康影响的类型和严重程度、高危人群、来自公众健康监测的有关流行程度和发病率的资料；
——与风险管理决策相关的其他信息；
——对风险评估者的建议。

4.5 风险管理初步决策

4.5.1 微生物风险评估在风险管理初步决策中的应用

风险管理者依据风险概况描述提供的信息可做出初步决策(见图1)。如需进行风险管理，风险管理者可通过微生物风险评估得到相关信息。如果不需要或不可能进行微生物风险评估，可进行小范围(如仅限于暴露评估或危害特征描述)的评估。

4.5.2 风险管理初步决策中信息的收集

应收集尽可能多的信息用于初始的风险管理活动。收集更多信息的结果可能会导致形成新的风险概况描述。新的风险概况描述可以为风险管理者提供充足的信息，以选择并实施恰当的风险管理措施(见图1)。如依据风险概况描述的结果，需停止实施风险管理措施，应告知相关方合理的理由。

如没有足够的信息启动微生物风险评估，风险管理措施的评估只能基于有限的评估(见图 1)。此时，应收集更详细的资料，重新应用食品安全风险管理的一般框架(见图 1)。

4.6 微生物风险评估目的和范围的界定

4.6.1 微生物风险评估目的的确定

微生物风险评估的目的是为风险管理者提供相关信息，以便其做出周全的决策，特别是当其他信息处理方式不足以完成风险管理活动时。如果微生物风险评估是用于制定食品安全管理措施，那么事先应说明是何种管理措施。

4.6.2 微生物风险评估范围的界定

微生物风险评估的范围决定所需信息的详尽程度。一般情况下，微生物风险评估中涉及的暴露途径包括从生产到消费的全过程，范围界定也应详细说明所关注的特定消费人群、不良健康影响的确认标准，以及影响资料收集、建模、分析以及结果解释的各种因素。恰当地界定微生物风险评估的范围有助于明确实施微生物风险评估所需资源和时间表。

4.6.3 微生物风险评估目的和范围界定的一般原则

在评估开始之前，应通过风险管理者、评估人员和其他相关方(如食品安全专家、生产者和消费者)间的讨论明确界定微生物风险评估的目的和范围。风险概况描述和其他相关文件是开展这种讨论的基础。

确定风险管理目标、提出微生物风险评估需解决的问题是重要的第一步。不要求风险评估者应回答这些问题，但应充分了解此类问题的性质。

4.7 制定微生物风险评估政策

4.7.1 微生物风险评估政策的构成

微生物风险评估政策的制定依赖于微生物风险评估范围和目的的界定，通常由多个指导性文件组成，主要针对决策制定和方针选择。

是否需要其他相关方参与信息交流是微生物风险评估政策的内容之一，可根据食品安全问题的本质、可用的资源、时间表和保密要求而定。

微生物风险评估政策还包括如何进行微生物风险评估的同行评议以及何时评议。

4.7.2 微生物风险评估政策的一般要求

风险管理机构或其他组织应有实施微生物风险评估的通用政策。当存在数据缺口时，微生物风险评估政策的制定应谨慎，并应同时给出多个选择。

要求微生物风险评估包括对最敏感人群或特定亚人群(如儿童)的风险估计。

一般应组建多学科的微生物风险评估团队。

4.7.3 微生物风险评估政策的特殊要求

对于具体的微生物风险评估工作，应明确任何影响研究范围、数据处理、分析以及结果解释的风险管理方针，并做详细记录。这些方针将决定风险评估过程所需的资源。

虽然建立指导决策的方针供风险评估者使用是风险管理者的责任，风险评估者应说明这些方针对微生物风险评估结果的影响。

针对具体问题的微生物风险评估政策一般包括：

——当现有数据存在高度不确定性或数据不足时，制定在关键步骤用于科学决策的方针；

——确定反映健康风险的参数，如失能调整寿命年；

——确定数据源，以及任何临时的、地理的或其他需考虑的限制因素。

4.8 微生物风险评估工作的部署

4.8.1 人员部署

组建开展微生物风险评估的团队是风险管理者的职责。微生物风险评估需要整合来自不同研究领域的信息，团队成员应来自不同的学科领域。

对于复杂的微生物风险评估，有必要指定一名项目经理负责协调工作，把技术性较强的内容转化为易理解的形式，并向管理者汇报工作进展，为风险管理者与评估者之间的信息交流提供便利。也可以指派一名风险信息交流员，为风险评估者和风险管理者与其他各相关方之间的交流互动提供便利。

4.8.2 微生物风险评估部署文件的内容

微生物风险评估部署文件中应包括以下信息：

——对具体风险管理事项的描述；

——微生物风险评估的范围和目的；

——微生物风险评估应解决的问题；

——风险概况描述；

——微生物风险评估类型，所涉及的专业领域和资源分配情况；

——风险管理者如何使用微生物风险评估的结果；

——时间安排，包括阶段性报告、风险管理者与评估者的会谈、相关方的讨论以及最终完成的时间；

——风险模型及其评估结论的有效性和合理性评判标准；

——微生物风险评估科学性和技术适用性的评判标准；

——对未来数据需求的分析。

风险管理者应认识到，微生物风险评估的期望完成时间与实际完成时间可能不一致。

4.9 微生物风险评估实施过程中的互动

微生物风险评估过程中的假设、数据缺失、数据选择、解释说明以及建模对微生物风险评估过程和结果存在影响，风险评估者有责任与风险管理者就这些影响进行定期交流。风险管理者也有责任要求风险评估者提供足够的信息，以了解微生物风险评估政策对评估过程及结果的影响，并在以后的工作中予以考虑。

在实施微生物风险评估的过程中，应请有不同观点和经验的专家进行同行评议。

4.10 微生物风险评估结果的展示

4.10.1 一般要求

尽管风险评估的首要任务是提供对风险的定量描述，做出风险估计，但评估者应给出附加的说明提高风险评估结果的价值，如对不确定性存在的缘由、生物多变性、数据质量和所作假设进行说明。不确定性和生物多变性应单独进行说明，并列在微生物风险评估结果的报告中。

4.10.2 微生物风险评估报告的撰写

微生物风险评估报告应至少有两种形式。一种是给科学家、具备相应知识的管理者和相关各方的技术报告。这种技术报告应非常详细，包括重复该微生物风险评估所需的所有信息。报告的表述用语应简练、通俗易懂，内容一般包括：

——所有的数据、参考资料、假设、计算过程、技术性描述和模型参数，各参数要标上数值和(或)范围。

——所有与数据缺失、数据不确定性和生物多变性有关的信息，对所作假设的说明，以及它们对微生物风险评估结果的影响。

——如果确定微生物风险评估参数时采用了赋值或排序系统，需说明分类原则。

——对可能改变风险评估结果的主要因子的描述。

——对衡量风险估计偏差及其结果的分析方法进行说明。

——不用某些数据和用某些数据得到的暴露评估及危害特征描述结果之间的比较，如通过模型估计得到的结果与单纯的流行病学或实验数据之间的比较。

——单独列出对微生物风险评估结果的讨论，包括风险评估者对特定危害控制措施可行性和有效性的看法，及其对微生物风险评估实际应用的建议。这些观点不同于风险特征描述，而是以科学为基础的独立分析过程。

另一种微生物风险评估报告是概要说明，以帮助风险管理者和专门知识欠缺的人了解风险评估。概要说明比较简短，应以非专业人员能看懂的方式说明评估的目的、进程、结果和结论以及结论的重要性。

4.10.3 其他结果展示与报告方式

也可以由风险评估者提供报告草案，然后组建一支由科技文章写手和高级管理者组成的团队完成最终的报告，该报告应能提供风险管理者制定决策所需的信息。

4.11 对微生物风险评估结果的处理

当拿到微生物风险评估结果时，风险管理者应确认报告能为决策制定提供足够的信息。风险管理者应充分理解评估报告对风险分布的表述，并确认部署文件中提出的问题已经解决。

风险评估者应告知风险管理者微生物风险评估是如何进行的，在应用上有何特殊之处，有哪些局限性及其对最终风险估计结果的影响。一般涉及下述内容：

——所使用的分析方法，如以数据的分布范围而不是具体的数据作为信息输入和输出的形式，当输入极端数据时对评估结果有何影响；

——风险估计所用的参数，如是中位数还是平均值；

——关键数据缺失以及不确定性和生物可变性对风险估计的影响；

——当选用替代数据或假设时，风险估计的结果有何变化；

——实施微生物风险评估的过程中有可能影响到结果输出的任何限制因素；

——特殊工具的使用，如所使用的等级相关分析方法；

——风险估计结果与现有流行病学数据的比较。

当部署文件中规定的任务没有完成时，风险管理者和评估者应通过交流确定替代方案。

如果某一问题没有得到解决，风险管理者应了解原因并寻求建议，以便以后再次进行微生物风险评估时解决这些问题。

5 风险管理措施评估

5.1 风险管理措施的识别与选择

5.1.1 风险管理措施的识别

可能的风险管理措施包括：

——避免风险。对于曾受到污染或在某种条件下有毒的食物，可采取禁食或限制销售的处理办法。

——降低暴露。如告知易感人群不要食用某种食物。

——警示消费者。如通过产品标签警示易感人群。

——控制危害的初始水平。如选择经灭菌的原料，拒绝不符合微生物指标的原料或产品。

——抑制危害的增长水平。如在食品链的不同环节采取有效的措施预防污染，通过控制温度、pH值、水分活度和防腐剂抑制致病菌的生长。

——降低危害水平。如通过冷冻、巴氏杀菌以及辐射杀灭致病菌或寄生虫。

——除去致病菌。如通过清洗、超滤或离心除去致病菌。

——不采取任何措施。经微生物风险评估确认后，对于某些食品安全事项，可不采取任何风险管理措施。

5.1.2 风险管理措施的选择

风险管理措施评估是一个需要反复商讨的过程。风险管理者应期望达到的公共健康保护水平。风险评估者应比较各种不同风险控制措施的影响力，为风险管理者客观决策提供支撑。如果没有达到既定的消费者保护水平，该评估过程应继续进行，直至确定了一个或多个风险管理措施。

5.2 风险管理措施评估步骤

收到并接受微生物风险评估的结果后，风险管理者应制定如下行动计划：

——根据微生物风险评估的结果，考虑采取紧急风险管理措施；

——向相关方简要介绍微生物风险评估的情况；

——征求公众意见；

——评估风险管理措施。

风险管理措施评估步骤如下：

——组建工作组解释微生物风险评估及其研究结果对风险管理的意义。

——如有必要，风险管理者应组建工作组执行风险管理措施评估的某一特定方面。

——当工作组确定了风险管理措施，并了解其实施效果后，应与高级风险管理者交流。工作组成员得到授权后，方能告知风险管理者可供选择的风险管理措施以及征求公众意见的情况。

——与公众互动交流的形式有：会议、技术论坛、正式的公告以及书面和电子通讯方式。相关方包括：公共卫生和医疗部门，食品行业中的初级产品生产方、食品加工方、餐饮行业、流通部门、批发商和零售商，贸易协会，消费者组织，学术顾问委员会和其他权威机构等。

——高级风险管理者对风险管理方案的最终确定具有决定权，并应把选择结果告知相关方。

5.3　微生物风险评估在风险管理措施评估中的应用

当风险管理者不了解由某种致病菌造成的风险的程度及其所涉及的食品时，运用微生物风险评估可对这种风险作出估计，并能够了解生产企业或某一生产流程如何造成上述风险。风险管理者也可从一定时间段内风险水平预期降低程度的角度定义 ALOP，然后，运用微生物风险评估评价实现上述目标的各种风险管理措施。

当风险难以经由定性、定量评估确定时，微生物风险评估中的风险特征描述有助于了解风险的本质。风险评估者还可通过风险模型的模拟，比较不同风险降低方式的效果，使风险管理者能够权衡不同的风险管理措施。

5.4　ALOP 的表述及建立

ALOP 的表述一般与某种疾病相关联，这种疾病通常与某一对危害/食品组合及这种食品的消费状况相关。

通常根据一种或几种现有风险管理措施所能达到的水平确立 ALOP。由于立足于现有技术，只要绝大多数企业遵照技术要求，就能够实现 ALOP 所确立的公共健康目标。

5.5　食品安全目标(FSO)的建立

5.5.1　ALOP 向 FSO 的转换

将剂量-效应关系曲线与暴露评估中的暴露量分布相整合，可建立 FSO 与 ALOP 的定量关系。建立适当的 FSO 还需考虑微生物风险评估的不确定性。由于微生物风险评估固有的不确定性，FSO 应采用较低的数值，以确保达到预期的消费者保护水平。

5.5.2　没有 ALOP 时 FSO 的建立

当用数量关系表征风险及其分布的风险评估尚不完善，相应的风险特征描述也未形成时，可通过设定食品的微生物标准间接设定 FSO。

5.6　风险管理措施评估交流

风险管理者应做好听取并考虑相关方意见的准备，并陈述其执行新风险管理措施的宏观战略计划以及决策的理由。风险管理措施评估过程中的假设、结论和对最终结论的解释说明应正式公布并归档。

在起草或修改 ALOP 和(或)FSO 时，风险管理者与相关方交流的具体问题包括：

——新 ALOP 和(或)FSO 对公共卫生状况的改善程度；

——ALOP 与 FSO 的关系；

——新 ALOP 和(或)FSO 如何与整个食品安全规划统一起来，持续改善公共卫生状况；

——ALOP 和(或)FSO 在将来是否会发生可预期的变化。

风险管理者应说明所选措施对食品行业各部门的影响，还需说明 ALOP 和(或)FSO 对食品国际贸易的影响,特别是当 ALOP 和(或)FSO 的要求比食品法典的要求(如果有的话)更严格时。

在公布风险管理决策时,风险管理者也应同时公布一份执行进度表。

除此之外,还需说明如何进行互动交流,以传播和获取措施实施过程中的信息。

6 风险管理措施的实施

6.1 在风险管理措施实施中应用 FSO

6.1.1 FSO 的作用

如果在风险管理措施评估过程中建立了 FSO,在措施的执行过程中,主管部门需确定 FSO 与国家法规和标准框架的结合形式,是本身作为食品安全控制措施,还是作为标准、方针和相关文件建立的基准参数。

6.1.2 设立绩效标准

绩效标准可由主管部门和(或)企业建立。无论由谁来设立绩效标准,绩效达标是企业的责任。主管部门改变绩效标准时,应通知相关方。

设立绩效标准时,应考虑初期危害水平和生产、流通、储藏、制备和消费过程中食品可能的变化。微生物风险评估中的危害暴露途径模型有助于此过程的进行。

6.1.3 绩效标准的实施

单个或多个联合的绩效标准可在以 GHP 和(或)HACCP 为基础的食品控制系统中作为食品安全措施实施。食品链的任意环节均可设立绩效标准,并至少应达到与关键控制点可接受程度一致的危害控制水平。以 FSO 为基础设立的绩效标准有助于实现预期的 ALOP。

包含绩效标准的食品控制体系的实施,需考虑原料、加工、流通、储藏、制备和消费等环节。可运用微生物风险评估,模拟在各环节实施不同的食品安全控制措施对改善食品安全状况的效果。

如果食品在消费时的危害水平比 FSO 高,则应修改食品安全控制措施和(或)引入新绩效标准。

如果食品不宜微生物繁殖,绩效标准可设立在食品加工完成后,它与 FSO 是等效的。否则,绩效标准应比 FSO 严格。

如果食品在食用前需经烹调加工,烹调后危害水平能降低到满足 FSO 的要求,绩效标准可比 FSO 宽松。

6.1.4 设立微生物指标

以 FSO 为基础设立的微生物指标有助于实现预期的 ALOP。

微生物指标可以由主管部门或行业组织提出。对具体的食品,要确定在食品链的哪个环节应用微生物指标。

对微生物指标应做详尽的分析说明,包括应检测的微生物种类、抽样、分析方法和微生物限量。

6.2 在风险管理措施实施中应用微生物风险评估

6.2.1 确定风险管理目标

如果某种常见的病原体出现在多种食品中,运用微生物风险评估可以预测某一对危害/食品组合的相对风险,从而确定哪些食品需要采用更严格的风险管理措施。

6.2.2 确认等效性

微生物风险评估中的暴露评估有助于了解食品链特定环节的危害控制水平,从而证明替代性食品安全风险管理措施的等效性。

7 监测和复审

7.1 监测

7.1.1 监测的目的

监测的目的是提供某特定危害给人体带来风险的信息,用于指导风险管理方案的选择或风险管理行动的管理和评价。食品污染物监测和食源性疾病监控数据是微生物风险评估重要的信息来源。它们有助于进行风险描述，也为微生物风险评估模型的建立和确证提供重要数据。

7.1.2 监测活动

监测活动包括：食源性疾病数据库的建立，食源性疾病爆发的系统调查，食源性疾病数据与食品中危害数据的整合。

7.2 复审

7.2.1 复审的目的

复审的对象是整个风险管理方案或其中的某个方面。通过复审可以评估风险管理方案和措施是否达到了预期目标，对消费者的保护是否得到了加强。

7.2.2 复审活动

在对风险管理方案和(或)措施进行复审的过程中，风险管理者需要独立审核食品安全问题或问题的某一方面是否已得到妥善处理。审核结果应予以公布并告知相关方。按照审核结果和公众反馈信息，可能还需进一步采取的措施包括：收集额外的、目标性更强的信息，设定新的风险降低目标，实施其他食品安全措施。

当新信息出现时，应对已做出的风险管理决策进行复审。新信息应与风险评估者和(或)风险管理者先前使用的信息相比较，了解其对微生物风险评估或某个风险管理措施的可能影响。

7.3 微生物风险评估在监测和复审中的应用

微生物风险评估中的危害特征描述能够反映由某种特定危害/食品组合造成的不良健康影响的程度。

微生物风险评估可用于预测食品潜在危害的风险变化，并有助于制定监测方案以证实预测。微生物风险评估也可用于说明监测到的食源性疾病的显著变化，这种变化可能来自于所用实验方法的差异、疾病报告体系的改进或对特定食源性疾病安全意识的增强。

微生物风险评估可用于检查监测过程收集的数据的代表性。如果微生物风险评估的预测与监测数据不一致，则需进行进一步的科学研究。

向微生物风险评估模型输入新的数据有助于风险管理决策的复审。

ICS 67.060
X 11

GB

中华人民共和国国家标准

GB/T 23786—2009

速冻饺子

Quick-frozen dumpling

2009-05-18 发布　　2009-12-01 实施

中华人民共和国国家质量监督检验检疫总局
中国国家标准化管理委员会　发布

前　言

本标准的附录A为资料性附录。

本标准由中国商业联合会提出并归口。

本标准主要起草单位：中国商业联合会商业标准中心、郑州三全食品股份有限公司、河南全惠食品有限公司、河南省速冻食品工程技术研究中心、郑州市标准化协会。

本标准主要起草人：陈泽民、陈南、黄忠民、张宁鹤、郑军芬、杜双全、赵军强、焦红、靳晓蕾、刘振宇。

速 冻 饺 子

1 范围

本标准规定了速冻饺子产品的术语和定义、分类、要求、检验方法、检验规则、判定规则、生产加工过程的卫生要求、标签、标志、包装、运输、贮存、销售、召回等要求。

本标准适用于以3.2定义产品的生产、检验和销售。

2 规范性引用文件

下列文件中的条款通过本标准的引用而成为本标准的条款。凡是注日期的引用文件,其随后所有的修改单(不包括勘误的内容)或修订版均不适用于本标准,然而,鼓励根据本标准达成协议的各方研究是否可使用这些文件的最新版本。凡是不注日期的引用文件,其最新版本适用于本标准。

GB/T 191 包装储运图示标志(GB/T 191—2008,ISO 780:1997,MOD)

GB 1355 小麦粉

GB 2707 鲜(冻)畜肉卫生标准

GB 2716 食用植物油卫生标准

GB 2717 酱油卫生标准

GB 2733 鲜、冻动物性水产品卫生标准

GB 2760 食品添加剂使用卫生标准

GB/T 2828.1 计数抽样检验程序 第1部分:按接收质量限(AQL)检索的逐批检验抽样计划(GB/T 2828.1—2003,ISO 2859-1:1999,IDT)

GB/T 4789.2 食品卫生微生物学检验 菌落总数测定

GB/T 4789.3 食品卫生微生物学检验 大肠菌群计数

GB/T 4789.4 食品卫生微生物学检验 沙门氏菌检验

GB/T 4789.5 食品卫生微生物学检验 志贺氏菌检验

GB/T 4789.10 食品卫生微生物学检验 金黄色葡萄球菌检验

GB/T 4789.15 食品卫生微生物学检验 霉菌和酵母计数

GB/T 5009.3 食品中水分的测定

GB/T 5009.5 食品中蛋白质的测定

GB/T 5009.6 食品中脂肪的测定

GB/T 5009.11 食品中总砷及无机砷的测定

GB/T 5009.12 食品中铅的测定

GB/T 5009.22 食品中黄曲霉毒素 B_1 的测定

GB/T 5009.44 肉与肉制品卫生标准的分析方法

GB/T 5009.56 糕点卫生标准的分析方法

GB 5461 食用盐

GB 5749 生活饮用水卫生标准

GB 7718 预包装食品标签通则

GB 9683 复合食品包装袋卫生标准

GB 9687 食品包装用聚乙烯成型品卫生标准

GB 9688 食品包装用聚丙烯成型品卫生标准

GB 9689 食品包装用聚苯乙烯成型品卫生标准

GB/T 10005 双向拉伸聚丙烯(BOPP)/低密度聚乙烯(LDPE)复合膜、袋

GB 10144 动物性水产干制品卫生标准

GB/T 12025 高密度聚乙烯吹塑薄膜

GB 14881 食品企业通用卫生规范

GB 16869 鲜、冻禽产品

GB 19295 速冻预包装面米食品卫生标准

JJF 1070 定量包装商品净含量计量检验规则

定量包装商品计量监督管理办法 国家质量监督检验检疫总局[2005 年]第 75 号令

食品召回管理规定 国家质量监督检验检疫总局[2007 年]第 98 号令

食品标识管理规定 国家质量监督检验检疫总局[2007 年]第 102 号令

3 术语和定义

下列术语和定义适用于本标准。

3.1

速冻 quick freezing

在低温环境内,使产品迅速通过最大冰晶区域,当其平均温度达到−18 ℃时,完成冻结加工的冻结方法。

3.2

速冻饺子 quick-frozen dumpling

以小麦粉或其他富含淀粉的原料粉加工成的面制皮,用肉、水产品、蛋、蔬菜等原料的一种或多种作馅,经成型、熟制或不熟制、速冻后产品中心温度≤−18 ℃的饺子。

4 分类

4.1 按馅料成分

4.1.1 荤馅类:含有畜肉、禽肉、动物性水产品及其制品或混有蔬菜、蛋类、豆制品等为主要原料制成的馅料。

4.1.2 素馅类:以蔬菜、豆类、蛋类及其制品等为主要原料制成的馅料。

4.2 按加工方法

4.2.1 速冻生制品:速冻前未经熟制,食用时需加热熟制的产品。

4.2.2 速冻熟制品:速冻前经熟制,食用时仍需加热的产品。

5 要求

5.1 原料和辅料

5.1.1 饮用水

应符合 GB 5749 的规定。

5.1.2 小麦粉

应符合 GB 1355 的规定。

5.1.3 鲜、冻畜肉

应符合 GB 2707 的规定。

5.1.4 鲜、冻禽肉

应符合 GB 16869 的规定。

5.1.5 蔬菜

应符合相关国家标准或行业标准。

5.1.6 鲜、冻动物性水产品

应符合 GB 2733 的规定。

5.1.7 动物性水产干制品

应符合 GB 10144 的规定。

5.1.8 食用盐

应符合 GB 5461 的规定。

5.1.9 酱油

应符合 GB 2717 的规定。

5.1.10 食用植物油

应符合 GB 2716 的规定。

5.1.11 其他

其他原辅料应符合国家相关标准的规定。

5.2 感官要求

应符合表 1 的规定。

表 1 感官要求

项目	要求
外观	符合饺子应有的外观,形状均匀一致、不漏馅
色泽	具有该产品应有的色泽
滋味、气味	具有该品种应有的滋味、气味,无异味
异物	外表及内部均无肉眼可见异物

5.3 理化指标

应符合表 2 的规定。

表 2 理化指标

项目		指标	
		荤馅类	素馅类
水/(g/100 g)	≤	70	
脂肪/(g/100 g)	≤	18	—
蛋白质[a]/(g/100 g)	≥	2.5	—
黄曲霉毒素 B_1/(μg/kg)		按 GB 19295 规定执行	
挥发性盐基氮/(mg/100 g)			
酸价(以脂肪计)(KOH)/(mg/g)			
过氧化值(以脂肪计)/(g/100 g)			
铅(以 Pb 计)/(mg/kg)			
总砷(以 As 计)/(mg/kg)			
[a] 以馅料为检测样本。			

5.4 微生物指标

菌落总数、大肠菌群、致病菌(沙门氏菌、志贺氏菌、金黄色葡萄球菌)、霉菌计数应符合 GB 19295 的规定。

5.5 食品添加剂

5.5.1 食品添加剂质量应符合相应标准和有关规定。

5.5.2 食品添加剂使用范围和使用量应符合 GB 2760 的规定。

5.6 馅含量

应符合表 3 的规定。

表 3 馅含量

项目		指标
馅含量/(g/100 g)	≥	35

5.7 净含量

应符合《定量包装商品计量监督管理办法》的规定。

6 检验方法

6.1 感官要求

在冻结状态下，取出样品一袋，置于清洁的白瓷盘中，按表 1 规定，用目测检查外观、色泽，然后按包装上标注的食用方法熟制后，用口尝、鼻嗅和目测检查其感官要求。

6.2 理化指标

6.2.1 水分

按 GB/T 5009.3 规定的方法测定。

6.2.2 脂肪

按 GB/T 5009.6 规定的方法测定。

6.2.3 蛋白质

按 GB/T 5009.5 规定的方法测定。

6.2.4 总砷

按 GB/T 5009.11 规定的方法测定。

6.2.5 铅

按 GB/T 5009.12 规定的方法测定。

6.2.6 黄曲霉毒素 B_1

按 GB/T 5009.22 规定的方法测定。

6.2.7 挥发性盐基氮

按 GB/T 5009.44 规定的方法测定。

6.2.8 过氧化值、酸价

按 GB/T 5009.56 规定的方法测定。

6.3 微生物

6.3.1 菌落总数

按 GB/T 4789.2 规定的方法检测。

6.3.2 大肠菌群

按 GB/T 4789.3 规定的方法检测。

6.3.3 沙门氏菌

按 GB/T 4789.4 规定的方法检测。

6.3.4 金黄色葡萄球菌

按 GB/T 4789.10 规定的方法检测。

6.3.5 志贺氏菌

按 GB/T 4789.5 规定的方法检测。

6.3.6 霉菌

按 GB/T 4789.15 规定的方法检测。

6.4 馅含量

按附录 A 的规定进行测定。

6.5 净含量

按 JJF 1070 的规定进行检验。

7 检验规则

7.1 组批

同一班次、同一品种、同一规格、同一生产线的产品为一批。

7.2 抽样

依据 GB/T 2828.1 的有关规定。

7.3 出厂检验

检验项目:感官要求、净含量、馅含量,过氧化值、挥发性盐基氮和菌落总数及大肠菌群。

7.4 型式检验

7.4.1 正常生产时应每 6 个月进行一次型式检验。有下列情况之一时,也应进行型式检验:

a) 新产品试制鉴定;

b) 正式投产后,如原料、生产工艺有较大改变,可能影响产品质量时;

c) 产品停产半年以上,恢复生产时;

d) 检验结果与前一次检验结果有较大差异时;

e) 国家质量监督部门提出要求时。

7.4.2 型式检验项目

本标准 5.2、5.3、5.4、5.5、5.6 和 5.7 所规定的项目。

8 判定规则

8.1 出厂检验判定规则

8.1.1 出厂检验项目全部符合标准,判为合格品。

8.1.2 出厂检验项目如有 1 项(微生物项目除外)不符合标准,可在抽样批次中加倍抽样复检,复检后如仍不符合标准,判为不合格品。

8.1.3 微生物项目如有 1 项不符合标准,判为不合格品,不得复检。

8.2 型式检验判定

8.2.1 型式检验项目全部合格,判为合格品。

8.2.2 除微生物外,型式检验项目不超过两项不符合本标准,可以加倍抽样复检。复检后仍有一项不符合本标准,则判定该批产品为不合格品。

8.2.3 超过两项或微生物检验有一项不符合本标准,则判定该批产品为不合格品。

9 生产加工过程的卫生要求

应符合 GB 14881 的规定及其他相关卫生要求的规定。

10 标签、标志、包装

10.1 标签、标志

10.1.1 产品预包装标签应符合 GB 7718 和《食品标识管理规定》的规定,同时还应标注食用方法、QS

标志、速冻生制品或速冻熟制品、馅含量等。

10.1.2 外包装箱标志应符合GB/T 191的规定，同时还应标注：QS标志、贮藏条件、保质期、生产日期和电话等。

10.2 包装

10.2.1 内包装材料应符合GB 9683、GB 9687、GB 9688、GB 9689、GB/T 10005、GB/T 12025等相关规定。

10.2.2 外包装箱应符合相关标准的规定。

10.2.3 产品包装应严密、捆扎结实、无破损和污染现象，包装与内容物相一致。

11 运输、贮存

11.1 运输

11.1.1 产品应在－15 ℃及其以下温度的运输工具内运输。

11.1.2 运输工具应清洁、卫生，不得与有毒、有害、有腐蚀性、易挥发、有异味或其他影响产品质量的物品混装。

11.1.3 搬运产品应轻拿轻放，严禁摔扔、撞击、挤压。

11.2 贮存

11.2.1 产品应在－18 ℃及其以下温度贮存。温度波动范围应控制在2 ℃以内。

11.2.2 产品贮存过程中不得与有毒、有害、有异味、有腐蚀、易挥发的物品或其他影响产品质量的物品一起存放。

12 销售

产品应在冷冻条件下预包装销售，低温陈列柜内温度应保持在－15 ℃以下。

13 召回

应符合《食品召回管理规定》。

附　录　A
（资料性附录）
馅　含　量

A.1　抽样量

应符合表 A.1 的规定。

表 A.1　检测馅含量应取样品的抽样量

每袋饺子个数/个	抽样量/个
<25	10
25～49	20
50～100	25
>100	按每袋饺子个数的 25% 比例抽取
注：每袋饺子不足 10 个的按整袋抽取。	

A.2　检测方法

称取所抽样饺子的质量 m_1 并记录，然后置于清洁干燥的白瓷盘中，自然解冻后，用刮刀将馅料全部分离出来，称取分离出馅后面皮的质量 m_2，按式(1)计算结果。

$$Z=\frac{m_1-m_2}{m_1}\times 100\% \qquad (1)$$

式中：

Z——馅含量，单位为克每百克(g/100 g)；

m_1——样品质量，单位为克(g)；

m_2——分离出馅后面皮的质量，单位为克(g)。

ICS 67.080
X 10

中华人民共和国国家标准

GB/T 23787—2009

非油炸水果、蔬菜脆片

Non-fried vegetable and fruit crisp chips

2009-05-18 发布 2009-12-01 实施

中华人民共和国国家质量监督检验检疫总局
中国国家标准化管理委员会 发布

前　言

本标准由全国食品工业标准化技术委员会提出并归口。

本标准起草单位：国家果类及农副加工产品质量监督检验中心、河北东方绿树食品有限公司、河北省产品质量监督检验院。

本标准主要起草人：刘连太、刘铁拴、王成、张会军、赵炜、毛琏、孙伟、李里特。

非油炸水果、蔬菜脆片

1 范围

本标准规定了非油炸水果、蔬菜脆片的要求、试验方法、检验规则、标签标志、包装、运输及贮存。

本标准适用于非油炸水果、蔬菜脆片的生产、检验和销售。

2 规范性引用文件

下列文件中的条款通过本标准的引用而成为本标准的条款。凡是注日期的引用文件，其随后所有的修改单(不包括勘误的内容)或修订版均不适用于本标准，然而，鼓励根据本标准达成协议的各方研究是否可使用这些文件的最新版本。凡是不注日期的引用文件，其最新版本适用于本标准。

GB 2760　食品添加剂使用卫生标准

GB 2761　食品中真菌毒素限量

GB 2762　食品中污染物限量

GB 2763　食品中农药最大残留限量

GB/T 5009.6　食品中脂肪的测定

GB/T 6003.1　金属丝编织网试验筛(GB/T 6003.1—1997,eqv ISO 3310-1:1990)

GB 7718　预包装食品标签通则

GB/T 8858　水果、蔬菜产品中干物质和水分含量的测定方法

3 产品分类

按照是否添加调味料分为以下两类：

a) 原味非油炸水果、蔬菜脆片：以水果、蔬菜为原料，经(或不经)切片(条、块)后，采用非油炸脱水工艺制成的口感酥脆的水果、蔬菜干制品。

b) 调味非油炸水果、蔬菜脆片：在原味非油炸水果、蔬菜脆片中添加调味料后制成的口感酥脆的水果、蔬菜干制品。

4 要求

4.1 原料要求

4.1.1 原料水果、蔬菜的品种、成熟度、新鲜度应符合加工要求，并符合 GB 2762 和 GB 2763 规定，病虫害和变质水果、蔬菜在整批原料中所占比例不得超过 5%。

4.1.2 食品添加剂质量应符合相应的国家标准或行业标准。

4.2 感官特性

感官特性应符合表 1 的规定。

表 1　感官特性

项　目	特　　性
色泽	具有该水果、蔬菜经加工后应有的正常色泽
滋味和口感	具有该水果、蔬菜经加工后应有的滋味与香气，无异味，口感酥脆
组织形态	块状、片状、条状或该品种应有的整形状，各种形态应基本完好
杂质	无正常视力可见外来杂质

4.3 理化指标

理化指标应符合表2的规定。

表2 理化指标

项目		指标
水分/%	≤	5.0
筛下物/%	≤	5.0
脂肪/%	≤	5.0

4.4 真菌毒素指标

真菌毒素指标应符合GB 2761的规定。

4.5 污染物指标、农药残留指标、微生物指标

污染物指标、农药残留指标、微生物指标应符合相应的卫生标准的规定。

4.6 食品添加剂

食品添加剂的品种和使用量应符合GB 2760的规定。

5 试验方法

5.1 感官

将被测样品放在洁净的白瓷盘中，用肉眼直接观察色泽、组织形态和杂质，嗅其气味、品尝滋味和口感。

5.2 理化指标

5.2.1 水分

按GB/T 8858规定的方法测定。

5.2.2 筛下物

将总量不少于100 g的整包装试样拆除包装后，用感量0.1 g的天平称其质量(m_1)，置于符合GB/T 6003.1中规格为ϕ200×50−2.8/1.12的连同接收盘和盖一起使用的试验筛中，每次放入试验筛的试样不得超过试验筛体积的三分之一，双手握住试验筛沿水平方向摇动8圈至10圈(频率约每分钟80圈，摇动直径约250 mm)，倒掉筛上物，按以上要求继续筛分余下的试样，当全部试样经过筛分后称其筛下物的质量(m_2)，按式(1)计算筛下物。

$$X = \frac{m_2}{m_1} \times 100 \qquad \cdots\cdots(1)$$

式中：

X——筛下物含量，%；

m_1——试样质量，单位为克(g)；

m_2——筛下物质量，单位为克(g)。

5.2.3 脂肪

按GB/T 5009.6规定的方法测定。

6 检验规则

6.1 批

同一生产线、同一班次生产的同一品种的产品为一批次。

6.2 抽样方法和抽样量

在成品库同批产品的不同部位随机抽取规定的抽样件数，再从全部抽样件数中抽取不少于2 kg(不少于12个最小销售包装)的样品，样品分为两份，一份检验，一份留样备查；抽样件数见表3。

表 3　抽样件数

单位为件

每批生产包装件数	抽样件数
200(含 200)以下	3
201～800	4
801～1 800	5
1 801～3 200	6
3 200 以上	7

6.3　出厂检验

出厂检验项目包括：感官、水分、筛下物及卫生指标中规定的菌落总数、大肠菌群。

6.4　型式检验

型式检验包括本标准规定的全部项目，一般情况下，每半年进行一次。有下列情况之一时，亦应进行型式检验：

a)　新产品的试制鉴定时；

b)　原料、工艺有较大改变，可能影响产品质量时；

c)　产品停产 6 个月以上，重新恢复生产时；

d)　出厂检验结果与上次型式检验结果有较大差异时；

e)　国家质量监督机构提出型式检验的要求时。

6.5　判定规则

6.5.1　出厂检验判定规则

6.5.1.1　出厂检验项目全部符合本标准，判该批产品为合格品。

6.5.1.2　出厂检验项目中微生物指标有一项不符合本标准，判该批产品为不合格品。

6.5.1.3　出厂检验项目中除微生物指标外，其他项目不符合本标准，可在原批次产品中加倍抽样复检，以复检结果为准，复检后仍有一项指标不符合本标准，判该批产品为不合格品。

6.5.2　型式检验判定规则

6.5.2.1　型式检验项目全部符合本标准，判该批产品为合格品。

6.5.2.2　型式检验项目中超过两项或微生物指标有一项不符合本标准，判该批产品为不合格品。

6.5.2.3　型式检验项目中除微生物指标外，其他项目不超过两项不符合本标准，可在原批次产品中加倍抽样复检，以复检结果为准，复检后仍有一项指标不符合本标准，判该批产品为不合格品。

7　标签标志、包装、运输及贮存

7.1　标签标志

预包装产品销售包装的标签应符合 GB 7718 的规定。

7.2　包装

7.2.1　内包装材料应清洁、干燥、无毒、无异味，且符合相应的卫生标准要求和有关规定。

7.2.2　外包装应牢固，确保内容物在运输和贮存过程中不受挤压。

7.3　运输

7.3.1　运输工具应清洁、干燥，有防晒、防雨措施。

7.3.2　运输过程中应轻装、轻卸，不得重压和挤压，不得和有毒、有腐蚀性、有异味、易挥发的物质混运。

7.4　贮存

7.4.1　应贮存于通风、干燥、阴凉、清洁的仓库内。

7.4.2　不得与有毒、有腐蚀性、有异味、易挥发的物质同库贮存。

7.4.3　堆放高度以不倒塌、不压坏外包装及产品为限。

ICS 67.050
X 04

中华人民共和国国家标准

GB/T 23788—2009

保健食品中大豆异黄酮的测定方法 高效液相色谱法

Determination of soybean isoflavone in health-care food—High-performance liquid chromatography

2009-05-18 发布 2009-12-01 实施

中华人民共和国国家质量监督检验检疫总局
中国国家标准化管理委员会 发布

前　言

本标准的附录A为资料性附录。

本标准由全国特殊膳食标准化技术委员会提出并归口。

本标准起草单位：北京市朝阳区产品质量监督检验所、红牛维他命饮料有限公司、中国食品发酵工业研究院。

本标准主要起草人：崔岩、邢晓慧、张立刚、钟其顶、张淑玲、郎涛、苏文英、吴镇君、仇凯。

保健食品中大豆异黄酮的测定方法
高效液相色谱法

1 范围

本标准规定了保健食品中大豆异黄酮的测定方法。

本标准适用于以大豆异黄酮为主要功能性成分的保健食品(片剂、胶囊、口服液、饮料),也可用于保健食品原料中大豆异黄酮含量的测定。

本标准的检出限:固体、半固体样品大豆苷、大豆黄苷、染料木苷、大豆素、大豆黄素和染料木素组分的检出限均为5 mg/kg;液体样品的大豆苷、大豆黄苷、染料木苷、大豆素、大豆黄素和染料木素组分的检出限均为0.2 mg/L。

2 规范性引用文件

下列文件中的条款通过本标准的引用而成为本标准的条款。凡是注日期的引用文件,其随后所有的修改单(不包括勘误的内容)或修订版均不适用于本标准,然而,鼓励根据本标准达成协议的各方研究是否可使用这些文件的最新版本。凡是不注日期的引用文件,其最新版本适用于本标准。

GB/T 6682 分析实验室用水规格和试验方法(GB/T 6682—2008,ISO 3696:1987,MOD)

3 术语和定义

下列术语和定义适用于本标准。

3.1

大豆异黄酮 soybean isoflavone

大豆苷、大豆黄苷、染料木苷、大豆素、大豆黄素和染料木素的总称,黄酮类物质。分子式如下:大豆苷:$C_{21}H_{20}O_9$,大豆黄苷:$C_{22}H_{22}O_{10}$,染料木苷:$C_{21}H_{20}O_{10}$,大豆素:$C_{15}H_{10}O_4$,大豆黄素:$C_{16}H_{12}O_5$,染料木素:$C_{15}H_{10}O_5$。

4 方法提要

样品制备、提取、过滤后,经高效液相色谱仪分析(C_{18}柱分离),依据保留时间定性,用外标法定量。

5 试剂和材料

本标准使用符合GB/T 6682规定的一级水。除另有规定仅使用分析纯试剂。

5.1 乙腈:色谱纯。

5.2 甲醇:优级纯。

5.3 80%甲醇:用甲醇80 mL,加水20 mL,混匀。

5.4 磷酸。

5.5 磷酸水溶液:用磷酸调节pH至3.0,经0.45 μm滤膜过滤。

5.6 二甲基亚砜:色谱纯。

5.7 50%二甲基亚砜溶液:取二甲基亚砜50 mL,加水50 mL,混匀。

5.8 大豆异黄酮标准贮备溶液:称取大豆苷(daidzin)、大豆黄苷(glycitin)和染料木苷(genistin)、大豆素(daidzein)、大豆黄素(glycitein)和染料木素(genistein)(纯度均为98.0%以上)各4 mg,分别置于10 mL容量瓶中,加入二甲基亚砜(5.6)至接近刻度,超声处理30 min,再用二甲基亚砜(5.6)定容。各标准贮备溶液浓度均为400 mg/L(大豆苷、大豆黄苷、染料木苷、大豆素、大豆黄素和染料木素)。

5.9 大豆异黄酮混合标准使用溶液:

8.0 mg/L混合标准溶液配制:吸取大豆苷、大豆黄苷、染料木苷、大豆素、大豆黄素、染料木素六种标准贮备溶液(5.8)各0.2 mL于10 mL容量瓶中,加入等体积水,用50%二甲基亚砜溶液(5.7)定容。

16.0 mg/L混合标准溶液配制:吸取大豆苷、大豆黄苷、染料木苷、大豆素、大豆黄素、染料木素六种标准贮备溶液(5.8)各0.4 mL于10 mL容量瓶中,加入等体积水,用50%二甲基亚砜溶液(5.7)定容。

24.0 mg/L混合标准溶液配制:吸取大豆苷、大豆黄苷、染料木苷、大豆素、大豆黄素、染料木素六种标准贮备溶液(5.8)各0.6 mL于10 mL容量瓶中,加入等体积水,用50%二甲基亚砜溶液(5.7)定容。

32.0 mg/L混合标准溶液配制:吸取大豆苷、大豆黄苷、染料木苷、大豆素、大豆黄素、染料木素六种标准贮备溶液(5.8)各0.8 mL于10 mL容量瓶中,加入等体积水,用50%二甲基亚砜溶液(5.7)定容。

40.0 mg/L混合标准溶液配制:吸取大豆苷、大豆黄苷、染料木苷、大豆素、大豆黄素、染料木素六种标准贮备溶液(5.8)各1.0 mL于10 mL容量瓶中,加入等体积水,用50%二甲基亚砜溶液(5.7)定容。

6 仪器和设备

6.1 高效液相色谱仪:带紫外检测器(或二极管阵列检测器)。

6.2 超声波振荡器。

6.3 分析天平:感量0.01 mg。

6.4 酸度计:精度0.02 pH。

6.5 离心机:转速不低于8 000 r/min。

6.6 滤膜:孔径为0.45 μm。

6.7 容量瓶:10 mL。

7 分析步骤

7.1 样品处理

7.1.1 固体样品、半固体样品:固体样品粉碎、磨细(过80目筛)、混匀,半固体样品混匀,称取样品0.05 g~0.5 g(精确至0.1 mg),用80%甲醇溶液(5.3)溶解并转移至50 mL容量瓶中,加入80%甲醇溶液至接近刻度。

7.1.2 液体样品:吸取混匀的液体样品0.5 mL~5.0 mL于50 mL容量瓶中,加入80%甲醇溶液至接近刻度。

7.1.3 将上述样品溶液(7.1.1或7.1.2)用超声波振荡器振荡20 min,用80%甲醇定容,摇匀。取样品溶液置于离心管中,离心机离心15 min(转速大于8 000 r/min)。取上清液用滤膜(6.6)过滤,收集滤液备用。

7.2 色谱条件

7.2.1 色谱柱

C_{18},4.6 mm×250 mm,粒度5 μm不锈钢色谱柱;也可使用分离效果相当的其他不锈钢柱。

7.2.2 流动相

流动相A:乙腈(5.1)。

流动相B:磷酸水溶液(pH=3.0)(5.5)。

7.2.3 梯度洗脱条件

见表1。

表 1

时间/min	0	10	23	30	50	55	56	60
流动相 A/%	12	18	24	30	30	80	12	12
流动相 B/%	88	82	76	70	70	20	88	88

7.2.4 流速：1.0 mL/min。

7.2.5 波长：260 nm。

7.2.6 进样量：10 μL。

7.2.7 柱温：30 ℃。

7.3 测定

7.3.1 定性

分别将大豆苷、大豆黄苷、染料木苷、大豆素、大豆黄素、染料木素的标准贮备溶液(5.8)稀释 10 倍后，按色谱条件(7.2)进行测定，依据单一标准样品的保留时间，对样品溶液中的组分进行定性，定性色谱图参见附录 A。

7.3.2 定量

将大豆异黄酮混合标准使用溶液(5.9)在色谱条件(7.2)下进行测定，绘制以峰面积为纵坐标、混合标准使用溶液浓度为横坐标的标准曲线。将 7.1.3 制备的样品溶液注入高效液相色谱仪中，保证样品溶液中大豆苷、大豆黄苷、染料木苷、大豆素、大豆黄素和染料木素的响应值均在工作曲线的线性范围内，由标准曲线查得样品溶液中大豆苷、大豆黄苷、染料木苷、大豆素、大豆黄素和染料木素的浓度。

8 结果计算

8.1 样品中大豆异黄酮各组分[大豆苷(X_1)、大豆黄苷(X_2)、染料木苷(X_3)、大豆素(X_4)、大豆黄素(X_5)和染料木素(X_6)]的含量分别按式(1)计算：

$$X_i = c_i \times \frac{V}{m} \times \frac{1\,000}{1\,000} \quad \cdots\cdots (1)$$

式中：

X_i——样品中大豆异黄酮单一组分的含量，单位为毫克每千克(mg/kg)或毫克每升(mg/L)；

c_i——根据标准曲线得出的大豆苷(或大豆黄苷、染料木苷、大豆素、大豆黄素、染料木素)的浓度，单位为毫克每升(mg/L)；

V——样品稀释液总体积的数值，单位为毫升(mL)；

m——固体、半固体样品质量的数值，单位为克(g)；液体样品体积的数值，单位为毫升(mL)。

8.2 样品中大豆异黄酮总含量，按式(2)计算：

$$X = X_1 + X_2 + X_3 + X_4 + X_5 + X_6 \quad \cdots\cdots (2)$$

式中：

X——样品中大豆异黄酮总含量，单位为毫克每千克(mg/kg)或毫克每升(mg/L)；

X_1——样品中大豆苷的含量，单位为毫克每千克(mg/kg)或毫克每升(mg/L)；

X_2——样品中大豆黄苷的含量，单位为毫克每千克(mg/kg)或毫克每升(mg/L)；

X_3——样品中染料木苷的含量，单位为毫克每千克(mg/kg)或毫克每升(mg/L)；

X_4——样品中大豆素的含量，单位为毫克每千克(mg/kg)或毫克每升(mg/L)；

X_5——样品中大豆黄素的含量，单位为毫克每千克(mg/kg)或毫克每升(mg/L)；

X_6——样品中染料木素的含量，单位为毫克每千克(mg/kg)或毫克每升(mg/L)。

计算结果应表示到小数点后一位。

9 精密度

在重复性条件下，两次独立测定结果之差不得超过算术平均值的 10%。

附　录　A
（资料性附录）
标准样品色谱图

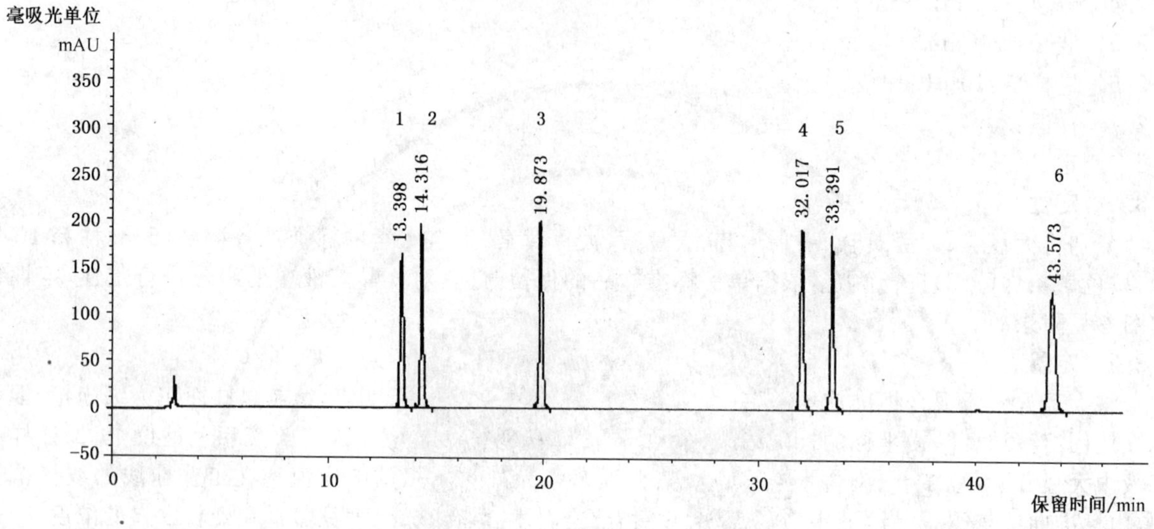

1——大豆苷(daidzin)；
2——大豆黄苷(glycitin)；
3——染料木苷(genistin)；
4——大豆素(daidzein)；
5——大豆黄素(glycitein)；
6——染料木素(genistein)。

图 A.1　大豆异黄酮标准品的 HPLC 色谱图

ICS 67.040
X 80

中华人民共和国国家标准

GB/T 23789—2009

低钠食品

Foods with low-sodium content

［CODEX STAN 53—1981(amended 1985,1983),
Codex standard for special dietary foods
with low-sodium content (including salt substitutes),NEQ］

2009-05-18 发布　　　　2009-12-01 实施

中华人民共和国国家质量监督检验检疫总局
中国国家标准化管理委员会　发布

前　言

本标准与 CODEX STAN 53—1981(amended 1985,1983)《低钠特殊膳食食品标准(包括钠盐替代物)》(英文版)的一致性程度为非等效。

本标准由全国特殊膳食标准化技术委员会提出并归口。

本标准起草单位:中国食品发酵工业研究院、北京大学第三医院运动医学研究所。

本标准主要起草人:陈岩、艾华、涂顺明、仇凯。

低 钠 食 品

1 范围

本标准规定了低钠食品的产品分类、技术要求、试验方法和标签。

本标准适用于低钠食品的生产和流通。

2 规范性引用文件

下列文件中的条款通过本标准的引用而成为本标准的条款。凡是注日期的引用文件，其随后所有的修改单(不包括勘误的内容)或修订版均不适用于本标准，然而，鼓励根据本标准达成协议的各方研究是否可使用这些文件的最新版本。凡是不注日期的引用文件，其最新版本适用于本标准。

GB/T 5009.91 食品中钾、钠的测定

GB 13432 预包装特殊膳食用食品标签通则

3 术语和定义

下列术语和定义适用于本标准。

3.1

低钠食品 foods with low-sodium content

通过减少或去除食品中的钠，使钠含量明显低于同类食品的食品。该食品适用于需要限制钠摄入量的特殊人群，例如中老年人群、高血压患者等。

4 产品分类

根据食品中钠含量的不同分为普通低钠食品和非常低钠食品。

5 技术要求

5.1 普通低钠食品钠含量的要求

加工时未添加或少添加钠盐、食品中钠含量仅为同类食品中钠含量的一半以下，且钠含量不高于120 mg/100 g的食品。

5.2 非常低钠食品钠含量的要求

加工时未添加钠盐、食品中钠含量仅为同类食品中钠含量的一半以下，并且钠含量不高于40 mg/100 g的食品。

6 试验方法

钠含量的测定应按GB/T 5009.91规定的方法测定。

7 标签

7.1 低钠食品的产品标签应符合GB 13432的规定。

7.2 标签应标示“普通低钠食品”或“非常低钠食品”。

7.3 标签中应标示钠的含量。

7.4 标签中适宜人群应标示“需要限制钠摄入量的特殊人群”。

ICS 67.040
X 82

中华人民共和国国家标准

GB/T 23790—2009

婴幼儿配方粉企业良好生产规范

Good manufacturing practice for powdered formulae for infants and young children

2009-05-18 发布

2009-12-01 实施

中华人民共和国国家质量监督检验检疫总局
中国国家标准化管理委员会
发布

前　言

本标准由全国特殊膳食标准化技术委员会提出并归口。

本标准起草单位：中国食品发酵工业研究院。

本标准主要起草人：涂顺明、陈岩、仇凯、柴秋儿。

婴幼儿配方粉企业良好生产规范

1 范围

本标准规定了婴幼儿配方粉生产企业在原材料采购，产品加工、包装及贮运等过程中，有关人员、建筑、设施、设备的设置，以及卫生、生产过程、产品品质等管理应达到的条件和要求，以确保提供安全、可靠、健康的产品。

本标准适用于婴幼儿配方粉企业。

2 规范性引用文件

下列文件中的条款通过本标准的引用而成为本标准的条款。凡是注日期的引用文件，其随后所有的修改单(不包括勘误的内容)或修订版均不适用于本标准，然而，鼓励根据本标准达成协议的各方研究是否可使用这些文件的最新版本。凡是不注日期的引用文件，其最新版本适用于本标准。

GB 2760 食品添加剂使用卫生标准

GB 5749 生活饮用水卫生标准

GB 12693 乳制品企业良好生产规范

GB 13432 预包装特殊膳食用食品标签通则

GB 14880 食品营养强化剂使用卫生标准

GB 14881 食品企业通用卫生规范

GB/T 18204.1 公共场所空气微生物检验方法 细菌总数测定

GB 19301 鲜乳卫生标准

3 术语和定义

下列术语和定义适用于本标准。

3.1

婴儿 infants

0月龄～12月龄的人。

3.2

较大婴儿 follow-up infants

6月龄～12月龄的人。

3.3

幼儿 young children

12月龄～36月龄的人。

3.4

婴幼儿配方粉 infant formula

以牛乳(或其他可食用的动物乳类)及其加工制品、大豆及其加工制品为主要原料，加入适量的维生素、矿物质和其他成分，仅用物理方法生产加工制成的粉状产品。产品包括粉状婴儿配方食品以及粉状较大婴儿和幼儿配方食品。

3.5

原材料 raw materials and packaging materials for food

婴幼儿配方粉生产过程中使用的所有原料及包装材料。原料指加工食品时使用的原始物料，包括主料、辅料、食品添加剂、食品营养强化剂、水及加工助剂等;包装材料指内包装及外包装材料。

3.6

产品 product

包括半成品、最终半成品及成品。

3.6.1

半成品 semi-finished product

任何成品生产过程中所得的产品,此产品经随后的加工过程,可制成成品。

3.6.2

最终半成品 finally semi-finished product

经过完整的加工过程但未包装标示的产品。

3.6.3

成品 end product

经过完整的加工过程并已包装标示的产品。

3.7

厂房 plant

用于食品的加工、包装、贮存等或与之相关的全部或部分建筑或设施。

3.8

清洁作业区 cleaning work area

加工时清洁度要求高的作业区域,如:湿法工艺中的最终半成品裸露贮存、充填及内包装车间和干法工艺中裸露的半成品贮存、混合、充填及内包装车间等作业场所。

3.9

准清洁作业区 quasi-cleaning work area

清洁度要求较高、且清洁度次于清洁作业区的作业区域,如原辅料预处理车间及内包装材料处理区等作业场所。

3.10

一般作业区 commonly work area

清洁度要求低于准清洁作业区的作业区域,如收乳间、原辅材料仓库、外包装车间及成品仓库等场所。

3.11

非生产作业区 non-work area

品管(检验)室、办公室、洗手消毒室、厕所等非直接生产作业的区域。

3.12

虫害 pest

会直接或间接污染食品或传染疾病的小动物或昆虫,如老鼠、蟑螂、蚊、蝇、臭虫、蚤、虱等。

3.13

清洗 cleaning

去除尘土、食品残渣、污垢、油污或其他可能污染食品的不良物质的处理作业。

3.14

消毒 disinfecting

使用符合食品卫生要求的化学药剂和(或)物理方法,使微生物控制在不影响食品品质和安全的较低水平的适当处理作业。

3.15

清洁剂 cleaning agent

直接用于清洁食品设备、器具、容器和包装材料,且不得危害食品安全及卫生的物质。

3.16

食品接触面　food contact surfaces

直接或间接与食品接触的表面，包括器具及与食品接触的设备表面。间接的食品接触面是指在正常作业情形下，由其流出的液体会与食品或食品直接接触面接触的表面。

3.17

验证　verification

证明任何程序、生产过程、设备、物料、活动或系统确实能达到预期结果的有文件证明的一系列活动。

4　原材料

4.1　原材料的采购与处理

4.1.1　对婴幼儿配方粉生产用的原材料应严格管理和控制，应符合企业制定的相关质量管理文件中的规定及相应标准(规格)的要求。外购或自产的半成品作为原料使用时，该原料的生产环境、生产过程、贮存、运输及品质控制等亦应符合相关良好生产规范的要求。

4.1.2　生产所用物料的购入、贮存、发放、使用等应制定管理制度。各种原料应按待验、合格与不合格原料分别存放，并有明确醒目的标识或等效的自动化管理措施(如自动化仓库系统控制物料的状态)。合格备用的还应按不同批次分开存放，同一库内不得贮存相互影响风味的原料。对不合格或过期原料应加注明显的标识并及时处理，实施隔离措施。

4.1.3　原料使用前应进行外观检查，必要时进行挑选，去除不符合要求的部分及外来杂物。凡内袋被虫、鼠咬坏的原料不得投入使用。规定有贮存期限的原料，过期不得使用。

4.1.4　原料的保管应避免污染及损坏，并将品质的劣化降到最低程度；对有温度、湿度及特殊要求的原料应按规定条件贮存；固体、液体原料应分开贮存；挥发性物料应注意避免污染其他物料；有毒有害物质不得与原料贮存在同一场所或仓库；一般原料的贮存场所或仓库，应地面平整，便于通风换气，有防鼠、防虫设施。

4.1.5　原料购进后对来源、规格、包装情况进行初步检查，按验收制度的规定填写入库账、卡，入库后应向质检部门申请取样检验。外包装有破损的原料应单独存放并有标示，在检验合格后方可使用。

4.1.6　选用的原材料应符合国家相关法律法规及标准的要求，进口原料应符合国家进出口食品的相关规定。

4.1.7　生产用水水质应符合 GB 5749 的规定，对于特殊规定的工艺用水，应按工艺要求进一步纯化处理。应对水质定期检验，并保存检验记录。

4.1.8　包装材料或容器，其材质应无毒无害，不受污染，符合食品卫生要求。重复使用的包装物或容器，其结构应便于清洗、消毒。要加强检验，被污染的包装材料或容器不得使用。

4.1.9　对使用的维生素和微量元素等食品营养强化剂应进行定期检验，以确保其符合原料规定的要求。食品营养强化剂的使用应符合 GB 14880 及相关产品标准的规定。

4.1.10　车间按生产需要领取原料，应根据配方正确计算、称量和投料，配方原料的计算、称量及投料须经复核，记录备查。

4.2　原材料的卫生与质量管理

4.2.1　在企业的质量管理文件中应详细制定原材料的品质要求、产品规格、验收标准、检验项目和检验方法，制定取样、计量、检验、判定、审核、处理、领用等作业程序，并严格执行。

4.2.2　应按国家规定的卫生标准或相关规定，对原料及包装材料进行检验，并签发检验结果单，合格后方可使用，进货时应要求供应商提供检验合格证或化验单；属食品新资源的原料应符合国家相关规定；原料乳应符合 GB 19301 及相关的规定。

4.2.3　原料可能含有农药、兽药、重金属或霉菌毒素残留时，应确认其残留量符合国家相关标准后方可使用。

4.2.4 原材料入厂时应建立唯一性标识,作为可追溯信息。如根据其生产日期、供应商的编号或运货车别及时间等编制批号,以便于追溯。

4.2.5 对已判定拒收的原材料应予以标示(不合格或禁用),并分别存放。

4.2.6 对判定合格并正常使用的原材料应按先进先出的原则进行管理。

4.2.7 对存放时间长,品质有可能发生变化的原材料,应定期或使用前抽样确认品质。

4.2.8 质量管理部门应定期会同有关部门对主要原材料供应商进行评估,包括卫生、生产条件、管理等方面,以确保原材料的质量和质量稳定性。

4.2.9 要检查和管理原材料的存放场所,存放条件不符合要求的场所不得使用。

4.2.10 原材料禁止含电离辐射处理的成分,产品中严禁使用非食用原料。

4.2.11 食品添加剂应由专人负责管理,设置专库或专区存放,并使用专用登记册记录添加剂的名称、进货时间、进货量和使用量等,还应注意正确的领料方法及有效期限等。食品添加剂的使用应符合GB 2760的规定。

4.2.12 原材料贮运方式应避免太阳直射、雨淋、强烈的温度、湿度变化与撞击等;不得与有毒有害物品混装、混运,防止污染食品。

5 厂区环境

应符合 GB 14881 的规定。

6 厂房及设施

6.1 设计

6.1.1 凡新建、扩建、改建的工程项目(生产厂、车间等)有关食品卫生要求均应按本标准和 GB 14881 以及相关行业规定进行设计和施工。

6.1.2 要将选址情况及其他有关材料(总平面布置图、平面图、剖面图、立面图,原材料、半成品、成品的质量和卫生标准,生产工艺流程等)报相关管理部门审查、备案。

6.1.3 厂房设计应符合相关的行业管理政策和规范。

6.1.4 厂房的各项建筑物应坚固耐用、易于维修、维持干净,其结构应能防止食品、食品接触面及内包装材料遭受污染。

6.2 区域设置与布局

6.2.1 区域设置应包括生产区域和辅助区域,生产区域包括原料接受间、原料预处理车间、加工制作车间、半成品贮存及成品包装车间等。辅助区域应包括检验室、原材料仓库、成品仓库、更衣室及洗手消毒室、厕所和其他为生产服务所设置的必需场所。

6.2.2 为了避免交叉污染,区域设置应按生产工艺流程需要及卫生要求等,有序而整齐地布局,不同洁净区之间的人员及物料出入,应有防止交叉污染的措施。

6.2.3 建筑物、设备布局与工艺流程三者应衔接合理,能满足生产工艺和质量卫生要求;厂房应有足够的空间和场所,以安置设备、物料;最终半成品的贮存间应与生产要求相适应;原料与半成品和成品应杜绝交叉污染。

6.2.4 建筑物和设备布置还应考虑生产工艺对温度、湿度和其他工艺参数的要求,防止毗邻车间、工段受到干扰。

6.2.5 婴幼儿配方粉分湿法生产和干法生产等两种不同的生产工艺,企业应按照生产工艺和卫生、质量要求,划分作业区洁净级别,原则上分为非生产作业区、一般作业区、准清洁作业区、清洁作业区。清洁作业区应安装具有过滤装置的独立的空气净化系统,并保持正压,达到净化车间(表 1)的要求。

6.2.6 各作业区净化级别应满足婴幼儿配方粉加工对空气净化的需要。清洁作业区的温度、湿度、空气洁净度应有符合生产需要的明确控制要求。企业的质量检验部门每星期均应对清洁区的空气质量进行检测，可按 GB/T 18204.1 中的自然沉降法测定，各生产作业区空气中的菌落总数应控制在表 1 规定之内：

表 1

作业区		每平皿菌落数/(CFU/皿)
清洁作业区	≤	30
准清洁作业区	≤	50

6.2.7 洁净级别不同的区域之间应有缓冲设施。应分别设置与洁净级别相适应的人员和物料通道，应有防止交叉污染的措施。

6.2.8 更衣室及洗手消毒室应与加工车间相连接，或设置在员工进入加工车间入口处附近。

6.2.9 车间入口处应设置无法跨越的消毒池或其他保洁措施(如更换工作鞋等)，以防止鞋靴对车间的污染。

6.2.10 检验室应有足够空间，以安置试验台、仪器设备等，并进行感官、理化和(或)微生物等检验工作。微生物检验场所应与其他场所有效隔离。

6.3 安全设施

6.3.1 厂房内的电源应有接地线与漏电、断电保护装置，不同电压的插座应明显标示。

6.3.2 高湿度作业场所的配电设备(设施)应能防水，插座和电源开关宜采用具防水功能的装置。

6.3.3 按照消防法规的规定，厂房内应安装火警警报系统，并配备有人员疏散指示标识。

6.3.4 在适当且明显的地点应设有急救器材和设备，这些器材应严格管理，防止污染食品。

6.4 屋顶

6.4.1 屋顶或天花板应选用不吸水、表面光滑、耐腐蚀、无毒无异味的浅色材料建造，若喷涂油漆应使用防霉、不易脱落且易于清洗的漆料，屋顶要有适当坡度，结构上要减少凝结水滴落，防止虫害和霉菌孳生，便于洗刷和消毒。

6.4.2 加工、包装、贮存场所的室内屋顶应易于清扫，防止灰尘积聚，避免结露、长霉或脱落等情形发生。清洁作业区、准清洁作业区及其他食品暴露场所(收乳间除外)的屋顶，若为易于藏污纳垢的结构，应加设平滑易于清扫的天花板；若为钢筋混凝土结构，其室内屋顶应平坦无缝隙，顶角(或拐角)处应有适当的弧度，屋顶要配有排水道。

6.4.3 蒸汽、水、电等配管不得设置于食品暴露的正上方，否则应安装防止灰尘及凝结水掉落的设施。

6.5 墙壁与门窗

6.5.1 生产车间墙壁应采用非吸收性、无毒、无异味、平滑、易清洗、不透水的浅色防腐材料构造。其墙角与柱角应有适当的弧度，曲率半径应在 3 cm 以上，以便于清洗及避免藏污纳垢。

6.5.2 生产车间和贮存场所的门、窗应装配严密，如有需要，应设有易于清洗的纱窗、纱网。清洁作业区内在作业中不得打开窗户。窗户不宜设窗台，若有窗台则应高于地面 1 m 以上，台面内侧应向下倾斜一定角度，如 45°。

6.5.3 清洁作业区、准清洁作业区的对外出入口，应装设能自动关闭的门(如安装自动感应器或闭门器等)或空气幕。

6.6 地面与排水

6.6.1 车间地面应采用无毒、无异味、不透水、易清洗消毒的材料铺设。清洁作业区原则上不设置地漏，如必须设置地漏，则只能采用能防虫、防鼠、防异味的专用洁净地漏。

6.6.2 生产中有排水或废水流至地面、须用水洗方式清洁的场所或环境经常潮湿的区域，其地面应能耐酸耐碱，可用水冲洗，并具有一定的排水坡度(如大于 1.5%)及排水系统。

6.6.3 排水系统应有坡度，保持通畅、便于清洗，排水应有适当的过滤或废弃物排除装置，排水出口处应有防止有害动物侵入的装置，排水沟的侧面和底面接合处应有一定弧度，曲率半径应大于3 cm。

6.6.4　排水系统内及下方不得有其他管路，避免交叉污染。

6.6.5　室内排水的流向应由高清洁区流向一般清洁区，并有防止废水逆流的设计。废水最终应排至废水处理系统。

6.7　供水设施

6.7.1　应能提供工厂各部用水所需的充足水量，水压、水温、水质等应符合生产需要；工厂应有合格的水质化验报告单，生产用水水质应符合GB 5749的规定。

6.7.2　贮水槽(塔、池)以及与水直接接触的供水管道、器具等应采用无毒、无异味、防腐的材料构造。管道的设计和安装应避免死角、盲管。贮罐和管道要定期清洗、消毒。

6.7.3　供水设施出入口应增设安全卫生设施，防止有害动物及其他有害物质进入导致食品污染。

6.7.4　直接与食品或食品表面接触的蒸汽不应含危害健康或污染的物质。

6.7.5　不与食品接触的非饮用水(如冷却水、废水或污水等)的管道系统与食品加工用水的管道系统之间应以不同颜色或标识明显区分，并以完全分离的管路输送，不得有逆流或相互交接现象。

6.7.6　纯化水的制备、贮存和分配应能防止微生物的孳生和污染，实施定期监控。

6.7.7　使用自备水源，应根据当地水质特点增设水质净化设施，保证水质符合GB 5749的规定。

6.7.8　自备地下水源选址应与污染源保持30 m以上距离，且应设置卫生防护带，并有专人负责。

6.8　照明设施

6.8.1　生产场所应有充足的自然采光或人工照明，车间采光系数不应低于标准Ⅳ级，质量监控检验场所工作面的混合照度不应低于540 lx(对光敏感测试区域除外)，加工场所工作面不应低于220 lx，其他场所一般不应低于110 lx。光源应不至于改变食品的颜色。

6.8.2　车间照明设施应使用安全型照明设施，以不安装在生产线上有食品暴露的正上方为原则，防止灯具破裂或掉下时污染食品。

6.8.3　生产车间的灯具，灯罩应有安全保护装置。厂房应有应急照明设施。

6.9　通风和供风设施

6.9.1　加工、包装及半成品贮存等场所应保持通风良好，必要时应安装空气调节设施，以防止室内温度和湿度过高、蒸汽凝结，并保持室内空气新鲜。清洁作业区应安装空气调节设施，通常控制室内温度在27 ℃以下，相对湿度在70%以下，并维持适当正压；一般生产车间应安装足够的通风设施，及时排除潮湿和污浊的空气。空气调节、进排气时，其空气流向应由高清洁区流向低清洁区，防止食品、生产设备及内包装材料遭受污染。

6.9.2　排气口应安装易清洗、耐腐蚀的网罩，防止有害动物侵入；进气口应距地面2 m以上，远离污染源和排气口，并设有空气过滤设备。通风排气装置应易于拆卸清洗、维修或更换。

6.9.3　在有异味及气体(蒸汽及有毒有害气体)或粉尘产生而有可能污染食品之处，应有适当的排除、收集或控制装置。

6.9.4　工厂应有足够的供风能力，以保证干燥、输送、冷却和吹扫等工序正常用风。

6.9.5　关键工序和接触产品或生产原材料表面的压缩空气应采取措施滤除油、水分、灰尘、微生物、昆虫和其他杂物。

6.10　更衣室、厕所等设施

6.10.1　工厂应配有足够的、合适的和方便的更衣室、厕所、沐浴室等设施。为车间员工提供的厕所宜设置在车间外侧适当而方便的地点，且应设洗手消毒室，使厕所与车间相隔离，应防止厕所对车间的污染。

6.10.2　更衣室、厕所等场所应明亮、洁净，厕所门窗不得直接朝向生产车间。

6.10.3　更衣室应设在车间入口处，并独立隔间，男女分设，并与洗手消毒室相邻；更衣室内更衣柜和鞋柜应按不少于操作人员的数目配备；更衣室还应备有可照全身的更衣镜，供工作人员自检用。

6.10.4 厕所的地面、墙壁、便槽等应采用不透水、易清洗、不积垢且其表面可进行清洗消毒的材料构造,厕所内应有冲水装置和有效排气(臭)装置;厕所排污管道应与车间排水管道分设,且应有可靠的防臭气水封。

6.10.5 以上设施附近应有非手动开关的洗手设施和洗手用的清洗剂、消毒剂。

6.10.6 清洁作业区的入口应设置二次更衣室,进入清洁作业区前设有手消毒设施。

6.10.7 工厂应配备洗衣房与工作服烘干消毒间或等效的第三方洗衣服务,以确保进入清洁区的工作服的洁净度,检验室定期对消毒效果进行验证。

6.11 生产区域的洗手和消毒设施

6.11.1 应在车间对外总出入口和加工场所内适当而方便的地点设置足够数量的洗手及干手设备,必要地点有消毒设施。清洁作业区及准清洁作业区对外总出入口处应设置独立的洗手消毒室。

6.11.2 洗手消毒室内应有足够数量的洗手及干手设备,并应设置鞋靴消毒池或同等功能的清洁鞋底设施或其他有效的保洁措施,应保持干燥的清洁作业场所应设置换鞋设施。

6.11.3 在洗手设施附近应备有液体清洁消毒剂及简明易懂的洗手和消毒方法标示。

6.11.4 干手设备应采用干手器或符合卫生标准的一次性干手用品。若采用干手器,应定期清洗、消毒杀菌,避免污染。

6.11.5 洗手设施的排水应安装防止逆流、有害动物侵入及臭味产生的装置,下水管线应封闭后接入排水系统,废水不得外溢。

6.11.6 洗手台应采用不锈钢或陶瓷等不透水材料构造,其设计和构造不易藏污纳垢且易于清洗消毒。

6.11.7 洗手水笼头宜采用脚踏式、肘动式或感应式等开关方式,以防止已清洗消毒过的手部再度受到污染。

6.12 防虫灭鼠的控制设施

6.12.1 整个工厂应有完善、有效的防虫、防鼠设施,防止虫、鼠进入厂房内。

6.12.2 原材料或其他物料应先经检查确认无虫、鼠污染后才能进入仓库。

6.12.3 厂房和周围的环境应保持清洁、干净以防止滋生虫、鼠。

6.13 废弃物临时存放设施

6.13.1 应在远离加工车间的适当地点,设置废弃物临时存放设施。

6.13.2 采用便于清洗或消毒的材料制作,结构应严密,防止昆虫侵入和废弃物污染周围环境。

6.14 污物处理设施

6.14.1 工厂应按照环保排放标准要求,设置三废(废水、废气和废渣)处理系统。

6.14.2 净化和排放设施不得位于生产车间主风向的上方。

6.14.3 吹入干燥塔的空气应经过净化处理达到供风要求,排出的气体应进行适当处理,以符合国家相关的排放标准。

6.15 仓库

6.15.1 应依据原料、包装材料、半成品、成品等性质的不同分设贮存场所,必要时应设有冷(冻)藏库。

6.15.2 原材料仓库及成品仓库应独立分开设置或有等效的自动化管理系统,同一仓库贮存性质不同物品时,应适当隔离(如分类分架存放)。

6.15.3 仓库构造应能防止污染,且应以无毒、坚固的材料建成,其大小应足以使作业顺畅进行并易于维持整洁,并应有防止有害动物侵入的装置(如库门口可设防鼠板或防鼠沟等有效措施)。

6.15.4 仓库应设置数量足够的栈板(物品存放架),并使储藏物品距离墙壁 20 cm 以上、地面 10 cm 以上,以利空气流通及物品的搬运。在高温和潮湿的地区,仓库还应有良好的通风设施和采取有效的隔热措施。

6.15.5 仓库应有可正确指示库内温度的温度计、温度测定器或温度自动记录仪,还应设置湿度计。

7 设备和器具

7.1 材质

7.1.1 生产车间内接触产品及原料的设备、工器具和容器，应采用无毒、无异味、抗腐蚀、不吸水、易清洗、易消毒的材料制成。

7.1.2 接触产品及原料的设备、工器具和容器材质应表面光滑、无凹坑、无裂缝、不易积垢，不得使用竹、木材质的器具和容器。

7.2 设计和安装

7.2.1 所有生产车间的设备、工器具的结构，固定设备的安装位置都应有利于保证食品卫生，便于彻底清洗、消毒，并容易检查。

7.2.2 用于盛非食用性材料和废弃物的容器应该由不易渗漏的金属材料或其他不易受到影响的材料制成，这些材料应易于清洗、使用并能够安全关闭。

7.2.3 直接接触生产原材料的易损设备，如玻璃温度计等，应有安全护套。

7.2.4 湿法工艺中清洁消毒设备和物料输送管路宜采用就地清洗(CIP)系统。

7.2.5 安装应符合工艺卫生要求，与屋顶(天花板)、墙壁等应有足够的距离，设备宜采用脚架固定，与地面保持一定距离。传动部分应有防水、防尘罩，以便于清洗和消毒。

7.3 生产设备

7.3.1 设备设置应根据工艺要求，布局合理。上、下工序衔接要紧凑，排列应有序，使生产作业顺畅进行并避免引起交叉污染，而各个设备的能力应能相互配合。

7.3.2 测定、控制或记录的各种仪器仪表应保持准确，并定期校正；用于食品、清洁食品接触面或设备的压缩空气、惰性气体或其他气体应进行过滤净化处理，以防止造成间接污染。

7.3.3 就地清洗(CIP)装备系统应包括清洗液贮罐、喷洗头、清洗液输送泵及管路管件、过滤装置、过程控制装置等。清洗回液管路应安装单向止回阀。

7.3.4 生产设备应有明显的状态标识，并定期维修、保养和验证。设备安装、维修、保养的操作不得影响产品的质量。维修后的设备应进行验证或确认，确保各项性能满足工艺要求。不合格的设备应搬出生产区，未搬出前应有明显标识。

7.3.5 生产婴幼儿配方粉分湿法和干法两种不同的生产工艺，湿法生产其必备的主要生产设备有：储奶设备、净乳机(或过滤装置)、配料设备、高压均质机、杀菌设备、浓缩设备、高压泵、喷雾干燥设备、空气净化系统、包装设备、清洗设备、制冷设备等；干法生产必备的主要生产设备有：原料、半成品和成品计量设备、封闭式混料混合设备、包装物杀菌设备或设施(如紫外杀菌或其他杀菌)、包装设备、空气净化系统等。

7.4 品质管理设备和仪器

7.4.1 婴幼儿配方粉生产企业应依原材料、半成品及成品检验的应配置适当的检验仪器、设备。

7.4.2 产品出厂检验必备的主要仪器装置有：分析天平、干燥箱、离心机、杂质度过滤机、不溶度指数搅拌器、蛋白质测定装置、灭菌装置、生化培养箱、分光光度计、显微镜、无菌室或超净工作台、高温灰化炉、阪崎肠杆菌测定装置等。

7.4.3 工厂应有足够的检验设备供例行的质量检验和原料、半成品及成品的卫生质量检验所需。必要时可委托具权威性的研究和检验机构代为检验工厂无法检测的项目。

7.4.4 用于生产和检验的仪器、仪表、量具、衡器等，其适用范围和精密度应符合生产和检验要求，有明显的合格标识，并定期校验。

7.4.5 生产、检验设备均应有使用、维修、保养记录，并由专人管理；仪器和控制器不能调整到参考标准时，应进行修理和更换。

7.4.6 对有特殊要求的仪器、仪表，应安放在专门的仪器室内，并有防止静电、震动、潮湿或其他外界因素影响的设施。

8 卫生管理

8.1 卫生制度的制定和执行

8.1.1 各厂应制定严格的卫生管理制度和标准，作为本企业卫生管理与考评的依据，其内容应包括本章各条的规定。

8.1.2 工厂卫生管理应落实到人，实行岗位责任制，每天有专人检查，对未能履行卫生职责的人员，应依据卫生管理岗位责任制进行处理。

8.1.3 工厂应制定卫生检查计划，规定检查时间和项目，确实执行并对检查结果完整记录并存档。

8.2 (厂区)环境卫生管理

应符合 GB 12693 的相关规定。

8.3 厂房设施和生产设备的卫生管理

8.3.1 设施和设备的维护管理

8.3.1.1 应建立厂房设施、设备和器具的维修保养制度，并按规定定期对其进行维护与保养或检修，使其保持良好的卫生状况。

8.3.1.2 厂房内各种设施应随时保持清洁及良好维修，厂房屋顶、天花板及墙壁有破损时，应立即修补，地面及排水设施不得有破损或积水。

8.3.1.3 设备档案、台账应齐全。

8.3.1.4 设备维护保养完好，其性能与精度符合生产规程要求。

8.3.1.5 设备维修计划，维修记录齐全。

8.3.2 设施和设备的清洗和消毒

8.3.2.1 用于加工、包装、贮运等的所有设备和工器具、生产用管道应根据工艺要求定期清理或消毒；生产用管道等清洗消毒宜采用 CIP 方法；接触干物料的表面使用后应采用干法清扫(必要时采用湿法清洗)。

8.3.2.2 所有食品接触面，包括器具及设备与食品接触的表面，应采用适当方法及时予以消毒。

8.3.2.3 不宜采用金属材料的钢丝绒用于清洗设备和器具。

8.3.2.4 在 CIP 清洗时，对喷嘴应进行周期性的检查，以确保洗涤剂或消毒剂喷洒均匀。所有的过滤器都要进行周期性的检查确保有效过滤。

8.3.2.5 已清洗和消毒过的可移动设备和器具，应放置在能防止其食品接触面再受污染的适当场所，并保持适用状态。

8.3.2.6 进入干燥塔进行清洗或维护的工作人员应着特殊的工作服、穿合适的鞋套，同时进行必要的防护措施。

8.3.2.7 应采取预警措施防止洗涤剂和消毒剂污染食品。使用的洗涤剂和消毒剂应符合食品卫生法规，其残留不污染食品。

8.3.2.8 应定期对地面、排水沟、灯具、辅助设备及生产作业区域的墙壁进行充分的清洗。

8.3.2.9 原料接收和预处理车间、加工车间、厕所等(包括地面、水沟、墙壁等)，每天开工前及下班后应及时清洗，必要时应进行消毒。

8.3.2.10 生产结束后，根据工艺要求对使用过的设备及用具等应进行彻底的清洁或消毒。

8.3.2.11 生产设备及用具的清洗用水应符合 GB 5749 的规定。

8.3.2.12 所有生产车间应制定清洗(或清洁)和消毒的周期表，保证所有区域都能得以清洁，对重要区域、设备和器具应进行特殊的清洁；应保证清洁人员的数量并根据需要明确每个人的责任；所有的清洁人员应接受良好的培训，清楚污染的危害性和防止污染的重要性；应对清洗和消毒做好记录。

8.3.3 **废弃物及有害物的存放和处理**

8.3.3.1 有毒有害、易燃、危险的固体、液体的废弃物，应设置专门区域用专门的容器分类存放，存放的容器应有明确的标识；盛装废弃物的容器不得与盛装产品与原料的容器混用。

8.3.3.2 对有毒有害、易燃、危险的固体、液体的废弃物的处置，应按国家相关环保要求进行处理。

8.3.3.3 废弃物放置场所不得有不良气味或有害(毒)气体溢出，应避免其污染食品和饮用水，防止虫害侵入，并及时将废弃物清除出生产场所及其他区域。

8.3.3.4 杀虫剂或其他具有健康危险的物质应标明其毒性及使用方法，应将其锁在柜子里，由经过专门训练的人员管理；使用前应取得管理人员的同意，并填写领用记录，经双方复核确认。

8.3.3.5 加工作业场所严禁存放有毒、有害物品。

8.3.4 **虫害控制**

8.3.4.1 应制定有效的控制虫害的计划，应定期检查厂房及其周围环境虫害存在的迹象。

8.3.4.2 如果生产厂区发现虫害，应及时采取措施加以控制；控制措施包括使用物理、化学或生物试剂处理，由专业人员负责管理，这些措施应符合国家相关规定。

8.3.4.3 使用杀虫剂前，在生产车间应对食品、设备及器具等采取合适的保护措施，使用后可能被杀虫剂污染的设备及器具应及时进行彻底清洗和消毒、消除污染。

8.3.5 **辅助设施卫生管理**

供水站、锅炉房等辅助设施的卫生管理应符合 GB 12693 的规定。

8.4 **人员的卫生管理**

8.4.1 **卫生培训**

应对新参加工作及临时参加工作的人员进行卫生知识培训，取得培训合格证书后方可上岗工作。在职员工应定期(至少每年一次)进行个人卫生及食品加工卫生等方面的培训。

8.4.2 **健康检查**

8.4.2.1 生产人员应有健康档案。全体工作人员(包括临时工)在聘用前应进行健康检查，之后每年至少进行一次体格检查，没有取得卫生监督机构颁发的体检合格证者，一律不得从事婴幼儿配方粉的生产工作。

8.4.2.2 对直接接触婴幼儿配方粉的人员还应进行粪便培养和病毒性肝炎带毒试验。

凡体检确认患有：

a) 肝炎(病毒性肝炎和带毒者)；

b) 活动性肺结核；

c) 肠伤寒和肠伤寒带菌者；

d) 细菌性痢疾和痢疾带菌者；

e) 化脓性或渗出性脱屑性皮肤病；

及其他有碍食品卫生的疾病或疾患的人员均不得从事婴幼儿配方粉生产工作。

8.4.2.3 进入清洁作业区的人员应进行定期或不定期的体表微生物检查。

8.4.3 **疾病通报**

当发现与产品接触的工作人员已经患有或怀疑携带某种疾病，此疾病很可能通过产品进行传播，导致致病微生物直接或间接地污染产品时，应将此情况上报给企业管理部门，采取有效措施，防止产品污染。

8.4.4 **受伤**

有皮肤切口或伤口的工作人员不得进行食品处理或接触食品和原料，伤口经过治疗包扎并可确保食品安全(如戴上防护手套)后，方可参加不直接接触食品的工作。

8.4.5 **洗手**

婴幼儿配方粉加工人员在上岗前应洗手消毒，操作期间要勤洗手。有下述情况之一时，应洗手消毒;上厕所以后;处理被污染的原料、物品之后;从事与生产无关的其他活动之后。

8.4.6 个人清洁卫生

8.4.6.1 婴幼儿配方粉加工人员应保持良好的个人卫生,应勤理发、勤剪指甲、勤洗澡、勤换衣。

8.4.6.2 工作人员进入生产车间前,应穿戴好整洁的工作服、工作帽、工作鞋靴。工作服应盖住外衣,头发不得露出帽外,必要时应戴口罩。

8.4.6.3 清洁作业区的员工应穿着符合该区域卫生要求的工衣(或一次性工衣),并配备帽子、口罩和工作鞋。准清洁作业区、一般作业区的员工应穿着符合相应区域卫生要求的工衣,并配备帽子和工作鞋。指定区域使用的工衣和工作鞋不能在指定区域以外的地方穿着。

8.4.6.4 与加工食品直接接触的生产工作人员不得穿生产作业区的工作服、工作鞋靴进入厕所或离开相应的生产加工场所。

8.4.6.5 与加工食品直接接触的生产工作人员,不得涂指甲油,不得配戴手表及饰物,不得使用香水和化妆品。

8.4.7 个人行为

食品生产过程中,不能出现任何可能导致食品污染的行为,如吃东西、吸烟、咀嚼(如口香糖、棒棒糖等)或不卫生的行为(如吐痰等)。

8.4.8 手套

在加工作业中,操作人员戴的手套应干净、卫生,并符合相应的操作要求。

8.4.9 来访者

与生产无关人员不得进入生产车间。如有必要参观及来访者应符合现场操作人员卫生要求才能进入生产车间。

8.4.10 监督管理

为确保符合8.4.1~8.4.9中的规定,应安排专业管理人员负责。

9 生产过程管理

9.1 生产操作规程的制定与执行

9.1.1 工厂应制定《生产操作规程》(以下简称《规程》),由生产部门负责,同时应征得品质(质量)管理部门及相关部门或组织的认可。生产操作规程一般由如下几部分组成:

——生产工艺规程。内容包括:产品品名;生产工艺的操作要求;贮存注意事项;成品容器、包装材料的要求等;加工过程的主要技术条件及关键工序的质量和卫生监控点,例如,温度、压力、时间、pH值、中间产品的质量指标、微生物控制指标等。

——岗位操作规程,即对各生产主要工序规定具体操作要求,明确各车间、工序和个人的岗位职责。内容包括:生产操作方法和要点,重点操作的复核、复查,半成品、成品的质量标准及控制,安全和劳动保护,设备维修、清洗,异常情况处理和报告,工艺卫生和环境卫生等。

9.1.2 《规程》中应详细制定规范的生产操作程序、生产过程管理点控制方法与标准(至少应包括生产工艺流程、控制点或控制对象、控制项目、控制标准或控制目标、控制措施及注意事项),以及机械设备操作与维护标准。

9.1.3 各生产车间的生产技术和管理人员,应按照生产过程中各关键工序控制项目及检查要求,进行管理和检查。

9.2 原材料处理

应符合4.1的规定。

9.3 加工操作管理

9.3.1 加工操作步骤应符合安全卫生原则,并在尽可能降低微生物的生长及食品污染的控制条件下进行。控制措施包括时间、温度、水分、pH值、压力、流速等工艺条件的科学制定和执行。湿法工艺严格控制原材料验收、配料、均质、杀菌、浓缩、喷雾干燥、包装等操作过程，以确保不致因机械故障、时间延滞、温度变化及其他因素使产品腐败或遭受污染；干法工艺严格控制原材料验收、拆包装的清洁、称量、杀菌、混合、包装等操作过程。

9.3.2 对于输送或装载食品的设备和容器的使用与维护，应避免其对加工或贮存的食品造成污染。与原料或污染物接触过的设备和容器，应彻底清洗和消毒，否则不可用于处理食品成品。所有盛放加工中食品的容器不可直接放在地面，以防溅水污染或由容器底和外壁污染所引起的间接污染。

9.3.3 加工中与食品直接接触的冰块，其用水应符合 GB 5749 的规定，并在卫生条件下制成。

9.3.4 应采取有效措施(如筛网、捕集器、磁铁、电子金属检查器等)防止尘埃的产生和扩散，并防止金属或其他外来杂物混入产品中。

9.3.5 湿法工艺杀菌处理时，应严格控制杀菌温度和杀菌时间，必要时应对杀菌或灭菌装置内温度的均一性、可重复性等定期做可靠性验证，对温度、压力等检测仪器定期校验，在杀菌操作中应准确记录温度、压力及必要的关键参数。同时定期清洗该设备，防止耐热性细菌的生长与污染，使其污染降至最低程度。加工中冷却水如果与产品接触，应符合 GB 5749 或相关工艺用水的规定。

9.3.6 内包装材料应是在正常贮运、销售中能适当保护产品，防止有害物质移入产品，并符合卫生标准，一般使用过的不得再用。应选购与产品接触面干净、未遭受污染的内包装材料，且在贮运中应避免其再受污染，使用前应有有效控制方法。

9.3.7 在生产过程中不得进行电焊、切割、打磨等工作，以免产生异味或碎屑污染。

9.3.8 产品配料前应检查容器和管道是否清洗干净、符合工艺所要求的标准，每一班次都应做好设备和器具清洁、消毒记录。

9.3.9 生产操作应衔接合理，传递快捷、方便，防止交叉污染。应将原料处理、中间产品加工、包装材料和容器的清洁、消毒、成品包装和检验等工序分开设置。

9.3.10 原辅料进入生产区，应经过物料通道进入。凡进入清洁作业区、车间的物料应除去外包装，若外包装脱不掉则要擦洗干净或换成室内包装桶。

9.3.11 干法工艺生产中裸露的原料粉及半成品或湿法工艺生产中裸露的最终半成品应保持在清洁作业区内。

9.3.12 调配、混合步骤严格按照操作要求进行，并准确控制时间。最终半成品干混合搅拌设备设置和操作参数变化时，应进行混合均匀度试验，并编写试验报告。

9.3.13 对食品添加剂(营养强化剂等)的称量与投料应建立重复核对制度，严格操作并进行记录，对有粉尘产生的作业场所应采取局部排气等措施。

9.3.14 保证充氮包装及封口等操作正确完整，应经常检查其包装良好和充填的准确性。

9.3.15 终产品应加工处理至标准规定的水分含量之内；使用防水包装或其他方法，防止成品吸收水分，使水分含量符合控制标准的要求。

10 质量管理

10.1 质量管理制度

10.1.1 企业应制定专用的质量管理文件，由质量管理部门负责，经生产部门认可后严格遵照执行，以确保生产的婴幼儿配方粉符合质量管理文件的规定。实际作业如与质量管理文件规定不符，应加以记录并做适当处理。

质量管理文件应包括 10.2～10.5 的规定及下列内容：

a) 原材料、半成品及成品的采样方法；

b) 采样场所注意事项；

c) 检验计划实施过程中的有关事项；

d) 检验结果的判定；

e) 质量管理部门根据判定结果，对生产部门、仓管部门通报的有关事项；

f) 样品的贮存；

g) 检验设备点检有关事项；

h) 保存实验检验方法、样品的有关事项；

i) 有必要重新化验时取样的有关事项。

以上管理制度应切实可行、便于操作和检查。

10.1.2 卫生和质量检验室应具备与生产规模、品种、检验要求相适应的场所、仪器、设备，并定期鉴定，使其经常处于良好状态，以保证检验数据的准确。并有健全的检验制度和检验方法，原始记录应齐全，并应妥善保存，以备核查。

10.1.3 由工厂相关部门制定的标准、采样计划、检验规程或本章所规定的检验管理措施及其相关内容有任何变更时，均应经相关职能部门审查后方可执行，品质管理的实际检测值如与上述规定有所偏差时，应加以记录并进行合理判断。

10.1.4 样品检验方法若采用修改过的简便方法，则应定期与标准方法核对。

10.1.5 计量管理：

a) 计量器具和设备应设专人管理。有条件的单位可设立计量室，负责计量器具和设备的管理，包括日常校准、保养维修、登记等工作。

b) 生产中重要的计量器（如温度计、压力计、称量器等）应制定年度校正计划，定期校正并做记录。与婴幼儿配方粉的安全卫生有密切关系的加热杀菌设备所安装的温度计与压力计应至少每年委托国家认可的计量部门校正1次，并做检修记录。

10.1.6 应定期对生产和质量进行全面检查，对检查中发现的问题进行调整；质量管理记录应以适当的统计方法处理，以提供正确的判断依据。

10.1.7 对不合格品的管理制度，有不合格品的控制程序，包括不合格品的鉴别、文件记录、评审、隔离、处理文件等。

10.1.8 对 GMP 有关管理措施，企业应建立有效的内部监督检查制度，严格执行并做记录。

10.2 原材料的质量管理

应符合 4.2 的规定。

10.3 加工过程的质量管理

10.3.1 婴幼儿配方粉生产企业宜采用危害分析与关键控制点（HACCP）方法管理，对影响产品质量的关键工序或关键点在工艺流程图中明确标出，并制定控制标准与控制措施以及一旦偏离控制标准时应采取的纠正措施。质量管理文件中应详细制定控制点的检验项目、检验标准、抽样及检验方法等，在关键工序或关键工段的工人应严格操作，认真记录。至少要监控以下几个环节，并做好记录：

a) 投料的名称与重量（或体积）；

b) 工艺流程中的温度、压力、时间、pH 等技术参数；

c) 中间产品的内控指标；

d) 成品的质量指标；

e) 直接接触产品的内包装材料的卫生状况。

10.3.2 严格执行生产操作规程，其配方及工艺条件非经核准不得随意更改。如需更改，应按制定的程序办理修订、审批手续。

10.3.3 各工序应连续生产，防止原料和半成品积压变质而导致致病菌腐败菌的繁殖；因设备或其他原因中断生产时，应严格检查该批产品，如不符合标准按不合格产品处理。

10.3.4 为掌握生产全过程的质量及方便产品追溯，工厂应在生产过程中的关键控制点抽检半成品，督查记录情况，制作品质记录表及生产记录表等管理报表。

10.3.5 应具备对生产环境进行监测的能力，并定期对关键工艺环境的温度、湿度、空气净化度等指标进行监测。

10.3.6 对质量管理过程中发现的异常情况，应迅速查明原因做好记录，并加以纠正。

10.4 包装的质量管理

10.4.1 包装材料

所有包装材料的存放环境应清洁、卫生；包装材料应符合国家相关食品包装卫生要求；包装材料应安全可靠，不易破裂；应采用适当的封口技术进行包装封口；内包装材料应定期由供应商提供安全卫生的检验报告，当改变供应商或规格时，应重新由供应商提供检验报告。

10.4.2 包装检查

包装材料的使用不应污染产品，使用前应进行检测确保包装材料的安全可靠。

10.4.3 包装过程

应在清洁作业区进行产品包装，防止污染。

10.4.4 标志

对每一包装容器，应能清晰地识别生产厂家和生产批号。同一个批号表明产品在同一生产条件下生产，在同一时间段来自同一生产线或生产单元。

10.5 成品的质量管理

10.5.1 在质量管理文件中应详细制定成品的质量标准要求、检验项目、检验标准、抽样及检验方法。质量标准的下限不得低于国家标准，检验方法原则上应以国家标准方法为准，如用非国家标准方法时应定期与国家标准方法核对。

10.5.2 工厂应逐批抽取代表性成品样品，包括每天包装后的第一个成品及其他抽样成品，按国家相关法规和标准的规定进行检验。

10.5.3 对各项分析结果应填写《成品质量检验记录表》，结合生产记录来判定成品是否合格，同时作为核准出库的依据。

10.5.4 成品包装完毕，按批次入库、贮存，成品入库后应注意仓库贮存条件的管理与记录。

10.5.5 成品出库检查：检查生产日期及保质期、对外观品质再做检查、禁止运输过程中无法维持成品品质的车辆出货等。

10.5.6 成品的稳定性要求：成品应做保存检验：每批成品应留样保存，并将抽取代表性样品贮存于该类产品的正常保存条件下至保质期满后两个月为止，以供必要的产品品质检验及产生质量纠纷时之用。

10.6 产品贮存与运输的管理

10.6.1 产品贮运方式及环境应避免太阳直射、雨淋、激烈的温度、湿度变动与强烈的撞击等，轻拿轻放，以防止损伤成品外形，使成品的成分含量、品质受到不良影响。

10.6.2 检查和管理产品库房存放条件，不符合存放条件的库房不得使用。仓库应地面平整，便于通风换气，要有防鼠、防虫等设施，定期清扫、消毒，保持卫生，并经常整理。

10.6.3 产品贮存时，不得直接放置在地面上，应离地、离墙并与屋顶保持一定距离，垛与垛之间也应有适当间隔，便于通风。要留出通道，便于人员、车辆通行，要设有湿度、温度监测装置，定期检查和记录。

10.6.4 仓库中的产品应定期检查，如有异常应及时处理，并应有温度和湿度记录。对包装破损或经长时间贮存品质可能有较大劣化的产品，应重新检验，确保其品质处于良好状态。

10.6.5 仓库应有收、发货检查制度。经质量部门判定合格后，产品出厂应执行“先产先销”的原则。

10.6.6 有造成污染原料、半成品或成品的可能的物品禁止与原料、半成品一起贮运。不得与有毒有害物品混装、混运，作业终了，搬运人员应撤离工作场地，防止污染食品。

10.6.7 运输工具(包括车厢、船仓和各种容器等)应符合无污染、无虫害、无异味等卫生要求。要根据产品特点配备防雨、防尘、冷藏、保温贮存设施。各种运输车辆一律严禁进入成品库内。

10.6.8 检验合格的成品应贮存于成品库，且应按品种、批次分类存放，并有明显标识或等效的自动管理系统来区分，防止相互混杂。成品库严禁贮存有毒有害、易腐、易燃以及可能引起串味的物品。

10.6.9　不合格产品应单独隔离存放，并有明显标识或等效的自动管理系统进行控制，以防止混杂。

10.6.10　仓储的原料和产品等应有存量记录，成品出库应有出货记录，内容至少包括批号、出货时间、地点、对象、数量等，以便发现问题及时回收。

10.7　记录管理

10.7.1　记录

10.7.1.1　工厂应任命专职的卫生管理负责人，卫生管理负责人除记录定期检查结果外，还应填报卫生管理日志，内容包括当日执行的清洗消毒工作及人员卫生状况，并详细记录异常处理及防止再度发生的措施等。

10.7.1.2　质量(品质)管理部门应详细记录原料、加工及成品中品质管理的结果，并与确定的目标值进行比较和核对，还应记录异常处理及防止再度发生的措施。

10.7.1.3　生产部门应填报生产记录及生产管理记录，详细记录异常处理结果及防止再度发生的措施。

10.7.1.4　批生产记录应字迹清晰、内容真实、数据完整，并由操作人及复核人签名。批生产记录应按批号归档，保存至产品保质期后1个月以上(不少于两年)。

10.7.1.5　产品应有批包装记录。批包装记录的内容应包括：

a)　待包装产品的名称、批号、规格；

b)　待包装产品和包装材料的领取数量及发放人、领用人、核对人签名；

c)　已包装产品的数量；

d)　本次包装清场记录；

e)　本次包装操作完成后的检验核对结果、核对人签名；

f)　生产操作负责人签名。

10.7.1.6　每批产品的每一生产阶段完成后应由生产操作人员清场，填写清场记录。清场记录内容包括：工序、品名、生产批号、清场日期、检查项目及结果、清场负责人及复查人签名。清场记录应纳入批生产记录。

10.7.1.7　每一位生产商都须登记和保持销售记录，并保留所有关于婴幼儿配方粉的投诉记录。

10.7.1.8　上述各项记录均应由执行人员和有关督导人员复核签名或签章，记录应保持整洁，不得撕毁和任意涂改；更改时，在更改处签名或签章，并使原数据仍可辨认。

10.7.2　记录核对

所有生产和品质管理记录应分别由生产和品质管理部门审核，以确定所有处理均符合规定，如发现异常现象，应立即处理。

10.7.3　记录保存

工厂对本规范所规定的有关记录，至少应保存至该批产品保质期后1个月；销售记录应保存至保质期后一年。

10.8　文件管理

10.8.1　婴幼儿配方粉生产企业应建立文件的起草、修订、审查、批准、撤销、印制及保管的管理制度。分发、使用的文件应为批准的现行文本。已撤销和过时的文件除留档备查外，不得在工作现场出现。

10.8.2　制定生产管理文件和质量管理文件的要求：

a)　文件的标题应能清楚地说明文件的性质；

b)　各类文件应有便于识别其文本、类别的系统编码和日期；

c)　文件使用的语言应确切、易懂；

d)　填写数据时应有足够的空格；

e)　文件制定、审查和批准的责任应明确，并有责任人签名。

10.8.3　产品质量管理文件主要有：

a)　产品的申请和审批文件；

b) 物料、中间产品和成品质量标准及其检验操作规程；

c) 产品质量稳定性考察；

d) 批检验记录。

10.8.4 应建立完整的质量管理档案，设有档案柜和档案管理人员，各种记录分类归档，保存2年～3年备查。

11 产品追溯及召回

11.1 工厂应建立产品追溯制度，确保整个产品追溯及回收体系的有效性。产品售后管理应指定专门机构或人员负责，每批成品均应有销售记录。根据销售记录能追查每批产品的售出情况，必要时应能及时全部收回。销售记录内容应包括：品名、型号、批号、规格、数量、收货单位和地址、发货日期等。

11.2 工厂应建立客户投诉处理与单件产品快速收回的成品收回机制，内容包括收回判定、收回产品的鉴定、收回产品的处理、防止不合格再度发生的措施等。对顾客提出的书面或口头意见、投诉，企业相关管理部门应立即追查原因，妥善处理。顾客意见（包括书面或口头意见和投诉）及收回的产品，应做记录备查，内容包括收回产品名称、批号及生产日期、数量和收回日期、收回理由、处理日期和最终处理方法等。该记录应定期统计和分析，并分送相关部门参考和改进。记录应保存至少三年。

11.3 工厂应建立产品召回制度。当发现某一批次或类别的产品含有或可能含有对消费者健康造成危害的因素时，应立即按照国家相关规定启动产品召回，并及时向相关部门通告召回进程。产品召回应据实记录，记录内容应包括产品召回的批次、数量、比例、原因、结果等。召回记录应保存至少三年。

12 标签和标识

产品标签和标识应符合GB 13432、婴幼儿配方粉国家标准及国家其他有关法规的规定。

ICS 03.120.10
A 00

GB

中华人民共和国国家标准

GB/T 23791—2009

企业质量信用等级划分通则

General rules of grading enterprise quality credit

2009-05-06 发布　　　　2009-11-01 实施

中华人民共和国国家质量监督检验检疫总局
中国国家标准化管理委员会　发布

前　言

本标准由中国标准化研究院提出并归口。

本标准起草单位：中国标准化研究院、中检华纳质量技术中心、国资委（全国）商业信用中心。

本标准主要起草人员：叶如意、咸奎桐、戴莹、尹建军、周莉、赵晓天、高观、林钧跃、吕艳、蒋家东。

企业质量信用等级划分通则

1 范围

本标准规定了企业质量信用等级的划分要求和依据。

本标准适用于企业质量信用等级的分类和评价。

2 规范性引用文件

下列文件中的条款通过本标准的引用而成为本标准的条款。凡是注日期的引用文件，其随后所有的修改单(不包括勘误的内容)或修订版均不适用于本标准，然而，鼓励根据本标准达成协议的各方研究是否可使用这些文件的最新版本。凡是不注日期的引用文件，其最新版本适用于本标准。

GB/T 19000 质量管理体系 基础和术语(GB/T 19000—2008，ISO 9000:2005，IDT)

GB/T 22116—2008 企业信用等级表示方法

GB/T 22117 信用 基本术语

3 术语和定义

GB/T 22117 和 GB/T 19000 确立的以及下列术语和定义适用于本标准。

3.1

质量信用 quality credit

取得并保持对其质量信任的能力。

注：这种能力由企业在遵守质量相关法律法规、执行标准以及兑现质量承诺(或履行质量约定)的基础上，提供产品在生命周期内满足顾客的需求或期望来实现。

3.2

质量信用风险 quality credit risk

因质量信用问题导致顾客潜在损失的可能性。

注：因违反质量相关法律法规、未执行标准、没有兑现质量承诺(或履行质量约定)，或提供的产品未能满足顾客的需求或期望，导致顾客潜在损失的可能性。

3.3

质量信用等级 quality credit grade

反映质量信用风险的程度。

4 总则

4.1 企业质量信用等级分类及表示

企业质量信用等级依据质量信用程度，按照 GB/T 22116—2008 中 4.1 的规定，从高到低分为 A、B、C、D 四等，每等可进一步细分为级。在同一等中的每级差别，用字母的数量来区分，最多使用三个。字母数量越多，表示质量信用程度越高(质量信用风险越低)。例如 A 等可细分为 AAA 级、AA 级和 A 级。

4.2 企业质量信用等级划分时考虑的方面

4.2.1 企业质量信用等级的划分应依据一定时期内企业在质量信用方面的主观愿望、产品质量保障能力及其表现结果等来确定。

注：“一定时期”所表示的具体时间，根据企业所在的行业特点和产品寿命周期的长短、相关法律法规的要求确定。

4.2.2 企业质量信用等级细分时，除依据上述因素外还应遵循以下原则：

a) 在该等级基本要求的基础上，逐次增强某些要求的程度，但级差宜均衡；

b) 在该等级基本要求的基础上，增加其他的相关要求。在对企业质量信用A等进行细分时，宜考虑企业的技术进步、创新和发展的因素。

5 A等企业质量信用划分要求

质量信用A等企业应在一定时期内质量信用风险很小，具有维持高水平质量信用的主观意愿、产品质量保障能力，在一定时期内无质量信用不良行为记录，并满足下列要求：

a) 遵守质量相关法律法规，满足法定资质、行政许可、强制性标准和强制性认证等方面要求。一定时期内：

——无产品质量监督检查不合格记录；

——无质量违法、违规记录；

——无生产经营假冒伪劣产品行为记录；

——无质量虚假宣传行为记录；

——无违背质量承诺的行为记录。

b) 重视质量信用的管理工作，将提高质量信用水平纳入其管理理念和目标中，能够通过质量信用的有效管理实现质量信用水平的持续改进。

c) 按照标准或合同要求提供产品，质量稳定、信誉高，近期无因质量问题导致的索赔和退货，一定时期内无质量事故。

注1："近期"表示的具体时间可根据产品和行业特点、相关法律法规来确定。

注2：质量事故指由产品质量问题导致的包括人身伤害、财产损失、不良社会影响等在内的意外事件。根据造成损失大小或危害程度不同，质量事故可分为一般质量事故和重大质量事故。

d) 质量管理体系健全，能够跟踪、监测产品的质量状况；重视质量信用保障能力建设，人力、财力、设备设施等资源充分；技术先进且成熟度高；具有较强的质量风险控制和应急能力，必要时能够提供产品质量担保；能够及时处理顾客投诉。

e) 积极承担社会责任，在金融、税务、商务和环保等方面无不良信用记录；关注顾客价值，顾客满意度处于行业领先水平。

6 B等企业质量信用划分要求

质量信用B等企业应在一定时期内质量信用风险较小，具有维持其质量信用水平的主观意愿、产品质量保障能力，近期无质量信用不良行为记录，并满足下列要求：

a) 遵守质量相关法律法规，满足法定资质、行政许可、强制性标准和强制性认证等方面要求。近期：

——无产品质量监督检查不合格记录；

——无质量违法、违规记录；

——无生产经营假冒伪劣产品行为记录；

——无质量虚假宣传行为记录；

——无违背质量承诺的行为记录。

b) 重视质量信用的管理，具有能够兑现其质量信用承诺的能力。

c) 按照标准或合同要求提供产品，质量稳定，近期内无质量事故。

d) 质量管理体系较健全；重视质量信用保障能力建设，人力、财力、设备设施等资源较充分；技术成熟度较高；具有一定的质量风险控制和应急能力；能够及时处理顾客投诉，解决因质量问题导致的索赔和退货。

e) 能够承担相应的社会责任，在金融、税务、商务和环保等方面无不良信用记录；顾客满意度不低于行业的平均水平。

7 C等企业质量信用划分依据

质量信用C等企业是在一定时期内质量信用风险较大，维持其质量信用水平的主观意愿不强、产品质量不稳定、保障能力较低，在近期内存在质量信用相关不良行为记录，但未出现严重质量失信事件，也未因质量失信行为造成重大人身危害、经济损失或社会不良影响。

当企业发生下列行为之一时，可划分为质量信用C等企业：

a) 实行行政许可管理的企业、实施强制性标准和强制性认证的产品，未满足行政许可、强制标准或强制认证的要求，但在规定的期限内通过整改达到要求。

b) 近期内存在质量违法、违规记录，但未造成重大人身危害或经济损失。

c) 产品质量不稳定，产品质量低于企业明示或承诺标准。在近期内存在产品质量监督抽查或监督检查不合格记录。

d) 在产品质量上存在虚假宣传行为，但未造成重大人身危害或经济损失。

e) 未能及时解决因企业责任而引起的质量投诉，索赔和退货，发生过因质量问题而导致的一般事故。

8 D等企业质量信用划分依据

质量信用D等企业是在一定时期内质量信用风险很大，企业违法生产经营，且给社会和(或)顾客造成重大人身危害、经济损失或社会不良影响。

当企业发生下列行为之一时，可划分为质量信用D等企业：

a) 企业法定资质失效。实行行政许可管理的企业、实施强制性认证的产品，未满足行政许可或强制认证的要求，且在规定的整改期限内仍未达到要求。

b) 有严重质量违法、违规行为，且被吊销行政许可、吊销营业执照或移送司法机关。

c) 产品无标准生产，近期屡次、大量生产经营假冒伪劣产品，连续受到执法监督处罚或连续发生质量监督检查不合格的情况。

d) 近期屡次进行产品质量的虚假宣传，给社会和(或)顾客造成重大人身危害或经济损失。

e) 近期发生重大质量事故或连续发生质量事故，给社会和(或)顾客造成重大人身危害或经济损失。

参 考 文 献

[1] 国家质量监督检验检疫总局关于加强企业质量信用监管工作的意见.国质检质〔2006〕464号.

[2] 叶如意.基于评价技术的我国质量信用监管体系建设研究项目研究报告,2008.

[3] 咸奎桐,叶如意.基于产品质量信用记录的企业质量信用监管模型及应用研究.世界标准化与质量管理2008,(1).

ICS 03.080.99
A 00

中华人民共和国国家标准

GB/T 23792—2009

信用标准化工作指南

Guidelines for credit standardization

2009-05-06 发布　　2009-11-01 实施

中华人民共和国国家质量监督检验检疫总局
中国国家标准化管理委员会　发布

前言

本标准由全国信用标准化技术工作组提出并归口。

本标准主要起草单位：中国标准化研究院、北京神州商桥技术服务有限公司、中国人民大学、重庆市商务信用中心、中国市场学会信用工作委员会、国家工商行政管理总局、黑龙江省诚信龙江建设工作领导小组、福建省经贸委信息中心、北京安地企业信用评价有限责任公司。

本标准主要起草人：钱玉民、尹彦、丁于思、吴晶妹、林钧跃、徐兵、李安渝、沈阳、陈要武、陈磊、王鑫、宋黎、李向华、韩爱红、高卿。

信用标准化工作指南

1 范围

本标准规定了信用标准的制定以及信用标准的实施等要求。

本标准适用于各类主体所开展的信用活动。

2 规范性引用文件

下列文件中的条款通过本标准的引用而成为本标准的条款。凡是注日期的引用文件，其随后所有的修改单(不包括勘误的内容)或修订版均不适用于本标准，然而，鼓励根据本标准达成协议的各方研究是否可使用这些文件的最新版本。凡是不注日期的引用文件，其最新版本适用于本标准。

GB/T 16733 国家标准制定程序的阶段划分及代码

GB/T 22117—2008 信用 基本术语

3 术语和定义

GB/T 22117—2008 确立的以及下列术语和定义适用于本标准。

3.1

标准 standard

为了在一定的范围内获得最佳秩序，经协商一致制定并由公认机构批准，共同使用的和重复使用的一种规范性文件。

注：标准宜以科学、技术和经验的综合成果为基础，以促进最佳的共同效益为目的。

[GB/T 20000.1—2002，定义 2.3.2]

3.2

信用标准 standards for credit

规定从事信用活动应满足的要求以确保其适用性的标准。

3.3

标准化 standardization

为了在一定的范围内获得最佳秩序，对现实问题或潜在问题制定共同使用和重复使用的条款的活动。

注 1：上述活动主要包括编制、发布和实施标准的过程。

注 2：标准化的主要作用在于为其预期目的的改进产品、过程或服务的适用性，防止贸易壁垒，并促进技术合作。

[GB/T 20000.1—2002，定义 2.1.1]

3.4

信用标准化 credit standardization

制定、发布并实施信用标准的过程。

4 信用标准的制定

4.1 信用标准的分类

4.1.1 信用基础标准

适合各类或某类信用活动的通用标准。

4.1.2 信用技术标准

涉及信用活动关键技术的标准。

4.1.3 信用产品标准

针对信用产品的各项要求而制定的标准。

4.1.4 信用服务标准

针对信用服务的内容、流程、质量和能力等各项要求而制定的标准。

4.1.5 信用管理标准

针对信用风险防范、控制和转移等业务操作以及信用监督管理而制定的相关标准。

4.2 信用标准的基本内容

4.2.1 信用基础标准的基本内容

基本内容可包括：

——信用术语；

——信用分类；

——信用标准化的工作导则；

——说明书的编写要求；

——其他。

4.2.2 信用技术标准的基本内容

基本内容可包括：

——编码；

——数据元；

——特征变量；

——信用信息的采集、处理、使用和管理；

——信息数据接口；

——信用等级划分及表示方法；

——信用评价指标与模型；

——其他。

4.2.3 信用产品标准的基本内容

基本内容可包括：

——设计；

——生产；

——销售；

——处理；

——质量；

——其他。

4.2.4 信用服务标准的基本内容

4.2.4.1 信用服务条件的基本内容

基本内容可包括：

——服务设施；

——服务环境；

——其他。

4.2.4.2 信用服务提供规范的基本内容

基本内容可包括：

——合同(协议)；

——委托方式；
——服务方式和流程；
——服务的交付；
——服务结果的处理；
——组织与顾客的沟通；
——其他。

4.2.4.3 信用中介组织资质的基本内容

基本内容可包括：
——质量管理体系；
——安全管理体系；
——偿付能力和其他经济因素；
——组织的规模和人员资质构成；
——组织的指导原则；
——组织的社会责任；
——其他。

4.2.4.4 信用服务从业人员资质的基本内容

基本内容可包括：
——信用服务从业人员的职业素质；
——信用服务从业人员的行为准则；
——信用服务从业人员的专业培训经历。

4.2.5 信用管理标准的基本内容

基本内容可包括：
——客户信用信息管理；
——授信管理；
——应收账款管理；
——逾期应收账款管理；
——数据库应用与管理；
——赊销凭证的设计；
——信用制度的建立和维护；
——信用评价的方法与程序；
——其他。

4.3 信用标准的制定过程

信用标准的制定划分为预阶段、立项阶段、起草阶段、征求意见阶段、审查阶段、批准阶段、出版阶段、复审阶段和废止阶段 9 个阶段，见 GB/T 16733 的规定。

5 信用标准的实施

5.1 信用标准实施的一般程序

5.1.1 学习

组织相关人员对标准的目的、意义、范围、作用及条款等内容进行学习。

5.1.2 应用

根据标准的条款要求应用到实际工作中并验证。

5.1.3 意见反馈

针对标准的应用情况提出反馈意见。

5.2 信用标准实施的基本方法

5.2.1 通用方法

——执行相关信用标准；

——建立本机构的信用制度；

——建立相关评价指标体系；

——社会监督；

——其他。

5.2.2 信用中介组织的实施方法

除了通用方法，还宜包括以下方法：

——内部评价，例如信用信息的安全及保密管理，保护个人隐私和企业商业秘密，组织管理制度的建立与执行等；

——外部评价，例如企业履行承诺情况，信用评价结果的公正性，违规操作情况，投诉率，监管部门的信用监督管理结果，信用产品和服务符合相关标准的要求等；

——认证认可。

5.2.3 其他企业的实施方法

除了通用方法，还宜包括以下方法：

——内部评价，例如建立企业自身诚实守信的评价指标体系，制定针对客户信用行为的评价指标体系，制定符合政府信用监管的措施等；

——外部评价，例如信用中介组织的评价结果，行业组织的评价结果，政府监管部门的信用监管结果等；

——认证认可。

参 考 文 献

[1] GB/T 15624.1—2003 服务标准化工作指南 第1部分:总则

ICS 03.080.99
A 20

中华人民共和国国家标准

GB/T 23793—2009

合格供应商信用评价规范

Credit evaluation norms for qualified suppliers

2009-05-06 发布　　2009-11-01 实施

中华人民共和国国家质量监督检验检疫总局
中国国家标准化管理委员会　发布

前　言

本标准的附录A为规范性附录。

本标准由全国信用标准化技术工作组提出并归口。

本标准主要起草单位：中国标准化研究院、北京豪迈创业投资有限公司、北京安地企业信用评价有限责任公司、中国物流与采购联合会、中国人民大学、北京信用管理有限公司、重庆市商务信用中心、中关村企业信用促进会、南京审计学院、北京诚信时代企业管理服务中心。

本标准主要起草人：尹彦、孙毅、钱玉民、戴定一、韩爱红、李向华、吴晶妹、徐兵、刘海波、李安渝、胡大剑、何平、李力、丁于思、宋黎、高卿。

合格供应商信用评价规范

1 范围

本标准规定了合格供应商信用评价的内容、信用评价等级与表示方法、评价流程、信用评价报告的撰写要求以及信用评价数据、信息的建档及保密。

本标准适用于对各类合格供应商的信用评价活动。

2 规范性引用文件

下列文件中的条款通过本标准的引用而成为本标准的条款。凡是注日期的引用文件，其随后所有的修改单(不包括勘误的内容)或修订版均不适用于本标准，然而，鼓励根据本标准达成协议的各方研究是否可使用这些文件的最新版本。凡是不注日期的引用文件，其最新版本适用于本标准。

GB/T 22116 企业信用等级表示方法

GB/T 22117—2008 信用 基本术语

3 术语和定义

GB/T 22117—2008 确立的以及下列术语和定义适用于本标准。

3.1

合格供应商 qualified supplier

长期信用状况及经营的稳定性达到采购方要求的供应商。

3.2

评价主体 evaluation subject

符合相关要求、从事信用评价的信用中介组织或其他机构。

3.3

评价对象 evaluation object

被评价的机构。例如合格供应商。

4 合格供应商信用评价内容

4.1 评价内容

对合格供应商的信用评价应包括以下内容：

——企业基本条件；

——企业经营管理能力；

——企业财务状况；

——企业社会责任；

——企业发展潜力；

——企业产品或服务；

——交易信息。

4.2 指标项

指标项代码、名称及说明见附录 A。

5 合格供应商的信用等级及表示方法

合格供应商的信用等级及表示方法应遵照 GB/T 22116 的规定。

合格供应商的信用等级应达到BBB以上，包括AAA、AA、A和BBB四级。

AAA：合格供应商经营的稳定性极强，对履行相关经济和社会责任能够提供极强的安全保障，尽管环境因素可能会发生变化，但这些变化对供应商的影响不会从根本上损害其相当稳定的发展趋势，违约风险极低。

AA：合格供应商经营的稳定性很强，对履行相关经济和社会责任能够提供很好的安全保障，环境因素发生不利变化时其稳定性可能会受到影响，但违约风险很低。

A：合格供应商经营的稳定性较强，对履行相关经济和社会责任能够提供较好的安全保障，对于抵御环境发生不利变化时的能力较弱，但违约风险较低。

BBB：在正常条件下，合格供应商在履行相关经济和社会责任时可以提供充足的安全保证，但发生不利经营环境时，存在或有违约风险。

当评价对象的信用等级未达到BBB及以上级别时，用NR进行标识。

6 合格供应商信用评价流程

6.1 总则

评价主体应履行尽职调查义务，确保信用评价过程公平、公正。

合格供应商信用评价流程一般包括受理申请、信息核实、信用等级评定、结果公示、跟踪复评等程序。

6.2 受理申请

评价主体在接收到评价对象申请后，应初步审核申请方提交材料的完整性，确定是否接受信用评价申请。

6.3 信息核实

评价主体应对评价对象提供的各类信息进行甄别和核实，对信息真实性进行分析。

评价主体的信息核实方式包括：

——函电确认；

——数据分析；

——数据库查询；

——实地考察；

——其他。

6.4 信用等级评定

6.4.1 初评

评价主体应根据行业分工和专业背景成立信用评价小组，信用评价小组应不少于两人。

信用评价小组根据合格供应商信用评价内容，对合格供应商的基本条件、经营管理能力、财务状况、社会责任、发展潜力、产品或服务、交易信息等进行分析，撰写信用评价报告，并提出合格供应商的信用等级建议。

6.4.2 等级确定

评价主体应在内部设立信用评价委员会，应由5名以上相关专业人员组成。

信用评价委员会应对信用评价小组提交的信用评价报告及其他相关资料进行审核并提出评审意见，确定评价对象信用等级。

如果信用评价委员会无法确定信用级别，应暂停信用评价委员会工作，将信息反馈给信用评价小组，由信用评价小组重新整理、核实相关数据，直到信用评价委员会能确定信用等级。

6.5 结果公示

评价主体应根据国家法律法规及相关要求，发布信用评价结果及相关内容。

6.6 **跟踪复评**

在信用评价结果公布之后，评价主体应在信用评价结果有效期内进行定期或不定期跟踪，对相关信息进行及时更新。

信用评价结果有效期一般为一年。如果某些因素致使评价对象的信用等级发生变化，评价主体应及时调整合格供应商的信用等级。

7 合格供应商信用评价报告的撰写

7.1 基本要求

合格供应商信用评价报告应当采用易懂、简练、平实的语言，不能有误导性语句，评价结论的标识和符号应有明确解释。

对合格供应商的信用风险应当尽可能做定量分析，无法进行定量分析的，应当有针对性地做出定性描述。

合格供应商信用评价报告应加盖机构公章。

7.2 报告内容

7.2.1 报告的结构

合格供应商信用评价报告内容应包括封面、声明、概述、正文、评价结论及附件等。

7.2.2 封面

报告封面应包括以下内容：

——报告编号；

——报告密级；

——报告名称；

——评价对象名称；

——评价主体名称；

——出具报告时间；

——其他。

7.2.3 声明

报告声明应包括以下内容：

——表明报告内容公正、合规的说明性文字；

——对跟踪评价的说明；

——自愿接受监管的声明；

——其他。

7.2.4 概述

报告概述应包括以下内容：

——评价对象名称；

——信用等级；

——评价小组成员；

——评价主体名称；

——出具报告时间；

——其他。

7.2.5 正文

报告正文应包括以下内容：

——合格供应商基本条件；

——合格供应商经营管理能力；

——合格供应商财务状况；
——合格供应商社会责任；
——合格供应商发展潜力；
——合格供应商产品或服务；
——合格供应商交易信息；
——其他。

7.2.6 评价结论

报告评价结论应包括以下内容：
——信用等级；
——对该等级含义的明确解释。

7.2.7 附件

报告附件应包括以下内容：
——信用级别分类及释义；
——近年度主要财务数据及财务指标；
——企业获奖情况；
——许可证情况；
——获得认证情况；
——产品综合评价情况；
——产品质量与服务的违法、投诉情况；
——其他需要附加的资料。

8 信用评价数据、信息的建档及保密

评价主体应建立档案及其管理制度。对用于信用评价的数据和信息，包括复印件等资料进行分类、建档保存。

评价主体应严格保守其所获取的保密信息，应对相关保密信息单独存档。

附 录 A
（规范性附录）
指标项代码、名称及说明

表 A.1 指标项代码、名称及说明

指标项代码			指标项名称	指标项说明
门类	大类	小类		
PQ			合格供应商信用评价	
	PQ01		基本条件	
		PQ0101	申报信息	用于评价合格供应商向有关组织提供的各类信息的准确性、真实性情况
		PQ0102	资金实力	指注册资金、净资产等。用于评价合格供应商的经济实力
		PQ0103	成立年限	反映合格供应商的历史背景以及合格供应商存续情况
		PQ0104	负责人信用状况	反映法定代表人、主要投资人以及高层管理人员的个人信用记录情况
	PQ02		企业经营管理能力	
		PQ0201	经营场所	合格供应商的经营地址、经营面积等
		PQ0202	资本结构	投资人信息、出资额、出资证明、不同性质的股份所占的比例及其相互关系等。体现合格供应商的组织结构形式并判断合格供应商的行为和绩效
		PQ0203	管理制度	各项管理制度建设、落实情况。用于评价合格供应商的管理状况
		PQ0204	员工素质	合格供应商管理人员的管理能力及其他工作人员的工作能力、培训情况等
		PQ0205	企业荣誉	合格供应商获得的荣誉情况。用于判断合格供应商的品牌、商誉
		PQ0206	资质信息	获得不同管理机构的资质认证情况。用于评价合格供应商的各种资质状况
		PQ0207	历史信用状况	合格供应商的历史信用记录、信用等级及社会信用评价等
	PQ03		企业财务状况	
		PQ0301	资金借贷	合格供应商融资、贷款偿还率等情况。用于判断合格供应商的资金借贷及偿还状况
		PQ0302	债权债务	固定资产、长期投资所占总资产比重及利用程度，长期负债、长期资本比率，资产负债率，已获利息倍数，现金流动负债比率、速动比率、流动比率以及企业的债权等情况

表 A.1（续）

指标项代码			指标项名称	指标项说明
门类	大类	小类		
PQ	PQ03	PQ0303	损益情况	合格供应商收入及支出，即合格供应商的利润或亏损，体现合格供应商的盈利状况
		PQ0304	现金流量	合格供应商销售商品、提供劳务收到的现金，应收账款周转率等情况。反应合格供应商一定时期的现金和现金等价物的流入和流出的数量
		PQ0305	盈利能力	净资产收益率、总资产报酬率、资本保值增值率、主营业务利润率、盈余现金保障倍数和成本费用利润率等情况。用于评价合格供应商为其投资者的投资争取特定比率的投资回报的能力
		PQ0306	资产运营能力	总资产周转率（次）、流动资产周转率（次）、存货周转率（次）、应收账款周转率（次）和不良资产比率等
	PQ04		**企业社会责任**	
		PQ0401	工资及支付	工资水平及拖欠情况
		PQ0402	劳动福利与社会保障	合格供应商与劳动者签订劳动合同和为劳动者实施劳动保护等情况
		PQ0403	纳税	合格供应商是否依法纳税
		PQ0404	环境保护	合格供应商在环境、资源保护方面的情况
		PQ0405	其他遵纪守法行为	合格供应商在其他方面的遵纪守法情况
		PQ0406	社会贡献	合格供应商面向社会提供公益服务、捐助情况
		PQ0407	纠纷解决情况	合格供应商对司法机构或调解部门结案结论的执行情况
	PQ05		**企业发展潜力**	
		PQ0501	行业产业政策	国家对产业的发展、扶持、维持、限制、淘汰、环境污染与治理等宏观政策情况
		PQ0502	企业行业地位	合格供应商所在行业的利润率，与其他行业的竞争力，以及合格供应商在本行业影响力大小
		PQ0503	主要产品潜力	合格供应商主要产品的市场占有率增长趋势，目前所处的产品生命周期
		PQ0504	技术创新	合格供应商技术创新投入、产出与风险情况及新产品开发能力
		PQ0505	成长能力	销售（营业）增长率、资本累积率、三年资本平均增长率、三年销售平均增长率和技术投入比率等。用于评价合格供应商是否具有活力
		PQ0506	发展规划及措施	合格供应商 3～5 年规划、长远规划及保障措施

表 A.1（续）

指标项代码			指标项名称	指标项说明
门类	大类	小类		
PQ	**PQ06**		**产品或服务**	
		PQ0601	产品或业务结构	产品或服务的系列化、专业化或多样化程度
		PQ0602	产品或服务质量	产品或服务的质量水平，是否符合相关的强制性或推荐性标准
		PQ0603	产品或服务综合评价	是否为名优产品，客户对产品或服务的评价，是否有产品或服务质量违法、投诉情况等
		PQ0604	原材料供应质量评价	原材料的来源、供货质量、供货条件等
		PQ0605	销售情况	年销售额等
		PQ0606	售后管理	售后服务水平、客户对售后服务的评价等
	PQ07		**交易信息**	
		PQ0701	交易次数	合格供应商在本年度或上一年度交易次数的统计
		PQ0702	交易总额	合格供应商在本年度或上一年度交易总额的统计
		PQ0703	结算方式	合格供应商采用的结算方式，如现金、汇票、支票等
		PQ0704	交易价格	合格供应商的交易价格与市场价格相比是否优惠，其高低情况等
		PQ0705	交货期	合格供应商交货期限设定，实际交货日期情况等

ICS 03.080.99
A 24

中华人民共和国国家标准

GB/T 23794—2009

企业信用评价指标体系分类及代码

Classification and codes of enterprise credit evaluation index system

2009-05-06 发布　　　　2009-11-01 实施

中华人民共和国国家质量监督检验检疫总局
中国国家标准化管理委员会　发布

前　言

本标准的附录 A 为规范性附录。

本标准由全国信用标准化技术工作组提出并归口。

本标准主要起草单位：中国标准化研究院、北京安地企业信用评价有限责任公司、北京信用管理有限公司、中国市场学会信用工作委员会、北京诚信时代企业管理服务中心、信息产业部电子标准化研究所。

本标准主要起草人：钱玉民、尹彦、李向华、林钧跃、李安渝、丁于思、宋黎、韩爱红、高卿、李海波。

企业信用评价指标体系分类及代码

1 范围

本标准规定了企业信用评价指标体系建立的基本原则、指标分类及代码。

本标准适用于企业信用评价活动，其他相关评价活动也可参照使用。

2 术语和定义

下列术语和定义适用于本标准。

2.1

企业信用评价 enterprise credit evaluating

对企业遵纪守法、履行社会承诺及经济偿还意愿和能力的综合评价。

2.2

指标体系 index system

由一系列反映事物特征并相互联系、相互补充的指标组成的统一整体。

3 基本原则

3.1 科学性

企业信用评价指标体系的各项指标应有机结合，相互之间既相互独立，又不重复，也不矛盾，并能准确反映企业的信用状况。

3.2 全面性

企业信用评价指标体系内容应包括能影响企业信用的主要因素，基本反映整体要求。

3.3 可操作性

企业信用评价指标体系应具有实用性，便于操作。

4 指标分类及代码

4.1 指标分类

企业信用评价指标分为基本指标和专项指标。

4.2 基本指标

企业信用评价基本指标可分为：

——企业基本条件指标；

——企业经营管理能力指标；

——企业财务状况指标；

——企业社会责任指标；

——企业发展潜力指标；

——企业产品或服务指标。

基本指标项名称及说明见附录A。

4.3 专项指标

根据行业或领域特点制定的专业指标。

4.4 代码

代码由门类、大类和小类组成。

代码和指标项名称的对应关系见附录A。

附 录 A
（规范性附录）
指标项代码、名称及其说明

表 A.1 指标项代码、名称及其说明

指标项代码			指标项名称	指标项说明
门类	大类	小类		
PQ			**企业信用评价**	
	PQ01		**基本条件**	
		PQ0101	申报信息	用于评价企业向有关组织提供的各类信息的准确性、真实性情况
		PQ0102	资金实力	指注册资金、净资产等。用于评价企业的经济实力
		PQ0103	成立年限	反映企业的历史背景以及企业存续情况
		PQ0104	负责人信用状况	反映法定代表人、主要投资人以及高层管理人员的个人信用记录情况
	PQ02		**企业经营管理能力**	
		PQ0201	经营场所	企业的经营地址、经营面积等
		PQ0202	资本结构	投资人信息、出资额、出资证明、不同性质的股份所占的比例及其相互关系等。体现企业的组织结构形式并判断企业的行为和绩效
		PQ0203	管理制度	各项管理制度建设、落实情况。用于评价企业的管理状况
		PQ0204	员工素质	企业管理人员的管理能力及其他工作人员的工作能力、培训情况等
		PQ0205	企业荣誉	企业获得的荣誉情况。用于判断企业的品牌、商誉
		PQ0206	资质信息	获得不同管理机构的资质认证情况。用于评价企业的各种资质状况
		PQ0207	历史信用状况	企业的历史信用记录、信用等级及社会信用评价等
	PQ03		**企业财务状况**	
		PQ0301	资金借贷	企业融资、贷款偿还率等情况。用于判断企业的资金借贷及偿还状况
		PQ0302	债权债务	固定资产、长期投资所占总资产比重及利用程度，长期负债、长期资本比率，资产负债率，已获利息倍数，现金流动负债比率、速动比率、流动比率以及企业的债权等情况

表 A.1（续）

指标项代码			指标项名称	指标项说明
门类	大类	小类		
PQ	**PQ03**	PQ0303	损益情况	企业收入及支出，即企业的利润或亏损。体现企业的盈利状况
		PQ0304	现金流量	企业销售商品、提供劳务收到的现金，应收账款周转率等情况。反应企业一定时期的现金和现金等价物的流入和流出的数量
		PQ0305	盈利能力	净资产收益率、总资产报酬率、资本保值增值率、主营业务利润率、盈余现金保障倍数和成本费用利润率等情况。用于评价企业为其投资者的投资争取特定比率的投资回报的能力
		PQ0306	资产运营能力	总资产周转率(次)、流动资产周转率(次)、存货周转率(次)、应收账款周转率(次)和不良资产比率等
	PQ04		**企业社会责任**	
		PQ0401	工资及支付	工资水平及拖欠情况
		PQ0402	劳动福利与社会保障	企业与劳动者签订劳动合同和为劳动者实施劳动保护等情况
		PQ0403	纳税	企业是否依法纳税
		PQ0404	环境保护	企业在环境、资源保护方面的情况
		PQ0405	其他遵纪守法行为	企业在其他方面的遵纪守法情况
		PQ0406	社会贡献	企业面向社会提供公益服务、捐助情况
		PQ0407	纠纷解决情况	企业对司法机构或调解部门结案结论的执行情况
	PQ05		**企业发展潜力**	
		PQ0501	行业产业政策	国家对产业的发展、扶持、维持、限制、淘汰、环境污染与治理等宏观政策情况
		PQ0502	企业行业地位	企业所在行业的利润率，与其他行业的竞争力，以及企业在本行业影响力大小
		PQ0503	主要产品潜力	企业主要产品的市场占有率增长趋势，目前所处的产品生命周期
		PQ0504	技术创新	企业技术创新投入、产出与风险情况及新产品开发能力
		PQ0505	成长能力	销售(营业)增长率、资本累积率、三年资本平均增长率、三年销售平均增长率和技术投入比率等。用于评价企业是否具有活力
		PQ0506	发展规划及措施	企业3～5年规划、长远规划及保障措施

表 A.1(续)

指标项代码			指标项名称	指标项说明
门类	大类	小类		
PQ	**PQ06**		**产品或服务**	
		PQ0601	产品或业务结构	产品或服务的系列化、专业化或多样化程度
		PQ0602	产品或服务质量	产品或服务的质量水平,是否符合相关的强制性或推荐性标准
		PQ0603	产品或服务综合评价	是否为名优产品,客户对产品或服务的评价,是否有产品或服务质量违法、投诉情况等
		PQ0604	原材料供应质量评价	原材料的来源、供货质量、供货条件等
		PQ0605	销售情况	年销售额等
		PQ0606	售后管理	售后服务水平、客户对售后服务的评价等

注:PQ代表“评价企业”。

ICS 11.020
C 05

中华人民共和国国家标准

GB/T 23795—2009

病媒生物密度监测方法　蜚蠊

Surveillance methods for vector density—Cockroach

2009-05-04 发布　　　　2009-12-01 实施

中华人民共和国国家质量监督检验检疫总局
中国国家标准化管理委员会　发布

前　言

本标准的附录 A 为资料性附录。

本标准由中华人民共和国卫生部提出并归口。

本标准由中华人民共和国卫生部负责解释。

本标准主要起草单位:北京市疾病预防控制中心、中国人民解放军军事医学科学院微生物流行病研究所、北京市爱国卫生运动委员会办公室、广西壮族自治区疾病预防控制中心。

本标准主要起草人:曾晓芃、马彦、付学锋、于传江、薛素琴、董言德、冯向阳。

病媒生物密度监测方法　蜚蠊

1　范围

本标准规定了蜚蠊密度监测方法，包括粘捕法、药激法及目测法。

本标准适用于室内蜚蠊密度监测，可根据监测目的选择适宜的监测方法。

2　术语和定义

下列术语和定义适用于本标准。

2.1

蜚蠊　cockroach

昆虫纲蜚蠊目昆虫，仅涉及给人类造成危害的室内蜚蠊种类。

2.2

蜚蠊密度检测剂　cockroach density detecting reagent

用于将蜚蠊从其栖息活动场所中驱赶出来，以便于监测时查看的一种药剂，常用的检测剂有质量分数为0.3%的氯菊酯酒精液等。

2.3

有效粘蟑纸　effective glue board

粘到蜚蠊，或未损坏、未移动且未粘到蜚蠊的粘蟑纸。

3　监测方法

3.1　粘捕法

3.1.1　器具

粘蟑纸：胶面规格为170 mm×100 mm。

3.1.2　操作步骤

监测时，在粘蟑纸中央放置2 g新鲜面包屑作为诱饵，将其放置于蜚蠊经常栖息活动的地点，每15 m^2 房间放1张，不足15 m^2 的单独房间按15 m^2 计算，大于15 m^2 房间按15 m^2 为1间折算，粘蟑纸放置12 h，晚放晨收。记录捕获蜚蠊种类及数量，计算蜚蠊粘捕率、侵害率、密度、密度指数，监测记录表格参见表A.1。监测时不得选择一周内药物处理过的场所作监测点，每次监测时，粘蟑纸必须更新。

3.1.3　结果表述

依据式(1)、式(2)、式(3)和式(4)分别计算粘捕率、侵害率、密度和密度指数。

$$T = \frac{N_p}{N_e} \times 100\% \quad \cdots\cdots(1)$$

式中：

T——蜚蠊粘捕率；

N_p——粘捕到蜚蠊的粘蟑纸数，单位为张；

N_e——有效粘蟑纸数，单位为张。

$$I_n = \frac{N_p}{N_t} \times 100\% \quad \cdots\cdots(2)$$

式中：

I_n——侵害率；

N_p——监测到蜚蠊的房间数，单位为间；

N_t——监测总房间数，单位为间。

$$D = \frac{N_c}{N_e} \quad \cdots\cdots (3)$$

式中：

D——密度，单位为只每张(只/张)；

N_c——粘捕到蜚蠊数，单位为只；

N_e——有效粘蟑纸数，单位为张。

$$I = \frac{N_c}{N_p} \quad \cdots\cdots (4)$$

式中：

I——密度指数，单位为只每张(只/张)；

N_c——粘捕到蜚蠊数，单位为只；

N_p——粘捕到蜚蠊的粘蟑纸数，单位为张。

3.2 药激法

3.2.1 器具及药品

手电筒、蜚蠊密度检测剂。

3.2.2 操作步骤

用蜚蠊密度检测剂对蜚蠊栖息活动地点进行喷洒，用手电筒照明，检查 5 min 内驱出的蜚蠊，并计数，监测记录表格参见表 A.2。

3.2.3 结果表述

依据式(5)、式(6)和式(7)分别计算侵害率、密度和密度指数。

$$I_n = \frac{N_p}{N_t} \times 100\% \quad \cdots\cdots (5)$$

式中：

I_n——侵害率；

N_p——有蜚蠊房间数，单位为间；

N_t——监测总房间数，单位为间。

$$D = \frac{N_c}{N_t} \quad \cdots\cdots (6)$$

式中：

D——密度，单位为只每间(只/间)；

N_c——5 min 内激出的蜚蠊总数，单位为只；

N_t——监测总房间数，单位为间。

$$I = \frac{N_c}{N_p} \quad \cdots\cdots (7)$$

式中：

I——密度指数，单位为只每间(只/间)；

N_c——5 min 内激出的蜚蠊总数，单位为只；

N_p——有蜚蠊房间数，单位为间。

3.3 目测法

3.3.1 器具

手电筒。

3.3.2 **操作步骤**

在监测房间内选择蜚蠊栖息活动的场所，用手电筒照明，检查并记录每个场所 3 min 内观察到的蜚蠊种类、数量、活卵鞘数和蟑迹（空卵鞘壳、死尸、残尸等）数，监测记录表格参见表 A.3。

3.3.3 **结果表述**

3.3.3.1 **蜚蠊成若虫密度计算**

依据式(8)、式(9)和式(10)分别计算蜚蠊成若虫侵害率、密度和密度指数。

$$I_n = \frac{N_p}{N_t} \times 100\% \quad \cdots\cdots (8)$$

式中：

I_n——侵害率；

N_p——有蜚蠊房间数，单位为间；

N_t——监测总房间数，单位为间。

$$D = \frac{N_c}{N_t} \quad \cdots\cdots (9)$$

式中：

D——密度，单位为只每间（只/间）；

N_c——监测到的蜚蠊总数，单位为只；

N_t——监测总房间数，单位为间。

$$I = \frac{N_c}{N_p} \quad \cdots\cdots (10)$$

式中：

I——密度指数，单位为只每间（只/间）；

N_c——监测到的蜚蠊总数，单位为只；

N_p——有蜚蠊房间数，单位为间。

3.3.3.2 **蜚蠊活卵鞘密度计算**

依据式(11)、式(12)和式(13)分别计算蜚蠊活卵鞘侵害率、密度和密度指数。

$$I_n = \frac{N_p}{N_t} \times 100\% \quad \cdots\cdots (11)$$

式中：

I_n——侵害率；

N_p——有蜚蠊活卵鞘房间数，单位为间；

N_t——监测总房间数，单位为间。

$$D = \frac{N_c}{N_t} \quad \cdots\cdots (12)$$

式中：

D——密度，单位为只每间（只/间）；

N_c——监测到活卵鞘总数，单位为只；

N_t——监测总房间数，单位为间。

$$I = \frac{N_c}{N_p} \quad \cdots\cdots (13)$$

式中：

I——密度指数，单位为只每间（只/间）；

N_c——监测到活卵鞘总数，单位为只；

N_p——有活卵鞘房间数，单位为间。

3.3.3.3 **蟑迹密度计算**

依据式(14)计算蟑迹阳性率，房间按 15 m^2 为 1 间折算。

$$I_n = \frac{N_p}{N_t} \times 100\% \quad \cdots\cdots (14)$$

式中：

I_n——阳性率；

N_p——有蟑迹房间数，单位为间；

N_t——监测总房间数，单位为间。

附 录 A
（资料性附录）
监测记录表

表 A.1 蜚蠊密度监测记录表（粘捕法）

序号	监测场所	投放部位	投放张数	有效张数	粘捕张数	大蠊					小蠊			
						种类	成虫只数		若虫只数	侵害率/密度、密度指数	成虫只数		若虫只数	侵害率/密度、密度指数
							雌	雄			雌	雄		

表 A.2 蜚蠊密度监测记录表（药激法）

序号	监测场所	监测间数	检测剂名称 有效成分及含量	成若虫					
				大蠊		小蠊		侵害率 %	密度/密度指数
				有蜚蠊间数	查获数 只	有蜚蠊间数	查获数 只		
合计									

表 A.3 蜚蠊密度监测记录表（目测法）

序号	监测场所	监测间（处）数	成若虫								卵鞘				蟑螂迹					
			大蠊				小蠊				阳性间（处）数	查获数 只	侵害率 %	密度/密度指数	查获数					侵害率 %
			阳性间（处）数	查获数 只	侵害率 %	密度指数	阳性间（处）数	查获数 只	侵害率 %	密度指数					粪	虫尸	残尸	空鞘	迹合计	
合计																				

ICS 11.020
C 05

GB

中华人民共和国国家标准

GB/T 23796—2009

病媒生物密度监测方法　蝇类

Surveillance methods for vector density—Fly

2009-05-04 发布　　2009-12-01 实施

中华人民共和国国家质量监督检验检疫总局
中国国家标准化管理委员会　发布

前　言

本标准的附录A、附录B为资料性附录。

本标准由中华人民共和国卫生部提出并归口。

本标准由中华人民共和国卫生部负责解释。

本标准主要起草单位：上海市疾病预防控制中心、北京市疾病预防控制中心、中国人民解放军军事医学科学院微生物流行病研究所、卫生部疾病预防控制司（全国爱卫办）、北京市爱国卫生运动委员会办公室。

本标准主要起草人：冷培恩、曾晓芃、赵彤言、徐仁权、高启发、于传江。

病媒生物密度监测方法　蝇类

1　范围

本标准规定了蝇类密度监测方法，包括笼诱法、粘捕法、目测法、格栅法。

本标准适用于蝇类密度和种类的监测，其中笼诱法、粘捕法和格栅法用于成蝇密度的监测，目测法用于成蝇密度和蝇类孳生率的监测。

2　术语和定义

下列术语和定义适用于本标准。

2.1

蝇类　fly

昆虫纲双翅目环裂亚目有瓣类，分为卵、幼虫、蛹和成虫四个虫态。

2.2

蝇密度　density of fly

一定时间内单位面积或空间中监测到的蝇类数量。

2.3

孳生地　fly breeding site

存在适宜于蝇类孳生的腐败动物、腐败植物、人粪、禽畜粪和生活垃圾的容器或地点。

2.4

标准间　standard room

以 15 m^2 为一个标准间，其中，小于 15 m^2 的独立房间视为 1 个标准间，大于 15 m^2 的房间按 15 m^2 每间折算标准间数。

3　监测方法

3.1　笼诱法

3.1.1　适用范围

适用于室外成蝇密度和种类的监测。

3.1.2　监测工具

捕蝇笼：直径为 250 mm，笼体高 400 mm，笼脚高 100 mm～300 mm，圆锥形芯高 350 mm，顶口直径 25 mm(参见图 A.1)。

3.1.3　操作步骤

每个捕蝇笼诱饵盘内放置 50 g 红糖、50 mL 食醋及 50 mL 水，或者按照监测目的采用其他诱饵。诱饵盘与捕蝇笼下沿的间隙应不大于 20 mm。监测时间为上午 9 点到下午 3 点(或者按照监测目的设定监测时间)。将捕获蝇类麻醉后分类、计数，同时记录温度、湿度和风速等气候数据(参见表 B.1)。

3.1.4　密度计算

密度计算见式(1)。

$$D=\frac{N_f}{N_t\times T} \qquad \cdots\cdots(1)$$

式中：

D——蝇类密度，单位为只每笼时[只/(笼・h)]；

N_f——捕获蝇总数，单位为只；

N_t——投放捕蝇笼数，单位为笼；

T——监测时间，单位为时(h)。

3.2 粘捕法

3.2.1 适用范围

适用于室内成蝇密度和种类的监测。

3.2.2 监测工具

粘蝇带(长 400 mm，宽 35 mm)。

3.2.3 操作步骤

监测时将粘蝇带挂置在离地面 2.5 m 处，粘蝇带之间需相距 3 m 以上，每标准间放置 1 条。监测时间为上午 9 点至下午 3 点(或者按照监测目的设定监测时间)，记录粘捕到的蝇数，同时记录温度、湿度和风速等气候数据(参见表 B.2)。

3.2.4 密度计算

密度计算按式(2)。

$$D = \frac{N_f}{N_s \times T} \qquad \cdots\cdots(2)$$

式中：

D——蝇类密度，单位为只每条时[只/(条·h)]；

N_f——粘捕蝇总数，单位为只；

N_s——粘蝇带总数，单位为条；

T——监测时间，单位为时(h)。

3.3 成蝇目测法

3.3.1 适用范围

适用于室内成蝇侵害率和密度的监测。

3.3.2 操作步骤

监测人员目测计数、记录监测标准间数、阳性标准间数和每一间内的蝇数，同时记录温度、湿度和风速等气候数据(参见表 B.3)。

3.3.3 密度计算

3.3.3.1 成蝇侵害率

房间成蝇侵害率按式(3)计算。

$$R = \frac{N_p}{N_t} \times 100\% \qquad \cdots\cdots(3)$$

式中：

R——侵害率；

N_p——有蝇房间数，单位为间；

N_t——监测房间数，单位为间。

3.3.3.2 蝇密度

蝇密度按式(4)计算。

$$I = \frac{N_f}{N_p} \qquad \cdots\cdots(4)$$

式中：

I——阳性间蝇密度，单位为只每间(只/间)；

N_f——蝇总数，单位为只；

N_p——有蝇房间数，单位为间。

3.4 幼虫目测法

3.4.1 适用范围

适用于蝇类幼虫孳生率及孳生密度的监测。

3.4.2 操作步骤

调查蝇类的孳生地，检查孳生物内有无蝇类活幼虫和蛹孳生。记录检查的孳生物数、阳性孳生物数和每处或每一单位(如 100 g)内的蝇类活幼虫数和蛹数，同时记录温度、湿度等气候数据(参见表 B.4)。

3.4.3 密度计算

3.4.3.1 蝇类幼虫孳生率

蝇类幼虫孳生率计算见式(5)。

$$R = \frac{N_p}{N_t} \times 100\% \quad \cdots\cdots(5)$$

式中：

R——蝇类幼虫孳生率；

N_p——有活幼虫和蛹孳生的孳生物处数，单位为处；

N_t——调查的孳生地处数，单位为处。

3.4.3.2 蝇类幼虫孳生密度

蝇类幼虫孳生密度计算见式(6)。

$$D = \frac{N_l}{N_p} \quad \cdots\cdots(6)$$

式中：

D——蝇类幼虫孳生密度，单位为条每处(条/处)或条每百克(条/100 g)；

N_l——发现孳生的蝇类活幼虫和蛹数，单位为条；

N_p——阳性孳生物数，单位为处或百克(100 g)。

3.5 格栅法

3.5.1 适用范围

适用于室内外成蝇密度的监测。

3.5.2 操作步骤

在蝇类活动高峰期，将格栅(0.25 m^2，参见图 A.2)放置在多蝇场所，计数并记录 1 min 内停落在格栅上的蝇数，同时记录温度、湿度和风速等气候数据(参见表 B.2)。

3.5.3 密度计算

密度计算见式(7)。

$$D = \frac{N_f}{N_g} \quad \cdots\cdots(7)$$

式中：

D——蝇密度，单位为只每格栅(只/格栅)；

N_f——蝇总数，单位为只；

N_g——监测格栅数，单位为格栅。

附 录 A
（资料性附录）
捕蝇笼和格栅示意图

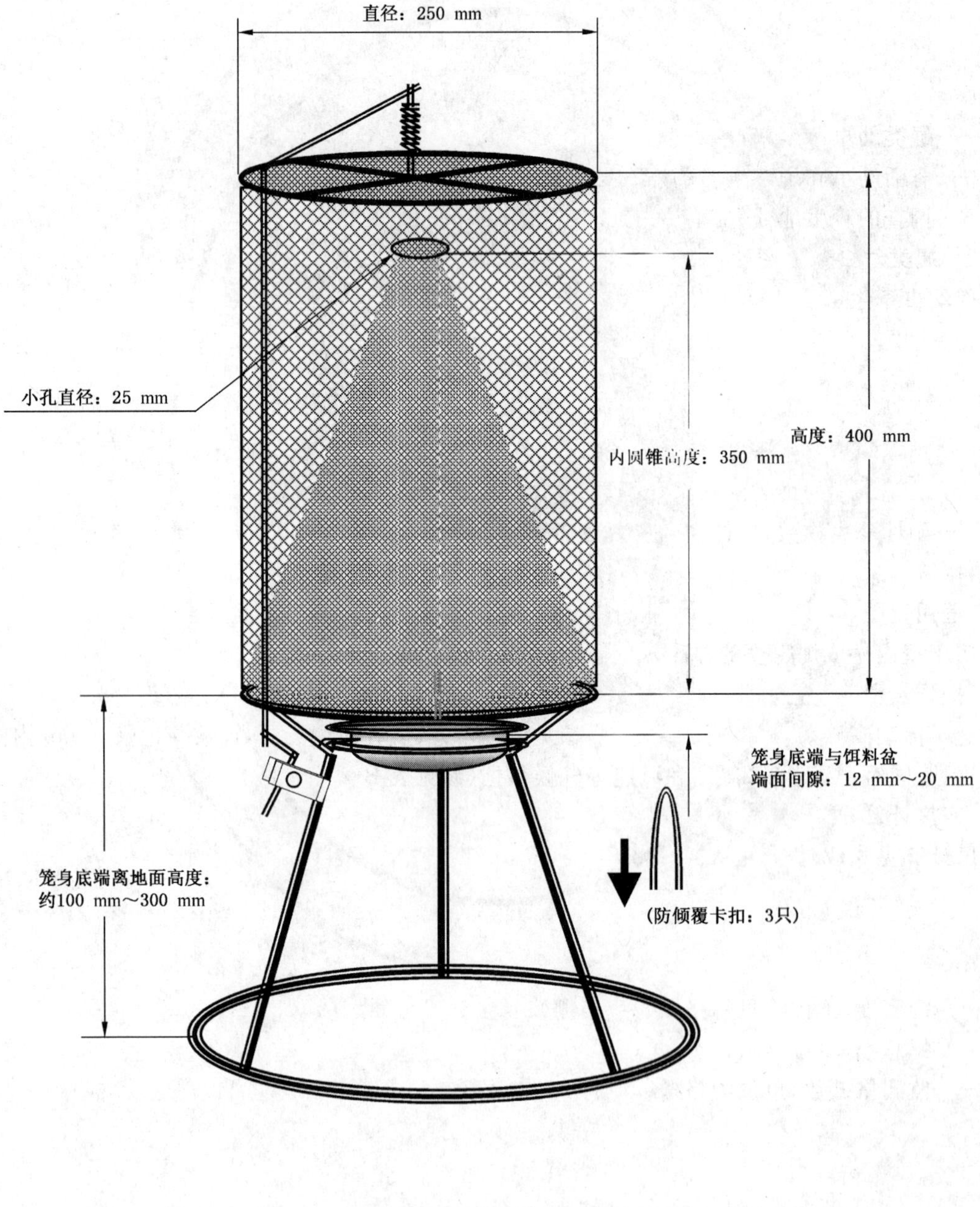

图 A.1 捕蝇笼示意图

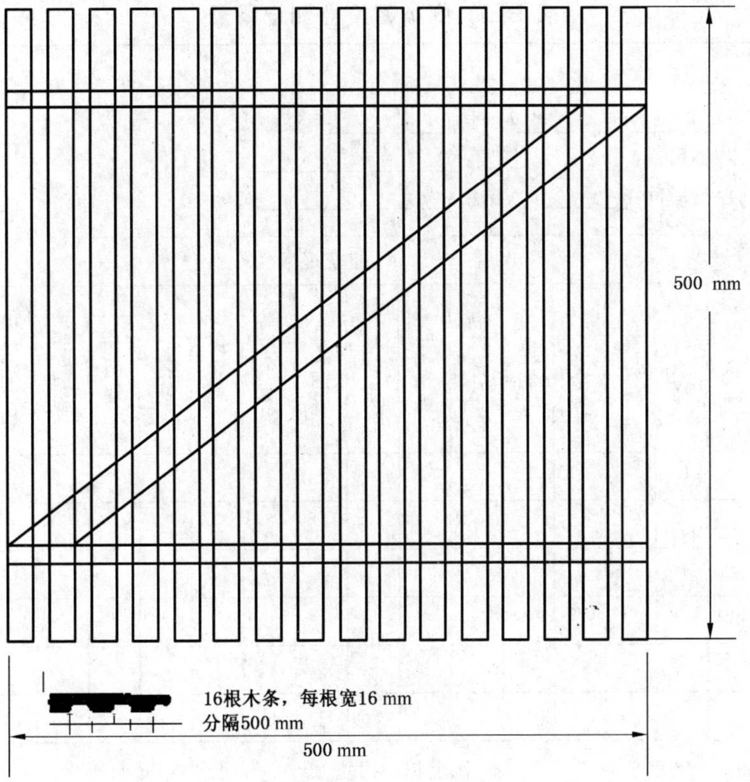

注意：用螺丝钉组装，不用钉子。

图 A.2 格栅示意图

附 录 B
（资料性附录）
监测记录表

表 B.1 蝇类密度监测记录表

________年______月______日

________省（市、自治区）________市________区（县）________街道（乡）

温度：____℃；湿度：____%；风速：____ m/s；气候：________________

监测方法：__________；监测时间：__________；诱饵：__________

监测地点	编号	捕获蝇数																				
		家蝇	市蝇	丝光绿蝇	铜绿蝇	亮绿蝇	大头金蝇	伏蝇	新陆原伏蝇	红尾拉蝇	巨尾阿丽蝇	红头丽蝇	乌拉尔丽蝇	厩腐蝇	夏厕蝇	元厕蝇	瘤胫厕蝇	棕尾别麻蝇	黑尾黑麻蝇	其他	合计	备注

本旬（月）蝇类监测结果： 蝇密度： 比上旬（月）增减____%，比去年同期增减____%

监测人： 审核人： 监测负责人：

表 B.2 蝇类密度监测记录表

________年______月______日

________省（市、自治区）________市________区（县）________街道（乡）

温度：____℃；湿度：____%；风速：____ m/s；气候：________________

监测方法：__________；监测时间：__________

监测地点	监测点编号	蝇数								
		家蝇	丽蝇	绿蝇	金蝇	麻蝇	腐蝇	厕蝇	其他	备注

本旬（月）蝇类监测结果： 蝇密度： 比上旬（月）增减____%，比去年同期增减____%

监测人： 审核人： 监测负责人：

表 B.3 蝇类密度监测记录表

________年______月______日
________省(市、自治区)________市________区(县)__________街道(乡)
温度:____℃;湿度:____%;风速:____ m/s;气候:__________________
监测方法:__________;监测时间:__________

监测单位名称或地址	监测房间类型	监测房间数	折合标准间数	阳性标准间数	蝇数

监测房间类型:A,生产销售直接入口食品场所,如厨房、冷荤间、食品加工间等;B,餐厅、商场等。
本旬(月)蝇类监测结果:
蝇侵害率________比上旬(月)增减________%,蝇密度________比上旬(月)增减________%
阳性间蝇密度________比上旬(月)增减________%
监测人: 审核人: 监测负责人:

表 B.4 蝇类幼虫、蛹监测记录表

________年______月______日
________省(市、自治区)________市____________区(县)____________街道(乡)
温度:______℃;湿度:______%;风速:______ m/s;气候:__________________

孳生物质	检查数	阳性数	活幼虫和蛹数	备注
生活垃圾类				
人粪类				
动物粪便类				
腐败植物类				
腐败动物类				
其他				
小计				

本旬(月)蝇类监测结果:孳生地阳性率:____________比上旬(月)增减________%
蝇类孳生密度:____________比上旬(月)增减________%
监测人: 审核人: 监测负责人:

ICS 11.020
C 05

中华人民共和国国家标准

GB/T 23797—2009

病媒生物密度监测方法　蚊虫

Surveillance methods for vector density—Mosquito

2009-05-04 发布　　2009-12-01 实施

中华人民共和国国家质量监督检验检疫总局
中国国家标准化管理委员会　发布

前　言

本标准的附录 A、附录 B、附录 C 均为资料性附录。

本标准由中华人民共和国卫生部提出并归口。

本标准由中华人民共和国卫生部负责解释。

本标准起草单位:中国人民解放军军事医学科学院微生物流行病研究所、北京市疾病预防控制中心、广东省疾病预防控制中心、北京市爱国卫生运动委员会办公室。

本标准主要起草人:赵彤言、董言德、刘美德、曾晓芃、林立丰、韩玉华、于传江。

病媒生物密度监测方法　蚊虫

1　范围

本标准规定了蚊虫密度监测方法，包括诱蚊灯法、二氧化碳诱蚊灯法、产卵雌蚊诱集法、人诱停落法、动物诱集法、栖息蚊虫捕捉法、挥网法、帐诱法、黑箱法、幼虫吸管法、幼虫勺捕法、路径法、诱卵器法。

本标准适用于蚊虫密度监测，其中诱蚊灯法、二氧化碳诱蚊灯法、产卵雌蚊诱集法、人诱停落法、动物诱集法、栖息蚊虫捕捉法、挥网法、帐诱法、黑箱法适用于成蚊的监测，幼虫吸管法、幼虫勺捕法、路径指数法适用于幼虫或蛹的监测，诱卵器法适用于成蚊与卵的监测；应根据监测目的选择相应的监测方法。

2　监测方法

2.1　诱蚊灯法

2.1.1　适用范围

适用于畜禽棚内或其附近按蚊属、库蚊属等成蚊的监测。

2.1.2　器具、试剂

诱蚊灯、乙醚等。

2.1.3　操作步骤

选择远离干扰光源和避风的场所作为挂灯点，诱蚊灯光源离地 1.5 m。日落前 1 h 接通电源，开启诱蚊灯诱捕蚊虫，直至次日日出后 1 h(或根据监测目的决定诱集时间)。密闭收集器后，再关闭电源。收集、分类和记录雌蚊数。记录温度、湿度和风速(参见表 A.1)。

2.1.4　密度计算

密度计算见式(1)。

$$D = \frac{N_m}{N_l \times T} \qquad \cdots\cdots\cdots\cdots(1)$$

式中：

D——蚊密度，单位为只每台夜[只/(台·夜)]或只每台时[只/(台·h)]；

N_m——雌蚊数量，单位为只；

N_l——灯的数量，单位为台；

T——诱蚊小时数或诱蚊夜数，单位为时(h)或夜。

2.2　二氧化碳诱蚊灯法

2.2.1　适用范围

适用于按蚊属、库蚊属等成蚊的监测。

2.2.2　器具、试剂

诱蚊灯、干冰或二氧化碳气瓶等。

2.2.3　操作步骤

选择远离干扰光源和避风的场所作为挂灯点，诱蚊灯光源离地 1.5 m。日落前 1 h 接通电源，贴近光源悬挂干冰或把二氧化碳气瓶出气口靠近光源，二氧化碳的流量为 100 mL/min～500 mL/min，开启诱蚊灯诱捕蚊虫，直至次日日出后 1 h(或根据监测目的决定诱集时间)。密闭收集器后，再关闭电源。收集、分类和记录雌蚊数。记录温度、湿度和风速数据(参见表 A.1)。

2.2.4　密度计算

密度计算见式(2)。

$$D=\frac{N_m}{N_l\times T} \qquad \cdots\cdots(2)$$

式中：

D——蚊密度，单位为只每台夜[只/(台·夜)]或只每台时[只/(台·h)]；

N_m——雌蚊数量，单位为只；

N_l——灯的数量，单位为台；

T——诱蚊小时数或诱蚊夜数，单位为时(h)或夜。

2.3　产卵雌蚊诱集法

2.3.1　适用范围

适用于寻找产卵场所的库蚊属等雌成蚊的监测。

2.3.2　器具、试剂

产卵雌蚊诱集器、产卵诱集物等。

2.3.3　操作步骤

日落前1h放置孕蚊诱集器(结构参见图B.1)，盘内装不少于2L的产卵诱集物(制作参见附录B)。每天日出后1h移走诱集的蚊虫并分类、计数。每晚(每次)更换产卵诱集物。记录温度、湿度和风速(参见表A.1)。

2.3.4　密度计算

密度计算见式(3)。

$$D=\frac{N_m}{N_u\times T} \qquad \cdots\cdots(3)$$

式中：

D——蚊密度，单位为只每个夜[只/(个·夜)]；

N_m——雌蚊数量，单位为只；

N_u——产卵雌蚊诱集器数量，单位为个；

T——诱蚊夜数，单位为夜。

2.4　人诱停落法

2.4.1　适用范围

适用于嗜人血成蚊的监测。

2.4.2　器具

计数器、手电筒、电动吸蚊器等。

2.4.3　操作步骤

选择遮荫处为监测地点。在当地蚊虫刺叮高峰期，监测者暴露一侧小腿，静止不动，记录30 min内停落在小腿上并被拍死或用电动吸蚊器捕获的蚊虫数量，或根据监测目的设定诱蚊的时间。记录诱蚊开始与结束的时间、地点、温度、湿度和风速(参见表A.1)。

2.4.4　密度计算

密度计算见式(4)。

$$I=\frac{N_m}{N_h\times T} \qquad \cdots\cdots(4)$$

式中：

I——停落指数，单位为只每人次[只/(人·次)]或只每人分[只/(人·min)]；

N_m——停落雌蚊数量，单位为只；

N_h——诱蚊的人数，单位为人；

T——诱蚊次数或诱蚊时间，单位为次或分(min)。

2.5 动物诱集法

2.5.1 适用范围

适用于嗜动物血成蚊的监测。

2.5.2 动物、器具、试剂

当地的牛、马、猪等，电动吸蚊器，乙醚等。

2.5.3 操作步骤

选择蚊虫活动高峰期，固定动物开始诱集。用电动吸蚊器捕获动物身体上的蚊虫，每次 30 min(或根据监测目的设定时间)。蚊虫捕获后分类、鉴定、记数。记录温度、湿度和风速(参见表 A.1)。

2.5.4 密度计算

密度计算见式(5)。

$$D = \frac{N_m}{N_a \times T} \quad \cdots\cdots (5)$$

式中：

D——动物诱集蚊密度，单位为只每头次[只/(头·次)]或只每头分[只/(头·min)]；

N_m——雌蚊数量，单位为只；

N_a——动物的数量，单位为头；

T——诱蚊次数或诱蚊时间，单位为次或分(min)。

2.6 栖息蚊虫捕捉法

2.6.1 适用范围

适用于人房或动物厩舍中栖息的成蚊的监测。

2.6.2 器具、试剂

电动吸蚊器、手电筒、乙醚等。

2.6.3 操作步骤

依据不同蚊种的生态习性，选择蚊虫栖息时间及蚊虫栖息场所，在手电筒的照明下，使用电动吸蚊器捕获栖息的蚊虫，每次 15 min。用乙醚麻醉捕获的蚊虫，记录每处场所蚊虫的数量与种类。记录温度、湿度(参见表 A.1)。

2.6.4 密度计算

成蚊房屋指数计算见式(6)。

$$I = \frac{N_m}{N_h \times T} \quad \cdots\cdots (6)$$

式中：

I——房屋成蚊密度指数，单位为只每间时[只/(间·h)]；

N_m——雌蚊数量，单位为只；

N_h——房屋的数量，单位为间；

T——捕蚊时间，单位为时(h)。

2.7 挥网法

2.7.1 适用范围

适用于飞行中成蚊的监测。

2.7.2 器具、试剂

捕虫网(末端钝圆的圆锥形网，用 60 目绢纱制成，口径 200 mm，深 600 mm)、乙醚等。

2.7.3 操作步骤

选择蚊虫活动高峰时间，或采取人工干扰造成蚊虫活动。挥网时，监测者手持网柄"∞"形挥网，以50次/min的频率挥动捕虫网，挥网5 min，收网前用力挥3次～4次，使捕捉的蚊虫集中网底。麻醉蚊虫，将蚊虫标本取出分类、计数。记录温度、湿度和风速(参见表A.1)。

2.7.4 密度计算

密度计算见式(7)。

$$D = \frac{N_m}{N_n} \quad \cdots\cdots\cdots\cdots(7)$$

式中：

D——网捕蚊密度，单位为只每网(只/网)；

N_m——雌蚊数量，单位为只；

N_n——网的数量，单位为网。

2.8 帐诱法

2.8.1 人帐诱法

2.8.1.1 适用范围

适用于嗜人血成蚊的监测。

2.8.1.2 器具、试剂

诱蚊帐(参见图C.1)、电动吸蚊器、手电筒、乙醚等。

2.8.1.3 操作步骤

选择蚊虫活动高峰期，将蚊帐悬挂，上下四角撑开固定，使帐下缘距地面250 mm高。监测者手持电动吸蚊器和手电筒捕获帐内蚊虫。每次监测30 min(或根据监测目的设定时间)。收集蚊虫，分类、计数。记录温度、湿度和风速(参见表A.1)。

2.8.1.4 密度计算

密度计算见式(8)。

$$D = \frac{N_m}{N_n \times T} \quad \cdots\cdots\cdots\cdots(8)$$

式中：

D——人帐诱蚊密度，单位为只每顶时[只/(顶·h)]；

N_m——雌蚊数量，单位为只；

N_n——蚊帐数，单位为顶；

T——诱蚊时间，单位为时(h)。

2.8.2 动物帐诱法

2.8.2.1 适用范围

适用于嗜动物血成蚊的监测。

2.8.2.2 动物、器具、试剂

牛、马、猪等动物(根据蚊虫嗜血特性进行选择)，诱蚊帐(长×宽×高=6 m×4 m×2 m，帐顶和帐底大小一致)，手电筒，乙醚，电动吸蚊器等。

2.8.2.3 操作步骤

选择蚊虫活动高峰期，将蚊帐悬挂，上下四角撑开固定，使帐下缘距地面250 mm高。固定动物于蚊帐内，用电动吸蚊器捕获诱入帐中的蚊虫，夜间使用手电筒作为照明光源，每次30 min(或根据监测目的设定时间)。收集蚊虫，分类、计数。记录温度、湿度和风速(参见表A.1)。

2.8.2.4 密度计算

密度计算见式(9)。

$$D=\frac{N_m}{N_n\times T} \quad \cdots\cdots\cdots\cdots (9)$$

式中：

D——动物帐诱蚊密度，单位为只每顶时[只/(顶·h)]；

N_m——雌性蚊虫数量，单位为只；

N_n——蚊帐数，单位为顶；

T——诱蚊时间，单位为时(h)。

2.9 黑箱法

2.9.1 适用范围

适用于监测地媒介成蚊的密度监测。

2.9.2 器具、试剂

黑箱(0.6 m×0.5 m×0.4 m 的木箱，内涂黑，一头开放)、黑布套袋(长 0.25 m)、乙醚、电动吸蚊器等。

2.9.3 操作步骤

选择居民户外隐蔽处作为黑箱放置点。日出时开始放置黑箱，24 h 后，投入乙醚棉球于黑箱中熏杀蚊虫，或用电动吸蚊器吸取黑箱内所有蚊虫。收集蚊虫，分类、计数。记录温度、湿度和风速(参见表 A.1)。

2.9.4 密度计算

密度计算见式(10)。

$$D=\frac{N_m}{N_b} \quad \cdots\cdots\cdots\cdots (10)$$

式中：

D——黑箱捕蚊密度，单位为只每箱(只/箱)；

N_m——雌蚊虫数，单位为只；

N_b——黑箱的数量，单位为箱。

2.10 幼虫吸管法

2.10.1 适用范围

适用于居民区蚊虫幼虫(蛹)密度的监测。

2.10.2 器具

长吸管、小滴管、白色方盘、采样管、水网等。

2.10.3 操作步骤

监测小容器积水中蚊虫幼虫(蛹)密度时，用长吸管把全部水吸到白色方盘内；监测大容器积水和地表积水中的蚊虫幼虫(蛹)密度时，用水网捞捕幼虫(蛹)，然后翻扣入盛有水的白色方盘内，再用小滴管把蚊幼虫(蛹)吸出放入已编号的采样管内。记录地点、场所和日期。将收集到的幼虫(蛹)进行分类、计数(参见表 A.2)。

2.10.4 密度计算

2.10.4.1 百户指数

百户指数计算见式(11)。

$$BI = \frac{N_p}{N_h} \times 100 \quad \cdots\cdots (11)$$

式中：

BI——百户指数，单位为处每百户(处/100户)；

N_p——阳性积水处数，单位为处；

N_h——检查的居民户数，单位为户。

2.10.4.2 **容器指数**

容器指数计算见式(12)。

$$CI = \frac{N_p}{N_c} \times 100\% \quad \cdots\cdots (12)$$

式中：

CI——容器指数；

N_p——阳性积水容器数，单位为个；

N_c——容器的数量，单位为个。

2.10.4.3 **幼虫密度指数**

幼虫密度指数计算见式(13)。

$$I = \frac{N_l}{N_h} \quad \cdots\cdots (13)$$

式中：

I——幼虫密度指数，单位为条每户(条/户)；

N_l——幼虫(蛹)数量，单位为条；

N_h——检查的居民户数，单位为户。

2.10.4.4 **幼虫房屋指数**

幼虫房屋指数计算见式(14)。

$$HI = \frac{B_h}{N_h} \times 100\% \quad \cdots\cdots (14)$$

式中：

HI——幼虫房屋指数；

B_h——幼虫(蛹)阳性的房屋数量，单位为户；

N_h——检查的居民户数，单位为户。

2.11 **幼虫勺捕法**

2.11.1 **适用范围**

适用于大中型水体的蚊虫幼虫(蛹)的监测。

2.11.2 **器具**

长吸管、小滴管、采样管、500 mL 标准水勺等。

2.11.3 **操作步骤**

沿着大中型水体岸边，每隔 10 m 选择一个采样点，用水勺迅速从水体中舀起一勺水，吸出幼虫(蛹)并放入已编号的采样管中，分类、计数，并记录日期、场所(参见表 A.2)。

2.11.4 **密度计算**

密度计算见式(15)。

$$I = \frac{N_l}{N_p} \quad \cdots\cdots (15)$$

式中：

I——幼虫(蛹)勺舀指数，单位为条每勺(条/勺)；

N_l——采集所得的蚊幼虫(蛹)总数，单位为条；

N_p——阳性勺数，单位为勺。

2.12 路径法

2.12.1 适用范围

适用于小型积水中蚊虫幼虫(蛹)的监测。

2.12.2 器具

计步器。

2.12.3 操作步骤

依监测人的步幅设定好计步参数，随身携带计步器等，沿监测路径，以均匀步伐前进，并记录沿途发现幼虫(蛹)阳性容器数和小型积水处数，结束后记录路径长度。

2.12.4 密度计算

密度计算见式(16)。

$$I = \frac{N_p}{N_k} \quad \cdots\cdots (16)$$

式中：

I——路径指数，单位为处每千米(处/km)；

N_p——阳性容器数和阳性小型积水处数，单位为处；

N_k——监测行走距离，单位为千米(km)。

2.13 诱卵器法

2.13.1 适用范围

主要适用于白纹伊蚊和埃及伊蚊蚊卵的监测。

2.13.2 器具

诱卵器(参见图 C.2)，白色滤纸，冰包。

2.13.3 操作步骤

将诱卵器放置于监测地，连续放置 4 d，第 4 d 检查、收集诱到的成蚊及蚊卵，记录诱蚊、诱卵的阳性瓶数和成蚊数。同时记录调查期间平均气温和降雨情况(参见表 A.3)。

2.13.4 密度计算

2.13.4.1 诱蚊诱卵指数

诱蚊诱卵指数计算见式(17)。

$$I = \frac{N_u}{N_e} \times 100\% \quad \cdots\cdots (17)$$

式中：

I——诱蚊诱卵指数；

N_u——布放回收的诱蚊诱卵器中伊蚊成虫或(和)伊蚊卵阳性的诱蚊诱卵器数量，单位为个；

N_e——布放后回收的有效诱蚊诱卵器数量，单位为个。

2.13.4.2 诱蚊密度指数

诱蚊密度指数计算见式(18)。

$$I = \frac{N_m}{N_u} \quad \cdots\cdots(18)$$

式中：

I——诱蚊密度指数，单位为只每个（只/个）；

N_u——布放回收的诱蚊诱卵器中伊蚊成虫或伊蚊卵阳性的诱蚊诱卵器数量，单位为个；

N_m——回收的诱蚊诱卵器捕获伊蚊数量，单位为只。

2.13.4.3 诱卵指数

诱卵指数计算见式(19)。

$$I = \frac{N_p}{N_e} \times 100\% \quad \cdots\cdots(19)$$

式中：

I——诱卵指数；

N_p——布放回收的诱蚊诱卵器中产卵阳性的诱蚊诱卵器或诱卵杯的数量，单位为个；

N_e——布放并回收的诱蚊诱卵器或诱卵杯的数量，单位为个。

附 录 A
（资料性附录）
监测记录表格

表 A.1 蚊虫成虫监测表

监测时间：_____年_____月_____日　监测地点：______省（市、自治区）____市____区（县）____街道（乡）

监测方法：____________________　密度计算单位：____________________

温度：_____；湿度：_____；风速：____　气候：____________________

编号	密度	蚊虫种类和数量										环境类型	备注

监测人：　　　　审核人：　　　　监测负责人：

表 A.2 蚊虫幼虫（蛹）监测表

监测时间：_____年_____月_____日　监测地点：______省（市、自治区）____市____区（县）____街道（乡）

监测方法：____________________　密度计算单位：____________________

温度：_____；湿度：_____；风速：____　气候：____________________

编号	密度	蚊虫种类和数量										孳生环境	备注

监测人：　　　　审核人：　　　　监测负责人：

表 A.3 蚊虫卵的监测表

监测时间：______年______月______日　监测地点：________省(市、自治区)____市____区(县)____街道(乡)
监测方法：______________________
温度：______；湿度：______；风速：____　气候：______________________________

编号	蚊虫种类：__________						诱卵环境	备注
	诱卵器数	卵阳性诱卵器数	成蚊阳性诱卵器数	诱蚊诱卵指数	诱蚊密度指数	诱卵指数		

监测人：　　　　　　审核人：　　　　　　监测负责人：

注：现场诱集的伊蚊卵，应带回实验室在适当条件下使之孵化成幼虫，鉴定到种后记录相应数据。

附 录 B
（资料性附录）
孕蚊诱集器的结构及产卵诱集物的制作

孕蚊诱集器(如:CDC Gravid Trap),它包括3个部件:装有产卵诱集物的底盘,垂直方向的吸虫装置(仅比产卵诱集物高25 mm),最上面架好的收集纸板盒。

产卵诱集物的制作:把诱集物制作塑料桶放在一天照射时间超过7个小时的地方,混和水、干草与新鲜的碎草,将干啤酒醇母菌(每120 L水中加5 g)加入上述混和物并搅拌均匀,盖好桶盖,放置5 d以上,期间每天搅拌一次。新制备的诱集物对库蚊的引诱效果好,但是三个星期以后对伊蚊的诱集作用会变得很强。

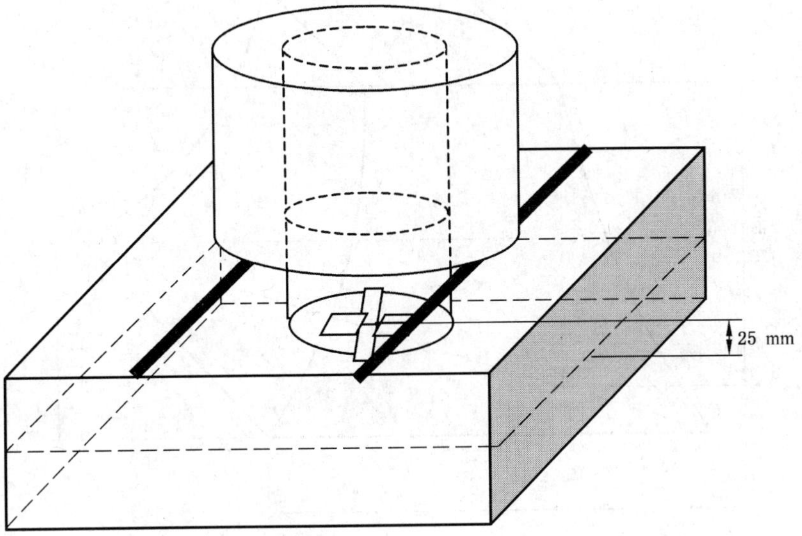

图 B.1 孕蚊诱集器示意图

附 录 C
（资料性附录）
诱蚊帐和诱卵器示意图

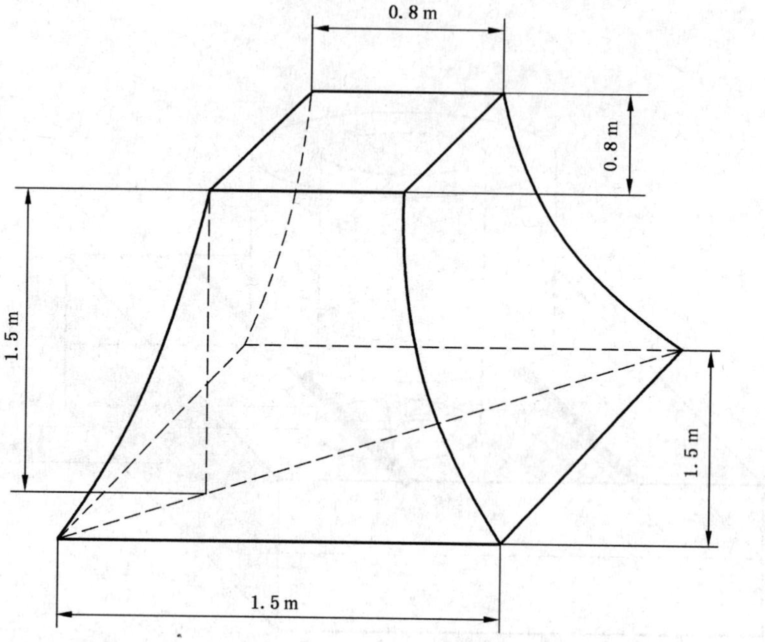

注：帐顶 0.8 m×0.8 m，顶角至下沿的垂直高度 1.5 m，帐底张开 1.5 m×1.5 m。

图 C.1 诱蚊帐示意图

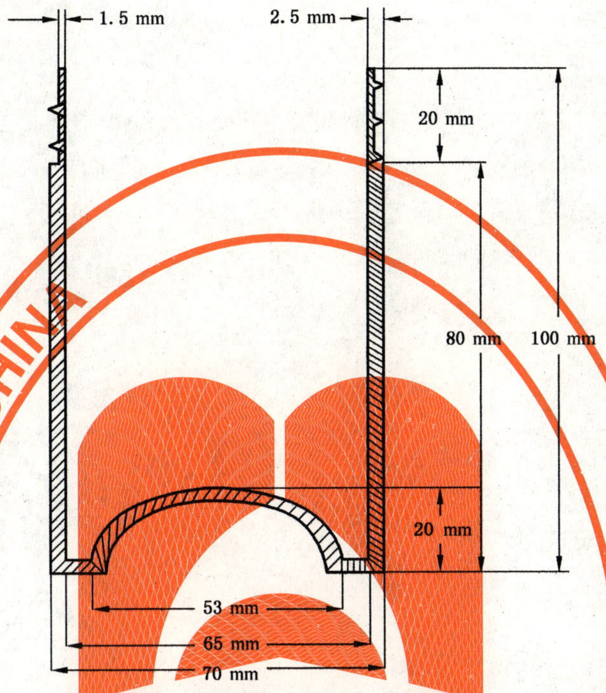

诱蚊诱卵器平面尺寸图

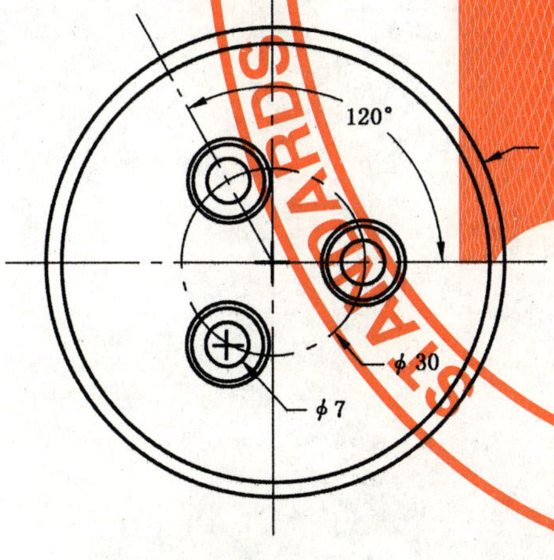

诱蚊诱器瓶盖尺寸图

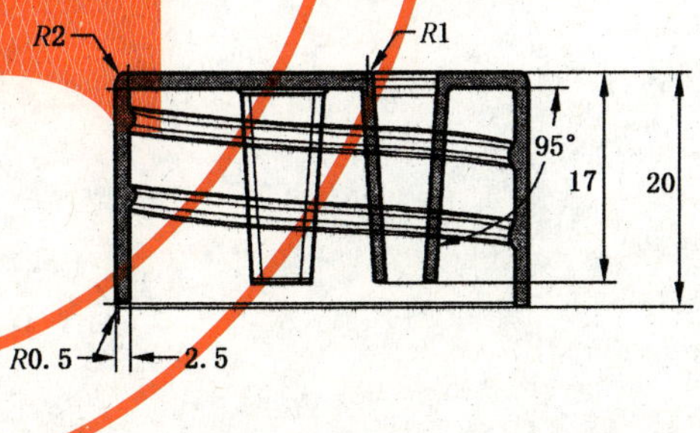

诱蚊诱卵器瓶盖解剖尺寸图

注：瓶体为圆柱型透明塑料瓶，直径为 70 mm，高为 100 mm，瓶底向上突出一个椭圆圆锥型，其高为 20 mm，用于放置白色滤纸供伊蚊产卵，滤纸通过椭圆型下部凹槽的水保持湿润。瓶盖为圆型黑色塑料，直径为 75 mm，高为 23 mm，瓶盖刚好与瓶身拧紧；瓶盖上开有三个向内突出的倒圆锥管，上口径为 12 mm，孔下口径为 7 mm，管长 21 mm。

图 C.2　诱卵器示意图

ICS 11.020
C 05

中华人民共和国国家标准

GB/T 23798—2009

病媒生物密度监测方法　鼠类

Surveillance methods for vector density—Rodent

2009-05-04 发布　　2009-12-01 实施

中华人民共和国国家质量监督检验检疫总局
中国国家标准化管理委员会　发布

前言

本标准由中华人民共和国卫生部提出并归口。

本标准由中华人民共和国卫生部负责解释。

本标准主要起草单位：中国疾病预防控制中心传染病预防控制所、山东省疾病预防控制中心、上海市疾病预防控制中心、中国人民解放军军事医学科学院微生物流行病研究所、北京市疾病预防控制中心。

本标准主要起草人：刘起勇、鲁亮、孟凤霞、郭天宇、霍新北、徐仁权、付学锋。

病媒生物密度监测方法　鼠类

1　范围

本标准规定了鼠类密度监测方法，包括粘鼠板法、夹夜法、粉迹法、盗食法、鼠迹法、堵洞查盗法、目测法。

本标准适用于鼠种和鼠密度的监测，其中粘鼠板法、粉迹法适用于室内鼠密度的监测；堵洞查盗法适用于室外鼠密度的监测；夹夜法和鼠迹法适用于室内外环境的鼠密度监测；盗食法适用于下水道鼠密度的监测；目测法适用于旱獭密度的监测。

2　术语和定义

下列术语和定义适用于本标准。

2.1

鼠类　rodent

哺乳纲啮齿目动物。

2.2

鼠密度　rodent density

单位面积或空间内监测到的鼠类数量或活动量。用百分率表示，如捕获率、阳性率等。

2.3

有效夹　effective trap

处于正常布放状态的鼠夹，以及夹到鼠类或由于鼠类原因造成击发和诱饵丢失的鼠夹。

2.4

捕获鼠　captured rodent

捕获的整鼠、鼠头或部分肢体(腿、鼠皮等)。若仅存有鼠毛、鼠尾、鼠爪则不计为捕获鼠。

2.5

有效粉块　effective powder

可辨别有鼠迹(鼠爪印、尾印)或无鼠迹的完整粉块。

2.6

阳性粉块　positive powder

可辨别有鼠迹的粉块。

2.7

有效粘鼠板　effective glue board

粘到鼠或正常展开、未受损坏且未捕到鼠的粘鼠板。

2.8

阳性房间　positive room

有鼠迹(活鼠、鼠尸、鼠粪、鼠洞、鼠道和鼠咬痕)的房间。

3　监测方法

3.1　粘鼠板法

3.1.1　器具

粘鼠板：胶面规格为150 mm×200 mm。

3.1.2 操作步骤

将粘鼠板展开，紧靠墙基放置于室内鼠类经常活动或栖息的场所。每 15 m^2 房间对角放置 2 张。粘鼠板应避免放置于阳光直射、水淋、地面潮湿的场所，并防止尘土等污物对粘鼠板的污染。记录经过一夜粘捕到的鼠的种类和数量。以粘捕率或粘捕指数表示鼠密度。

3.1.3 密度计算

粘捕率计算见式(1)。

$$R = \frac{N_p}{N_e} \times 100\% \qquad \cdots\cdots(1)$$

式中：

R——粘捕率；

N_p——捕鼠板数，单位为块；

N_e——有效粘鼠板数，单位为块。

粘捕指数计算见式(2)。

$$I = \frac{N_r}{N_e} \qquad \cdots\cdots(2)$$

式中：

I——粘捕指数，单位为只每块(只/块)；

N_r——捕鼠数，单位为只；

N_e——有效粘鼠板数，单位为块。

3.2 夹夜法

3.2.1 器具

鼠夹：规格 120 mm×65 mm，感量为 2 g±0.2 g。

3.2.2 操作步骤

以生花生米等为诱饵，室外沿一定地势放置鼠夹，夹距 5 m～10 m，行距 20 m～50 m。室内沿墙基放置，鼠夹和墙基垂直，踏板端靠墙。小于 15 m^2 房间放置 1 夹，15 m^2 房间放置 2 夹，大于 15 m^2 的房间按每 15 m^2 为 1 间折算标准间数，放夹数量依此类推。傍晚放置，次日清晨检查记录捕获鼠的种类及数量。以捕获率表示鼠密度。

3.2.3 密度计算

捕获率计算见式(3)。

$$R = \frac{N_r}{N_e} \times 100\% \qquad \cdots\cdots(3)$$

式中：

R——捕获率；

N_r——捕获鼠的鼠夹数，单位为夹；

N_e——有效鼠夹数，单位为夹。

3.3 粉迹法

3.3.1 器具

手电筒，滑石粉，双层纱布袋，“凹”字形支子(空隙大小为 200 mm×200 mm)。

3.3.2 操作步骤

将滑石粉装入纱布袋，选择平整、干燥的地面，支子紧贴墙基，在支子上方约 50 mm 处轻轻抖动纱布袋，布撒一层薄滑石粉，粉块厚度约 0.5 mm。小于 15 m^2 房间布放 2 块，15 m^2 房间布放 2 块，大于 15 m^2 的房间按每 15 m^2 折算 1 间，间距不小于 5 m。晚上布粉，次日早晨检查，记录阳性粉块数和有效粉块数。以鼠迹阳性率表示鼠密度。

3.3.3 密度计算

鼠迹阳性率计算见式(4)。

$$R = \frac{N_p}{N_e} \times 100\% \qquad \cdots\cdots(4)$$

式中：

R——鼠迹阳性率；

N_p——阳性粉块数，单位为块；

N_e——有效粉块数，单位为块。

3.4 盗食法

3.4.1 器具

选择当地鼠类喜食，便于检查的饵料(如 10 mm 见方的红薯块)，诱饵钩，细绳。

3.4.2 操作步骤

打开下水道井盖，诱饵钩钩住饵料，用细绳将饵料吊入井内，置于鼠类活动场所，系牢绳子，盖好井盖，做好标记。次日检查，被鼠类盗食或留有啮痕的饵料即为阳性饵料。以盗食率表示鼠密度。

3.4.3 密度计算

盗食率的计算见式(5)。

$$R = \frac{N_p}{N_t} \times 100\% \qquad \cdots\cdots(5)$$

式中：

R——鼠饵盗食率；

N_p——阳性饵料数，单位为块；

N_t——总饵料数，单位为块。

3.5 鼠迹法

3.5.1 器具

手电筒，镊子，计步器。

3.5.2 操作步骤

室内鼠密度：检查房间内鼠迹，如活鼠、鼠尸、鼠爪印、鼠粪、鼠咬痕、鼠洞、鼠道等，有 1 处鼠迹的房间就算鼠迹阳性房间。房间数按如下规定计算，即 15 m^2 或不足 15 m^2 房间算 1 间，大于 15 m^2 房间按每 15 m^2 为 1 间折算。以鼠迹阳性率表示鼠密度。

外环境鼠密度：沿选择的线路如公路或铁路两侧、河湖两岸或公共绿地行走，记录行走距离内发现鼠迹的处数。以路径指数表示鼠密度。

3.5.3 密度计算

3.5.3.1 室内鼠密度

室内鼠密度的计算见式(6)。

$$R = \frac{N_p}{N_t} \times 100\% \qquad \cdots\cdots(6)$$

式中：

R——鼠迹阳性率；

N_p——阳性房间数，单位为间；

N_t——总房间数，单位为间。

3.5.3.2　外环境鼠密度

外环境鼠密度的计算见式(7)。

$$I = \frac{N_p}{L} \quad \cdots\cdots (7)$$

式中：

I——路径指数，单位为处每千米(处/km)；

N_p——鼠迹数，单位为处；

L——检查距离，单位为千米(km)。

3.6　堵洞查盗法

3.6.1　器具

手电筒，铲具，测绳。

3.6.2　操作步骤

确定调查样方，测定面积(用公顷表示)，堵塞样方内所有鼠洞，24 h 后检查盗开鼠洞数。以单位面积的鼠洞数或鼠洞盗开率表示表示鼠密度。

3.6.3　密度计算

3.6.3.1　鼠密度

鼠密度的计算见式(8)。

$$\overline{N} = \frac{N_p}{S} \quad \cdots\cdots (8)$$

式中：

$\overline{N}$——单位面积鼠洞数，单位为个每公顷(个/hm^2)；

N_p——盗开鼠洞数，单位为个；

S——样方面积，单位为公顷(hm^2)。

3.6.3.2　鼠洞盗开率

鼠洞盗开率的计算见式(9)。

$$R = \frac{N_p}{N_t} \times 100\% \quad \cdots\cdots (9)$$

式中：

R——鼠洞盗开率；

N_p——盗开的鼠洞数，单位为个；

N_t——堵塞的鼠洞数，单位为个。

3.7　目测法

3.7.1　器具

望远镜，测绳。

3.7.2　操作步骤

监测人员隐藏于视野开阔，又不致引起旱獭警觉的场所，样地面积大小依观察者用望远镜能清晰观察到的范围为准；样地边界依地形地物(如山脊线、林缘、巨石、谷溪等)划定。用望远镜观察样地，记录洞外活动獭数。观察时间选在旱獭洞外活动高峰时刻，即日出后 3 h 和日落前 3 h 一段时间内进行。每次观察 1.5 h～2 h。以两次观察到的地面活动最多獭数作为样地内近似实有獭数。观察完毕后，用测绳测出样地最大横轴和最大纵轴的长度(m)，两最大轴之乘积，即为样地面积(以公顷为单位)。

3.7.3　密度计算

獭密度的计算见式(10)。

$$D = \frac{N_r}{S} \qquad \cdots\cdots\cdots\cdots\cdots\cdots (10)$$

式中：

D——旱獭密度，单位为只每公顷（只/hm^2）；

N_r——旱獭数量，单位为只；

S——样地面积，单位为公顷（hm^2）。

ICS 75.160.20
E 31

中华人民共和国国家标准

GB/T 23799—2009

车用甲醇汽油(M85)

Methanol gasoline (M85) for motor vehicles

2009-05-18 发布　　2009-12-01 实施

中华人民共和国国家质量监督检验检疫总局
中国国家标准化管理委员会　发布

前　言

本标准修改采用 ASTM D5797:2007《点燃式发动机汽车用甲醇燃料(M70～M85)标准规范》(英文版),本标准与 ASTM D5797:2007 章条对照参见附录 D。

本标准与 ASTM D5797:2007 相比,主要差异如下:

——本标准在采用 ASTM D5797:2007 引用标准时,已有国家标准、石化行业标准的,采用我国相应的国家标准或石化行业标准;对我国无相应标准的,仍采用 ASTM D5797:2007 的引用标准;

——指定仲裁试验方法;

——取消按地理位置分布和环境温度范围规定的甲醇燃料(M70～M85)的级别,只设一种车用甲醇汽油(M85);

——修改原标准中外观指标,将原标准中的清亮透明液体修改为橘红色透明液体,并对橘红色的形成予以规定;

——将原标准中甲醇燃料(M85)的蒸气压限值修改为"11 月 1 日至 4 月 30 日不大于 78 kPa,5 月 1 日至 10 月 31 日不大于 68 kPa";

——将原标准中甲醇燃料(M85)的硫含量指标限值由原来的"不大于 160 mg/kg"修改为"不大于 80 mg/kg";取消了原标准中硫含量测试方法 ASTM D1266《石油产品中硫的测定方法(燃灯法)》;

——取消原标准中磷含量的指标,增加钠含量指标及其测定方法;

——增加铅含量、水含量的测定方法,将铅含量指标限值由原来的"不大于 2.6 mg/L"修改为"不大于 2.5 mg/L";取消了原标准中蒸气压的测定方法;

——增加锰含量限值为不大于 2.9 mg/L;

——增加表注:"应加入有效的金属腐蚀抑制剂和有效的符合 GB 19592 的车用汽油清净剂"和"不得人为加入对车辆可靠性和后处理系统有害的含卤化物的添加剂及含铁、含铅和含磷的添加剂";

——增加"检验规则"、"标志、包装、运输和贮存"及"安全"等章节;

——将原标准中的附录 A1 和附录 A2 修改为本标准的规范性附录 A 和附录 B;增加规范性附录 C 和资料性附录 D;

——取消关键词一章和附录 A3、附录 X1、附录 X2。

本标准的附录 A、附录 B、附录 C 为规范性附录,附录 D 为资料性附录。

本标准由全国石油产品和润滑剂标准化技术委员会(SAC/TC 280)提出。

本标准由全国石油产品和润滑剂标准化技术委员会石油燃料和润滑剂分技术委员会(SAC/TC 280/SC 1)归口。

本标准负责起草单位:上海内燃机研究所、深圳市超美化工科技有限公司、上海焦化有限公司、上海汽车集团股份有限公司技术中心、中国海洋石油总公司、山西佳新能源化工实业有限公司、北京雄韬伟业能源科技开发有限公司。

本标准参加起草单位:新奥集团股份有限公司、陕西延长中立新能源有限责任公司、山西华顿实业有限公司、上海华普汽车有限公司、江苏南大高科技产业有限责任公司、新疆维吾尔自治区世纪石油化工有限公司。

本标准主要起草人:兰志波、杨友文、齐洪元、李瑞波、谢振华、石磊、唐琛、刘芳华、宋金环、王建忠。

本标准为首次发布。

车用甲醇汽油(M85)

1 范围

本标准规定了由84%～86%(体积分数)的甲醇和16%～14%(体积分数)的车用汽油(符合GB 17930)及改善使用性能的添加剂调合而成的车用甲醇汽油(M85)的术语和定义、缩略语、要求和试验方法、检验规则、标志、包装、运输和贮存及安全。

本标准所属产品适用于作为车用甲醇汽油(M85)点燃式发动机汽车的燃料。

甲醇的分子式为CH_3OH。

2 规范性引用文件

下列文件中的条款通过本标准的引用而成为本标准的条款。凡是注日期的引用文件,其随后所有的修改单(不包括勘误的内容)或修订版均不适用于本标准,然而,鼓励根据本标准达成协议的各方研究是否可使用这些文件的最新版本。凡是不注日期的引用文件,其最新版本适用于本标准。

GB 190 危险货物包装标志

GB/T 4756 石油液体手工取样法(GB/T 4756—1998,eqv ISO 3170:1988)

GB/T 6283 化工产品中水分含量的测定 卡尔·费休法(通用方法)(GB/T 6283—2008,ISO 760:1978,NEQ)

GB/T 6682 分析实验室用水规格和试验方法(GB/T 6682—2008,ISO 3696:1987,MOD)

GB/T 8019 燃料胶质含量的测定 喷射蒸发法

GB/T 8020 汽油铅含量测定法(原子吸收光谱法)

GB/T 9725—2007 化学试剂 电位滴定法通则

GB/T 11140 石油产品硫含量的测定 波长色散X射线荧光光谱法

GB 12268 危险货物品名表

GB 13690 常用危险化学品的分类及标志

GB/T 16483 化学品安全技术说明书 内容和项目顺序

GB/T 17476 使用过的润滑油中添加剂元素、磨损金属和污染物以及基础油中某些元素测定法(电感耦合等离子体发射光谱法)

GB 17930 车用汽油

GB/T 18612 原油中有机氯含量的测定 微库仑计法

GB 19592 车用汽油清净剂

SH 0164 石油产品包装、贮运及交货验收规则

SH/T 0253 轻质石油产品中总硫含量测定法(电量法)

SH/T 0663 汽油中某些醇类和醚类测定法(气相色谱法)

SH/T 0689 轻质烃及发动机燃料和其他油品的总硫含量测定法(紫外荧光法)

SH/T 0711 汽油中锰含量测定法(原子吸收光谱法)

SH/T 0794 石油产品蒸气压的测定 微量法

ASTM D512 水中氯离子含量试验方法(方法C)

ASTM D872 柏油路硫化物指数试验方法

ASTM D1613 挥发性溶剂和涂料、漆膜、油漆等其他相关化学介质中的酸度试验方法

ASTM D4626 气相色谱响应因子的计算方法

ASTM D5059　汽油中铅含量的试验方法(X射线光谱法)

ASTM E203　水含量试验法(卡尔·费休法)

3　术语和定义、缩略语

下列术语和定义、缩略语适用于本标准。

3.1

脂肪族醚　aliphatic ether

含有一个氧原子的无灰的有机化合物,该氧原子在两个有机基团的碳原子之间,其分子式为 $C_nH_{2n+2}O$,n 是 5～8。本标准中的脂肪族醚仅指饱和化合物。

3.2

车用甲醇汽油(M85)　methanol gasoline (M85) for motor vehicles

由甲醇和车用汽油调合而成的产品。

注:甲醇加入量为 84%～86%(体积分数)。

3.3

多碳醇　higher alcohols

指碳数为 2～8,分子式为 $C_nH_{2n+1}OH$ 的脂肪醇。

3.4

烃化合物　hydrocarbon

仅含有氢和碳的化合物,在车用甲醇汽油(M85)中,来自于调合组分车用汽油。

3.5

小体积连接器　low-volume connector

零死体积连接器件。

连接两个内径 1.6 mm 和更细管线的特殊器件。

3.6

分流比　split ratio

在毛细管气相色谱仪中,样品进样口载气的总流量与进入毛细管柱的载气流量之比。

3.7

TCEP

1,2,3-三-(2-氰基乙氧基)丙烷,气相色谱的固定液。

3.8

WCOT

毛细管柱子类型的缩写,指内壁涂层的毛细管柱,该类毛细管柱是在柱内壁涂一层薄的固定液。

4　要求和试验方法

车用甲醇汽油(M85)的技术要求和试验方法见表 1。

表 1　车用甲醇汽油(M85)的技术要求和试验方法

项　目	质量指标	试验方法
外观	橘红色透明液体,不分层,不含悬浮和沉降的机械杂质	目测[a]
甲醇+多碳醇(C_2～C_8)(体积分数)/%	84～86	附录 A(测甲醇)、SH/T 0663(测多碳醇)

表 1（续）

项　　目		质量指标	试验方法
烃化合物＋脂肪族醚[b]（体积分数）/%		14～16	附录 B
蒸气压/kPa 　11 月 1 日至 4 月 30 日 　5 月 1 日至 10 月 31 日	 不大于 不大于	 78 68	SH/T 0794
铅含量[c]/(mg/L)	不大于	2.5	GB/T 8020、ASTM D5059
硫含量[d]/(mg/kg)	不大于	80	GB/T 11140、SH/T 0253、SH/T 0689
多碳醇（C_2～C_8）（体积分数）/%	不大于	2	SH/T 0663
酸度（按乙酸计算）/(mg/kg)	不大于	50	ASTM D1613
实际胶质/(mg/100 mL)	不大于	5	GB/T 8019
未洗胶质/(mg/100 mL)	不大于	20	GB/T 8019
有机氯含量/(mg/kg)	不大于	2	GB/T 18612
无机氯含量（以 Cl^{-1} 计）[e]/(mg/kg)	不大于	1	附录 C、ASTM D512（方法 C）
钠含量/(mg/kg)	不大于	2	GB/T 17476
水分[f]（质量分数）/%	不大于	0.5	ASTM E203、GB/T 6283
锰含量[g]/(mg/L)	不大于	2.9	SH/T 0711

注：应加入有效的金属腐蚀抑制剂和有效的符合 GB 19592 的车用汽油清净剂。
　　不得人为加入对车辆可靠性和后处理系统有害的含卤化物的添加剂及含铁、含铅和含磷的添加剂。

a 将试样注入 100 mL 玻璃量筒中观察，应当为橘红色透明液体，没有悬浮和沉降的机械杂质，在有异议时，以 GB/T 511 方法测定结果为准；橘红色是由于在车用甲醇汽油（M85）中加入了烛红（别名苏丹四）染料后形成的，烛红的添加量应为 8 mg/kg～10 mg/kg，烛红染料索引号为 C. I. Solvent Red 24(26105)，除此不得再人为添加其他类型的染料。

b “烃化合物＋脂肪族醚”为符合 GB 17930 的车用汽油。也可以根据甲醇、其他醇和水的含量，从 100 中减去其加和值，得到“烃化合物＋脂肪族醚”的含量。但在有异议时，以附录 B 方法测定结果为准。

c 在有异议时，以 GB/T 8020 方法测定结果为准。采用试验方法 ASTM D5059 时，需用甲醇（分析纯试剂）作为溶剂来制备校准溶液，以防止碳氢比较大的差异而引起误差。

d 在有异议时，以 SH/T 0689 方法测定结果为准。采用试验方法 GB/T 11140 时，需用甲醇（分析纯试剂）作为溶剂来制备校准溶液，以防止碳氢比较大的差异而引起误差。

e 在有异议时，以附录 C 方法测定结果为准。

f 在有异议时，以 ASTM E203 方法测定结果为准。

g 锰含量是由于调入了车用汽油后引入的，是指以甲基环戊二烯三羰基锰形式存在的总锰含量，除此不得再人为添加其他类型的含锰添加剂。

5 检验规则

5.1 检验分类与检验项目

本标准所属产品的检验为出厂检验，出厂检验项目为第 4 章技术要求规定的所有项目。

5.2 组批规则

在原材料、工艺不变的条件下，产品每生产一罐或釜为一批。

5.3 取样

5.3.1 取样按 GB/T 4756 进行，取 2 L 样品作为检验和留样用。

5.3.2 取样应采用棕色玻璃容器。如果应采用金属容器，该容器不应该有焊接。因为焊料会腐蚀溶解到甲醇燃料中，导致样品被污染。严禁使用塑料容器。

5.4 判定规则

出厂检验结果符合第 4 章技术要求的规定时，则判定该批产品合格。

5.5 复验规则

如出厂检验结果中有不符合第 4 章技术要求的规定时，按 GB/T 4756 的规定重新抽取双倍样品进行复检，复检结果如仍有一项不符合第 4 章技术要求的规定时，则判定该批产品为不合格。

6 标志、包装、运输和贮存

6.1 车用甲醇汽油(M85)为易燃液体和有毒品，具有刺激性，其标志、包装、运输和贮存及交货验收按 SH 0164、GB 12268、GB 13690 和 GB 190 进行。

6.2 凡向用户销售的符合本标准的车用甲醇汽油(M85)所使用的加油机泵和容器上应标志“车用甲醇汽油(M85)”，并应根据 GB 12268、GB 13690 及 GB 190 标明易燃液体和有毒品标志，上述标志应标识在汽车驾驶员易看见的地方。

6.3 符合本标准的车用甲醇汽油(M85)在运输、贮存过程中应使用专用的管道、容器和机泵。这些贮罐、泵、管线、计量器的密封件和材质应适应车用甲醇汽油(M85)的要求。在贮存运输过程中，要保证整个系统干净和不含水，同时应严防外界水的吸入，对成品贮罐须安装带有干燥剂的呼吸阀。如果发生相分离，应进行专门处理。

6.4 车用甲醇汽油(M85)的分配和计量设备中使用未经保护的铝器件，会导致不溶性铝化合物进入燃料并造成汽车燃油滤网堵塞。而且，即使采用保护性铝器件，也会由于燃料与丁腈橡胶分配软管接触而增加了燃料的电导率，使这种腐蚀效应加剧。因此，在车用甲醇汽油(M85)的分配和计量系统中应避免使用未经防护的铝材料和没有衬里的丁腈橡胶分配软管。

7 安全

7.1 车用甲醇汽油(M85)的运输、储存、使用和事故处理等环节涉及安全方面的数据和信息，应包括在产品的“化学品安全技术说明书”(Material Safety Data Sheet)中。生产商或供应商应提供根据 GB/T 16483 编写的其产品“化学品安全技术说明书”。

7.2 车用甲醇汽油(M85)中的甲醇蒸气对神经系统有刺激作用，吸入人体内，可引起失明和中毒。因此装卸与加油时，尽量减少车用甲醇汽油(M85)蒸气的挥发。严禁口腔、眼睛、皮肤接触本品，避免吸入车用甲醇汽油(M85)蒸气。配制、装卸、加油人员应做相应防护措施，避免过量吸入有害蒸气。

7.3 车用甲醇汽油(M85)一旦溅到皮肤和眼睛里，应迅速用大量的清水冲洗，急速医疗。

7.4 严禁用嘴吸车用甲醇汽油(M85)，严禁用车用甲醇汽油(M85)洗手、擦洗衣服、机件、灌注打火机和作喷灯燃料。

7.5 车用甲醇汽油(M85)着火时应用沙子、氟蛋白抗溶泡沫灭火剂、石棉布等进行扑救。车用甲醇汽油(M85)溢出时，应进行专门处理。

7.6 本标准规定的车用甲醇汽油(M85)只适用于作车用甲醇汽油(M85)点燃式发动机汽车的燃料，不得用于任何其他用途。

附　录　A
（规范性附录）
车用甲醇汽油（M85）中甲醇含量的测定法

A.1　范围

本方法是用气相色谱仪测定车用甲醇汽油（M85）中的甲醇含量。本方法适合于测定车用甲醇汽油（M85）中甲醇含量（体积分数）的范围为70%～95%。

A.2　方法概要

A.2.1　内标物叔戊基醇被加入样品中，然后导入装有两个柱子和一个柱子切换阀的气相色谱仪里，样品首先通过第一个柱子，即极性TCEP柱，轻烃排空，保留重烃组分和含氧化合物。

A.2.2　在甲基环戊烷从极性柱流出后，但甲醇从极性柱流出前，阀切换到反吹，含氧化合物进入非极性的WCOT柱上。在重烃组分流出前，甲醇和内标物按沸点次序流出。

A.2.3　当内标物从非极性柱子流出后，柱切换阀切换到其初始位置反吹出重质烃类化合物。流出的组分采用火焰离子化或热导池检测器检测，记录与组分的浓度成正比例的检测器响应值，测定峰面积，并参考内标计算每个组分浓度。

A.3　意义和用途

A.3.1　车用甲醇汽油（M85）生产要求获得甲醇含量的信息，以确保合格的商品燃料质量，因为车用甲醇汽油（M85）的甲醇含量对使用该燃料的汽车性能会产生影响。

A.3.2　本方法除用于车用甲醇汽油（M85）生产控制外，还可用于测定燃料中的污染物。

A.4　仪器

A.4.1　色谱仪

确切的描述及定义参见ASTM E355。

A.4.1.1　气相色谱仪按照表A.1给出的条件操作，切换阀和反吹系统的连接见图A.1。载气流量控制系统应能获得要求的载气流速比例（见表A.1）。压力控制装置和压力表应满足表A.2要求。

表A.1　色谱分析法分析条件

项　目		分析条件
温度/℃	柱箱温度	60
	进样器	200
	检测器	
	热导池检测器	200
	火焰离子检测器	250
	阀	60
流速/（mL/min）	进样流速	75
	柱子	5
	辅助气	3
	补充气	18
载气		氦气

表 A.1（续）

项　　目	分析条件
进样量/μL	1
分流比	15：1
反吹时间/min	0.2～0.3
阀复位时间/min	8～10
分析时间/min	18～20

表 A.2　按照表 A.1 所列的条件进行的 TECP/WCOP 柱的保留特性

组分	保留时间/min	相对保留时间
甲醇	3.21	0.44
叔戊基醇	7.30	1.00

A.4.1.2　检测器

热导池检测器(TCD)或火焰离子检测器(FID)均可使用。系统应具有足够的灵敏度和稳定性以满足甲醇实际浓度变化 0.01%(体积分数)时或内标在 50%(体积分数)时的响应。

A.4.1.3　切换与反吹阀

一个十通阀，位于气相色谱柱箱内，可完成 A.8 的功能及图 A.1 的相关说明。阀应是小死体积设计且不会导致严重的色谱峰变形。

A.4.1.4　尽量使用自动阀切换装置，以确保切换时间的重复。此装置与进样和数据采集时间同步。如果没有该装置，用秒表在进样时开始记录阀转换时间。

A.4.1.5　进样系统

该系统是一个分流进样装置。分流进样应保障进入柱内的实际样品量在标定量和检测仪最佳响应及线性范围之内。

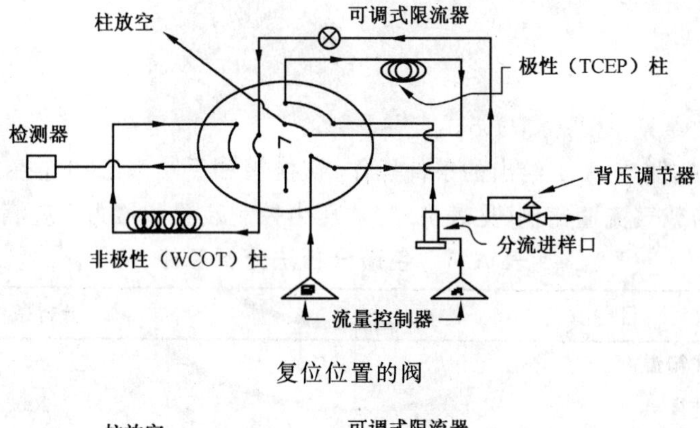

复位位置的阀

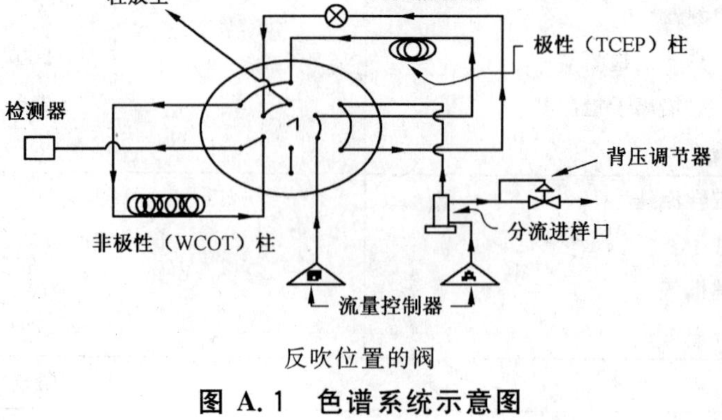

反吹位置的阀

图 A.1　色谱系统示意图

A.4.1.6 样品导入系统

为能够将样品重复地导入分流进样装置的任何系统。微量进样器、自动进样器和液体样品进样阀都可以使用。

A.4.2 数据处理或计算系统

A.4.2.1 记录仪

记录仪满量程的响应范围 1 mV 或更小;满量程响应时间小于或等于 1 s,具有足够的灵敏度和稳定性,能够满足 A.4.1.2 要求。

A.4.2.2 积分仪或计算机装置

满足 A.4.1.2 要求,完成谱图的记录及数据处理,峰高和峰面积可由计算机、电子积分仪或手工方法测量。

A.4.3 色谱柱

A.4.3.1 极性柱

任何符合或好于 A.4.3.1.1 所描述的色谱柱及选择性的任何柱子均可采用。柱子应按照 A.4.3.2 柱子要求的温度操作。在相同的沸点范围内,柱子能完成挥发性烃类化合物与含氧化合物的分离。保留的含氧化合物和重烃类化合物可反吹到 A.4.3.2 非极性柱上。

A.4.3.1.1 TCEP 微填充柱:柱长 560 mm,外径 1.6 mm,内径 0.38 mm,不锈钢管,填充 0.14 g~0.15 g 的 20%TCEP 固定相,载体为 150 μm~180 μm(100/80 目)的红色硅藻土 P(AW)。该柱子被用于研究 A.13 的精密度和偏差数据。

A.4.3.2 非极性柱(分析柱)

任何相当或优于 A.4.3.2.1 和图 A.2 所描述的色谱柱效及选择性的任何柱子均可采用。

A.4.3.2.1 WCOT 甲基硅烷柱:长 30 m,内径 0.53 mm,涂有 2.65 μm 厚度交联甲基硅烷的石英毛细管 WCOT 柱。该柱子用来研究 A.13 的精密度和偏差数据。

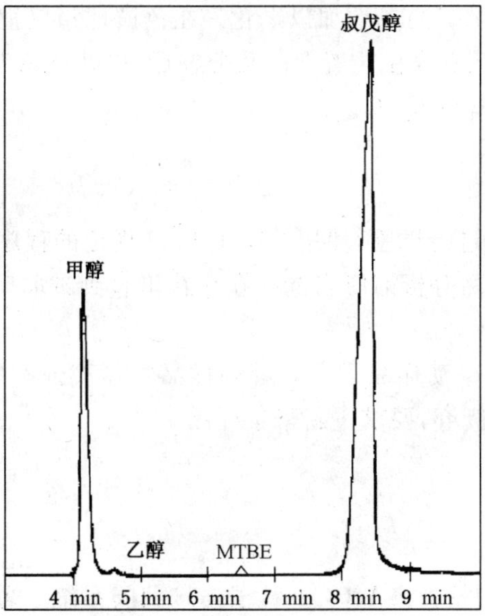

图 A.2 色谱结果示例

A.5 试剂和材料

A.5.1 载气:载气符合检测器类型的要求。纯度(体积分数)不小于 99.995%。

注:可以使用氮气。

A.5.2 甲醇:纯度(质量分数)99.9%,用于保留时间的确定及定量校正,已知含量且不存在其他被分析的组分。

警告：易燃，有害健康。

A.5.3 二氯甲烷：试剂等级，无挥发性残余物。

A.5.4 氮气：纯度(体积分数)99.998%，用于制备 TCEP 微填充柱。

警告：压力气体。

A.5.5 叔戊基醇(2-甲基-2-丁醇)：纯度(质量分数)99%以上，用作内标物。

警告：易燃，有害健康。

A.6 柱子的填充制备

A.6.1 TCEP 填充柱制备

A.6.1.1 只要能将车用甲醇汽油(M85)中的甲醇和叔戊基醇(内标物)从相同沸点范围的烃组成中保留的色谱柱，则均可使用。

A.6.1.2 10 g TCEP 溶解于 100 mL 二氯甲烷中，再将 40 g 150 μm～180 μm(100/80 目)的红色硅藻土载体 P(AW)加入上述溶液中，快速将这些混合物转移到一个蒸发皿中并放入通风柜，不需擦掉容器上沉积的残留填充物。连续地、轻轻搅拌填充物直到所有的溶剂蒸发掉。该柱子填充物可直接用于制备 TCEP 柱子。

A.6.2 微填充柱 TCEP 的装填

A.6.2.1 用甲醇清洗一个长 560 mm、外径 1.6 mm(内径 0.3 mm)的不锈钢柱管，然后用压缩氮气干燥。

A.6.2.2 在柱管的一端塞入一股 6～12 根镀银的丝线或不锈钢网制成的堵头。慢慢地往柱子另一端加入 0.14 g～0.15 g 填充料，填加过程中轻轻晃动柱子以将填料填实。并于装料端加上堵头。在用丝线或不锈钢网堵头堵柱子时，柱子两端分别留下 6.4 mm，以保证填料不流出。

A.6.2.3 柱老化

使用前，TCEP 和 WCOT 柱都应简单地加以老化。在色谱柱箱里把柱子连接到阀上(参见 A.8.1)。按照 A.8.3 调节载气流量，将阀放在复位位置上。几分钟后，提高柱箱温度到 120 ℃，并且保持 5 min～10 min。在关闭载气前将柱子冷却到 60 ℃。

A.7 取样

A.7.1 为获得有代表性的样品进行试验，使用 GB/T 4756 规定的程序进行取样。

A.7.2 车用甲醇汽油(M85)样品分析前应当储存在冰箱里直到试验时取样分析。如果不能够立刻分析，则该样品应放在冰箱里。

A.7.3 在取样品分析前应充分振动样品容器。容许样品容器底部有颗粒沉淀，观察样品是否有明显的相分离。如果有，该样品将被废弃，要求重新采集样品。

A.8 仪器准备和条件确定

A.8.1 装配

采用小死体积连接器和细孔径管将 WCOT 柱子连接到阀系统。重要的是尽量减小色谱系统连接的死体积，否则色谱峰值将会变宽。

A.8.2 按照表 A.1 调整操作条件(如果使用 TCD，不要打开检测器的电路)，在操作前应对系统进行检测。

A.8.3 分流比调节

参见图 A.1。

A.8.3.1 将阀设置在复位位置，在柱子放空口安装一个皂泡流量计，调节进样口压力至流速 5.0 mL/min。

A.8.3.2 安装流量计在分流口放空处，使用A气路流量控制器调节该流量为70 mL/min。如果需要，按照A.8.3.1再重新检查出口流量。

A.8.3.3 将阀切换至反吹位置，调节阻力阀，使柱子出口流量与A.8.3.1相同。这对阀切换时将流量变化降至最小是非常必要的。

A.8.3.4 将阀切换到进样复位位置，调节B流量控制器，使得在检测器出口处的流量为3.0 mL/min～3.2 mL/min。根据具体仪器需要，加辅助气或TCD流量，以便使检测器出口处总流量为21 mL/min。

A.8.4 使用热导检测器时，打开热导桥流电路系统，使检测器达到平衡。当使用火焰离子化检测器时，设置氢气和空气流量，点燃火焰，然后打开静电计。

A.8.5 阀切换时间

阀从反吹位置转换回到复位位置的时间对每个柱子系统都有微小变化，应按照以下方法做实验室测定。积分仪和阀计时器的启动时间应当与进样及反吹时间等保持同步，以便准确地重复反吹时间。

A.8.5.1 准备一个比例为40%（体积分数）甲醇、10%（体积分数）汽油（不含甲醇）和50%（体积分数）叔戊醇（内标）的混合液。

A.8.5.2 最初设定阀反吹时间为0.23 min。当阀位于复位位置时，注入1 μL混合液。在进样0.23 min后，切换阀于反吹位置直到用认可的内标物完全流出为止，记录此时间作为复位时间，即阀回到复位位置的时间。当所有保留的烃类化合物被反吹出时，信号将回到稳定的基线并且系统准备做下次分析。色谱仪显示与图A.2相同的谱图。

A.8.5.3 通过分析A.8.5.1制备的混合液，使阀的切换时间优化是非常重要的。通过0.2 min～0.3 min控制阀切换时间来测定正确的反吹时间。当阀切换太早时，C_5和轻质烃类化合物就会被反吹，与含氧化合物一同出峰。如果阀切换得太晚，部分甲醇可能被放空，导致不正确的甲醇测定结果。

A.9 校正计算

A.9.1 准备至少三个不同的汽油与甲醇调和样品，汽油中不含甲醇和叔戊基醇。调和样品的制备参考ASTM D4307程序。每个组分的体积百分含量在恒定的温度下计算，这些已知浓度的调和物包含了一定已知浓度的甲醇。

A.9.2 按照A.10分析每一种校准混合物。

A.9.3 用手动方法或积分仪测定甲醇和内标物峰面积。按照方法ASTM D4626计算甲醇相对于内标的相对响应因子。

A.10 试验步骤

A.10.1 样品准备

从冰箱中取出样品，并且按照A.7.3描述取样分析。所用样品、内标物和量取样品的任何容器，均在一定温度下平衡后使用。精确地加入已知体积的叔戊基醇内标样品到已知体积的样品中，正确测定样品体积。

注：内标物一般为40%～60%（体积分数）。

A.10.2 色谱分析

将含内标物的有代表性的样品导入色谱仪，按A.8.5规定的阀切换时间进行测定。

注：分流比15∶1，样品量1 μL。

A.10.3 色谱图描述

比较样品分析结果和校准分析结果，识别甲醇和内标物。

A.11 计算

确定甲醇的峰后，测量甲醇和内标峰的面积。按式(A.1)计算甲醇的含量：

$$V(\mathrm{M}) = 100 \times \frac{RRv(\mathrm{M}) \times V(\mathrm{S}) \times A(\mathrm{M})}{A(\mathrm{S}) \times V(\mathrm{F})} \quad \cdots\cdots(\mathrm{A.1})$$

式中：

$V(\mathrm{M})$＝甲醇的含量(体积分数)，%；

$V(\mathrm{S})$＝内标物(叔戊基醇)的体积，单位为毫升(mL)；

$V(\mathrm{F})$＝车用甲醇汽油(M85)样品的采样体积，单位为毫升(mL)；

$A(\mathrm{M})$＝甲醇峰面积或峰高；

$A(\mathrm{S})$＝内标物(叔戊基醇)的峰面积或峰高；

$RRv(\mathrm{M})$＝甲醇(与内标物有关)相对校正因子。

A.12　报告

报告甲醇含量(体积分数)，精确至0.1%。

A.13　精密度和偏差

A.13.1　精密度

用本方法测定的车用甲醇汽油(M85)中甲醇的精密度尚未确定。

A.13.2　偏差

由于没有合适的参考材料用于测定车用甲醇汽油(M85)中的甲醇含量的偏差，因此本方法的偏差无法确定。

附 录 B
（规范性附录）
车用甲醇汽油(M85)中烃化合物和脂肪族醚含量的测定法

B.1 范围

本方法适应于测定车用甲醇汽油(M85)中的烃类化合物和脂肪族醚的含量。

B.2 方法概要

将车用甲醇汽油(M85)加入氯化钠溶液中，再加入蒸馏水，使烃类化合物和脂肪族醚与甲醇形成相分离，在巴布科克(Bobcock)乳油瓶中用肉眼观测。

B.3 意义和用途

保持车用甲醇汽油(M85)中烃类化合物和脂肪族醚与甲醇间的特定比例，对于车用甲醇汽油(M85)汽车的启动、运行和排放性能非常重要，同时对于含车用甲醇汽油(M85)燃烧过程中可视火焰的产生也非常重要。

B.4 仪器

B.4.1 巴布科克(Bobcock)乳油瓶，硼硅玻璃制，165 mm，18 g，见 ASTM D872。

B.4.2 一次性注射器或干净的移液管，10 mL±0.1 mL。

B.4.3 离心机：能够固定巴布科克(Bobcock)乳油瓶并在 1 500 r/min 下旋转。

B.5 试剂和材料

本试验方法中所用试剂，在未注明其他规格时，均为分析纯。

B.5.1 蒸馏水：符合 GB/T 6682 三级水。

B.5.2 氯化钠溶液：10%(质量分数)。

B.6 试验步骤

在 8%规格的巴布科克(Bobcock)乳油瓶中加入 20 mL 浓度(质量分数)为 10%的氯化钠溶液，再用注射器或移液管移取 10 mL 车用甲醇汽油(M85)加入到巴布科克(Bobcock)乳油瓶中，盖紧瓶口摇动 1 min。再加入足够的蒸馏水至刻度读数 7.5～8.0 之间，盖紧瓶口放入离心机，在 1 500 r/min 的转速下旋转 5 min。直接读出并记录瓶颈上的读数，然后减去液液分界面上弯液面的读数，再乘以 2 获得试验车用甲醇汽油(M85)中烃类化合物和脂肪族醚的体积百分数。

B.7 精密度和偏差

B.7.1 本试验方法的精密度是通过多个实验室的测试结果统计而得。

B.7.1.1 重复性

在同一实验室，同一分析者使用同一台仪器分析同一样品，重复测定所得两个结果之差不应超过 1.4%(体积分数)。

B.7.1.2 再现性

在不同实验室，不同分析者对同一样品分析测得的两个结果之差不应超过 3.6%(体积分数)。

B.7.2 偏差

用本方法在测定调和的车用甲醇汽油(M85)中甲醇实际含量和测定值之间没有明显的偏差，其结果与真实值是一致的，在规定的精度范围内。

附 录 C
（规范性附录）
车用甲醇汽油（M85）中无机氯含量的测定法

C.1 范围

本方法适用于测定车用甲醇汽油（M85）中无机氯离子的含量。本方法测定车用甲醇汽油（M85）中氯离子含量的范围为：(0～100.0) mg/kg，其中当车用甲醇汽油（M85）中氯离子含量大于或等于4.0 mg/kg时采用直接滴定法测定其中的氯离子含量；当车用甲醇汽油（M85）中氯离子含量小于4.0 mg/kg时，采用标准加入法测定其中的氯离子含量。

C.2 方法概要

以银离子复合电极为工作电极，采用自动电位滴定法，用硝酸银标准滴定溶液滴定车用甲醇汽油（M85）中的氯离子，电位随滴定剂所用体积变化率 dU/dV 最大点为其滴定终点，根据硝酸银标准滴定液的消耗量计算出车用甲醇汽油（M85）中的氯离子含量。

C.3 仪器和设备

C.3.1 自动电位滴定仪：型号为809 Titrando Metrohm；分辨率0.1 mV；精度0.2%。

C.3.2 电极：银离子复合电极：Ag/AgCl，6.0726.100 Metrohm。

C.3.3 磁力搅拌器：备有磁力搅拌子。

C.3.4 微量滴定管：10 mL。

C.3.5 容量瓶：10 mL、1 000 mL。

C.3.6 移液管：50 mL。

C.4 试剂和溶液

本试验方法中所使用的试剂，在未注明其他规格时，均为分析纯，所用水符合GB/T 6682二级水及以上规格。

C.4.1 硝酸溶液（1+3）：量取1体积浓硝酸与3体积水混匀。

C.4.2 氯化钠标准溶液：100 mg/L（以氯离子计），称取0.164 8 g在500 ℃～600 ℃灼烧恒重的基准试剂氯化钠，先用少量水溶解，再全部转移到1 000 mL的容量瓶中，用水定容，摇匀，备用。

C.4.3 硝酸银标准滴定溶液[$c(AgNO_3)$=16.99 g/L]

C.4.3.1 配制

称取17.5 g硝酸银，先用少量水溶解，再全部转移到1 000 mL的容量瓶中，用水定容，摇匀，溶液储存于棕色试剂瓶中。

C.4.3.2 标定

按GB/T 9725—2007的规定进行标定，称取0.22 g在500 ℃～600 ℃灼烧恒重的基准试剂氯化钠于200 mL烧杯中，并加入70 mL水使之完全溶解，再加10 mL淀粉溶液（10 g/L），以216型银电极作指示电极，217型双盐桥饱和甘汞电极作参比电极，用配制好的硝酸银标准滴定溶液滴定，电位随滴定剂所用体积变化率 dU/dV 最大点为其滴定终点。并按GB/T 9725—2007中6.2.2条规定计算滴定至终点时消耗硝酸银标准滴定溶液的体积 V。

C.4.3.3 硝酸银标准滴定溶液的实际浓度按式（C.1）计算：

$$c(AgNO_3) = m \times 1\,000/(58.442 \times V) \times 169.869 \quad \cdots\cdots\cdots\cdots (C.1)$$

式中：

$c(AgNO_3)$——硝酸银标准滴定溶液的质量浓度，单位为克每升(g/L)；

m——氯化钠质量的准确数值，单位为克(g)；

V——滴定至终点时消耗硝酸银标准滴定溶液的体积，单位为毫升(mL)；

58.442——氯化钠的摩尔质量，单位为克每摩尔(g/mol)；

169.869——硝酸银的摩尔质量，单位为克每摩尔(g/mol)。

C.5 操作步骤

C.5.1 当试样中氯离子的含量大于或等于 4.0 mg/kg 时，采用直接滴定法进行测定，操作如下：

用 50 mL 移液管量取 50 mL 被测试样于 100 mL 烧杯中，加入硝酸溶液(1+3)0.2 mL，混合均匀后用硝酸银标准滴定溶液开始滴定，电位随滴定剂所用体积变化率 dU/dV 最大点为其滴定终点，记录滴定终点时消耗的硝酸银标准滴定溶液的体积，在测定过程中可以根据试样中氯离子的含量多少适当调整硝酸银标准滴定溶液的浓度。

C.5.2 当试样中氯离子的含量小于 4.0 mg/kg 时，采取标准加入法进行测定，操作如下：

用 50 mL 移液管分别量取几份等量的 50 mL 被测试样于 100 mL 烧杯中，再向其中各份试样中分别加入 2 mL、3 mL、4 mL、…V_i…V_n 浓度为 100 mg/L 的氯化钠标准溶液，然后分别加入硝酸溶液(1+3)0.2 mL，混合均匀后对每份样品分别用硝酸银标准滴定溶液进行滴定，电位随滴定剂所用体积变化率 dU/dV 最大点为其滴定终点，记录每份样品滴定终点时消耗的硝酸银标准滴定溶液的体积，绘制消耗的硝酸银标准滴定液的体积对氯化钠标准溶液加入量 V_i 的曲线，见图 C.1。如被测试样中不含氯离子，曲线应通过原点，如果曲线不经过原点，说明含有氯离子，外延曲线与横坐标相交，交点至原点的距离(见图 C.1)为试样中氯离子相当于氯离子标准溶液的体积 V_0，根据 V_0 计算试样中氯离子的含量。

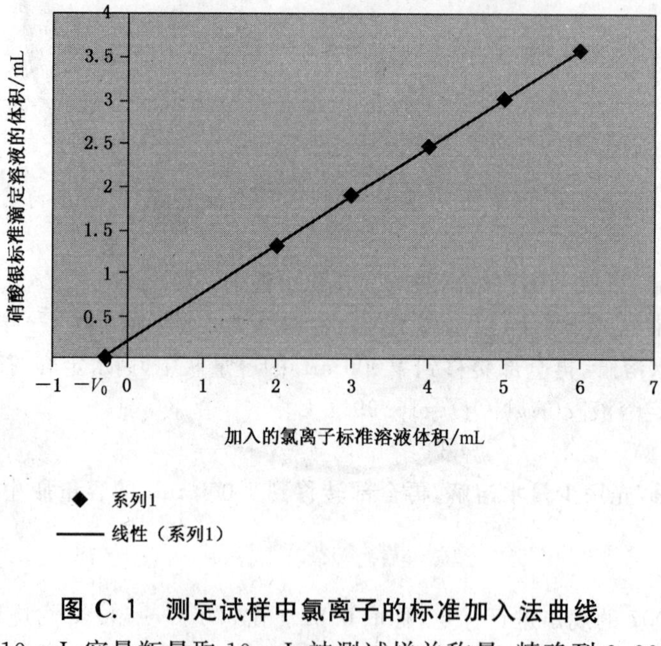

图 C.1 测定试样中氯离子的标准加入法曲线

C.5.3 用已知质量的 10 mL 容量瓶量取 10 mL 被测试样并称量，精确到 0.000 1 g，记录被测试样的质量 m，计算被测试样的密度。

C.6 计算

C.6.1 当试样中被测元素的含量不低于 4.0 mg/kg 时，其中的氯离子含量按式(C.2)计算：

$$c(Cl^-) = 35.5 \times [V(AgNO_3) \times c(AgNO_3)/(1\,000 \times 169.869)] \times 10^6/(V_{试样} \times \rho_{试样}) \quad \cdots\cdots(C.2)$$

式中：

$c(Cl^-)$——被测试样中氯离子的含量，单位为毫克每千克(mg/kg)；

35.5——氯的摩尔质量，单位为克每摩尔(g/mol)；

169.869——硝酸银的摩尔质量，单位为克每摩尔(g/mol)；

$V(AgNO_3)$——到滴定终点时所消耗的硝酸银标准滴定液的体积，单位为毫升(mL)；

$c(AgNO_3)$——硝酸银标准滴定液的质量浓度，单位为克每升(g/L)；

$V_{试样}$——滴定时所取试样的体积，单位为毫升(mL)；

$\rho_{试样}$——试样的密度，单位为克每毫升(g/mL)。

C.6.2 当试样中被测元素含量低于 4.0 mg/kg 时，其中的氯离子含量按式(C.3)计算：

$$c(Cl^-) = V_0 \times c_0 / (V_{试样} \times \rho_{试样}) \quad \cdots\cdots\cdots\cdots (C.3)$$

式中：

$c(Cl^-)$——被测试样中氯离子的含量，单位为毫克每千克(mg/kg)；

c_0——加入的标准氯离子的质量浓度，单位为毫克每升(mg/L)；

V_0——其数值为标准加入法曲线与 x 轴的交点与原点的距离，单位为毫升(mL)；

$V_{试样}$——滴定时所取样品的体积，单位为毫升(mL)；

$\rho_{试样}$——试样的密度，单位为克每毫升(g/mL)。

C.6.3 试样的密度按式(C.4)计算：

$$\rho_{试样} = m/V \quad \cdots\cdots\cdots\cdots (C.4)$$

式中：

$\rho_{试样}$——试样的密度，单位为克每毫升(g/mL)；

m——试样的质量，单位为克(g)；

V——试样的体积，单位为毫升(mL)。

C.7 精密度

重复性：在同一实验室，同一分析者使用同一台仪器分析同一样品，重复测定数值不应超过以下数值：

氯离子含量/(mg/kg)	允许差/(mg/kg)
0～10.0	0.2
10.1～50.0	0.4
50.1～100.0	0.5

C.8 报告

取两次重复测定结果的算术平均值作为试样的测定结果，精确至 0.1 mg/kg。

附　录　D
（资料性附录）
本标准章条编号与 ASTM D5797:2007 章条编号结构性差异对照

表 D.1 给出了本标准章条编号与 ASTM D5797:2007 章条编号结构性差异对照一栏表。

表 D.1　本标准章条编号与 ASTM D5797:2007 章条编号结构性差异对照

本标准章条编号	对应的国外标准章条编号
1	1.1
—	1.2～1.3
2	2. 参考标准
3.1	3.1
3.2～3.5	3.2.1～3.2.4
4	4.1 的表 1,6.1.1～6.1.7,6.1.9～6.1.11
—	4.1.1～4.1.2
5.1～5.2,5.4～5.5	—
5.3.1	5.2,5.4
5.3.2	5.3
—	5.1
6.1～6.3	—
6.4	4.1.3
—	6.1.8
7	—
—	7
附录 A	附录 A1
附录 B	附录 A2
附录 C	附录 A3
附录 D	—
—	附录 X1
—	附录 X2

参 考 文 献

ASTM D4307　用作分析标准的液体调合物的制备方法
ASTM E355　气相色谱术语及相关内容

ICS 75.100
E 34

中华人民共和国国家标准

GB/T 23800—2009

有机热载体热稳定性测定法

Heat transfer fluids—Determination of thermal stability

2009-05-18 发布 2009-11-01 实施

中华人民共和国国家质量监督检验检疫总局
中国国家标准化管理委员会 发布

前　言

本标准修改采用德国国家标准 DIN 51528:1998《未使用过的热传导液热稳定性测定法》(英文版)。

本标准根据 DIN 51528:1998 重新起草。

为了适合我国国情,本标准在采用 DIN 51528:1998 时进行了修改。本标准与 DIN 51528:1998 的主要技术差异如下:

——标准名称修改为"有机热载体热稳定性测定法";

——温度单位由 K 改为℃;

——增加对试样及仪器称量精度的要求;

——玻璃安瓿的最小容积由 5 mL 增加至 15 mL;

——增加加热后试样外观的报告;

——增加气相色谱分析要求;

——6.1.1 增加保证温度均匀分布;

——每种试样的试验时间由不少于 480 h 修改为不少于 720 h。

本标准由全国石油产品和润滑剂标准化技术委员会(SAC/TC 280)提出。

本标准由全国石油产品和润滑剂标准化技术委员会石油燃料和润滑剂分技术委员会(SAC/TC 280/SC 1)归口。

本标准起草单位:中国石油化工股份有限公司石油化工科学研究院。

本标准主要起草人:康茵、梁红、金珂。

有机热载体热稳定性测定法

1 范围

1.1 本标准规定了未使用过的有机热载体热稳定性的试验方法，包括常压下最高使用温度高于其沸点的有机热载体。

1.2 本标准未对有机硅类热载体的适用性作出评价。

1.3 本标准涉及某些有危险性的物质、操作和设备，无意对与此有关的所有安全问题提出建议。因此，在使用本标准之前应建立适当的安全和防护措施，并确定相关规章限制的适用性。

2 规范性引用文件

下列文件中的条款通过本标准的引用而成为本标准的条款。凡是注日期的引用文件，其随后所有的修改单(不包括勘误的内容)或修订版均不适用于本标准，然而，鼓励根据本标准达成协议的各方研究是否可使用这些文件的最新版本。凡是不注日期的引用文件，其最新版本适用于本标准。

HG/T 3115 硼硅酸盐玻璃 3.3 的性能(HG/T 3115—1998,idt ISO 3585:1991)

SH/T 0558—1993 石油馏分沸程分布测定法(气相色谱法)

3 术语和定义

下列术语和定义适用于本标准。

3.1

有机热载体 heat transfer fluids

有机热载体是作为传热介质使用的有机物质的统称。

注：有机热载体包括被称为热传导液(heat transfer fluids)、导热油(hot oils)、有机传热介质(organic heat carriers)、热媒(heating media)等用于间接传热目的的所有有机介质。

3.2

热稳定性 thermal stability

有机热载体在高温下抵抗化学分解的能力。

注：随着温度的升高，有机热载体将发生化学反应或分子重排，所生成的气相分解产物、低沸物、高沸物和不能蒸发的产物将影响有机热载体的使用性能。

3.3

气相分解产物 gaseous decomposition products

常压下其沸点在室温以下的物质，如氢气和甲烷。

3.4

低沸物 low-boiling components

通过模拟蒸馏方法测得加热后试样的沸程在未使用有机热载体初馏点以下的物质。

3.5

高沸物 high-boiling components

通过模拟蒸馏方法测得加热后试样的沸程在未使用有机热载体终馏点以上的物质。

3.6

不能蒸发的产物 nonvolatile decomposition products

不能通过模拟蒸馏方法分离出来的物质，它是球管蒸馏器在一定条件下定量测定出的残渣。

4 方法概要

4.1 将有机热载体在规定温度下加热，通过测定有机热载体的变质率，评价有机热载体的热稳定性。变质率为高沸物、低沸物、气相分解产物和不能蒸发产物的质量分数之和。气相分解产物的质量分数通常可忽略(见 7.5.1)。

4.1.1 未使用过的有机热载体可密封于放置在金属保护管中的玻璃安瓿中，或是加入钢制试验器中并进行密封。装有玻璃安瓿的金属保护管或钢制试验器在规定的试验温度下加热至规定时间，试验温度最好是处于被试验产品使用温度范围的上限之内。

4.1.2 加热至规定时间后，打开玻璃安瓿或钢制试验器，采用 SH/T 0558—1993 气相色谱方法测定高沸物和低沸物的质量分数。采用球管蒸馏器测定不能蒸发产物含量。

4.1.3 对有机热载体加热前后的试验结果进行比较。

5 意义和用途

5.1 在本标准规定的实验室条件下，本方法记录并反映了热作为温度和加热时间的函数对有机热载体的影响。试验结果提供了不同类型有机热载体在一定加热温度和加热时间下热稳定性的信息。

5.2 不能通过本方法试验结果外推获得在工业热传导装置中有机热载体性能的信息，因为在装置中有机热载体的性能还会受到其他材料、各种污染物、热量累积、循环系统中的温度及其他因素的影响。

6 仪器与材料

6.1 仪器

6.1.1 加热器：温度可控制在试验温度±1 ℃范围内，并保证温度均匀分布。确保有机热载体的安全存放。

6.1.2 试验器：符合 HG/T 3115 的硼硅酸盐玻璃制成的玻璃安瓿，容积至少为 15 mL，带有可密封的钢制或其他金属制保护管，或为不锈钢制可密封的试验器。

6.1.3 气相色谱仪：符合 SH/T 0558—1993 要求。

6.1.4 球管蒸馏器：BUCHI B-580 型(也可采用符合 7.4.3 要求的其他型号)。

6.1.5 真空泵：压力可抽至 10 Pa 以下。

6.1.6 天平：感量为 0.1 mg。

6.1.7 杜瓦瓶：含有丙酮或异丙醇和干冰的混合物。

6.1.8 色谱柱：在测试条件下典型的石油烃能按沸点增加次序分离，以及柱分离度(见 SH/T 0558—1993 中 8.3)在 3～8 的毛细管色谱柱。

6.2 材料

6.2.1 氮气：纯度(质量分数)99.99%以上。

6.2.2 参考油：参考油 1 号或参考油 2 号，其沸程分布见 SH/T 0558—1993 附录 B。

7 试验步骤

7.1 试验准备

室温下，称量清洁干燥的玻璃安瓿或钢制试验器质量(m_1)，精确至 0.1 mg。然后将试样装至约玻璃安瓿或钢制试验器容积的一半，再称重(m_2)，精确至 0.1 mg。向玻璃安瓿或钢制试验器中通入氮气，排除所余空间的空气。小心地将玻璃安瓿密封后再称重(m_3)，必要时冷却有机热载体，精确至 0.1 mg。然后将其置于保护管中。在准备过程中，不应加热试样。将保护管用螺旋帽盖紧后置于加热器中。或将钢制试验器密封后再称重(m_3)，精确至 0.1 mg，然后将其放入加热器中。在试验器下面放置接收板防止有机热载体溢出。为保证试验结果的准确性，每种有机热载体至少应准备 3 个试样。

7.2 试样加热

从室温开始加热，当温度上升至低于试验温度 50 ℃时，将加热速率控制在 2 ℃/min 以下。试验期间保持温度恒定，使有机热载体任何一点（包括试验器加热壁）的温度偏差不超过试验温度的±1 ℃范围。试验时间为达到设置的试验温度至停止加热的时间，每种试样的试验时间不少于 720 h。试验温度和试验时间根据有关产品标准或规定的要求确定。然后根据 7.4 测定试样的变质率。

7.3 打开试验器

7.3.1 概述

待试验器冷却至室温后将其移出加热器，然后记录试样的外观，完成相应的称量。

根据试验温度和试验时间，打开玻璃安瓿或钢制试验器时，应采取适当的安全措施。

7.3.2 打开玻璃安瓿

将玻璃安瓿置于杜瓦瓶中，在丙酮或异丙醇和干冰混合物（约－70 ℃）的冷冻下，使其内部压力降低。经过 5 min～10 min，打开玻璃安瓿，在室温下使气体完全挥发，恢复至室温后，立即称量玻璃安瓿的质量（m_4），精确至 0.1 mg。称量时应包括所有的玻璃碎片，并去掉附着的冷凝水。将部分试样置于气相色谱瓶中作色谱分析，剩余试样贮存于密封性很好的玻璃瓶中用于其他分析。

7.3.3 打开钢制试验器

将钢制试验器置于杜瓦瓶中，在丙酮或异丙醇和干冰混合物（约－70 ℃）的冷冻下，使其内部压力降低。经过 5 min～10 min，小心打开钢试验器的密封盖，在室温下使气体完全挥发，恢复至室温后，去掉附着的冷凝水。称量钢制试验器的质量（m_4），精确至 0.1 mg。将部分试样置于气相色谱瓶中作色谱分析，剩余试样贮存于密封性很好的玻璃瓶中用于其他分析。

7.4 分析

7.4.1 根据玻璃安瓿或钢制试验器打开前后的质量差确定气相分解产物含量。

7.4.2 采用 SH/T 0558—1993 气相色谱法模拟蒸馏确定加热前后试样的沸点范围。使用毛细管色谱柱。测定前，应先测定参考油的沸点范围。测定的参考油的沸点应满足 SH/T 0558—1993 方法重复性要求。以 SH/T 0558—1993 方法测定试样时，只报告终馏点为 538 ℃以前的馏分沸程分布结果，对于试样中高于 538 ℃的馏分，应按照 7.5.2 计算不能蒸发产物含量。

7.4.3 称量球管蒸馏器中空尾球的质量（m_5），精确至 0.1 mg。然后向尾球中滴加加热后的试样约 4 g，准确称量尾球加试样质量（m_6），精确至 0.1 mg。旋转球管蒸馏器中的球管，用真空泵抽真空，在蒸馏结束时压力应达到 10 Pa±0.2 Pa 以下。球管蒸馏器的温度慢慢加热至 250 ℃，以使有机热载体在蒸馏过程中不要进一步热分解和避免沸腾滞后现象的发生，温度偏差不超过试验温度的±1 ℃范围。继续蒸馏直到残余物质量恒定。称量试验后尾球（含残余物）的质量（m_7），精确至 0.1 mg。可用气相色谱评定蒸馏过程是否进行完全。残余物中仍能挥发的部分应小于有机热载体总质量的 0.1%。

7.5 评价

7.5.1 试样气相分解产物含量的计算

按式(1)计算试样的气相分解产物质量分数 G，%：

$$G=(m_3-m_4)/(m_2-m_1)\times 100 \qquad \cdots\cdots(1)$$

式中：

m_1——空玻璃安瓿或钢制试验器质量，单位为克（g）；

m_2——装有未加热试样的玻璃安瓿或钢制试验器质量，单位为克（g）；

m_3——密封后玻璃安瓿或钢制试验器质量，单位为克（g）；

m_4——打开后玻璃安瓿或钢制试验器质量，单位为克（g）。

注：试样气相分解产物质量分数在 0.5%以下可忽略不计。

7.5.2 试样不能蒸发产物含量计算

按式(2)计算试样不能蒸发产物质量分数 U，%：

$$U=(m_7-m_5)/(m_6-m_5)\times 100 \quad\cdots\cdots(2)$$

式中：

m_5——空尾球质量，单位为克(g)；

m_6——尾球加加热后试样质量，单位为克(g)；

m_7——试验后尾球(含残余物)质量，单位为克(g)。

注：试样不能蒸发产物质量分数在0.5%以下可忽略不计。

7.5.3 试样低沸物含量(质量分数)N(%)和高沸物含量(质量分数)H(%)计算

7.5.3.1 图1给出了两种试样加热前后的模拟蒸馏曲线。其中图1a)是试样加热后产生低沸物和高沸物的模拟蒸馏曲线，图1b)是试样加热后只产生低沸物的模拟蒸馏曲线。现以图1a)为例，计算加热后试样未校正的低沸物含量(质量分数)N'(%)和未校正的高沸物含量(质量分数)H'(%)。

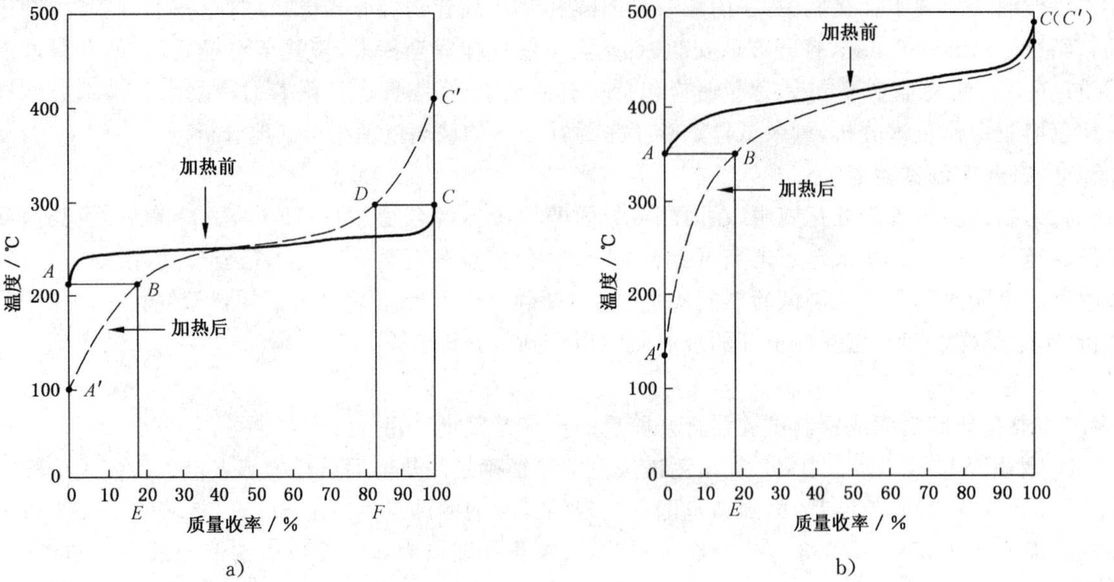

A——加热前试样的初馏点；

A'——加热后试样的初馏点；

C——加热前试样的终馏点；

C'——加热后试样的终馏点；

AB——未校正的低沸物含量；

CD——未校正的高沸物含量。

图1 加热前后试样的模拟蒸馏曲线

在图1a)中，A点为加热前试样的初馏点，过A点作水平线与加热后试样的模拟蒸馏曲线交于B点；过B点作垂线与收率轴交于E点，则试样未校正的低沸物含量(质量分数)N'(%)为E点所对应的百分数。

C点为加热前试样的终馏点，过C点作水平线与加热后试样的模拟蒸馏曲线交于D点；过D点作垂线与收率轴交于F点，则试样未校正的高沸物含量(质量分数)H'(%)为100%减去F点对应的百分数。

7.5.3.2 考虑到采用气相色谱法无法测定气相分解产物的含量和不能蒸发产物的含量，所以必须通过式(3)和式(4)对未校正的低沸物含量(质量分数)N'(%)和高沸物含量(质量分数)H'(%)进行校正：

$$N=N'\times(100-G-U)/100 \quad\cdots\cdots(3)$$

式中：

N——校正后试样的低沸物含量(质量分数)，%；

N'——通过试样模拟蒸馏曲线确定的低沸物含量(质量分数)，%；

G——试样的气相分解产物含量(质量分数),%;

U——试样不能蒸发产物含量(质量分数),%。

$$H = H' \times (100 - G - U)/100 \quad \cdots\cdots(4)$$

式中:

H——校正后试样的高沸物含量(质量分数),%;

H'——通过试样模拟蒸馏曲线确定的高沸物含量(质量分数),%;

G——试样的气相分解产物含量(质量分数),%;

U——试样不能蒸发产物含量(质量分数),%。

7.5.4 试样变质率计算

试样变质率(质量分数)Z(%)按式(5)计算:

$$Z = G + N + H + U \quad \cdots\cdots(5)$$

式中:

G——试样的气相分解产物含量(质量分数),%;

N——校正后试样的低沸物含量(质量分数),%;

H——校正后试样的高沸物含量(质量分数),%;

U——试样不能蒸发产物含量(质量分数),%。

8 报告

8.1 有机热载体类型;

8.2 试验时间,h;

8.3 试验温度,℃;

8.4 加热后试样外观;

8.5 气相分解产物和低沸物含量(质量分数),%,并精确至小数点后一位;

8.6 高沸物和不能蒸发产物含量(质量分数),%,并精确至小数点后一位;

8.7 变质率(质量分数),取3个试验结果的平均值,%,并精确至小数点后一位;

8.8 加热前和加热后试样的初馏点和终馏点,℃;

8.9 与本标准不一致的试验条件;

8.10 试验日期。

ICS 75.160.20
E 31

中华人民共和国国家标准

GB/T 23801—2009

中间馏分油中脂肪酸甲酯含量的测定 红外光谱法

Determination of fatty acid methyl esters (FAME) in middle distillates by infrared spectroscopy method

2009-05-18 发布　　　　2009-12-01 实施

中华人民共和国国家质量监督检验检疫总局
中国国家标准化管理委员会　发布

前言

本标准修改采用欧洲标准 EN 14078:2003《液体石油产品——中间馏分油中脂肪酸甲酯(FAME)含量的测定——红外光谱法》。

本标准根据 EN 14078:2003 重新起草。

为了适合我国国情,本标准在采用 EN 14078:2003 时进行了修改。本标准与 EN 14078:2003 的主要技术差异是:

——本标准将方法适用范围修改为"本标准规定了采用红外光谱法测定柴油机燃料中脂肪酸甲酯(FAME)体积分数的方法,测定范围为 FAME 体积分数约为 1.7%~22.7%。对 FAME 含量超过所规定范围的样品及其他中间馏分油样品,也可采用本方法进行测定,但其精密度未经验证"。

——本标准引用标准采用我国相应的国家标准。

——本标准增加了校准用 FAME 中"甲酯质量分数(按 EN 14103:2003 方法测定)大于或等于 96.5%的 FAME;或色谱纯油酸甲酯"的限定。

本标准由全国石油产品和润滑剂标准化技术委员会提出。

本标准由全国石油产品和润滑剂标准化技术委员会石油燃料和润滑剂分技术委员会(SAC/TC 280/SC 1)归口。

本标准起草单位:中国石油化工股份有限公司石油化工科学研究院。

本标准主要起草人:李率、蔺建民、张永光。

本标准为首次发布。

中间馏分油中脂肪酸甲酯含量的测定 红外光谱法

1 范围

1.1 本标准规定了采用红外光谱法测定柴油机燃料中脂肪酸甲酯(FAME)体积分数的方法,测定范围为FAME体积分数约为1.7%~22.7%。对FAME含量超过所规定范围的样品及其他中间馏分油样品,也可采用本方法进行测定,但其精密度未经验证。

1.2 本标准经证实适用于含有符合GB/T 20828要求的FAME样品。为得到可靠的定量数据,样品中应不含有显著量的其他干扰组分,尤其是酯类。这部分干扰组分在定量分析FAME时所用的光谱区中有吸收,能够使此方法得到的数据值偏大。

注1:如怀疑样品中有干扰组分存在,建议记录全部红外光谱图,并将其与含有已知FAME组分的样品谱图进行比对。

注2:单位g/L在体积分数的换算中,FAME密度采用固定值880.0 kg/m^3。

1.3 本标准的使用可能包括具有危险性的材料、操作和仪器。本标准没有给出与其使用有关的所有安全问题的说明。本标准的使用者有责任在使用前建立适当的安全保健措施,并确定相关规章限制的适用性。

2 规范性引用文件

下列文件中的条款通过本标准的引用而成为本标准的条款。凡是注日期的引用文件,其随后所有的修改单(不包括勘误的内容)或修订版均不适用于本标准,然而,鼓励根据本标准达成协议的各方研究是否可使用这些文件的最新版本。凡是不注日期的引用文件,其最新版本适用于本标准。

GB/T 4756 石油液体手工取样法(GB/T 4756—1998,eqv ISO 3170:1988)

GB/T 20828 柴油机燃料调合用生物柴油(BD100)

EN 14103:2003 油脂衍生物——脂肪酸甲酯(FAME)中甲酯含量和亚麻酸甲酯含量测定法

3 方法概要

将试样用环己烷稀释到合适浓度,记录所测定的中红外吸收谱图。测量其在约1 745 cm^{-1} ± 5 cm^{-1}处的典型酯类吸收带的最大峰值吸收。并通过由已知FAME浓度的标准溶液得到的校准公式计算出FAME含量。

4 试剂和材料

4.1 校准用FAME:符合GB/T 20828要求且甲酯质量分数(按EN 14103:2003方法测定)大于或等于96.5%的FAME;或色谱纯油酸甲酯。

4.2 环己烷:纯度大于99.5%。

5 仪器

5.1 红外光谱仪:色散或干涉型,波数范围400 cm^{-1}~4 000 cm^{-1},吸光度在0.1~1.1之间线性吸收,最小精度4 cm^{-1}。

5.2 样品池:材质为KBr或NaCl或CaF_2,具有光程数值。

示例:FAME质量浓度为3 g/L(体积分数约为0.34%)的溶液在使用光程为0.5 mm的样品池时,在约1 745 cm^{-1}处吸光度约为0.4。

6 取样

如产品标准中没有其他说明，取样按 GB/T 4756 进行。

7 试验步骤

7.1 概述

由于 FAME 溶液的黏度影响，清洗测量所用的样品池具有重要意义。应用环己烷反复清洗样品池。通过将其注满环己烷并记录其红外光谱(IR)谱图来检验是否清洗干净。如 IR 谱图与参照的环己烷谱图精确符合，则说明样品池已清洗干净。

7.2 校准

7.2.1 校准溶液的准备

通过将校准用 FAME 称重并置入适当容量瓶中，注入环己烷至刻度线的方式配制一系列(至少五个)已知 FAME 精确浓度的环己烷标准溶液。五个标准溶液的 FAME 浓度应选择在约 1 745 cm^{-1} 的最大吸收峰处的吸光度在 0.1～1.1。

示例：对于光程为 0.5 mm 的样品池，校准溶液为 1 g/L、2 g/L、4 g/L、6 g/L、10 g/L。

校准和测量应选用同样的样品池进行，这十分重要。

7.2.2 谱图测量

本步骤对于校准溶液和试样溶液(见 7.3.2)是相同的。试样溶液或校准溶液注入至样品池中，并以环己烷谱图为背景记录其 IR 谱图。测量在约 1 745 cm^{-1} 处的最大峰值吸收的吸光度，基线范围 1 670 cm^{-1}～1 820 cm^{-1}。

注：以环己烷谱图为背景进行精确测量操作时应十分认真。环己烷的 IR 吸收带应该进行直接光波补偿(双光束设备)或计算削减(单光束设备)。

7.2.3 校准公式

测定系列 FAME 校准溶液(见 7.2.1)的吸光度，并以吸光度 A 为因变量，以质量浓度 q 为自变量进行线性回归或作图。校准公式见式(1)(计算的标准样品池光程为 1 cm)：

$$A/L = aq + b \qquad \cdots\cdots(1)$$

式中：

A——测定所得吸光度；

L——所用样品池的光程，cm；

q——FAME 质量浓度，g/L；

a——回归线的斜率；

b——回归线在 y 轴的截距。

如回归线的关联系数(R^2)低于 0.99，应重复校准程序。

7.3 定量分析

7.3.1 试样准备

含有 FAME 的中间馏分油试样经环己烷适当稀释后再分析。如试样溶液的吸光度没有落在校准吸光度范围内，重新对试样进行更合适的稀释。对于 FAME 质量浓度小于 100 g/L(体积分数 11.4%)的试样，稀释比率最低为 1∶10(体积比)。对于 FAME 质量浓度大于 100 g/L(体积分数 11.4%)并且小于 200 g/L(体积分数 22.7%)的试样，稀释比率最低为 1∶20(体积比)。

注 1：如试样 FAME 质量浓度高于 200 g/L(体积分数 22.7%)，需进行充分稀释使其吸光度在校准所特定的吸光度范围内。

注 2：给定的稀释比率是基于光程为 0.5 mm 的样品池。

7.3.2 **谱图测量**

谱图测量的操作参照 7.2.2,典型的中红外光谱图见图 1。确保用于试样测量和校准的样品池相同是十分重要的。

由于样品池的清洗非常重要,建议在每个试样之间测定环己烷,通过环己烷的 IR 谱图检验样品池是否清洗干净(见 7.1)。

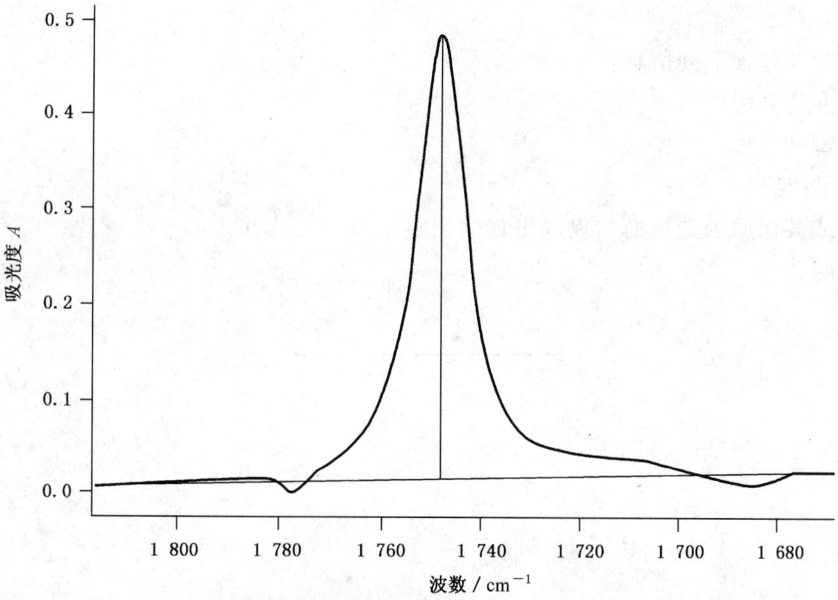

图 1 用环己烷稀释后的柴油机燃料中 FAME 的典型红外光谱图
(样品池 0.5 mm,将 FAME 质量浓度为 44 g/L 的试样按体积比 1∶10 稀释)

8 计算

用式(2)计算试样中的 FAME 含量(体积分数):

$$\varphi = \frac{X}{a}\left[\frac{A}{L} - b\right]\frac{100}{d} \qquad \cdots\cdots(2)$$

式中:

φ——FAME 体积分数,%;

X——稀释系数(如 $X=10$ 表示稀释比率 1∶10);

a——回归线的斜率;

b——回归线在 y 轴的截距;

A——根据 7.3.2 测量的吸光度;

L——所用样品池的光程,cm;

d——FAME 在 20 ℃的密度,$d=880.0\ kg/m^3$。

9 结果表示

报告试样的 FAME 体积分数,修约至 0.1%。

10 精密度

按下述规定判断试验结果的可靠性(95%置信水平)。

10.1 **重复性**

由同一操作者、采用同一仪器、对同一试样进行重复测定所得到的两个试验结果之差的绝对值不应超过 0.3%。

10.2 再现性

在不同实验室的不同的操作者、采用不同仪器、对相同的样品进行测定所得到两个单个独立的试验结果之差，对于FAME体积分数小于或等于11.4%，其绝对值不应超过0.9%。对于FAME体积分数大于11.4%且小于22.7%，其绝对值不应超过1.4%。

11 试验报告

试验报告至少要包含下列信息：

a） 对本标准的引用；

b） 样品类型和名称；

c） 试验结果(见第9章)；

d） 由协议或其他原因造成的与规定步骤的偏差；

e） 试验日期。

ICS 75.180.10;77.140.75
E 92

中华人民共和国国家标准

GB/T 23802—2009

石油天然气工业 套管、油管和接箍毛坯用耐腐蚀合金无缝管交货技术条件

Petroleum and natural gas industries—Corrosion-resistant alloy seamless tubes for use as casing, tubing and coupling stock—Technical delivery conditions

(ISO 13680:2000,MOD)

2009-05-18 发布　　　　2009-12-01 实施

中华人民共和国国家质量监督检验检疫总局
中国国家标准化管理委员会　发布

前　言

本标准修改采用 ISO 13680:2000《石油天然气工业——套管、油管和接箍毛坯用耐腐蚀合金无缝管——交货技术条件》(英文版)。

本标准根据 ISO 13680:2000 重新起草。与原国际标准的主要技术差异在于:本标准采用了与原国际标准的规范性引用文件中的国际标准等效或修改采用的国家标准。如,本标准采用了 GB/T 230.1、GB/T 4338、GB/T 9445、GB/T 15970.1 等。

为便于使用,本标准做了下列编辑性修改:

a) “本国际标准”一词改为“本标准”;

b) 用小数点“.”代替作为小数点的逗号“,”;

c) 删除国际标准的前言。

本标准由中国石油天然气集团公司提出。

本标准由全国石油天然气标准化技术委员会归口。

本标准起草单位:中国石油天然气集团公司管材研究所。

本标准主要起草人:熊庆人、冯耀荣。

石油天然气工业　套管、油管和接箍毛坯用耐腐蚀合金无缝管交货技术条件

1　范围

本标准规定了套管、油管和接箍毛坯用耐腐蚀合金无缝管的交货技术条件。

本标准适用于下述四组产品：

——第1组：包括马氏体或马氏体/铁素体不锈钢；

——第2组：包括铁素体-奥氏体不锈钢，例如双相或超级双相不锈钢；

——第3组：包括具有奥氏体组织的铁基耐蚀合金；

——第4组：包括具有奥氏体组织的镍基耐蚀合金。

本标准不包括将单根管连接成管串的接头连接或其他方法的相关条款。

注：接头或连接方法会影响本标准中规定材料的腐蚀性能。

2　规范性引用文件

下列文件中的条款通过本标准的引用而成为本标准的条款。凡是注日期的引用文件，其随后所有的修改单（不包括勘误的内容）或修订版均不适用于本标准，然而，鼓励根据本标准达成协议的各方研究是否可使用这些文件的最新版本。凡是不注日期的引用文件，其最新版本适用于本标准。

GB/T 228　金属材料　室温拉伸试验方法(GB/T 228—2002,eqv ISO 6892:1998)

GB/T 229　金属材料　夏比摆锤冲击试验方法(GB/T 229—2007,ISO 148-1:2006,MOD)

GB/T 230.1　金属洛氏硬度试验　第1部分：试验方法(A、B、C、D、E、F、G、H、K、N、T标尺)(GB/T 230.1—2004,ISO 6508-1:1999,MOD)

GB/T 2975　钢及钢产品　力学性能试验取样位置及试样制备(GB/T 2975—1998,eqv ISO 377:1997)

GB/T 4338　金属材料高温拉伸试验方法(GB/T 4338—2006,ISO 783:1999,MOD)

GB/T 9445　无损检测　人员资格鉴定与认证(GB/T 9445—2008,ISO 9712:2005,IDT)

GB/T 15574　钢产品分类(GB/T 15574—1995,eqv ISO 6929:1987)

GB/T 15970.1　金属和合金的腐蚀　应力腐蚀试验　第1部分：试验方法总则(GB/T 15970.1—1995,idt ISO 7539-1:1987)

GB/T 15970.2　金属和合金的腐蚀　应力腐蚀试验　第2部分：弯梁试样的制备和应用(GB/T 15970.2—2000,idt ISO 7539-2:1989)

GB/T 15970.3　金属和合金的腐蚀　应力腐蚀试验　第3部分：U型弯曲试样的制备和应用(GB/T 15970.3—1995,idt ISO 7539-3:1989)

GB/T 15970.4　金属和合金的腐蚀　应力腐蚀试验　第4部分：单轴加载拉伸试样的制备和应用(GB/T 15970.4—2000,idt ISO 7539-4:1989)

GB/T 15970.5　金属和合金的腐蚀　应力腐蚀试验　第5部分：C型环试样的制备和应用(GB/T 15970.5—1998,idt ISO 7539-5:1989)

GB/T 15970.6　金属和合金的腐蚀　应力腐蚀试验　第6部分：预制裂纹试样的制备和应用(GB/T 15970.6—2007,ISO 7539-6:2003,IDT)

GB/T 15970.7 金属和合金的腐蚀 应力腐蚀试验 第7部分：慢应变速率试验(GB/T 15970.7—2000,idt ISO 7539-7:1989)

GB/T 17505 钢及钢产品交货一般技术要求(GB/T 17505—1998,eqv ISO 404:1992)

GB/T 18253 钢及钢产品 检验文件的类型(GB/T 18253—2000,eqv ISO 10474:1991)

GB/T 19830 石油天然气工业 油气井套管或油管用钢管(GB/T 19830—2005,ISO 11960:2001,IDT)

ISO 643 钢——铁素体或奥氏体晶粒度评定

ISO 3545-1 钢管及管件——标准使用的符号——第1部分:管子及管件

ISO 4885 黑色金属——热处理——术语

ISO 4948-1 钢——分类——第1部分:根据化学成分对非合金钢及合金钢的分类

ISO 4948-2 钢——分类——第2部分:根据主要质量等级和主要性能或应用特性对非合金钢和合金钢的分类

ISO 8501-1:1988 涂敷前钢基底的制备和相关产品——表面清洁度的目视评定——第1部分:全部去除以前涂层后的钢基底和未涂敷钢基底的锈蚀级别和制备级别

ISO 9303 承压无缝钢管和焊管(不包括埋弧焊管)——全管体纵向缺陷超声波检测

ISO 9304 承压无缝钢管和焊管(不包括埋弧焊管)——缺陷的涡流检验

ISO 9305 承压无缝钢管——全管体横向缺陷超声波检测

ISO 9402 承压无缝钢管和焊管(不包括埋弧焊管)——铁磁性钢管全管体纵向缺陷磁传感器/漏磁检验

ISO 10124 承压无缝钢管及焊管(不包括埋弧焊管)——分层缺陷的超声波检测

ISO 10543 承压无缝钢管及热张力减径焊管——管子全圆周超声波厚度检测

ISO 11484 承压钢管——无损检测人员资格鉴定与认证

ISO 11496 承压无缝钢管及焊管——管端分层缺陷超声波检查

ISO 11845 金属及合金的腐蚀——腐蚀试验的一般原则

ISO 13665 承压无缝钢管和焊管——管体表面缺陷的磁粉检查

ISO 14284 钢和铁——化学成分分析试样的取样及制备

ASTM E112 平均晶粒度测定的标准试验方法

ASTM E562 用系统的人工逐点计数法测定体积分数的试验方法

ASTM G48 不锈钢及相关合金在氯化铁溶液中的点蚀和缝隙腐蚀抗力的试验方法

ASTM G78 海水和含氯化物水溶液环境中铁基和镍基耐蚀合金腐蚀试验指南

NACE TM-01-77 H_2S环境中的抗硫化物应力腐蚀开裂实验室试验的标准试验方法

3 术语、定义、符号和缩略语

3.1 术语和定义

GB/T 2975、GB/T 17505、ISO 4885、ISO 4948-1、ISO 4948-2、GB/T 15574和GB/T 18253中确立的以及下列术语和定义适用于本标准。

3.1.1

接箍毛坯 coupling stock

用于制造接箍的管子坯料。

3.1.2

套管 casing

用于井筒内封固裸露的井壁的钢管。

3.1.3

油管 tubing

用于井筒内将流体从生产层导出到采油树或者相反。

3.1.4

淬硬 quench hardening

淬火 quenching

要求奥氏体化后进行冷却的热处理，在这种热处理状态中奥氏体转变成马氏体。

注1：淬火硬化通常跟随着回火。

注2：从ISO 4885修改而来。

3.1.5

回火 tempering

一次或多次加热到下临界温度以下的规定温度，并在该温度保温。

注1：回火通常在淬火之后。

注2：从ISO 4885修改而来。

3.1.6

固溶退火 solution annealing

将钢加热到某一合适的温度，并在该温度保温足够长的时间，以使一种或多种成分溶入固溶体，然后足够快冷使其保留在固溶体中。

[ISO 4885]

3.1.7

冷精加工 cold finishing

如果不进行最后的固溶退火，冷精加工会造成一个永久应变。

注：以百分比表示的冷加工量取决于每种材料钢级规定的强度水平，如表3所示。

3.1.8

缺欠 imperfection

用本标准规定的方法检查出的产品中的不连续或不规则处。

3.1.9

线性缺欠 linear imperfection

缺欠包括（但不限于此）发裂、折叠、裂纹、划痕、切口和凿槽等。

3.1.10

缺陷 defect

根据本标准的规定足以引起拒收的缺欠。

3.1.11

耐腐蚀合金 corrosion-resistant alloy

在对碳钢和低合金钢有腐蚀性的环境中，能够耐全面腐蚀和局部腐蚀和（或）环境开裂的合金。

3.1.12

热精加工 hot finishing

在某一温度和应变速率下使金属发生塑性变形，在该条件下，再结晶和变形同时发生，因而防止了永久的应变硬化。

3.1.13

试验批 test unit

由同一炉、同一外径和壁厚、同一钢级、同一生产工艺、相同最终热处理状态和相同冷加工参数的管子组成。

3.2 符号

本标准采用了ISO 3541-1和GB/T 228所使用的符号，如下所示：

d——管子内径，单位为毫米(mm)；

D——管子外径，单位为毫米(mm)；

T——管子壁厚，单位为毫米(mm)；

M——单位长度质量，单位为千克每米(kg/m)；

P_E——试验压力，单位为帕斯卡(Pa)(也可以用bar)；

R_m——抗拉强度，单位为兆帕(MPa)；

$R_{p0.2}$——屈服强度(0.2%非比例伸长)，单位为兆帕(MPa)；

A——断后伸长率。

3.3 缩略语

AD——氩氧脱碳；

CCT——临界缝隙腐蚀温度；

CPT——临界点蚀温度；

CW——冷加工；

ESR——电渣重熔；

ET——电磁检查；

HF——热精加工；

HRC——洛氏硬度标尺C；

L+T——纵向+横向；

MPS——制造工艺规范；

MT——磁粉检查；

NDE——无损检测；

PM——粉末冶金；

PRE——抗点蚀当量数；

QT——淬火和回火；

SA——固溶退火；

UT——超声波检查；

VAD——真空电弧脱气；

VAR——真空电弧重熔；

VIM——真空感应熔化；

VOD——真空氧气脱碳。

4 分类

本标准所指的耐腐蚀合金为ISO 4948-1和ISO 4948-2中的特殊合金。

5 购方应提供的信息

5.1 购方在合同中至少应提供下述信息：

a) 管子数量；

b) 产品名称：套管、油管或接箍毛坯；

c) 参考本标准；

d) 材料种类及钢级(表2和表3)；

e) 尺寸，mm(表7)；

f) 长度范围(9.2)；

g) 检测文件类型(10.1)。

例如:符合下列要求:

——管子数量:1 000 m;

——产品:套管毛坯;

——材料种类及钢级:13-5-2/95;

——尺寸[如外径(mm)]×壁厚(mm)×长度范围]:177.80×8.05×R_3;

——检测文件:根据 GB/T 18253—2000 中 5.1B 的规定。

上述信息最好按下述方式表示:

1 000 m 套管毛坯 GB/T 23802—13-5-2/95—177.80×8.05×R_3 GB/T 18253—5.1B。

5.2 本标准允许购方和制造商在特殊情况下,同意用其他条件代替或附加于本标准的要求。如果购方或制造商想使用下列选择,那么这些选择在调查阶段就应明确指出,并在合同中写明和认可:

a) 化学成分(8.2);

b) 室温机械性能(8.3.1);

c) 高温机械性能(8.3.2);

d) 冲击性能(8.3.3);

e) 内表面粗糙度(8.6.1.1);

f) 无损检测方法(8.7);

g) 接箍毛坯的外径、壁厚和重量偏差(9.3.1.2);

h) 表面保护(14.2);

i) 水压试验(8.8 和 11.10);

j) 腐蚀试验(8.4)。

6 材料设计评定

开发材料的制造商应对材料进行试验并按表 12 的规定报告其理化性能,产品的化学成分及抗腐蚀性能。任何文件化的报告应包括所引用的假设、计算及试验结果。

文件应提供制造商开发的材料所使用的环境条件和操作条件的客观证据。

如果用户要求,供方应将上述文件提供给用户,以帮助用户评价这种材料的适用性。

如果用户要求,所有确定材料各向异性的试验应是供方材料评定的一部分。

注:冷加工材料形成的强度各向异向,取决于冷加工的量和制造工艺。在使用中应考虑到这一点。

7 制造工艺

7.1 耐腐蚀合金的制造

本标准规定的合金应用氧气顶吹工艺或电炉工艺生产,再经过 AOD、VOD、VAR、ESR、VIM 和 VAD 等精炼。

7.2 管子制造工艺

管子制造工艺、原材料及热处理或冷加工条件列于表 1。

表 2 所定义的第 1 组和第 2 组固溶退火的管子应在任何加厚之后按 3.1.4 或 3.1.5 规定进行全长热处理。

表 1 管子制造工艺、原材料、管子成形和热处理状态

原材料	管子成形状态	热处理或冷加工状态	符 号
铸锭/钢坯 或经过轧制/锻造的棒材	热精加工 ——热轧或 ——热挤压	淬火和回火	QT
		固溶退火	SA

表 1（续）

原材料	管子成形状态	热处理或冷加工状态	符　号
铸锭/钢坯或经过轧制/锻造/机加工的棒材	冷精加工[a] ——冷拔或 ——冷轧(皮尔格)	冷加工	CW
		固溶退火	SA
热精加工毛管	冷精加工[a] ——冷拔或 ——冷轧(皮尔格)	冷加工	CW
		固溶退火	SA

[a] 对于冷精加工产品，应有一个最小的面缩率，在铸锭或钢坯和最后的热加工或热处理之间应为 3∶1。

8 要求

8.1 总则

产品应根据本标准第 10 章和第 11 章进行试验，并应符合本标准第 8 章和第 9 章的要求。

除了本标准的要求，GB/T 17505 中规定的一般交货技术要求也应适用。

8.2 化学成分

表 2 列出了一般类型合金中主要的化学元素的名义含量。

为了便于购方验收，制造商应将化学成分提供给购方，包括成分偏差。

仅对第二组材料，符合本标准的产品应有一个抗点腐当量数，如表 2 所示。

表 2　耐腐蚀合金和材料的主要成分

材　料			主要成分质量分数/%					钢　级[b]						抗点蚀最小当量数[c]
组别	组织	编号[a]	C	Cr	Ni	Mo	N	65	80	95	110	125	140	
1	马氏体	13-5-2	0.02	13	5	2		N	Y	Y	Y	N	N	
		15-2-1	0.1	15	1.5	0.5	0.08	N	Y	Y	Y	N	N	
	马氏体/铁素体	13-1-0	0.03	13	0.5		0.01	N	Y	Y	Y	N	N	
2	双相奥氏体-铁素体	22-5-3	0.02	22	5	3	0.18	Y	N	N	Y	Y	Y	35
		25-7-3	0.02	25	7	3	0.18	Y	N[d]	N	Y	Y	Y	37.5
	超级双相奥氏体-铁素体	25-7-4	0.02	25	7	3.8	0.27	N	Y	N[e]	Y	Y	Y	40
3	铁基奥氏体	27-31-4	0.02	27	31	3.5		N	N	N	Y	Y	Y	
		25-32-3	0.02	25	32	3		N	N	N	Y	Y	Y	
4	镍基奥氏体	21-42-3	0.02	21	42	3		N	N	Y	Y	Y	N	
		22-50-7	0.02	22	50	7		N	N	N	Y	Y	Y	
		25-50-6	0.03	25	50	6		N	N	N	Y	Y	Y	
		20-54-9	0.01	20	54	9	Fe=17	N	N	N	Y	Y	Y	
		15-60-16	0.01	15	60	16	W=4	N	N	N	Y	Y	Y	

[a] 材料编号：
——第一个数字：标准铬含量；
——第二个数字：标准镍含量；
——第三个数字：标准钼含量。

[b] Y=通常可供应；
N=通常不供应。

[c] PRE=%Cr+3.3(%Mo+0.5%W)+16%N，第二组材料可以含钨。

[d] A75 钢级可采用。

[e] A90 钢级可采用。

8.3 机械性能

8.3.1 室温机械性能

本标准所包括的管子的室温[(23±5)℃]机械性能列于表 3 和表 4(10.5)。

8.3.2 高温机械性能要求

高温机械性能要求应在调查和签订合同时由购方和制造商商定(10.5.3.2)。

8.3.3 冲击韧性

应测试低温下的冲击韧性(10.5.3.4)。

材料应满足表 5 给出的最小吸收能要求。

除非最低设计温度低于−10 ℃,否则试验温度应为−10 ℃。当最低设计温度低于−10 ℃时,试验温度应由制造商和购方商定。

试验温度偏差应为±3 ℃。

当使用小尺寸试样时,应采用表 6 所示的吸收能降低系数。

表 3 室温机械性能

材料			交货条件	屈服强度 $R_{p0.2}$/MPa		抗拉强度[a] R_m/MPa	伸长率 A/%	硬度 HRC
组别	材料编号	钢级		最小	最大	最小	最小	最大
1	13-5-2	80	HF 或 QT	550	655	620	[b]	27
		95	HF 或 QT	655	760	725	[b]	28
		110	HF 或 QT	760	965	825	[b]	32
	15-2-1	80	HF 或 QT	550	655	690	25	23
		95	HF 或 QT	655	760	765	22	26
	13-1-0	80	HF 或 QT	550	655	655	[b]	23
		95	HF 或 QT	655	760	725	[b]	26
		110	HF 或 QT	760	965	825	[b]	32
2	22-5-3	65	SA	450	620	620	25	26
		110	CW	760	965	860	11	36
		125	CW	860	1 035	895	10	37
		140	CW	965	1 100	1 000	9	38
	25-7-3	75	SA	515	680	635	25	26
		110	CW	760	965	860	11	36
		125	CW	860	1 035	895	10	37
		140	CW	965	1 100	1 000	9	38
	25-7-4	80	SA	550	725	760	20	28
		90	SA	620	725	790	20	30
		110	CW	760	965	860	12	36
		125	CW	860	1 035	895	10	37
		140	CW	965	1 100	1 000	9	38
3	27-31-4	110	CW	760	965	795	11	35
		125	CW	860	1 035	895	10	37
		140	CW	965	1 100	1 000	9	38
	25-32-3	110	CW	760	965	795	11	35
		125	CW	860	1 035	895	10	37
		140	CW	965	1 100	1 000	9	38

表 3（续）

材料			交货条件	屈服强度 $R_{p0.2}$/MPa		抗拉强度[a] R_m/MPa	伸长率 A/%	硬度 HRC
组别	材料编号	钢级		最小	最大	最小	最小	最大
4	21-42-3	110	CW	760	965	795	11	35
		125	CW	860	1 035	895	10	37
	22-50-7	110	CW	760	965	795	11	35
		125	CW	860	1 035	895	10	37
		140		965	1 100	1 000	9	38
	25-50-6	110	CW	760	965	795	11	35
		125	CW	860	1 035	895	10	37
		140	CW	965	1 100	1 000	9	38
	20-54-9	110	CW	760	965	795	11	35
		125	CW	860	1 035	895	10	37
		140	CW	965	1 100	1 000	9	38
	15-60-16	110	CW	760	965	795	11	35
		125	CW	860	1 070	895	10	37
		140	CW	965	1 170	1 000	9	38

[a] 测得的抗拉强度应比测得屈服强度至少大 35 MPa。

[b] $A = 1\,994 \dfrac{S^{0.2}}{R_m^{0.9}}$

式中：

A——50.8 mm 标距长度上的最小伸长率，%；

S——拉伸试样横截面积，单位为平方毫米（mm^2），是由规定的外径或规定的试样宽度和规定壁厚计算的，修约到 10 mm^2，和 490 mm^2 相比较，取小者；

R_m——规定的抗拉强度，单位为兆帕（MPa）。

表 4　允许的硬度偏差——所有组

壁厚 T/mm		允许的硬度（HRC）偏差
≥	<	
—	12.7	3
12.7	19.05	4
19.05	25.4	5
25.4	—	6

表 5　最低吸收能

组　别	温度/℃	10 mm×10 mm 夏比冲击试样吸收能/J	
		纵向	横向
1	−10	40	40
2		40	27
3		40	27
4		40	27
第 2,3,4 组—140 钢级		27	27

表 6　吸收能降低系数

试样尺寸 mm×mm	吸收能降低系数
10×7.5	0.80
10×5	0.55

对于第一组和第二组材料，直径或厚度加工不出 10 mm×5 mm 或较大尺寸的纵向试样时，产品不需要进行试验。但制造商应用化学成分和文件化的工艺证明材料的冲击吸收功能满足最低的规定要求。

性能相当的证明应经制造商和购方同意，而且可包括其他形式的试验，如全尺寸试验。

8.4　腐蚀性能

用于质量控制的腐蚀试验不是强制性的，通常不做要求。由购方选择，可以进行质量控制腐蚀试验(表 12)。

8.5　显微组织

8.5.1　第 1 组

对于马氏体材料，δ 铁素体含量不应超过 5%(11.6.2)。

对于 13-1-0 材料，由购方和制造商协商铁素体含量可以超过 5%。

显微组织中，晶粒边界不应有连续的沉淀物或铁素体网。

8.5.2　第 2 组

显微组织应为铁素体-奥氏体。

显微组织中，晶粒边界不应有连续的沉淀物。金属间化合物相、氮化物、碳化物的总和不应超过 1.0%。σ 相不应超过 0.5%(11.6.1 和 11.6.3)。

对于最小 PRE<40 的(双相)合金，铁素体体积分数应在 40%～60%范围内，对于最小 PRE≥40 的(超级双相)合金，铁素体体积分数应在 35%～55%范围内。

8.5.3　第 3 组和第 4 组

显微组织中，晶粒边界不应有连续的沉淀物。金属间化合物、氮化物和碳化物的总和不应超过 1.0%。σ 相不应超过 0.5%(11.6.1)。

8.6　外观检查

8.6.1　管体

8.6.1.1　所有组的管子内表面应无氧化皮。如果购方对管子表面质量有特殊要求，则应在调查和签订合同时写明。在这种情况下，购方应规定检查的方法、频次、粗糙度数值和检查范围。

8.6.1.2　每根管子应无 8.6.1.3 定义的缺陷。

8.6.1.3　管子内、外表面在任何方向上的下列缺欠应视为缺陷：

a)　径向深度大于规定壁厚的 5%或大于 0.3 mm(取两者之中较大值)的线性缺欠；

b)　剩余壁厚对于热加工产品小于 87.5%，对于冷加工产品小于 90%的线性或非线性缺欠。

8.6.1.4　符合材料要求并且尺寸小于 8.6.1.3 规定的缺欠允许保留在管子中。

缺陷不允许补焊。

含缺陷管子应用下列方法之一处理：

a)　打磨或切削：缺陷应完全打磨或切削掉，只要剩余壁厚在表 9 规定的范围之内。应防止壁厚的不连续变化。应按照 11.9.2 对剩余壁厚进行测量，剩余壁厚应在规定的范围之内。在去除掉缺陷之后，受影响的区域应用 11.8.1 规定的一种或多种无损检测方法重新检查，以确定缺陷被完全去除。制造商应提供书面材料证实在受影响区域是否存在类似缺陷。经打磨或加工的表面应比原始表面光滑；

b) 切除：管子含缺陷的部分应在符合长度要求的条件下切除；

c) 拒收：管子应拒收。

8.6.2 管端

8.6.2.1 管子应按平端交货。管端应无有害毛刺，切斜应在 0.01*D* 范围内。

8.6.2.2 管子在最终热处理之后可进行定径，以便于加工螺纹。第 1 组材料当定径超过 3%塑性变形时，应在合适的温度下进行去应力；或者根据书面的热处理工艺进行整体热处理。固溶退火材料应根据协议进行处理。

注：对双相不锈钢进行消除应力处理很困难，因为 σ 相析出的风险很大。

8.7 无损检测

每根管子应对内外表面进行纵向、横向和分层缺陷的超声波检查，看其是否符合有关的无损检测方法标准的验收水平 2(11.8)。

另外，对于第 1 组材料，每根管子应由制造商选择按下列方法之一进行外表面纵向缺欠检查：

——漏磁检验，验收判据为有关的无损检测方法标准的验收水平 2(11.8)；

——涡流检验，验收判据为有关的无损检测方法标准的验收水平 2(11.8)；

——磁粉检测，根据有关无损检测方法标准进行(11.8)。

检测出的缺陷应按 8.6.1.4 所述的方法之一进行处理。

8.8 水压试验

除非订货合同中声明管子将在以后做水压试验，所有的油管和套管应进行水压试验(11.10)。

注：由于试验设备的限制，最大的水压试验压力为 68.94 MPa，这并不妨碍后来根据 GB/T 19830 进行应力不超过 80%屈服强度的水压试验。

9 尺寸、重量和偏差

9.1 外径、壁厚和重量

9.1.1 本标准所包括的油管和套管毛坯的外径、壁厚和重量由表 7 给出。

表 7 中重量是参照 ISO 4200 中的方法(系数为 1)计算得到的。为了确定不同材料的重量，表 7 中的重量应乘以下列系数：

——0.989，铁素体和奥氏体钢——第 1 组材料；

——1，双相或超级双相不锈钢——第 2 组材料；

——α，奥氏体钢，第 3 组材料；

——β，镍基奥氏体合金，第 4 组材料。

α 和 β 的值应由制造商提供。

9.1.2 表 7 中未列出的其他尺寸可在调查或签订合同时协商。

9.1.3 对于直径大于 16.8 cm(6⅝ in)的油管和套管毛坯，直径的测量应保留一位小数。在本标准中，设计时为了保证可互换性，可保留两位小数。

表 7 油套管的规定尺寸和重量

外径 *D*/mm	壁厚 *T*/mm	内径[a] *d*/mm	通径规尺寸[b]/mm	平端管重量[c]/(kg/m)
26.67	2.87	20.93	18.55	1.68
26.67	3.91	18.85	16.47	2.19
33.40	3.38	26.64	24.26	2.50
	4.55	24.30	21.92	3.24
42.16	3.18	35.80	33.42	3.06
	3.56	35.04	32.66	3.39
	4.85	32.46	30.08	4.46

表 7（续）

外径 *D*/mm	壁厚 *T*/mm	内径[a] *d*/mm	通径规尺寸[b]/mm	平端管重量[c]/(kg/m)
48.26	3.18	41.90	39.52	3.54
	3.68	40.90	38.52	4.05
	5.08	38.10	35.72	5.41
	6.35	35.56	33.18	6.56
	7.62	33.02	30.64	7.64
60.33	4.24	51.85	49.47	5.87
	4.83	50.67	48.29	6.61
	6.45	47.43	45.05	8.57
	7.49	45.35	42.97	9.76
	8.53	43.27	40.89	10.90
73.03	5.51	62.01	59.63	9.17
	7.01	59.01	56.63	11.41
	7.82	57.39	55.01	12.58
	8.64	55.75	53.37	13.72
	9.96	53.11	50.73	15.49
	11.18	50.67	48.29	17.05
88.90	5.49	77.92	74.74	11.29
	6.45	76.00	72.82	13.12
	7.34	74.22	71.04	14.76
	9.53	69.84	66.66	18.65
	10.92	67.06	63.88	21.00
	12.09	64.72	61.54	22.90
	13.46	61.98	58.80	25.04
101.60	5.74	90.12	86.94	13.57
	6.65	88.30	85.12	15.57
	8.38	84.84	81.66	19.27
	10.54	80.52	77.34	23.67
	12.70	76.20	73.02	27.84
	15.49	70.62	67.44	32.89
114.30	5.21	103.88	100.70	14.02
	5.69	102.92	99.74	15.24
	6.35	101.60	98.42	16.91
	6.88	100.54	97.36	18.23
	7.37	99.56	96.38	19.44
	8.56	97.18	94.00	22.32
	9.65	95.00	91.82	24.90
	10.92	92.46	89.28	27.84
	12.70	88.90	85.72	31.82
	14.22	85.86	82.68	35.10
	16.00	82.30	79.12	38.79
127.00	5.59	115.82	112.64	16.74
	6.43	114.14	110.96	19.12
	7.52	111.96	106.78	22.16
	9.19	108.62	105.44	26.70
	11.10	104.80	101.62	31.73
	12.14	102.72	99.54	34.39
	12.70	101.60	98.42	35.80

表 7（续）

外径 D/mm	壁厚 T/mm	内径[a] d/mm	通径规尺寸[b]/mm	平端管重量[c]/(kg/m)
139.70	6.20	127.30	124.12	20.41
	6.99	125.72	122.54	22.88
	7.72	124.26	121.08	25.13
	9.17	121.36	118.18	29.52
	10.54	118.62	115.44	33.57
	12.70	114.30	111.12	39.78
	14.27	111.16	107.98	44.14
	15.88	107.94	104.76	48.49
	17.45	104.80	101.62	52.61
	19.05	101.60	98.42	56.68
	20.62	96.46	95.28	60.55
	22.23	95.24	92.06	64.40
168.28	7.32	153.64	150.46	29.06
	8.94	150.40	147.22	35.13
	10.59	147.10	143.92	41.18
	12.07	144.14	140.92	46.50
177.80	5.87	166.06	162.88	24.89
	6.91	163.98	160.80	29.12
	8.05	161.70	158.52	33.70
	9.19	159.42	156.24	38.21
	10.36	157.08	153.90	42.78
	11.51	154.78	151.60	47.20
	12.65	152.50	149.32	51.52
	13.72	150.36	147.18	55.52
	15.88	146.04	142.86	63.41
	17.45	142.90	139.72	69.01
	19.05	139.70	136.52	74.58
	20.62	136.56	133.38	79.93
	22.23	133.34	130.16	85.29
193.68	7.62	178.44	175.26	34.98
	8.33	177.02	173.84	38.08
	9.53	174.62	171.44	43.28
	10.92	171.84	168.66	49.22
	12.70	168.28	165.10	56.68
	14.27	165.14	161.96	63.14
	15.11	163.46	160.28	66.54
	15.88	161.92	158.74	69.63
	17.45	158.78	155.60	75.84
	19.05	155.58	152.40	87.04
196.85	15.11	166.63	163.45	67.72
	15.11[d]	**166.63**	**165.10**	**67.72**
219.08	6.71	205.66	202.48	35.14
	7.72	203.64	200.46	40.24
	8.94	201.20	198.02	46.33
	8.94[d]	**201.20**	**200.02**	**46.33**
	10.16	198.76	195.58	52.35
	11.43	196.22	193.04	58.53
	12.70	193.68	190.50	64.64
	14.15	190.78	187.60	71.51

表 7（续）

外径 D/mm	壁厚 T/mm	内径[a] d/mm	通径规尺寸[b]/mm	平端管重量[c]/(kg/m)
244.48	7.92	228.64	224.67	46.20
	8.94	226.60	222.63	51.93
	10.03	224.42	220.45	55.99
	11.05	222.38	218.41	63.61
	11.99	220.50	216.53	68.75
	13.84	216.80	212.83	78.72
	13.84[d]	**216.80**	**215.90**	**78.72**
	15.11	214.26	210.29	85.47
	15.11[d]	**214.26**	**212.75**	**85.47**
	15.47	213.54	209.57	87.37
	17.07	210.34	206.37	95.73
	18.64	207.20	203.23	103.82
	20.24	204.00	200.03	111.93
273.05	7.09	258.87	254.90	46.50
	8.89	255.27	251.30	57.91
	10.16	252.73	248.76	65.87
	10.16[d]	**252.73**	**250.82**	**65.87**
	11.43	250.19	246.22	73.75
	12.57	247.91	243.94	80.75
	13.84	245.37	241.40	88.47
	15.11	242.83	238.86	96.12
	17.07	238.91	234.94	107.76
	18.64	235.71	231.80	116.95
	20.24	232.57	228.60	126.19
298.45	8.46	281.53	277.56	60.50
	9.53	279.39	275.42	67.90
	11.05	276.35	272.38	78.32
	12.42	273.61	269.64	87.61
	13.56	271.33	267.36	95.27
	13.56[d]	**271.33**	**269.88**	**95.27**
	14.78	268.89	264.92	103.40
339.73	8.38	322.97	319.00	68.48
	9.65	320.43	316.46	78.55
	10.92	317.89	313.92	88.55
	12.19	315.35	311.38	98.47
	13.06	313.61	309.64	105.21
	13.06[d]	**313.61**	**311.15**	**105.21**

[a] $d = D - 2T$。

[b] 通径规尺寸 $= d -$ 常数(见表 10)。

[c] 重量 $= 0.024\,661\,5 \times (D-T) \times T$。

[d] 可选择的通径规尺寸用粗体表示，见表 11。

9.2 长度

管子应按表 8 列出的长度范围交货。

表 8 长度范围

单位为米

管子		范围 1 (R_1)	范围 2 (R_2)	范围 3 (R_3)
套管和油管	长度范围	5.00～7.50	7.50～10.30	10.30～14.30
	每个合同的每 18 t 管子的最大允许偏差	1.5		
接头	长度[a]	0.60;0.90;1.20;1.80;2.40;3.00;3.70		
	偏差	±0.05		
接箍		协商确定		

[a] 根据购方和供货商的协议,长度为 0.6 m 的接头可加工到 0.9 m,也可加工其他长度的接头。

9.3 偏差

9.3.1 外径、壁厚和重量偏差

9.3.1.1 套管和油管的外径、壁厚和重量偏差应符合表 9 规定。

9.3.1.2 接箍毛坯的外径、壁厚和重量偏差应在调查和签定合同时协定。

9.3.2 内径,d

内径偏差由外径及重量偏差决定。

表 9 尺寸和重量偏差

外径 D mm	偏差					
	外径[a]		壁厚		重量[b]	
	供货状态					
	QT-SA	CW	QT-SA	CW	QT-SA	CW
≤101.6	±0.79 mm	±0.79 mm	[c] −12.5%	[c] −10%	+6.5% −3.5%	+6.5% −3.5%
>101.6	+1% −0.5%	+1% −0.5%	[c] −12.5%	[c] −10%	+6.5% −3.5%	+6.5% −3.5%

[a] 椭圆度包括在外径偏差中。

[b] 表中为单根管子的偏差,任一合同中每 18 t 钢管的重量偏差为−1.75%。

[c] 正偏差由重量偏差来控制。

9.3.3 直度

直度或弦高应符合下列规定之一:

——对于直径>101.60 mm 的管子,应不超过管子长度的 0.2%(管子长度为从一端到另一端的长度)(见图 1);

——在 1.52 m 的长度上,每一端的偏差应不大于 3.18 mm(见图 2)。

对于按固溶退火态交货的第 1 组马氏体材料和第 2 组材料,管子不应经受拉伸或扩张的冷加工,除非这是正常的校直操作引起的,并且在最终的回火处理之后,不应有超过 3%的塑性变形。

第 1 组材料生产的管子应进行热旋转校直,或者在冷校直之后应进行去应力。允许进行轻度的压直机校直,只要塑性变形不超过 3%。

9.3.4 通径要求

每根套管和油管应进行全长通径试验。油管和套管的标准通径规尺寸由表 10 给出。

如果购方要求,也可使用另一种可供选择的通径规尺寸。表 11 给出了可供选择的通径规尺寸。

对于管端内加厚的油管和套管,应按表 10 规定的标准通径规尺寸,或在表 11 规定的可供选择的通径规尺寸,在加厚之前进行全长通径试验。

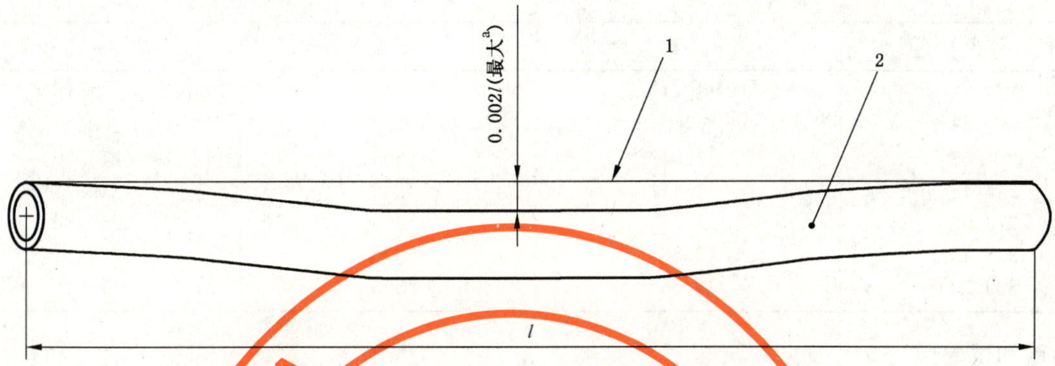

1——拉紧的绳子或线；

2——管子。

a 弦高偏差。

图 1　全长直度测量

单位为毫米

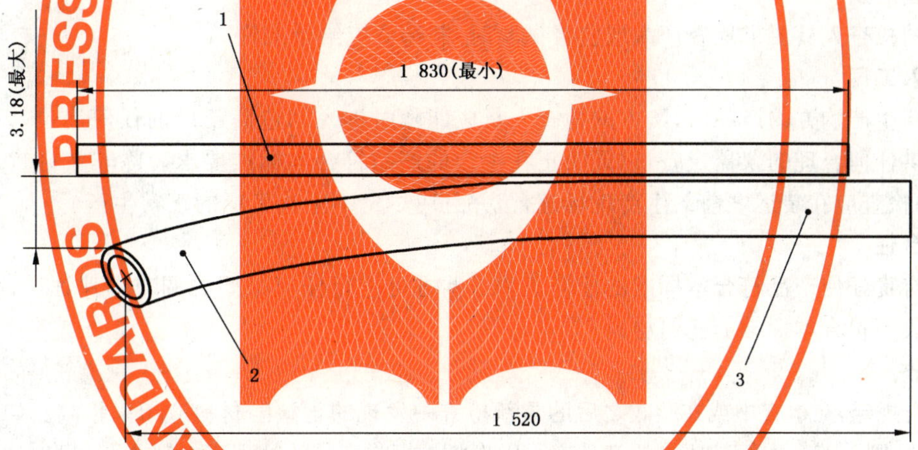

1——测量用直尺；

2——弯曲的管端；

3——管子。

图 2　端部直度测量

表 10　通径规尺寸

单位为毫米

类　别	外径 D		通径规尺寸	
	>	≤	长度	直径
套管	—	219.08	152	d-3.18
	219.08	—	305	d-3.97
油管	—	73.03	1 067	d-2.38
	73.03	—	1 067	d-3.18
注：d 由表 7 给出。				

表 11　可供选择的通径规尺寸(参见表 7)

单位为毫米

套管		最小通径规尺寸	
外径	壁厚	长度	直径
196.85	15.11	152	165.10
219.08	8.94	152	200.02
244.48	13.84	305	215.90
244.48	15.11	305	212.75
273.05	10.16	305	250.82
298.45	13.56	305	269.88
339.73	13.06	305	311.15

10　检验和试验

10.1　检验项目

除非在调查和签订合同时另有规定，所有按本标准交货的管子应进行规定的检验，并应出具 GB/T 18253—2000 的 5.1 中 b)的检验证明。

10.2　试验项目和频次

试验项目和频次见表 12。

10.3　购方检查

10.3.1　检查通知

当购方的检查人员要求检查产品或监督试验时，制造商应给予准许。

10.3.2　进入工厂

当按合同生产购方的产品时，购方的检查人员应能随时进入制造商工厂的任何岗位。制造商应向检查人员提供任何合理的仪器设备，以证明正在生产的产品符合本标准要求。除非在订货合同中另有规定，所有的检查应在装运之前的生产现场进行，并且应尽量不干扰工厂的正常生产。

10.3.3　符合性

制造商有责任使产品符合本标准的任何条款。购方可进行任何必要的调查以保证产品的符合性，并且可以拒收不符合本标准的任何材料。

10.3.4　拒收

除非另有规定，在检查中或在验收之后的重新检查中发现的含缺陷材料应予以拒收。如果进行材料的破坏性试验，则不符合本标准要求的产品应予以拒收。拒收产品的处理应由制造商和购方协商决定。

10.4　化学成分分析

10.4.1　制造商应提供每一炉的化学成分分析结果。

10.4.2　每个试验批应取两个样品进行产品分析(11.1)。

表 12　不加厚和加厚油套管的试验类型和频次

试验项目或要求	试验要求[a]	试验频次[b]	取样条件	试验方法	要求
熔炼分析	m	每炉	10.4	11.1	8.2
产品分析	m	每试验批 2 次[c]	10.4	11.1	8.2
室温拉伸试验	m	每试验批 1 次[c]	10.5.2 和 10.5.3.1	11.2.1	8.3.1
高温拉伸试验	o	每试验批 1 次[c]	10.5.2 和 10.5.3.2	11.2.2	8.3.2
硬度试验	m	每试验批 1 组[c]	10.5.2 和 10.5.3.3	11.3	8.3.1
冲击试验(T>6 mm)	m[d]	每试验批 1 组[c]	10.5.2 和 10.5.3.4	11.4	8.3.1
显微组织检查	m	每试验批 1 次[c]	10.5.3.6	11.6	8.5
外观检查	m	每根管子	10.6	11.7	8.6
水压试验	o[e]	每根管子	—	11.10	8.8

表 12（续）

试验项目或要求	试验要求[a]	试验频次[b]	取样条件	试验方法	要求
尺寸测量：					
——外径	m	每端	10.6	11.9.1	表 7
——壁厚	m	每端	10.6	11.9.2	表 7
——直度	m	每根管子	10.6	11.9.5	9.3.3
——长度	m	每根管子	10.6	11.9.4	表 8
——通径检查[f]	m	每根管子	10.6	11.9.3	表 10 或表 11
无损检测：					
——纵向缺陷的超声波探伤	m	每根管子	10.8	11.8	8.7
——横向缺陷的超声波探伤	m	每根管子	10.8	11.8	8.7
——分层缺陷的超声波探伤	m	每根管子	10.8	11.8	8.7
——壁厚超声波测量[f]	m	每根管子	10.8	11.8	8.7
——加厚部分的纵横向缺陷超声波手探[f]	m(o[g])	每端	10.8	—	8.7
——EMI[f]	o	每根管子	10.8	11.8	8.7
——着色探伤[f]	o	仅对修磨区域	10.8	11.8	8.7
——M.P.I.	o[g](m[h])	仅对修磨区域	10.8	11.8	8.7
——涡流探伤	o[g]	每根管子	10.8	11.8	8.7
腐蚀试验：					
——CPT	o	根据合同规定	10.5.3.5	11.5a)	在调查和订货时规定
——点蚀	o		10.5.3.5	11.5b)	
——CCT	o		10.5.3.5	11.5c)	
——缝隙腐蚀	o		10.5.3.5	11.5d)	
——重量损失	o		10.5.3.5	11.5e)	
——恒载荷	o		10.5.3.5	11.5f)	
——C 型环	o		10.5.3.5	11.5g)	
——弯梁	o		10.5.3.5	11.5h)	
——U 型弯曲	o		10.5.3.5	11.5i)	
——慢应变速率	o		10.5.3.5	11.5j)	
——双悬臂梁	o		10.5.3.5	11.5k)	

[a] m 表示强制性的，o 表示可选择的。

[b] 试验批定义见 3.1.11。

[c] 每炉最少 1 次。

[d] 仅对第 1 组和第 2 组。

[e] 制造商应进行水压试验，除非订货合同中另有规定。

[f] 不适用于接箍。

[g] 仅对第 1 组材料。

[h] 对第 1 组材料的加厚端是强制性的。

10.4.3 取样应符合 ISO 14284 规定。

10.5 机械性能试验和其他性能试验

10.5.1 试验批

每个试验批的管子数量应符合表 13 规定(3.1.13)。

表 13 每个试验批的最大管子数量

组别	管子[a]	
	油管和套管毛坯 N	接箍毛坯 N
1	100	20
2;3;4	50	10

[a] 如果剩余的管子数量超过一个试验批最大管子数量的 20%,则可将其组成另一个试验批。

10.5.2 试样的选取和制备

试样应取自管端,并应符合 GB/T 2975 要求。

10.5.3 取样位置和方向

10.5.3.1 室温拉伸试验试样

进行室温拉伸试验的试样应按 GB/T 228 要求取自管体纵向(11.2.1)。

10.5.3.2 高温拉伸试验试样

高温拉伸试验的试样应按 GB/T 4338 要求取自管体纵向(11.2.2)。

10.5.3.3 硬度试样

硬度试样应为取自样品管管端的圆环。硬度环的长度应在 12.7 mm～25.4 mm 之间。

10.5.3.4 冲击试样

冲击试样应根据 GB/T 229 取样。取样方向应尽可能为横向,试样尺寸应尽可能为全尺寸试样。如果取不到,应采用表 14 给出的小尺寸试样(图 3 和图 4)。

表 14 小尺寸试样的取样方向和尺寸

选择	取样方向	试样尺寸 mm
第一	横向	全尺寸
第二	横向	10×7.5
第三	横向	10×5
第四	纵向	全尺寸
第五	纵向	10×7.5
第六	纵向	10×5.5

对于横向试样,加工后的试样表面可包含管子的原始曲率,只要它符合图 4 要求。

对于第 1 组和固溶退火的第 2 组材料:冲击试样不应展平。

对于第 2 组材料:经过冷加工的材料,经购方同意,横向试样可进行展平。

10.5.3.5 腐蚀试验试样

如果要求进行质量控制腐蚀试验,试样应符合下列要求(11.5):

——临界点蚀温度试验试样,应符合 ASTM G48 要求;

——点蚀试验试样,应符合 ASTM G48 要求;

——复合缝隙系统(MCA)腐蚀试验试样,应符合 ASTM G78 要求;

——缝隙腐蚀试验试样,应符合 ASTM G78 要求;

——恒载荷试验试样,应符合 GB/T 15970.1 和 GB/T 15970.4 要求。试样为纵向试样;

——C 型环试验试样,应符合 GB/T 15970.1 和 GB/T 15970.5 要求。试样应在开口方向加载,且内表面应为成品表面状态;

——弯梁试样,应符合 GB/T 15970.1 和 GB/T 15970.2 要求。试样为纵向试样;

——U型弯曲试样，应符合 GB/T 15970.1 和 GB/T 15970.3 要求。试样为纵向试样；
——重量损失试样，应符合 ISO 11845 要求；
——双悬臂梁试验试样，应符合 GB/T 15970.1 和 GB/T 15970.6 要求；
——用于低应变速率试验中的拉伸试样，应符合 GB/T 15970.1 和 GB/T 15970.7 要求。试样应为纵向试样。

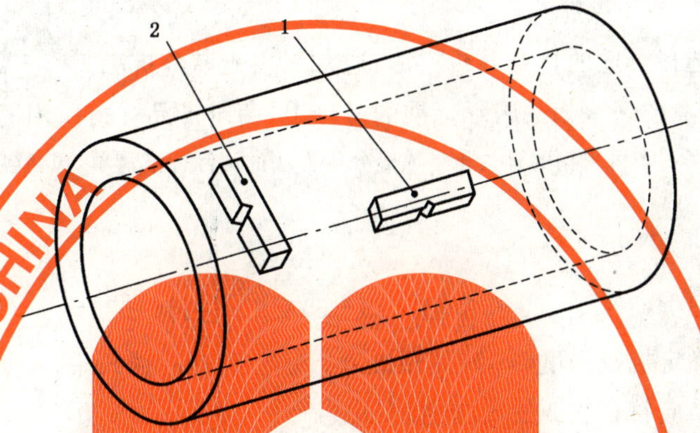

1——纵向试样；
2——横向试样。

图3 冲击试样取样方向

单位为毫米

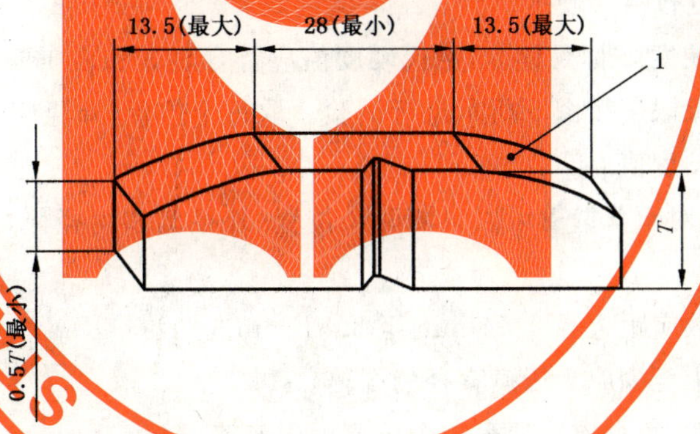

1——外径曲率。

图4 冲击试验横向试样所允许的 *D* 曲率

10.5.3.6 显微组织分析试样

试样应取自与拉伸试样相同的部位。显微组织分析应在纵向截面上进行。

10.6 几何尺寸检查

每根管子应进行几何尺寸检查，以确定其符合 9.3(11.9)的要求。

10.7 外观检查

每根管子应进行外观检查，以保证其符合 8.6.1(11.7)的要求。

10.8 无损检测(NDE)

每根管子应进行无损检测，以保证其符合 8.7(11.8)的要求。

10.9 无效试验

应用 GB/T 17505 要求。

10.10 复验

应用 GB/T 17505 要求。

10.11 分类或再加工

应用 GB/T 17505 要求。

11 试验方法

11.1 化学分析

应由制造商来自由选择合适的化学分析方法，通常采用光谱分析法。

当发生争议时，应在考虑现有相关国际标准的基础上，商定产品分析所用的方法。

注：ISO/TR 9769 提供了一个可采用的有关化学成分分析方法的国际标准清单，包括各自所适用的范围和精度。

11.2 拉伸试验

11.2.1 室温下

11.2.1.1 拉伸试验应根据 GB/T 228 在室温[(23±5)℃]下进行(10.5)。

11.2.1.2 拉伸试验应确定抗拉强度(R_m)、屈服强度($R_{p0.2}$)和断后伸长率(A)。

11.2.1.3 拉伸试验结果应符合表 3 的要求值。

11.2.2 高温下

11.2.2.1 如果在签订合同时已商定，则应根据 GB/T 4338 进行高温下的拉伸试验。

11.2.2.2 在进行拉伸试验(试验温度为签定合同时商定的温度)过程中应确定屈服强度($R_{p0.2}$)。

11.2.2.3 拉伸试验应符合签订合同时商定的要求值。

11.3 硬度试验

应根据 GB/T 230.1 进行洛氏硬度试验。

硬度值读数应从洛氏硬度 C 标尺读取，洛氏硬度值应符合表 3 和表 4 要求。

硬度试验试样的单个象限应按图 5 所示进行试验。取每个位置(外径侧、壁厚中心，内径侧)三个读数的平均值作为该位置的硬度值。

由购方和制造商协商，对于薄壁管可以只测两个位置(外径侧和内径侧)或一个位置(壁厚中心)的硬度读数。

外径侧和内径侧的读数应距边缘 2.54 mm 至 3.81 mm。

所有的压痕之间的间距至少应为压痕直径的 3 倍。

为了减少出错的可能性，每个象限的第一个压痕可以忽略。

11.4 冲击试验

V 型缺口试样冲击试验应按 GB/T 229 进行。

冲击试验应有三个试样。冲击试验结果应是三个试样试验值的平均值。任何试样的试验值不应小于要求值的 2/3。只允许一个试样的吸收能值低于要求值。

如果有 2 个或 3 个试样的冲击值低于标准要求，或有一个试样的冲击值低于规定最小吸收功要求值的 2/3，则应在同一根管子上另取三个试样复验。每个复验试样的冲击功值应大于或等于规定最小冲击功要求值，否则该管应拒收。

如果复验结果不符合本标准要求，则应在同一试验批的另外三根管子上各取一个冲击试样。如果这三个试样的冲击功均符合要求，则除最初拒收的管子外，该试验批应验收。如果一个或多于一个试样的冲击功不符合要求，则由制造商选择或者对该试验批的剩余管子逐根进行试验或者重新进行处理，包括热处理、复验等。

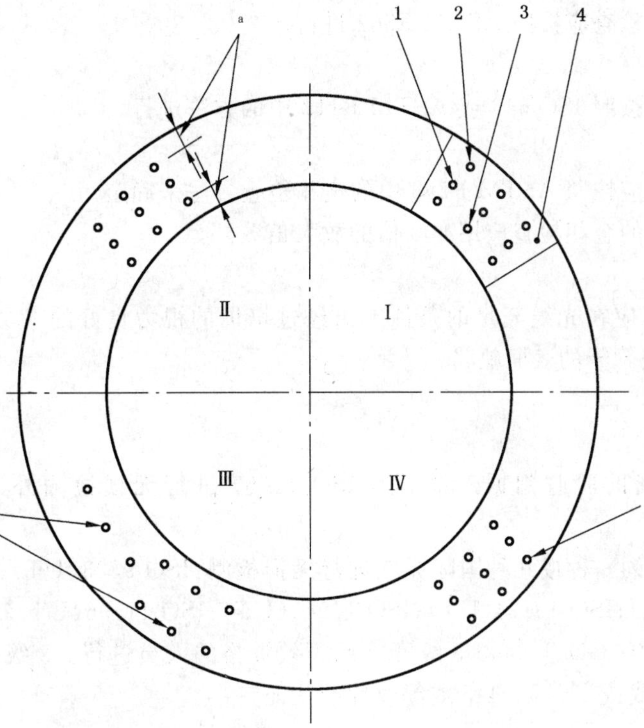

1——壁厚中心位置；

2——外径侧位置；

3——内径侧位置；

4——硬度压痕试验点；

5——洛氏硬度压痕数据称为一个“读数”；

6——对于薄壁管可采用的排与排之间的间隔。

洛氏硬度压痕数据称为一个“读数”。

三个洛氏硬度读数的平均值称为一个“值”。

[a] 如果从压痕中心到试样边缘的距离小于压痕直径的 2.5 倍或两压痕中心的距离小于压痕直径的 3 倍，则可能出现错误。

图 5 硬度试验

11.5 腐蚀试验

如果要求进行下述腐蚀试验，则应按照下列方法进行。其他试验可以在订货合同中规定。

a) 临界点蚀温度试验(CPT)，按照 ASTM G48 方法 A 进行；

b) 抗点蚀试验，按照 ASTM G48 方法进行；

c) 临界缝隙腐蚀温度试验，按照 ASTM G48 方法 B 进行；

d) 抗缝隙腐蚀试验，按照 ASTM G78 进行；

e) 确定均匀腐蚀速率的重量损失试验，按照 ISO 11845 进行；

f) 恒载荷试验，按照 GB/T 15970.4 进行。试验持续时间至少为 720 h；

g) C 型环试验，按照 GB/T 15970.5 进行。试验持续时间至少为 720 h；

h) 弯梁试验，按照 GB/T 15970.2 进行。试验持续时间至少为 720 h；

i) U 型弯曲试验，按照 GB/T 15970.3 进行。试验持续时间至少为 720 h；

j) 慢应变速率试验，按照 GB/T 15970.7 进行；

k) 双悬臂梁试验，按照 NACE TM-01-77 方法 D 进行。

11.6 显微组织检查

11.6.1 第1、2、3和4组

合金显微组织的检查应按照 ASTM E562 进行。

11.6.2 第1组

显微组织检查应按照 ISO 643 或 ASTM E112 中的方法进行。

11.6.3 第2组

铁素体体积分数应按照 ASTM E562 中的金相检查方法来确定。

铁素体体积分数的金相检查应用400倍的放大倍数。

11.7 外观检查

管子的外观检查应在光线充足的条件下由经过培训的视力良好的人员进行，以便按照规定程序(8.6.1和8.6.2)发现管子的表面缺陷。

11.8 无损检测

11.8.1 总则

应采用8.7给出的验收判据。除了用 ISO 13665 进行无损检测外，无损检测的覆盖面积应为100%。

所有管子应按下列一种或几种国际标准进行无损检测：ISO 9303(UT)；ISO 9304(ET)，ISO 9305(UT)；ISO 9402(MT)；ISO 10124(UT)；ISO 10543(UT)；ISO 11496(UT)和 ISO 13665(MT)。

无损检测应由具有 GB/T 9445 3级资格或等效资格的人员进行。2级和1级无损检测人员应按 ISO 11484 取得资格或按 GB/T 9445 或等效标准认证。

11.8.2 管子

除非另有协议，所有要求的无损检测应在最终热处理和旋转校直之后进行，但下述情况除外：

a) 对11.8.3所述的短节；

b) 对于第1组，当使用不止一种无损检测方法时，其中一种检测方法(除了超声波检测)可在热处理/旋转校直之前进行。

11.8.3 短节

对于由全长套管和油管制成的短节，所要求的内外缺陷检查可在截成最终长度之前或之后进行，只要随后没有加厚或热处理。

11.8.4 平端

需要强调的是在本标准规定的许多自动无损检测中，可能在管子两端有一小段长度无法检测。在这种情况下，无法检测的管端应：

a) 切除；

b) 对于第1组，对盲区的整个圆周和全长进行内外表面磁粉检测；

c) 用手动/半自动方法检测，至少要与自动无损检测处于同一水平。

11.8.5 加厚端

所有钢级的锻造加厚端(包括加厚过渡带)均应在所有热处理之后对其内外表面的纵横向缺陷按本标准规定的无损检测方法进行检查，并用8.6.1.3给出的验收判据验收。

11.8.6 参考标样

超声波和电磁检测系统应用表16所示的含有刻槽或孔的参考标样进行标定，以确定仪器对人工参考缺陷的反应。

制造商可以用任何书面程序对超声波或电磁检测建立拒收门槛，只要表16所示的人工缺陷在正常的操作条件下能够被动态检出。这种检测能力应是动态的。由制造商选择，标定可以在在线或离线状态下进行。

表15和表16列出了验收(检测)水平和相关的人工参考缺陷，制造商可用其建立的拒收门槛来检

测出管子如 8.6.1.2 所示的缺陷。

表 15 验收水平

组别	NDT 方法	外表面缺欠		内表面缺陷	
		纵向	横向	纵向	横向
1	UT	L2	L2	L2	L2
	MT	L2	—	—	—
2，3，4	UT	L2	L2	L2	L2

表 16 人工参考缺陷

验收水平	最大刻槽深度[a]	最大刻槽长度	最大宽度	径向钻孔直径[b]
L2	5%	50 mm	1 mm	1.6 mm

[a] 深度为规定壁厚的百分数，深度偏差应为计算刻槽深度的±15%，最小刻槽深度应为 0.3 mm±0.05 mm。

[b] 钻孔直径(通过管子壁厚)应以钻头尺寸为基础。

11.9 几何尺寸检查

11.9.1 外径

外径应用机械卡尺在每个管端沿 0°和 90°方向测量或用连续激光系统沿 0°和 90°方向或按一个螺旋线方向沿管子全长测量。

11.9.2 壁厚

11.9.2.1 管端

壁厚应用机械卡尺或经标定的有合适精度的无损检测仪器来测量。万一发生争论，应以机械卡尺的测量结果为准。机械卡尺的接触脚应有 6.35 mm 直径的圆形截面积。对于大于等于 168.28 mm 的管子，机械卡尺接触管子内表面的触脚的端部的最大半径应为 38.10 mm；对于小于 168.28 mm 的管子，其半径应大于 3.18 mm，小于 $D/4$。机械卡尺接触管子外表面的触脚端应为平端或者半径不小于 38.10 mm。

11.9.2.2 管体

应根据 ISO 10543 进行连续壁厚测量。覆盖面积应不小于管体的 25%。

11.9.3 通径检查

11.9.3.1 不加厚和外加厚管

所有的通径试验应用带有符合表 10 或表 11 要求的圆柱部分的通径规来进行。对于通径规超出规定的圆柱部分之外的端部应进行加工，以便能自由进入管子。通径规应能用手动或动力的方法自由通过管子。在发生争议情况下，以手动方法为准。管子应在孔内无外来的物质并被正确支撑的情况下进行通径试验。

11.9.3.2 内加厚管

对于内加厚管子，通径规的尺寸应根据连接的形式，在调查和签订合同时商定。

11.9.3.3 通径规涂层

通径规应进行外涂覆或用合适的非金属材料加工或用与管子相同的材料加工以避免铁污染。通径规表面应无外来含铁物质。

11.9.4 长度

每根成品管的长度应用机械或自动设备测量。

11.9.5 直度

所有管子应进行肉眼检查。

过分弯曲的管子或钩状管端的直度应进行测量。

——用从管子一端到另一端拉紧的线或直尺；

——用一个至少 1.83 m 长的直尺放在钩状管端的外缘测量(9.3.3 和图 2)。

11.9.6 称重

直径 $D \geqslant 42.16$ mm 的套管和油管毛坯应逐根称重。

直径 $D < 42.16$ mm 的管子应逐根称重或者对合适数量的管子一起称重。

11.10 静水压试验

静水压试验应按照 GB/T 19830 进行。

12 标记

12.1 总则

按照本标准生产的产品应由制造商按下述规定进行标记或标识。

除非另有协议，应采用低应力字模压印法或其他等效方法和模板漆印法作标记。

标记的次序、位置和大小应按 12.2、12.3 和 12.4 的规定。允许喷印在调查和签定合同时商定的其他标记。标记不应重复，不允许损伤产品表面。

12.2 套管、油管和接箍毛坯上的标记

12.2.1 字模压印标记

低应力字模压印或其他等效方法所做的标记至少应能对每根管子进行识别。

12.2.2 模板漆印标记

套管、油管和接箍毛坯应按下列次序模板漆印或墨印。

a) 制造商的名称或商标；

b) 参照本标准；

c) 材料名称；

d) 炉号；

e) 外径和壁厚；

f) 管号；

g) 长度，单位为米(m)，保留两位小数(例如：8.78)；

h) 试验批号。

12.2.3 标记位置

标记应在管子外表面，从距管端 600 mm 处开始。标记高度应符合表 17 规定。

表 17 标记高度布置

单位为毫米

D	标记高度
≤101.60	≥8
>101.60	≥12

12.3 彩色标识带

除了按上述规定进行标记外，套管、油管和接箍毛坯还应按下述规定做彩色标识：

a) 两条带用于标识材料类别，如表 18 所示；

b) 一条带用于标识材料级别，如表 19 所示。

色带应在距管端不大于 600 mm 处。

标识材料类别的色带应与标识级别的色带相邻，如图 6 所示。

带的宽度至少应为 25 mm。

用于彩色标识带的漆或墨应无察觉的盐和卤素。

表 18　材料类别的彩色标识

材料类别	彩色标识
13-5-2	白＋绿
15-2-0	白＋黄
13-1-0	白＋红
22-5-3	红＋红
25-7-3	红＋橙
25-7-4	红＋黄
27-31-4	绿＋灰
25-32-3	绿＋橙
21-40-3	黄＋黄
22-50-7	黄＋橙
25-50-6	黄＋绿
20-54-9	黄＋蓝
15-60-16	黄＋灰

表 19　材料级别的彩色标识

材料级别	彩色标识
65	黄
75	蓝
80	红
90	灰
95	银
110	白
125	橙
140	绿

单位为毫米

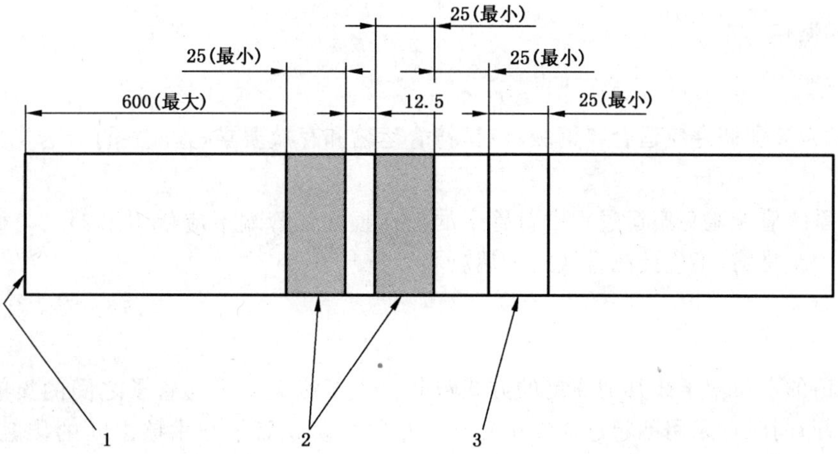

1——管端；

2——材料类别标识带；

3——材料级别标识带。

图 6　彩色标识带的位置

13 表面处理

13.1 总则

氧化皮和退火之后残留在内表面的残留物应用喷砂和(或)酸洗的方法去除。

13.2 第1组

所有管子应在内表面喷丸或酸洗之后交货。喷丸应用不锈钢球或氧化铝刚砂颗粒。

喷丸后表面级别应符合 ISO 8501-1:1988 Sa2 1/2。

13.3 第2、3和4组

所有管子应在其内、外表面清洁的状态下交货。

清洁包括但不仅限于下列步骤:

——去油脂;

——用水清洗;

——酸洗;

——最后用氯离子含量(质量分数)低于 200×10^{-6} 的新鲜水冲洗。

在所有的工序完成之后管子应完全干燥。

14 表面保护

14.1 对于第1组管子,应在外表面油漆,以便在运输过程中提供保护。

最好注意以下几点:

a) 在管子到达目的地之前,不宜去除保护涂层;

b) 涂层的正确使用很必要,须注意:

1) 管子的清洁;

2) 使用温度;

3) 涂层厚度。

在干燥之后,管端应套上保护器或内表面采用其他的保护。

14.2 对于第1组合金钢级,如果是长期存放,可在调查和签订合同时,要求施以内外保护涂层。干燥后管端应套上保护器。

15 搬运、包装和储存

15.1 总则

管子的搬运、包装和储存应适合该钢级材料,符合运输和存放要求,并应在订货合同中规定。

15.2 搬运

供方的搬运系统应能避免搬运过程中对管子的任何损伤。管端不应使用吊钩或类似的提升设备;对于第2组和第4组材料,不应接触含铁的金属材料。

15.3 包装

15.3.1 总则

管子应用合适的木质箱子或其他商定的方式包装。为了避免管子与管子之间的接触,可采用塑料或木质分隔器隔开;同时可采用不超过 0.2 mm 厚的塑料片防止管子与木墙之间的接触。应注意避免塑料片下的潮湿。

15.3.2 标识

包装至少应包括以下识别信息:

a) 制造商名称或标志;

b) 管子类别和使用标准;

c） 材料类别和级别；

d） 尺寸；

e） 管子数量；

f） 毛重；

g） 订货合同号；

h） 购方名称和地址。

15.4 贮存

等待最后交货或加工的产品应贮放在一个有遮盖的、干燥的地方，远离金属粉、海水溅射和不流动的水等污染源。

木质箱子或其他运输系统应放置在离地面至少 100 mm 处。在吊运时应注意避免包装和保护的损坏。

15.5 交货后的投诉

交货后的投诉应按 GB/T 17505 处理。

参 考 文 献

［1］ ISO 4200 平端焊管和无缝管——尺寸及单位长度重量表
［2］ ISO/TR 9769 钢和铁——可采用的分析方法综述

ICS 75.180.10
E 94

中华人民共和国国家标准

GB/T 23803—2009/ISO 13703:2000

石油和天然气工业 海上生产平台管道系统的设计和安装

**Petroleum and natural gas industries—
Design and installation of piping systems on offshore production platforms**

(ISO 13703:2000,IDT)

2009-05-13 发布　　2009-12-01 实施

中华人民共和国国家质量监督检验检疫总局
中国国家标准化管理委员会　发布

前　言

本标准等同采用 ISO 13703:2000《石油天然气工业　海上生产平台管道系统的设计和安装》(2000年12月15日,第一版)。

本标准等同翻译 ISO 13703:2000。

为便于使用,本标准作了下列编辑性修改:

——“本国际标准”改为“本标准”;

——删除国际标准的前言;

——按照 GB/T 1.1—2000 修改了第2章的标题和引导语;

——5.4.1 中式(6)、5.4.2 中式(9)和 5.4.3.3 中式(11)原文表达有误,进行了核实更正;

——附录 A 中,A.2.2.4.1、A.2.2.5.2、A.2.2.5.3 中个别计算结果原文有误,进行了核实和更正。

本标准的附录 A、附录 B 和附录 C 为资料性附录。

本标准由中国石油天然气集团公司提出。

本标准由全国石油天然气标准化技术委员会归口。

本标准负责起草单位:中海石油研究中心。

本标准主要起草人:朱海山、郝蕴、梁金莺。

引 言

在使用中涉及原标准的所在国政府或其他当局的法令、法规和规定时，一律按中华人民共和国政府或政府主管部门颁布的相应法令、法规和规定执行。

原标准中的数据或定量计算方法，凡切合我国实际的均可使用；否则应根据我国的具体情况，使用我国的数据和定量计算方法。

计量单位以我国法定计量单位为主，即我国法定计量单位值在前，英制单位的相应值标在其后的括号内。为不改变原标准公式、曲线的形状特征、常数和系数，原使用英制单位的，仍沿用英制单位。

石油和天然气工业
海上生产平台管道系统的设计和安装

1 范围

本标准给出了石油和天然气工业海上生产平台新建管道系统设计和安装的最低要求和指南。管道系统的最高压力高达 69 000 kPa(G),在温度范围内对材料的要求满足 ASME B31.3 的要求。

注:对于超出本标准压力和温度范围的应用,可以采用本标准,但对材料特性应给予特别考虑。

附录 A 是解决管道设计问题的实例。

2 规范性引用文件

下列文件中的条款通过本标准的引用而成为本标准的条款。凡是注日期的引用文件,其随后所有的修改单(不包括勘误的内容)或修订版均不适用于本标准,然而,鼓励根据本标准达成协议的各方研究是否可使用这些文件的最新版本。凡是不注日期的引用文件,其最新版本适用于本标准。

ISO 13623 石油和天然气工业 管道输送系统

API RP 520-2 炼油厂压力释放系统设计和安装的推荐作法 第二部分

ASME 锅炉和压力容器规程 第Ⅷ篇:压力容器 第一部分

ASME B 31.3 工艺管道

NACE MR 0175 适用于油田设备的抗硫化物应力破坏的金属材料

NACE TM0177 在含有 H_2S 的环境中金属耐环境裂纹的实验室试验

NACE TM0284 对管道、压力容器抗氢诱发裂纹的评估

3 术语、定义、符号和缩略语

下列术语和定义、符号和缩略语适用于本标准。

3.1 术语和定义

3.1.1

氯化物应力腐蚀破裂作业 chloride stress-corrosion cracking service

处理流体中水和氯化物的浓度和温度足以导致敏感性材料应力腐蚀破裂的作业。

注:其他因素,如氧(O_2)的存在,可能会加速这种氯化物应力腐蚀破裂。

3.1.2

油嘴 choke

一种专门用来控制流体流量的设备。

3.1.3

腐蚀冲蚀 corrosion-erosion

锈蚀物形成的一层保护膜被处理物流的冲刷作用冲蚀掉,暴露出来的新的金属表面再受腐蚀的一种现象。

注:在这种情况下,可能会出现非常严重的金属损失。

3.1.4

腐蚀性气体 corrosive gas

溶解于水或其他液体中会引起金属腐蚀的气体。

注:腐蚀性气体通常包括硫化氢(H_2S)、二氧化碳(CO_2)和氧气(O_2)。

3.1.5

腐蚀性烃类作业　corrosive hydrocarbon service

处理流体中含有能引起金属腐蚀的水、海水、硫化氢(H_2S)、二氧化碳(CO_2)、氧气(O_2)或其他腐蚀性介质的作业。

3.1.6

膨胀波纹管　expansion bellows

为吸收膨胀和收缩而设计的一种波纹管件。

3.1.7

膨胀弯　expansion bend

为吸收膨胀和收缩而设计的一种管道。

3.1.8

出油管道　flowline

从井口到管汇或第一个处理容器的管道。

3.1.9

流态　flow regime

多相流的流动状况。

例如：段塞流、雾状流或分层流。

3.1.10

流体　fluid

天然气、蒸汽、液体或其混合物。

3.1.11

集管　header

管汇上将流体导入专用处理系统的那一部分。见图5和图6。

3.1.12

烃的可湿润性　hydrocarbon wetability

处理物流在金属表面形成一层保护性烃膜的能力。

3.1.13

管汇　manifold

用来把从一个或多个来源来的流体有选择地引到各种处理系统的一种管道、阀门和管件的总成。

3.1.14

短节　nipple

作为附件使用的、长度小于300 mm的螺纹或插焊管段。

3.1.15

公称管径　nominal pipe size；nominal size

NPS

DN

对管道系统所有管件用英寸表示尺寸的通用名称，不是指外径。

注：公称管径用英寸表示是在NPS前面加数字表示，对于公制而言在DN后面跟数字表示，它仅是为方便目的采用的数，仅仅粗略指制造尺寸。

3.1.16

无腐蚀性烃类作业　non-corrosive hydrocarbon service

处理的物流不会引起明显金属重量损失、选择性腐蚀、氯化物应力腐蚀破裂或硫化物应力破裂的作业。

3.1.17

标准状态　normal conditions

绝对压力为 101 325 kPa,温度为 0 ℃的状态。

3.1.18

平台管道　platform piping

在平台上输送流体的各种管道。

3.1.19

压力级别　pressure rating

管道系统所适用的压力数值。

注:这个数值直接相关工作压力级别(如 ISO 10423[1],压力等级 13.8 MPa 和 API 压力等级 2 000 psi)也有不直接的关系(如,ASME 300 lb)。

3.1.20

压力传感器　pressure sensor

为探测预先设定的压力而设计的一种元件。

3.1.21

工艺单元　process component

一套单一功能的设备和辅助管道。

例如:压力容器、加热器、泵等。

3.1.22

立管　riser

海底管道到达平台或离开平台的垂直部分(包括底部的弯管)。

3.1.23

关断阀　shutdown Valve

用来隔断处理设备或处理系统的自动操作的一种阀门。

3.1.24

硫化物应力破坏作业　sulfide stress cracking service

处理含有浓度足以引起敏感材料应力破坏的水、盐水和硫化氢(H_2S)的物流的作业。

3.1.25

井口压力　wellhead pressure

油井中可能出现的地面最大关井压力。

3.2　符号和缩略语

3.2.1　符号

A　　单位体积流率的流体所需要的最小管道横截流通面积,单位为平方毫米每立方米小时[$mm^2/(m^3 \cdot h)$];

B　　指正常操作温度下的平均热膨胀系数,单位为毫米每开(mm/K);

C　　经验常数,无量纲;

C_e　　腐蚀、机械强度、螺纹裕量的总和,单位为毫米(mm);

C_v　　阀门系数,无量纲;

注 1:在 60 °F 的条件下,产生 1 psi 压降的水流量,US gpm(只是为了和其他发表的数据一致而唯一采用的美国单位)。

D_i　　管道内径,单位为米(m);

D_o　　管道外径,单位为毫米(mm);

d_i　　管道内径,单位为毫米(mm);

d_g　气体相对密度(空气=1),无量纲;
d_L　液体相对密度(水=1),无量纲;
E　纵向焊缝系数,无量纲;
E_m　管道材料在冷态条件下的弹性模量,单位为牛每平方毫米(N/mm^2);
f　摩擦系数,无量纲;
g　重力常数,单位为米每二次方秒(m/s^2);
h_a　加速度压头,单位为米液柱(m);
h_f　摩擦压头,单位为米液柱(m);
h_p　绝对压头,单位为米液柱(m);
h_{st}　静压头,单位为米液柱(m);
h_{vh}　速度压头,单位为米液柱(m);
h_{vpa}　绝对蒸气压,单位为米液柱(m);
h_w　压力损失,单位为千帕(kPa);
K　加速度系数,无量纲;
L　管道展开长度,单位为米(m);
L_m　管道长度,单位为千米(km);
m　壁厚的制造公差,%;
$NPSH_a$　净正吸入压头,单位为米液柱(m);
p　操作压力,单位为千帕[kPa(A)];

注 2:在文中也用流动压力表示。

p_i　内部设计压力,单位为千帕[kPa(G)];
q_g　气体流量,单位为立方米每小时(m^3/h)[标准状态下];
q_L　液体流量,单位为立方米每小时(m^3/h);
q_m　液体加气体总质量流量,单位为千克每小时(kg/h);
R　气/液体积比,无量纲;
R_e　雷诺数,无量纲;
R_p　泵速,单位为转每分(r/min);
S　许用应力,单位为牛每平方毫米(N/mm^2);
T　操作温度,单位为开(K);

注 3:在文中也用流动温度表示。

t　设计承压厚度,单位为毫米(mm);
t_{nom}　公称管道的最小壁厚,单位为毫米(mm);
U　支撑点间距(两个支撑点之间的直线距离),单位为米(m);
v_e　流体冲蚀速度,单位为米每秒(m/s);
v_g　气体平均流速,单位为米每秒(m/s);

注 4:在文中也用气体速度表示。

v_L　平均液体速度,单位为米每秒(m/s);
y　总的应变位移,单位为毫米(mm);
Y　温度系数,无量纲;
Z　气体压缩系数,无量纲;
ΔL　管道吸收的膨胀量,单位为毫米(mm);
Δp　压差,单位为千帕(kPa);
ρ_g　操作压力和温度下的气体密度,单位为千克每立方米(kg/m^3);

ρ_L　操作温度下的液体密度，单位为千克每立方米(kg/m^3)；

ρ_m　操作压力和温度下的气/液混合密度，单位为千克每立方米(kg/m^3)；

ΔT　温度变化，单位为开(K)；

μ_g　气体在流动压力和温度下的黏度，单位为帕·秒(Pa·s)；

μ_L　液体黏度，单位为帕秒(Pa·s)。

3.2.2 缩略语

ERW　电阻焊

PWHT　焊后热处理

RF　凸面

RTJ　环形连接

SAW　埋弧焊

SMYS　最小屈服强度

4 概述

4.1 材料

尽管不锈钢和其他材料应用广泛，但碳钢材料对于大多数生产平台管道系统都是适用的，选择管材时应当考虑以下因素：

a) 作业类型；

b) 与其他材料的适应性；

c) 机械强度、延展性、弹性和韧性；

d) 特殊焊接程序的需要，或其他连接技术的需要；

e) 特殊的检验、试验或质量控制的要求；

f) 现场可能的误用；

g) 内部流体和/或海洋环境所引起的冲蚀和腐蚀；

h) 火灾情况下材料性能的要求。

4.2 压力管道的规范

4.2.1 本标准规定平台管道的设计和安装应符合 ASME B31.3 的规定。对不适用于 ASME B31.3 的立管的设计和安装应该遵循 4.2.2 和 4.2.6。

4.2.2 立管的设计、建造、检查和试验应遵循 ISO 13623 和政府的规定及法规中相适用的部分，其使用的设计应力不得超过规定的最小屈服强度(SMYS)的 0.6 倍。除非国家法规不允许，采用的管道设计规范可用于清管作业。

4.2.3 对于立管应该进行 100%的焊缝射线拍照检查，平台管道的无损试验应遵守 ASME B31.3 作为最低的安全要求，应该满足表 10 的国际标准。

4.2.4 应该按照 ASME B31.3 进行冲击试验。高压管道系统的设计(即高于 ASME 2 500 lb)需要有特别的考虑，应该遵照 ASME B31.3 对高压管道的要求。

4.2.5 阀门、管件和法兰的制造应该符合国际和/或国家标准。应核实压力/温度等级和材料的适应性。

4.2.6 除非是立管壁厚计算和因清管需要有相同的内径的材料选择，在确定立管和平台管道的界限时，流体首先进入平台和最后离开平台的管道截止阀是本标准应用的界限。在考虑诸如水深、平台桩腿的倾斜度以及可能的飞溅区等因素之后，本文的推荐作法可以用于立管设计。某些标准可能要求从海底管道到清管球发射器/接收器的管道系统采用海底管道规范。

4.2.7 采用管道规范的常规做法是从立管到清管设施包括立管/管道上每个分支的管道和其第一个阀门采用海底管道规范。

4.3 不同压力等级之间的划分

4.3.1 通常，井流离开井口后压力是逐步降低的。压力降低后，就可以使用压力等级较低的工艺处理装置，图1是个典型的例子。

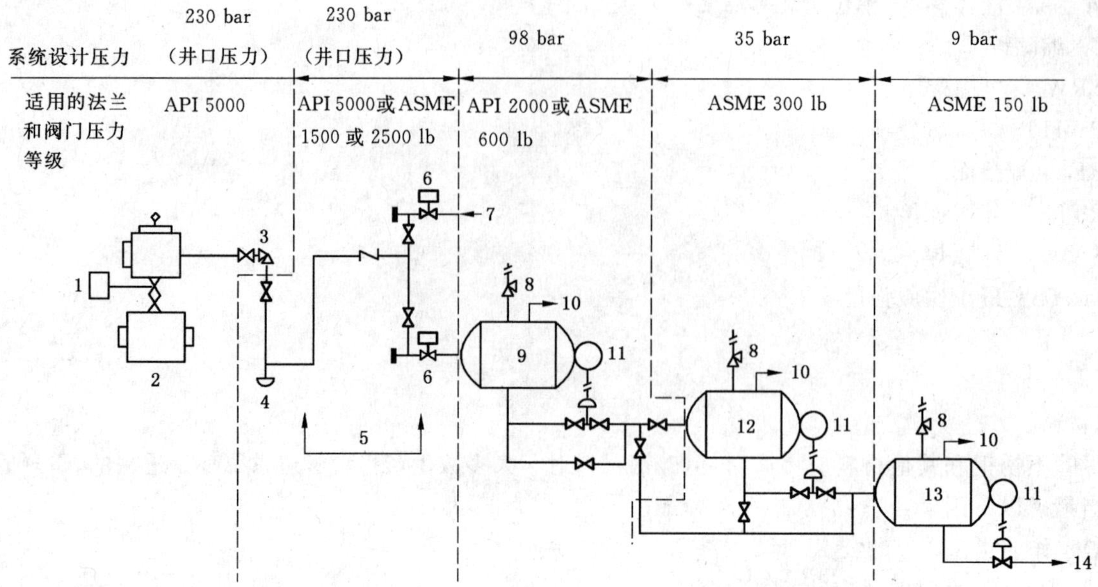

注1：设计温度65 ℃。

注2：需要关断的传感器没有表示。

注3：出油管道和管汇按井口压力设计。

注4：系统设计压力受各种因素的限制而不是法兰和阀门的压力等级(如管道壁厚、分离器设计压力等)。

注5：压力释放阀上游可以安装关断阀，所有关断阀连锁关断是必要的，以确保压力系统总是处于保护之中。

1——主闸阀；

2——井口；

3——油嘴；

4——三通；

5——管汇；

6——截断阀；

7——去其他系统；

8——安全阀；

9——高压分离器；

10——气相出口；

11——液位控制器；

12——中压分离器；

13——低压分离器；

14——进一步处理、储存或销售。

图1 一个工艺处理系统法兰和阀门压力等级变化的示例

4.3.2 用于压力装置设计的一条规则是：所设计的任何一个承压部件，应能经得住任何条件下作用其上的最高内压，或者能被压力释放装置所保护。在这种情况下，压力释放装置就是一个安全释放阀或是一个爆破膜。一般而言，在确定需要压力释放装置时，不应考虑使用高压关断阀、止回阀、控制阀或其他类似装置来防止处理设备的超压。

4.3.3 在P&ID图上，应该标出压力等级界限。每个系统装置(容器、法兰、管道或附件)在可预见的状况下设计成能承受最大压力，或者用压力释放装置来保护。同时也要考虑到非正常压力状况，比如开启、关断和波动等。

4.4 对腐蚀的考虑

4.4.1 概述

对于平台管道系统详细的防腐做法不属于本推荐做法范围，这方面的做法一般是由防腐专家制定的。但是平台管道系统的设计应采纳并符合下述的防腐做法，在本推荐做法的相应章节里给出了防腐材料和减缓腐蚀的一些建议。

处理流体的腐蚀性可能随时间而变化，在设计阶段应该考虑条件改变的可能性。

4.4.2 失重腐蚀

一般用于平台管道系统的碳钢在某些工艺条件下可能发生腐蚀。当生产工艺流体中含有水、盐、二氧化碳、硫化氢、或氧气或者它们的混合物时，都会对系统装置中的金属材料产生腐蚀。腐蚀的类型(均匀腐蚀、孔蚀和冲蚀等)以及具体的腐蚀速率在同一系统可能不同，并且可能随着时间而变化。工艺系统中流体的腐蚀性是一个复杂多因素作用的过程。包括：

a) 烃、水、盐和腐蚀性气体的含量；

b) 烃类的润湿性；

c) 流速、流态及管道的布置；

d) 温度、压力和pH值；

e) 固体含量(沙、泥、细菌性残渣、微生物、腐蚀产物和结垢)。

腐蚀性的预测是非常定性的，而且各个系统可能有所不同。在生产流体中发现的腐蚀性气体的一些腐蚀性数据见表1。

表1只是缓蚀考虑的一般性指标，而不是具体腐蚀性的预测。当预计或预测到有腐蚀的情况时，对腐蚀的抑制是一种有效减少腐蚀的方法(见5.1.2)。

表1 钢材失重腐蚀的定性指标

腐蚀性气体	溶解度[a]/10^{-6}	在海水中的限定值	
		无腐蚀性/10^{-6}	有腐蚀性/10^{-6}
氧气(O_2)	8	<0.005	>0.025
二氧化碳(CO_2)	1 700	<600	>1 200
硫化氢(H_2S)	3 900	见注	见注

注：由硫化氢(H_2S)引起的失重腐蚀在表中没有限定的数值，是因为二氧化碳(CO_2)和/或氧气(O_2)的含量对金属失重腐蚀的速率影响非常大，而硫化氢(H_2S)存在产生的腐蚀通常比二氧化碳(CO_2)的腐蚀性小，这是由于它可形成一层不溶性的硫化铁薄膜，这层薄膜有助于减少金属的失重腐蚀。

a 是指在20 ℃、一个大气压下的蒸馏水中的溶解度。而氧气是指一个大气压时的溶解度。来源[3]。

4.4.3 氯化物应力破坏

如果选用合金钢和不锈钢来防止硫化氢(H_2S)和/或二氧化碳(CO_2)的腐蚀时，应仔细考虑氯化物对应力的影响。含有水及氯化物的工艺流体，特别是有氧的存在和温度超过60 ℃时，可能使敏感性材料产生裂纹。高合金钢和不锈钢，例如AISI 300系列的奥氏体不锈钢、沉淀硬化不锈钢和“A-286”(ASTM A453[2] 660级)不应采用，除非已经充分证明其适用于所推荐的环境，同时还应考虑氯化物可能集中在系统局部区域的可能性。

4.4.4 硫化物应力破坏

含水和硫化氢的工艺流体可能引起敏感性材料的硫化物应力破坏。这种现象是由各种因素复杂的相互作用而引起的，它包括金属的化学成分、硬度、热处理工艺、微观结构以及其他因素，诸如 pH 值、硫化氢的含量、应力和温度。在选择用于含有硫化氢的工艺流体的金属材料时，应该考虑这些因素。

这些材料的试验应符合 NACE TM0177。

4.4.5 NACE MR0175 的应用

应按照 NACE MR0175 选择抗硫化物应力破坏的材料。NACE MR0175 中没有列出的耐腐蚀合金钢可能有同样的耐腐蚀性，如果能证明在所使用的环境中(或与使用环境相当的实验室条件下)具有耐腐蚀性，就可以使用。在使用 NACE MR0175 所列的材料时应当注意，这些材料可以耐硫化物应力腐蚀的环境，但是却不一定耐氯化物应力破坏的环境。

4.4.6 氢诱发裂纹(hydrogen-induced cracking)

处理流体中含有水和 H_2S 对一些材料尤其碳钢板或钢板轧制的管道可能会发生氢诱发裂纹，对这样的材料，应该考虑遵照 NACE TM0284 进行氢诱发裂纹试验，并在该领域寻求专家的建议。

5 管道设计

5.1 管道材料级别

5.1.1 无腐蚀性烃作业

两种最常用的管材型号是 ASTM A106 B 级[4]和 API 5L B 级[5]以及 ISO 3183-1[6]。无缝钢管由于质量稳定而普遍受到欢迎。ASTM A106 只有无缝管，而 API 5L 既有无缝管，也有电阻焊接(ERW)管和埋弧焊接(SAW)管。当使用 B 级的管材需要的壁厚非常厚时，可以要求使用较高强度的管材，如 API 5L X52 级；然而，当使用 API 5L X46 级或较高级别时，特殊的焊接程序和严格的检验是必要的。应用高屈服值材料如 API 5L X 级时，需要注意的是，按照 ASME B31.3，许用应力值不会成比例增加。

ASME B31.3 所列出的许多管材级别都适用于无腐蚀性烃类作业，但 ASME B31.3 中下面型号或级别的管材不能用于烃类作业中：

a) 炉用搭接焊和炉用对焊；

b) ASTM A134[7]和 ASTM A139[8]的熔接焊；

c) 螺旋焊接，API 5L 螺旋焊接除外。

5.1.2 腐蚀性烃作业

为腐蚀性烃作业进行的设计，应该提供下列一种或多种减轻腐蚀的措施：

a) 化学处理；

b) 耐腐蚀合金钢；

c) 防腐涂层(见 9.5.2)。

其中，对钢管内的流体进行化学处理是最常见的做法。耐腐蚀合金钢只有在类似的应用环境中(或适当的实验室实验)已经成功地证明其具有耐腐蚀性后方可使用。如果使用这些合金钢，应仔细考虑其焊接程序，还要考虑到硫化物和氯化物应力破坏的可能(见 4.4.3 和 4.4.4)。对腐蚀监测(金属挂片、探针和短管等)和化学处理应做充分的准备工作。

由于焊接会极大改变抗腐蚀材料的抗腐蚀性，因此应对焊接工艺的制定给予足够的重视。

5.1.3 硫化物应力开裂作业

如果预计到会出现硫化物应力破坏，在选择管材时应遵循下列准则：

a) 只能使用无缝管，除非在制造埋弧焊接或电阻焊接管时进行了适用于这类作业的质量控制检查；

b) 碳钢、合金钢和其他能满足性能、硬度、热处理和 NACE MR0175 的其他要求的材料用于硫化物应力破坏作业是可以接受的。

符合上述标准的最常用管材级别是：ASTM A106 B 级；ASTM A333 6 级[9]和 API 5L B 级无缝管。API 5L X 级也是可以接受的，然而在焊接上存在特殊问题。

5.1.4 抗脆裂性

为保证有足够的抗脆裂性，在管材设计厚度和设计温度条件下，所选管材的级别应有足够的切口韧性。

无冲击性试验的碳钢材料应提供至少 0 ℃以下正常使用的作业证明，根据最低的作业温度和焊接厚度，焊接管件可能还需要进行焊后热处理(PWHT)。

注意：焊后热处理可能降低 API 5L X 级管材的机械性能

ASTM A333 6 级是一种适应于低温作业的冲击试验的碳钢，在温度低至－46 ℃应该有足够得切口韧性。对一些最低设计温度和焊接壁厚组合的情况可要求进行焊后热处理。

5.1.5 公用系统

公用系统中普遍使用与碳钢不同的材料。但是，如果使用钢管，根据 5.1.1 的要求，对不适于烃类作业的型号和级别，就应该确定明显的标记系统，以防这类管材被偶然用于烃类作业。

5.1.6 仪表管(仪表和液压/空气系统)

退火的奥氏体 AISI 316 或 AISI 316L 不锈钢、无缝管或电阻焊管，适用于氯离子、各种烃类和介质为空气的作业环境。

5.2 确定管道尺寸的准则——概述

5.2.1 在确定平台管道系统的直径时，应该考虑流速和压力降。5.3、5.4 和 5.5 分别提供了计算液体管道、单相气体管道和气/液双相管道的公式(和快速近似确定管径的图表)。这些公式可以用来计算压降不是关键因素的管道尺寸，许多公司也使用计算机程序，通常使用 Colebrook 公式，以方便管道设计。详细资料见[10]。

5.2.2 在确定管道尺寸时，应考虑条件中导致管道尺寸最大的因素而不仅仅是生产初期的流量，这些条件可能是投产之后不久出现的较高的液体流量或较低的气体压力。一般还推荐给预计的正常流量加上 20%～50%的波动系数，然而除去那些已通过类似系统中脉冲压力的测定或专门的流体水击计算，更精确地确定了预期的波动时除外。表 2 提供了一些典型的波动系数，如果没有更确切的资料数据，可以采用这些波动系数。

对于平台间通过立管输送气液两相生产流体的大口径管道系统，由于段塞流，已知有的波动系数已超过 200%。气液两相段塞流程序可用于段塞流的评估。

表 2 典型的波动系数

应用范围	系数
处理本平台主要生产的设施	20%
处理来自其他平台或水深小于 45 m(150 ft)的远距离井的主要生产设施	30%
处理来自其他平台或水深大于 45 m (150 ft)的远距离井的主要生产设施	40%
处理本平台气举生产的设施	40%
处理来自其他平台或远距离井气举生产的设施	50%

5.2.3 确定管道压力降应考虑阀门和管件的影响。可以使用表 3 中给出的制造厂商数据或当量长度。

5.2.4 计算出来的管道尺寸可以依据良好的工程判断来调整。

5.3 液体管道尺寸的计算方法

5.3.1 概述

单相液体管道应该主要根据流速确定管径。如果管道利用压差把单相液体从一个压力容器输送到另一个压力容器，最大流量时的流速不应超过 5 m/s，以便使控制阀前管道中流体的闪蒸减到最小程度。值得注意的是，对于使用软金属材料的管线，如镍铜合金管，流速限制应更低一些。如果可行的话，流速不应小于 1 m/s，以便使管内流体中砂及其他固体沉积减到最低限度。在这些流速下，管道内总的压力降通常是小的。两个压力罐之间液体管道的压力降将大部分发生在液体调压阀和(或)节流阀上。

5.3.1.1 液体管道的流速可以从图 2 中读出或使用式(1)来计算：

$$v_L = \frac{353.7 q_L}{d_i^2} \qquad \cdots\cdots (1)$$

式中：

v_L——液体流速，单位为米每秒(m/s)；

q_L——液体流量，单位为立方米每小时(m^3/h)；

d_i——管道内径，单位为毫米(mm)。

5.3.1.2 单相液体管道每 100 m 的压力降可以用范宁(Fanning)公式计算，见式(2)：

$$\Delta p = \frac{6\,270 \times 10^6 f \cdot q_L^2 \cdot d_L}{d_i^5} \qquad \cdots\cdots (2)$$

式中：

Δp——每 100 米管道的压力降，单位为千帕(kPa)；

f——莫氏摩擦系数，无量纲；

q_L——液体流量，单位为立方米每小时(m^3/h)；

d_L——液体的相对密度(水=1)，无量纲；

d_i——管道内径，单位为毫米(mm)。

5.3.1.3 莫氏摩擦系数 f 是雷诺数和管道表面粗糙度的函数。一旦知道了雷诺数，就可以用修正的莫氏摩擦系数图(图 3)来确定摩擦系数。

雷诺数可以由式(3)求出：

$$Re = \frac{\rho_L D_i v_L}{\mu_L} \qquad \cdots\cdots (3)$$

式中：

Re——雷诺数，无量纲；

ρ_L——液体密度，单位为千克每立方米(kg/m^3)；

D_i——管道内径，单位为米(m)；

v_L——液体流速，单位为米每秒(m/s)；

μ_L——液体黏度，单位为帕秒(Pa·s)，或者厘泊除以 1 000，或者厘沱乘以相对密度)除以 1 000。

表 3　100%开度的阀门和管件的当量长度

单位为米

NPS	DN	截止阀或球形止回阀	角阀	旋启式止回阀	旋塞阀闸阀或球阀	45°弯头 焊接	45°弯头 螺纹	短半径弯头 焊接	短半径弯头 螺纹	长半径弯头 焊接	长半径弯头 螺纹	三通支管 焊接	三通支管 螺纹	三通主管 焊接	三通主管 螺纹	扩口 突变大小头 d/D=1/4	扩口 突变大小头 d/D=1/2	扩口 突变大小头 d/D=3/4	扩口 标准大小头 d/D=1/2	扩口 标准大小头 d/D=3/4	缩口 突变大小头 d/D=1/4	缩口 突变大小头 d/D-1/2	缩口 突变大小头 d/D=3/4	缩口 标准大小头 d/D=1/2	缩口 标准大小头 d/D=3/4
																按小径表示当量长度 d/D									
$1^{1/2}$	40	16.8	7.92	3.96	0.305	0.305	0.610	0.914	1.52	0.610	0.914	2.49	2.74	0.610	0.914	1.52	0.914	0.305	1.22	0.305	0.914	0.610	0.305	10.305	
2	50	21.3	10.1	5.18	0.610	0.610	0.914	1.22	1.52	0.610	1.22	3.05	3.35	0.914	1.22	2.13	1.22	0.305	1.52	0.305	0.914	0.914	0.305	10.305	
$2^{1/2}$	65	24.4	12.2	6.10	0.610	0.610		1.52		0.914		3.66		0.914		2.44	1.52	0.610	1.83	0.610	1.22	0.914	0.610	20.610	
3	80	30.5	15.2	7.62	0.610	0.610		1.83		1.22		4.17		1.22		3.05	1.83	0.610	2.44	0.610	1.52	1.22	0.610	20.610	
4	100	39.6	19.8	9.75	0.914	0.914		2.13		1.52		5.79		1.52		3.66	2.44	0.914	3.05	0.914	1.83	1.52	0.914	3.914	0.305
6	150	61.0	30.5	14.6	1.22	1.22		3.35		2.44		8.53		2.44		5.49	3.66	1.22	4.27	1.22	2.74	2.13	1.22	1.22	
8	200	79.2	38.1	19.5	1.83	1.83		4.57		2.74		11.3		2.74		7.62	4.88	1.52	5.79	1.52	3.66	2.74	1.52	1.52	0.610
10	250	101	48.8	24.4	2.13	2.13		5.49		3.66		14.3		3.66		9.45	6.10	2.13	7.32	2.13	4.57	3.66	1.83	1.83	0.610
12	300	122	57.9	29.0	2.74	2.74		6.71		4.27		16.8		4.27		11.3	7.32	2.44	9.53	2.49	5.49	4.27	2.13	2.13	0.610
14	350	137	64.0	32.0	3.05	3.05		7.92		4.88		18.9		4.88		12.8	7.92	2.74			6.10	4.88	2.44		
16	400	152	73.2	36.6	3.35	3.35		8.84		5.49		21.9		5.49		14.3	9.14	3.05			3.32	5.49	2.74		
18	450	168	85.3	42.7	3.66	3.66		10.1		6.10		25.0		6.10		16.2	10.7	3.35			7.92	6.10	3.05		
20	500	198	91.4	42.7	42.7	42.7		11.0		7.01		27.4		7.01		18.3	11.6	3.96			9.14	7.01	3.35		
22	550	210	102	51.8	4.57	4.57		12.2		7.62		30.5		7.62		19.8	12.8	4.27			9.75	7.62	3.66		
24	600	229	113	56.4	4.88	4.88		13.4		8.23		33.5		8.23		21.3	14.0	4.57			10.7	8.23	3.96		
30	750				6.40	6.40		16.8		12.2		42.7		12.2											
36	900				7.62	7.62		20.1		14.3		51.8		14.3											
42	1 050				9.14	9.14		23.5		16.8		61.0		16.8											
48	1 200				10.7	10.7		26.8		19.8		67.1		19.8											
54	1 350				12.2	12.2		30.2		21.3		76.2		21.3											
60	1 500				13.7	13.7		33.5		24.4		79.2		24.4											

注 1：资料来源于 GPSA 数据手册，1987。

注 2：d 是较小出口的内径，D 是较大出口的内径。

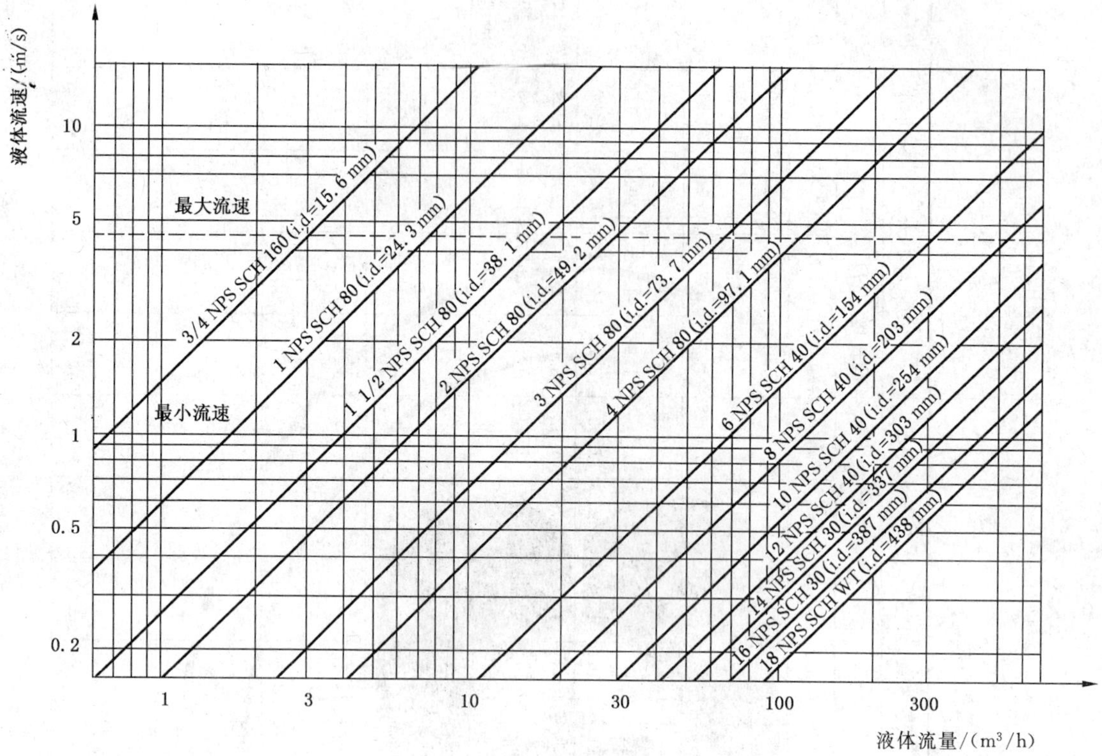

注：本图是利用式(2)得出的。

图 2　液体管道的流速

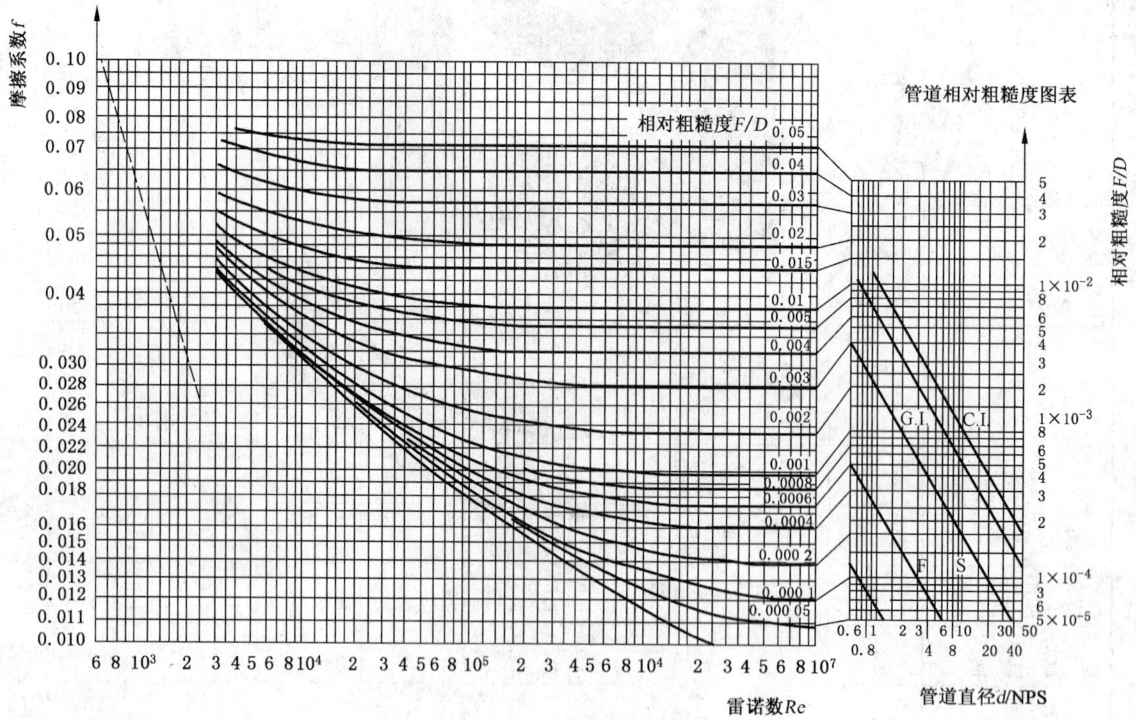

CI——铸钢，清洁；

F——玻璃钢涂层；

GI——镀锌钢管；

S——钢管，清洁(也用于水泥、石棉或水泥钢管)；

T——拉制管道。

图 3　摩擦系数图(修改的莫氏图)

5.3.2 泵的配管

5.3.2.1 往复泵、转子泵和离心泵的吸入管道系统应该设计成在泵进口法兰上的有效净正吸入压头($NPSH_a$)超过泵所要求的净正吸入压头(NPSH)。另外，应采取措施使往复泵吸入管道的脉动减到最小程度。要使泵工作良好就要使液体进入泵壳体或泵缸时没有汽化。

5.3.2.2 在离心泵和转子泵上，吸入法兰处的液体压力应足够高，以便克服法兰和叶片(或转子)进口之间的压力降并维持液体压力大于液体的蒸气压，否则将出现汽蚀现象。对于往复泵，吸入法兰处的压力应满足相同的要求，但往复泵所要求的 NPSH 一般高于离心泵的 NPSH，这是由于通过阀门的压力降和由流动中脉动引起的压力降。同样，往复泵吸入口的有效 NPSH 也应考虑到由脉动流引起的吸入管道内的加速度、摩擦、速度头及静压力。

5.3.2.3 超过泵送液体蒸气压所应的有效压差可以定义为有效净正吸入压头($NPSH_a$)。它是吸入口处的绝对总压头减去液体绝对蒸气压，以米表示。有效 NPSH 应该总是等于或大于泵所需要的 NPSH。对于大多数泵，可以使用式(4)计算有效 $NPSH_a$。通常的做法是在计算结果上加上 1 m 的安全系数。

$$NPSH_a = h_p - h_{vpa} + h_{st} - h_f - h_{vh} - h_a \quad \cdots\cdots(4)$$

式中：

h_p——绝对压头，它是由于压力、大气压作用到输入端液体表面上的力引起的，单位为米液柱；

h_{vpa}——液体在吸入温度下的绝对蒸气压，单位为米液柱；

h_{st}——静压头，正的或负的，这是由于液体液位在基准线(泵中心线)以上或以下引起的，单位为米液柱；

h_f——摩擦头，或压头损失，这是由于吸入管道的流动摩擦引起的，包括入口和出口损失，单位为米液柱；

h_{vh}——速度头$\frac{v_L^2}{2g}$，单位为米液柱；

h_a——加速度头，单位为米液柱；

v_L——管道中液体的流速，单位为米每秒(m/s)；

G——重力加速度常数(通常为 9.81 m/s^2)。

5.3.2.4 如果是离心泵或转子泵，加速度头 h_a 是 0。如果是往复泵，加速度头是关键性的，可以用式(5)确定。

$$h_a = \frac{Lv_L \cdot R_p \cdot C}{K \cdot g} \quad \cdots\cdots(5)$$

式中：

h_a——加速度头，单位为米液柱；

L——吸入管道的长度，单位为米(m)，(实际长度，不是当量长度)；

v_L——吸入管道的平均液体流速，单位为米每秒(m/s)；

R_p——泵转数，单位为转每分(r/min)；

C——泵的经验常数：

C=0.200，用于单缸双作用泵；

C=0.200，用于双缸单作用泵；

C=0.115，用于双缸双作用泵；

C=0.066，用于三缸单作用或双作用泵；

C=0.040，用于五缸单作用或双作用泵；

C=0.028，用于七缸单作用或双作用泵。

注：对于特殊的连杆长度和曲轴半径的比值，常数 C 将有所变化。

K——液体可压缩系数，表示为理论加速度头的倒数，它是应要提供的，以免吸入管道中明显的扰动：

$K=1.4$，用于几乎不可压缩的液体(脱气的水)；

$K=1.5$，用于胺、乙二醇、水；

$K=2.0$，用于大多数的烃；

$K=2.5$，用于相对可压缩的液体(热油或乙烷)；

G——重力加速度(通常取 9.81 m/s^2)。

应该注意到加速度头效应或式(5)不都是普遍适用的(见[12]，[13]，[14])。然而式(5)被认为是比较保守的，它将应保证足够的加速度头。

5.3.2.5　当一台以上的往复泵同时使用同一个供给管道时，在运行时所有曲轴会是同相，对供给系统，这些泵将如同一台泵以它们的综合能力在工作。在这种情况下，供给管道中的最大瞬时速度将等于由一个具有这些泵综合能力的泵所产生的速度。

5.3.2.6　如果加速度头确定得过大，应评价下面各项：

a)　缩短吸入管道。加速度头与管道长度 L 成正比。

b)　使用大的吸入管道来减小流速。这是很有帮助的，因为流速与管道内径的平方成反比，加速度头和流速 V_L 成正比。

c)　如果泵额定值允许，可以通过使用较大尺寸的活塞或柱塞来减小所需的泵速。所需的泵速与活塞直径的平方成反比，加速度头与泵速 R_p 成正比。

d)　考虑用一台多柱塞的泵，例如：

$C=0.040$ 用于五缸泵，这个值大约比三缸泵低 40%；

$C=0.066$ 用于三缸泵，加速度头与 C 值成正比。

e)　如果上述方法难以接受的话，考虑使用一个脉动阻尼器。在吸入系统中使用阻尼器所能获得的结果将取决于尺寸、型号、位置和充注压力。如果能保持适当的充注，一个安装位置适当的良好阻尼器，可使加速度头公式中使用的管道长度 L 减至公称管径的(5～15)倍。阻尼器应尽量安置在靠近泵的吸入端。

f)　使用离心增压泵给往复泵的吸入端充压。

5.3.2.7　下列准则在设计泵吸入管道时可能是有用的：

a)　吸入端管道的尺寸应大于泵入口接口一个或两个管道尺寸规格。

b)　吸入端管道应该短，并尽量少用弯头和管件。

c)　在泵的附近应使用偏心大小头，偏心大小头的平直边向上，以保持管道顶端成水平。这就可消除在吸入端管道内形成气袋的可能性。如果考虑碎屑有可能聚积，推荐采取清除措施。

d)　对于往复泵，应提供一个适当的脉动阻尼器(或为以后增装一个阻尼器做准备)，并尽量靠近泵吸入口。

e)　在多泵装置中，一般供给管道的尺寸应这样选择，即速度应尽可能接近每一个泵进口管道的速度。这样可避免速度变化，从而把加速度效应减至最小。

5.3.2.8　往复泵、离心泵和转子泵出口管道的尺寸应该在经济基础上予以选择。另外，选择的往复泵出口管道应能把脉动减至最小。往复泵出口管道的脉动也与加速度头有关系，但是比吸入端管道脉动更复杂。下列准则在设计出口管道中可能是有用的：

a)　出口管道应尽量短而直；

b)　出口管道应比泵出口尺寸大一个或两个尺寸规格；

c)　出口管道的速度不应超过吸入管道速度的 3 倍，通常这个速度对所有的泵都产生一个经济的管道尺寸，并且将往复泵产生的脉动减至最小；

d)　对于往复泵，应包括一个适当的脉动阻尼器(或为以后增设一个阻尼器做准备)并且尽量靠近泵出口。

5.3.2.9 表4可以用于初步确定泵吸入和泵排出管道尺寸规格。

表4 典型的流速

泵型	吸入速度/(m/s)	排出速度/(m/s)
往复泵		
转数在250 r/min以下	0.6	1.8
转数在251 r/min～330 r/min	0.45	1.4
转数在330 r/min以上	0.3	1.0
离心泵	0.6～1	1.8～2.7

5.4 确定单相气体管道尺寸的准则

5.4.1 尺寸考虑

单相气体管道尺寸的确定应使管道终端的压力足够高以满足管道下游设备的要求。另外如果速度超过25 m/s,如经过控制阀、孔板可能会产生噪声问题。然而,25 m/s的速度不应理解为一个绝对的准则,如果管道的走向、阀门的选择和布置考虑了尽可能减小或隔断噪声的措施时,较高的速度是可以接受的。

对于要加入缓蚀剂的任何管道系统的设计都应考虑壁厚的裕量和/或降低流速小于15 m/s,以减少冲掉管壁上缓蚀剂薄膜的影响,在这样的系统中建议采用壁厚监测方法。

5.4.2 一般压降的计算公式[见式(6)]

$$p_1^2 - p_2^2 = 6 \times 10^4 \left(\frac{d_g \cdot q_g^2 \cdot Z \cdot T_1 \cdot f \cdot L}{d_i^5} \right) \qquad \cdots\cdots(6)$$

式中:

p_1——上游压力,单位为千帕[kPa(A)];

p_2——下游压力,单位为千帕[kPa(A)];

d_g——气体相对密度(空气=1),无量纲;

q_g——标准状态下的气体流量,单位为立方米每小时(m^3/h);

Z——气体压缩系数(详见[11]);

T_1——流动温度,单位为开(K);

f——气体莫氏摩擦系数,无纲量(参见图3);

d_i——管道内径,单位为毫米(mm);

L——管道长度,单位为米(m)。

整理式(6)得到下面求解 q_g 的公式,见式(7):

$$q_g = 0.004\,08 \left[\frac{d_i^5 (p_1^2 - p_2^2)}{Z \cdot T_1 \cdot f \cdot L \cdot d_g} \right]^{1/2} \qquad \cdots\cdots(7)$$

当压力的变化小于进口压力的10%时,式(6)可以进一步简化,如果情况确实如此,我们可以做式(8)的假设:

$$p_1^2 - p_2^2 \cong 2p_1(p_1 - p_2) \qquad \cdots\cdots(8)$$

代入式(6)得到式(9):

$$\Delta p = 30\,000 \frac{d_g \cdot q_g^2 \cdot Z \cdot T_1 \cdot f \cdot L}{p_1 \cdot d_i^5} \qquad \cdots\cdots(9)$$

5.4.3 经验压降公式

5.4.3.1 公式的假定条件

为了避免求解莫氏摩擦系数,已经出现了几个压降的经验公式。所有这些经验公式都是相对于不同的雷诺数按总的流体方程推导出来的。在气体管道中最常用的经验压降公式是下面描述的 Weymouth 公式。

5.4.3.2 **Weymouth 公式**

Weymouth 公式是以管径范围 20 mm～300 mm，管道内介质为压缩空气的测量为基础的，在莫氏图中是摩擦系数曲线的水平段部分(即高雷诺数)，在这个范围内莫氏摩擦系数与雷诺数无关，并依赖于相对粗糙度。

Weymouth 公式可以表示为式(10)：

$$q_g = 0.013\,1 d_i^{2.67}\left[\frac{p_1^{\,2} - p_2^{\,2}}{L \cdot d_g \cdot Z \cdot T_1}\right]^{1/2} \quad\cdots\cdots(10)$$

式中：

q_g——流量，单位为立方米每小时(m^3/h)(标准状态下)；

d_i——管道内径，单位为毫米(mm)；

p_1——点 1 的压力，单位为千帕[kPa(A)]；

p_2——点 2 的压力，单位为千帕[kPa(A)]；

L——管道的长度，单位为米(m)；

d_g——气体的相对密度(空气=1)，无量纲；

T_1——气体的入口温度，单位为开(K)；

Z——气体压缩系数(详见[11])。

注意推导 Weymouth 公式的假设条件和适用条件是重要的。高压降的短管道可能处于紊流状态(高雷诺数)，符合 Weymouth 公式的假设条件。工业上的经验表明，Weymouth 公式适用于生产设施的大多数管道。然而，对于大管径或低流速的管道而言，其流态更适用于用 Moody 图中的倾斜段来表征，Weymouth 公式使用的摩擦系数一般太低。

5.4.3.3 **Panhandle 公式**

Panhandle 公式假设在 Moody 图中，在中等的雷诺数范围内，摩擦系数可以用一恒定负斜率的直线段来表示。

Panhandle 公式可以表示为式(11)：

$$q_g = 0.001\,15 E\left[\frac{p_1^{\,2} - p_2^{\,2}}{d_g^{\,0.961} Z T_1 L_m}\right]^{0.51} d^{2.53} \quad\cdots\cdots(11)$$

式中：

p_1——上游压力，单位为千帕[kPa(A)]；

p_2——下游压力，单位为千帕[kPa(A)]；

d_g——气体的相对密度(空气=1)，无量纲；

Z——气体压缩系数(详见[11])；

q_g——气体流量，单位为立方米每小时(m^3/h)(标准状态下)；

T_1——流动温度，单位为开(K)；

L_m——管道长度，单位为千米(km)；

d_i——管道内径，单位为毫米(mm)；

E——有效系数：

E=1.0 新管；

E=0.95 良好的操作条件；

E=0.92 一般的操作条件；

E=0.85 不利的操作条件。

在实际应用中，Panhandle 公式一般用于大管径[管径大于 DN250(10NPS)]长距离的管道(通常按千米而不是米计算)，其雷诺数在 Moody 图表的直线段上。可以看出无论 Weymouth 或是 Panhandle 公式都不是一个保守的假设。如果采用 Weymouth 公式，并且雷诺数为中等大小，实际的摩擦系数将大于计算中采用的摩擦系数(在 Moody 曲线中倾斜段高于水平段)，实际的压降将大于计算值。

如果使用 Panhandle 公式，并且实际的雷诺数高，实际的摩擦系数将大于计算中采用的摩擦系数(公式假设 Moody 曲线到水平段后，公式中的摩擦系数继续随着雷诺数的增加而不断减小)，实际的压降将大于计算值。

5.4.3.4 Spitzglass 公式

Spitzglass 公式用于压力接近常压的管道。它是对式(7)做以下假设而推导出来的：

a) $f=\left(1+\frac{91.4}{d_i}+1.18\times10^{-3}d_i\right)\left(\frac{1}{100}\right)$；

b) $T=289$ K；

c) $p_1=103.4$ kPa；

d) 对理想气体 $Z=1.0$；

e) $\Delta p<p_1$ 的 10%。

根据这些假设并用 Pa 来表示压降，则 Spitzglass 公式可以表示为式(12)：

$$q_g=0.001\,08\left[\frac{h_w\cdot d_i^5}{d_g L\left(1+\frac{91.4}{d_i}+(1.18\times10^{-3})d_i\right)}\right]^{1/2} \qquad (12)$$

式中：

h_w——压力降，单位为帕(Pa)；

d_g——气体的相对密度(空气=1)，无量纲；

q_g——流量，单位为立方米每小时(m^3/h)(标准状态)；

L——管道长度，单位为米(m)；

d_i——管道内径，单位为毫米(mm)。

5.4.4 气体流速公式

气体流速可以使用下面推导的公式计算，见式(13)：

$$v_g=\frac{131Z\cdot q_g\cdot T}{d_i^2\cdot p} \qquad (13)$$

式中：

v_g——气体流速，单位为米每秒(m/s)；

d_1——管道内径，单位为毫米(mm)；

q_g——气体流量，单位为立方米每小时(m^3/h)(标准状态)；

T——操作温度，单位为开(K)；

p——操作压力，单位为千帕[kPa(A)]；

Z——气体的压缩系数(参见[11])。

5.4.5 压缩机管道

往复式和离心式压缩机管道的尺寸确定，应该以产生最小的脉动、振动和噪声为准则。允许的速度应根据具体使用情况，通过工程研究来确定。

注 1：当对旧管道、积垢、腐蚀、液体、含蜡等管道使用气相流体公式时，对气体流动效率的作用可能会有大的影响。

注 2：对于其他经验公式详见[11]。

5.5 确定气/液两相管道尺寸的准则

5.5.1 冲蚀速度

出油管道、生产管汇、工艺集管和其他输送气液两相流体的管道，应主要根据流速确定管道尺寸，经验表明由于流体的冲蚀/腐蚀会造成管道壁厚的损失。由于高流速、砂子、腐蚀产物如 CO_2 和 H_2S 和妨碍流体流动的管件如弯头而加速冲蚀的过程。

下面确定冲蚀的速度的公式可以用于没有流体冲蚀/腐蚀的情况，这个冲蚀速度是基于简化的模型建立的，没有考虑砂和其他因素（CO_2、H_2S 和氯离子的情况）。

注：5.5.1 的公式是一个简化的经验公式，通常计算结果的速度限制是保守的。然而，经验表明，在很多种情况下，这种速度限制可能过于保守。冲蚀和相关的冲蚀腐蚀是和很多因素相关的复杂问题，包括流态、材料类型、固体特性、气体和液体流速、流体黏度、流体密度和流体腐蚀性。有些计算模型已经考虑了这些因素，这些计算模型可作为计算的选择公式。

可能发生的冲蚀速度可以通过下面的经验公式确定，见式(14)：

$$v_e = \frac{C}{\sqrt{\rho_m}} \qquad \cdots\cdots(14)$$

式中：

v_e——流体的冲蚀速度，单位为米每秒(m/s)；

C——经验常数；

ρ_m——在操作压力和温度条件下的气/液混合物的密度，单位为千克每立方米(kg/m^3)。

到现在为止的工业经验表明，对于无固体的流体连续作业时 $c=122$ 和间断作业时 $c=152$ 都是保守的。对于预期无腐蚀或通过缓蚀剂或采用耐腐蚀的合金控制腐蚀的无固体的流体，对于连续作业时可以使用 $c=180$ 到 245，而高达 300 的 c 值已成功地用于间断作业。如果预期生产流体中含有固体，流速应该大为降低。如果做过具体适用性的研究，也可以使用不同的 c 值。

存在固体和/腐蚀产物的地方或对于连续作业使用 c 值高于 122 的地方，应该考虑定期地检查评估管道的壁厚，对于预期含有固体的流体，任何管道系统的设计都应该考虑安装探砂器、管帽三通或缓冲三通(target tee)和在节流装置出口安装不少于 1 m 长的直管段。参见图 4。

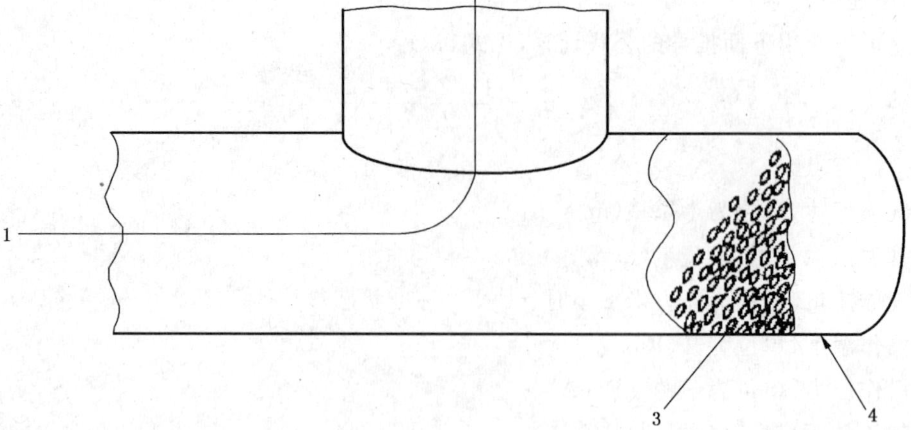

1——进口；

2——出口；

3——固体聚集；

4——焊接管帽或盲法兰。

图 4 三通

5.5.2 密度

气/液混合物密度可以使用式(15)计算：

$$\rho_m = \frac{28\ 833 d_L \cdot p + 37.22 R \cdot d_g \cdot p}{28.82 p + 10.68 R \cdot T \cdot Z} \quad \cdots\cdots\cdots\cdots (15)$$

式中：

p——操作压力，单位为千帕[kPa(A)]；

d_L——在标准条件下的液体相对密度(水=1，对于烃和水的混合物，使用平均相对密度)，无量纲；

R——在标准条件下的气体/液体比率；

T——操作温度，单位为开(K)；

d_g——在标准条件下的气体相对密度(空气=1)；

Z——气体压缩系数，无量纲。

当已知 V_e 时，避免流体冲蚀所需的最小流动截面积可以用下列推导公式确定，见式(16)：

$$A = \frac{277.6 + (103 Z \cdot R \cdot T / p)}{v_e} \quad \cdots\cdots\cdots\cdots (16)$$

式中：

A——所需的最小管道流动截面积，单位为平方毫米每立方米小时[$mm^2/(m^3 \cdot h)$]。

5.5.3 最小速度

如果可能，两相管道中的最小速度应该是大约 3 m/s，以便减少分离设备的冲击。这对于高程有变化的长距离管道尤其重要。

5.5.4 压力降

两相管道系统中的钢管压力降可以用下面简化的达西(Darcy)公式估算。式(17)来自 GPSA 工程数据手册(1981 版)：

$$\Delta p = \frac{625\ 300\ 0 q_m^2 \cdot f}{d_i^5 \cdot \rho_m} \quad \cdots\cdots\cdots\cdots (17)$$

式中：

Δp——每 100 米管道的压力降，单位为千帕(kPa)；

d_i——管道内径，单位为毫米(mm)；

f——莫氏摩擦系数，无量纲；

ρ_m——气/液在操作压力和温度下的密度，单位为千克每立方米(kg/m^3)[根据式(15)计算]；

q_m——液体加气体的总流量，单位为千克每小时(kg/h)。

由于密度变化会影响计算的精确性，所以此公式的应用只限于在 10%的压力降之内。

如果假设莫氏摩擦系数平均为 0.015，此式变为：

$$\Delta p = \frac{937\ 95 q_m^2}{d_i^5 \cdot \rho_m}$$

q_m 可以使用下列导出公式计算，见式(18)：

$$W = 1.29 q_g d_g + 1\ 000 q_L d_L \quad \cdots\cdots\cdots\cdots (18)$$

式中：

q_g——气体流量，单位为立方米每小时(m^3/h)(在标准状态下)；

d_g——气体相对密度(空气=1)；

q_L——液体流量，单位为立方米每小时(m^3/h)；

d_L——液体相对密度(水=1)。

注：此处压力降计算仅为估计值。

5.6 管道壁厚

5.6.1 某一特定管道类别所需的管壁厚度基本上是内部操作压力、温度和所选材料允许环向应力的函数。制造钢管的标准允许壁厚低于公称壁厚。对于碳钢管，通常希望至少具有 1.25 mm 的腐蚀/机械强度的余量。如果能预测腐蚀率，应该使用计算的腐蚀余量。

5.6.2 具体管道的设计厚度可采用式(19)计算，并符合 ASME B31.3：

$$t=\frac{p_i \cdot D_o}{20(100S \cdot E+0.1p_i \cdot Y)} \qquad (19)$$

式中：

T——设计厚度，单位为毫米(mm)；

注：最小的壁厚不包括腐蚀/机械强度余量或螺纹余量以及制造公差(见 5.6.3)。

p_i——设计内压，单位为千帕(kPa)(表压)；

D_o——管道外径，单位为毫米(mm)；

E——纵向焊缝系数(见 ASME B31.3)；

$E=1.00$，用于无缝管；

$E=0.85$，用于电阻焊接管(ERW)；

Y——当 $t<D_o/6$ 时的温度系数(对于 482 ℃以下的奥氏体和其他锻造材料，取 0.4)(在内压下直管段的设计，Y 应符合 ASME B31.3 的要求)；

S——符合 ASME B31.3 的许用应力，单位为牛每平方毫米(N/mm^2)。

5.6.3 管道的最小公称壁厚可以用式(20)计算：

$$t_{nom} \geqslant \frac{t+C_e}{1-(m/100)} \qquad (20)$$

式中：

T——设计壁厚，单位为毫米(mm)；

C_e——腐蚀、机械强度和螺纹余量的总和，单位为毫米(mm)；

M——管道壁厚制造负公差，%。

5.6.4 腐蚀余量的有关规定如下：

低/中等腐蚀＝1.0 mm，1.25 mm，或 1.5 mm；

中/高等腐蚀＝3.0 mm。

5.6.5 表 5 给出了 ASTM A106 B 级无缝钢管在腐蚀/机械强度裕量为 1.25 mm 以及壁厚制造公差为 12.5%时，从 DN50(2NPS)到 DN600(24NPS)管道的大多数公称壁厚的最高许用工作压力。表 5 中的最高许用工作压力是在 $t<D_o/6$ 时，用式(19)和式(20)计算的。进一步说明，使用表 5 中的公称壁厚(t_{nom})，代入式(20)求得设计壁厚(t)，再将此值代入式(19)求得设计压力(p_i)即最高许用工作压力。当 $t>D_o/6$ 时，应按照 ASME B31.3 中的 Lame 公式计算。表 5 只考虑了内压和温度。在特殊机械应力和温度情况下，可能需要增大这些壁厚。对于不锈钢管，其最高许用工作压力可以用式(19)计算，它的腐蚀/机械强度裕量是零。

5.6.6 小口径薄壁管容易被振动和腐蚀所破坏。在用于烃类作业时，直径为 3/4 in 或更小的管接头最低应该是 SCH 160 的；所有 3 in 或小于 3 in 的管接头最小应该是 SCH 80 的。全螺纹接头不应该使用。

5.6.7 对于薄壁管道需要给予特别的关注，比如：不锈钢，在震荡作业的时候要避免疲劳破坏。

表 5 平台管道最大允许工作压力 ASTM A106 B 级,无缝钢管(应力值来自 ASME B 31.3)

NPS 公称直径/in	外径/mm	公称壁厚/mm	公称管道重量/(kg/m)	级别	壁厚系列号	温度范围/℃			
						−29～204[a]	205～260	261～315	316～343
						最大允许工作压力/kPa(G)			
2	60.3	5.54	7.48	XS	80	17 166	16 221	14 848	14 586
		8.74	11.10	—	160	31 848	30 097	27 545	27 069
		11.07	13.45	XXS	—	43 345	40 959	37 490	36 841
2.5	73.0	7.01	11.41	XS	80	19 407	18 345	16 786	16 497
		9.53	14.90	—	160	28 924	27 331	25 021	24 586
		14.02	20.41	XXS	—	47 241	44 641	40 862	40 152
		19.05	25.33	—	—	67 393	69 486	59 483	58 455
3	88.9	7.62	15.25	XS	80	17 607	16 634	15 228	14 966
		11.13	21.30	—	160	28 434	26 869	24 593	24 166
		15.24	27.65	XXS	—	42 000	39 690	36 331	35 697
4	114.3	6.02	16.07	STD	40	9 924	9 379	8 586	8 434
		8.56	22.31	XS	80	15 697	14 834	13 579	13 338
		11.13	28.30	—	120	21 717	20 524	18 786	18 455
		13.49	33.53	—	160	27 441	25 931	23 738	23 324
		17.12	41.02	XXS	—	36 600	34 579	31 662	31 110
6	168.3	7.11	28.26	STD	40	8 317	7 855	7 193	7 069
		10.97	42.56	XS	80	14 221	1 344	12 303	12 090
		14.27	54.20	—	120	19 428	18 366	16 807	16 517
		18.26	67.55	—	160	25 862	24 503	22 428	22 041
		21.95[b]	79.18	XXS	—	32 138	30 372	27 800	23 717
8	219.1	7.04	36.76	—	30	6 262	5 917	5 421	5 324
		8.18	42.53	STD	40	7 572	7 159	6 552	6 441
		10.31	53.07	—	60	10 048	9 497	8 690	8 538
		12.70	64.63	XS	80	12 855	12 152	11 117	10 924
		15.09	75.79	—	100	15 710	14 848	13 586	13 351
		18.26	90.43	—	120	19 572	18 497	16 931	16 641
		20.62[b]	100.88	—	140	22 503	21 269	19 469	19 131
		22.22[b]	107.87	XXS	—	24 517	23 166	21 207	20 841
		23.01[b]	111.18	—	160	25 517	24 110	22 069	21 690
10	273.0	6.35	41.77	—	20	4 386	4 145	3 793	3 731
		7.09	46.47	—	—	5 055	4 779	4 372	4 297
		7.80	51.00	—	30	5 703	5 386	4 931	4 848
		9.27	60.29	STD	40	7 055	6 669	6 103	5 993
		12.70	81.54	XS	60	10 241	9 675	8 855	8 703
		15.09	95.84	—	80	12 490	11 807	10 807	10 621
		18.26	114.74	—	100	15 531	14 676	13 434	13 200
		21.44[b]	132.85	—	120	18 621	17 600	16 110	15 828
		25.40[b]	154.96	XXS	140	22 559	21 317	19 510	19 172
		28.58[b]	172.11	—	160	25 772	23 452	22 290	21 903

表 5（续）

NPS 公称直径/in	外径/mm	公称壁厚/mm	公称管道重量/(kg/m)	级别	壁厚系列号	温度范围/℃			
						−29～204[a]	205～260	261～315	316～343
						最大允许工作压力/kPa(G)			
12	323.8	6.35	49.72	—	20	3 690	3 490	3 193	3 138
		8.38	65.20	—	30	5 241	4 959	4 538	4 455
		9.52	73.82	STD	—	6 124	5 786	5 297	5 207
		10.31	79.74	—	40	6 731	6 366	5 828	5 724
		12.70	97.44	XS	—	8 593	8 117	7 434	7 303
		14.27	108.96	—	60	9 828	9 290	8 503	8 359
		17.48	132.01	—	80	12 372	11 690	10 703	10 517
		21.44[b]	159.66	—	100	15 572	14 710	13 469	13 234
		25.40[b]	186.75	XXS	120	18 828	17 786	16 283	16 000
		28.58[b]	207.87	—	140	21 476	20 297	18 579	18 255
		33.32[b]	238.60	—	160	25 517	24 110	22 069	21 690
14	355.6	6.35	54.68	—	10	3 359	3 172	2 903	2 855
		7.92	67.94	—	20	4 448	4 207	3 848	3 786
		9.52	81.28	STD	30	5 566	5 262	4 814	4 731
		11.13	94.49	—	40	6 697	6 324	5 793	5 690
		12.70	107.38	XS	—	7 807	7 379	6 752	6 634
		15.09	126.51	—	60	9 510	8 986	8 228	8 083
		19.05	158.08	—	80	12 372	11 697	10 703	10 517
		23.83[b]	194.90	—	100	15 890	15 014	13 745	13 503
		27.79[b]	224.36	—	120	18 855	17 821	16 310	16 028
		31.75[b]	253.31	—	140	21 869	20 669	18 917	18 593
		35.71[b]	281.49	—	160	24 938	23 566	21 572	21 200
16	406.4	6.35	62.63	—	10	2 931	2 772	2 538	2 497
		7.92	77.86	—	20	3 890	3 676	3 366	3 303
		9.52	93.21	STD	30	4 862	4 593	4 207	4 131
		12.70	123.29	XS	40	6 814	6 441	5 897	5 793
		16.66	160.72	—	60	9 276	8 766	8 028	7 883
		21.41[b]	203.88	—	80	12 276	11 600	10 621	10 434
		26.19[b]	245.55	—	100	15 345	14 503	13 276	13 041
		30.94[b]	287.21	—	120	18 448	17 434	15 959	15 683
		36.50[b]	333.35	—	140	22 152	20 938	19 165	18 834
18	457.2	6.35	70.59	—	10	2 607	2 462	2 255	2 214
		7.92	87.79	—	20	3 455	3 262	2 986	2 931
		9.52	105.14	STD	—	4 317	4 076	3 731	3 669
		11.13	122.36	XS	30	5 186	4 897	4 483	4 407
		12.70	139.19	—	—	6 041	5 710	5 228	5 138
		14.27	155.91	—	40	6 903	6 524	5 972	5 869
		18.24	197.93	—	60	9 097	8 593	7 869	7 731
		23.80[b]	254.48	—	80	12 214	11 545	10 566	10 386
		29.36[b]	309.54	—	100	15 393	14 545	13 317	13 083
		34.11[b]	355.67	—	120	18 152	17 152	15 703	15 428

表 5（续）

NPS 公称直径/in	外径/mm	公称壁厚/mm	公称管道重量/(kg/m)	级别	壁厚系列号	温度范围/℃ −29～204[a]	205～260	261～315	316～343
						最大允许工作压力/kPa(G)			
20	508	6.35	78.56	—	10	2 343	2 214	2 027	1 991
		9.52	117.03	STD	20	3 876	3 683	3 353	3 295
		12.70	155.13	XS	30	5 428	5 129	4 695	4 613
		15.06	183.08	—	40	6 588	6 226	5 699	5 600
		20.62	247.84	—	60	9 353	8 838	8 090	7 950
		26.19	311.19	—	80	12 166	11 497	10 524	10 341
		32.54	381.55	—	100	15 429	14 580	13 346	13 115
		38.10	441.52	—	120	18 335	17 327	15 860	15 585
24	609.6	6.35	94.47	—	10	1 950	1 843	1 687	1 658
		9.52	140.89	STD	20	3 224	3 047	2 789	2 740
		12.70	186.95	XS	—	4 511	4 263	3 902	3 834
		14.27	209.51	—	30	5 150	4 867	4 455	4 378
		17.48	255.25	—	40	6 464	6 109	5 591	5 494
		24.61	355.04	—	60	9 418	8 900	8 147	8 005
		30.96	441.80	—	80	12 091	11 426	1 059	10 277
		38.88	547.23	—	100	15 482	14 630	13 392	13 160
		46.02	639.62	—	120	18 595	17 572	16 084	15 805

[a] 关于防止脆性破裂的内容见相关章节。

[b] 壁厚大于 19 mm 的所有焊接应作焊后应力消除。

注：包括管道和管件 1.25 mm 腐蚀和机械强度裕量以及低于公称壁厚 12.5%的制造公差。

5.7 连接

5.7.1 管道连接类型

普遍采用的连接方法包括对焊连接、承插焊连接以及螺纹连接。如果采用特定类型的连接方式，应采用以下准则。

5.7.2 烃类管道

管道连接时应该对焊。

管道的公称直径大于或等于 DN50(2NPS)时，应用对焊连接。

管道的公称直径小于或等于 DN40(1½NPS)时，可用承插焊连接。

承插焊连接方式不应用于以下地方：

a) 有严重缝隙腐蚀的危险；

b) 有严重的机械振动。

对于压力等级为 ASME 600 lb 及以上的所有尺寸的管道都应采用对焊连接。

松套型法兰只可用于压力等级为 ASME 300 lb 及以下的无循环和无震动的工况。

5.7.3 公用管道(非蒸气作业)

公称直径大于或等于 DN80(3NPS)的公用压力管道应该采用对焊连接。

5.7.4 螺纹管系统

相对于对焊和承插焊来说，螺纹连接管道和管件完整性要低一些，只能应用在以下几种情况：

a） 流体是不易燃的、无毒的、无危险和无腐蚀性的；

b） 无循环和无显著机械振动的作业环境；

c） 设计压力低于 2 000 kPa(G)；

d） 设计温度在－29 ℃～200 ℃之间。

有时遵照上述准则往往是不可能的，特别是当与设备或仪表连接的时候。在这种情况下，要考虑连接方法对设备和所有人员危险性的风险评估。螺纹应该是锥形的，和管道同心，无切削毛刺，在所有现场切割时，管道内侧都应该扩孔。

对于螺纹连接管道的配管需要给予特别的关注，确保连接不会超载，或者不会导致在操作中螺纹松扣。

对于螺纹连接的详细部分可参考 ISO 10422[15] 和 ASME B1. 20. 1[16]，对于螺纹组合件的详细资料见 ISO 13678[17]。

5.8 膨胀和挠度

5.8.1 管道系统可能受到各种不同的负荷。一般，在一条管道系统的应力分析中，最主要的应力是由以下各项引起的：

a） 压力和压力波动；

b） 管道、管件、阀门、保温层和流体的重量；

c） 由于工艺条件变化、循环温度改变、放空和环境条件变化而引起的热膨胀或收缩；

d） 外部负荷和动力作用，比如水击、风、泄放作用、摆动和地震；在某些条件下需要考虑爆炸的超压保护；

e） 端部载荷和位移，还有管道系统中的其他约束条件。

管道系统应有足够的挠性，以确保不会泄漏、扭曲、失效或者造成阀门与之相连接的应变敏感设备过载，这些设备包括容器、压缩机和透平。

管道系统的挠性和应力分析应该按照 ASME B31. 3 的准则执行。

5.8.2 按照 ASME B31. 3，如果不符合下面准则，应对管道系统进行正式的应力分析。

如果管道系统的尺寸一致，固定点不超过 2 个，没有中间约束，可以使用下面的经验公式，见式(21)。

$$\frac{D_o \cdot y}{(L-U)^2} \leqslant 208.3 \qquad \cdots\cdots (21)$$

式中：

D_o——管道外径，单位为毫米(mm)；

Y——管道吸收的总位移，单位为毫米(mm)；

U——固定点距离(固定点之间的直线距离)，单位为米(m)；

L——管道的实际长度，单位为米(m)。

没有证据表明上述公式能提供精确的或始终如一保守的计算结果。它不能应用于严重循环的作业工况。在诸如不等腿 U 形管($L/U>2.5$)或接近直管的“锯齿”形管段或大直径薄壁管道(应力强度系数 $i>5$ 应该遵守 ASME B31. 3 关于强度系数的规定)，或外部位移(不是和固定端连接的方向)占总位移大部分的地方，都应予以注意。即使管道系统在式(21)的限制内，也不能保证管道端部的作用处于可接受的低应力水平。

5.8.3 对于符合下列准则之一的系统，ASME B31. 3 不要求进行正规的应力分析：

a） 该系统与已成功操作过的系统完全一样，或者从工作记录上看，替代的系统具有满意的操作记录；

b） 该系统与以前分析过的系统比较，可以判定是足够满足要求的。

5.8.4 管道的位移可以由膨胀弯头（包括“圈形”、“U”、“L”和“Z”形管）、旋转接头或者膨胀波纹管来解决。在实际操作时，最好使用膨胀弯头。如果膨胀弯头不适用，应该使用旋转接头。旋转接头容易泄漏，应给予适当的维护。如果安装不当，膨胀波纹管将容易断裂，应该尽量避免使用。膨胀波纹管常常用于发动机排气系统和其他低压系统。

5.9 启动措施

在所有泵和压缩机吸入管道中都应提供临时的启动锥形滤网。滤网（锥形端对着上游）应该尽可能接近入口法兰，便于以后拆除。考虑到拆除滤网，有时需要一套成对的法兰。在启动期间应该检查滤网并且当再也不能收集残渣时把它拆除。在选择和使用滤网时应该给予注意，以避免产生 NPSH 方面的问题。应该考虑到水压试验、排气、排水和吹扫时需要配置的小阀门。

6 阀门选择

6.1 概述

6.1.1 球阀、闸阀、旋塞阀、蝶阀、球形阀、隔膜阀、针阀和止回阀在平台的生产设施中都有应用。下面简要讨论各种阀的优缺点和设计特点。基于以上考虑，在下面章节中给出了对某些类型阀门应用的具体建议。阀门样本包括不同类型阀门的设计特点、材料、图纸及照片。阀门应符合相关的国家和国际的阀门标准。

6.1.2 作为一般的指导原则，应该为以下用手动球阀和旋塞阀提供手动齿轮操作器：

ASME	150～400 lb	≥DN 250(10NPS)；
ASME	600 和 900 lb	≥DN 250 (6NPS)；
ASME	1 500 lb 以上	≥DN 100 (4NPS)。

由于海上石油平台空间的限制，因此避免使用操作杆长度超过 750 mm 的阀门。

6.1.3 作为一般的指导原则，下列阀应该配备有动力执行器：

a） 所有的关断阀；

b） 离心压缩机入口阀和出口阀，这些阀在原动机停止时，应自动关闭；

c） 分流阀、放空阀和其他自动阀；

d） 如果频繁操作的如下尺寸的阀门：

ASME	150 lb	≥DN 400(16NPS)；
ASME	300 和 400 lb	≥DN 300 (12NPS)；
ASME	600 和 900 lb	≥DN 250 (10NPS)；
ASME	1 500 lb 以上	≥DN 200 (8NPS)。

6.2 阀门的类型

6.2.1 球阀

当操作温度在－29 ℃～200 ℃之间时，大部分手动操作（开启和关闭）球阀适应于烃类及公用系统的作业中，在 100 ℃以上使用的球阀，应用时要仔细考虑软密封材料的温度限制。在高温或者磨蚀比较严重的作业时，应该考虑使用金属密封的球阀，但是应注意操作的扭矩将增加。

——球阀有两种设计，即浮球式和耳轴式球阀。浮球式阀门的设计，由于产生较高操作扭矩和阀座载荷，因此不宜应用于高压和大管径场合。

——球阀不适用于节流，因为，当阀门部分打开时，其密封表面会暴露在处理流体中而受到损坏。

——对于关键性的作业，应该考虑购买具有阀座和阀杆在线密封剂注入件的球阀，因为密封剂可以防止轻微渗漏,减小操作力矩,如果需要阀腔的排放功能,则应提供独立于密封剂注入件的球体泄放孔。

6.2.2 闸阀

闸阀在所有的温度范围内适应于大多数的开关作业、无振动烃类以及公用设施中。在有振动的操作中,闸阀可能从它们的正常的位置打开或者关闭,除非阀杆盘根被仔细调整。闸阀的力矩特性比球阀和旋塞阀要好,但是没有90°旋转动作方便操作的特点。

——对于尺寸为DN50(2 in)或者更大尺寸的手动操作的闸阀,应该配备弹性闸板或膨胀闸板。契形闸板阀通常没有阀腔超压保护。

——无保护的明杆闸阀,不推荐使用。因为海上环境会腐蚀暴露的阀杆及螺纹,使阀门操作困难而且易损害阀杆盘根。

——使用闸阀时可能装配简单的推拉执行机构,但当其具有紧急关断功能时,应使用方向作用板型闸阀。闸阀上所有的包括带有动力执行器的活动部件应该封闭起来,避免由于油漆和腐蚀产物造成的污染。

——闸阀不能用于节流作业中。尤其对于含有砂的流体,节流会损坏密封表面。

——软密封闸阀的操作温度受密封材料使用温度的限制。

6.2.3 旋塞阀

旋塞阀和球阀的使用范围一样(参看6.2.1),而且使用温度限制也相似。具有90°旋转操作的旋塞阀有润滑和非润滑两种设计。润滑型的旋塞阀应定期进行加油润滑,使其密封性好,而且易于操作,加油的次数决定于使用条件。其润滑功能对于防止阀门卡阻是一种解决办法。在非润滑设计中,它的密封是用成熟的软材料制成的,除非是金属密封压力平衡。它们不需要经常的维护润滑,但是当阀在长时间设置在一个位置以后,再旋转就较为困难。基于这些特点,要根据具体的使用环境(条件)选择。

6.2.4 蝶阀

带有弹性内衬的普通蝶阀适用于粗略的节流和低压、非烃类、无危险性的作业,它们不适合用作容器、罐等的重要的关断阀。在温度高于65 ℃或压力等级高于ASME 150 lb或烃类或危险性流体的工作状况下,应该使用高性能无衬里的蝶阀。因为小的力矩就能使蝶阀振动开启,所以手柄应该配备锁定装置。

6.2.5 截止阀

当需要好的节流控制(如控制阀的旁通管路或有少量放空)时,截止阀是最合适的。

6.2.6 隔膜阀(片形)

在这种阀的设计中用合成橡胶制成的隔膜与阀杆连接,关闭阀门是通过将隔膜压在金属凸台上(它是阀体的一部分)来实现的。

隔膜阀主要用在低压水≤1 400 kPa(G)的作业,它们尤其适合含有砂子和其他固体颗粒的系统中。

6.2.7 针阀

针阀基本上是小型的截止阀。它们常常用作仪表和压力表的关断阀,用于仪表空气、天然气和液压流体的小流量节流,还用于减小仪表管道的压力波动。针阀的通道很小,很容易堵塞,在使用时要考虑这一点。

6.2.8 止回阀

止回阀有各种设计形式:包括旋启式、升降式、球形、活塞式、用于压缩机作业的非快关式和双板式止回阀。其中,全开式旋启止回阀适应于大多数非波动情况。旋启式止回阀可安装在竖直管道上(流动方向向上),而这时阀内有一个停止块来防止阀瓣超过上死点而打开。旋启式止回阀不能用于流动方向向下的竖直管道上。若用于波动、低流速的地方，旋启式止回阀将发生振动而且最终将损害其密封表面。为了延长使用寿命，阀瓣可以涂上一层钨铬钴合金。为了减小阀座的泄漏，应使用弹性密封。可拆卸的阀痤应优先选用，因为它们容易维修，而且便于更换阀中的密封件。旋启式止回阀应该选用一种螺纹或螺栓连接的阀，以便检查和修理阀瓣和阀座。在许多情况下，在管道上可修理的高压旋启式止回阀，其最小的尺寸可以是 DN65(2.5NPS)或 DN80(3NPS)。

——对夹式设计的旋启式止回阀(节省空间)，适应于安装在两个法兰之间。这种类型的止回阀通常不全开，并且修理时需要从管道上拆卸下来。

——双板对夹式止回阀占地空间小，重量轻，因此通常用于海上石油。由于疲劳会导致弹簧失灵，因此双板对夹式止回阀不能用于脉动作业。但可以考虑用无冲击式或旋启式止回阀。

——升降式止回阀只能应用于小口径≤DN 40(1.5NPS)、高压管道上清洁的流体。升降式止回阀能够设计应用于水平管道或竖直的管道上，但二者不能互换。因为升降式止回阀通常靠重力来操作，它们可能受到石蜡或者碎片影响而产生堵塞。

——球形止回阀与升降式止回阀非常类似。由于球是由液体压力举升，所以这种类型的止回阀并没有回转止回阀那种阀瓣关闭撞击的倾向。因此，在不大于 DN 50(2NPS)的管道中，对于频繁地改变流向的清洁流体是比较好的。

——自平衡、轴向活塞的非快关式止回阀，推荐用在波动的管道中，如往复式的压缩机和泵的出口管道。它们不适合用在流体含砂或有杂质的管道上。活塞式止回阀装配有一块孔板来控制活塞的活动量。用于液体的孔板要比用于气体的孔板大的多。为气体管道设计的活塞式止回阀，不能用于液体作业，除非更换活塞中的孔板。

6.3 阀门的防火性

在火灾的情况下，并不是所有的阀门都性能可靠。用户在工艺处理和重要环节选择阀门时要考虑到这个因素。在有烃、易燃和有毒的工况下，在设计上，应该考虑到阀门、阀门材料的防火安全性。软密封的阀门应该有防火设计试验证书。

6.4 阀门尺寸

6.4.1 通常阀门的尺寸规格要与安装此阀的管道尺寸相符合。除非特殊考虑一个全开的阀门(用于发射清管球或接收球、要求最小压力降、流量计标定、泵吸入口等)，出于工艺考虑常规孔径的阀门是可以接受的(压力安全阀的下游需要全径的阀门)。

6.4.2 要计算管道系统总的压力降，通常的做法是用阀的当量长度加上直管的长度来计算。阀的制造厂商通常直接给出阀门的当量长度(m)或者长半径比。如果对于一个特定的阀门而没有这些数据，可以从表 3 中查出近似值。截止阀和旁通阀与控制阀共同使用时，应按照 API RP 550[18]确定。

6.4.3 液体通过一个阀时的压力降可由流体控制学会的式(22)计算[19]：

$$\Delta p = 133.7 d_L \left(\frac{q_L}{C_v}\right)^2 \qquad \cdots\cdots(22)$$

式中：

Δp——压力降，单位为千帕(kPa)；

q_L——流体流量，单位为立方米每小时(m^3/h)；

C_v——阀门系数，无量纲；

d_L——液体的相对密度，(水=1)无量纲。

6.4.4 对于气体通过阀门时，其压力降可由流体控制学会的式(23)计算：

$$\Delta p = 646.2 \times 10^{-6} \left(\frac{q_g}{C_v}\right)^2 \frac{d_g \cdot T}{p} \qquad \cdots\cdots(23)$$

式中：

Δp——压力降，单位为千帕(kPa)；

d_g——气体的相对密度，(空气=1)；

T——流动温度，单位为开(K)；

p——流动压力，单位为千帕[kPa(A)]；

q_g——气体流量，单位为立方米每小时(m^3/h)(标准状态)；

C_v——阀门系数，无量纲。

6.4.5 阀门的 C_v 的值，通常在制造厂商的样本中给出。

6.5 阀门的压力和温度等级

6.5.1 钢阀门是根据不同的国际标准和国家标准制造的，详细资料见 ISO 10434[20]，API Std 602[21]，ISO 10423，API Spec 6D[22] 或 ASME B16.34[23]，或者其他资料。API 规范中包括完成制造的详细说明，而 ASME B16.5[24] 包括压力和温度等级以及尺寸的详细情况。

6.5.2 平台设施中使用的大部分钢阀都是按照 ASME B16.5 给出的钢制法兰及法兰配件的压力和温度等级进行设计的。钢阀的面到面、端部到端部的尺寸在 ISO 5752[25] 和 ASME B16.10[26] 中有更详细的介绍。对 ASME B16.34，ISO 10434，API Std 602 或者 API Spec 6D 的阀门，其允许的工作压力是操作温度和阀体材料的函数。

6.5.3 按照 ISO 10423 制造的钢阀主要用在井口和出油管道上，其压力等级有 13.8 MPa(2 000 psi)，20.7 MPa(3 000 psi)，34.5 MPa(5 000 psi)，69.0 MPa(10 000 psi)，103.5 MPa(15 000 psi)和 138.0 MPa(20 000 psi)。ISO 10423 规格中的数字性的标志是温度在 −29 ℃～121 ℃之间的允许工作压力值。尽管 ISO 10423 和 ASME B16.5 法兰的尺寸很相似，但是，应当注意，它是由不同的材料制造的，从而有不同的压力等级、抗腐蚀能力和可焊性。

6.5.4 以上所述的许用工作压力和温度仅考虑了阀门的金属部件，对于弹性密封的阀，其最大允许的操作温度通常受弹性材料的限制，阀门最大的允许温度在阀门样本中给出，并且应该包括在附录 B 中。

6.6 阀门材料

6.6.1 非腐蚀性作业

对于无腐蚀性的作业，碳钢应符合 ISO 10434、ISO 10423 或者 API Std 6D 的要求，阀体应满足 ASME B16.5 对强度、韧性和耐火性的要求。参见条目 5。

海上石油平台上不应使用铸铁和可锻铸铁阀门，但是可以用钢阀(包括铸钢阀)。非金属阀门不适用于烃作业，因为遇火可能烧坏。青铜阀体可用于水作业。

弹性软密封材料应该仔细选择，以适应于处理流体、温度和压力等级。

6.6.2 腐蚀性作业

对于腐蚀性作业来讲，一般使用经过抗腐蚀性内部处理的碳钢阀体。通常 AISI 410 型的不锈钢用作内件，奥氏体不锈钢如 AISI 316 或更高的合金也可作内件。对于更多的腐蚀性作业，要选择抗腐蚀性管材，阀体应该和管道系统材料匹配。

对于低压海水作业，蝶阀用带内衬的碳钢阀体，抗腐蚀性材料作阀内组件是比较合适的。在海水系统中，使用带铜铝合金内件的钢闸阀比较好。

6.6.3 氯化物应力破坏的作业，当选择阀内件材料的时候，应该考虑到氯化物应力的破坏，见 4.4.3。

6.6.4 硫化物应力破坏的作业

阀体和阀内组件的材料应依据 NACE MR0175 选择或选择在应用的环境中具有抗硫化物应力破坏的材料。

6.6.5 氢诱发裂纹(HIC)

HIC 通常发生在含有 H_2S 的作业中，尤其碳钢板制造的管道。这种材料的 HIC 试验应遵照 NACE TM0284，使用 NACE TM0177 规定的试验溶液进行。

7 管件和法兰

7.1 概述

对于在平台上使用的管道，在 5.7 和本章讨论的使用范围之内，使用焊接、螺纹和法兰连接都是允许的。

本章只讨论和第 4 章相适应的碳钢材料。如果选用了高强度的管材，那么管件和法兰也应该有相似的特性。作业者可根据工程的基础条件，选择其他材料(见第 1 章和 4.1)。

本章所述的大部分管件和法兰符合 ASTM A105[27]，ASTM A350[28] 和 ASTM A 420[29] 的材料制造的。某些等级的管件需要进行热处理。本章节中的管件和法兰应该标有 HT、N，或者其他合适的记号，表明要热处理。

7.2 焊接管件

7.2.1 尽管有焊缝的管件也可以获得良好的焊接效率及焊缝的射线检查，但对焊焊接的管件所用的材料通常是无缝的(详细资料参见 ASTM A 23 WPB 或者 ASTM A 420 WPL6)。

7.2.2 对于对焊焊接管件的尺寸和公差，长半径的弯头和三通详见 ASME B16.9[30]。对于对焊、短半径的弯头更多信息见 ASME B16.28[31]。如果空间允许，平台上的管道系统应该使用长半径的弯头，短半径的弯头在突然弯曲的截面上容易产生比较高的应力集中，应采用其计算允许工作压力的 80%。

7.2.3 ASME B16.9 中要求对焊焊接管件压力级别与相同壁厚的无缝钢管的压力等级一样。因此，在购买对焊管件时，其壁厚应该与它将连接的管道相匹配。但上述(7.2.2)因短半径降低了允许的工作压力，除非采用较厚的壁厚，否则系统的压力级别将受到较小壁厚管件的限制。对于由无缝钢管和钢板制造的管件的生产公差应该给予考虑。如果需要焊接不同壁厚的管件或管道，参照附录 C 中推荐的程序来设计焊接点。

7.2.4 承插焊接弯头和三通依照 ASME B16.11[32] 制造。通常使用 ASTM A105 和 ASTM A 350 LF2 等级的锻钢，提供的承插焊接件的压力级别为 2 000 psi、3 000 psi 和 6 000 psi，而且无水击的油气作业。

7.2.5 由于焊接管件引起的压力损失，可以用当量长度来计算。焊接弯头及三通的当量长度列在表 3 中。

7.3 螺纹管件

对于 5.7.4 许可的螺纹管件应是锻钢，并且只能用于公用系统作业。锻钢螺纹管件的制造要符合 ASTM A105，其压力等级为 2 000 psi、3 000 psi 和 6 000 psi(见 ASME B16.11)。

7.4 支管连接

7.4.1 当支管道的公称直径不小于 DN50 并等于或者大于主管道公称直径一半时，焊接支管连接件应该是对焊等径三通或异径三通。如果支管的尺寸为 DN50(2NPS)或更大，但小于主管道公称直径的一半时，按照 ASME 第Ⅷ部分 Div I 第 UW 部分或其他合适的国家压力容器规范，可以使用焊接短节。对于 DN40 或更小尺寸的支管连接到 DN40(11/2NPS)或更小尺寸的主管道上时，使用插焊三通，当连接到 DN50 或更大的主管道时，应使用插焊管座或者相当的管件，表 6 说明了本节的规定。

表 6　典型焊接管道的支管连接表

支管尺寸 NPS	主管尺寸 (NPS)																
	½	¾	1	1½	2	2½	3	4	6	8	10	12	14	16	18	20	24
½	SWT	SWT	SWT	SWT	SOL	SOL	SOL	SOL	SOL	SOL	SOL	SOL	SOL	SOL	SOL	SOL	SOL
¾		SWT	SWT	SWT	SOL	SOL	SOL	SOL	SOL	SOL	SOL	SOL	SOL	SOL	SOL	SOL	SOL
1			SWT	SWT	SOL	SOL	SOL	SOL	SOL	SOL	SOL	SOL	SOL	SOL	SOL	SOL	SOL
1½				SWT	SOL	SOL	SOL	SOL	SOL	SOL	SOL	SOL	SOL	SOL	SOL	SOL	SOL
2					T	RT	RT	RT	WOL	WOL	WOL	WOL	WOL	WOL	WOL	WOL	WOL
2½						T	RT	RT	WOL	WOL	WOL	WOL	WOL	WOL	WOL	WOL	WOL
3							T	RT	RT	WOL	WOL	WOL	WOL	WOL	WOL	WOL	WOL
4								T	RT	RT	WOL	WOL	WOL	WOL	WOL	WOL	WOL
6									T	RT	RT	RT	WOL	WOL	WOL	WOL	WOL
8										T	RT	RT	RT	RT	WOL	WOL	WOL
10											T	RT	RT	RT	RT	RT	WOL
12												T	RT	RT	RT	RT	RT
14													T	RT	RT	RT	RT
16														T	RT	RT	RT
18															T	RT	RT
20																T	RT
24																	T

T——等径三通(对焊)；

RT——异径三通(对焊)；

WOL——对焊管座或等同管件(支管规格壁厚)；

SOL——承插焊管座(锻钢)；

SWT——承插焊三通。

7.4.2　通常不采用直接在主管道上连接支管，没有加强的焊接缺点很多。在连接处截面和方向的突然变化会产生严重的应力集中，使用衬套和鞍板加强可以有所改善。但是，焊接完成以后，对连接部分焊接质量和其他缺陷的检查是很困难的。由于应力集中造成的缺陷有漏检的可能性，对于重要烃作业或严格的循环作业条件或负载作业，应避免支管和主管的直接连接。

7.4.3　在螺纹管道系统中的支管连接应该使用等径三通、大小头或异径出口三通。所有螺纹管道系统与焊接管道系统应该用截断阀隔离开。

7.5　法兰

7.5.1　概述

7.5.1.1　对焊法兰应用于大于或等于 DN50(2NPS)的管道上。平焊法兰一般不推荐使用。ASME 型法兰适用于大多数场合(管径大到 DN600 各种尺寸的详细资料详见 ASME B16.5，更大管径详见

ASME B16.47[33])井口附近使用的法兰按照 ISO 10423 制造。出于重量和空间的节约，专利的紧凑型法兰和夹持连接器也可以考虑。

7.5.1.2 ASME 法兰有 RF 和 RTJ 型，RF 法兰在维护和设备更换方面比 RTJ 法兰容易。RTJ 法兰通常用于高压(ASME 900 或更高压力级别)的作业，也可以用于 ASME 600 管道系统有振动的作业。在特殊温度和危险作业时应考虑使用 RTJ 法兰，当使用 RTJ 法兰时，对管道布置应考虑拆卸垫片的需要。对于碳钢材料的 ASME 法兰，详见 ASTM A 105 或者 ASTM A 350。

7.5.1.3 法兰材料的选择应该遵循 ISO 10423，一些类型的材料需要特殊焊接工艺，ISO 10423 中提供的法兰压力等级为 13.8 MPa(2 000 psi)，20.7 MPa(3 000 psi)，34.5 MPa(5 000 psi)，69.0 MPa(10 000 psi)，103.5 MPa(15 000 psi)和 138.0 MPa(20 000 psi)。在−29 ℃～121 ℃范围内可以在其最大的工作压力下使用。压力等级为 13.8 MPa(2 000 psi)，20.7 MPa(3 000 psi)，34.5 MPa(5 000 psi)的法兰规定为 6B 型，除了在某些尺寸下要求 BX 型垫片外，一般需要 R 型和 RX 型的垫片配合使用。6BX 型的法兰压力等级为 69.0 MPa(10 000 psi)，103.5 MPa(15 000 psi)和 138.0 MPa(20 000 psi)，要求 BX 型环形垫片。6B 型法兰应该有一个全平面的外形，6BX 型法兰应该有一个凸面的外形。

7.5.2 **垫片**

7.5.2.1 对于 ASME 凸面(RF)法兰，可使用不锈钢线圈缠绕的石棉或石墨垫片，因为它们的强度和密封性好。在输送介质为水的情况下，表面平坦的可锻或铸铁阀，应该使用平面压缩石棉垫片或聚酰亚胺或玻璃纤维强化弹性垫片。若使用比全表面小的垫片，平面铸铁法兰可能在紧固法兰螺栓时裂碎。如果没有含有石棉的垫片或不能用于有特殊要求的环境，可以采用其他材料的垫片，不锈钢加强活性石墨叠层垫片或石墨充填缠绕垫片用于烃类和蒸气作业是可以接受的。对于其他作业使用石墨或其他垫片做为替代品应该事先做针对性研究。

警告：含有石棉的材料需要符合法律的规定，一些法律要求在处理这种材料时确保不会损坏人员的健康。现在越来越多的国家不鼓励或禁止使用含有石棉的产品。

7.5.2.2 API 和 ASME RTJ 型法兰环形垫片的制造应根据 ISO 10423。API 环形垫片的材料是软铁、低碳钢、AISI304 不锈钢或 AISI316。除非作业者有具体规定，否则环形垫片一般是由镀镉的软铁或者低碳钢或其他合适的金属制造。对于 ASME 和 API 6B 型 RTJ 型的法兰，要求用 API R 型或 RX 型垫片。R 型环形垫片制成八角形截面或者椭圆形截面。RX 型环形垫片是压力自封式的，并有一个改进的八角型截面。R 型和 RX 型垫片可以互换，但是 RX 型垫片较厚，连接时两个法兰之间的距离大，需要较长的法兰螺栓。

7.5.2.3 用软铁制成的 R 型环形垫片，应该使用在 ASME 600 lb 和 900 lb 的压力等级中(见 7.5.1)。对于用低碳钢制造的 RX 型环形垫片在高压时密封性好，适用于 ASME 1 500 lb 和更高压力等级以及 2 000 psi、3 000 psi 和 5 000 psi 的作业中。

7.5.2.4 6BX 型法兰需要 BX 型压力自封式垫片，这些垫片都是用低碳钢制造的，应该用于压力等级为 69.0 MPa(10 000 psi)、103.5 MPa(15 000 psi)和 138.0 MPa(20 000 psi)的法兰上。

7.5.2.5 饮用水系统使用的垫片见 8.6.3。

7.5.3 **法兰保护装置**

已经采用的各种方法(如涂漆，用带子包缠等)，试图防止垫片、螺栓和法兰的表面腐蚀，但都不能令人满意。可能的解决方法有：

——当安装法兰时，使用软橡胶法兰保护装置[在 150 ℃以下]；

——采用带润滑剂的不锈钢带或聚合物带。

在含 H_2S 的作业中,螺栓应该暴露在空气流通的大气中,或者采用适合有 H_2S 作业并对应法兰压力等级的螺栓。

7.5.4 螺栓和螺母

对法兰连接的管道系统,螺栓应该使用符合 ASTM A193 B7[34]级全螺纹,螺母应该是重形六角形半精加工的,并符合 ASTM A194[35] 2H 级的要求。然而,对于低温作业,应考虑螺栓要符合 ASTM A 320[36] L7,重形六角形螺母要符合 ASTM A194 4 或 7 级的要求(冲击试验要符合 S4 的补充要求),螺栓和螺母应该是防腐蚀的。目前使用的主要方法有:镀镉、热浸镀锌和树脂涂层。

警告:在镀隔的处理中会有危险,这将导致大量替代材料的使用。

7.6 专用连接器

专用连接器可以代替法兰。如果它们在密封性、强度、耐火性方面与法兰等同,使用这些专用连接器的效果是令人满意的。在阀门和管件上需要专门加工管突口和垫片,以便与连接器连接,调整对准很重要。

7.7 有硫化物应力开裂作业的特殊要求

用通常制造管件和法兰的材料,并按 NACE MR0175 要求修正的增补条件,一般在有硫化物应力开裂作业中应用是可以得到满意的使用效果的。同样符合 ASTM A194 2HM 级的螺母和 ASTM A193 B7M 级的螺栓,符合 ASTM A 320 L7M 的螺栓和 ASTM A 194 7M 级的螺母均适合低温作业,并且在管道法兰的应用一般是令人满意的。在安装时力矩的要求也应给予考虑。R 型和 RX 型环形垫片应该由退火的 AISI 316 型不锈钢或者符合 NACE MR0175 的软铁制造,这取决于制造工艺(见4.4.5 或 4.4.6)。

7.8 冲蚀防护

如果预测生产中有砂出现,为减少砂的冲蚀,不宜采用短半径的弯头。所有出油管道的拐弯处应该用三通和管帽(或盲板法兰)、管帽三通或缓冲三通,或者长半径弯头(最小的弯曲半径通常为 $3D$ 或 $5D$)。为了减小冲蚀的最大流速值,见 5.5.1。

8 特殊管道系统的设计考虑

8.1 概述

本章提出了对于特殊系统的流程图、管道布置以及具体设计要求的考虑。

8.2 井口附件

8.2.1 取样与化学药剂注入管道接头

对于取样和化学药剂注入管道,可以要求其接头在井口附近处(见图 5 和图 6)。安装时接头的最小公称尺寸应为 DN15(1/2NPS),并包括一个紧密连接的截断阀。连接管道的材料应适合工艺处理和注入的药剂并为厚壁管,且应很好地保护以降低损坏的可能性。在化学药剂注入管道上的注入侧接紧管道的截断阀处应该连接一个弹簧球形止回阀。在取样管道上,紧接节流阀的下游一侧安装截断阀。在取样管道上应该考虑安装双截断阀。

8.2.2 油嘴

通常情况下,安装油嘴是为了控制油井和气井的流量。油嘴的类型包括可调式、固定式和组合式。油嘴的数量和位置取决于生产所需的压降、井液、流量以及井流中的固体。如果只用一个油嘴,它通常应设在井口附近。多个油嘴可以设在管汇附近,管汇中的流体将进入分离装置,对于气井来说也可能进入加热器等。

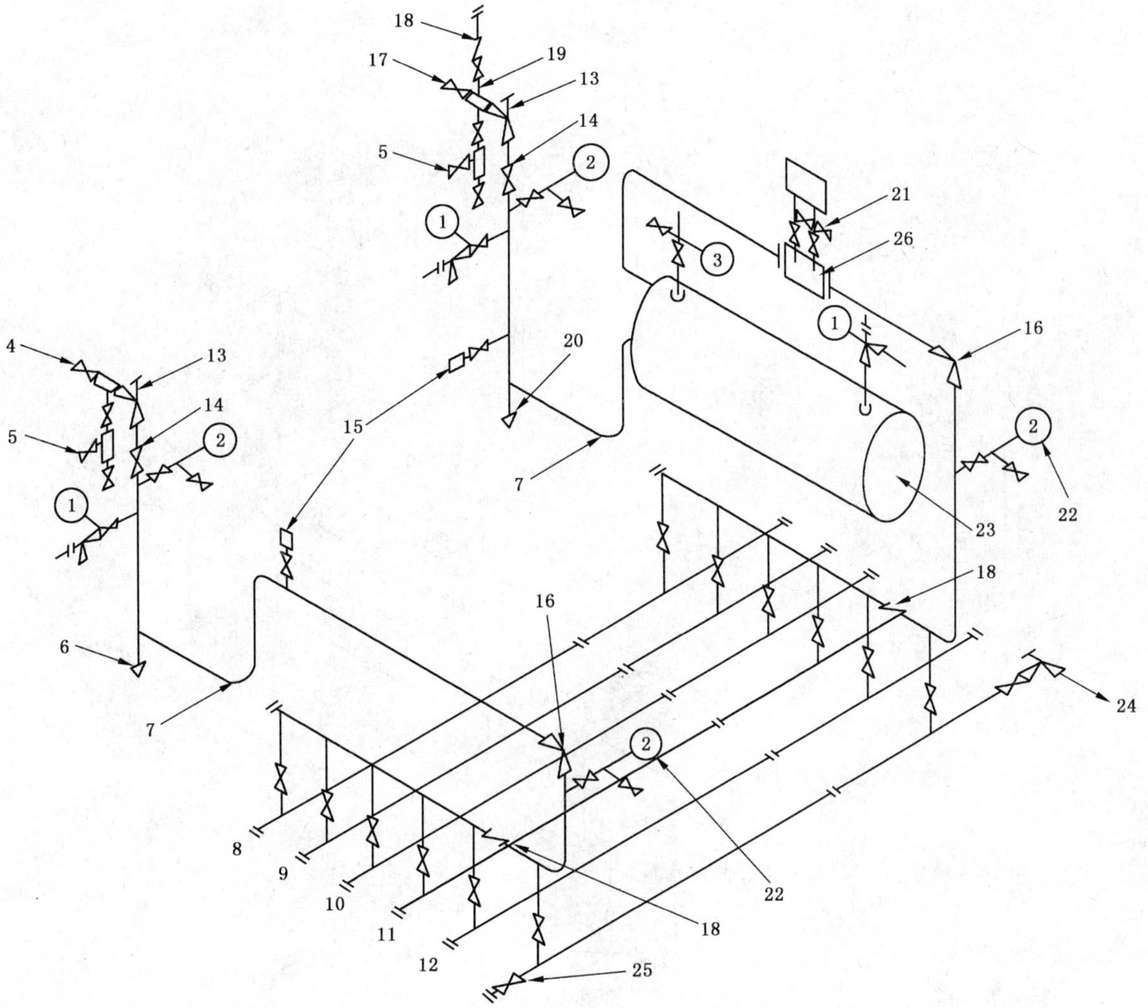

1——安全阀；
2——压力高低开关；
3——压力高开关；
4——油井采油树翼侧；
5——取样设施；
6——一端安装管帽的三通；
7——长半径弯头；
8——常压；
9——低压测试；
10——高压测试；
11——低压生产；
12——高压生产；
13——油嘴；
14——出油管道阀门；
15——出砂监测设备；
16——二级节流阀；
17——气井采油树翼侧；
18——止回阀；
19——化学药剂注入管道；
20——三通；
21——流量计；
22——(与二级节流阀连接)；
23——出油管道换热器(只需要对外部加热的气井流体)；
24——分离器或处理设施的大气放空；
25——辅助设施的泵；
26——流体或气体计量。

安全阀下面的隔断阀应锁开。

注1：本图用图解说明了正文中的各点。附件和管道布置不能解释为典型的或被推荐的。

注2：安全阀出口接适当的排放系统(见8.8)。

图5　不按井口压力设计的出油管道和管汇的管道及附件的示意图

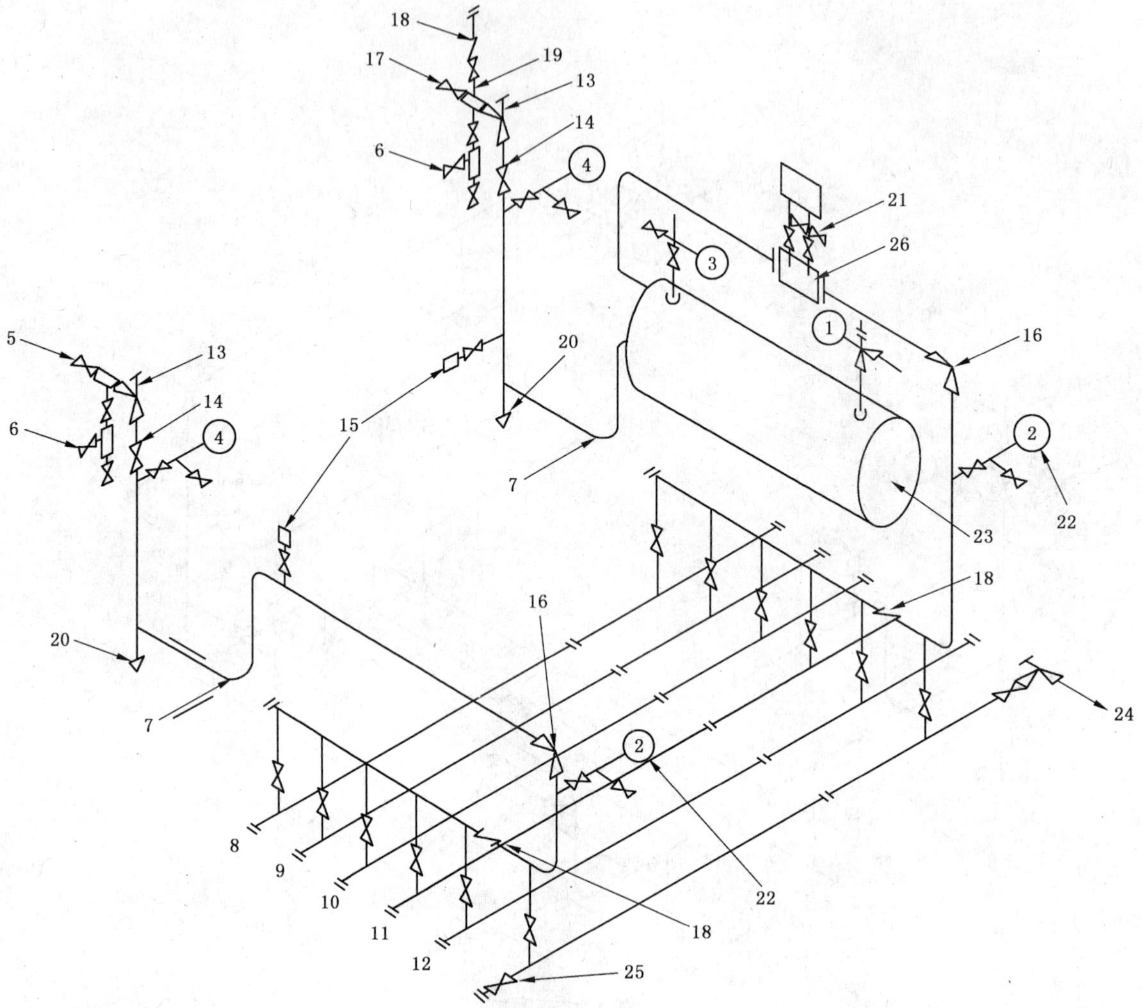

1——安全阀；
2——压力高低开关；
3——压力高开关；
4——油井采油树翼侧；
5——取样设施；
6——一端安装管帽的三通；
7——长半径弯头；
8——常压；
9——低压测试；
10——高压测试；
11——低压生产；
12——高压生产；
13——油嘴；
14——出油管道阀门；
15——出砂监测设备；
16——二级节流阀；
17——气井采油树翼侧；
18——止回阀；
19——化学药剂注入管道；
20——三通；
21——流量计；
22——(与二级节流阀连接)；
23——出油管道换热器(只需要对外部加热的气井流体)；
24——分离器或处理设施的大气放空；
25——辅助设施的泵；
26——流体或气体计量。

安全阀下面的隔断阀应锁开。

图中标明的集管上游的所有管道包括管汇上的隔断阀、辅助作业泵管道上的隔断阀和安全阀都应按井口压力设计。

注 1：这张图用图解说明了正文中的各点。附件和管道布置不能解释为典型的或被推荐的。

注 2：安全阀出口接适当的排放系统(见 8.8)。

图 6　按井口压力设计的出油管道和管汇的管道及附件的示意图

无论油嘴的数量与位置如何，都应该考虑以下的总原则：

a) 油嘴的安装应以拆卸容易、更换方便为原则；

b) 油嘴下游出油管道在(10～20)倍于公称直径的长度范围内，流体方向不应有突然的变化，以减少由于高速流动造成的冲击；

c) 应检查测定油嘴的出口连接，为改善其流动特性，油嘴出口接头内径宜为锥形；

d) 在更换油嘴芯子、清除废渣时，应采取适当的措施将油嘴阀体泄压和隔离；

e) 所用材料应适应油嘴下游的温度。

8.3 出油管道及附件

8.3.1 出油管设计要求

在设计出油管道时，应考虑到管道的压力、温度、流速、冲蚀和腐蚀情况等(详见第5章、第6章和7章)。在必要的时候，可以使用下面所讨论的附件。

8.3.2 出油管道压力传感器

应按照API RP 14C[37]规定安装出油管道压力传感器，并且接头的最小公称尺寸应为DN15(1/2NPS)，并安装在不易堵塞和冻结的地方，应避免在管道的底部或转弯处安装。安装的传感器应该有外部测试接口和截断阀。为了实现在线维修，应考虑安装双截断阀或双截断阀带泄放阀。传感管道应为不锈钢或其他合适的材料并加以固定，防止传感管道在关断时发生突然颤动。

8.3.3 出油管道流量计

出油管道流量计如图5和图6所示。在气井作业时，作为一口井的监控辅助装置或一种产量分配设施，该装置都是理想的。

8.3.4 出油管道换热器

如果使用出油管道换热器(见图5和图6)，应考虑遵循下列的规定：

a) 换热器的接口布置，应考虑不需切割或焊接进口或出口管道就可以进行换热器抽芯作业；

b) 在换热器壳体上的法兰端，如果使用U型弯管，它应该暴露在外面或容易到达的地方，以便进行无损检查；

c) 为使得管束能够便于清理、更换、抽芯和修理，应采用标准尺寸的带法兰端的换热器外壳；

d) 应按照8.8的要求提供一个泄压系统。

8.3.5 出油管道泥沙监控器

如果预测有大量的泥沙，应该在出油管道上安装泥沙监控器。

8.3.6 出油管道止回阀

应该安装出油管道止回阀，使因疏忽而使低压井转换到高压系统或管道破裂的情况下，出油管道的回流减到最小。为便于对止回阀进行周期性测试，在井口和止回阀之间的管段上应设泄放装置。有关止回阀的讨论详见6.2.8。

8.3.7 出油管支架

应对出油管道进行支撑和固定，以减少振动和防止突然移动。有关管道支架的讨论请见9.4。在设计出油管道支架的时候，应该认识到，尽管井口被固定在平台上，但由于海浪、风力、热、压力变化和沉降等对隔水导管的作用，还是可能发生单独的井口移动。

8.4 生产管汇

8.4.1 概述

图5和图6是一个六管管汇示意图。管汇的实际数量和作用取决于具体的应用。通向生产管汇的

管道宜最短,并且弯曲最少并有足够的挠度,见5.8。管汇各部分的设计应限制其最大流速(见5.5)。根据ASME B31.3的要求,必要时预制件应进行焊后热处理。应采取措施对管汇进行无损试验。为了便于管汇操作,最好使用直角回转阀。在41 400 kPa以上工作压力的情况下,通常只有闸阀是合适的。

8.4.2　管汇支管的连接

管汇支管连接应按照表6进行。如果使用了专门的支管连接,应注意确保在焊接后的位置上入口孔是平滑的,并且没有毛刺。管汇主管端部应装设盲法兰,以提供一个流体缓冲区,且为以后扩大管汇提供方便。

8.4.3　管汇阀门的安装

为了满足操作和更换阀门的方便,管汇的布置应使得每个阀门易于接近。在开始设计管汇时,就要考虑将来阀门执行器的安装。

8.5　处理容器配管

一个带有标准附件和许多可选元件的典型三相处理容器如图7所示。对于不同的处理功能,由不同的处理容器来完成,但所有进出容器的物流一般都以类似的方式来处理。在图7中表示的所有元件不一定都需要,但提供了在需要时的推荐位置。附件的安装应在维修或更换时可以容易地拆卸。安全装置的安装应使其能在安装位置进行检测。

8.6　公用系统

8.6.1　气动系统

8.6.1.1　管线和管件

气动系统的作用就是为气动操作的元件提供一个可靠的空气或气体来源。所有公称直径不大于DN9(3/8 NPS)的管道和管件都应为AISI 316或316L不锈钢,暴露在大气中的部分,其壁厚不应小于0.889 mm。管道系统的安装应该尽量减少低点和液体的聚集。容器的出口和管道应设在系统的上部,排放设在系统的下部。在管道系统中应包括泄放装置,以便除去冷凝液。气动系统的试验见10.3。

8.6.1.2　空气系统

主要的空气管汇应使用耐腐蚀材料,例如螺纹连接的镀锌钢管、AISI 316或AISI 316L不锈钢。管道与仪表的连接应符合8.6.1.1。在确定压缩机吸入口的位置时应注意,不能让天然气或烃蒸气进入空气系统。不应允许任何可能导致空气和天然气混合的连接。

8.6.2　天然气系统

对于天然气系统,如果已确认排放量会产生某种异常情况,排放口和泄压阀应通过管道将气体引到安全的地方。天然气源应选择平台上能得到的最干燥的天然气。下面的准则可以在设计仪表天然气系统时提供帮助:

a)　在天然气出现显著压降之前,应考虑对天然气进行必要的脱水处理;如果天然气没有经过脱水处理,就需要有一个外部热源来防止结冰;
b)　天然气膨胀后应进入分离器,以防止水化物及液体进入系统管道;
c)　应认真斟酌减压装置进出口的压力额定值,如果出口额定压力小于入口源压力,应在减压装置后紧接安装一个卸压装置;
d)　应考虑设置并联减压装置,以便在主装置发生故障时,备用装置能维持系统操作。

8.6.3　消防水系统

消防水系统通常使用耐腐蚀的材料,如90/10铜镍合金、高合金不锈钢、涂层碳钢管和不涂层碳钢管。消防水系统可要求装设分环路阀门,以便当系统中某部分不能使用时,关闭该阀门而不至于影响其他部分的工作。在设置消防软管站和(或)转动架(消防炮)位置时,应考虑在发生火灾时人员能够到达的地方。在确定所需消防水量时,应考虑消防表面积、设备的位置和能够同时使用的出口喷嘴的最大数目等因素(参见NFPA 6[38],NFPA 8[39]和API RP 14G[40])。

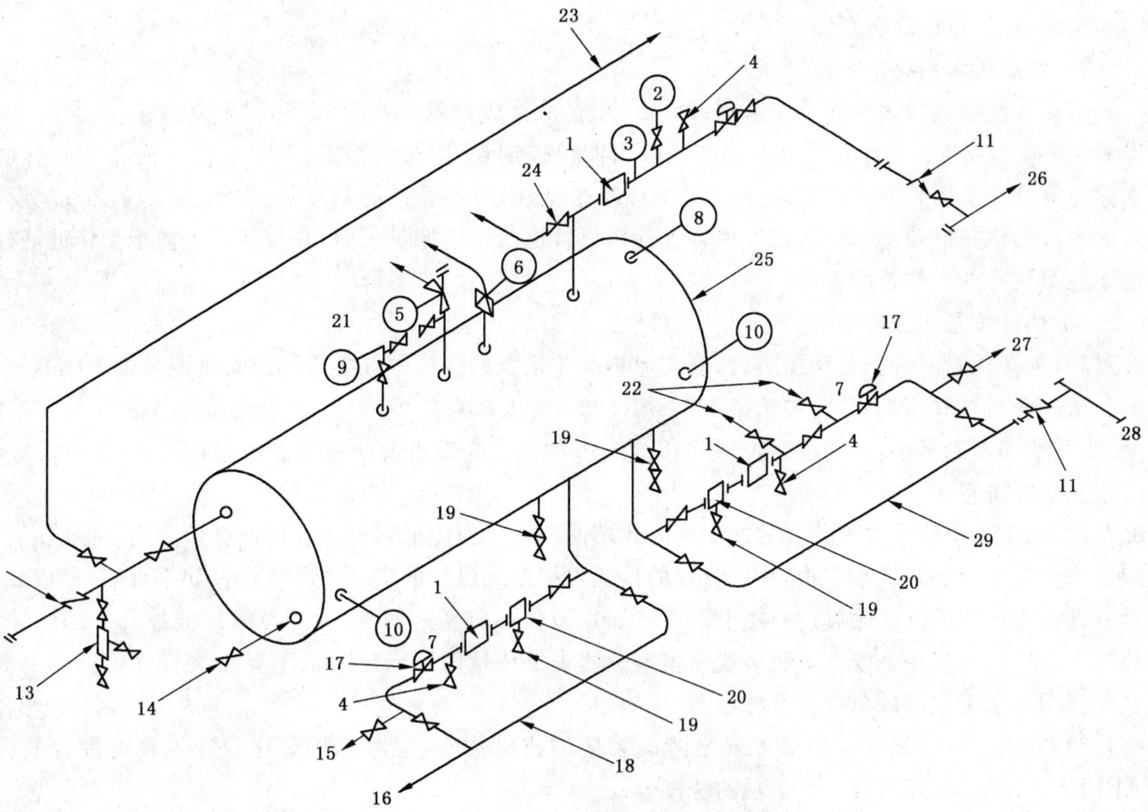

1——液体或气体计量；
2——压力表；
3——温度计；
4——取样接口；
5——安全阀；
6——一压力安全元件；
7——先导操作的控制阀；
8——液位高开关；
9——压力高低开关；
10——液位低开关；
11——止回阀；
12——进口；
13——取样设施；
14——吹砂嘴；
15——去计量标定；
16——去水处理；
17——控制阀；
18——旁通；
19——排放；
20——过滤器；
21——安全阀安装示例；
22——计量标定连接；
23——旁通到其他工艺处理容器或管道；
24——泄压放空；
25——三相分离器示例；
26——去脱水、销售等；
27——其他计量标定连接；
28——原油储存等；
29——原油和凝析油出口旁通。

安全阀下面的隔断阀应锁开。

注 1：这张图用图解说明了正文中的各点。附件和管道布置不能解释为典型的或被推荐的。

注 2：安全阀出口接适当的排放系统(见 8.8)。

图 7　带各种附件的三相处理容器的典型示意图

8.6.4 饮用水系统

饮用水系统通常使用镀锌碳钢、316 不锈钢、铜或铜合金和玻璃钢,避免使用有毒的粘接剂。如果使用海水淡化装置,应考虑到加热源对饮用水的潜在污染。当饮用水用于另外的设备如冷却发动机套的补充水等时,应注意防止回流污染。

8.6.5 生活污水系统

生活区室内生活污水管道应采用镀锌碳钢管、涂层碳钢管、铜镍合金管和非金属管,并根据 ASME B31.3 作适当支撑。室外生活污水管道可以用镀锌碳钢管、涂层碳钢管、铜镍合金管或非金属管(如果支撑良好且免受阳光照射时)。所有管道都应支撑良好,并且管道的斜度不少于 1%。污水系统设计应考虑充分的清扫措施。生活污水处理装置的排放管道出口应低于水面,并包括一个便于操作的取样口。应注意臭气排放口位置的确定。

8.7 加热流体及乙二醇系统

8.7.1 为了保障人身安全和预防火灾,在加热流体系统的设计中首要考虑的安全因素是流体的密封状况。所有管道、阀门和管件应按照第 5 章、第 6 章、第 7 章来选择,但对于非低压蒸气和热水系统的法兰,为使泄漏减到最小,应选用至少 ASME 300 lb 的法兰。管道设计应考虑热膨胀因素(见 5.8)。隔热应依照 9.6 进行。

8.7.2 如果一个管壳式换热器的被加热流体端的操作压力比加热流体端的设计压力高,则加热流体端应由一个安全泄放装置来保护,泄放装置的位置根据系统设计的实际情况确定。如果可能,泄放装置应设置在作为分离器的膨胀(缓冲)罐上。所有加热流体都应经过膨胀(缓冲)罐,以放掉其中的气体。换热器上也应该设置一个安全泄放装置。当换热器中低压端的设计压力低于高压端设计压力的 2/3 时,换热器中管道破损问题也应充分考虑。

8.7.3 在确定如何处理换热器上安全泄放装置的排出物时,应考虑热流体和冷流体的混合效应(见 API RP 521[41],可能需要一个单独的洗涤器。

8.7.4 加热系统(热水和蒸汽除外)应依照 10.3.3 进行气密试验。如果进行水压试验,则应采取措施在系统投入使用以前除去其中所有的水。另外,在启动时通过缓慢升高系统温度到 100 ℃并排出所产生的蒸汽,可除去系统里没有排放干净的水。在此期间应注意确保系统的每个支管都处于循环状态。

8.7.5 由乙二醇重沸器排放的物流中含有水蒸气和烃蒸气。在设计重沸器的排出管道时,应注意防止背压过大、引燃和冷凝问题。

8.8 泄压和处理系统

8.8.1 概述

8.8.1.1 泄压和处理系统用于防止处理设备和管线系统的超压,并以一种安全的方法处理释放物。造成超压的某些原因可能是下游堵塞、上游控制阀失灵和外部火灾。

8.8.1.2 通常使用的安全泄放装置是常规的弹簧加载泄放阀、平衡波纹管弹簧加载泄放阀、导阀控制的泄放阀、真空压力泄放阀和爆破膜。安全释放阀的完整描述、操作、尺寸计算、压力设定和应用准则,见 ASME《锅炉和压力容器规范》第Ⅷ篇或适合的国家压力容器规范。另外,可参见 API RP 520 第Ⅰ部分[42]、API RP 521 和 ISO 10418[43]有关压力泄放系统的详细内容。

8.8.1.3 天然气或蒸汽设备中的泄放装置,通常应连接在容器的气相部分或气体出口管道上,其位置应在金属网捕雾器的上游。液体的泄放装置应位于正常液面以下。

8.8.1.4 如果操作压力相同的容器串联操作,系统中设定值为最低设计压力的泄放装置可以安装在第一个容器上。如果其余任何一个容器能与此容器隔断,则应安装一个考虑火灾或热膨胀的泄放装置。泄放装置的位置应使得装置与所保护系统的任何部分都不能隔断。

8.8.2 泄压装置的配管

8.8.2.1 该部分的内容已涵盖在 ASME《锅炉和压力容器规范》第Ⅷ篇第 1 章。对于加热锅炉,详见

ASME《锅炉和压力容器规范》第Ⅳ篇[44]或其他适合的国家压力容器规范。

8.8.2.2 如果需要拆除泄压装置，则应关闭与共同泄放管汇相连的工艺处理系统。另一种方法是，如果泄压装置与公共泄放管汇相连，可以在泄放装置的下游安装一个全开的截断阀。安装在泄压装置的上游或下游的所有截断阀均应配有锁定装置，并且按照 ASME 第Ⅷ篇附录 M 或其他国家压力容器规范进行操作。

8.8.2.3 泄压装置排放一侧的管道设计，应使得此装置上的应力减到最小。管道设计还应考虑承受可能的最大背压。泄放阀允许工作压力的确定，详见 API Std 526[45]。

8.8.2.4 泄压装置应尽可能安装在出口管线能够自动排放的位置（该位置要切合实际），以防止泄压装置或其出口管线液体或天然气凝析液的聚集。

8.8.2.5 两种形式的阻火器：

a) 防爆阻火器

下列情况不应使用这种类型的阻火器：

1) 连接管线到潜在着火源的距离大于 20 倍的管道内径，或者；

2) 安装在阻火器和潜在着火源之间的管件（弯头、节流管件）能引起火焰锋的加速。

b) 防爆燃阻火器

这种类型的阻火器宜应用在上述 a）所列的情形，且应包括一个缓冲器；在使用这类阻火器的地方，连接管线到潜在着火源的距离应大于 30 倍的管道内径，阻火器应尽可能靠近被保护的设备。应根据管线的操作条件核查阻火器的压力损失。

阻火器的安装和试验应该采用公认的标准，参见 prEN 12874[46]。

8.8.3 泄压（处理）系统配管

8.8.3.1 释放系统管道的设计应考虑采取一种安全可靠的方式对释放物进行处理。系统管道的设计应防止液体的聚集，从而使泄压装置的设计能力不会降低。另外，设计上应该限制背压，并确定每个释放点可能的最大背压，这在两个或更多的泄放装置同时泄放进入同一个处理系统时显得特别重要。材料、管件、焊接和其他设计标准应符合此推荐做法的各相应部分和 API RP 520-2。

8.8.3.2 放空管道或火炬结构的设计应考虑能够防止由于风而引起的变形，考虑到直升机和船舶停靠等因素，它们最好安装在平台的下风向一侧。在确定它们距平台的高度和距离时，应考虑到由于闪电、掉下燃烧的流体以及热辐射而造成的事故着火。

8.8.3.3 当烃蒸气通过放空管道排放到大气时，在出口下游将会产生可燃范围内的混合物。可参照 API RP 521 和参考文献[47]确定这种可燃混合物的位置和着火时的热强度。当有毒蒸气排放到大气时，系统的设计应遵照当地和国家规范，详见 EPA AP-26[48]。

8.8.3.4 如果可能，所有释放系统的设计应按最低压力范围 300 kPa(G)～500 kPa(G)来考虑以限制回火。在大多数情况下，常压设备的放空管道应安装阻火器以防止回火。阻火器易因冰堵塞，因此在寒冷地区没有合适的防冰措施时不应使用。应定期检查阻火器上的结蜡情况。

8.9 排放系统

8.9.1 设计考虑

排放系统用于收集和处理各排放源排出的污染物。它可防止污染物排到海中；防止可燃性液体在甲板或低凹处聚集；并保持良好的内务卫生。

8.9.2 闭式排放

当压力容器进行闭式排放时，应通过管道直接排放到处理设备，并独立于开式排放，以防止压力排放的流体进入开式排放系统。每个工艺设施与排放系统之间的连接管道和排放阀门的设计压力，均应不小于系统所承受的最高压力并与系统中工艺设施的最高工作压力相一致。管道设计应依照第 5 章、

第6章和第7章进行。对于处理有硫化氢作业的设备应设一个单独的闭式排放系统,以便安全地处理。同样地,对于低温产品管线也应设置一个单独的闭式排放系统,以防止结冰。

8.9.3 开式排放

平台甲板和橇装底座的排放通常是靠重力排放到处理设备的。有很多种材料能够满足这种作业。如果使用不满足烃类作业的钢管,那么它应按照5.1.5的规定进行标记。应考虑将系统中的弯头和流动限制数目减至最少。开式排放系统应该安装一个或多个气体收集器或采用其他方法,以防止气体从处理设备中逸出,管道的安装坡度应为1%。在某种情况下,有可能应将主管道安装在一个水平面上,但无论如何也不允许向上倾斜。应对开式排放管道提供清洗接头。

8.10 平台之间的栈桥管道

除应考虑平台的移动之外,栈桥管道的设计与其他管道的设计是类似的。一旦确定了平台的最大位移,就可依照5.8的要求进行设计。

8.11 立管

立管的设计应考虑满足最大波浪荷载、管内压力、海上交通和其他环境条件,并有支撑结构。导管架通常靠船一侧的外部立管应用防撞件来保护。对海水飞溅区的防腐要求见9.5.1.6。详细的设计准则见国家管线规范。

8.12 取样阀

处理物流的取样阀应安装在适当的位置,以获得有代表性的样品。取样阀可以与取样器或延伸到管道中心的取样管一起使用。应考虑每个位置流体的质量和状态,阀门和管道的设计应考虑在阀门出现固体堵塞时能进行清洗或疏通作业。阀门在出现较大压降时可能会迅速侵蚀。采用双阀门和适当的取样步骤,能减少这样问题的产生。取样阀门通常使用DN15(1/2NPS)奥氏体不锈钢阀门或其他适合工艺条件的材料。

9 相关事项的考虑

9.1 概述

本章包括了与管道系统有关的各项事项。

9.2 布置

生产平台管道的布置应该考虑如下各项:

a) 人员安全;

b) 与容器、设备和橇块布置的一致性(见API RP 2G[49]);

c) 易于接近设备和维护;

d) 管线支架;

e) 人员通道和逃生路线;

f) 操作通道。

9.3 标高

平台上的管道标高取决于输送的流体、温度、排放要求和人员可接近性等因素。管道不应安装在格栅或地板上,应该留有足够的维修操作空间。架空管道的布置要考虑在人员的头顶之上留有足够的空间。

9.4 管支架

平台上的管道应支撑在支架、支柱或专用的支座上。支架的设计和位置取决于管道的路线、介质、质量、直径、冲击载荷和振动等因素;还应该考虑采用支撑的密封焊以减少腐蚀,以及为涂油漆提供足够的空间。阀门的支架不应妨碍维修或更换时拆装阀门。关于管道挠性和支架要求的论述,详见本推荐作法 5.8 和 8.3.7 及 ASME B31.3。

9.5 其他的防腐考虑

9.5.1 外表面保护涂层

9.5.1.1 涂层标准

管道系统外表面保护涂层的设计、选择和检验应以(美国)全国防腐工程师协会(NACE)标准 RP0176[50],第 10 章、第 12 章、第 13 章和第 14 章为依据。此外,管道外表面涂层还应考虑以下各点。

9.5.1.2 平台管道涂层系统的种类

所有钢管道均应用涂层(油漆)系统进行保护,该系统已通过以前的应用和适当的试验,被证明是适用于海上环境的。

9.5.1.3 平台管道涂层系统的选择

选择管道涂层系统时,应考虑以下方面:

a) 表面处理;

b) 预期的温度范围(最高-最低);

c) 干燥和(或)潮湿的表面;

d) 预期的化学污染;

e) 所考虑设备的位置(飞溅区之上的高度、最大波高等);

f) 预期的冲蚀;

g) 涂层系统的应用;

h) 维护。

平台上的管道一般不使用缠带和挤压式涂料。经验表明,在这些材料保护下的金属会出现严重的腐蚀,而看不到任何的痕迹。因为在平台上喷砂除锈困难,所以最好在陆地上对管道和附件进行喷砂清理、涂底漆和涂表层漆。

9.5.1.4 保温管线的防腐

在保温条件下管线材料可能产生严重的腐蚀,易受腐蚀的材料应用涂层系统进行保护。应采用最少的保温层并检查和维护涂层系统。

9.5.1.5 不锈钢的氯化应力腐蚀

在高于 60 ℃的含盐大气环境中,奥氏体不锈钢易于产生氯化应力腐蚀,应考虑相应的预防措施。

9.5.1.6 立管

在海水飞溅区的立管应该加以保护,比如用涂层或外包层。

9.5.2 内表面防腐

9.5.2.1 概述

减轻管道内表面金属损失的最好方法在于确定腐蚀的种类和严重性,应该分别地考虑每种情况。NACE RP 0176 提供了探测和控制管道内表面腐蚀的指南。

9.5.2.2 工艺管道

工艺管道内表面一般不推荐使用防腐涂层。减少内部腐蚀的其他解决办法包括:

a) 工艺流体脱水;

b) 使用防腐剂;

c) 设计管道最佳流速;

d) 使用耐腐蚀的金属材料。

9.5.2.3 水管道

把水管道内部腐蚀减至最轻的可能方法包括:

a) 脱氧和(或)与氧隔绝;

b) 化学处理(防腐剂、杀菌剂、防垢剂和控制 pH 值);

c) 防腐涂层和衬里(塑料等);

d) 非金属管材;

e) 耐腐蚀的合金材料;

f) 控制水中固体杂质(砂、泥浆和沉积物)。

9.5.2.4 保护性涂层

如果管道内表面使用了涂层,管道应设计成既便于预制又不会损伤内涂层。

9.5.3 材料的相容性

当不同金属在电解液中一起出现的时候,将产生电解作用。金属的电动势差值越大,腐蚀就越严重。当选择管道、阀门、管件的材料时,应该考虑到电流腐蚀的可能性。一般的准则如下:

a) 无论何时,只要可能,整条管道全部使用相同或者电位序接近的金属材料;

b) 如果应使用不同金属,应考虑下列备选方案:

1) 采用非导电材料将两种不同的金属隔开;

2) 对一种或两种金属使用保护涂层,以隔绝电解液;

3) 保持较活泼的或阳性的金属多于不活泼的金属;

4) 安装牺牲阳极。

9.5.4 冲蚀和(或)腐蚀的无损检测

应该为管道系统中预计会发生冲蚀和(或)腐蚀的点提供检测空间,运用 X 射线和超声波方法对这些点进行检测,并作好记录以便和将来的测试数据相比较。对于管道支管,可插入电偶监控腐蚀和(或)冲蚀的情况,需要特别重视的是井口出油管道、弯头和生产管汇等部分。

9.5.5 阴极保护

如果阴极保护系统是用来保护浸入海水中的海管而不是平台,那么其立管应与平台绝缘。这可以通过在水面以上用一绝缘法兰和把绝缘材料插入位于绝缘法兰之下的管卡间隙内来完成。

9.6 隔热

9.6.1 温度的考虑

平台上的管道应采取隔热措施,防止由热表面引起的燃烧,同时起着保存热量、防冻、防止管道表面受潮湿或结冰的作用。为了保护人员,操作温度在 70 ℃以上、人员易于接近的所有管道表面均应隔热或安装钢丝防护罩、带孔防护罩。温度超过 205 ℃的管道表面应该采取隔热保护,以防止液态烃飞溅。温度超过 480 ℃的管道表面也应采取措施防止可燃性气体出现。应该确定所输送的液体和天然气混合物的自燃温度,如果管线的表面温度超过自燃温度,管线应加以隔热保护。液体典型的自燃温度是 200 ℃,天然气混合物是 300 ℃。

9.6.2 适当的隔热准则

a) 做隔热之前,管道表面应彻底地除锈并涂底漆;

b) 根据特殊的温度条件选择隔热材料。通常应用的隔热材料是硅酸钙、矿渣棉、玻璃纤维和泡沫玻璃。对于如氯化镁那样遇潮湿会变质或引起隔热表面腐蚀的这类隔热材料不能使用;

c) 在冷管道隔热层外表面上应加防潮层;

d) 用薄金属外套保护隔热层,使之不受风雨的侵蚀、油飞溅、机械磨损或其他损伤。如果用薄铝板保护隔热层外表不受上述危害,那么,在铝板内表面应该加防潮层;

e) 为防止硫化氢(H_2S)在螺栓周围聚集,有硫化氢作业的法兰不应隔热,除非螺栓的材料按照 NACE MR0175 适用于硫化氢作业;

f) 某些加热的流体与一些隔热材料不能共存,并可能发生自燃。选择隔热材料时,应该谨慎;

g) 某些隔热材料可能是易燃的或在火灾的条件下产生有毒气体;

h) 有各种尺寸的管道和管件的隔热层和隔热套;

i) 在保温条件下管线可能发生腐蚀并难于检查,可以采用其他的替代方法(如安装隔热箱以保护人员),见9.5.1.4。

9.6.3 典型的保温层厚度

表7、表8和表9提供了不同温度和作业条件下典型的最小保温层厚度。

表7 典型保温层厚度

最大温度/℃	NPS							
	≤1½	2	3	4	6	8	10	≥12
	保温厚度/mm							
120	25	25	25	35	35	35	35	35
260	25	35	35	35	50	50	50	50
315	35	35	50	50	50	65	65	65
400	50	50	50	50	65	75	75	75

表8 典型保冷层厚度

最小温度/℃	NPS																	
	1/2	3/4	1	1½	2	2½	3	4	6	8	10	12	14	16	18	20	24	30	平面
	保温厚度/mm																		
5	25	25	25	25	25	25	25	25	25	35	35	35	35	35	35	35	35	35	35
0	25	25	25	35	35	35	35	35	35	35	35	35	35	35	35	35	35	35	35
−5	35	35	35	35	35	35	35	35	50	50	50	50	50	50	50	50	50	50	50
−10	35	35	35	35	50	50	50	50	50	50	65	65	65	65	65	65	65	65	65
−20	35	50	50	50	50	50	65	65	65	65	65	65	65	65	65	65	75	75	75
−25	50	50	50	50	50	65	65	65	65	65	75	75	75	75	75	75	75	75	90
−30	50	50	50	65	65	65	65	65	70	70	70	70	70	90	90	90	90	90	100

表9 典型保温层厚度的人员保护温度范围

NPS	保温厚度/mm	
	25	35
	热表面温度范围/℃	
1/2	70～400	401～560
3/4	70～340	341～500
1	70～390	391～515
1½	70～350	351～470
2	70～340	341～465

表 9（续）

NPS	保温厚度/mm	
	25	35
	热表面温度范围/℃	
2½	70～325	326～515
3	70～315	316～430
4	70～315	316～420
6	70～290	291～400
8	—	70～400
10	—	70～400
12	—	70～400
14	—	70～370
16	—	70～365
18	—	70～365
20	—	70～365
24	—	70～360
30	—	70～360
平面[a]	70～270	271～350

[a] 也可以用在 NPS≥30 的管线和设备上。

9.7 噪声

9.7.1 设计平台管道系统时，应该采取措施，保护人员不受有害噪声的伤害。在 API 医学研究报告 EA7301[51] 噪声指南中，就噪声问题和解决办法作了深刻的讨论。在本章综合讨论与管道系统有关的噪声问题。

9.7.2 管道内的噪声是由于通过管道系统流体的湍流而引起的。湍流产生在节流孔的下游，并随流体速度的增加而加剧。管道系统的绝大多数噪声是由各种类型的控制阀造成的。根据公式和各个制造商提供的数据，可计算出控制阀门的噪声声压级数。

9.7.3 控制管道系统噪声的基本方法就是避免或减少有害噪声的产生。避免在管道系统中产生有害噪声的有效方法包括：

a) 降低流体流速。在第 5 章中推荐的流速产生的噪声级数是可接受的；

b) 选择降低噪声的控制阀或装有特殊阀芯的控制阀；

c) 应用特厚壁管道和管件以衰减声音和振动(见 API 医学研究报告 EA7301)；

d) 在管道和管件周围使用隔音材料和(或)防护层以吸收或者隔离声音；

e) 对于极端情况，使用消音器。

9.8 管道、阀门和管件表

使用表格可以清楚地显示出有关管道、阀门和管件的详细资料。这些表格中显示的资料包括尺寸范围、一般技术要求、阀门编号、压力等级、温度界限、管道规格、材料规格、特殊注释等。这些表格一般是由作业者编制的，用作全公司的指导手册。在附录 B 中给出了管道、阀门和管件表的实例。

9.9 检验、维护及修理

平台管道系统投产后，检查、保养、修理和更换是考虑的重要问题。尽管 API RP510[52] 是为压力容器而编写的，这些文件所包含的准则也适用于管道系统。

10 安装和质量控制

10.1 概述

本章包括金属和非金属平台管道系统的预制、组装、架设、检验、试压和与安装有关的操作、质量控制等内容，都应当符合 ASME B31.3 的要求，本章修改的部分除外。

10.2 焊接

10.2.1 安全措施

在海上平台上焊接需要有工作许可制度，除非确认焊接操作安全，否则不允许在危险区作业。

10.2.2 焊接程序的评定

应该进行试验来评定焊接程序。焊接程序的评定方法和要求需符合 ASME B31.3 的规定。

10.2.3 焊工资质

焊工应该具有对指定焊接工作的焊接资质。评定方法和要求需符合 ASME B31.3 的规定。

10.2.4 焊接记录

试验焊接程序评定和焊工资质评定都应保留，并符合 ASME B31.3 的规定。

10.2.5 焊接要求

焊接要求应遵循 ASME B31.3。此外，如果由于天气条件有可能使焊接质量受到影响的危险，就应该停止焊接。

10.2.6 热处理

热处理包括预热和焊后热处理均应遵循 ASME B31.3。

10.2.7 无损试验

外观检验、X 射线检验、超声波检验都应该按 ASME B31.3 的要求进行。另外，对于平台上烃作业的管道，无论管道的作业温度和压力如何，都应按照表 10 的要求进行 X 射线检验。

表 10 对碳钢材料的焊缝进行 X 射线检验的最小范围

压力等级	焊缝百分率
ASME 150 lb 到 600 lb	10%
ASME 900 lb 到 1 500 lb	20%
ASME 2 500 lb	100%
5 000 psi 及以上	100%

10.3 压力试验

10.3.1 安全考虑

在投产运转之前，应对管道结构整体性和是否渗漏进行压力试验。试验准备、水压试验和气密试验除本章的修改部分外，应按照 ASME B31.3 进行。

试验管道材料的温度应该是安全的，并高于材料产生脆性破裂的起始温度。当用空气或氮气作试验时，应避免快速减压以防止过度降低金属的温度，避免引起可能的材料脆性破裂。

10.3.2 水压试验

应该用水进行水压试验，除非它对管道或操作液体有不利的影响。用作压力试验的任何易燃液体，其闪点应高于 65 ℃。

应该将不应承压的设备和仪表隔离或移开，典型该类设备和仪表如下：

a) 泵、涡轮机和压缩机；

b) 安全膜和泄放阀；

c) 旋转流量计和容积式流量计；

d) 试验压力超过压力表量程范围的压力表；

e) 仪表和观察镜。

下列设备应该试验到设计压力后隔离：

a) 试验压力超过压力表量程范围的压力表；

b) 外浮子型液位关断设施和控制器，如果试验压力没有规定时，浮子应试验到设计压力，然后将浮箱与系统隔离开；

c) 试验期间，止回阀应该保持常开，其他阀门应处于二分之一开度位置。

10.3.3 气压试验

当不适宜进行水压试验时，如对仪表风、加热液体和制冷系统的试验，应按照 ASME B31.3 的要求进行气压试验。由于气压试验能产生起不安全因素，在试验过程中应该采取专门的预防措施，在试验过程中应该注意监视。只能应用空气或氮气(无论用或不用示踪剂)作为试验介质。每个试验系统尽可能保持小些。

a) 试验压力为最大设计压力的 1.1 倍，应避免试验压力高于 700 kPa；为预防脆性破裂的危险，在试验过程中，所有构件的最低金属温度是 10 ℃。

b) 在试验过程中，试验压力应该逐步地增加到 170 kPa，不超过 170 kPa，并且保持此压力直至用肥皂液对所有的接头检查完毕；如果没发现渗漏，应该以大约 200 kPa 的幅度增高压力，直至达到最终试验压力，然后把压力减到 90％的试验压力，并维压足够长的时间，以便用肥皂液检查所有的接头、焊缝和连接处。

10.3.4 泄漏试验

如果需要，对已经作过水压试验或维修后复原的、经机械安装的管节和管件，可进行泄漏试验以确认管道系统机械连接密封的严密性。

通常情况下用水进行泄漏试验，除非它对管道或操作工艺产生不利的影响。如果需要可以用氮气进行泄漏试验，可采用或不采用气体示踪剂，如氦气作为示踪剂。

试验压力不应超过最大允许工作压力的 1.1 倍。

10.4 试验记录

包括焊接程序评定、焊工资质评定和压力试验在内的试验记录都应该符合 ASME B31.3 的要求。

附 录 A
（资料性附录）
例 题

A.1 引言

本附录用解题方法说明本推荐作法中管道设计准则的应用。

A.2 例题——出油管道设计

A.2.1 问题

A.2.1.1 设计一条天然气凝析油井出油管道。

A.2.1.2 预计该井具有下列初始特性：

a) 井口关井压力=37 900 kPa(G)；

b) 预计的最大测试和生产流量(包括波动)：

在标准状态下 q_g=16 740 m^3/h[d_g=0.65(空气=1)]；

标准状态下 R=3 370 m^3(气)/ m^3(凝析油)；

[d_L=0.80(水=1)]；

c) 井口流压=31 000 kPa(G)；

d) 流动温度=49 ℃。

A.2.1.3 预计该井在衰竭时具有下列特性：

a) 井口流压=10 300 kPa(G)；

b) 在标准状态下：q_g=11 160 m^3/h；

c) 在标准状态下 R=8 425 m^3(气)/m^3(凝析油)[d_L=0.80(水=1)]；

d) 生产水 9.94 m^3/h[d_l=1.08(水=1)]。

A.2.1.4 出油管道的当量长度等于 15 m。

A.2.1.5 出油管道要按井口压力设计。

A.2.2 解题

A.2.2.1 概述

宜考虑下列各项：

a) 冲蚀速度；

b) 承受压力；

c) 噪声；

d) 压力降。

A.2.2.2 冲蚀速度

A.2.2.2.1 因为生产井连续生产且预计含有少量或不含砂子，取经验常数 122，用式(A.1)计算最大容许冲蚀速度(见 5.5.1)。

$$v_e = \frac{c}{\sqrt{\rho_m}} \qquad \cdots\cdots\cdots\cdots(A.1)$$

式中：

v_e——流体冲蚀速度，单位为米每秒(m/s)；

c——经验常数，对于含有极少量固体的连续作业取 122；

ρ_m——在操作压力和温度下，气体/液体混合物密度，单位为千克每立方米(kg/m^3)。

A.2.2.2.2 初期和后期流动状态，用式(A.2)计算 ρ_m，以确定控制哪种状态：

$$\rho_m=\frac{28\ 833 d_L \cdot p+37.22 R \cdot d_g \cdot p}{28.82 p+10.68 R \cdot T \cdot Z} \qquad \text{(A.2)}$$

式中：

p——操作压力，单位为千帕[kPa(A)]；

d_L——标准状态下的液体相对密度(水=1；对于烃与水的混合物取平均相对密度)；

R——标准状态下的气/液比；

T——操作温度，单位为开(K)；

d_g——标准状态下气体相对密度(空气=1)，无量纲；

Z——气体压缩系数，无量纲。

a) 对于生产初期：

$d_L=0.80$

$p=31\ 000\ \text{kPa(G)}+100=31\ 100\ \text{kPa(A)}$

$R=3\ 370\ \text{m}^3/\text{m}^3$

$d_g=0.65$

$T=49+273=322\ \text{K}$

$Z=0.91$

代入式(A.2)：

$$\rho_m=\frac{28\ 833\times0.80\times31\ 100+37.22\times3\ 370\times0.65\times31\ 100}{28.82\times31\ 100+10.68\times3\ 370\times322\times0.91}$$

$=285\ \text{kg/m}^3$(初期状态)

b) 对于生产后期：

$$d_L=\frac{(11\ 160/8\ 425)\times0.80+9.94\times1.08}{(11\ 160/8\ 425)+9.94}$$

$=1.047$

$p=10\ 400\ \text{kPa(A)}$

$$R=\frac{11\ 160}{11\ 160/8\ 425+9.94}$$

$=991\ \text{m}^3/\text{m}^3$

$d_g=0.65$

$T=322\ \text{K}$

$Z=0.81$

代入式(A.2)：

$$\rho_m=\frac{(28\ 833\times1.04\times10\ 400)+(37.22\times991\times0.65\times10\ 400)}{(28.82\times10\ 400)+(10.68\times991\times322\times0.81)}$$

$=184\ \text{kg/m}^3$(终期状态)

A.2.2.2.3 将以上 ρ_m 值代入式(A.1)，得：

$$v_e(\text{初期状态})=\frac{122}{\sqrt{285}}=7.2\ \text{m/s}$$

$$v_e(\text{后期状态})=\frac{122}{\sqrt{184}}=9.0\ \text{m/s}$$

A.2.2.2.4 用式(A.3)确定最小的允许截面积：

$$A=\frac{277.6+(103\ Z \cdot R \cdot T)/p}{v_e} \qquad \text{(A.3)}$$

式中：

A——单位体积流量所需的最小管道截面积，单位为平方毫米每立方米小时[$mm^2/(m^3 \cdot h)$]。

a) 对于初始状态：

$$A = \frac{277.6 + (103 \times 3\,370 \times 322 \times 0.91)/31\,100}{7.2}$$

$$= 492.8\ [mm^2/(m^3 \cdot h)]$$

$$A = 492.8 \times (16\,740/3\,370) = 2\,448\ mm^2\text{(初始状态)}$$

b) 对于后期状态：

$$A = \frac{277.6 + (103 \times 991 \times 322 \times 0.81)/10\,400}{9.0}$$

$$= 311\ [mm^2/(m^3 \cdot h)]$$

$$A = 311 \times (9.94 + 11\,160/8\,425) = 3\,503\ mm^2\text{(后期状态)}$$

A.2.2.2.5 虽然生产后期可允许的冲蚀速度较高，但是因为液体体积也较高，所以管道规格将仍然受生产后期控制。

A.2.2.2.6 A 按式(A.4)折合管道内径：

$$A = \frac{\pi \cdot d_i^2}{4} \qquad \cdots\cdots\cdots\cdots(A.4)$$

$$d_i\text{(初始)} = \sqrt{\frac{4 \times 2\,448}{\pi}} = 55.8\ mm\text{(内径)}$$

$$d_i\text{(后期)} = \sqrt{\frac{4 \times 3\,503}{\pi}} = 67.1\ mm\text{(内径)}$$

A.2.2.3 承受压力

A.2.2.3.1 现使用表5初选管道规格，要求管道压力额定值应高于 37 900 kPa(G)。两个明显的选择方案列举如下：

管道公称尺寸	管壁厚度	内 径	API 5L B级管最高工作压力
DN80(3NPS)	XXS	58.4 mm	42 000 kPa(G)
DN100(4NPS)	XXS	80.1 mm	36 600 kPa(G)

公称直径为 DN80(3NPS)的管道具有所要求的额定值，但对于后期生产其内径太小。DN100(4NPS)的管道对生产后期有足够大的内径，但是如果使用B级管其压力稍低于所要求的工作压力。

A.2.2.3.2 最终的选择要作工程判断，应对下列选择方案进行评定：

a) 再检查一下关井压力要求的原始资料。管道设计者经常采用比实际要求稍高一点的标准值。如果实际关井压力低于 36 600 kPa(G)，则 DN100(4NPS) XXS 的管道是合适的。

b) 检查满足 37 900 kPa(G)压力要求的 DN100(4NPS) XXS X42 的可供性。

c) 考虑在 4in XXS 管道上使用压力释放设备直到井口关井压力下降到 36 600 kPa(G)为止。

d) 重新检查油井生产后期的预测值，以便确定油井流量是否会稍微低些，允许使用 XXS 标准 DN80(3NPS)管道满足整个生产期的需要。应该详细检查最大流量中包含的波动量，看是否合理。

e) 考虑在生产初期安装一根 DN80(3NPS) XXS 型管道，然后在生产后期，再换上一根较大管道(内径)。

f) 例外的是，按照 ASME B31.3，少数情况可能会超过设计压力。

A.2.2.4 噪声

A.2.2.4.1 确定管道中生产初期和生产后期的速度(与噪声相关的指标)，以便确定控制状态。

按下述方法确定速度：

a） 对于生产初期：

$$气体的质量流量=\frac{16\ 740\times 0.65\times 29}{3\ 600\times 22.414}$$

$$=3.9\ \mathrm{kg/s}$$

$$凝析油的质量流量=\frac{16\ 740\times 2.97\times 10^{-4}\times 0.80\times 998.5}{3\ 600}$$

$$=1.1\ \mathrm{kg/s}$$

井流的总质量流量(初始)=5.0 kg/s。

b） 对于后期状态：

$$气体的质量流量=\frac{11\ 160\times 0.65\times 29}{3\ 600\times 22.414}$$

$$=2.61\ \mathrm{kg/s}$$

$$凝析油的质量流量=\frac{11\ 160\times 1.187\times 10^{-4}\times 0.80\times 998.55}{3\ 600}$$

$$=0.294\ \mathrm{kg/s}$$

$$水的质量流量=\frac{9.94\times 998.55}{3\ 600}$$

$$=2.76\ \mathrm{kg/s}$$

井流的总质量流量(终期)=5.66 kg/s。

A.2.2.4.2 求出流动速度代替前述的冲蚀速度，总体积流量是：

后期体积流量=5.66/184.06=0.030 3 m^3/s

初期体积流量=5.0/284.52=0.020 2 m^3/s

因此终期状态控制最大速度。

A.2.2.4.3 计算公称尺寸DN80(3NPS)和DN100(4NPS)壁厚XXS管道的流动速度。

$$速度(\mathrm{DN80})=\frac{0.030\ 3}{\pi/4\times(58.42/1\ 000)^2}=11.3\ \mathrm{m/s}$$

$$速度(\mathrm{DN100})=\frac{0.030\ 3}{\pi/4\times(80.01/1\ 000)^2}=6.03\ \mathrm{m/s}$$

A.2.2.4.4 因为在两种情况下的速度都低于25 m/s(见5.4)，所以噪声不会影响管道规格的选择。

A.2.2.5 管道压降

A.2.2.5.1 管道压降可用式(A.5)确定：

$$\Delta p=\frac{6\ 253\ 000 q_{\mathrm{m}}^{2}\cdot f}{d_{\mathrm{i}}^{5}\cdot\rho_{\mathrm{m}}} \qquad \cdots\cdots(\mathrm{A.5})$$

式中：

Δp——压力降，单位为千帕每100米(kPa/100 m)；

d_i——管道内径，单位为毫米(mm)；

f——Moody摩擦系数，无量纲；

ρ_m——在流动压力和温度下的气体/液体混合物密度，单位为千克每立方米(kg/m^3)[按式(A.2)计算]；

q_m——液体和气体总流量，单位为千克每小时(kg/h)。

A.2.2.5.2 可用式(A.6)确定 q_m：

$$q_{\mathrm{m}}=1.29 q_{\mathrm{g}} d_{\mathrm{g}}+1\ 000\ q_{\mathrm{L}} d_{\mathrm{L}} \qquad \cdots\cdots(\mathrm{A.6})$$

式中：

q_g——标准状态下的气体流量，单位为立方米每小时(m^3/h)；

d_g——气体相对密度(空气=1)，无量纲；

q_L——液体流量，单位为立方米每小时(m^3/h)；

d_L——液体相对密度(水=1)，无量纲。

$$q_m(\text{初始}) = 1.29 \times 16\,740 \times 0.65 + 1\,000 \times \left(\frac{16\,740}{3\,370} \times 0.8\right) = 18\,010\ \text{kg/h}$$

$$q_m(\text{终期}) = 1.29 \times 11\,160 \times 0.65 + 1\,000 \times \left(\frac{11\,160}{8\,425} + 9.94\right) = 20\,622\ \text{kg/h}$$

A.2.2.5.3 以上数值代入式(A.5)中得：

$$\Delta p(\text{初始,DN80}) = \frac{6.253 \times 10^6 \times 0.019 \times (18\,010)^2}{(58.42)^5 \times 284.52} = 200\ \text{kPa/100 m}$$

$$\Delta p(\text{初始,DN100}) = \frac{6\,253\,000 \times 0.019\,6 \times (18\,010)^2}{(80.01)^5 \times 284.52} = 43\ \text{kPa/100 m}$$

$$\Delta p(\text{后期,DN80}) = \frac{6\,253\,000 \times 0.020 \times (20\,622)^2}{(58.42)^5 \times 184.06} = 425\ \text{kPa/100 m}$$

$$\Delta p(\text{后期,DN100}) = \frac{6\,253\,000 \times 0.019\,6 \times (20\,622)^2}{(80.01)^5 \times 184.06} = 86\ \text{kPa/100 m}$$

Moody 摩擦系数(f)参见图 3。

A.2.2.5.4 因为这条管道仅 15 m 长，故在大多数情况下，总压降并非影响管道规格确定的关键因素。

A.3 例题——泵吸入管道设计

A.3.1 问题

A.3.1.1 一台单级往复泵，将生产分离器中的原油输送到一个远距离的油处理设施。选择该泵吸入管道规格。泵系统的数据列举如下：

A.3.1.2 分离器的操作条件：

a) 操作压力=415 kPa(G)；

b) 进口油量=33.1 m^3/h；

c) 进口水量=0；

d) 原油相对密度=40°API (d_L=0.825)；

e) 原油黏度 $\mu=1.5\times10^{-3}$ Pa·s(在泵送温度下)；

f) 分离器的液位由旁通管道泵打回流控制，使其处于恒定状态；

g) 容器出口管嘴=DN200(NPS 8)　ASME 150 lb。

A.3.1.3 泵的数据：

a) 泵的排量=49.7 m^3/h，为进口油量的 150%(确保在油量波动时能维持液位)；

b) 泵的型式=三缸泵；

c) 泵的转速=200 转/分；

d) 吸入管接头=DN150(6NPS)(ASME 150 lb)；

e) 排出管接头=DN80(3NPS)(ASME 600 lb)；

f) 要求的净正吸入压头(NPSH)=27.6 kPa(A)(在操作条件下)；

g) 排出压力=3 450 kPa(G)；

h) 泵的基准面低于分离器中的液位 4.57 m。

A.3.1.4 吸入管道长 15.2 m，包括 1 个三通、4 个 90°弯头、2 个全开球阀和 1 个 DN200(8NPS)×DN150(6NPS)的标准大小头。

A.3.2 初选管径

A.3.2.1 从表 4 选择 0.6 m/s 吸入速度用以初步确定吸入管径。从图 2 可看出，针对 49.7 m^3/h，DN150(6NPS)、Sch40 的管道流速为 0.75 m/s；DN200(8NPS)Sch. 40 的管道流速为 0.43 m/s。因此，

将 DN200(8NPS)(内径 203 mm) 作为初选管径。

A.3.2.2 使用表 3 确定管道当量长度：

弯头当量长度＝4×2.74 m＝11.0 m

球阀当量长度＝2×1.83 m＝3.66 m

三通当量长度＝1×2.74 m＝2.74 m

大小头当量长度＝1×0.610 m＝0.610 m

容器出口缩径＝1×3.66 m＝3.66 m

DN200(8NPS)管道长＝15.2 m

当量管道长度＝36.9 m

A.3.2.3 下一步用式(A.7)计算管道摩擦损失：

$$\Delta p = \frac{6\ 270 \times 10^6 f \cdot q_L{}^2 \cdot d_L}{d_i{}^5} \qquad \cdots\cdots\cdots\cdots(A.7)$$

式中：

Δp——压降，单位为千帕每 100 米(kPa/100 m)；

F——莫氏摩擦系数，无量纲；

q_L——液体流量，单位为立方米每小时(m^3/h)；

d_L——液体相对密度(水＝1)，无量纲；

d_i——管道内径，单位为毫米(mm)。

A.3.2.4 利用雷诺数可从图 3 中查得摩擦系数 f，雷诺数用式(A.8)算出：

$$Re = \frac{\rho_L \cdot D_i \cdot v_L}{\mu_1} \qquad \cdots\cdots\cdots\cdots(A.8)$$

式中：

Re——雷诺数，无量纲；

ρ_L——液体密度，单位为千克每立方米(kg/m^3)；

D_i——管道内径，单位为米(m)；

v_L——液体流速，单位为米每秒(m/s)；

μ_L——液体黏度，单位为帕·秒(Pa·s)；

或为厘泊÷1 000 或厘沱×相对密度÷1 000。

对于本例题：

$\rho_L = 1\ 000 \times 0.825 = 825\ kg/m^3$

$D_i = 0.203\ m$

$v_L = 0.43\ m/s$(见图 2)

$\mu_L = 1.5/1\ 000 = 0.001\ 5\ Pa \cdot s$

$Re = \frac{825 \times 0.203 \times 0.43}{0.001\ 5} = 48\ 010$

利用雷诺数和钢管曲线，可从图 3 中查得摩擦系数 f：

$$f = 0.023$$

A.3.2.5 式(A.7)中所有需要的数据现已确定：

$q_L = 49.7\ m^3/h$

$d_L = 0.825$

$d_L = 203\ mm$

$$\Delta p/100\ m = \frac{6\ 270 \times 10^6 \times 0.023 \times 49.7^2 \times 0.825}{203^5} kPa/100\ m = 0.852\ kPa/100\ m$$

$$\Delta p\text{总}=\frac{0.852\times36.9}{100}=0.314\ \text{kPa}$$

A.3.2.6 下一步根据式(A.9)确定可得到的净正吸入压头：

$$NPSH_a=h_p-h_{vpa}+h_{st}-h_f-h_{vh}-h_a \quad \cdots\cdots(A.9)$$

式中：

h_p——绝对压头，作用在吸入管液体表面上的压力(不管是大气压力还是其他压力)，单位为米液柱(m)；

h_{vpa}——吸入温度下的液体真实蒸气压，单位为米液柱(m)；

h_{st}——静压头，正或负[因为液体水平面高于泵的基准线或者低于基准线(泵的中心线)所致]，单位为米液柱(m)；

h_f——摩擦水头，或吸入管道中流动摩擦引起的水头损失，包括进口和出口处水头损失，单位为米液柱(m)；

h_{vh}——速度头$\frac{{v_L}^2}{2g}$米液柱(m)；

h_a——加速度头，单位为米液柱(m)；

v_L——管道中的液体速度，单位为米每秒(m/s)；

G——引力常数(通常为 9.81 m/s²)。

A.3.2.7 因为在分离器中，油与气处于平衡状态，所以油的蒸气压也将是 415 kPa(G)。

$$h_{vpa}=h_p=\frac{(415+100)\times0.10197}{0.825}=63.65\ \text{m}$$

因此：$h_{st}=4.57$ m (已知条件)

$$h_f=\frac{0.341\times0.10197}{0.825}=0.039\ \text{m}$$

$$h_{vh}=\frac{(0.43)^2}{2\times9.81}=0.009\ \text{m}$$

A.3.2.8 根据式 (A.10) 可确定 h_a：

$$h_a=\frac{L\cdot v_L\cdot R_p\cdot C}{K\cdot g} \quad \cdots\cdots(A.10)$$

式中：

h_a——加速度水头，单位为米液柱(m)；

L——吸入管道长度，单位为米(m)(实际长度，不是当量长度)；

v_L——吸入管道中的平均液体速度，单位为米每秒(m/s)；

R_p——泵转速，单位为转每分钟(r/min)；

C——泵的经验常数=0.066(对于三缸单作用或者双作用)；

K——液体压缩系数，表示理论加速度水头比值的倒数，应提供这一系数，以避免吸入管道内明显的干扰，$K=2.0$(对于大多数烃类)；

g——引力常数(通常 9.81 m/s²)。

将已知值代入式(A.10)得：

$$h_a=\frac{15.2\times0.43\times200\times0.066}{2.0\times9.81}=4.40\ \text{m}$$

A.3.2.9 可得的净正吸入压头是：

$$NPSH_a=63.65-63.65+4.57-0.039-0.009-4.40=0.122\ \text{m}$$

A.3.2.10 需要的：

$$NPSH=\frac{27.6\times10^3}{0.825\times10^3\times9.81}=3.41\ \text{m}$$

A.3.2.11 结论:在这些条件下,泵不可能操作。

A.3.3 其他选择

参考5.3.2.6,可以把下列可供选择的方法看作能增加$NPSH_a$的方法。

A.3.3.1 缩短吸入管道

虽然稍微缩短管道长度是可能的,但是加速度水头至少需要减少:

$$\left(1-\frac{4.40-3.41-0.122}{4.40}\right)\times 100\% = 80\%$$

因此,这种方案可能是行不通的。

A.3.3.2 使用较大管径,以便降低流速。

如果使用DN250(10NPS)管道代替DN200(8NPS)管道,速度将从0.43 m/s减低到0.27 m/s(图2)。同样,使用DN300(12NPS)管道时,速度降低到0.19 m/s。因为这两条管道中没有一个会降低速度80%(即加速度水头降低80%),所以这一方案也是不适宜的。

A.3.3.3 降低泵的转数

泵转数200 r/min已经很低了,因此这一选择仍然是不合适的。

A.3.3.4 考虑使用一台具有更多个柱塞的泵

合理的泵选择方案是使用五个缸而不是三缸,五缸泵会降低加速度水头40%。因为需要更大地降低加速度水头,这一选择方案仍不适宜。

A.3.3.5 使用压力缓冲器

A.3.3.5.1 安装一适当的压力缓冲器可将用于式(A.10)中的管道长度减少到15倍标称管径或更小。15×200/1 000=3.0 m。

A.3.3.5.2 重新计算加速度水头:

$$h_a(\text{缓冲器}) = \frac{3.0\times 0.43\times 200\times 0.066}{2.0\times 9.81} = 0.868\ \text{m}$$

A.3.3.5.3 通过使用压力缓冲器,可得的$NPSH_a$将是:

$$NPSH_a = 63.65-63.65+4.57-0.039-0.009-0.868=3.65\ \text{m}$$

A.3.3.5.4 由于在确定管道长度时使用了保守的近似计算方法,重新计算加速度水头。如果使用一压力缓冲器,所得的$NPSH_a$将是适合的。

A.3.3.5.5 如果要求可得的$NPSH_a$较大幅度地超过设计的$NPSH_a$,那么,在系统设计中除了使用缓冲器方法之外,还应再采用上述已讨论的选择方案中的某种方法。

附 录 B
（资料性附录）
管道、阀门和管件表范例

B.1 索引实例

表B.1为管道、阀门和管件表的实例索引。

表B.1 管道、阀门和管件表实例索引

表	适用介质	额定压力等级
A	非腐蚀性烃和乙二醇	ASME 150 lb
B	非腐蚀性烃和乙二醇	ASME 300 lb
C	非腐蚀性烃和乙二醇	ASME 400 lb
D	非腐蚀性烃和乙二醇	ASME 600 lb
E	非腐蚀性烃和乙二醇	ASME 900 lb
F	非腐蚀性烃和乙二醇	ASME 1 500 lb
G	非腐蚀性烃和乙二醇	ASME 2 500 lb
H	非腐蚀性烃	13.8 MPa(2 000 psi)
I	非腐蚀性烃	20.7 MPa(3 000 psi)
J	非腐蚀性烃	34.5 MPa(5 000 psi)
K	非腐蚀性烃	69.0 MPa(10 000 psi)
L	空气	ASME 150 lb 和 300 lb
M	水	ASME 150 lb
N	蒸汽和蒸汽冷凝水	ASME 150 lb ASME 300 lb ASME 600 lb
O	排水和排污	常压
P(备用)		
Q(备用)		
R(备用)		
SV	腐蚀作业用阀门	普通
AA	腐蚀性烃	ASME 150 lb
BB	腐蚀性烃	ASME 300 lb
CC(不常用)	腐蚀性烃	ASME 400 lb
DD	腐蚀性烃	ASME 600 lb
EE	腐蚀性烃	ASME 900 lb
FF	腐蚀性烃	ASME 1 500 lb
GG	腐蚀性烃	ASME 2 500 lb

B.2 具体实例

一个 ASME 150 lb 的管道、阀门和管件表的实例见表 B.2。

表 B.2 具体应用的典型管道、阀门和管件表

作业	非腐蚀性作业	
材料	碳钢,1.25 mm 腐蚀余量	
温度范围	0 ℃～200 ℃	
最大压力	按 ASME B 16.5 材料节 1.1	
尺寸范围(NPS)	规格	备注
管线	ASTM A106 B 级	
1/2-1 1/2	Sch.80 无缝,平端	
2-3	Sch.80 无缝,斜端	
4-6	Sch.40 无缝,斜端	
8-18	Sch.30 无缝,斜端	
管件		
1/2-1 1/2 承插焊	ASTM A105 锻钢,3 000 psi	
2-18 对焊	ASTM A234 WPB 无缝	
0′Let 1/2-1 1/2 支管连接	ASTM A 105 锻钢,3 000 psi	
2-8 加强支管	ASTM A 105	
法兰		
1/2-1 1/2 承插焊	ASTM A 105 ASME 150 lb,凸面	
2-18 长颈	ASTM A 105,标准化 ASME 150 lb,凸面	
螺栓		
双头螺栓 螺母	ASTM A 193 B7 ASTM A 194 2H	
垫片	压缩非石棉纤维,1.5 mm 厚,平垫	
1/2-18 1/2-18	ASME 150 lb 符合 ASME B 16.21 平环形 碳钢,13%铬合金,螺栓帽连接	 注 2
阀门	API 6D/ASME B16.34	

表 B.2（续）

作业	非腐蚀性作业	
闸阀	ASME 150 lb，法兰连接，凸面	
球阀 1/2-10 12-18	ASME 150 lb，法兰连接，凸面缩径，浮动球，螺栓连接的碳钢阀体，AISI 316 球体和阀杆，PTFE 防火密封 缩径，耳轴安装，螺栓连接的碳钢阀体，AISI 4130 球体和阀杆，电镀的镍，PTFE 防火密封	注 1 注 1
截止阀 1/2-6	ASME 150 lb，法兰连接，凸面碳钢阀体，13%铬合金内件，旋塞或球形芯，螺栓装配阀盖	
止回阀 1/2-1½ 2-18	ASME 150 lb，法兰连接，凸面 水平活塞型，碳钢阀体，13%铬合金内件，螺栓阀盖 ASME 150 lb 双板对夹型，碳钢阀体，13%铬合金膜和阀座，镍合金弹簧	
注 1：软密封球阀的最大作业温度是 120 ℃。 注 2：应使用球阀；只有当作业和温度需要时才使用闸阀。		

在表 B.2 中没有表示出阀门制造厂商和阀门编号，在该表中应包括一个或几个阀门制造厂商及阀门编号。

可以从多家制造厂商处获取通用阀门表格。利用这些表格，用一个制造厂商的阀门编号作为基础，就可以确定出不同阀门制造厂商的等效阀门编号。由于有了一个等效编号，就可以很快地从制造厂商的产品样本中找到该种阀门。这种做法可以使作业者比较代用阀门的详细制造资料和制造材料。

附　录　C
（资料性附录）
适用于不同壁厚管道的对焊接头设计

C.1　图 C.1 适用于不同壁厚管端的对焊接头设计(无论材料是否有不同的最小屈服强度)。

C.2　所需焊接管道的壁厚和节点设计区域的每一侧,应遵守 ASME B31.3 的设计要求。

C.3　所需焊接管道的最小屈服强度不同时,熔敷焊缝金属的机械特性至少要等于具有较高强度管道的机械特性。

C.4　两种不同壁厚的端部之间的过渡段可通过图 C.1a)中所示的预制锥面(锥体)或焊接成斜面来完成。还可使用预制渐缩短节,该渐缩短节长度不能小于管径的一半或 60 mm,取较大者。

C.5　在焊接一个倾斜面的焊缝处,应避免明显的缺口或坡口。

C.6　对于焊接不同壁厚而最小屈服强度相等的管道,上述原则除了对锥面没有角度限制之外都适用。

C.7　对于不同化学成分钢管的焊接,应该有专家的建议。

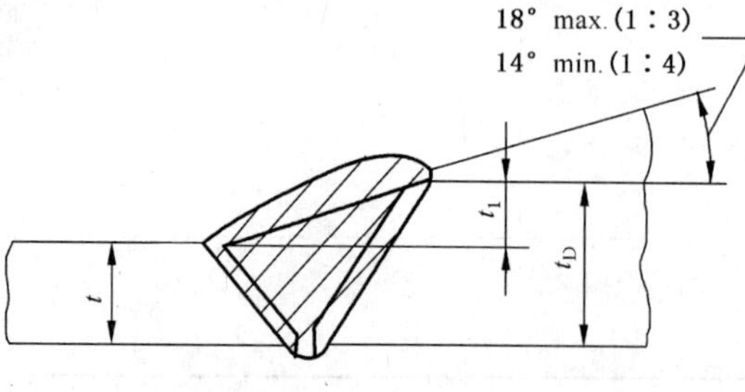

a) 外侧坡口

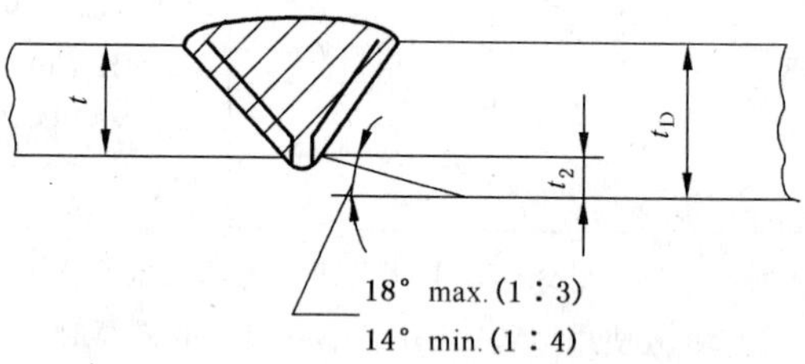

b) 内侧坡口

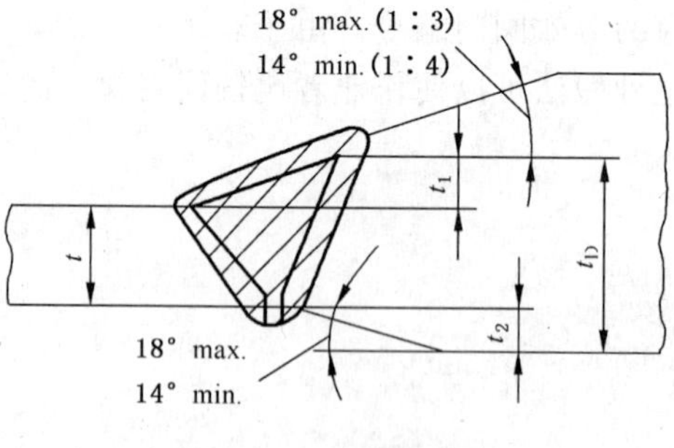

c) 联合坡口

注 1：如果连接材料的最小屈服强度相同,对最小坡口没有限制。

注 2：无论是 t_1,t_2,或 t_1 和 t_2 总和都不应超过 0.5 t。

注 3：如果连接材料的最小屈服强度不相同,t_D 值应该至少等于 t 倍的管道和法兰的最小屈服强度之比。

注 4：应该按照适合的规范进行焊接。

图 C.1　适用于不同壁厚管道的对焊接头或对较高强度管道壁厚的焊接设计

参考文献

[1] ISO 10423, petroleum and natural gas industries—Drilling and production equipment-Wellhead and Christmas tree equipment.

[2] ASTM A 453, standard specification for high-temperature bolting materials with expASMEon coefficients comparable to austenitic steels.

[3] Handbook of chemistry and physics, 36th edition, chemical Rubber company.

[4] ASTM A 106, stecificarion for seamless carbon steel pipe for high-temperature service.

[5] API Spec 5L, specification for line pipe.

[6] ISO 3183-1, petroleum and natural gas industries-steel pipe for pipelines.

[7] ASTM A 134, specification for pipe, steel, electric—fusion [arc-welded (sizes NPS 16 and over)].

[8] ASTM A 139, specification for electric—fusion (arc)-welded steel pipe (NPS 4 and over).

[9] ASTM A 333, specification for seamless and welded steel pipe for low-temperature service.

[10] Schlichting, H-1 Boundary Layer Theory, McGraw-Hill, 1987, Nerk, p. 621.

[11] Gas processors suppliers Association, GPSA (formerly Natural Gas processors suppliers Association) Engineering Dala Book (1981 revision, 1987 edition and latest edition).

[12] Hugley, Dale, Acceleration Effect is Major Factor in pump Feed System, Petroleum Equipment and Services (January/February 1968).

[13] Hugley, Dale, Acceleration Head Values are predictable But-(not form commonly accepted formulae), petroleum Equipment and Services (March/April 1968).

[14] Miller, J. E, Experimental Investigation of plunger pump suction Requirements, petroleum Mechanical Engineering Conference, Los Angeles, California, September 1964.

[15] ISO 10422, Petroleum and natural gas industries—Threading, gauging and thread inspection of casing, tubing and line pipe threads—Specification.

[16] ASME B1, pipe threads, general purpose, (inch).

[17] ISO 136784, petroleum and natural gas industries—Evaluation and testing of thread compounds for use with casing, tubing and line pipe.

[18] API RP550, Manual on installation of refinery instruments and control systems, parts 1 and 2.

[19] Bulletin FCI 62-1, Fluid controls Institute.

[20] ISO 10434, Bolted bonnet steel gate valves for petroleum and natural gas industries.

[21] API Std 602, carbon steel gate valves for refinery use (compact design).

[22] API Spec 6D, Specification for pipeline valves.

[23] ASME B16.34, valves-flanged, threaded and welding end.

[24] ASME B16.5, Steel pipe flanges, flanged valves, and fittings.

[25] ISO 5752, Metal valves for use in flanged pipe systems-Face-to-face and center-to-face dimensions.

[26] ASME B16.10, Face-to-face and end-to-end dimensions of ferrous valves.

[27] ASTM A 105, Specification for forgings, carbon steel, for piping components.

[28] ASTM A 350, Specification for carbon and low-alloy steel forgings, requiring notch toughness testing for piping components.

[29] ASTM A 420, Specification for piping fittings of wrought carbon steel and alloy steel for

low temperature service.

[30] ASME B16. 9, Factory-made wrought steel butt welding fittings.

[31] ASME B16. 28, Wrought steel butt welding short radius e lbows and returns.

[32] ASME B16. 11, Forged steel fittings, socket-welding and threaded.

[33] ASME B16. 47, Forged flanges.

[34] ASME A 193, Specification for alloy-steel and stainless steel bolting materials for high-temperature service.

[35] ASTM A 194, Specification for carbon and alloy steel nuts for bolts for high-pressure and high-temperature service.

[36] ASTM A 320, Alloy steel bolting materials for low temperature service.

[37] API RP 14C, Recommended Practice for Analysis, Design, Installation, and Testing of Basic Surface Safety Systems for Offshore Production Platforms.

[38] NFPA 6, National fire code volume 6, Sprinklers, fire pumps and water tanks.

[39] NFPA 8, National fire code volume 8, Portable and manual fire control equipment.

[40] API RP 14G, Fire prevention and control on open type offshore production platforms.

[41] API RP 521, Guide for pressure-relieving and depressuring systems.

[42] API RP 520-1, Recommended practice for design and installation of pressure-relieving systems in refineries-Part 1.

[43] ISO 10418, Petroleum and natural gas industries-Offshore production installations-analysis, design, installation and testing of basic surface process safety systems-Requirements and guidelines.

[44] ASME, Boiler and pressure vessel code: Section IV: Heating.

[45] API Std 526, Flanged steel safety relief valves.

[46] prEn 12874, flame arresters-Specifications, operational requirements and test procedures.

[47] Loudon, D. E., Requirements for Safe Discharge of Hydrocarbons to Atmosphere, API Proceedings, Vol. 43 (III)(1963), PP. 418-433.

[48] EPA AP-26, Workbook of Atmosphere dispersion Estimates.

[49] API RP 2G, Recommended practice for production facilities on offshore structures.

[50] NACE RP0176:1994, Corrosion control on steel, fixed offshore platforms associated with petroleum production.

[51] API Medical research report EA 7301, Guidelines on noise.

[52] API RP 510, Pressure vessel inspection code.

ICS 75.180.10
E 92

中华人民共和国国家标准

GB/T 23804—2009

岩心常规分析仪器通用技术条件

General specifications for routine core analysis instruments

2009-05-18 发布　　2009-12-01 实施

中华人民共和国国家质量监督检验检疫总局
中国国家标准化管理委员会　发布

前　言

本标准的附录 A、附录 B 为规范性附录。

本标准由中国石油天然气集团公司提出。

本标准由全国石油天然气标准化技术委员会(SAC/TC 355)归口。

本标准主要起草单位：中国石油大学(华东)。

本标准参加起草单位：中国石油天然气股份有限公司勘探开发研究院、中国石油化工股份有限公司胜利油田分公司地质科学研究院、中国石油天然气股份有限公司新疆油田分公司勘探开发研究院、中国石油天然气股份有限公司新疆油田分公司采油工艺研究院、中国石油化工股份有限公司胜利油田分公司采油工艺研究院。

本标准主要起草人：迟善武、刘更民、吴康云、秦积舜、曲岩涛、吴运强、潘竟军、马洪兴、赵仕俊、张祖波。

岩心常规分析仪器通用技术条件

1 范围

本标准规定了岩心常规分析仪器(以下简称仪器)的原理、组成、分类、要求、试验方法、检验规则、标志、包装、运输和贮存。

本标准适用于仪器的制造、检验和质量评价。

2 规范性引用文件

下列文件中的条款通过本标准的引用而成为本标准的条款。凡是注日期的引用文件,其随后所有的修改单(不包括勘误的内容)或修订版均不适用于本标准,然而,鼓励根据本标准达成协议的各方研究是否可使用这些文件的最新版本。凡是不注日期的引用文件,其最新版本适用于本标准。

GB/T 191 包装储运图示标志(GB/T 191—2008,ISO 780:1997,MOD)

GB/T 2423.1 电工电子产品环境试验 第2部分:试验方法 试验A:低温(GB/T 2423.1—2001,idt IEC 60068-2-1:1990)

GB/T 2423.2 电工电子产品环境试验 第2部分:试验方法 试验B:高温(GB/T 2423.2—2008,IEC 60068-2-2:2007,IDT)

GB/T 2423.3 电工电子产品环境试验 第2部分:试验方法 试验Cab:恒定湿热试验(GB/T 2423.3—2006,IEC 60068-2-78:2001,Environmental testing—Part 2-78:Tests—Test Cab:Damp heat,steady state,IDT)

GB/T 2423.8 电工电子产品环境试验 第2部分:试验方法 试验Ed:自由跌落(GB/T 2423.8—1995,idt IEC 68-2-32:1990)

GB/T 2423.10 电工电子产品环境试验 第2部分:试验方法 试验Fc:振动(正弦)(GB/T 2423.10—2008,IEC 68-2-6:1995,IDT)

GB/T 2423.21 电工电子产品环境试验 第2部分:试验方法 试验M:低气压(GB/T 2423.21—2008,IEC 60068-2-13:1983,IDT)

GB 2894 安全标志及其使用导则

GB 9133 放射性废物的分类

GB 11806 放射性物质安全运输规程[GB 11806—2004,IAEA Safety standards Series No. TS-R-1,Regulations for the Safe Transport of Radioactive Material,1996 Edition (As Amended 2003),IDT]

GB/T 13384 机电产品包装通用技术条件

GB 14500 放射性废物管理规定

GB/T 15478—1995 压力传感器性能试验方法

GB/T 15479 工业自动化仪表绝缘电阻、绝缘强度技术要求和试验方法

GB 15849—1995 密封放射源的泄漏检验方法(eqv ISO 9978:1992)

GBZ 142—2002 油(气)田测井用密封型放射源卫生防护标准

GBZ/T 160.14—2004 工作场所空气有毒物质测定 汞及其化合物

3 原理与组成

仪器的原理与组成见附录A。

4 分类

仪器分类见表1。

表1 仪器分类

序 号	名 称
1	岩心孔隙度测量仪(以下简称孔隙度仪)
2	岩心气体渗透率测定仪(以下简称渗透率仪)
3	岩心油水饱和度测定仪(以下简称饱和度仪)
4	岩心碳酸盐含量分析仪(以下简称碳酸盐仪)
5	岩心粒度分析仪(以下简称粒度仪)
6	地面岩心能谱测定仪(以下简称能谱仪)

5 要求

5.1 密封性能

仪器的密封性能要求见表2。

表2 仪器密封性能要求

序号	仪器名称	密封性能要求
1	孔隙度仪	试验压力不低于最高工作压力的1.2倍,在封闭压力条件下静置2 h。环压管路压力的降低量应不超过0.005 MPa,测量管路压力的降低量应不超过0.002 5 MPa
2	渗透率仪	试验压力不低于最高工作压力的1.2倍,在封闭压力条件下保持2 h,环压管路和测量管路的密封性能应符合产品标准的密封性要求
3	饱和度仪	岩心筒试验压力不低于最高工作压力的1.2倍,测量管路在封闭压力条件下保持2 h,压力的降低量应不超过0.000 5 MPa
4	碳酸盐仪	试验压力为0.2 MPa～0.25 MPa,反应器在封闭压力条件下保持1 h,压力降低量应不超过0.000 5 MPa
5	粒度仪	无
6	能谱仪	无

5.2 环境条件

仪器的环境条件:

a) 工作温度:15 ℃～35 ℃;

b) 贮存温度:－10 ℃～＋40 ℃;

c) 相对湿度:25％～75％;

d) 大气压力:86 kPa～106 kPa。

5.3 振动

振动条件:

a) 加速度:9.8 m/s^2 ±2.5 m/s^2;

b) 扫描频率:5 Hz～55 Hz～5 Hz;

c) 扫频速率:1 oct/min;

d) 试验时间:30 min。

5.4 自由跌落

仪器或部件按包装条件下的质量选择自由跌落的高度(见表 3)。

跌落次数按仪器的产品标准选择。

表 3 仪器自由跌落高度选择表

质量/kg	≤25	>25～50	>50～75	>75～100	>100
高度/cm	40	30	25	20	0

5.5 电源

电源性能:

——交流电源:220 V±22 V,50 Hz±2.5 Hz;

——三相交流电源:380 V±76 V,50 Hz±2.5 Hz。

5.6 性能指标

5.6.1 孔隙度仪

孔隙度仪的性能指标包括:

a) 标准块制作:一组相同直径的标准块,不少于四块,按高度由小到大分别称为 1 号标准块、2 号标准块,以此类推。材料为优质不锈钢,表面粗糙度(Ra)最大值为 0.8 μm。标准块的实心体积(标称值)应经计量部门检定;

b) 标准块测量的相对误差:1.0%,0.5%,0.3%,0.1%;

c) 重复性:0.5%,0.1%;

d) 岩心类型:柱塞岩样和全直径岩心。

5.6.2 渗透率仪

渗透率仪的性能指标包括:

a) 渗透率测量的相对误差:

——低渗透率:10.0%,5.0%,2.5%;

——中、高渗透率:5.0%,2.5%,1.0%;

b) 岩心类型:柱塞岩样和全直径岩心。

5.6.3 饱和度仪

饱和度测量的相对误差:

——油体积:5.0%,2.5%,1.0%;

——水体积:3.0%,2.0%,1.0%。

5.6.4 碳酸盐仪

碳酸盐含量测量的相对误差:2.0%,1.0%,0.5%。

5.6.5 粒度仪

粒度仪的性能指标包括:

a) 中位径测量的相对误差:5.0%,2.5%,1.0%,0.5%;

b) 重复性:5.0%,2.5%,1.0%,0.5%。

5.6.6 能谱仪

能谱仪的性能指标包括:

a) 核脉冲幅值分辨率:不低于 256 道;

b) 标样测量的误差:见表 4;

c) 深度测量的相对误差:0.5%,0.1%;

d) 适用岩心直径:73 mm～115 mm。

表 4　标样测量误差表

名　　称	范　　围	绝对误差	相对误差/%
钾(K)	≥2.5%		15
	<2.5%	0.4%	
铀(U)	≥6 μg/g		20
	<6 μg/g	1 μg/g	
钍(Th)	≥12 μg/g		20
	<12 μg/g	2 μg/g	

5.7　通用技术指标

5.7.1　压力传感器测量允差:0.5%,0.25%,0.1%。

5.7.2　平均故障间隔时间(MTBF):可在 100 h,200 h,300 h,400 h,500 h 各档次中选取。

5.8　安全防护

5.8.1　绝缘强度

绝缘强度要求:

——交流试验电压:50 Hz,1 150 V(交流峰值);

——持续时间:1 min。

5.8.2　绝缘电阻

绝缘电阻包括:

——电加热型:50 MΩ;

——交流电机型:20 MΩ;

——一般交流电源型:10 MΩ。

5.8.3　室内汞蒸气最高允许浓度

室内汞蒸气最高允许浓度应不超过 0.02 mg/m^3。

5.8.4　放射性

密封放射性源的安全防护要求包括:

a)　放射源的一般要求应符合 GBZ 142—2002 的规定;

b)　放射源的泄漏量应符合 GB 15849—1995 中表 1 给出的限值;

c)　仪器说明书中应标明:

——放射性废物的分类(应符合 GB 9133 的规定);

——放射性物质的安全运输(应符合 GB 11806 的规定);

——放射性废物的处置规定(应符合 GB 14500 的规定)。

5.9　外观

5.9.1　仪器安装的各种指示仪表或控制阀件应在适当、醒目的位置上标示名称和功能。

5.9.2　箱体及面板漆面应光洁、无划痕,面板、标牌的文字应清晰。

5.9.3　外露金属部件应经过防锈、防腐处理。

6　试验方法

6.1　试验设备与标准物质

6.1.1　**试验设备包括:**

——温度试验箱(或有降温和升温设备的密闭空间);

——电子天平(分度值 0.1 mg);

——精密压力表(测量范围和精确度等级见表5);
——标准压力源;
——气压计(80 kPa~106 kPa,最小分度值为0.1 kPa);
——滴定管(25 mL,分度值0.1 mL);
——振动试验台;
——其他设备:见附录B中B.1。

6.1.2 标准物质包括:
——孔隙度渗透率标准物质(GBW(E)130125~GBW(E)130127);
——孔隙型渗透率标准物质(GBW(E)130036~GBW(E)130041);
——化学纯碳酸钙(纯度99%以上);
——微粒标准物质(GBW(E)120000系列);
——能谱标准样品(至少含四种:以钾为主元素的含钾标样、以铀为主元素的铀镭平衡标样、以钍为主元素的含钍标样和混合标样)。

6.2 试验项目

6.2.1 密封性能试验

仪器的环压管路和测量管路分别与精密压力表连接,测量管路参考表5选择精密压力表的测量范围和精确度等级,环压管路选择0 MPa~2.5 MPa(0.25级)的精密压力表。

按操作要求施加环压和试验压力。

压力稳定后,记录压力表示值。达到表2要求的静置或保持时间后,记录压力表示值,结果应满足5.1要求。

表5 试验压力与精密压力表选型表

仪器名称	测量管路试验压力	环压管路试验压力	精密压力表测量范围、精确度等级
孔隙度仪	0.9 MPa~1.0 MPa	1.7 MPa~1.8 MPa	0 MPa~1.6 MPa,0.16级
渗透率仪	—	1.7 MPa~1.8 MPa	—
饱和度仪	0.10 MPa~0.15 MPa	—	0 MPa~0.25 MPa,0.25级
碳酸盐仪	0.20 MPa~0.25 MPa	—	0 MPa~0.4 MPa,0.16级
粒度仪	—	—	—
能谱仪	—	—	—

注1:孔隙度仪的选型参数仅适用于气体波义耳定律法仪器,饱和度仪的选型参数仅适用于常压干馏法仪器。
注2:表中未列出的其他方法仪器按产品标准要求选择试验压力和精密压力表。
注3:试验压力和精密压力表的选择可参照产品标准和仪器性能要求做出调整。

6.2.2 环境温度试验

6.2.2.1 工作环境温度试验

6.2.2.1.1 低温试验

按5.2要求选择最低工作环境温度,按GB/T 2423.1方法进行低温试验:

a) 在正常大气条件和室温条件下,检查外观,进行电气和机械性能检测;
b) 低温试验持续时间为2 h;
c) 仪器在正常大气条件和常温条件下恢复时间不低于2 h;
d) 检查仪器外观,结果应满足5.9要求;
e) 对仪器主要技术性能指标进行测试,结果应分别满足5.6、5.8.1和5.8.2要求。

6.2.2.1.2 高温试验

按5.2要求选择最高工作环境温度,按GB/T 2423.2方法进行高温试验:

a) 在正常大气条件和室温条件下，检查外观，进行电气和机械性能检测；

b) 高温试验持续时间为 2 h；

c) 仪器在正常大气条件和常温条件下恢复时间不低于 2 h；

d) 检查仪器外观，结果应满足 5.9 要求；

e) 对仪器主要技术性能指标进行测试，结果应分别满足 5.6、5.8.1 和 5.8.2 要求。

6.2.2.2 贮存温度试验

按 5.2 要求选择最高贮存温度和最低贮存温度，分别进行贮存温度试验。低温试验方法同 6.2.2.1.1，高温试验方法同 6.2.2.1.2。

6.2.3 相对湿度试验

按 5.2 要求选择试验条件，按以下方法进行相对湿度试验：

a) 在正常大气条件和室温条件下，检查外观，检验仪器的主要技术性能；

b) 按 GB/T 2423.3 方法进行试验，按温度和相对湿度的组合为 30 ℃±2 ℃、85%±3%选择严酷等级，试验时间为 2 h；

c) 仪器在正常大气条件和常温条件下恢复时间不低于 2 h；

d) 检查仪器外观，结果应满足 5.9 要求；

e) 对仪器主要技术性能指标进行测试，结果应分别满足 5.6、5.8.1 和 5.8.2 要求。

6.2.4 大气压力试验

按 5.2 要求选择试验条件，按 GB/T 2423.21 规定方法进行试验。试验时间为 30 min，恢复时间为 1 h。对仪器主要技术性能指标进行测试，结果应分别满足 5.6、5.8.1 和 5.8.2 要求。

6.2.5 振动试验

按 GB/T 2423.10 规定的方法进行振动试验：

a) 试验前，检查仪器的外观和性能；

b) 仪器在包装条件下垂直固定在振动试验台上，按 5.3 选择试验条件，进行振动试验；

c) 在试验过程中，如果发现被试仪器有异常现象，立即停止试验，及时检查并分析原因，故障排除后，重新进行振动试验；

d) 试验后，检查仪器各构成部分应完好、无松动。检查仪器外观，结果应满足 5.9 要求；

e) 对仪器主要技术性能进行测试，结果应分别满足 5.6、5.8.1 和 5.8.2 要求。

6.2.6 自由跌落试验

按 GB/T 2423.8 规定的方法进行自由跌落试验：

a) 试验前，检查仪器的外观和性能；

b) 仪器包装完好，符合正常运输状态，检查外包装图示方向，仪器底面平行于地面，按 5.4 要求选择跌落高度，跌落次数符合产品标准规定；

c) 试验后，检查仪器包装箱及仪器附件，包装箱应无较大变形和损伤，仪器附件应无变形、松脱、涂覆层剥落等机械损伤；

d) 检查仪器外观，结果应满足 5.9 要求；

e) 对仪器的主要技术性能进行测试，结果应分别满足 5.6、5.8.1 和 5.8.2 要求。

6.2.7 性能指标试验

6.2.7.1 孔隙度仪性能指标试验

孔隙度仪性能指标试验方法包括：

a) 标准块测量的相对误差试验

检查 1 号至 4 号标准块，符合 5.6.1a)要求，且表面无磨损和缺陷。

分别测量 1 号至 4 号标准块的体积，按式(1)计算标准块测量的相对误差，结果应满足 5.6.1b)要求。

$$R_{ki}=|V_{si}-V_{0i}|/V_{0i}\times 100\% \qquad (1)$$

式中：

R_{ki}——第 i 号标准块体积测量的相对误差（$i=1,2,3,4$）；

V_{si}——第 i 号标准块体积测量值，单位为立方厘米（cm^3）；

V_{0i}——第 i 号标准块体积标称值，单位为立方厘米（cm^3）。

b) 重复性试验

分别选择四个标准块，在同一实验室、同一台仪器上，由同一操作者在连续的时间内重复进行 n 次试验，n 取值范围为 6～8，按式(2)计算每个标准块测量的重复性误差，结果应满足本标准 5.6.1c)要求。

$$\xi_r=t_\alpha\left[\frac{1}{n-1}\sum_{i=1}^{n}(y_i-Y)^2\right]^{1/2}/Y\times 100\% \qquad (2)$$

式中：

ξ_r——重复性误差；

y_i——第 i 次测量值（$i=1,2,\cdots,n$），单位为立方厘米（cm^3）；

Y——n 次测量结果的算术平均值，单位为立方厘米（cm^3）；

n——重复测量的次数；

t_α——由 95%置信概率、自由度($n-1$)确定的 t 分布系数。

注：如果孔隙度仪配备了孔隙度渗透率标准物质，可在孔隙度标称值中选择高、中、低孔隙度的三个标准物质代替标准块，进行样品测量相对误差试验和重复性试验，结果应分别满足 5.6.1b)、5.6.1c)要求。

6.2.7.2 渗透率仪性能指标试验

分别选择高、中、低渗透率的三个渗透率标准物质，每个标准物质分别测量三次，记录测量值，按式(3)计算气体渗透率测量的相对误差，结果应满足 5.6.2 要求。

$$R_s=|k_a-k_0|/k_0\times 100\% \qquad (3)$$

式中：

R_s——气体渗透率测量的相对误差；

k_a——每个标准物质三次测量结果的算术平均值，单位为毫达西(mD)；

k_0——标准物质气体渗透率的标称值，单位为毫达西(mD)。

注：毫达西为惯用单位，1 毫达西等于 $10^{-3}\ \mu m^2$。在实际应用中，渗透率的单位也可以采用 SI 单位，即二次方米(m^2)，1 毫达西等于 $0.986\,923\times10^{-15}\ m^2$。

6.2.7.3 饱和度仪性能指标试验

洗净、烘干饱和度仪上的岩心筒，选择五个岩心筒，在每个岩心筒中装入 100 g～125 g 的干净砂样。

在装填砂样的各个岩心筒中，分别用滴定管加入 0.5 mL、1.0 mL、2.0 mL、5.0 mL、10.0 mL 经脱水处理后的原油，然后在各个岩心筒中加入 10 mL 的蒸馏水。拧紧岩心筒的上盖，静置 2 h。

打开电源，按设计温度和时间对含油、含水的岩样进行干馏，记录干馏出的原油量和水量，干馏出的原油量要进行校正。

按式(4)、式(5)分别计算油体积、水体积的相对误差，结果应满足 5.6.3 要求。

$$R_o=|V_o-V_n|/V_n\times 100\% \qquad (4)$$

式中：

R_o——油体积测量的相对误差；

V_o——干馏并经过校正的原油量，单位为毫升(mL)；

V_n——加入的原油量，单位为毫升(mL)。

$$R_w=|V_w-V_m|/V_m\times 100\% \qquad (5)$$

式中：

R_w——水体积测量的相对误差；

V_w——干馏出的水量，单位为毫升(mL)；

V_m——加入的水量，单位为毫升(mL)。

注：式(4)和式(5)中，可以用 cm^3 代替 mL。

6.2.7.4 **碳酸盐仪性能指标试验**

碳酸盐仪性能指标试验包括：

a) 满量程标定

用电子天平(分度值为 0.1 mg)准确称取定量的碳酸钙(一般为 0.2 g～0.3 g)，与定量盐酸(质量分数为 10%)反应，测量结果作为满量程的标定值。

b) 标定

按满量程标定方法，分别称取定量碳酸钙，质量分别为满量程的 100%、75%、50%和 25%，与同量、同浓度的盐酸反应，记录测量结果并换算为碳酸盐含量。以称量值计算所得碳酸盐含量做为理论标称值，按式(6)计算测量的相对误差，结果应满足 5.6.4 要求。

$$R_C = |X_A - X_0| / X_0 \times 100\% \qquad \cdots\cdots(6)$$

式中：

R_C——碳酸盐含量测量的相对误差；

X_A——碳酸盐含量测量值；

X_0——碳酸盐含量理论标称值。

c) 碳酸盐含量测量的相对误差试验

在碳酸盐含量≤5%、>5%～30%、>30%～50%、>50%范围内分别选点，称取一定量的碳酸钙，与同量、同浓度的盐酸反应，记录测量结果并换算为碳酸盐含量。按式(6)计算碳酸盐含量测量的相对误差，结果应满足 5.6.4 要求。

6.2.7.5 **粒度仪性能指标试验**

粒度仪性能指标试验包括：

a) 中位径测量的相对误差试验

在产品规定的测量范围内选取低、中、高粒度中值的标准物质，分别连续重复测量六次，按式(7)计算每组标准物质中位径测量的相对误差，结果应满足 5.6.5a)要求。

$$R_{1i} = |D_i - D_0| / D_0 \times 100\% \qquad \cdots\cdots(7)$$

式中：

R_{1i}——第 i 次中位径测量的相对误差($i=1,2,\cdots,6$)；

D_i——第 i 次中位径的测量值，单位为微米(μm)；

D_0——标准物质中位径的标称值，单位为微米(μm)。

b) 重复性试验

在产品规定的测量范围内选取低、中、高粒度中值的标准物质，在同一实验室的同一台粒度仪上，由同一操作者在连续的时间内重复进行 n 次试验，n 取值范围为 10～20。其中，测量值为中位径的测量结果，测量结果的算术平均值为中位径的算术平均值，单位为微米(μm)。按式(2)计算重复性(t_a 取值为 1)，结果应满足本标准 5.6.5b)要求。

6.2.7.6 **能谱仪性能指标试验**

能谱仪性能指标试验包括：

a) 标样测量误差试验

在产品规定的测量范围内选取含钾标样、铀镭平衡标样、含钍标样和混合标样，分别测量、处理，得到标样铀、钍、钾的含量，按式(8)计算核素含量的绝对误差或按式(9)计算核素含量的相对误差，结果均应满足 5.6.6b)要求。

$$R_{na} = |C_m - C_0| \qquad (8)$$

$$R_{nr} = |C_m - C_0|/C_0 \times 100\% \qquad (9)$$

式中：

R_{na}——标样核素含量的绝对误差；

C_m——标样核素含量的测量值；

C_0——标样核素含量的标称值；

R_{nr}——标样核素含量的相对误差。

b) 深度测量的相对误差试验

取任一标样，选择适当的深度比例，连续重复测量深度三次，按式(10)计算深度测量的相对误差，结果应满足5.6.6c)要求。

$$R_h = |h_m - h_0|/h_0 \times 100\% \qquad (10)$$

式中：

R_h——深度测量的相对误差；

h_m——深度测量值，单位为米(m)；

h_0——深度标称值，单位为米(m)。

6.2.8 压力传感器测量允差试验

试验设备包括标准压力源、激励电源、记录装置或仪表和被试传感器。标准压力源的误差不应超过被试压力传感器允许基本误差的1/3，激励电源的稳定度误差不应超过被试压力传感器允许基本误差的1/5，读数记录装置或仪表的精确度误差不应超过被试压力传感器允许基本误差的1/5。

在试验环境条件下，将标准压力源、激励电源、记录装置或仪表与压力传感器连接，保证试验回路密封性，静置1 h。

接通电源，通电预热，预热时间不应小于0.5 h。

在压力传感器测量范围内选择平均分布的6～11个压力测量点，正、反行程各做三次连续测量，记录示值。

按GB/T 15478—1995中A7.5计算压力传感器的精确度，结果应满足5.7.1要求。

6.2.9 可靠性试验

试验前，检查仪器的各项功能，应符合产品标准的要求。

可靠性试验的样品数按照表6要求随机抽取。

以通电7 h、断电1 h为一个工作循环，试验应在正常工作条件下进行，被试仪器均应处于正常工作状态。

试验过程中，如果发现被试仪器出现故障，应及时统计故障次数，记录故障间隔时间，排除故障后的仪器可继续进行试验，累计工作时间，仪器平均故障间隔时间MTBF按式(11)计算；如在规定的试验过程中，当所有被试仪器没有发生故障时，平均故障间隔时间应等于所有被试仪器无故障工作时间的总和；结果应满足5.7.2要求。

表6 随机抽样方案

单位为台

批　量	样本大小	最大样本大小
1～3	全部	全部
4～16	3	9
17～52	5	15
53～96	8	19
97～200	13	20
200以上	20	全数的10%

$$MTBF = \frac{1}{N}\sum_{i=1}^{N} t_i \qquad (11)$$

式中：

$MTBF$——平均故障间隔时间，单位为小时(h)；

$\sum_{i=1}^{N} t_i$——所有被试仪器的累计工作时间，单位为小时(h)；

N——试验过程被试仪器故障的总次数，N 为自然数。

6.2.10 安全防护试验

仪器的安全防护按附录 B 中规定的试验方法进行试验。

6.2.11 外观检验

用目测法检验仪器外观应满足 5.9 要求。

7 检验规则

7.1 出厂检验

7.1.1 每台仪器都应通过出厂检验。

7.1.2 出厂检验的项目及要求见表 7。

7.2 型式检验

7.2.1 仪器属下列情况之一者应进行型式检验：

a) 新产品试制定型时；

b) 正式生产后，设计、结构、材料或工艺有较大更改，可能影响产品性能时；

c) 批量生产累计 50 台以上时；

d) 产品停产满两年，恢复生产时；

e) 上级质检部门提出要求时。

7.2.2 型式检验项目见表 7。

7.2.3 型式检验项目的随机抽样方案见表 6。

7.3 判定规则

7.3.1 仪器出厂检验项目全部合格方可出厂。

7.3.2 型式检验中任一项目不合格时，应停止检验，查明原因。若为偶发性故障，经整改后可重新进行型式试验；若为设计、质量问题，则判定该批仪器型式检验不合格。重新检验时，应加倍抽样检验，若仍有不合格项目，则判定该批仪器型式检验不合格。

表 7 仪器检验项目表

检验项目	要　求	试验方法	检验类型	
			型式检验	出厂检验
密封性能	5.1	6.2.1	●[a]	●
环境温度	5.2	6.2.2	●	○[b]
相对湿度	5.2	6.2.3	●	○
大气压力	5.2	6.2.4	●	○
振动	5.3	6.2.5	●	○
自由跌落	5.4	6.2.6	●	○
孔隙度仪性能指标	5.6.1	6.2.7.1	●	●
渗透率仪性能指标	5.6.2	6.2.7.2	●	●
饱和度仪性能指标	5.6.3	6.2.7.3	●	●
碳酸盐仪性能指标	5.6.4	6.2.7.4	●	●

表 7（续）

检验项目	要　求	试验方法	检验类型	
			型式检验	出厂检验
粒度仪性能指标	5.6.5	6.2.7.5	●	●
能谱仪性能指标	5.6.6	6.2.7.6	●	●
压力传感器测量允差	5.7.1	6.2.8	●	●
可靠性	5.7.2	6.2.9	●	○
绝缘强度	5.8.1	B.2	●	○
绝缘电阻	5.8.2	B.3	●	●
室内汞蒸气最高允许浓度	5.8.3	B.4	●	○
放射性	5.8.4	B.5	●	○
外观检验	5.9	6.2.11	●	●

[a] ●为应检项目。

[b] ○为可不作检验项目。

8　标志、包装、运输及贮存

8.1　标志

8.1.1　仪器出厂时应有下列产品标志：

——型号及名称；

——制造厂名称、厂商标及厂址；

——出厂日期及出厂编号；

——标准编号。

8.1.2　仪器外包装上收发货标志和包装储运图示标志应符合 GB/T 191 要求。

8.1.3　含有放射性源的仪器，警告标志应符合 GB 2894 要求。

8.2　包装

8.2.1　仪器包装应符合 GB/T 13384 要求。

8.2.2　仪器提供的技术文件应包括：

a)　合格证书；

b)　压力传感器检定证书；

c)　使用说明书；

d)　备附件清单；

e)　装箱单。

8.3　运输

仪器适用于各种运输方式。

运输中应避免雨雪淋浸，避免强烈震动和撞击，应按包装箱上标明的方向放置。

放射源的运输应符合 GB 11806 的规定。

8.4　贮存

仪器应贮存在通风、干燥、无腐蚀性气体的环境中，贮存条件符合 5.2 要求。

长期贮存时应定期(不超过六个月)开箱通电检查。

附　录　A
（规范性附录）
仪器的原理与组成

A.1　孔隙度仪

A.1.1　原理

岩心孔隙度又称有效孔隙度，是岩心中孔隙体积与岩心总体积（又称表面体积）的比值（用百分数表示）。根据气体波义耳定律的等温膨胀原理，仪器分别利用岩心室测量岩心的颗粒体积（又称岩样固体体积），利用夹持器测量岩心的孔隙体积，按式（A.1）、式（A.2）或式（A.3）计算岩心的孔隙度：

$$\phi = PV/BV \times 100\% \qquad \text{(A.1)}$$

$$\phi = PV/(PV+GV) \times 100\% \qquad \text{(A.2)}$$

$$\phi = (BV-GV)/BV \times 100\% \qquad \text{(A.3)}$$

式中：

ϕ——岩心孔隙度；

PV——岩心孔隙体积，单位为立方厘米（cm^3）；

BV——岩心总体积，单位为立方厘米（cm^3）；

GV——岩心颗粒体积，单位为立方厘米（cm^3）。

A.1.2　组成

孔隙度仪由气源、压力调节器、基准室（又称标准室、参比室）、岩心室、夹持器、计算机、打印机、数据采集与处理软件等主要部分组成。

A.2　渗透率仪

A.2.1　原理

仪器根据气体一维稳定渗流达西定律来测定岩心的气体渗透率。根据达西定律，在岩心的两端建立合适的压差，流体在压力作用下从岩心的一端流向另一端，流体通过岩心的流量与岩心的截面积及其两端的压差成正比，与流体的黏度和岩心的长度成反比。按式（A.4）可计算出岩心的气体渗透率：

$$k = Q\mu L/10A\Delta P \qquad \text{(A.4)}$$

式中：

k——气体渗透率，单位为达西（D）；

Q——在 ΔP 压差作用下通过岩心的气体流量，单位为立方厘米每秒（cm^3/s）；

μ——实验温度下气体的动力黏度，单位为毫帕秒（mPa·s）；

L——岩心长度，单位为厘米（cm）；

A——岩心截面积，单位为平方厘米（cm^2）；

ΔP——岩心前后的压力差，单位为兆帕（MPa）。

A.2.2　组成

渗透率仪由气源、调压器、干燥器、夹持器、压力和流量测量单元等主要部分组成。

A.3　饱和度仪

A.3.1　原理

储油岩的油、水饱和度是指岩心中包含的油、水体积占岩心有效孔隙度的百分数。仪器是利用常压干馏的方法，将岩样放入钢制岩心筒，通电加热。当温度高于水的沸点时，干馏出水和原油中的轻质馏分；继续加热，使温度升高，直到干馏出原油的重质馏分，按式(A.5)、式(A.6)分别计算出岩心的油、水饱和度：

$$S_{or} = V_{oc}/(\phi V_s) \times 100\% \quad \cdots\cdots(A.5)$$

$$S_w = V_{iw}/(\phi V_s) \times 100\% \quad \cdots\cdots(A.6)$$

式中：

S_{or}——岩样的含油饱和度；

V_{oc}——从岩样中干馏出的油体积(校正后)，单位为立方厘米(cm^3)；

ϕ——岩样的有效孔隙度；

V_s——用于干馏的岩样总体积，单位为立方厘米(cm^3)；

S_w——岩样的含水饱和度；

V_{iw}——从岩样中干馏出的水体积，单位为立方厘米(cm^3)。

A.3.2 组成

饱和度仪由岩心筒、加热器、冷凝器和集液器等主要部分组成。

A.4 碳酸盐仪

A.4.1 原理

根据盐酸与碳酸盐发生化学反应，释放出二氧化碳气体的原理，仪器在密闭的反应器中加入盐酸，投放岩样后发生化学反应，所释放二氧化碳气体的压力与岩样中碳酸盐的含量成正比。测量反应完成后二氧化碳气体的压力，按式(A.7)计算出岩样的碳酸盐含量：

$$X_c = m_s C_a P_c/(m_c P_s) \times 100\% \quad \cdots\cdots(A.7)$$

式中：

X_c——岩样的碳酸盐含量(质量分数)；

m_s——标准条件下碳酸钙的质量，单位为克(g)；

C_a——标准碳酸钙的含量(99%以上，质量分数)；

P_c——岩样与盐酸反应释放的二氧化碳气体压力，单位为帕斯卡(Pa)；

m_c——干岩样的质量，单位为克(g)；

P_s——标准碳酸钙与盐酸反应释放的二氧化碳气体压力，单位为帕斯卡(Pa)。

A.4.2 组成

碳酸盐仪由反应器和压力传感器等主要部分组成。

A.5 粒度仪

A.5.1 原理

粒度仪是利用激光法分析碎屑岩颗粒粒度的大小及分布的。

岩样颗粒在装有液体或气体的容器中分散成适当浓度，从激光器发出的激光束经显微物镜聚焦、针孔滤波和准直镜准直后，变成一定直径的平行光束。激光束照射到待测颗粒上，发生了散射现象。散射光经傅立叶透镜，照射到多元光电探测器阵列上。由于光电探测器处在傅立叶透镜的焦平面上，因此探测器上的任一点都对应于某一确定的散射角。光电探测器阵列由一系列同心环带组成，每个环带是一个独立的探测器，能将投射到上面的散射光能线性地转换成电压，经信号放大、A/D转换，由计算机采集、处理。

散射角与颗粒的直径成反比，散射光的能量分布与颗粒直径的分布相关。通过接受和测量散射光的能量分布可以得出颗粒的粒度分布特征。

A.5.2 组成

激光粒度仪由 He-Ne 激光器、傅立叶(或反傅立叶)光路系统、光电探测器阵列、干法(或湿法)进样系统、样品池和数据采集处理系统等主要部分组成。

A.6 能谱仪

A.6.1 原理

能谱仪是一种在实验室内对钻井取心进行连续伽马能谱测量的自动化岩心无损测量系统。被测岩心在岩心传送台上匀速向前移动，当岩心经过伽马探头时，计算机根据深度传感器发来的深度脉冲产生中断，伽马探头对被测岩心进行连续测量，产生幅度与入射伽马强度成比例的脉冲序列，经多道脉冲幅值分析、存储后，通过数值滤波、强度计算和绘图命令转换处理，驱动绘图仪完成曲线绘制，得到按深度变化的钾、铀、钍及自然伽马测量曲线。

A.6.2 组成

能谱仪由 NaI(Ti)伽马探头、深度传感器、交流电机、机械减速传动装置、岩心传送台、计算机、测量系统软件和绘图仪等主要部分组成。

附 录 B
（规范性附录）
安全防护试验方法

B.1 试验设备

试验设备包括：

——兆欧表（直流 500 V，0～100 MΩ）；

——交流耐压试验仪；

——测汞仪或带测汞附件的原子吸收分光光度计。

B.2 绝缘强度试验

按 GB/T 15479 规定的方法进行绝缘强度试验：

a） 仪器处于非工作状态，电源开关位于接通位置，输入端子、输出端子、电源端子分别短接；

b） 按 5.8.1 要求，用交流耐压试验仪（或耐压绝缘测试装置）在端子之间、端子与外壳（或与地）之间施加试验电压，并达到试验时间；

c） 检查仪器，不应有击穿和闪络现象，且不应有贯穿的小孔或烧焦等痕迹；

d） 试验结束后，仪器工作正常。对仪器的性能指标进行测试，结果应满足 5.6 要求。

B.3 绝缘电阻试验

仪器处于非工作状态，电源开关置于接通位置，按仪器结构特点选择以下连接，用直流 500 V 兆欧表分别测量：

——电加热套引出线与金属外壳之间的绝缘电阻；

——电源与外壳、可触及导电部件与金属外壳之间的绝缘电阻；

——电动机及其开关控制线路与金属外壳之间的绝缘电阻；

——高压电缆导线与护层、金属外壳之间的绝缘电阻；

——有绝缘要求的其他外部带电端子、外控接点与金属外壳之间的绝缘电阻。

所测冷态绝缘电阻值应满足 5.8.2 要求。

B.4 室内汞蒸气最高允许浓度试验

渗透率仪连续工作时间不低于 8 h，按 GBZ/T 160.14—2004 方法测量室内空气中汞蒸气含量，应满足 5.8.3 要求。

B.5 放射性试验

B.5.1 一般性检查

能谱仪的一般性检查包括：

——检查放射源外壳的标牌，应符合 5.8.4a）要求；

——检查说明书的内容，应符合 5.8.4c）要求。

B.5.2 放射性泄漏检验

按 GB 15849—1995 中附录 C 方法进行放射性泄漏的检验，结果应满足 5.8.4b）要求。

ICS 81.060.30
Q 32

中华人民共和国国家标准

GB/T 23805—2009

精细陶瓷室温拉伸强度试验方法

Fine ceramics (advanced ceramics, advanced technical ceramics)—Test method for tensile strength of monolithic ceramics at room temperature

(ISO 15490:2008, MOD)

2009-05-13 发布　　2009-12-01 实施

中华人民共和国国家质量监督检验检疫总局
中国国家标准化管理委员会　发布

前言

本标准修改采用 ISO 15490:2008《精细陶瓷(先进陶瓷、先进技术陶瓷)——室温下块体陶瓷拉伸强度试验方法》(英文版)。

本标准在采用 ISO 15490:2008 时,做了以下技术性修改:

——引用标准 ISO 3611:1978 改为引用 GB/T 1216;

——引用标准 ISO 7500-1:2004 改为引用 GB/T 16825-1;

——删除 5.3、6.2、6.3 和 7.2 的注。

本标准还做了以下编辑性修改:

——用小数点'.'代替作为小数点的逗号',';

——删除国际标准的前言。

本标准附录 A 是规范性附录。

本标准由中国建筑材料联合会提出。

本标准由全国工业陶瓷标准化技术委员会(SAC/TC 194)归口。

本标准起草单位:北京中材人工晶体有限公司、中国科学院上海硅酸盐研究所、中国建筑材料科学研究总院、清华大学。

本标准主要起草人:周丽玮、蒋丹宇、包亦望、龚江宏、高建华、朱国强、冯涛、徐兵、黄德信、李雨林、徐海芳。

本标准为首次发布。

精细陶瓷室温拉伸强度试验方法

1 范围

本标准规定了室温下块体精细陶瓷、晶须增强或颗粒增强陶瓷基复合材料单向拉伸强度试验方法的原理、仪器设备、试样、试验步骤和结果计算等。

本标准可适用于材料开发、材料对比、质量控制、表征和建立设计数据库。

2 规范性引用文件

下列文件中的条款通过本标准的引用而成为本标准的条款。凡是注日期的引用文件,其随后所有的修改单(不包括勘误的内容)或修订版均不适用于本标准,然而,鼓励根据本标准达成协议的各方研究是否可使用这些文件的最新版本。凡是不注日期的引用文件,其最新版本适用于本标准。

GB/T 1216　外径千分尺

GB/T 16825.1　静力单轴试验机的检验　第1部分:拉力和(或)压力试验机测力系统的检验与校准(GB/T 16825.1—2008,ISO 7500-1:2004,IDT)

3 术语和定义

下列术语和定义适用于本标准。

3.1

拉伸应力　tensile stress

对试样施加的拉力除以试样标距区原始截面积所得的值。

3.2

拉伸强度　tensile strength

在拉伸强度试验中试样断裂时的拉伸应力。

3.3

最大拉伸力　maximum tensile force

在拉伸强度试验中对试样施加的最大力。

3.4

标距区　gauge section

拉伸试样中部横截面积相同的受力部分。

3.5

夹持段　gripped region

试样两端被拉伸试验机夹具夹持的部分。

3.6

夹具　gripping device

试验中夹持试样并将载荷传递到试样的装置。

3.7

弯曲应变分量　bending strain component

由于试样不对中在标距区表面产生的弯曲应变与平均应变之比。

3.8

弯曲度　percent bending

弯曲应变分量乘以100。

3.9

应变　strain

试样受拉时长度的增量与原长之比。

3.10

断裂力　breaking force

试样断裂时所受的力。

4　原理

试验通过单向加载对试样施加拉伸力直至其断裂以获得其拉伸强度。

5　仪器设备

5.1　试验机

试验机应达到GB/T 16825.1规定的一级准确度。

5.2　夹具

可使用不同种类的夹具以尽量保证试样受到单向载荷(见7.2)。

6　试样

6.1　形状和尺寸

试样的形状和尺寸取决于很多因素,包括拉伸试验目的本身、夹具、待测陶瓷制品的形状和尺寸。因此,各种不同的形状和尺寸可能被选用。

形状和尺寸的确定应首先保证标距区受到均匀的拉应力(见7.2)。同时,应防止由于应力集中造成标距区外部意外断裂。标距区横截面积应一致,尺寸误差应小于±0.5%。附录A所示为精细陶瓷拉伸强度试验常用试样的形状和尺寸。

6.2　试样制备

标距区的平均表面粗糙度宜为$Ra0.2\ \mu m \sim Ra0.4\ \mu m$(纵向测量),以避免表面缺陷造成的断裂。建议最后一道研磨沿着试样纵向,以保证磨痕平行于拉伸应力方向(需要确定磨削方法对试验的影响时除外)。应仔细贮存和保管加工好的试样,避免造成损伤。

6.3　试样数量

通常需要10个试样以得到平均测试结果,如需得到韦伯模数和特征强度等强度分布参数,则需要30个以上的试样。对标距区外断裂的试验不应用于计算平均值和标准偏差,但可当作截尾试验用于韦伯统计的计算。

7　试验步骤

7.1　试样尺寸

应对每个试样标距区选取至少三个横截面,测量直径或厚度以及宽度,精确到0.02 mm。多次测量结果取平均值用于计算横截面积。

7.2　轴向对中

三到四个应变片等距放置在两横截面间的圆周上。应变片面应对称地放在标距区轴向中点,并相距至少3/4标距区长。当标距区长度不足以放置两个应变片面时,使用一个面。这种情况下,应变片应位于标距区的轴向中点部分。当应变片装好后,应变片轴向应与应力轴向一致,偏离不能超过

0.035 rad(2°)。

理想情况下，应对每个试验试样进行对中校验。但是，如果这样的条件不可能或者达不到，可以使用有固定应变片的模拟试样，模拟试样与试样有完全相同的形状。建议模拟试样和实际试样材料也相同。

使用夹具固定试验试样，加载到预期断裂一半的载荷水平，测量应变量，采用式(1)、式(2)计算弯曲度。

对于四个应变片：

$$B = 2 \times \frac{[(\varepsilon_1 - \varepsilon_3)^2 + (\varepsilon_2 - \varepsilon_4)^2]^{1/2}}{\varepsilon_1 + \varepsilon_2 + \varepsilon_3 + \varepsilon_4} \times 100 \quad \cdots\cdots(1)$$

对于三个应变片：

$$B = 2 \times \frac{[\varepsilon_1^2 + \varepsilon_2^2 + \varepsilon_3^2 - \varepsilon_1\varepsilon_2 - \varepsilon_2\varepsilon_3 - \varepsilon_3\varepsilon_1]^{1/2}}{\varepsilon_1 + \varepsilon_2 + \varepsilon_3} \times 100 \quad \cdots\cdots(2)$$

式中：

B——弯曲度；

ε_1 ε_2 ε_3 ε_4——应变片的应变读数。

已经进行对中校验的每个试样，在预期断裂应变一半时，弯曲率不应超过7.5%。当试验系统使用固定应变片的模拟样品进行对中校验时，弯曲率应不超过5%。

至少应在每个试验组试验开始和结束时进行校验，建议对所有试样进行检定。

注意不要把应变片置于过于接近试样标距区内几何形状变化处，以避免造成应变集中和不准确的测量。

7.3 试验模式和速率

可采用载荷控制、位移控制以及应变控制模式进行试验。推荐采用足够快的试验速率以使达到断裂的时间能够少于10 s，以尽量减少周围环境影响并得到本征拉伸强度。如果需要评估试验速率影响，可采用较低的速率。应记录所有试验的试验模式和加载速率。

最常用的试验模式是位移控制。这种情况下，机架移动速度宜大于0.008 33 mm/s(0.5 mm/min)。对于载荷控制，推荐加载速率大于20 MPa/s。

7.4 记录

试验后，确定断裂位置，记录断裂力，读数精确度应达到1.0%。如果有必要，使用显微镜判定断裂源的位置和种类。

8 结果计算

8.1 拉伸强度

用式(3)计算拉伸强度：

$$R_m = \frac{F_m}{A} \quad \cdots\cdots(3)$$

式中：

R_m——拉伸强度；

F_m——最大拉伸载荷；

A——横截面积。

8.2 平均值和标准偏差

每个试验系列应计算平均值和标准偏差，见式(4)、式(5)：

$$X_m = \frac{\sum X_i}{n} \quad \cdots\cdots(4)$$

$$SD = \left[\frac{\sum (X_i - X_m)^2}{n-1} \right]^{1/2} \quad \cdots\cdots (5)$$

式中：

X_m——平均值；

X_i——测量值；

n——有效试验次数；

SD——标准偏差。

9 试验报告

9.1 试验组

每组试验应记录以下内容：

a) 试样的形状和尺寸；

b) 试验机(如是商用试验机应记录生产厂商和型号)；

c) 夹具装置(如是商用夹具装置应记录生产厂家和型号)；

d) 有效试验的试样数目(在标距区断裂)；

e) 总测试试样数；

f) 所有材料数据，包括生产日期或毛坯标记；

g) 包括所有加工步骤的测试试样准备过程；

h) 制造试样的热处理或其他预处理过程；

i) 试验环境，包括相对湿度、室温温度及气氛(例如空气、氮气、真空硅油等)；

j) 试验模式(载荷控制、应力控制、位移控制或应变控制)和测试速率(载荷、应力、位移或应变速率)；

k) 轴向对中时测量的弯曲度和相应的平均应变；

l) 每次校验时所用的应变片数量；

m) 平均拉伸强度和标准偏差；

n) 如有计算，则记录强度分布参数(韦伯模数和特征强度)；

o) 任何同本标准要求不同的情况。

9.2 单个试样

每个试样试验后应记录：

a) 测量的每个试样的所有相关尺寸数据；

b) 标距区的平均横截面尺寸；

c) 如有测量，则记录标距区的纵向平均表面粗糙度；

d) 断裂力；

e) 拉伸强度；

f) 如有测量，则记录断裂应变；

g) 如有记录，则提供载荷-应变曲线或者载荷-时间曲线；

h) 断裂点相对于标距区中点的位置(靠近试样顶端为正，靠近底端为负，0 为标距区中点)

i) 如有分析，则记录断面分析结论(断裂起源位置和类型)；

j) 任何同本标准要求不同的情况。

附 录 A
（规范性附录）
试样形状和尺寸

拉伸试验试样的形状和尺寸受几个因素的限制。当试验目的是获得产品的拉伸强度时，则试样尺寸受到产品尺寸的限制。如果是为了评估特定材料固有缺陷分布的影响，试样要能够代表体积或表面的特征。此外，夹具可能会限制试样形状设计。因此，本标准不对试样形状和尺寸做硬性规定。图 A.1 所示是可参考选用的精细陶瓷拉伸试样规格，参见参考文献[1]。

相对于弯曲试验，拉伸试验的显著优点是可通过较大的有效体积得到拉伸强度。因此，推荐使用标距区足够大的试件。日本工业标准 JIS R 1606 和 KSL 1599 提出的测量区域形状和尺寸就是好的例子（参见图 A.2）。图 A.1b）和图 A.1c）所示的现用的其他试样形状和尺寸与图 A.2 相近，标距区通常有一个圆形的横截面并且其直径都小于长度的 1/5。

单位为毫米

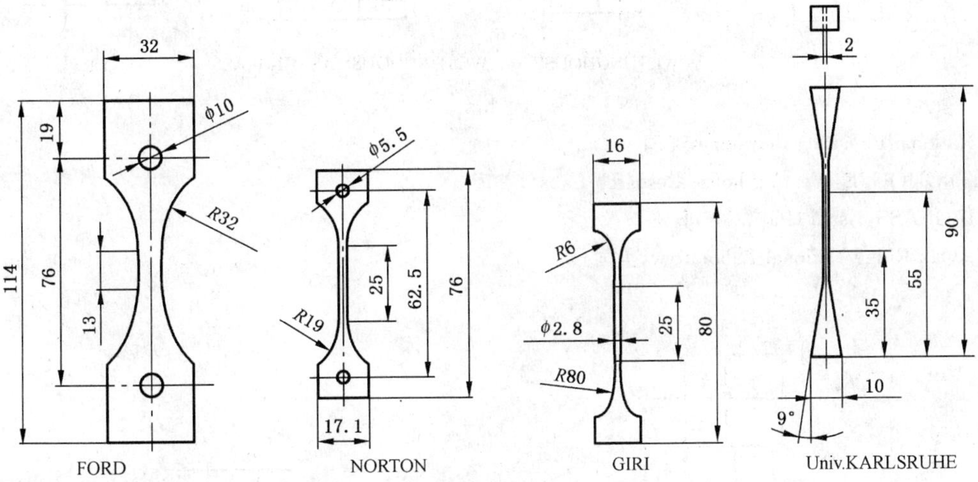

a)

FORD：Ford Motor Co.，美国

NORTON：Norton Co.，美国

GIRI：Government Industrial Reasarch Institute，日本

Univ. KARLSRUHE：University of Karlsruhe，德国

图 A.1 精细陶瓷拉伸试验所用试件形状种类（参考文献[1]）

单位为毫米

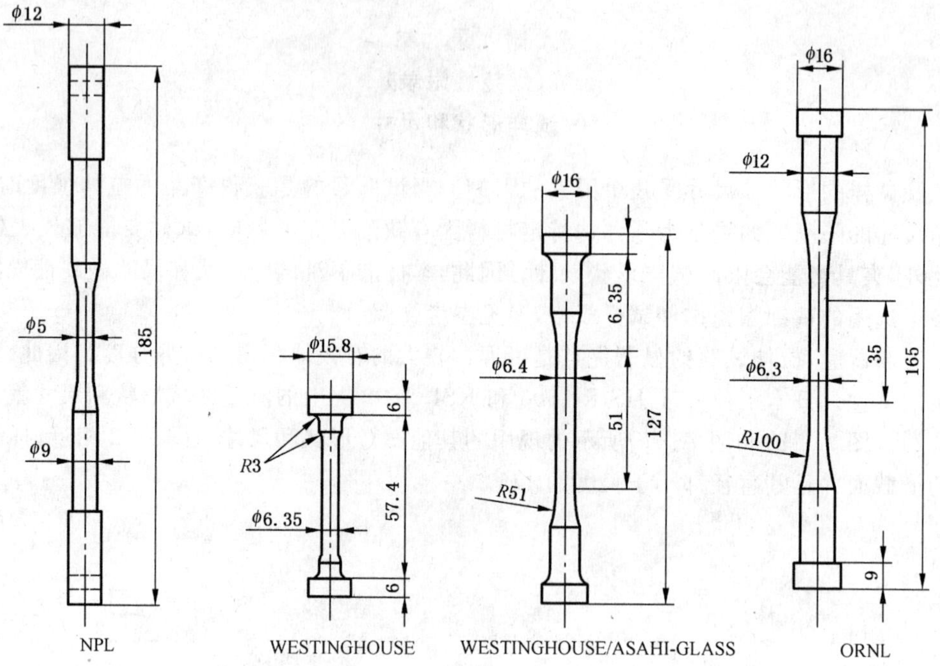

b)

NPL:National Physical laboratory,英国

WESTINGHOUSE:Westing house Research Labs.,美国

ASAHI-GLASS:Asahi Glass Co.,日本

ORNL:Oak Ridge National Laboratory,美国

单位为毫米

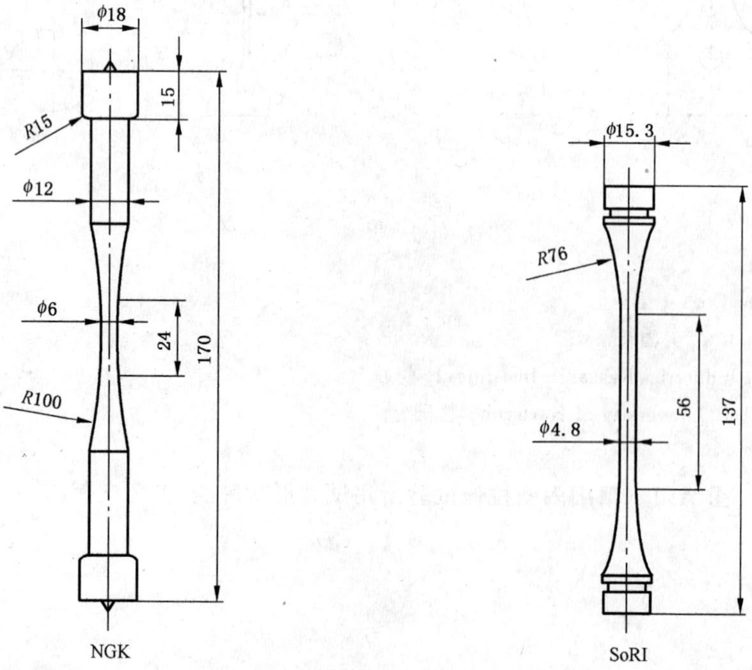

c)

NGK:NGK insulators Co.,日本

SoRI:Southern Research Institute,美国

图 A.1(续)

单位为毫米

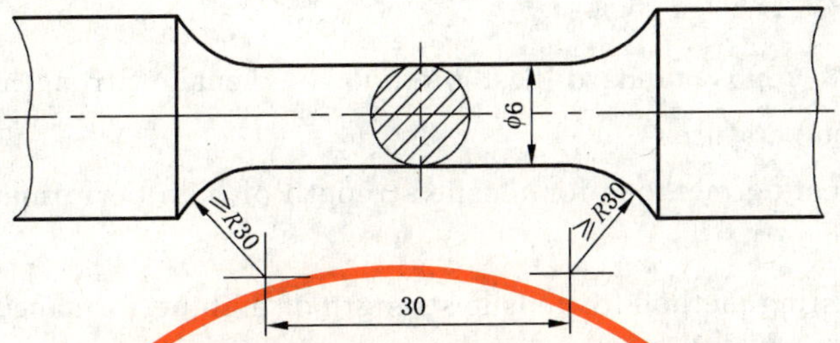

图 A.2 与日本 JIS R 1606 和 KSL 1599 一致的试件形状和尺寸

参 考 文 献

[1] ASTM C 1273:2005, Standard Test Method for Tensile Strength of Monolithic Advanced Ceramics at Ambient Temperatures

[2] JIS R 1606, Testing methods for tensile strength of high performance ceramics at room and elevated temperature

[3] KSL 1599, Testing method for tensile strength of high performance ceramics at room and elevated temperatures

ICS 81.060.30
Q 32

中华人民共和国国家标准

GB/T 23806—2009

精细陶瓷断裂韧性试验方法 单边预裂纹梁(SEPB)法

Fine ceramics (advanced ceramics, advanced technical ceramics)— Test method for fracture toughness of monolithic ceramics at room temperature by single edge precracked beam(SEPB) method

(ISO 15732:2003, MOD)

2009-05-13 发布　　2009-12-01 实施

中华人民共和国国家质量监督检验检疫总局
中国国家标准化管理委员会　发布

前言

本标准修改采用ISO 15732:2003《精细陶瓷(高性能陶瓷、高技术陶瓷) 室温下用单边预裂纹梁法(SEPB)测量陶瓷断裂韧性的试验方法》(英文版)。

本标准与ISO 15732:2003相比,主要技术差异为:

——增加了桥压法的解释(本标准3.10);

——增加了单边斜切口预制裂纹的方法(本标准8.2.2);

——增加了预制裂纹加载速率的范围(本标准8.3.4);

——增加了附录C。

本标准对文字材料进行了编辑性修改:

——"本国际标准"一词改为"本标准";

——小数点"."代替作为小数点的逗号",";

——删除了国际标准的前言;

——对公式形式进行了简化处理[本标准中公式(7)和公式(10)]。

本标准附录A和附录B为规范性附录,附录C为资料性附录。

本标准由中国建筑材料联合会提出。

本标准由全国工业陶瓷标准化技术委员会(SAC/TC 194)归口。

本标准起草单位:中国建筑材料科学研究总院。

本标准参加起草单位:中国科学院金属研究所、中国科学院上海硅酸盐研究所。

本标准主要起草人:包亦望、周延春、万德田、蒋丹宇、陈调娣、邱岩、张伟。

本标准为首次发布。

精细陶瓷断裂韧性试验方法
单边预裂纹梁(SEPB)法

1 范围

本标准规定了在常温下用预裂纹梁法测量精细陶瓷材料断裂韧性的试验方法。本标准适用于均质块体陶瓷和陶瓷复合材料，但不适用于含有连续纤维增强的陶瓷复合材料。

本标准适用于材料研究、质量监督、性能评价、材料可靠性和疲劳参数设计等。

2 规范性引用文件

下列文件中的条款通过本标准的引用而成为本标准的条款。凡是注日期的引用文件，其随后所有的修改单(不包括勘误的内容)或修订版均不适用于本标准，然而，鼓励根据本标准达成协议的各方研究是否可使用这些文件的最新版本。凡是不注日期的引用文件，其最新版本适用于本标准。

GB/T 131　产品几何技术规范(GPS)技术产品的文件中表面结构的表示法(GB/T 131—2006，ISO 1302:2002，IDT)。

GB/T 5166　烧结金属材料和硬质合金弹性模量测定(GB/T 5166—1998，idt ISO 3312:1987)

GB/T 4340.1　金属维氏硬度试验　第1部分：试验方法(GB/T 4340.1—1999，eqv ISO 6507:1997)

ISO 4287:1997　产品几何规范　表面结构：外形方法　术语、定义和表面结构参数

3 术语和定义

下列术语和定义适用于本标准。

3.1

应力强度因子　stress intensity factor (K_I)

张开型裂纹尖端区域弹性应力的大小。与所施加载荷、试样尺寸、几何形状以及裂纹长度有关。

3.2

断裂韧性　fracture toughness

衡量材料抵抗裂纹扩展能力的一个常数。

3.3

断裂韧性值　fracture toughness value (K_{Ipb})

采用单边预裂纹梁(SEPB)法测得的断裂韧性值。

3.4

预裂纹　precrack

试验前在试样上预先引发一条裂纹。

3.5

预裂纹尖端线　precrack front line

表明裂纹尖端位置的线条。

3.6

突发点　pop in

裂纹扩展经突然的非稳态扩展后停止的一种现象，同时伴随有“啪”的一个声音信号。

3.7

三点弯曲　three point bending

两点支撑矩形截面梁试样，载荷加在两支撑点中间的弯曲加载方式。

3.8

四点弯曲　four point bending

两点支撑矩形截面梁试样，载荷对称加在离外支撑棍棒距离为总跨距的四分之一处，相对运动。

3.9

柔度　compliance

载荷挠度曲线斜率的倒数。

注：一般来说，当裂纹扩展时，柔度随着挠度的增加而增加。

3.10

桥压法　bridge indentation method

下表面含有压痕的梁试样横跨在有槽的平板上，上表面受均匀压力使得压痕裂纹扩展为直通裂纹的一种方法，也可以用含切口试样代替含压痕试样进行均压试验预制裂纹。

4 符号及其物理意义

本标准中所采用的符号及其物理意义如表1所示。

表1　符号及其物理意义

符　号	单　位	物理意义	涉及条款
b	mm	砧台中心凹槽宽度	A.2.3，图A.1
d_1	mm	弯曲试验夹具下跨距	6.4，图2
d_2	mm	四点弯曲夹具上跨距	6.4，图2
K_{Ipb}	$MPa \cdot m^{1/2}$	SEPB法测得的临界应力强度因子	第10章公式7和10
l	mm	预裂纹长度	8.7.3，图7，公式2
Δl	mm	稳定裂纹扩展长度	8.7.4，图7，公式3
L	mm	试样长度	7.1，图3
L_a	mm	试样放在砧台凹槽上的接触长度(包括b)	A.2.3，图A.1
L_p	mm	加载平板下表面长度	A.2.3，图A.1
P_f	N	试样断裂时的最大载荷	8.5.3，图6
t	mm	试样厚度	7.1，图3
w	mm	试样宽度	7.1，图3
$\lambda\Delta l/\lambda l$	1	柔度改变量	8.6，图6

5 原理

在室温下，用三点或四点弯曲法测量单边预裂纹梁试样断裂时的临界载荷，根据预裂纹长度、试样尺寸以及试样两支撑点间的跨距，可计算得出被测试样的断裂韧性。试样中的直通裂纹是通过维氏压痕或切口试样(包含直通切口和斜切口试样)预制所得。

6 试验设备

6.1 裂纹预制装置

应能保证在试样中引发一条突发(pop-in)型预裂纹，并使裂纹尖端线平行于试样表面。

桥压法预制裂纹装置如图1所示，包括带有圆孔的加载平板，带有中心槽和试样放置槽的砧台以及加载球。加载平板和砧台前后左右均对称，凹槽深度不小于试样厚度的三倍。加载球中心与砧台中心线的偏差应小于0.1 mm。

注：附录A包含推荐使用的桥压试验装置标准尺寸设计图。桥压法是一种适合预制裂纹的试验方法，实验证明适合于大多数陶瓷材料。

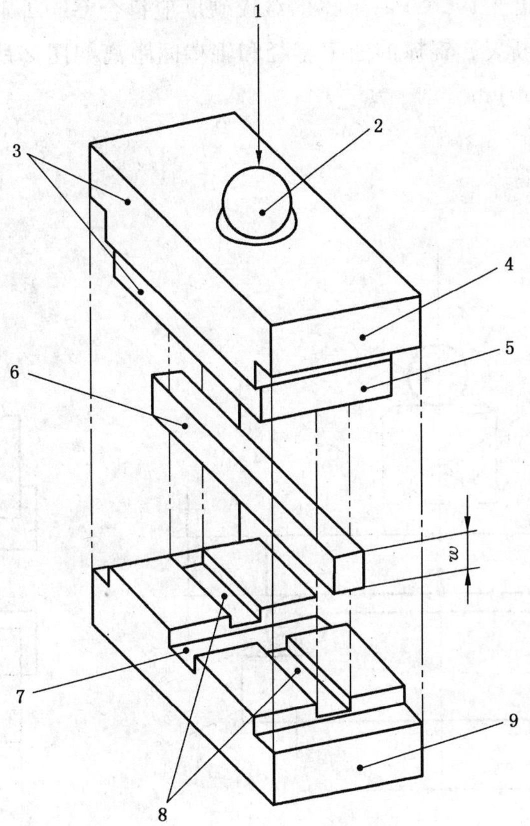

1——施加载荷；

2——加载球；

3——加载平板；

4——上加载平板(硬质钢)；

5——下加载平板(下表面为抛光氮化硅，与加载平板相连)；

6——试样；

7——中心槽；

8——放置试样的凹槽；

9——砧台(硬质钢，其 HV10>5GPa)。

图1 桥压法预制裂纹装置示意图

6.2 引发预裂纹加载装置

加载装置应能平稳加载。载荷测量精度要求不高。

6.3 材料试验机

试验机应具有稳定的加载速度，整个加载过程中载荷测量精度应控制在±1%。

包括6.4中的弯曲试验夹具在内的整个试验机系统应有足够的刚度。包括试验机，加载辊棒和弯曲试验夹具在内的试验系统刚度和尺寸参照附录B。

6.4 弯曲试验装置

如图 2 所示，弯曲试验装置关于中心线对称，夹具厚度应不小于试样厚度的三倍。施加载荷时支撑辊棒应能稍微旋转，避免试样被楔住并减少相互摩擦。

如图 2 所示，两个支撑辊棒和加载辊棒应相互平行，平行度在 0.015 mm 范围内。只要保证辊棒能自由旋转的其他装置也可以。辊棒长度至少是试样厚度的三倍以上。辊棒的弹性模量应符合 GB/T 5166 标准要求，不低于 196 GPa；辊棒的维氏硬度应符合 GB/T 4340.1，不低于 5 GPa (HV10)，并且不能出现塑性变形或断裂。辊棒的曲率半径和辊棒间距离如图 2 所示。辊棒表面粗糙 Ra 应符合 ISO 4287:1997，不超过 0.4 μm。

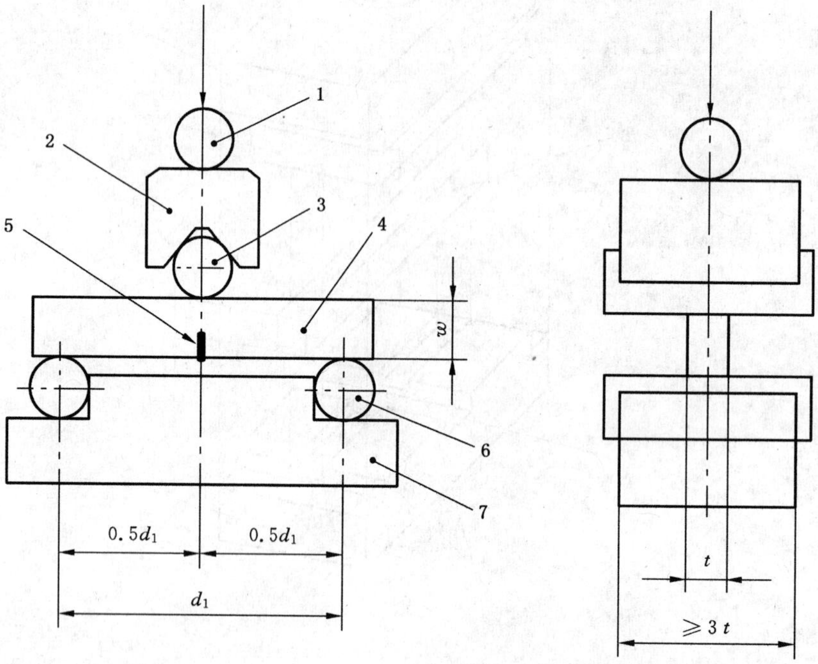

1——加载球；
2——加载部件；
3——加载辊棒；
4——试样；
5——预裂纹；
6——支撑辊棒；
7——底座。

a) 三点弯曲装置

图 2 弯曲试验装置

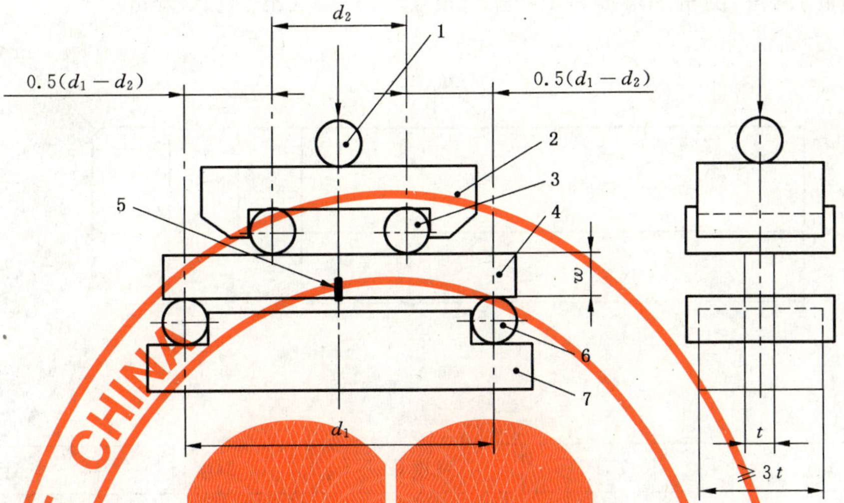

1——加载球；

2——加载部件；

3——辊棒；

4——试样；

5——预裂纹；

6——支撑辊棒；

7——底座。

b) 四点弯曲装置

单位为毫米

弯曲模型	试样	辊棒直径	d_1(下跨距)	d_2(上跨距)
三点弯曲	Ⅰ	4.0～5.0	16±0.2	—
三点弯曲	Ⅰ	4.0～5.0	30±0.3	—
四点弯曲	Ⅱ	4.0～5.0	30±0.3	10±0.2
四点弯曲	Ⅱ	4.0～5.0	40±0.4	20±0.2

图 2（续）

6.5 柔度变化测量

测量两支撑辊棒和加载辊棒中心加载点的变形量。挠度测量仪的分辨率应不低于 0.001 mm，绝对误差应在 0.001 mm 以内，测量值精确到 0.001 mm。

6.6 测量仪

评价 K_{Ipb}时需要测量试样宽度、厚度和预裂纹长度。

采用精度在 0.01 mm 以上的游标卡尺。

7 试样

7.1 试样的形状和尺寸

矩形截面梁试样的形状和尺寸如图 3 所示。记录试样在待测制品或材料中的具体位置和取向。

试样应对面平行，横截面邻边垂直。平行度和垂直度按 GB/T 131 规定不大于 0.01 mm。

如图 3 所示(长度在 18 mm 以上为“试样Ⅰ”,36 mm 以上为“试样Ⅱ”,45 mm 以上为“试样Ⅲ”),试样四条长边应均匀倒角，倒角的角度为 45°±5°,长度为 0.12 mm±0.03 mm。

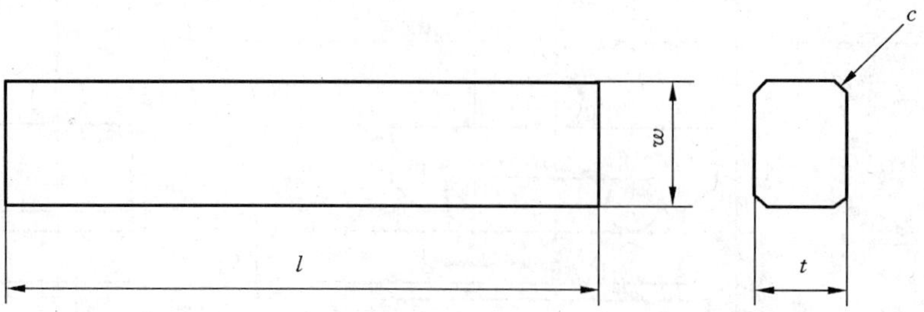

单位为毫米

试样	长度,l	宽度,w	厚度,t	倒角,c
Ⅰ	⩾ 18	4 ± 0.1	3 ± 0.1	0.12 ± 0.03
Ⅱ	⩾ 36	4 ± 0.1	3 ± 0.1	0.12 ± 0.03
Ⅲ	⩾ 45	4 ± 0.1	3 ± 0.1	0.12 ± 0.03

图 3 试样尺寸规定

7.2 试样表面粗糙度

应符合 ISO 4287:1997 的规定，试样长度方向四个面(不包括横截面)的粗糙度 Ra 不大于 0.2 μm。

7.3 试样数量

每组试样不少于 5 根，每根试样都应符合 9.1 中的规格。

8 试验方法

8.1 测量试样厚度和宽度

用游标卡尺或测量仪测量试样的厚度和宽度。

8.2 引发裂纹源

在本标准中提供了两种不同的方法引发裂纹源，分别是表面压痕预制裂纹源和切口法(单边直通切口或斜切口)预制裂纹源。对于断裂韧性低的材料，上述两种方法均可。对于断裂韧性较高的材料，很难采用维氏(或努氏)压痕或直通切口预制一条突发裂纹，此时应优先采用单边斜切口预制裂纹的方法。

8.2.1 概述

如图 4 所示，采用维氏(或努氏)压痕或切口(包括直通切口和斜切口)作为引发裂纹源，保证压痕或切口在 $t\times l$ 面且平行 $w\times l$ 面法线，误差控制在 2°范围内。具体实施要求见 8.2.2 和 8.2.4。

注：没有指定裂纹源在试样长度方向的位置，但裂纹源对引发预裂纹至关重要的(见附录 B)。

8.2.2 表面压痕预制裂纹

8.2.2.1 维氏(或努氏)压痕位置

第一个压痕必须在 $t\times l$ 面的中部，其他压痕相对于第一个压痕在两侧对称分布(见图 4)。

8.2.2.2 压痕方向

维氏压痕对角线(或努氏压痕主轴)应与试样长度方向垂直。

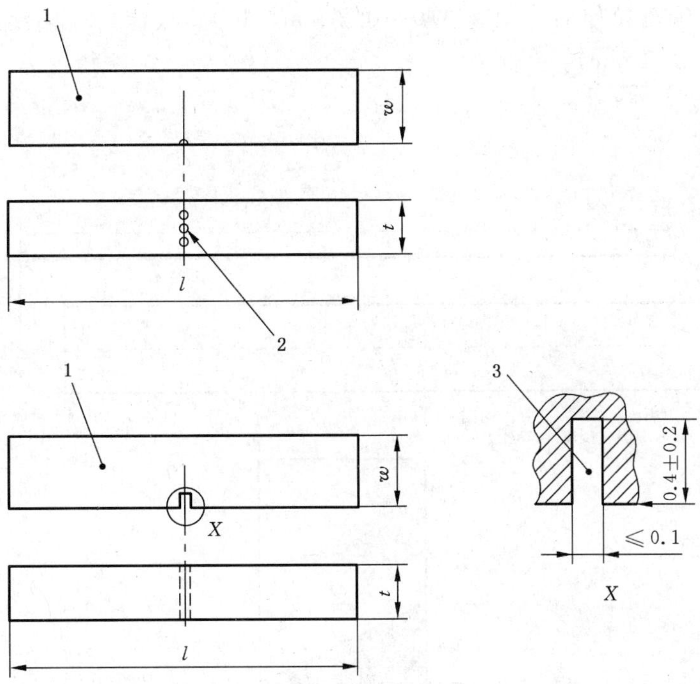

1——试样；

2——维氏(努氏)压痕；

3——切口。

图 4 维氏压痕和直通切口示意图

8.2.2.3 压痕载荷

保证在对角线压痕上压出裂纹而没有其他损伤的压痕载荷。

对于大多数材料，压痕载荷为 98 N(或 100 N)即可。若压痕载荷会引起其他损伤破坏，如相对较软或脆性材料，则应适当减少载荷值；如果采用载荷为 98 N(或 100 N)预制的裂纹不能满足要求，增加压痕点数而不能增加载荷。如果采用以上方式都不能引发裂纹，则需采用切口法。

8.2.3 直通切口法预制裂纹

8.2.3.1 切口宽度

不大于 0.1 mm，对切口尖端形状没有规定。

8.2.3.2 切口深度

切口深度应不超过 0.6 mm，一般控制在 0.4 mm±0.2 mm。

注：若切口深度大于 0.6 mm，则可能在预制裂纹引发过程中出现稳态裂纹扩展，而不是裂纹快速扩展。此时测得的断裂韧性值可能偏大。

8.2.4 单边斜切口法预制裂纹

8.2.4.1 斜切口预裂纹源

采用单边斜切口的顶点作为预裂纹引发源(斜切口顶点在加载过程中为应力集中点)。带有斜切口的试样和试样截面示意图如图 5 所示。

8.2.4.2 斜切口位置

斜切口采用丝锯或外圆切割机制得，缺口位于试样长度方向的正中间，下表面为拉伸面。

8.2.4.3 **斜切口深度**

斜切口较浅的一端离拉伸面的距离在 0～0.2 mm，斜切口较深的一端离拉伸面的距离在 0～1.2 mm（试样宽度 w 为 4 mm）。

8.2.4.4 **斜切口宽度**

不大于 0.2 mm。

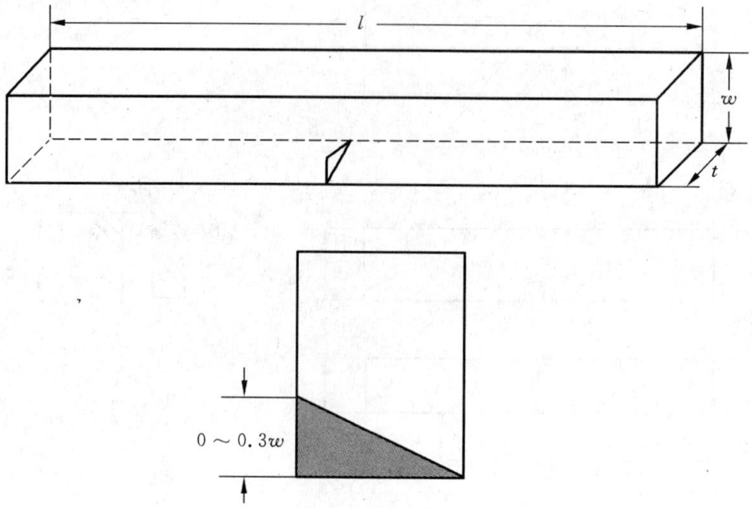

图 5 带有斜切口的试样和截面示意图

8.3 **预制裂纹**

8.3.1 把带有裂纹源或斜切口的试样放在预裂纹引发装置的加载平板和砧台之间，如图 1 所示。引入一条突发裂纹。$t \times l$ 面与加载平板、砧台的凹槽接触。具体的试验步骤见 8.3.2 到 8.3.5。

注：桥压法预制裂纹装置和预制裂纹步骤分别详见附录 A 和附录 B。

8.3.2 用丙酮清洗试样、砧台凹槽和加载平板下表面。如图 1 所示，把带有裂纹源的试样放在砧台凹槽中，试样长度方向应与中心槽垂直，确保预裂纹起始位置在中心槽中心线 ±0.1 mm 范围内。对于斜切口试样，试样长度方向应与中心槽垂直。

8.3.3 加载平板放置在试样上，确保试样不滑动。加载平板和砧台都应对称放置。

8.3.4 垂直施加载荷。当听到微小的"啪"开裂声，立即停止加载以免破坏试验装置或导致裂纹向四周扩展。对于压痕法预制裂纹法中，加载速度范围为 300 N/s～1 000 N/s。对于斜切口预制裂纹法中，加载速度范围为 10 N/s～300 N/s，并根据实际情况尽可能降低加载速度。

注 1：对具有 R 阻力特性的材料，若存在稳态裂纹扩展，则测得的断裂韧性值偏高。

注 2：预裂纹开裂的监测可采用声传感器如声发射装置、听诊器监听等方法，详见附录 B。

8.3.5 取下试样，在光学显微镜下观察，确认在试样表面已经引发一条裂纹。采用混合了丙酮的染色液滴入裂纹处进行染色，确定预裂纹尖端位置。在染料完全干燥后进行弯曲试验。

8.4 **试验条件**

弯曲试验在室温空气环境下进行，对于试验中的裂纹慢扩展，环境的影响比较大，应测量柔度的变化和稳态裂纹增长长度来评价环境的影响，详见 8.6 和 8.7。为了能有效地评价陶瓷材料的断裂韧性，规定了柔度变化量和稳态裂纹增长长度的允许范围，详见 9.2。

对于包括大多数的氧化物陶瓷在内的陶瓷材料，大气湿度对裂纹扩展阻力有明显的影响，会减小断裂韧性测量值。在报告中应写明试验环境条件，如相对湿度和温度等。为消除大气湿度的影响，可以采取在干燥气氛中完成试验，例如干燥空气、纯度为 99.9% 或更高的氮气或氩气、或者真空度小于 0.13 Pa 的真空环境等。

8.5 三点或四点弯曲试验

8.5.1 概述

如图 2 所示，把试样放在弯曲试验机上。确保 $t \times l$ 面与支撑辊棒完全接触和辊棒的起始位置。试验步骤见 8.5.2 和 8.5.3。

8.5.2 放置试样

试样应是干燥的。辊棒应与试样长度方向垂直，偏差在 $\pm 2^{\circ}$ 范围内。裂纹起始点位置和图 2 中加载辊棒中心线之间的偏差应在下跨距长度的 1% 范围内。

8.5.3 断裂试验

加载速度为 0.5 mm/min，分别测量最大载荷值 P_f（精确到 ±0.1%）以及柔度变化量，详见 8.6。试验时间不应超过 20 s 以免受到周围环境的影响。

8.6 测量柔度变化量

对于普通块体陶瓷，无法从弯曲实验所得到的载荷与加载点挠度曲线中确定柔度变化量。在本标准中，通过在断裂前突发型预裂纹尖端的变化来评价断裂韧性测量值的有效性。

用游标卡尺测量弯曲装置中支撑辊棒中心和加载辊棒中心线之间的变形量。按照图 6 所示的步骤测量变形量 $\Delta l/l$，测量值精度不低于 0.001 mm。测量变形量的同时，不能影响到载荷的精确测量。采用式(1)得到柔度变化量 $\Delta l/l$。

$$\frac{\lambda\Delta l}{\lambda l}=\frac{y\Delta l/P_f}{yl/P_f}=\frac{y\Delta l}{yl} \qquad (1)$$

式中：

P_f——最大载荷值，单位为牛顿(N)；

yl——最大载荷时线性变形量，单位为毫米(mm)；

$y\Delta l$——断裂时变形量减去 yl 值，单位为毫米(mm)。

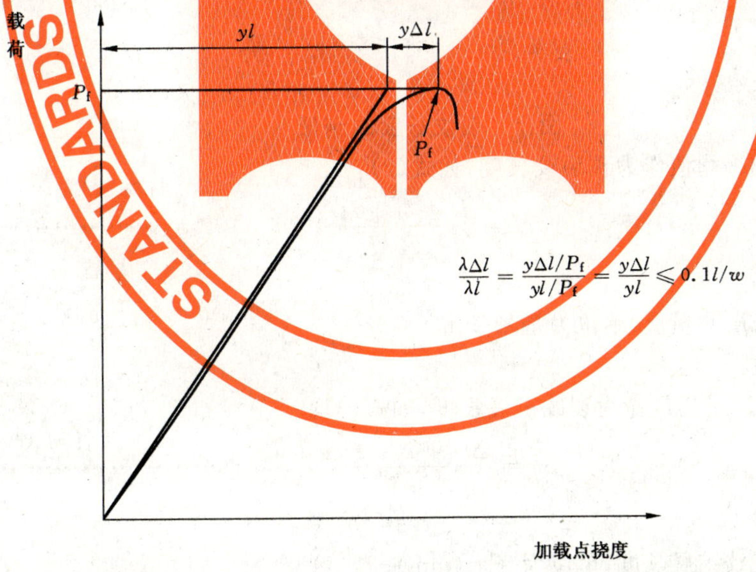

图 6 载荷-加载点挠度曲线以及弯曲实验中柔度变化量

8.7 预裂纹长度和稳态裂纹扩展距离的测量

8.7.1 用显微镜或摄像机把试样断裂面放大至少 20 倍，预裂纹长度测量值精确到 0.01 mm。若在预裂纹区域和不稳定裂纹区域有稳态裂纹扩展，也同样测量其长度。测量步骤见 8.7.2 和 8.7.4。使用显微镜之前，应校准确定真实的放大倍数。

注：采用不同光学反射或不同颜色（一般稍带白色）在断裂面可看到裂纹稳态扩展区域。

8.7.2 如图7所示，试样下表面到试样宽度方向预裂纹尖端线的距离可以通过 l_1，l_2，l_3，Δl_1，Δl_2 和 Δl_3 等得到。l_1，l_2，l_3，Δl_1，Δl_2 和 Δl_3 把试样的厚度分为四等份。预裂纹尖端线不能只从断面来确定，还应考虑染色区域的尖端线。

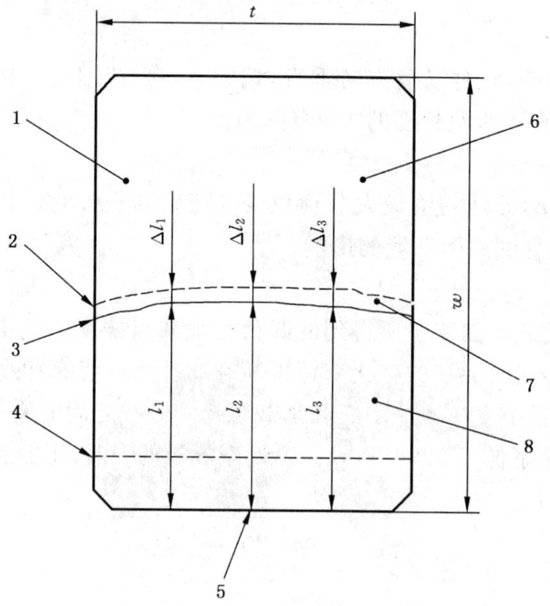

1——试样断裂面；
2——裂纹扩展尖端；
3——预裂纹尖端；
4——直通切口(或斜切口)；
5——维氏压痕；
6——不稳定裂纹区；
7——稳定裂纹区；
8——产生"啪"声的裂纹区。

图7 裂纹长度的测量

8.7.3 取 l_1，l_2 和 l_3 的平均值作为预裂纹长度，如式(2)：

$$l = \frac{l_1 + l_2 + l_3}{3} \quad \cdots\cdots\cdots\cdots (2)$$

式中：

l_1，l_2，l_3——裂纹长度测量值，单位为毫米(mm)；

l——平均值。

8.7.4 取 Δl_1，Δl_2 和 Δl_3 平均值作为裂纹扩展长度，如式(3)：

$$\Delta l = \frac{\Delta l_1 + \Delta l_2 + \Delta l_3}{3} \quad \cdots\cdots\cdots\cdots (3)$$

式中：

Δl_1，Δl_2，Δl_3——裂纹扩展长度，单位为毫米(mm)；

Δl——平均值。

9 试验结果的有效性

9.1 预裂纹尺寸和形状规范

9.1.1 概述

对斜面、切面和预裂纹尖端线长度等误差范围作如下说明。对于符合9.1.2到9.1.4规定的试样，结果是有效的。不符合 9.1.2 到 9.1.4 规定的试样测量结果仅做参考值。

9.1.2 预裂纹尖端线误差范围

测量所得预裂纹尖端长度的最大值与最小值的差值不超过其平均值的 10%，即满足

$$\frac{l_{max}-l_{min}}{l}\leqslant 0.1 \qquad \cdots\cdots(4)$$

式中：

l_{max}——裂纹长度的最大值；

l_{min}——裂纹长度的最小值。

9.1.3 预裂纹扩展面允许范围

如图 8 所示，试样断口的裂纹扩展面与切口表面间的最大夹角 α 允许范围为三点弯曲时不超过 5°，四点弯曲时不超过 10°。

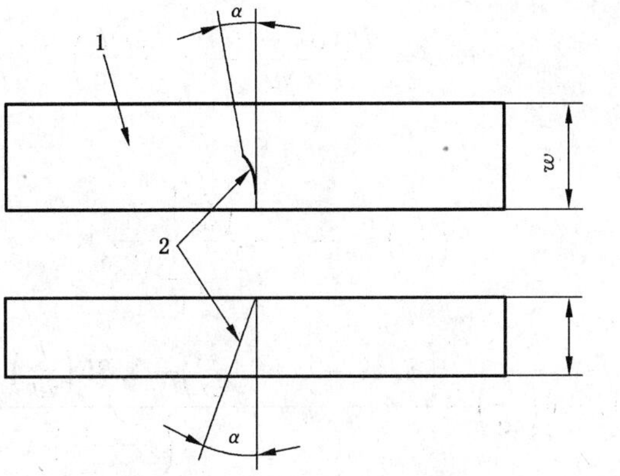

1——试样；

2——预裂纹。

图 8 预裂纹扩展面允许范围

9.1.4 裂纹长度的允许范围

裂纹长度的允许范围为 $0.35w \sim 0.6w$。

9.2 稳态裂纹增长规定

9.2.1 概述

稳态裂纹增长长度和柔度量的允许范围详见 9.2.2 和 9.2.3。原则上，从符合这些规定和 9.1 中的条件的试样所得结果是可靠的。从可疑试样测得的结果仅作为参考。

9.2.2 稳态裂纹增长长度允许范围

Δl 应满足

$$\Delta l \leqslant 0.02l \qquad \cdots\cdots(5)$$

9.2.3 柔度变化量范围规定

柔度变化量 $\Delta l/l$ 应满足

$$\frac{\lambda\Delta l}{\lambda l}\leqslant 0.1\frac{l}{w} \qquad \cdots\cdots(6)$$

10 计算

按下述公式计算每个试样的断裂韧性值。然后取 5 个或更多符合 9.1 和 9.2 要求的试样断裂韧性的平均值。

$$K_{Ipb}=\frac{P_f\times d_1}{t\times w^{3/2}}\times Y\left(\frac{l}{w}\right) \qquad \cdots\cdots(7)$$

其中,对于三点弯曲试样Ⅰ(公式应用范围:0.35≤l/w≤0.6),

$$Y\left(\frac{l}{w}\right)=\frac{3}{2}\times\left(\frac{l}{w}\right)^{1/2}\times\frac{1.99-\frac{l}{w}\left(1-\frac{l}{w}\right)\left[2.15-3.93\frac{l}{w}+2.7\left(\frac{l}{w}\right)^{2}\right]}{\left(1+2\frac{l}{w}\right)\left(1-\frac{l}{w}\right)^{3/2}} \quad \cdots\cdots(8)$$

对于三点弯曲试样Ⅱ(0.35≤l/w≤0.6),

$$Y\left(\frac{l}{w}\right)=\frac{3}{2}\times\left(\frac{l}{w}\right)^{1/2}\times\left[1.964-2.837\left(\frac{l}{w}\right)+13.711\left(\frac{l}{w}\right)^{2}-23.250\left(\frac{l}{w}\right)^{3}+24.129\left(\frac{l}{w}\right)^{4}\right] \quad \cdots\cdots\cdots\cdots(9)$$

三点弯曲试样中$Y\left(\frac{l}{w}\right)$的数值速查表(0.35≤$l/w$≤0.6)见附录C。

对于四点弯曲试样Ⅱ和Ⅲ(0.35≤l/w≤0.6),

$$K_{\mathrm{Ipb}}=\frac{P_{\mathrm{f}}(d_1-d_2)}{t\times w^{3/2}}\times F\left(\frac{l}{w}\right) \quad \cdots\cdots(10)$$

其中,

$$F\left(\frac{l}{w}\right)=\frac{3}{2}\times\frac{\left(\frac{l}{w}\right)^{1/2}}{\left(1-\frac{l}{w}\right)^{3/2}}\times\left\{1.9887-1.326\left(\frac{l}{w}\right)-\frac{\left[3.49-0.68\left(\frac{l}{w}\right)+1.35\left(\frac{l}{w}\right)^{2}\right]\left(\frac{l}{w}\right)\left(1-\frac{l}{w}\right)}{\left(1+\frac{l}{w}\right)^{2}}\right\} \quad \cdots\cdots\cdots(11)$$

四点弯曲试样中$F\left(\frac{l}{w}\right)$的数值速查表(0.35≤$l/w$≤0.6)见附录C。如果算得的$l/w$值是介于两个给定数值之间,可用插值法估计所对应的$F$值。

11 试验报告

试验报告应包含以下信息:

a) 材料名称,编号,批号,制造日期;

b) 试样类型(试样Ⅰ,试样Ⅱ,试样Ⅲ);

c) 弯曲装置(三点或四点弯曲);

d) 符合9.1和9.2规定的试样数目;

e) 测试断裂韧性值(Ⅰ型临界应力强度因子),K_{Ipb},取平均值作为计算结果;

f) 加工过程和尺寸,原材料形状、取样位置和试样方向;

g) 试样尺寸:厚度,宽度;

h) 裂纹预制条件(预裂纹起始点类型,砧台中心槽宽度和突发裂纹时载荷等);

i) 环境条件,相对湿度和温度;

j) 最大载荷值P_{f};

k) 断裂时间s;

l) 预裂纹长度及其平均值;

m) 稳态裂纹扩展的存在与否,稳态裂纹扩展长度平均值。

附 录 A
（规范性附录）
桥压法预制裂纹的试验装置

A.1 概述

目前有许多方法可以在陶瓷试样上预制裂纹，桥压法是一种操作简单并且比较可靠的一种方法。本附录中提供了一套桥压法预制裂纹的试验装置。

A.2 预制裂纹试验装置

A.2.1 图 A.1 为"桥压法"预制裂纹试验装置。加载平板（一般采用淬火钢）和中间带有凹槽的砧台颈前后左右对称，并且其深度至少是试样长度的三倍以上。加载球的中心与砧台中心的垂直偏差不超过 0.1 mm。砧台中心凹槽的宽度在 2 mm～8 mm 之间，根据实验方法和误差选择凹槽的宽度，使得预制的裂纹能满足试验要求。

A.2.2 如图 A.1 所示，砧台上有一个可搁置试样的凹槽，与中心凹槽相互垂直。搁置试样的凹槽底部宽度应略大于试样厚度（t），试样下表面应与凹槽底部紧密接触。

A.2.3 为了避免在试样两端产生应力集中，加载平板下表面的长度（L_p）和砧台上搁置试样凹槽的下表面的长度（L_a）都应比试样长度（L）小。L_p 与 L_a 的大小应完全一样，同为 18 mm±0.1 mm（Ⅲ型试样最短的长度）。

注：采用固定长度 $L_p(=L_a;\leqslant L)$ 的预裂纹装置，每一种材料与引发突发裂纹所对应的载荷与试样类型无关。

A.2.4 用来制造加载球，平板下表面以及与试样相接触的搁置试样凹槽的表面材料的弹性模量应符合 GB/T 5166，不低于 196 GPa；维氏硬度应符合 GB/T 4340.1，不小于 5 GPa，而且试样在压缩过程中没有塑性变形。

A.2.5 加载平板下表面和砧台搁置试样凹槽底面的平整度误差应符合 GB/T 131，不超过 0.01 mm，材料韧性应符合 ISO 4287，不超过 0.2 μm。推荐使用厚度超过 4 mm 且达到镜面抛光要求后的烧结氮化硅（Si_3N_4）作为加载平板的下表面。加载平板的上下表面，搁置试样凹槽下表面和砧台下表面是相互平行的，其偏差应符合 GB/T 131，不超过 0.02 mm。

A.2.6 加载平板与试样相接触的表面可以做倒角处理，曲率半径应超过试样厚度的三倍以上，中轴在试样长度方向。这种处理方法可以提高预制裂纹的可靠性。

单位为毫米

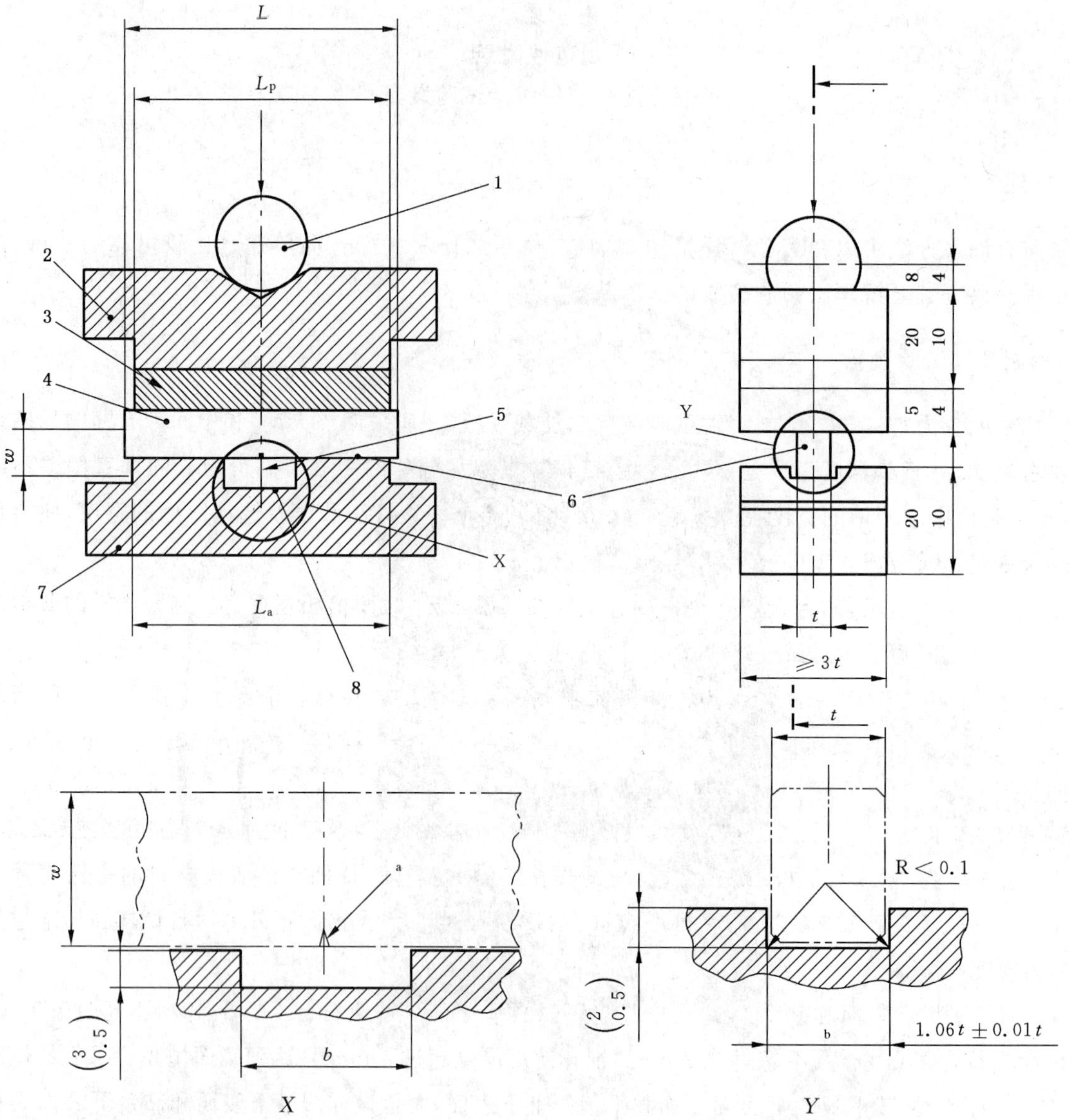

1——加载球(直径 4 mm～8 mm)；

2——上加载平板(淬火钢)；

3——粘结处；

4——带有镜面抛光表面的下加载平板(Si_3N_4)；

5——预制裂纹起始点；

6——试样；

7——砧台(淬火钢)；

8——中心凹槽；

w——试样宽度(4 mm±0.1 mm)；

L——试样总长度($L \geqslant L_p$)；

b——中心凹槽宽度(2 mm～8 mm)；

t——试样厚度(3 mm±0.1 mm)；

$L_p = L_a$(18 mm±0.1 mm)；

a——预制裂纹起始点位置，偏离中心凹槽中心范围控制在±0.1 mm；

b——搁置试样凹槽下平面宽度，大于 t。

图 A.1 预制裂纹试验装置示意图

附 录 B
（规范性附录）
预制裂纹的操作方法

B.1 预制裂纹装置和突发点裂纹长度

B.1.1 突发(pop-in)点所对应的裂纹长度依赖于材料的断裂韧性、裂纹起始点、引发裂纹装置和砧台中心凹槽处的宽度，通过相应的材料试验和误差分析来选择砧台中心凹槽的宽度。可调节凹槽宽度的单一砧台一般没有足够高的刚度，具有不同凹槽宽度的砧台就比较适用(凹槽的宽度通常为 2 mm～8 mm)。表 B.1 列出了部分范例。

表 B.1 部分预制裂纹装置和突发点裂纹长度

材料	砧台凹槽宽度/mm	突发时载荷/kN	突发点裂纹长度/mm
Al_2O_3 ($K_{IpA}=4$ MPa·$m^{1/2}$)	4	8	1.5
	5	7	1.8
Si_3N_4 ($K_{IpA}=5$ MPa·$m^{1/2}$)	4	12	1.7
	5	10	2.0
P.S.Z ($K_{IpA}=6$ MPa·$m^{1/2}$)	5	25	1.4
	6	20	1.8
SiC ($K_{IpA}=3$ MPa·$m^{1/2}$)	3	3	2.1
	4	2	2.4

注：所得数据与试样类型无关(Ⅰ，Ⅱ，Ⅲ)。表面带有一维氏压痕作为预制裂纹源的试样，采用抛光成镜面的 Si_3N_4 加载平板和淬火钢砧台而获得以上数据。

B.1.2 不宜使用单一块体材料制造加载平板。采用高性能陶瓷平板(如 Si_3N_4)粘结到与试样相接触的那一部分时，该试验装置可以使用比较长的时间。为了确保裂纹起始于砧台中心凹槽处的中心位置，应确定加载平板和砧台的相对位置是否正确，可使用辅助性装置(如外框架)。

B.2 裂纹起始点位置和预制裂纹

裂纹起始点位置和预制裂纹是本方法的关键。不要求试样必须对称地放置在砧台上，也不要求当试样长度不统一时，频繁更换砧台。为了在加载过程中产生应力集中，试验试样的长度不低于砧台上搁置试样凹槽的长度和加载平板的长度。保证预裂纹起始于砧台凹槽的中心位置。

B.3 切口宽度和深度

通常规定缺口宽度不得大于 0.2 mm。如果缺口过窄，容易影响到出现突发时所对应的载荷。对于缺口深度为 0.6 mm 或更大时，突发点或许就不会出现，裂纹扩展将以稳态裂纹增长形式出现。

B.4 预制裂纹

当在一个嘈杂的环境中预制裂纹时，使用一个声音传感器(如声发射或听诊器)与预裂纹装置相连接可容易检测到突发信号。在空气中由于水蒸气的作用产生应力腐蚀，对于压痕试样，加载速率应不低于 294 N/s。而对于斜缺口试样，应将加载速度控制在 10 N/s～300 N/s。具有高断裂韧性的材料，采用压痕试样一般很难预制一条突发裂纹，此时应优先采用单边斜切口梁预制裂纹法。

B.5 预裂纹位置确定和预裂纹长度确定

B.5.1 对于像氧化铝(Al_2O_3)、氧化锆(ZrO_2)这类材料，很难观察到预制的裂纹，可采用在预制的裂纹处涂上染色剂(如油漆稀释到丙酮中)渗透到裂纹中。

B.5.2 如果预制的裂纹长度超过了规定的上限，在断裂韧性测量实验过程中会出现稳态裂纹扩展。对于扩展阻力上升的材料，如果在突发点之后出现了稳态裂纹扩展，测得的断裂韧性将偏高。

B.6 评价测试系统的刚度

通过一个不含预裂纹的条状试样来评价试验机、加载棒和弯曲试验装置整套试验系统的刚度。不含预裂纹的条状试样的尺寸应与断裂韧性测试试样的尺寸完全一致。刚度的计算公式如式(B.1)：

$$R = \frac{P}{T-D} \qquad \cdots\cdots\cdots\cdots (B.1)$$

式中：

R——整套试验系统的刚度，单位为牛顿每米(N/m)；

P——施加到弯曲试验装置上的压缩载荷(推荐使用 100 N～500 N)，单位为牛顿(N)；

T——试验机压头移动距离，单位为米(m)；

D——试样在弹性变形范围内的挠度，单位为米(m)。

试样在弹性变形范围内的挠度，D，可通过式(B.2)计算：

$$D = \frac{P(d_1-d_2)^2[6d_2+2(d_1-d_2)]}{8Etw^3} \qquad \cdots\cdots\cdots\cdots (B.2)$$

式中：

d_1——弯曲试验装置下支撑辊之间的跨距，单位为米(m)；

d_2——四点弯曲试验装置上支撑辊之间的跨距，对于三点弯曲试验装置则为 0，单位为米(m)；

E——试验试样的弹性模量(即杨氏模量)，单位为帕斯卡(Pa)；

w——试验试样的厚度，单位为米(m)；

t——试验试样的宽度，单位为米(m)。

附　录　C
（资料性附录）
$Y\left(\frac{l}{w}\right)$和$F\left(\frac{l}{w}\right)$的数值速查表

表C.1　三点弯曲试样中$Y\left(\frac{l}{w}\right)$和四点弯曲试样中$F\left(\frac{l}{w}\right)$的速查数值表（0.35≤$l/w$≤0.6）

$\frac{l}{w}$	三点弯曲试样 $Y\left(\frac{l}{w}\right)$值		四点弯曲试样 $F\left(\frac{l}{w}\right)$值
	试样Ⅰ（公式8）	试样Ⅱ（公式9）	试样Ⅱ和Ⅲ（公式11）
0.35	1.731 8	1.788 9	1.859 4
0.36	1.778 2	1.836 1	1.907 8
0.37	1.826 4	1.884 9	1.957 7
0.38	1.876 3	1.935 5	2.009 4
0.39	1.928 0	1.987 8	2.063 0
0.40	1.981 8	2.042 2	2.118 4
0.41	2.037 7	2.098 7	2.176 0
0.42	2.095 9	2.157 5	2.235 7
0.43	2.156 5	2.218 7	2.297 9
0.44	2.219 6	2.282 5	2.362 5
0.45	2.285 5	2.349 2	2.429 9
0.46	2.354 2	2.418 8	2.500 2
0.47	2.426 1	2.491 6	2.573 6
0.48	2.501 3	2.567 8	2.650 3
0.49	2.580 0	2.647 6	2.730 5
0.50	2.662 5	2.731 3	2.814 6
0.51	2.749 1	2.819 0	2.902 8
0.52	2.840 0	2.911 1	2.995 3
0.53	2.935 6	3.007 8	3.092 7
0.54	3.036 3	3.109 3	3.195 1
0.55	3.142 4	3.216 0	3.303 1
0.56	3.254 4	3.328 1	3.417 0
0.57	3.372 7	3.446 0	3.537 5
0.58	3.498 0	3.570 0	3.664 9
0.59	3.630 7	3.700 4	3.800 0
0.60	3.771 6	3.837 6	3.943 4

如果l/w值不是正好等于左边一列的任一个数，可用插值法估算F值。例如：l/w=0.355，对于试样Ⅰ的F值得插值约为1.755。

ICS 81.060.30
Q 32

中华人民共和国国家标准

GB/T 23807—2009

精细陶瓷分类系统

Fine ceramics (advanced ceramics, advanced technical ceramics)—Classification systemecification

(ISO 15165:2001,MOD)

2009-05-13 发布　　2009-12-01 实施

中华人民共和国国家质量监督检验检疫总局
中国国家标准化管理委员会　发布

前　言

本标准修改采用 ISO 15165:2001《精细陶瓷分类系统》(英文版)。

本标准根据 ISO 15165:2001 重新起草。本标准与 ISO 15165:2001 的主要技术差异如下:

——删除 ISO 15165:2001 附录 A 中按字母顺序检索"应用分类";

——增加附录 A 中 722"激光发射器"。

本标准的附录 A、附录 B 和附录 D 为规范性附录,附录 C 和附录 E 为资料性附录。

本标准由中国建筑材料联合会提出。

本标准由全国工业陶瓷标准化技术委员会(SAC/TC 194)归口。

本标准起草单位:北京中材人工晶体有限公司。

本标准主要起草人:周丽玮、张伟儒、郑春岐、孙峰、梁宏斌、丁艳、王培、梁田。

引　言

本标准针对精细陶瓷产品和材料提供系统分类框架，其中包含商业统计、市场调查、材料鉴定，编码以及数据库。“精细陶瓷”由于所代表产品的化学性能、外形、特征属性的不同，范围涵盖广且类别复杂，而且各因素会出现交叉联系。为解决精细陶瓷分类繁琐的问题，本标准建立了一套以化学组成，陶瓷性能，加工方法，材料成分以及综合应用的材料、产品分类系统，该系统可以有针对性的通过一定次序对精细陶瓷进行分类。标准中附录A、附录B、附录C和附录D分别提供了系统中不同分类因素所对应的编号方法，使用人员可以依照相关的要求在分类科目中查找，然后将其按照要求排列。

精细陶瓷分类系统

1 范围

本标准规定了精细陶瓷的分类。该系统包括陶瓷粉料前驱体、粉末、陶粒、纤维、晶须、片晶、单晶、多晶、非晶态(玻璃)材料,以及复合材料、陶瓷薄膜、涂层。该分类系统将构成标准的核心。

分类系统不包含以下:

a) 碳材料,除某些特殊陶瓷如金刚石、玻璃碳或者化学气相沉积石墨以外;

b) 硅材料,锗元素以及其他半金属材料,但它们作为精细陶瓷的组成或前驱体时除外;

c) 粘土类传统陶瓷,包括:

1) 日用陶器(餐具等日用精细陶瓷制品);

2) 建筑卫生陶瓷;

3) 墙体材料;

d) 定形的和不定形的耐火材料。

本标准适用于精细陶瓷的分类。该标准不适用于硬质合金产品或者主要成分为玻璃的制品,但可以参照采用。本标准不是为了强制规范该分类系统如何使用,而是提供一个灵活框架和一个推荐性的可操作的编码系统,使用人员可以根据陶瓷产品信息编订编码。

2 规范性引用文件

下列文件中的条款通过本标准的引用而成为本标准的条款。凡是注日期的引用文件,其随后所有的修改单(不包括勘误的内容)或修订版均不适用于本标准,然而,鼓励根据本标准达成协议的各方研究是否可使用这些文件的最新版本。凡是不注日期的引用文件,其最新版本适用于本标准。

GB/T 17991 精细陶瓷术语(GB/T 17991—2009,ISO 20507:2003,MOD)

3 术语和定义

GB/T 17991 确立的以及下列术语和定义适用于本标准。

3.1

精细陶瓷 fine ceramic

先进陶瓷 advanced ceramic

先进工业陶瓷 advanced technical ceramic

良好的加工性能、高性能,优异的非金属属性,具有特殊功能的无机陶瓷材料。

3.2

分类科目 classification field

设置的科目与某个独立方面或者分类特征相关联。

3.3

分类单元 classification element

在分类科目中的一个类别。

3.4

代码 code

依据材料特性定义的字符串。

3.5

编码单元　coding element

分类科目中的组成字母数字编码的部分。

4　领域分类

4.1　概述

本标准为制定适合不同用户需要的精细陶瓷分类方法，每种分类方式采用不同的开头字母加以区分：

——A 代表应用领域；

——C 代表化学特征；

——P 代表制备及加工工艺；

——D 代表陶瓷特征信息。

产品的构成决定其化学特征并对应化学编码，依照本分类方法可以按照 C 类分类。本分类系统也可以增加其他分类科目，但都需用能够直接表达该含义的不同的开头字母加以区分。为了便于电脑识别，分类系统不要求一个相当严格的类别识别顺序，应尽量选择和优化分类方式。

在不同分类种类中，代码可使用可变字符：

——X 代表任何适合编码特征的一个大写字母字符码；

——n 代表任何适合编码特征的一个数字字符码。

4.2　根据陶瓷“应用”类别分类

“应用”类别的分类编码首字母为 A，在附件 A 的列表中可以查到三位字符的代码。在列表中，“应用”通过产品的功能分成以下几类：

——电功能：电绝缘性和导电性；

——机械性能：耐磨性能，冲击性能；

——热能和热机械性能：热稳定性、隔热性、导热性或抗热冲击性为主要功能参数，有时需承受机械载荷；

——核功能：可作为核材料或防核材料；

——光学功能：物质作为光学元件对电磁辐射起到的反射、折射、传输或者吸收作用；

——化学功能：其中包括生物陶瓷材料、生物相容性相关陶瓷材料；

——磁性功能：可以实现磁功能的物质；

——粉体功能：粉末或颗粒状精细陶瓷。

三位编码中，第一位编码根据上面的主“应用”功能分类可以得出，后面两位编码不分等级，全部依照附录 A 中的列表。图 1 为“应用”类编码流程图。

“应用”类别分类不可能对每种特殊功能的产品都建一个编码，所以需要设立“其他应用”，既不包含在上面的适用领域，也不在编码 980～999 之内。

如果产品有未指明的功能需以通用特征分类，则在每个编码的开始应使用“不明”编码（一般为 An00，不包含 A400，但包含 A950）。

例如：

——电阻芯　　　　A144

——橡胶浸渍膜　　A820

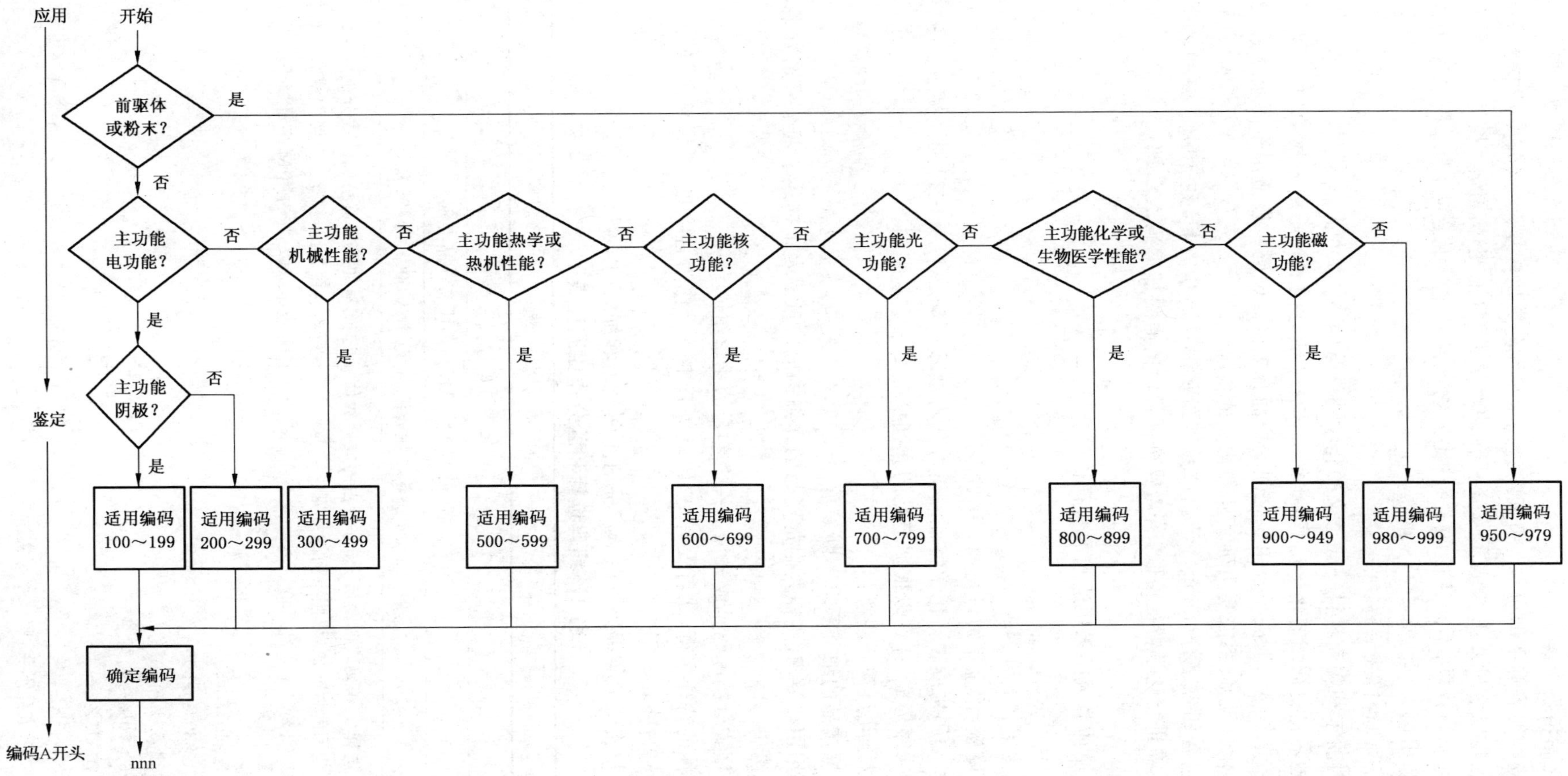

图 1 “应用”类编码选择流程图

4.3 根据精细陶瓷化学特征分类

4.3.1 “化学特征”分类编码首字母为C。精细陶瓷化学特性分类比较复杂，该分类方法是一种比较灵活的分类方法，其特点是以字母C开头表示陶瓷存在的化学类别(前驱体、粉末、块体陶瓷等)，后几位编码表明其特征性、目前的数量、不同特性的关系(比如物理或者化学混合物)等。附录B为该方法详细的分类、分类编码和用途。

“化学特征”有以下两种格式编码：

——短格式：针对粉末和陶瓷材料一般意义的化学特性分类；

——长格式：描述陶瓷更详细的化学信息，比如个体化学成分构成和质量分数。

4.3.2 选择短格式还是长格式取决于各单位之间的协商。短格式编码一般适用于商业产品，销售统计只需要知道产品基本化学类型，不需要明确其详细构成的情况。

4.3.3 短格式编码包含四位字符(nnnn)，该四位数字可从附录B中查找，在5001～9999编码范围内可以直接标注C而无需进行化学特征检验，若需要特征检验的需附加编码XX，即：

CXXnnnn

该编码对陶瓷前驱体和成品采用适当的特征检验。

例如：

——95%高纯氧化铝：CKB5040

——多孔铝酸钙陶瓷(冶金用透过材料)CKG5555

4.3.4 表1为长格式编码构成表。化学特征编码可从附录B 0001～4999中得到。次序依照“构成”—“化学编码”—“数量”次序形成，并可以根据产品的详细情况要求重复编制。

在该类编码中，以下几点需要注意：

——编码需要根据产品的细节要求不断发展。

——如果最终使用用户要求，则需要附加产品的详细构成信息。表1描述了两个可选方案，即额外编码或增加编码。

——最基础的长格式分类编码是成分加上一个鉴定的化学组成。

——如果没有其他的特征字符，或者没有A、P、D等其中一个作为首字母(或者额外增加的分类类别)，分类编码将终止。

——有效的使用长格式分类编码可以对产品有更明确的和细致的了解。

表1 编码选择和区分作业流程表

编　码	种　类	
C	化学特征分类首字母	
XX	1或2个编码标识的所有产品类别	
nnnn	4位化学特征编码，范围从0001到4999	
N	选择1：编码表明物质nnnn所占的成分数值范围的百分比，依照下面的规则： 1≤1% 2>1%～10% 3>10%～30% 4>30%～50% 5>50%～70% 6>70%～90% 7>90%～99% 8>99% 如果成分不明，则该字符空填	选择2：如果知道精确的成分组成，在“()”内填写数字百分比，精确到1%的用C字母标识，精确到0.000 1%的用M字母标识。 分别使用“<”或者 “>”来表示大于或小于某个数值

表 1(续)

编码	种类	
XX(**)	这两个字符表示在同一产品或混合物中第二类物质与第一类的关系。例如在两种物质的混合粉料或陶瓷及其他混合物中某一第二项组成比例	
nnnn	处于第二类别的 4 位化学代码	
n	1 可选的单一成分百分比	2 补充说明
** 如果需要,第三或后续类别分类时可以重复应用该方法。		

图 2 为按照化学特征进行编码选择的流程图。从以下几个例子可以详细地说明采用该分类方法的灵活性及分类编码的唯一性。

例 1 含 15%不稳定氧化锆的氧化铝陶瓷使用方案 1 后形成的编码:

C KB 0407 MF 0449 3

- C — 化学特性
- KB — 刚性陶瓷
- 0407 — 氧化铝
- （空位）— 未知含量
- MF — 颗粒混合物
- 0449 — 氧化锆
- 3 — 10%～30%

例 2 对于含有 15%氧化钇稳定氧化锆的氧化铝增韧陶瓷,氧化钇在氧化锆中含量不清,但不小于总量的 1%。通过使用方案 1 构成编码(字符间用空格格开):

C KB 0407 MF 0449 3 ME 0448 1

- C — 化学特性
- KB — 刚性陶瓷
- 0407 — 氧化铝
- （空位）— 未知含量
- MF — 颗粒混合物
- 0449 — 氧化锆
- 3 — 10% 到 30%
- ME — 化学混合物
- 0448 — 氧化钇
- 1 — 小于 1%

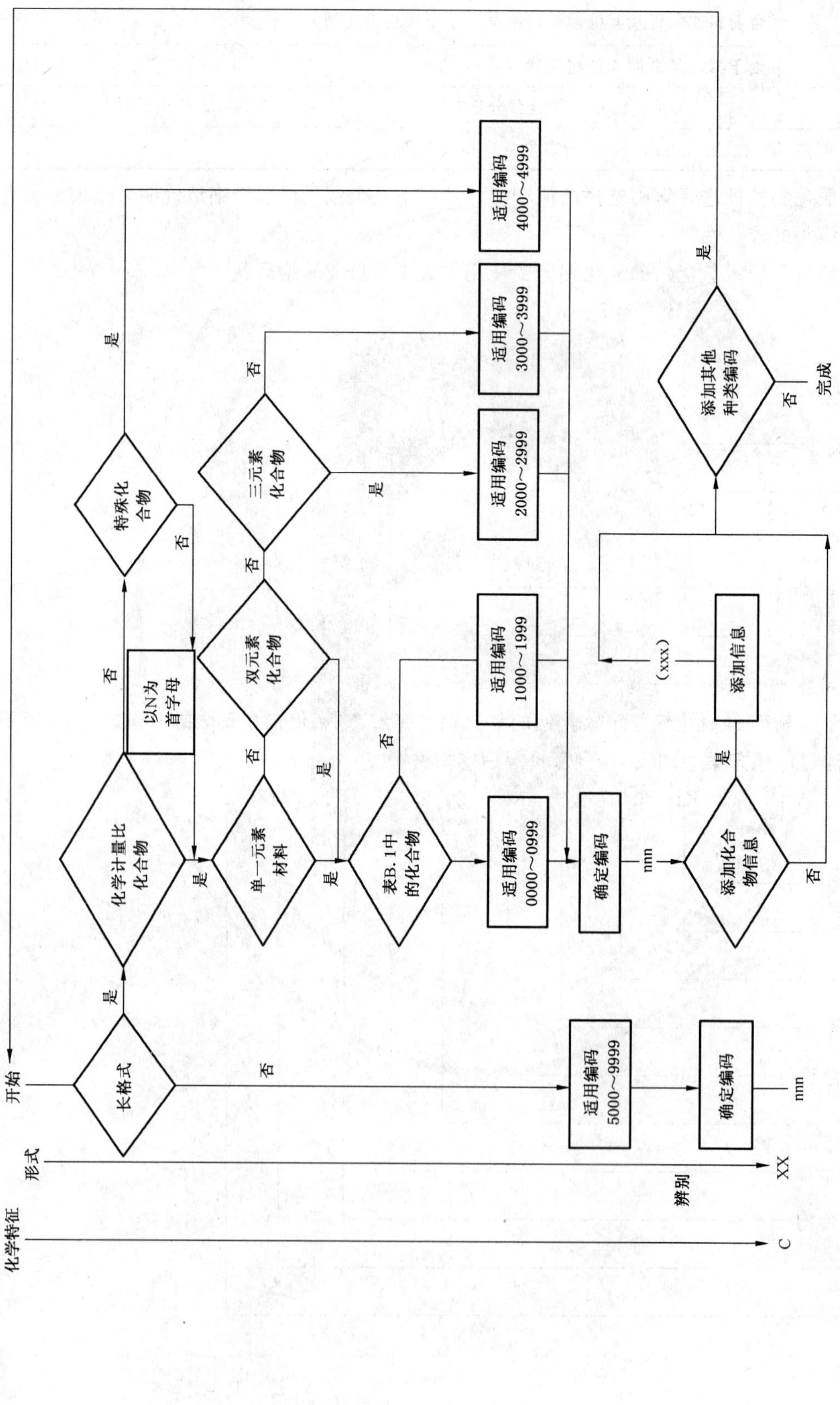

图 2 化学特征编码选择流程图

方法 2　给出 15％氧化锆的信息(字符间用空格隔开)：

C　KB　0407　　MF　0449　(15C)　ME　0448　1

化学特性

刚性陶瓷

氧化铝

未知含量

颗粒混合物

氧化锆

10％到 30％

化学混合物

氧化钇

小于 1％

例 3　含有 71％二氧化硅、12％氧化钠，17％氧化硼的硼硅酸钠玻璃，使用方法 2 作精确的成分构成编码(字符间用空格隔开)：

C　KB　0408　(71C)　MB　0405　(12C)　MB　0403　(17C)

化学特性

玻璃

二氧化硅

71％

化学混合物

氧化钠

12％

化学混合物

氧化硼

17％

例 4　碳化硅晶须增强氧化铝-不稳定氧化锆，详细含量、组成均未知。

C　KW　0407　MF　0449　MJ　0208

化学特性——C
晶须增强——KW
氧化铝——0407
颗粒混合物——MF
氧化锆——0449
晶须——MJ
碳化硅——0208

在组成不明的情况下，简易格式 CKW5190 可以等同采用。

注：通常不可能使用编码来定义一个不明成分的产品。所以，“其他”的化学分类科目，化学组中的长格式或者一般陶瓷组中的短格式可以在此使用。

4.4　根据精细陶瓷制备及加工工艺分类

对于陶瓷的制备及加工工艺可以使用部分代码区分，使用一个简单的编码，首头字母为 P，三个字符组成的简单编码，字符可以从附录 C 中查到，即：

Pnnn

依照编码要求，编码可以在一个大编码内重复使用以充分识别采用的加工过程。例如：

P203P302P403P502P804

表示使用原料的化学粉末 P203，采用喷雾干燥(P302)造粒，冷等静压成型(P403)，后在气化气氛烧结(P502)后表面研磨加工(P804)。

4.5　根据精细陶瓷特征性能及数据分类

4.5.1　诸多精细陶瓷由于本身的特性及特殊用途而不断的发展，因此，需要建立一个依照“特性”、“特征”为分类依据的科目。该分类编码首字母为 D，附带 3 到 6 个数字字符，字符所代表的性能特征可以从附录 E 特征检测方法中查到。第一个数字字符决定其特征分类，第二个决定该分类内在特征类型。更多细节由后面的表示，图 3 为性能特征分类编码选择流程图。

注：如果有必要，特性分类可以扩展为更加细化的数据库，其他分类的分类方法也可以为此使用。

4.5.2　在该分类编码过程中经常遇到一些复杂情况，例如，陶瓷的一个或多个属性可以将同类陶瓷产品间的重要关系表现出来，但以下情况不能：

——能够充分说明某一简单事实，或者

——数据资料无法与标准相比较而导致不能提供有效数据，或者

——测试方法没有被认可。

本分类方法的编码采用三个数字，编码表明陶瓷特性对材料的功能运用起到了重要作用，既表现材料产品本身，又表明其应用及可以取代的产品。例如：

耐酸材料 D802

光电材料 D617

耐热震的材料产品 D303

4.5.3　“特征”数据分类方法可以使用数字特征值将特征分成若干组合，代表不同的特征测试方法。选用的组合可以用四位数字代表，如果有必要或者适合的情况下，特征代码应该使用一个第五位字符代表温度范围。如有特殊需要：例如电学，则应增加第六位字符表示其频率范围方面的特性。该字符需要与温度的协调以避免含糊不清的表述。

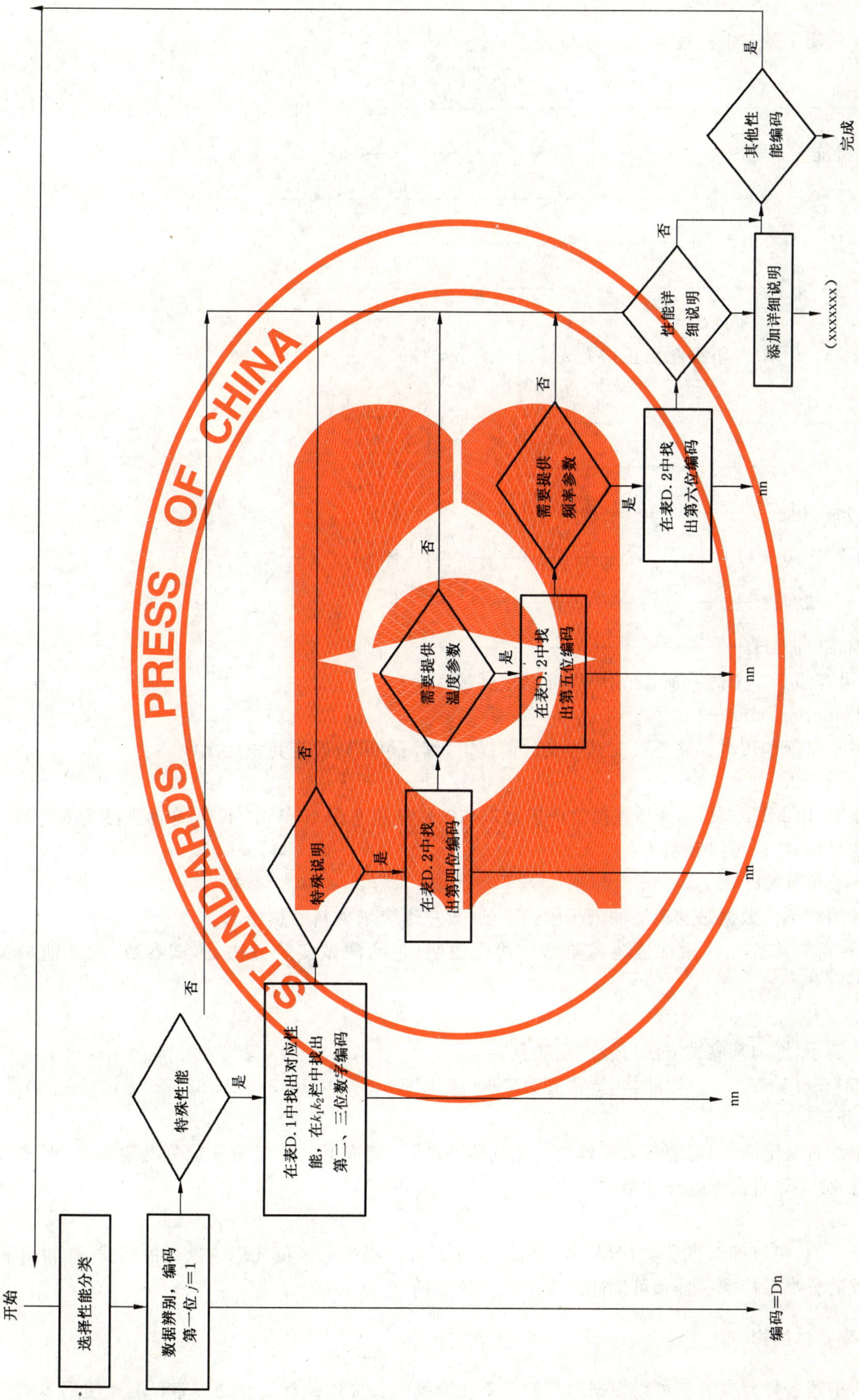

图 3 性能特征分类编码选择流程

例 1：

某材料室温下的弯曲强度为 600 MPa

例 2：

在 400 ℃，10 MHz 下损耗角正切为 5×10^{-4} 的半导体

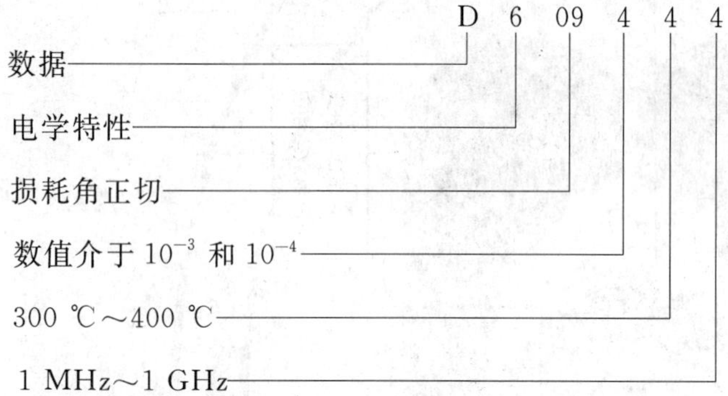

4.5.4 如果有多于 1 个的特征，D 编码组可以重复，即：

DnnnDnnnnnnDnnn……

表明多个特征作用时。在不改变其含义的前提下，编码组可以改变其先后次序。

例如：

在 400 ℃，10 MHz 条件下介质耗损角正切为 5×10^{-4}，导热率为 40 $Wm^{-1}K^{-1}$，弯曲强度为 600 MPa 的某种陶瓷材料，编码可以表示为：

D20164D609444D30154

前面的两组编码数据是从前面的例子中选取的，第三组表示材料的热导率。

4.5.5 陶瓷材料特征性的附加描述需要增加代码说明，包括测试实验方法、测试参数，或其他相关属性。

例如：

前面的例子，增加其测试方法以及产品颜色

D20164(ISO 14704，4 点弯曲，40 mm 棒)D609444(IEC 60672)D30154(EN 821-2)D403(白色)

4.6 其他分类科目

标准中没有确定的，而需要深入了解的产品其他特征，一般依据其应用来确定分类编码，需要求包含以下信息，分类科目依据这样的格式来构造：

Xnnn

X 是唯一的、可以确认的分类代码，nnn 是从认可表格中找到的三位代码。这样的格式，使得电脑可以对额外的分类保持唯一性和可读性。表示属性的实例，包括：时间、厂家、原产地。

5 分类编码整体结构

上文所描述各种分类方法可以根据用户的需要改变编码长度以调整信息的详略程度。使用不同分类方法时，首字母标识符可以对字符串进行方便快捷的识别。完整的编码由单个字符通过任意允许的顺序排列而成,应是一个连续的没有缺位和标点的编码。

本标准是对精细陶瓷的分类提供框架性指南而不是针对最终特定功能去指定强制的格式要求,系统提供了充分灵活、适宜的分类方法和序列的排序方法。一般情况下,建议使用短格式的化学编码。以下是本分类系统的具体应用事例:

例1:

根据精细陶瓷市场潜力和商业统计数据,贸易组织依据成员需要对产品分类的意向使用一套统一的销售数据,应用短格式化学编码,贸易信息回馈决定用方式标识,其分类编码为:

XX定义产品需求类型,nnnn为短格式编码,可以从特殊化学品目录查找。因此,减少氧化钛的编码为:A402CKB6441

例2:

一个研究组织希望编写一本商业用材料数据手册。化学式为首要辨识要素,化学产品厂家有价值的信息以及材料特性数据可以转换为电脑可读代码:

CXXnnnnDnnnDnnnDnnnnn......

该条件下,"应用"特征并不重要,反而"特征信息"是可以体现产品间差异的关键。有多少数据元素就需要添加多少字符。

化学字符编码可以单独服务于特定的数据库。例如,用于绝缘材料的95%纯度的氧化铝陶瓷结合在4.5.3中适宜的定义数据就可以录入编码:

CKB5040D20162D609444

例3:

某组织因某种特定需要,寻找一种有特殊功能的陶瓷材料,化学特性要求不高,该产品可以编码如下:

AnnnDnnnDnnnnnnDnnnnDnnnn.....

信息分类被用来识别广泛的特性需要,编码可以用于寻找数据库。例如,某化工用泵的转轴要求高强度(室温下大于200 MPa)、高温(300 ℃),耐磨外衬、耐酸、水淬、热冲击等性能,这些要求可以通过编码实现:

A371D2015D702D802D3033

附　录　A
（规范性附录）
按照应用特征分类

A.1　引言

以首字母A（应用）作为分类单一特征。

陶瓷材料的功能决定了其最接近的分类编码，该分类方式可以体现与材料最为相近的应用等级分类，精细陶瓷的分类如下：

编　　码	应用类型
100～199	中性电子应用
200～299	活性电子应用
300～499	机械应用
500～599	热学及热机性能应用
600～699	核应用
700～799	光学应用
800～899	化学应用，包括生物医学应用
900～949	磁学应用
950～979	陶瓷粉末应用
980～999	其他应用

注意：随着精细陶瓷应用领域的不断拓展及新陶瓷材料的不断制备，该分类并未包含近期新发现的陶瓷材料。对分类存有疑问的则归入其他类中。

该分类方法是对于常用功能陶瓷的分类方法，即非特定特征应用的陶瓷分类在每一子表中给出分类编码。对于有特殊应用特征的陶瓷而在本分类方法中为明确子分类的则归入“其他”分类中。

如果某些陶瓷因其应用多样性而无法明确归入某单一子分类中，则归入到最能接近其应用性能的一类。如化学泵的轴封表现为化学环境下的机械功能，即列入机械应用中。

A.2　应用分类

100～199 中性电子应用

100　常用中性电子分类

强流绝缘体

101　结构电力绝缘子

102　小型低压绝缘子（例如接线盒、支座绝缘子）

103　火花塞绝缘子

104　点火器绝缘子

105　电热塞绝缘子

106　金属圈及电缆夹具

107　套管≤200 ℃

108　套管≥200 ℃
109　天线绝缘子
110　低压线圈架
111　高压线圈架
112　精密线圈架
113　高频线圈架
114　高温线圈架
115　低压保险装置
116　高压保险装置
117　真空封套
118　真空引入物
119　真空用电子绝缘子
120　其他真空条件下使用的电子元件
121　恒温底座及装置
122　弹药加热座及装置
123　模制绝缘子
124　带金属部的模制绝缘子

139　其他强流绝缘体

电子绝缘子
140　电子元件、单块集成电路基板、插座(排)
141　电子电路多层结线装置,包含插座(排)
142　热沉
143　功率半导体架
144　电阻芯

169　其他电子绝缘子

微波绝缘子
170　天线罩及导弹鼻锥
171　微波窗口装置
172　微波吸波器或衰减器
173　相位开关

179　其他在微波装置中应用的微波绝缘子

199　其他中性绝缘子

200～299　活性电子应用的陶瓷

电阻电导体
201　电阻加热元件
202　高频感受器
203　电极
204　点火器,喷气发动机
205　热离子发射阴极

206 用于集成电路操作的半导体装置

219 其他电阻电导体应用陶瓷

离子导体
220 电池电解质
221 燃料电池电解质
222 气体探测器
223 排氧传感器
224 熔融金属传感器

229 其他离子导体

电容装置
230 单块集成电路单层电容器
231 多层芯片电容器

239 多层电容器

非电阻电子导体
240 变阻器
241 电热调节器
242 衰减器
243 超导陶瓷元件

249 其他非电阻电子导体

压电应用
250 麦克风膜,包括电话听筒、手机
251 扩音器膜,包括电话听筒、手机
252 其他蜂鸣器和振动器
253 能量、压力和加速度传感器
254 声纳发射器和探测器
255 撞击点火器
256 机械制动器
257 发动机元件
258 喷墨打印机头
259 谐振器
260 水诊器

269 其他压电装置用陶瓷

270 电致伸缩装置

280 焦热电装置

299 其他功能电子装置

300～499　机械应用陶瓷

300　常用机械应用

研磨及破碎机械应用的陶瓷

301　研磨提及磨衬

302　研磨介质

303　其他研磨部件

304　研磨低硬度材料用研钵及研钵杵

305　研磨高硬度材料用研钵及研钵杵

309　其他研磨及破碎机械

农业应用

310　土地耕种用农业机械

311　农业雾化喷嘴

319　其他农业应用

机械设备耐磨面应用的陶瓷

320　喷砂喷嘴

321　旋风除尘器和管道

322　溜槽衬里

323　食品加工设备

324　模具内衬

325　破碎辊

326　铁路耐摩擦衬

327　成型辊棒

328　齿轮

329　其他机械设备耐磨面

弹道应用

330　弹道装甲

331　导弹发射装置

339　其他弹道应用陶瓷

材料切削方面应用的陶瓷

340　数字切削工具

341　机械切削工具

343　凿岩插入工具

344　纸、带切断刀片

345　民用刀具

346　剪刀和剪床

347　裁剪工具

359 其他切削工具

材料成型方面应用
360 冷模模具
361 挤出和拔丝、冲压模具
362 拔丝锥
363 热压模具
364 冲压和滚筒模具

369 其他成型模具

泵品方面应用的陶瓷
370 泵的叶片、叶轮
371 轴密封材料，包括动密封和静密封部件
372 液压柱塞和气缸
373 泵轴座、轴套
374 泵轴
375 泵房

379 其他泵的部件

阀、龙头和旋塞方面应用的陶瓷
380 龙头(旋塞)阀面，单杠杆
381 龙头(旋塞)阀面，多杠杆
382 龙头(旋塞)阀
383 气阀

399 其他非腐蚀性环境下的阀面

丝、纸、带、线等引导材料
400 纺纱、纺丝喷嘴
401 纺丝摩擦盘
402 纺丝引杆
403 造纸业用导杆、转子
404 制备打印头用陶瓷
405 磁带传输引头部件
406 打印机用转轴
407 线槽

419 丝、纸、带、线等引导用其他陶瓷

轴承用陶瓷
420 滑动轴承套
421 滚动轴承套
422 轴承球
423 轴承滚子
424 推力轴承套

439　其他轴承用陶瓷

筛选和计量装置

440　测量环

441　测量块

442　筛选机

443　V型块

444　平板和角度板

459　其他精密测量工具

体育用品用陶瓷

460　鞋钉

461　高尔夫球支撑杆

462　钓竿转轮

463　冰刀刀片

469　其他体育用品用陶瓷

用于个人用品的陶瓷

470　手表

471　首饰

479　其他用于个人用品的陶瓷

499　其他机械行业用陶瓷

500～599　热学和热机方面用陶瓷材料

500　常用的热学和热机方面用陶瓷材料

耐高温电器

501　热电偶及外壳

502　盘丝加热元件

503　加热棒元件

504　灯用绝缘部件

505　电阻温度计部件

506　灯座

509　其他耐高温电器

高温加工用陶瓷材料

510　熔融金属沉浸探针、套圈用部件

511　炉管

512　材料加工用高温炉

513　高温处理用干燥炉

514　绝热耐火钉

515　炉辊、高温槽、转子

516 炉子配件
517 大功率热交换器
518 低功率热交换器
519 高温气阀
520 熔池环
521 气焊、激光焊接喷嘴
522 焊接平台导杆
523 熔融金属注射管
524 外壳模型
525 铸造芯核
526 熔融金属过滤装置
527 连铸分离环
528 金属熔融及处理用坩埚
529 其他液态金属处理用陶瓷
530 电子材料处理用高温炉

539 材料处理用其他高温陶瓷

航空航天用陶瓷
540 火箭喷嘴
541 烧蚀防护罩
542 喷气发动机涡轮转子及喷嘴
543 刹车片

549 其他航空航天用陶瓷

日用陶瓷
550 压力锅盖
551 炊具、厨具

559 其他日用陶瓷

用于往复式发动机的陶瓷
560 气缸柱
561 活塞及活塞顶
562 燃料注射喷嘴
563 预燃室用陶瓷材料
564 活塞销
565 阀和阀座
566 凸轮随动部件
567 气缸套
568 排气尾管
569 排气管
570 涡轮转子
571 涡轮叶片
572 涡轮室

573　燃料注射销
574　柴油机过滤装置
注意:参考 843 汽车尾气净化催化剂载体

579　其他用于往复式发动机的陶瓷

涡轮发动机用陶瓷
580　转子及叶片
581　涡轮机定子
582　燃烧室用陶瓷
583　燃料注射器
584　蓄热室及热交换部件
585　金属部件热障涂层
586　喷管隔热层及管套配件
587　螺杆及其配件
588　密封件及其配件
589　其他汽轮机部件

599　其他热学及热机陶瓷部件

600～699　核应用

600　常用核领域陶瓷

601　核燃料部件
602　核领域中的元素分离器
603　核领域中缓和剂

699　其他核领域陶瓷

700～799　光学用陶瓷

700　常用光学领域陶瓷
反射领域应用的陶瓷
701　望远镜的反射镜
702　同步加速器的反射镜

709　其他反射领域应用的陶瓷

光学系统中的非光学结构部件
710　光学试验台
711　纤维光学套圈

719　其他光学系统中的非光学结构部件

激光部件用陶瓷
720　激光波导器
721　激光棒
722　激光发射器

729 其他激光部件用陶瓷

光学窗口材料用陶瓷
730 光波窗口材料
731 红外窗口材料

739 其他光学窗口材料用陶瓷

灯管用陶瓷材料
740 大功率灯管
741 高压钠灯灯管

749 其他灯管

有源光学部件
750 光学调节器
751 发光棒或荧光棒

759 其他有源光学部件

799 其他光学应用陶瓷

800～899 化学和生物学领域应用的陶瓷材料

800 化学和生物学领域应用的常用陶瓷材料
实验室化学部件
801 实验室用坩埚、皿
802 实验室用漏斗
803 实验室过滤介质

809 其他实验室用化学耐磨部件

化学设备部件
810 大型化学设备的填料塔
811 大型化学设备的器皿及管路
812 大型化学设备的气囊和管路
813 大型化学设备的球阀
814 流量计
815 气体过滤部件

819 其他化学设备部件

化学模具部件
820 橡胶浇注成型模具
829 其他化学模具部件

过滤体及过滤材料
830 液体介质过滤材料
831 气体介质过滤材料

832 陶瓷过滤膜
839 其他过滤部件
注意:熔融金属过滤器按照526

催化剂及催化剂载体
840 陶瓷催化剂
841 颗粒催化剂载体
842 片状催化剂载体
843 催化剂载体,蜂窝陶瓷,包括汽车尾气处理和燃烧部件

849 其他在催化领域中应用的陶瓷

涂覆处理用陶瓷材料
851 溅射靶材
852 金属涂层用蒸发皿

859 其他涂覆处理用陶瓷材料

生物医学用陶瓷材料
861 骨骼及关节替代部件
862 牙齿种植体
863 血管生物医学种植体
864 牙齿支架
865 牙齿修复牙冠材料

869 其他特殊的生物医学用陶瓷材料

生物化学用陶瓷材料
871 抗菌过滤材料
872 缓慢释放药物载体

889 其他特殊生物化学用陶瓷材料

899 其他化学和生物化学用陶瓷材料

900～949 磁学应用领域陶瓷

900 常用磁学应用领域陶瓷
901 扩音器和麦克风磁心
902 传感器部件
903 微波装置部件
904 线圈部件
905 磁轭部件
906 回描变压器
907 录音磁头部件
908 录音磁头的非磁性部件
909 汽车用磁体材料

949　其他磁学应用领域陶瓷

950～979　陶瓷粉末应用

950　常规的陶瓷粉末应用

用于制造业的陶瓷粉末

951　陶瓷工业用陶瓷粉末

952　陶瓷工业中混料过程用陶瓷粉末

953　粘结用或水泥用陶瓷粉末

陶瓷粉末的常规应用

954　热障陶瓷粉末

955　电绝缘陶瓷粉末

956　热处理装备或窑炉绝缘陶瓷粉末

957　研磨用陶瓷粉末，包括粗磨料、研磨砂、抛光粉

958　用于参比材料的陶瓷粉末

表面涂层用陶瓷粉料

959　火焰喷涂或等离子喷涂用陶瓷粉末

960　润滑涂层用陶瓷粉末

961　发光涂层用陶瓷粉末

962　各类釉料用陶瓷粉末

用于其他材料制备的过滤器的陶瓷粉末

963　聚合物过滤器用陶瓷粉末

964　粘结或灌注混合物用陶瓷粉末

965　油脂或浆糊过滤器用陶瓷粉末

966　磁介质活性成分用陶瓷粉末

979　其他特殊领域用的陶瓷粉末

980～999　其他领域应用的陶瓷材料

主要针对将来会出现的一些在该分类系统中未包含的陶瓷材料

附 录 B
（规范性附录）
按照化学特征分类

B.1 引言

本分类包含材料相关化学特征和形式，以字母 C 为首字母。由于精细陶瓷化学特征的复杂性，以及存在一系列的化合物和组成形式，该分类系统中部分是通用的。本分类最少由三部分组成：

1） 首字母 C；

2） 材料的形式，如粉末、纤维、块体，用 1～2 个字母表示；

3） 能够辨别该陶瓷的化学方程式，既可是长编码，也可是短编码（见表 B.2）。

此外，该分类编码还可以包括能够与材料主要组成、形态和化学特征区分开来的第二组分或更少的组分。

B.2 化学式的格式选择

分类编码的长格式和短格式要根据分类系统的分类目的来选择，并且应将两部分有机结合起来。

长格式编码适合于需要精确区分在陶瓷中存在的存有疑问的多种化学物质、形式和数量。例如，分类编码包含详细的基本技术数据、研究和发明者、制备途径等。

短格式编码适合于仅仅需要通过化学名称来区分于其他材料的情况，例如，堇青石。对于陶瓷材料中很细的组成、化学物质比例或组分比例分类，该格式是不需要的。例如，短格式分类编码包括陶瓷商业名称，商业统计、内部组成等。

B.3 格式描述

B.3.1 格式分类代码

B——先驱体

BG——气相先驱体

BL——液相先驱体

BS——固相先驱体

E——粉末

EE——常规粉末

EF——无机包覆粉末

EG——有机包覆粉末

EH——喷雾干燥颗粒

EJ——机械研磨颗粒

EK——部分固化陶瓷、预成型陶瓷、陶瓷素坯

EL——已成型未烧结的陶瓷待或薄片素坯

EM——金属坯体中掺杂陶瓷粉末

EQ——聚合物坯体中掺杂陶瓷粉末

ER——胶结物掺杂陶瓷粉末

其中，EM、EQ、ER 只适合于材料的最终状态，不适于中间态。

W——晶须

WB——晶须垫

WE——不定向/定向晶须

WM——金属基体掺杂陶瓷晶须

WQ——聚合物基体掺杂陶瓷晶须

WR——胶结剂掺杂陶瓷晶须

F——纤维

FS——薄短纤维

FL——单根连续薄长纤维

FF——厚纤维

FT——长纤维束

FW——缠绕纤维垫

FP——预浸料

FB——纤维毡或纤维编织体

FV——压制或真空预成型

FQ——金属基体掺杂陶瓷纤维

FR——聚合物基体掺杂陶瓷纤维

FW——胶结剂掺杂陶瓷纤维

J——片晶

H——空心球

S——单晶

K——刚性陶瓷体

KB——固体玻璃。玻璃陶瓷、多晶陶瓷

KE——三维闭孔多孔陶瓷

KF——二维多孔陶瓷

KG——开孔多孔陶瓷

KH——密度梯度多孔陶瓷

KJ——功能梯度陶瓷

KK——陶瓷涂层

KL——表面处理或表面修饰陶瓷

KM——多层复合陶瓷

KS——一维陶瓷基长纤维复合材料

KT——二维陶瓷基长纤维复合材料

KU——多维陶瓷基长纤维复合材料

KV——短切维陶瓷基长纤维复合材料

KW——陶瓷基晶须复合材料

KX——陶瓷基片晶复合材料

KY——陶瓷/陶瓷、陶瓷/金属模压后制备的部件

KZ——包含金属颗粒分散的陶瓷

L——陶瓷涂层

LB——厚度＜20 μm 的涂层

LE——厚度＞20 μm 的涂层

LF——连接用陶瓷材料

M——混合物

MB——用化学法在先期加入的物质混入第二种物质或多种物质形成混合物或固溶体，其化学性质参看 B.5。

ME——采用物理或化学法将第二种或多种物质加入先期物质形成化合物，如 MgO 加入到 Al_2O_3 中或硼加入到 SiC 中。

MF——用物理方式在先期加入的物质混入第二种物质或多种物质形成混合物(例如不连续的第二晶界相，与基体混合的第二相粉末)。

MG——物理法引入不连续的第二相。

MH——混入离散纤维

MJ——混入离散晶须

MK——混入离散片晶

ML——与先期加入的物质形成包裹层

MM——形成区别于基体的表面化学处理

MS——形成层状复合材料的分界层

B.3.2 编码构成规则

1) 用于描述陶瓷基复合材料时，基体相应首先确定；

2) 所有包含颗粒的陶瓷基体，包括金属或陶瓷颗粒，用 KB～KZ 编码描述，这些颗粒形成一种不连续的第二相对基体材料起增强、增韧作用。如果对于颗粒增强的陶瓷材料没有规定的编码，则用 KB 表示。

B.4 其他化合物的四位编码和产品类型定义

B.4.1 长格式编码

该形式编码专门定义下列特定范围的陶瓷类型。

0000～0999 元素或单一陶瓷化合物，如氧化物、氮化物、碳化物等(见表 B.1)；

1000～1999 不能直接从矿物中得到的按化学计量比的二元化合物；

2000～2999 按化学计量比的三元化合物；

3000～3999 其他按化学计量比的化合物；

4000～4999 非化学计量比化合物。

分类编码的编制需遵循以下规则：

1) 对于高纯前驱体或粉末，或者纯度可以确定的物质，四位编码应从 0001～0999 中选择；

2) 对能够确定化合物化学组成形式的陶瓷、玻璃陶瓷、玻璃而言，四位编码优先选择范围为 0001～4999，第二相选择混合物代码(参照 B.5)；

3) 如果一种化合物在表 B.1 中没有合适的对应化合价，可以把其看为一种合适的混合物或者看为其他混合物。例如 Fe_3O_4 可以看作 FeO 和 Fe_2O_3 的混合物或者看作“其他”(0400)；

4) 如果在化学分析中一种元素被引入，但在表 B.1 中没有出现，编码时应选用“其他”，例如氮：0400，氟：0500；

5) 有机混合物一般超出本分类系统的范围。

B.4.2 短格式编码

特殊类型的材料或复合材料编码从 5000 到 9999，其中包含对常用的组成复杂的材料编制单一识别编码，但对于整个化学组成确定编码是不现实的，也是不可行的。

B.5 长格式编码

B.5.1 简单化合物四位编码

表 B.1 给出了前驱体、粉末和陶瓷材料的四位分类编码，该类材料由单一化合物形式构成。表中列出了最常见的元素，包括一些变价元素，九种常见的简单阴离子。每一个编码都可以由表中左栏合适的阴离子编码与顶行阴离子编码结合形成。每一个阴离子和每一个阳离子结合都会形成唯一的编码数。

编码号	阴离子
0001～0099	单一元素
0101～0199	硼化物
0201～0299	碳化物
0301～0399	氮化物
0401～0499	氧化物
0501～0599	氟化物
0601～0699	硅化物
0701～0799	磷化物
0801～0899	硫化物
0901～0999	碘化物

本分类编码在大多数情况下可以对陶瓷材料提供详细的化学特征。但是该表中仍有未包含到的，"其他"项可以用于编制表 B.1 中未显示的材料种类。对于在表中未出现的单个阴离子，可以参照 4 位编码 1000～1999(见 B.5.2)，对 2 元素组成的阴离子参照编码 2000～2999(见 B.5.3)，四位或更复杂的化合物参照 3000～3999(见 B.5.4)。

从简单的二元化合物中分辨基体编码是很容易的，许多可以组合成分类编码的数字很少被使用，因为确实有些元素组合是不可能形成的，例如碳化碳和一些不稳定的物质。

对于多价态原子将分排提供每一价态的基体，因此不同价态的材料有不同的编码，例如 CeO 和 Ce_2O_3，或者 FeO 和 Fe_2O_3。在许多情况下不可能仅用单一化合价，因此化学式被放于分类编码后面，但不能作为编码中的一项。另外，对更多价态的化合物而言这种分类方式不是将其分成单一的分类编码，而是体现它们既能形成 A_xB_y，也可形成 AB_y。

如果组成物在某一温度下成为非固体，将用"g"表示为气体，"l"表示为液体。如果物质有化合水，将用氢氧化物(h)表示。

化学计量比化合物参照以下两种表示方式之一：

1) 编码中最主要的特点是 N 不表示材料的性能，而是代表非化学计量比。例如，一种三元非化学计量比化合物的编码是：N0420。

2) 按照 4000～4999(见 5.5)进行编码。

在一些情况下，一些不纯的物质需要进行分类编码，但表 B.1 中并没有该类编码。氧作为 AlN 中的杂质对其进行分类时可看为 AlN 中的 Al_2O_3，可以编制一个特殊的编码。

例如：AlN 中包含 2%(质量分数)的氧，相应 Al_2O_3 的含量为：

$$2\% \times \frac{M.W._{Al_2O_3}}{M.W._{O_3}} = 2\% \times \frac{101.6}{48.0} = 4.2\%$$

其中，$M.W.$ 为摩尔质量。该产品的编码为：CKB0307ME0407(4.2C)

这里 ME 表示 Al_2O_3(0407)与 AlN(0307)有未知的空间关系。

表 B.1　元素和简单化合物的四位分类编码

元素		硼化物	碳化物	氮化物	氧化物	氟化物	硅化物	磷化物	硫化物	碘化物
Li	0001	0101Li_xB_x	0201Li_2C_2	0301	0401	0501	0601	0701	0801	0901
Be	0002	0102Be_xB_xX	0202Be_2C	0302	0402	0502	X	X	0802BeS	0902
B	0003	X	0203B_xC_y	0303	0403	0503(g)	0603B_xSi	0703	0803	0903
C	0004	X	X	X	0404CO_x(g)	0504	X	X	0804C_xS	0904
Na	0005	0105NaB_y	0205Na_2C_2	0305	0405	0505	X	0705	0805Na_xS_y	0905
Mg	0006	0106$MgB_{2,4}$	0206	0306	0406	0506	0606Mg_xSi	X	0806	0906
Al	0007	0107Al_xB_y	0207	0307	0407	0507	X	0707	0807	0907
Si	0008	0108Si_xB_y	0208	0308	0408	0508(g)	X	X	0808Si_xS_y	0908
P(1)	X	X	X	X	X	X	X	X	X	X
P(3)	X	0110PB_6	X	X	0410	0510(g)	X	X	X	0910PI_3
P(5)	0011	X	X	0311	0411	0511(g)	X	X	0811P_xS_y	X
S(2)	X	X	0212	X	0412S_2O_3	X	X	X	X	X
S(4)	0013	X	X	0313S_4N_4	0413SO_2	0513(g)	X	X	X	X
S(6)	X	0114$B_{12}S_2$	X	X	0414SO_3	0514(g)	X	X	X	X
K	0015	0115KB_6	0215KC_8	X	0415	0515	X	X	0815K_xS_y	0915
Ca	0016	0116CaB_6	0216CaC_2	0316	0416	0516	0616$CaSi_2$	0716Ca_3P_2	0816CaS	0916
Sc	0017	0117$ScB_{2,12}$	0217Sc_xC_y	0317	0417	0517	0617	X	0817Sc_xS_y	X
Ti(2)	X	X	X	X	0418	X	0618	X	0818TiS	X
Ti(3)	X	X	X	0319	0419	0519	0619	0719TiP	0819Ti_2S_3	0919
Ti(4)	0020	0120TiB_2	0220TiC	X	0420	0520	0620	X	0820TiS_2	0920
V(2)	X	X	0221V_2C	X	0421	X	0621V_2Si	X	0821VS	X
V(3)	X	X	0222V_4C_3	0322	0422	0522	0622V_3Si	X	0822V_2S_3	0922(h)
V(4)	X	X	0223VC	X	0423	0523	X	0723V_3P	X	X
V(5)	0024	0124V_xB_y	0224V_xC_y	X	0424	0524	0624VSi_2	0724VP	0824VP	X
Cr(2)	X	X	X	X	0425	0525	X	X	0825	0925
Cr(3)	0026	X	0226Cr_3C_2	0326CrN	0426	0526	0626	0726CrP	0826	X
Cr(6)	X	0127Cr_xB_y	X	X	0427	X	X	X	0827Cr_3S_4	X
Mn(2)	0028	X	X	X	0428	0528MnF_2	0628MnSi	0728MnP	0828MnS	0928
Mn(4)	X	0129Mn_xB_y	0229Mn_xC_y	X	0429	0529MnF_3	0629$MnSi_2$	0729Mn_3P_2	0829MnS_2	X
Mn(7)	X	X	X	0330Mn_2N	0430	X	X	X	X	X
Fe(2)	0031	0131Fe_2B	0231Fe_3C	X	0431	0531	0631$FeSi_x$	0731Fe_2P	0831FeS	0931
Fe(3)	X	0132FeB	0232Fe_2C_3	0332	0432	0532	X	0732Fe_3P	0832Fe_2S_3	X
Co(2)	0033	0133Co_xB	X	X	0433	0533(h)	0633CoSi	0733Co_2P	0833CoS	0933
Co(3)	X	X	X	0334	0434	0534	0634$CoSi_2$	X	0834Co_2S_3	X
Ni	0035	0135Ni_xB_y	0235Ni_3C	0335	0435NiO_x	0535	0635Ni_xSi_y	0735Ni_3P	0835NiS_x	0935

表 B.1（续）

元素		硼化物	碳化物	氮化物	氧化物	氟化物	硅化物	磷化物	硫化物	碘化物
Cu(1)	X	X	X	X	0436	0536	X	0736Cu_3P	0836Cu_2S	0936
Cu(2)	0037	0137Cu_xB_y	X	X	0437	0537(h)	0637	0737Cu_3P_2	0837CuS	X
Zn	0038	0138ZnB_2	X	X	0438	0538	X	0738Zn_3P_2	0838	0938
Ga	0039	X	X	X	0439	0539	X	0739	0839Ga_xS_y	0939
Ge(2)	X	X	X	X	X	0540	X	0740GeP	0840GeS	0940
Ge(4)	0041	X	X	X	0441	0541	0641Si_xGe_y	X	0841GeS_2	0941
As(3)	X	X	X	X	0442	0542(g)	0642	X	0842	0942
As(5)	0043	0143	X	X	0443	0543(g)	0643	0743	0843	0943
Se(4)	X	X	X	X	0444	0544	X	X	0844SeS	0944
Se(6)	0045	X	X	X	X	0545	X	X	0845SeS_2	0945Se_2I_2
Rb	0046	X	0246	X	0446Rb_xO_y	0546	X	0746	0846Rb_xS_y	0946
Sr	0047	0147SrB_6	0247SrC_2	X	0447	0547	X	0747	0847	0947
Y	0048	0148$YB_{4,6}$	0248	0348	0448	0548(h)	0648	0748	0848	0948
Zr	0049	0149ZrB_2	0249	0349	0449	0549	0649	0749	0849	0949
Nb(3)	0050	0150Nb_3B_2	0250	0350	0450NbO	X	X	X	X	X
Nb(5)	0051	0151NbB_2	0251NbC	X	0451	0551	X	0751NbP	X	X
Mo(3)	0052	X	0252Mo_2C	0351	0452	X	X	0752MoP	X	X
Mo(6)	X	0153MoB_2	X	X	0453	0553MoF_6	0653$MoSi_2$	0753MoP_2	0853Mo_xS_y	0953MoI_6
Ru(3)	X	X	X	X	0454	0554	X	X	X	X
Ru(4)	X	X	X	X	0455	0555	X	X	X	X
Ru(6)	0056	0156Ru_xB_y	X	X	0456RuO_4	0556RuF_6	0656RuSi	X	0856RuS_2	0956RuI
Rh	0057	0157Rh_xB_y	X	X	0457Rh_xO_y	0557	X	0757	0857Rh_xS_y	X
Pd	0058	0158Pd_xB_y	X	X	0458Pd_xO_y	0558Pd_xF_y	0658Pd_2Si	X	0858Pd_xS_y	0958
Ag	0059	X	X	X	0459AgO	0559Ag_xF	0659	X	0859Ag_xS	0959
Cd	0060	X	X	X	0460	0560	X	X	0860	0960
In	0061	X	X	X	0461In_xO_y	0561	0661	0761LnP	0861Ln_xS_y	0961InI_x
Sn(2)	X	X	X	X	0462	0562	X	0762Sn_xP_y	0862	0962
Sn(4)	0063	X	X	X	0463	0563	0663SnSi	X	0863	0963
Sb(3)	X	X	X	X	0464	0564	X	X	0864	0964
Sb(5)	0065	X	X	X	0465	0565(l)	X	X	0865	0965
Te(4)	X	X	X	X	0466	0566	X	X	0866TeS_2	0966
Te(6)	0067	X	X	X	0467	0567	X	X	X	0967
Cs	0068	X	0268CsC_8	X	0468Cs_xO_y	0568	X	X	0868CsS_x	0968
Ba	0069	0169BaB_6	X	X	0469	0569	X	X	0869BaS	0969(h)
La	0070	0170$LaB_{4,6}$	0270LaC_2	0370	0470	0570	0670	0770	0870	0970

表 B.1（续）

元素		硼化物	碳化物	氮化物	氧化物	氟化物	硅化物	磷化物	硫化物	碘化物
Ce(3)	X	0171CeB_6	0271Ce_2C_3	X	0471	0571	X	0771	0871Ce_2S_3	X
Ce(4)	0072	0172CeB_4	0272CeC_2	0372	0472	0572(h)	0672$CeSi_2$	X	X	0972(h)
Pr	0073	0173$PrB_{4;6}$	0273Pr_xC_y	0373	0473Pr_xO_y	0573	0673	X	0873Pr_2S_3	X
Nd(3)	0074	0174NdB_6	0274Nd_2C_3	0374	0474	0574	0674Nd_2Si_3	0774	0874Nd_2S_3	0974(h)
Nd(4)	X	0175NdB_4	0275NdC_2	X	X	X	0675Nd_3Si_4	X	X	X
Sm	0076	0176$SmB_{4;6}$	0276Sm_xC_y	0376	0476	0576	0676	0776	0876	0976
Eu	0077	0177$EuB_{4;6}$	0277Eu_xC_y	0377	0477	X	X	X	0877EuS	X
Gd	0078	0178$GdB_{4;6}$	0278Gd_xC_y	X	0478	0578	0678$GdSi_2$	0778	0878Gd_2S_3	X
Dy	0079	0179$D_yB_{4;6}$	0279Dy_xC_y	0379	0479	X	0679	0779	0879	X
Ho	0080	0180$HoB_{4;6}$	0280Ho_xC_y	0380	0480	X	X	X	X	X
Er	0081	0181$ErB_{4;6}$	0281Er_xC_y	0381	0481	X	0681	0781	X	X
Yb	0082	0182$YbB_{4;6}$	0282Yb_xC_y	0382	0482	0582	X	0782	0882	X
Hf	0083	0183HfB_2	0283HfC	0383	0483	X	0683	0783HfP	X	X
Ta(4)	X	X	0284TaC	0384	0484	X	0684Ta_2Si	X	0884TaS_2	X
Ta(5)	0085	0185TaB_2	X	0385	0485	0585	0685$TaSi_2$	0785TaP	X	X
W(4)	X	X	0286W_2C	0386W_2N	0486WO_2	X	0686WSi_x	0786WP	0886WS	0986WI_2
W(6)	0087	0187W_xB_y	0287WC	0387WN	0487WO_3	0587(g)	X	0787WP_2	0887WS_2	0987WI_4
Re	0088	0188Re_xB_y	X	X	0488Re_xO_y	0588$ReF_{4;6}$	X	X	X	X
Ir	0089	0189Ir_xB_y	X	X	0489Ir_xO_y	0589IrF_6	X	X	0889IrS_x	0989IrI_x
Pt	0090	0190PtB	X	X	0490Pt_xO_y	X	X	X	0890PtS_x	0990$PtI_{2;4}$
Au	0091	0191Au_xB_y	X	X	0491Au_xO_y	X	X	0791	0891	0991
Tl	0092	X	X	0392TIN_3	0492TI_xO_y	0592$TIF_{1,3}$	X	X	0892TI_xS_y	0992TI_xI_y
Pb(2)	X	X	X	X	0493PbO	0593	X	X	0893PbS	0993PbI
Pb(4)	0094	X	X	X	0494PbO_2	X	X	X	X	0994PbI_2
Bi	0095	X	X	X	0495	0595	X	X	0895Bi_2S_3	0995
Th	0096	0196ThB_6	0296ThC_2	0396	0496	0596	X	0796	0896	0996
U(3)	X	X	X	X	0497U_3O_8	X	0697U_3Si	X	0897U_2S_3	0997
U(4)	0098	X	0298d-UC	X	0498UO_2	0598	0698U_3Si_2	0798U_3P_4	0898US_2	0998
U(6)	X	0199U_xB_y	0299UC_2	0399	0499UO_3	0599(g)	X	X	X	0999
其他的	0000	0100	0200	0300	0400	0500	0600	0700	0800	0900

B.5.2 二元化学计量比物质编码，长格式编码 1000～1999

1000～1099 铝化物 Aluminides

1100～1199 锑化物 Antimonides

1200～1299 砷化物 Arsenides

1300～1399 溴化物 Bromides

1400～1499 氯化物 Chlorides

1500～1599 氢化物 Hydrides

1600～1699 硒化物 Selenides

1700～1799　碲化物　Tellurides
1800～1899　其他二元化合物

单独分类的化合物：

1000	镍-铝化合物	Nickel aluminide
1099	其他铝化物	Other aluminides
1100	锑化铟	Indium antimonide
1101	锑化铅	Lead antimonide
1102	锑化镍	Nickel antimonide
1103	锑化钾	Potassium antimonide
1104	锑化钠	Sodium antimonide
1199	其他锑化盐	Other antimonides
1200	砷化钙	Cadmium arsenide
1201	砷化铜	Copper arsenide
1202	砷化铟	Indium arsenide
1203	砷化镍	Nickel arsenide
1299	其他砷化盐	Other arsenides
1300	溴化铍	Beryllium bromide
1301	溴化硼	Boron bromide
1302	溴化钙	Cadmium bromide
1303	溴化铟	Indium bromide
1304	溴化锂	Lithium bromide
1305	溴化镍	Nickel bromide
1306	溴化硅	Silicon bromide
1399	其他溴化盐	Other bromides
1400	三氯化硼	Boron trichloride
1401	氯化钙	Calcium chloride
1402	氯化铈	Cerium chloride
1403	氯化铬	Chromium chloride
1404	氯化铟	Indium chloride
1405	氯化锂	Lithium chloride
1406	氯化镁	Magnesium chloride
1407	氯化镍	Nickel chloride
1408	氯化钾	Potassium chloride
1409	氯化硅	Silicon chloride
1499	其他氯化盐	Other chlorides
1500	硼烷	Boron hydride
1501	氢化锂	Lithium hydride
1502	氢化硅	Silicon hydride

1503　氢化钛　Titanium hydride
1599　其他氢化物　Other hydrides

1600　硒化铜　Copper selenide
1601　硒化铟　Indium selenide
1602　硒化锌　Zinc selenide
1699　其他硒化物　Other selenides

1700　碲化铟　Indium telluride
1701　碲化铅　Lead telluride
1799　其他碲化物　Other tellurides

1999　其他二组分化学计量化合物　Other binary stoichiometric compounds

B.5.3　三元化学计量比化合物，长格式编码 2000～2999

2000～2049　铝酸盐　Aluminates
2050～2099　硼酸盐　Borates
2100～2109　铈酸盐　Cerates
2110～2119　亚铬酸盐　Chromites
2120～2149　铜酸盐　Cuprates
2150～2199　铁酸盐　Ferrites
2200～2249　高铁酸盐　Ferrates
2250～2299　锗酸盐　Germanates
2300～2349　锰酸盐　Manganates
2350～2399　铌酸盐　Niobates
2400～2449　磷酸盐　Phosphates
2450～2549　硅酸盐　Silicates
2550～2599　锡酸盐　Stannates
2600～2649　硫酸盐　Sulfates
2650～2749　钛酸盐　Titanates
2750～2799　钨酸盐　Tungstates
2800～2849　钒酸盐　Vanadates
2850～2899　锆酸盐　Zirconates
2900～2999　其他三组分陶瓷　Other three-component species

2000　铝酸钡　Barium aluminate
2001　铝酸铍　Beryllium aluminate
2002　铝酸钙　Calcium aluminate
2003　铝酸锂　Lithium aluminate
2004　铝酸镁　Magnesium aluminate
2005　铝酸钾　Potassium aluminate
2006　铝酸钠　Sodium aluminate
2007　铝酸锌　Zinc aluminate
2049　其他铝酸盐　Other aluminates

2050 硼酸铝 Aluminium borate
2051 硼酸锂 Lithium borate
2052 硼酸钾 Potassium borate
2053 硼酸钠 Sodium borate
2054 硼酸锌 Zinc borate
2099 其他硼酸盐 Other borates

2100 铈酸锶 Strontium cerate
2109 其他铈酸盐 Other cerates

2110 铬酸镧 Lanthanum chromite
2119 其他铬酸盐 Other chromates or chromites

2120 铜酸铝 Aluminium cuprate
2121 铜酸钡 Barium cuprate
2122 铜酸镧 Lanthanum cuprate
2123 铜酸钕 Neodymium cuprate
2124 铜酸镨 Praseodymium cuprate
2149 其他铜酸盐 Other cuprates

2150 铁酸钙 Calcium ferrite
2151 铁酸钴 Cobalt ferrite
2152 铁酸铅 Lead ferrite
2153 铁酸镁 Magnesium ferrite
2154 铁酸锰 Manganese ferrite
2155 铁酸镍 Nickel ferrite
2156 铁酸钠 Sodium ferrite
2157 铁酸锌 Zinc ferrite
2199 其他铁酸盐 Other ferrites

2200 高铁酸铜 Copper ferrate
2201 高铁酸镍 Nickel ferrate
2202 高铁酸锌 Zinc ferrate
2249 其他高铁酸盐 Other ferrates

2250 锗酸锂 Lithium germanate
2251 锗酸钾 Potassium germanate
2252 锗酸钠 Sodium germanate
2299 其他锗酸盐 Other germanates

2300 锰酸钡 Barium manganate
2301 锰酸镍 Nickel manganate

2349	其他锰酸盐	Other manganates
2350	铌酸铅	Lead niobate
2351	铌酸锂	Lithium niobate
2399	其他铌酸盐	Other niobates
2400	磷酸铝	Aluminium phosphate
2401	磷酸镉	Cadmium phosphate
2402	磷酸钙	Calcium phosphate
2403	磷酸铅	Lead phosphate
2404	磷酸锂	Lithium phosphate
2405	磷酸镁	Magnesium phosphate
2406	磷酸锰	Manganese phosphate
2407	磷酸钾	Potassium phosphate
2408	磷酸钠	Sodium phosphate
2409	磷酸锌	Zinc phosphate
2410	磷酸锆	Zirconyl phosphate
2449	其他磷酸盐	Other phosphates
2450	硅酸铝	Aluminium silicate
2451	硅酸钡	Barium silicate
2452	硅酸铍	Beryllium silicate
2453	硅酸镉	Cadmium silicate
2454	硅酸钙	Calcium silicate
2455	硅酸钴	Cobalt silicate
2456	硅酸铁	Iron silicate
2457	硅酸铅	Lead silicate
2458	硅酸锂	Lithium silicate
2459	顽火辉石	Magnesium silicate ($MgSiO_3$, enstatite)
2460	镁橄榄石	Magnesium silicate ($2MgO \cdot SiO_2$, forsterite)
2461	硅酸钾	Potassium silicate
2462	硅酸钠	Sodium silicate
2463	硅锌矿	Zinc silicate (willemite)
2464	硅酸锆	Zirconium silicate (zircon)
2549	其他硅酸盐	Other silicates
2550	锡酸铟	Indium stannate
2599	其他锡酸盐	Other stannates
2600	硫酸钡	Barium sulphate
2601	硫酸钙	Calcium sulphate
2649	其他硫酸盐	Other sulphates

2650 钛酸铝 Aluminium titanate
2651 钛酸钡 Barium titanate
2652 钛酸钙 Calcium titanate
2653 钛酸铁 Iron titanate
2654 钛酸铅 Lead titanate
2655 钛酸锂 Lithium titanate
2656 钛酸镁 Magnesium titanate
2657 钛酸锰 Manganese titanate
2658 钛酸钾 Potassium titanate
2659 钛酸钠 Sodium titanate
2660 钛酸锶 Strontium titanate
2749 其他钛酸盐 Other titanates

2750 钨酸钙 Calcium tungstate
2751 钨酸铈 Cerium tungstate
2752 钨铁 Iron tungstate
2753 钨酸铅 Lead tungstate
2754 钨酸锂 Lithium tungstate
2755 钨酸钾 Potassium tungstate
2756 钨酸钠 Sodium tungstate
2799 其他钨酸盐 Other tungstates

2800 钒铁 Iron vanadate
2849 其他钒酸盐 Other vanadates

2850 锆酸钙 Calcium zirconate
2851 锆酸铅 Lead zirconate
2852 锆酸锂 Lithium zirconate
2853 锆酸镁 Magnesium zirconate
2854 锆酸钛 Titanium zirconate
2899 其他锆酸盐 Other zirconates

2999 其他三元化学计量比化合物 Other three-component stoichiometric compounds

B.5.4 其他化学计量比化合物，长格式编码 3000～3999

该类材料分类较广，主要分为以下三类：

3000～3399 氧化物
3400～3699 非氧化物
3700～3999 氧/非氧基物质的混合物

单一分类的化合物：

3000 硅酸铝锆 Aluminium zirconium silicate
3001 硫碘酸化锑 Antimony sulfur iodide
3002 硅酸铝钡 Barium aluminium silicate
3003 硅酸钡镁铝 Barium magnesium aluminium silicate

3004 铋钙铜氧化物 Bismuth calcium copper oxide
3006 硅酸铝钙 Calcium aluminium silicate
3007 硅酸镁钙 Calcium magnesium silicate
3008 锆酸钙锶钡 Calcium strontium barium zirconate
3011 氟硅酸铅 Lead fluoro silicate
3012 锆酸铅镧 Lead lanthanum zirconate titanate
3013 钨酸铅镁 Lead magnesium tungstate
3014 钨酸铅镍 Lead nickel tungstate
3016 钨酸铅锆 Lead zirconate titanate
3017 硅酸锂铝 Lithium aluminium silicate
3019 硅酸锂镉 Lithium cadmium silicate
3020 硅酸锂锌 Lithium zinc silicate
3022 堇青石 Magnesium aluminium silicate (cordierite)
3023 锰铜铁氧体 Manganese copper ferrite
3024 锰镁铁氧体 Manganese magnesium ferrite
3025 锰镁锌铁氧体 Manganese magnesium zinc ferrite
3026 锰锌铁氧体 Manganese zinc ferrite
3027 镍锌铁氧体 Nickel zinc ferrite
3028 钾长石 Potassium aluminium silicate (feldspar)
3030 钠长石 Sodium aluminium silicate (feldspar)
3032 锆铝酸钠 Sodium zirconium aluminate
3033 钛酸钇钡 Ytterbium barium titanate

3034 硅酸钇铝 Yttrium aluminium silicate
3035 钇钡铜氧化物 Yttrium barium copper oxide
3036 硅酸钇铁 Yttrium iron silicate
3399 其他复杂氧化物化合物 Other complex oxide compounds

3400 碳氮化钛 Titanium carbonitride
3449 其他碳氮化物 Other carbonitrides

3700 氧氮化铝(阿隆) Aluminium oxynitride (Alon)
3701 氧氮化硅 Silicon oxynitride
3702 铝氧氮化硅 Silicon aluminium oxynitride
3749 其他氧氮化物 Other oxynitrides

3801 氧碳化硅 Silicon oxycarbide
3849 其他氧碳化物 Other oxycarbides
3899 其他复杂非氧化物 Other complex non-oxide compounds
3999 其他氧化物和非氧化物混合物 Other mixed oxide/non-oxide based compounds

B.5.5 非化学计量比化合物,长格式编码 4000～4999

4999 其他非化学计量比化合物

具体编码情况根据实际物质进行。

B.6　产品类型编码,短格式编码 5000～5999

下面定义的是按照金属基首字母顺序排列的陶瓷产品,四位编码号为5000～9999。但是当产品的名称可能出现一些不确切的称谓时,如铝酸钇或钇酸铝都可以表达 YAG 陶瓷。这种情况下搜索两个名字都可以。如果都没有,可以用"其他分类",其出现的最高可能性在铝酸盐中。

5000～5359　氧化铝基材料

5000　常规氧化铝基材料

5001～5099　氧化铝基材料

5001　致密 α-氧化铝

5002　超高纯氧化铝(>99.99%)

5005　高纯氧化铝(>99.8%～99.99%)

5010　高纯氧化铝(>99.5%～99.8%)

5020　高纯氧化铝(>99%～99.5%,包含 IEC 60672 C799 材料)

5030　工业级氧化铝(>96.5%～99%,包含 IEC 60672 C530、C795 材料)

5040　工业级氧化铝(>94%～96.5%,包含 IEC 60672 C530、C786、C795 材料)

　5041　氧化钙/二氧化硅作添加剂

　5042　氧化镁/氧化钙/二氧化硅作添加剂

　5043　氧化锰/二氧化钛作添加剂

　5049　其他材料作添加剂

5050　工业级氧化铝(>90%～94%,包含 IEC 60672 C786 材料)

　5051　氧化钙/二氧化硅作添加剂

　5052　氧化镁/氧化钙/二氧化硅作添加剂

　5053　氧化锰/二氧化钛作添加剂

　5059　其他材料作添加剂

5060　工业级氧化铝(>80%～90%,包含 IEC 60672 C780、C786 材料)

　5061　氧化钙/二氧化硅作添加剂

　5062　氧化镁/氧化钙/二氧化硅作添加剂

　5063　氧化锰/二氧化钛作添加剂

　5069　其他材料作添加剂

5070　纯度≤80%的氧化铝

5080　氧化铝/氧化锆材料

5090　氧化铝/碳化硅材料

5099　其他致密 α-氧化铝基陶瓷

5101～5149　其他形式的氧化铝

5101　γ-氧化铝

5102　δ-氧化铝

5103　α-氧化铝(非致密形式)

5110　氧化铝片晶

5120　蓝宝石

5121　红宝石

5130 含钠 b-氧化铝
5149 其他类型氧化铝材料

5150～5199 氧化铝基复合材料
5150 常规氧化铝基复合材料
5151 含碳化硅长纤维的氧化铝基复合材料
5159 含其他长纤维的氧化铝基复合材料
5160 含碳化硅晶须的氧化铝基复合材料
5169 含其他晶须的氧化铝基复合材料
5170 含碳化硅片晶的氧化铝基复合材料
5179 含其他材料片晶的氧化铝基复合材料
5180 含碳化硅颗粒的氧化铝基复合材料
5181 含碳化钛颗粒的氧化铝基复合材料
5189 含有其他颗粒的氧化铝基复合材料
5190 含碳化硅晶须和氧化锆颗粒的氧化铝基复合材料
5199 其他含某种第二相组分的氧化铝基复合材料

5200～5209 氮化铝
5200 常规氮化铝材料
5201 高纯氮化铝材料
5205 氮化铝基材料(99%≥AlN≥50%)
5209 其他氮化铝材料

5210～5219 氮氧化铝
5210 常规氮氧化铝材料
5211 光学级氮氧化铝材料
5215 氮氧化铝多型体
5219 其他特殊氮氧化铝材料

5220～5239 铝硅酸盐基复合材料
5220 常规铝硅酸盐基复合材料

5221～5239 铝硅酸盐耐火材料(包含 IEC 60672 C500 材料)
5221 常规铝硅酸盐耐火材料
5222 电熔莫来石
5223 煅烧莫来石
5224 以孔雀石为基体
5225 以硅线石为基体
5226 以蓝晶石为基体
5227 以红柱石为基体
5228 以叶腊石为基体
5230 高纯度烧结莫来石
5231 莫来石/氧化锌复合陶瓷

5232 莫来石陶瓷(包括 IEC 60672 C600 材料)
5239 其他特定莫来石基材料

5310～5339 非耐火材料类铝硅酸盐(碱性瓷器)
5310 常规非耐火材料类铝硅酸盐
5311 硅质碱性瓷器材料(包含 IEC 60672 C110 材料)
5312 模压硅质碱性瓷器材料(包含 IEC 60672 C11 材料)
5320 高强度硅质碱性瓷器材料(氧化铝含量 30%到 50%,包含 IEC 60672 C120 材料)

5340～5344 云母基材料
5340 常规云母基材料
5341 天然云母基材料
5342 氟云母基材料
5344 其他特定云母基材料

5350～5355 钛酸铝基材料
5350 常规钛酸铝基材料
5351 按化学计量比的钛酸铝
5352 稳定的钛酸铝陶瓷坯体和原材料
5355 其他特定钛酸铝基材料

5380～5449 钡基材料
5381 碳酸钡基材料
5390 硅酸钡基材料
5395 铝硅酸钡基材料(钡长石)
5400 钛酸钡基材料
5440 氟化钡基材料

5450～5489 铍基材料
5451 氧化铍
5460 氧化铍/碳化硅复合材料
5470 硼化铍基材料

5490～5499 铋基材料
5491 氧化铋基材料
5495 铋钙锶铜氧化物

5500～5529 碳化硼基材料
5500 常规碳化硼
5501 碳化硼
5520 碳化硼/氧化铝材料

5530～5549 氮化硼基材料

5531　六方氮化硼
5539　立方氮化硼
5540　氮化硼/二硼化钛复合材料

5550～5579　钙基材料
5551　氧化钙基材料
5552　硅酸钙基材料
5555　铝硅酸钙基材料
5560　钙镁硅酸盐材料
5565　钙锆硅酸盐材料

5580～5599　碳基材料
5581　金刚石单晶
5582　金刚石基复合材料
5583　类金刚石膜
5585　化学气相沉积石墨
5590　玻璃碳
5595　富勒烯

5600～5609　铈基材料
5601　氧化铈基材料
5605　硫化铈基材料
5609　其他铈基材料

5610～5619　铬基材料
5611　三氧化二铬基材料
5619　其他三氧化二铬基材料

5620　钴基材料

5630～5639　铜基材料
5630　常规铜基材料
5631　氧化铜基材料
5639　其他氧化铜基材料

5640　镝基材料

5650　铒基材料

5660　铕基材料

5670～5679　钆基材料
5670　常规钆基材料

5671　钆铁石榴石材料
5679　其他特殊的钆基材料

5680　镓基材料

5690　锗基材料

5700～5749　铁基材料
5700　常规铁基材料
5711　氧化铁基材料
5720　硅酸铁基材料
5730　铬酸铁基材料
5740　硫化铁基材料
5749　其他特殊铁基材料

5750　镧基材料

5760～5829　铅基材料
5761　氧化铅基材料
5770　单硅酸铅基材料
5780　双硅酸铅基材料
5790　钛酸铅基材料
5800　锆酸铅基材料
5810　铌酸铅基材料
5820　铌酸铅锂材料
5829　其他特殊铅基材料

5830～5899　锂基材料
5831　透锂长石基材料
5835　锂辉石基材料
5840　锂霞石基材料
5859　其他特殊锂铝硅酸盐材料

5860　铝酸锂基材料
5870　钛酸锂基材料
5880　锆酸锂基材料
5899　其他特殊锂基材料

5900～6999　氧化镁基材料
5900　常规氧化镁基材料
5901～5919　氧化镁基材料
5902　高纯、致密煅烧氧化镁
5903　多孔煅烧氧化镁

5904 硅酸盐结合致密氧化镁
5905 电熔镁砂
5910 白云石基材料
5919 其他特殊氧化镁基材料

5920～5949 镁铝酸盐基材料
5920 常规尖晶石材料
5921 透明尖晶石陶瓷
5922 工业级尖晶石陶瓷
5930 电熔尖晶石
5935 煅烧尖晶石
5949 其他特殊镁铝酸盐基材料

5950～5999 镁铝硅酸盐材料
5952 常规堇青石和堇青石复合材料
5951 堇青石和堇青石复合材料,堇青石含量＞95%(包含 IEC 60672 C500 材料)
5952 70%＜堇青石含量≤95%(包含 IEC 60672 C500 材料)
5953 堇青石含量≤70%(第二相为常见物质,包含 IEC 60672 C500 材料)
5970 堇青石/莫来石复合材料
5999 其他特殊堇青石复合材料

6000～6049 镁硅酸盐材料
6000 滑石基材料
6001 滑石基材料,包含 IEC 60672 C210 材料
6002 滑石基材料,包含 IEC 60672 C220 材料
6003 多孔滑石基材料,包含 IEC 60672 C221 材料
6010 镁橄榄石基材料,包含 IEC 60672 C250 材料
6011 多孔镁橄榄石基材料,包含 IEC 60672 C240 材料
6080 氟化镁基材料

6099 其他特殊镁基材料

6100 钼基材料
6101 二硅化钼陶瓷

6110 钕基材料

6120～6139 镍基材料
6120 常规镍基材料
6121 氧化镍基材料
6130 镍铁酸盐基材料
6139 其他特殊氧化镍基材料

6140　铌基材料

6150～6159　磷酸盐和磷灰石基材料
6150　常规磷酸盐陶瓷
6151　羟基磷灰石
6152　氟磷灰石
6159　其他特殊磷酸盐材料

6160～6169　钾盐材料
6160　常规钾基陶瓷
6161　硅酸钾基材料
6162　氟硅酸钾基材料
6169　其他特殊钾基陶瓷

6170　钐基材料

6180　钪基材料

6200～6239　二氧化硅基材料
6200　常规二氧化硅基陶瓷
6201～6239　二氧化硅基材料
6201　常规二氧化硅基材料
6202　熔融石英
6203　熔融二氧化硅玻璃
6210　烧结熔融二氧化硅
6220　石英晶体
6239　其他特殊二氧化硅基材料

6250～6329　碳化硅基材料
6250　常规碳化硅基材料
6260　α-碳化硅(包含粉末和结合材料)
6262　α-SiC/氮化钛复合材料
6270　β-碳化硅(包含粉末和结合材料)
6280　反应烧结碳化硅
6285　渗硅烧结碳化硅
6290　化学气相沉积碳化硅
6300　氮化硅结合碳化硅材料
6301　氧氮化硅结合碳化硅材料
6309　其他特殊碳化硅基材料

6310　Si-C-O-N 纤维
6311　Si-Ti-C-O-N 纤维
6319　其他特殊碳化硅纤维

6320　碳化硅纤维增强碳化硅
6329　其他特殊碳化硅纤维增强材料

6330～6359　Silicon nitride based materials　氮化硅基材料
6330　α-氮化硅
6331　β-氮化硅
6335　多孔(反应烧结)氮化硅
6340　致密氮化硅,无添加剂
6345　含添加剂致密氮化硅,包括烧结氮化硅
6350　致密 β-赛隆材料
6351　致密 β-赛隆/氮化钛复合材料
6352　α-塞隆基材料
6358　化学气相沉积氮化硅材料
6359　其他特殊氮化硅基材料

6369　其他硅基材料

6370～6399　钠基材料
6370　常规钠基材料
6371　钠铝酸盐类材料
6380　正硅酸钠基材料
6381　硅酸钠基材料
6390　氟硅酸钠基材料
6399　其他特殊钠基材料

6400～6419　锶基材料
6400　常规锶基材料
6401　铈酸锶基材料
6410　钛酸锶基材料
6419　其他特殊锶基材料

6420～6429　钍基材料
6420　常规钍基材料
6421　氧化钍基材料
6429　其他特殊钍基材料

6430　氧化锡基材料

6440～6489　钛基材料
6440　常规钛基材料
6441　二氧化钛材料（充分氧化）
6442　还原二氧化钛材料
6450　碳化钛基材料

6460　氮化钛基材料
6470　二硼化钛基材料
6489　其他特殊钛基材料

6490～6509　钨基材料
6490　常规钨基材料
6491　氧化钨基材料
6492　碳化钨基材料
6509　其他特殊钨基材料

6510～6519　铀基材料
6510　常规铀基材料
6511　氧化铀基材料
6512　碳化铀基材料
6519　其他铀基材料

6520　钒基材料

6530～6579　钇基材料
6530　常规钇基材料
6531　氧化钇基材料
6540　钇铝石榴石基材料
6550　钇铁石榴石基材料
6570　钇钡铜氧化物基材料

6580～6609　锌基材料
6580　常规锌基材料
6581　铋掺杂氧化锌材料
6582　稀土掺杂氧化锌材料
6590　硅酸锌类材料
6600　硅酸锆锌类材料
6609　其他特殊锌基材料

6620～6699　氧化锆基材料
6620　常规氧化锆基材料
6621～6699　氧化锆基材料
6621　单斜氧化锆(不稳定,通常仅存于粉末形式))
6630～6639　稳定氧化锆(包含立方相和稳定剂)
6630　氧化镁稳定氧化锆
6631　氧化钙稳定氧化锆
6632　氧化钇稳定氧化锆
6633　稀土稳定氧化锆
6635　$MgO/CaO/Y_2O_3$ 混合稳定氧化锆

6639　其他特殊材料稳定的氧化锆

6640～6644　部分稳定氧化锆
6640　氧化镁部分稳定氧化锆(立方相为主,包含单斜相)
6641　氧化钙部分稳定氧化锆(立方相为主,包含单斜相)
6643　其他特殊材料部分稳定的氧化锆(立方相为主,包含单斜相)
6644　氧化镁部分稳定氧化锆

6645～6656　主晶相为四方氧化锆的 TZP 陶瓷
6645　氧化钇稳定 TZP
6650　铈稳定 TZP
6655　其他特殊材料稳定的氧化锆 TZP 陶瓷
6656　Al_2O_3 增强 TZP 陶瓷

6699　其他特殊氧化锆基材料

6700～6799　其他锆基材料
6700　硅酸锆基材料
6720　锆尖晶石材料
6740　碳化锆基材料
6750　其他二氧化锆基材料
6799　其他特殊锆基材料

8000～8999　玻璃材料
8000　常规玻璃材料
8050　常规玻璃陶瓷
8110　碳酸钠-碳酸钙-二氧化硅玻璃(退火,包含 IEC 60672 G 110)
8120　碳酸钠-石灰-二氧化硅玻璃(热增韧,包含 IEC 60672 G 120)
8200　耐化学腐蚀硼硅酸盐玻璃(包含 IEC 60672 G 200)
8310　电绝缘、低损耗硼硅酸盐玻璃(包含 IEC 60672 G 310)
8400　氧化铝-碳酸钙-二氧化硅玻璃(包含 IEC 60672 G 400)
8500　氧化铅碱玻璃(包含 IEC 60672 G 500)
8600　碱性钡玻璃(包含 IEC 60672 G 600)
8700　铅锌硼玻璃
8800　铝-硼基玻璃
8999　其他特殊玻璃

9000～9499　玻璃陶瓷材料
9001　锂铝硅体系
9010　镁铝硅体系
9020　锂锌硅体系

9500～9999　陶瓷前驱体

9501～9510　自然界存在的前驱体
9501　有机前驱体
9502　无机前驱体
9503　有机金属的前驱体
9511～9520　合成前驱体
9511　有机前驱体
9512　无机前驱体
9513　金属前驱体
9514　有机金属前驱体

附　录　C
（资料性附录）
按照陶瓷制备及加工工艺分类

C.1　引言

该领域的信息与陶瓷的工艺路线密切相关，例如可以用于辨别不同的产品。该分类方法可以通过陶瓷材料的生产工艺辨别陶瓷材料的分类目的、产品标识以及科研用途。但是制备过程的细节信息可能对商业产品作用不大，因此，编码的作用对此受到影响。

C.2　编码结构

该类型的分类首字母为P。P后面跟随三个字符，即，Pnnn，每一个字符代表工艺的不同方面。由于制备过程份额不同，可能需要对各不同方面进行分类，陶瓷的编码将有一系列单独编码组成，即PnnnPnnnPnnn……，编制过程中无空格或标点符号。

C.3　工艺编码分类

前驱体制备工艺

101　固相前驱体陶瓷制备工艺
102　气相前驱体陶瓷制备工艺
103　溶胶-凝胶前驱体陶瓷制备工艺
104　其他陶瓷前驱体制备工艺
199　前驱体的其他制备方法

粉末制备方法

201　煅烧或研磨制备陶瓷粉末
202　熔融、破碎、研磨制备陶瓷粉末
203　化学沉积制备陶瓷粉末
204　气相反应制备陶瓷粉末
205　火焰裂解制备陶瓷粉末
206　溶胶-凝胶制备陶瓷粉末
210　纤维或晶须制备工艺
299　陶瓷粉末的其他制备方法

粉末制备工艺

301　与制备方法相同的制备工艺
302　喷雾干燥造粒
303　熔融喷雾造粒
304　冷冻-干燥造粒
305　压滤制粉
306　研磨制粉
307　滚筒制粉
308　干燥

309 煅烧
310 流化床造粒
311 泥浆造粒
399 陶瓷粉末的其他制备工艺

粉末压实或成型工艺

401 单向干压成型
402 素坯加工
403 等静压成型
404 浇注成型
405 压力注浆成型
406 流延成型
407 注模成型
408 低压注模成型
409 模压成型
410 辊压成型
411 挤出成型
412 电子沉积
413 揉炼或浇注成型
414 冷冻注凝成型
415 直接凝固成型
416 触变压铸成型
417 凝胶注模成型
418 素坯干燥
419 纤维编制体/纤维材料成型,包括纤维缠绕
499 其他坯体成型方式

粉末固结

501 非氧化气氛下压力烧结
502 空气下压力烧结
503 非氧化气氛下无压烧结
504 真空烧结
505 气氛压力烧结
506 热等静压烧结
507 包套式热等静压烧结
508 传统烧结方式后热等静压烧结
509 单向热压烧结
510 高温自蔓延合成
511 液相反应烧结
512 气相反应结合
513 化学气相沉积
514 化学气相渗透
515 等离子/火焰喷涂

516 界面控制反应
517 化学键合
518 溶胶-凝胶固化工艺
519 微波烧结
520 反应烧结
521 排胶/预烧结
599 其他粉末固结方式

涂层制备工艺

601 CVD 涂层制备工艺
602 PVD 涂层制备工艺
603 离子电镀涂层制备工艺
605 溶胶-凝胶涂层制备工艺
606 喷射涂层制备工艺
607 等离子喷涂
608 火焰喷涂
699 其他涂层制备工艺

直接成型

701 熔化成型，包括晶体生长
702 气相成型
799 其他直接成型工艺

陶瓷制备后加工工艺

801 陶瓷制备后无加工工艺
802 表面振动球磨
803 表面磨蚀
804 表面机械加工或研磨(有磨料)
805 表面研磨(无磨料)
806 表面抛光
807 重烧结与机械加工
808 玻璃化
809 钻孔
810 电镀金属
811 表面铜焊
812 胶结
813 玻璃连接
814 热扩散连接
815 切割
816 热处理
817 刻蚀
818 激光划线、钻孔或标记
819 化学刻蚀

820 化学离子交换
821 表面离子注入
899 其他后加工工艺
其他工艺
999 其他特殊工艺

附 录 D
（规范性附录）
按照陶瓷性能分类

D.1 引言

本分类方法通常以字母D为首字母。在分类中包含与陶瓷材料性能相关的重要的特征：该代码能够明确表征该材料的性能特征，并能够包含相关的一类陶瓷材料。

D.2 编码结构

编码应包含以下重要组成项：

——特征描述符号D；

——性能特征：用数字表示；

——性能：两位数字；

——对已知性能的表述：某一范围的数字编码。

如果需要还可以包含以下组成：

——某性能显现所需温度或需要达到的温度范围；

——某性能显现所需频率或需要达到的温度范围。

该分类公式为：Djk_1k_2lmn

其中：

j 为单一数字，代表陶瓷的主性能分类，如物理性能、热学性能、电性能等；

k_1k_2 为两位数字，代表材料在主性能范围内的某一特殊性能；

l 为单一数字，代表性能变化；

m 为单一数字，代表陶瓷性能随温度变化的特性；

n 为单一数字，代表陶瓷性能随频率变化的特性，应跟随温度编码一起出现；

许多情况下，最好两个数字是没有必要的，可以省略，如 Djk_1k_2l 或 Djk_1k_2lm，在某些情况下，l 也可以省略。如果材料的性能是变化的，可以需用两个或更多的编码表示。

D.3 性能分类

表1给出了性能分类数据编码。这些能够恰当满足陶瓷的性能分类的数字编码由以下几部分组成：

——j(表D.1第2栏)为主性能分类代码；

——k_1k_2(表D.1第3栏)为性能代码；

——l(表D.1第4～12栏)为性能变化所具有的代码；

——m(表D.2)为限制温度；

——n(表D.2)为限制频率。

性能分类编码最少有 j 和 k_1k_2 两部分组成。如果需要明确陶瓷性能的测试方法(表D.1第13栏，具体测试标准可参考附录E)，可以添加 l 代码。温度编码一般用于热膨胀性能的描述，如果没有 m 编码，则认为是室温性能。为了避免出现模糊，对电性能的分类，频率编码 n 是必要的。

当需要对测试方法做出更进一步的说明或对分类做进一步说明时可以加入由文字和数字组成的补充说明。例如：

弯曲强度　D2015(ISO 14704，三点弯曲，30 mm 跨距)；

热膨胀　D3044(EN 821-1)

颜色　D403(红色)

洛氏硬度　D2057(HR45N)

补充说明中可包含测试样中显微结构各向异性、晶粒取向、试样方向等信息，一般用字母X、Y、Z表示。

例如：

拉伸强度　D2075(X)D2072(Z) 2-D纤维复合材料；

热导率　D3016(Z)D3011(X) CVD氮化硼涂层。

表 D.1　性能分类数据

性能与符号	j	k_1k_2	l									测试方法
			1	2	3	4	5	6	7	8	9	
物理性能	1	能够体现产品分类的关键性能										
相对密度/%	1	01	≤20	>20～40	>40～60	>60～80	>80～95	>95～99	>99			
体积密度/(mg·m^{-3})	1	15	≤1	>1～1.5	>1.5～2	>2～3	>3～4	>4～5	>5～7	>7～10	>10	A:ISO 18754 A:EN623-2 B:ENV 1389 A:JIS R1634
显气孔率 (或为吸水率)/%	1	02	≤1	>1～5	>5～10	>10～30	>30～50	>50～80	>80			A:ISO 18754 A:IEC 60672-2 A:EN 623-2 A:JIS R1634 D:JIS R1628
闭气孔率/%	1	14	0	>0～1	>1～3	>3～10	>10～20	>20～40	>40～70	>70		C:ENV 1071-5
平均开孔孔径/μm	1	16	≤0.01	>0.01～0.1	>0.1～1	>1～10	>10～100	>100～1 000	>1 000			
晶粒尺寸/μm	1	03	≤1	>1～3	>3～8	>8～25	>25～100	>100				A:ENV 623-3
平均粒径 $d50$/μm	1	04	≤0.01	>0.01～0.05	>0.05～1	>1～3	>3.0～10	>10～30	>30～100	>100		D:ASTM C1282 D:EN 725-6 D:JIS R1619 D:JIS R1629
粉料比表面积/ (m^2·g^{-1})	1	05	≤1	>1～2	>2～5	>5～10	>10～20	>20～50	>50～100	>100		D:ISO 18757 D:ASTM C1251 D:ASTM C1274 D:EN725-5 D:JIS R1626

表 D.1（续）

性能与符号	j	k_1k_2	l									测试方法
			1	2	3	4	5	6	7	8	9	
粉料松装密度/（mg·m^{-3}）	1	06	≤0.1	＞0.1～0.2	＞0.2～0.5	＞0.5～1.0	＞1～1.5	＞1.5～2	＞2～3	＞3～5	＞5	D:EN 725-8
安息角	1	07	重要性能指标									
晶须/纤维平均尺寸/μm	1	08	≤0.1	＞0.1～0.5	＞0.5～1	＞1～3	＞3～8	＞8～15	＞15～50	＞50		B:ENV 1007-3
短切纤维或晶须长度/μm	1	09	产品的重要性能									
纤维/晶须长径比	1	10	产品的重要性能									测试方法
纤维/晶须/片晶体积分数	1	11	产品的重要性能									
涂层厚度/μm	1	12	≤0.1	＞0.1～1	＞1～10	＞10～100	＞100～1 000	＞1 000～10 000	＞10 000			C:ENV 1071-1 C:ENV 1071-2
表面粗糙度,Ra/μm	1	13	≤0.01	＞0.01～0.02	＞0.02～0.05	＞0.05～0.1	＞0.1～0.2	＞0.2～0.5	＞0.5～1	＞1～2	＞2	A:ENV 623-4
机械性能	2	机械性能关键取决于其各项参数										
弯曲强度[b]/MPa	2	01	≤20	＞20～50	＞50～100	＞100～200	＞200～400	＞400～1 000	＞1 000			A:ISO 14704 A:IEC 60672-2 A:ASTM C1161 A:EN 843-1 JIS R1601 A:ISO 17565 A:EN 821-1 B:ASTM C1341 B:ENV 658-3

表 D.1（续）

性能与符号	j	k_1k_2	l									测试方法
			1	2	3	4	5	6	7	8	9	
剪切强度/MPa	2	02	≤20	>20～50	>50～100	>100～200	>200～400	>400～1 000	>1 000			B:ASTM C1292 B:ENV658-4,-5,-6
抗压强度/MPa	2	13	≤10	>10～50	>50～200	>200～500	>500～2 000	>2 000				A:ASTM C1424 A:JIS R1608 B:ASTM C1358 B:ENV 658-2 B:ENV 12290 B:ENV 12291
韧性	2	04	产品的重要性能									A:ISO 15732 A:ISO 18756 A:ASTM C1421 A:JIS R1607
硬度	2	05	HV,HK ≤1 000	HV,HK >1 000～1 500	HV,HK >1 500～2 000	HV,HK >2 000	HR≤60	HR >60～80	HR >80～90	HR >90～95	HR >95	A:ISO 14705 A:ASTM C1326/7 A:ENV 843-4 A:JIS R1610
杨氏模量 $\dot{s}$/GPa	2	06	≤50	>50～100	>100～200	>200～400	>400					A:ISO 17561 A:ASTM C1198 A:ASTM C1259 A:ENV 843-2 A:JIS R1602
剪切模量/GPa	2	09	≤20	>20～50	>50～100	>100～200	>200					A:ASTM 1198 A:ASTM 1259 A:ENV 843-2 A:JIS R1602

表 D.1（续）

性能与符号	j	k_1k_2	l									测试方法
			1	2	3	4	5	6	7	8	9	
泊松比	2	08	≤0.1	>0.1～0.15	>0.15～0.20	>0.2～0.25	>0.25～0.3	>0.3				A：ASTM C1198 A：ENV 843-2 A：JIS R1602
杨氏模量与温度关系/（ppm/℃）	2	10	≤−2 000	>−2 000～−1 000	>−1 000～−500	>−500～0	>0～500	>500～1 000	>1 000～2 000	>2 000		
剪切模量与温度关系/（ppm/℃）	2	11	≤−2 000	>−2 000～−1 000	>−1 000～−500	>−500～0	>0～500	>500～1 000	>1 000～2 000	>2 000		
拉伸强度/MPa	2	07	≤20	>20～50	>50～100	>100～200	>200～400	>400～1 000	>1 000			A：ISO 15490 A：ASTM C1273 A：JIS R1606 B：ASTM C1272 B：ISO 15733 B：EN 658-1
破坏伸长/%	2	12	≤0.05	>0.05～0.1	>0.1～0.2	>0.2～0.5	>0.5～1	>1～2	>2～5	>5		B：ISO 15733
热性能	3	陶瓷热性能关键参数										
热导率/（$Wm^{-1}K^{-1}$）	3	01	≤2	>2～4	>4～10	>10～30	>30～50	>50～100	>100～150	>150～200	>200	
比热/（$Jg^{-1}K^{-1}$）	3	02	≤0.3	>0.3～0.5	>0.5～0.7	>0.7～1	>1					A：ENV 821-3 B：ENV 1159-3
水淬冷抗热震性 ΔT/K	3	03	≤100	>100～200	>200～400	>400						A：IEC 60672-2 A：ENV 820-3

表 D.1（续）

性能与符号	j	k_1k_2	l									测试方法
			1	2	3	4	5	6	7	8	9	
热膨胀系数/ $(10^{-6}K^{-1c})$	3	04	≤2	>2～4	>4～8	>8～10	>10～20	>20				A:ISO 17562 A:EN 821-1 A:JIS R1618 A:ASTM E228 B:ENV 1159-1
空气中自变形温度/ ℃	3	05	≤200	>200～500	>500～800	>800～1 000	>1 000～ 1 200	>1 200～ 1 600	>1 600			A:ENV 820-2
玻璃化温度/℃	3	06	≤200	>200～300	>300～400	>400～500	>500～600	>600～700	>700～800	>800		A:IEC 60672-2
热扩散系数/ $(10^{-6}m^2s^{-1})$	3	07	≤1	>1～3	>3～6	>6～10	>10～15	>15～25	>25～40	>40～70	>70	A:ISO 18755 A:EN 821-2 A:JIS R1611 B:ENV 1159-2
发射率	3	08	产品的重要性能									
空气中最高短期 使用温度/℃	3	09	≤300	>300～500	>500～700	>700～900	>900～ 1 100	>1 100～ 1 300	>1 300～ 1 500	>1 500～ 1 700	>1 700	
惰性气体中最高长期 使用温度/℃	3	10	≤300	>300～500	>500～700	>700～900	>900～ 1 100	>1 100～ 1 300	>1 300～ 1 500	>1 500～ 1 700	>1 700	
光学性能	4	陶瓷光学性能关键参数										
反射率	4	01	产品的重要性能									
透过率	4	02	产品的重要性能									
颜色	4	03	产品的重要性能									
双折射	4	04	产品的重要性能									
荧光性	4	05	产品的重要性能									

表 D.1（续）

性能与符号	j	k_1k_2	l									测试方法
			1	2	3	4	5	6	7	8	9	
磁性能	5		陶瓷磁学性能关键参数									
相对渗透性	5	01	产品的重要性能									
剩磁	5	02	产品的重要性能									
矫顽磁性	5	03	产品的重要性能									
铁磁性	5	04	产品的重要性能									
磁致伸缩	5	06	产品的重要性能									
电性能	6		陶瓷电性能关键参数									
电阻率/(Ω·cm)	6	01	$\geqslant 10^{14}$	$<10^{14}\sim10^{10}$	$<10^{10}\sim10^{6}$	$<10^{6}\sim10^{3}$	$<10^{6}\sim10^{1}$	$<10^{1}\sim10^{-1}$	$<10^{-1}$			A:IEC 60672-2
非线性电阻率	6	02	产品的重要性能									
超导临界温度	6	03	产品的重要性能									
超导临界电流	6	04	产品的重要性能									
电阻率(离子)/(Ω·cm)	6	05	$\leqslant 10^{-6}$	$>10^{-6}\sim10^{-4}$	$>10^{-4}\sim10^{-2}$	$>10^{-2}\sim1$	$>1\sim10^{2}$	$>10^{2}\sim10^{4}$	$>10^{4}\sim10^{6}$	$>10^{6}$		
相对介电常数	6	06	≤5	>5~8	>8~12	>12~20	>20~100	>100~500	>500~2 000	>2 000		A:IEC 60672-2 A:JIS R1627
介电常数温度系数	6	07	产品的重要性能									
铁电转换温度	6	08	产品的重要性能									
损耗角正切/tan	6	09	≥0.1	<0.1~0.01	<0.01~0.001	$<0.001\sim10^{-4}$	$<10^{-4}$					A:IEC 60672-2 A:JIS R1627
介电击穿电压梯度/($kVmm^{-1}$)	6	10	≤5	>5~10	>10~20	>20~40	>40					A:IEC 60672-2
热释电性能	6	11	产品的重要性能									

表 D.1（续）

性能与符号	j	k_1k_2	l									测试方法
			1	2	3	4	5	6	7	8	9	
热电性能	6	12	产品的重要性能									
负温度系数	6	13	产品的重要性能									
正温度系数	6	14	产品的重要性能									
压电性能	6	15	产品的重要性能									
电致伸缩性能	6	16	产品的重要性能									
光电性能	6	17	产品的重要性能									
居里温度，介电/℃	6	18	≤0	>0～50	>50～100	>100～150	>150～200	>200～300	>300			
额定温度 Te/℃	6	19	≤300	>300～400	>400～500	>500～700	>700～1 000	>1 000～1 200	>1 200			A：IEC 60672-2
耐磨损性	7		陶瓷耐磨损性能关键参数									
磨料耐磨性	7	01	产品的重要性能									
滑动耐磨性	7	02	产品的重要性能									A：JIS R1613
侵蚀耐磨性	7	03	产品的重要性能									
耐腐蚀性	8		陶瓷耐腐蚀性能关键参数									A：ENV 12923-1
水介质	8	01	产品的重要性能									
酸性溶液	8	02	产品的重要性能									A：JIS R1614
碱性溶液	8	03	产品的重要性能									A：JIS R1614
氧化气氛	8	04	产品的重要性能									A：JIS R1609
还原气氛	8	05	产品的重要性能									
熔融金属	8	06	产品的重要性能									

表 D.1（续）

性能与符号	j	k_1k_2	l									测试方法
			1	2	3	4	5	6	7	8	9	
熔融盐	8	07	产品的重要性能									
盐类金属	8	08	产品的重要性能									
熔融硅酸盐渣	8	09	产品的重要性能									
生物再吸收性	8	20	产品的重要性能									
生物惰性	8	21	产品的重要性能									
生物活性（不包含溶解）	8	22	产品的重要性能									
核性能	9	陶瓷核性能关键参数										
中子俘获截面	9	01	产品的重要性能									

[a] A＝单块材料；B＝复合材料；C＝涂层；D＝粉料。

[b] 数据参照表面抛光的样条 40 mm 跨距四点弯曲测试结果。

[c] 对热膨胀系数，温度限制的参数应标明温度范围。

表 D.2 温度和频率限制参数，分类编码 *m*、*n*

性能编码 *m* or *n*	温度限制参数 *m*/ ℃	频率限制参数 *n*/ Hz
1	≤0	d.c.
2	>0~100	$\leqslant 10^3$
3	>100~300	$>10^3 \sim 10^6$
4	>300~600	$>10^6 \sim 10^9$
5	>600~900	$>10^9$
6	>900~1 200	—
7	>1 200~1 400	—
8	>1 400~1 600	—
9	>1 600	—
0	不受限制	不受限制

表 D.3 方向导致的各向异性性能编码

方向编码	适用的代码	产生方向性的原因
X	KB,KG	垂直热压或挤压方向
	KS	平行规则的 1 维增强维纤方向
	KT	平行于 2 维增强维纤的某一个主要方向
	KU	垂直于 3 维增强维纤的某一个主要方向
	LB,LE,LF	垂直于沉积膜或涂层的方向
	EL	平行于平板方向
	S	平行于在正交或六方晶体 a 轴方向
Z	KB,KG	平行于热压或挤压方向
	KS	垂直于规则的 1 维增强维纤方向
	KT	垂直于 2 维增强维纤的某一个主要方向
	KU	平行于 3 维增强维纤的某一个主要方向
	LB,LE,LF	平行于沉积膜或涂层的方向
	EL	垂直于平板方向
	S	平行于在正交或六方晶体 c 轴方向
Y	All	垂直于 X 和 Z 方向

附　录　E
（资料性附录）
按照特征性能及数据分类参考文献

E.1　引言

本部分列举了测试各分类产品性能可能用到的各种测试标准。这些标准不一定能面面俱到，但可以作为参考。

E.2　测试标准

E.2.1　ISO、IEC 相关标准

［1］ ISO 14703, Fine ceramics (advanced ceramics, advanced technical ceramics)—Sample preparation for the determination of particle size distribution of ceramic powders

［2］ ISO 14704, Fine ceramics (advanced ceramics, advanced technical ceramics)—Test method for flexural strength of monolithic ceramics at room temperature

［3］ ISO 14705, Fine ceramics (advanced ceramics, advanced technical ceramics)—Test method for hardness of monolithic ceramics at room temperature

［4］ ISO 15490, Fine ceramics (advanced ceramics, advanced technical ceramics)—Test method for tensile strength of monolithic ceramics at room temperature

［5］ ISO 15732, Fine ceramics (advanced ceramics, advanced technical ceramics)—Test method for fracture toughness of monolithic ceramics at room temperature by single edge precracked beam (SEPB) method

［6］ ISO 15733, Fine ceramics (advanced ceramics, advanced technical ceramics)—Test method for tensile stress-strain behavior of continuous fiber-reinforced composites at room temperature

［7］ ISO 17561, Fine ceramics (advanced ceramics, advanced technical ceramics)—Test method for elastic moduli of ceramics at room temperature by sonic resonance

［8］ ISO 17562, Fine ceramics (advanced ceramics, advanced technical ceramics)—Test method for linear thermal expansion of monolithic by push rod technique

［9］ ISO 17565, Fine ceramics (advanced ceramics, advanced technical ceramics)—Test method for flexural strength of monolithic ceramics at elevated temperature

［10］ ISO 18754, Fine ceramics (advanced ceramics, advanced technical ceramics)—Determination of density and apparent porosity

［11］ ISO 18755, Fine ceramics (advanced ceramics, advanced technical ceramics)—Determination of thermal diffusivity of monolithic by laser flash method

［12］ ISO 18756, Fine ceramics (advanced ceramics, advanced technical ceramics)—Determination of fracture toughness of monolithic ceramics at room temperature by the surface crack in flexure (SCF) method

［13］ ISO 18757, Fine ceramics (advanced ceramics, advanced technical ceramics)—Determination of specific surface area of ceramics powders by gas absorption using the BET method

［14］ IEC 60672-2, Ceramics and glass insulating materials—Part 2: Methods of test

E.2.2　ASTM 相关标准

［1］ ASTM C1161, Standard Test Method for Flexural Strength of Advanced Ceramics at Ambient Temperature

[2] ASTM C1198, Standard Test Method for Dynamic Young's modulus, Shear Modulus, and Poisson's Ratio for advanced ceramics by Sonic Resonance

[3] ASTM C1251, Standard Guide for Determination of Specific Surface Area of Advanced Ceramic Materials by Gas Adsorption

[4] ASTM C1259, Standard Test Method for Dynamic Young's modulus, Shear Modulus, and Poisson's Ratio for advanced ceramics by Impulse Excitation of Vibration

[5] ASTM C1273, Standard Test Method for Tensile Strength of Monolithic Advanced Ceramics at Ambient Temperatures

[6] ASTM C1274, Standard Test Method for Advanced Ceramics Specific Surface Area by Physical Adsorption

[7] ASTM C1275, Standard Test Method for Monotonic Tensile Behavior of Continuous Fiber-Reinforced Advanced Ceramics with Solid Rectangular Cross-Section Specimens at Ambient Temperatures

[8] ASTM C1282, Standard Test Method for Determining the Particle Size Distribution of Advanced Ceramics by Centrifugal Photosedimentation

[9] ASTM C1292, Standard Test Method for Shear Strength of continuous Fiber-Reinforced Advanced Ceramics at Ambient Temperatures

[10] ASTM C1326, Standard Test Method for Knoop Indentation hardness of Advanced Ceramics

[11] ASTM C1327, Standard Test Method for Vickers Indentation hardness of Advanced Ceramics

[12] ASTM C1341, Standard Test Method for Flexural Properties of Continuous Fiber-Reinforced Advanced Ceramic Composites

[13] ASTM C1358, Standard Test Method for Monotonic Compressive Strength Testing of Continuous Fiber-Reinforced Advanced Ceramics with Solid Rectangular Cross-Section Specimens at Ambient Temperatures

[14] ASTM C1421, Standard Test Method for Determination of Fracture Toughness of Advanced Ceramics at Ambient Temperature

[15] ASTM C1424, Standard Test Method for Monotonic Compressive Strength of Advanced Ceramics at ambient Temperatures

[16] ASTM E228, Standard Test Method for Linear Thermal Expansion of Solid Materials With a Vitreous Silica Dilatometer

E.2.3 欧洲标准

[1] EN 623-2, Advanced technical ceramics—Monolithic ceramics—General and textural properties—Part 2: Determination of density and porosity

[2] EN 623-3, Advanced technical ceramics—Monolithic ceramics—General and textural properties—Part 3: Determination of grain size

[3] EN 623-4, Advanced technical ceramics—Monolithic ceramics—General and textural properties—Part 4: Determination of surface roughness

[4] EN 658-1, Advanced technical ceramics—Mechanical properties of composite materials at room temperature—Part 1: Determination of tensile properties

[5] EN 658-2, Advanced technical ceramics—Mechanical properties of composite materials at

room temperature—Part 2:Determination of compressive strength

[6] EN 658-3, Advanced technical ceramics—Mechanical properties of composite materials at room temperature—Part 3:Determination of flexural strength

[7] EN 658-4, Advanced technical ceramics—Mechanical properties of composite materials at room temperature—Part 4:Determination of shear strength by compression loading of notched specimens

[8] EN 658-5, Advanced technical ceramics—Mechanical properties of composite materials at room temperature—Part 5:Determination of shear strength by short span bend test (three-point)

[9] EN 658-6, Advanced technical ceramics—Mechanical properties of composite materials at room temperature—Part 6:Determination of shear strength by double punch shearing

[10] EN 725-5, Advanced technical ceramics—Methods of test for ceramic powders—Part 5:Determination of the particle size distribution

[11] EN 725-6, Advanced technical ceramics—Methods of test for ceramic powders—Part 6:Determination of the specific surface area

[12] EN 725-8, Advanced technical ceramics—Methods of test for ceramic powders—Part 8:Determination of tapped bulk density

[13] ENV 820-1, Advanced technical ceramics—Monolithic ceramics—Thermomechanical properties—Parts 1:Determination of flexural strength at elevated temperature

[14] ENV 820-2, Advanced technical ceramics—Monolithic ceramics—Thermomechanical properties—Parts 1:Determination of selfloaded deformation

[15] ENV 820-3, Advanced technical ceramics—Monolithic ceramics—Thermomechanical properties—Parts 1:Determination of resistance to thermal shock by water quenching

[16] EN 821-1, Advanced technical ceramics—Monolithic ceramics—Thermo-physical properties—Parts 1:Determination of thermal expansion

[17] EN 821-2, Advanced technical ceramics—Monolithic ceramics—Thermo-physical properties—Parts 1:Determination of thermal diffusivity by the laser flash (or heat pulse) method

[18] ENV 821-3, Advanced technical ceramics—Monolithic ceramics—Thermo-physical properties—Parts 1:Determination of specific heat capacity

[19] EN 843-1, Advanced technical ceramics—Monolithic ceramics—Mechanical properties at room temperature—Part 1:Determination of flexural strength

[20] ENV 843-2, Advanced technical ceramics—Monolithic ceramics—Mechanical properties—Part 2:Determination of elastic moduli

[21] ENV 843-4, Advanced technical ceramics—Monolithic ceramics—Mechanical properties—Part 4:Vickers, Knoop and Rockwell Superficial hardness tests

[22] ENV 1007-3, Advanced technical ceramics—Ceramics composites—Methods of test for reinforcements—Part 3:Determination of filament diameter

[23] ENV 1071-1, Advanced technical ceramics—Methods of test for ceramics coatings—Part 1: Determination of coating thickness by contact probe profilometer

[24] ENV 1071-2, Advanced technical ceramics—Methods of test for ceramics coatings—Part 2: Determination of coating thickness by the cap grinding method

[25] ENV 1071-5, Advanced technical ceramics—Methods of test for ceramics coatings—Part 5: Determination of porosity

[26] ENV 1159-1, Advanced technical ceramics—Ceramics composites—Thermopgysical prop-

erties—Part 1:Determination of thermal expansion

[27] ENV 1159-2, Advanced technical ceramics—Ceramics composites—Thermopgysical properties—Part 2:Determination of thermal diffusivity

[28] ENV 1159-3, Advanced technical ceramics—Ceramics composites—Thermopgysical properties—Part 3:Determination of specific heat capacity

[29] ENV 1389, Advanced technical ceramics—Ceramic composites—Physical properties—Determination of density and apparent porosity

[30] ENV 12290, Advanced technical ceramics—Mechanical properties of ceramic composites at high temperature under inert atmosphere—Determination of compression properties

[31] ENV 12291, Advanced technical ceramics—Mechanical properties of ceramic composites at high temperature in air at atmosphere pressure

[32] ENV 12923-1, Advanced technical ceramics—Monolithic ceramics—Part 1:General practice for undertaking corrosion tests

E.2.4 日本工业标准

[1] JIS R 1601, Testing method for flexural strength (modulus of rupture) of fine ceramics

[2] JIS R 1602, Testing methods for elastic modulus of fine ceramics

[3] JIS R 1606, Testing methods for tensile strength of fine ceramics at room temperature and elevated temperature

[4] JIS R 1607, Testing methods for fracture toughness of fine ceramics

[5] JIS R 1608, Testing methods for compressive strength of high performance ceramics

[6] JIS R 1609, Testing methods for oxidation resistance of non-oxide high performance ceramics

[7] JIS R 1610, Testing method for Vickers hardness of high performance ceramics

[8] JIS R 1611, Testing methods for thermal diffusivity, specific heat capacity, and thermal conductivity for fine ceramics by laser flash method

[9] JIS R 1613, Testing method for wear resistance of high performance ceramics by ball-on disk method

[10] JIS R 1614, Testing method for corrosion of high performance ceramics in acid and alkaline solutions

[11] JIS R 1618, Measuring method for thermal expansion of fine ceramics by thermomechanical analysis

[12] JIS R 1619, Testing method for size distribution of fine ceramic particles by liquid photosedimentation method

[13] JIS R 1626, Measuring methods for the specific surface area of fine ceramic powders by gas adsorption using the BET method

[14] JIS R 1627, Testing method for dielectric properties of fine ceramics at microwave frequency

[15] JIS R 1628, Test method for bulk density of fine ceramics powder

[16] JIS R 1629, Determination of particle size distributions for fine ceramic raw powders by laser diffraction method

[17] JIS R 1634, Test method for density and apparent porosity of fine ceramics

参 考 文 献

[1] SCHNEIDER, S. L., International survey on the classification of advanced ceramics, VAMAS Report No. 5, 1990, published by National Physical Laboratory, Teddington, TW 110LW, UK

[2] REYNARD, K. R., Proceedings of Workshop on classification of advanced Ceramics, Ispra, June 1990, Elsevier, Barking, published in Ceramics International, 1993, 19(1), 1 et seq.

[3] Cotton, J. W. and EVERILL, J. B., Report to VAMAS TWA14—A unified classification system for advanced technical ceramics, British Ceramic Research Ltd Report to VAMAS TWA14, November 1992

[4] SCHNEIDER, S. L., Final report of VAMAS Technical Working Area 14, Classification of Advanced Technical Ceramics, 1993, VAMAS Report 15, National Institute for Standards and Technology, Gaithersburg, MD, USA

[5] MORRELL, R., NEWLAND, B. G., STAMENKOVICH, I. and WÄSCHE, R., Testing and demonstrating the VAMAS classification scheme—Summary of issues in manual coding of commercial products, 1996, VAMAS Report 23, National Physical Laboratory, Teddington, UK

ICS 03.120.99
A 90

中华人民共和国国家标准

GB/T 23808—2009

全息防伪膜

Holographic anti-counterfeiting film

2009-05-06 发布　　2009-11-01 实施

中华人民共和国国家质量监督检验检疫总局
中国国家标准化管理委员会　发布

前言

本标准的附录A、附录B、附录C为规范性附录。

本标准由全国防伪标准化技术委员会(SAC/TC 218)提出并归口。

本标准起草单位:北方九星全息制品有限公司、国家防伪产品质量监督检验中心、深圳大学反光材料厂、深圳九星印刷包装集团有限公司、广东东南薄膜科技股份有限公司、广东东莞光群雷射科技有限公司、北京三友防伪商标印刷有限公司、国家防伪工程技术研究中心中国印钞造币总公司、中国印钞造币总公司特种防伪科技公司。

本标准起草人:王振亮、刘克夫、王笑冰、蒋树青、陈松青、刘文义、哈流柱、程海燕、裴文、陈汝钧、栾欣、王晓利。

全 息 防 伪 膜

1 范围

本标准规定了全息防伪膜的术语和定义,分类,要求,试验方法,验收规则,标志、包装、运输、贮存和安全措施以及环保、卫生要求。

本标准适用于镀层全息防伪膜、无镀层全息防伪膜。

2 规范性引用文件

下列文件中的条款通过本标准的引用而成为本标准的条款。凡是注日期的引用文件,其随后所有的修改单(不包括勘误的内容)或修订版均不适用于本标准,然而,鼓励根据本标准达成协议的各方研究是否可使用这些文件的最新版本。凡是不注日期的引用文件,其最新版本适用本标准。

GB/T 2410 透明塑料透光率和雾度的测定

GB/T 8807 塑料镜面光泽试验方法

GB/T 14216 塑料 膜和片润湿张力的测定(GB/T 14216—2008,ISO 8296:2003,IDT)

GB/T 18734—2002 防伪全息烫印箔

GB/T 19425—2003 防伪技术产品通用技术条件

3 术语和定义

下列术语和定义适用于本标准。

3.1

全息防伪膜 holographic anti-counterfeiting film

以塑料薄膜为基材,其上有全息图案,具有防伪功能的产品。

3.2

镀层全息防伪膜 coated holographic anti-counterfeiting film

带有反射镀层的全息防伪膜。

3.3

无镀层全息防伪膜 non-coated holographic anti-counterfeiting film

没有反射镀层的全息防伪膜。

3.4

转移型全息防伪膜 transfer holographic anti-counterfeiting film

能用热转移或冷转移的方式,将其上全息信息转移到标的物上的全息防伪膜。

3.5

非转移型全息防伪膜 non-transfer holographic anti-counterfeiting film

不能将其上全息信息转移到标的物上的全息防伪膜。

3.6

黄斑 yellow spot

镀铝层上轻微发黄的斑痕。

3.7

砂眼 pin holes

真空镀层时,由于各种原因造成的镀层薄膜缺陷。

3.8

版缝　plate gap

由模压工作版拼接造成模压产品有效版面内的缝隙。

3.9

镀层不均匀度　coating thickness variation;matellizing thickness variation

反映镀层均匀性的指标。

3.10

镀层附着牢度　coating adhesion;matellizing adhesion

镀层附着在基材表面的牢固度。

4　分类

4.1　按产品类型分类

4.1.1　按镀层分为：

a)　镀层全息防伪膜，指金属镀层全息防伪膜、介质镀层全息防伪膜；

b)　无镀层全息防伪膜，指无镀层的透明全息防伪膜。

4.1.2　按使用方式分为：

a)　转移型全息防伪膜；

b)　非转移型全息防伪膜。

4.1.3　按基材类型分为：

a)　PET 全息防伪膜；

b)　BOPP 全息防伪膜；

c)　其他基材全息防伪膜。

4.2　按设计制版全息防伪技术分类

设计制版全息防伪技术一般包括以下几类：

a)　彩虹全息防伪技术；

b)　计算全息防伪技术；

c)　计算机辅助全息防伪技术；

d)　光信息处理及光学变换全息防伪技术(含各种光学加密)；

e)　色彩控制及多通道合成全息防伪技术；

f)　脉冲全息防伪技术。

5　要求

5.1　防伪特性

5.1.1　防伪力度悬置段

5.1.1.1　防伪力度构成因素

全息防伪膜防伪力度由防伪识别特征数量、防伪技术独占性的数量、仿制难度和仿制成本大小四因素构成。各因素应达到的条件和要求为：

a)　全息防伪膜防伪力度中的防伪技术独占性的数量、仿制难度、仿制成本大小按 GB/T 19425—2003 中 5.1 的规定。

b)　全息防伪膜防伪力度中的防伪识别特征数量应不少于(含)两种。防伪识别特征分类及验证见 5.1.1.2 和 5.1.1.3。

5.1.1.2　全息防伪膜的防伪识别特征分类

全息防伪膜的全息防伪识别特征一般包括以下几类：

a)　彩虹全息；

b) 点阵全息；

c) 光透镜效果；

d) 同位异像；

e) 三维背景；

f) 多通道合成全息；

g) 消色全息；

h) 激光再现；

i) 微缩图文。

5.1.1.3 全息防伪膜的防伪识别特征及验证见附录A。

5.1.2 身份惟一性

由生产企业声明。

5.1.3 稳定期

由生产企业声明。

5.1.4 识别性能

a) 显性识别特征，无需借助仪器，感官能够识别。

b) 隐性识别特征，应借助工具或仪器才能够准确识别。

c) 识别性能应满足GB/T 19425—2003中表4的要求。

5.1.5 使用适应性

全息防伪膜应注明产品的用途及标的物的类型，使用适应性应能在其稳定期内满足标的物的要求。稳定期在合同中规定。

5.1.6 使用环境

全息防伪膜的防伪性能在其稳定期内应能满足正常使用环境要求，或者用户在订货合同中向生产企业提出具体的要求。

5.1.7 技术安全保密性

a) 在设计、生产过程中，用于全息制版的计算机图形文件、墨图、掩模版及镍版应制定相应的技术安全保密管理制度；

b) 试验品、残次品等要及时销毁，并做好销毁记录；

c) 生产环境应满足封闭管理要求。

5.1.8 安全期

按GB/T 19425—2003中5.8的规定。

5.2 产品质量

5.2.1 外观质量

全息防伪膜的外观质量应符合表1的规定。

表1 全息防伪膜的外观质量要求

项目名称	质量要求
表面质量	镀层均匀，无系统性镀层黑线，无皱折、暴筋、黑斑及明显系统性划痕
版缝	不大于0.3 mm(硬压机不大于2 mm)
平整度	整体无明显凹凸缺陷
图像质量	图像清晰，色彩分明，亮度均匀
黄斑	不允许有

表 1（续）

项目名称	质 量 要 求
端面划痕	不允许有
接头	用压敏胶带粘接，接头个数符合合同规定
收卷质量	张力一致，不允许有半边松紧和褶皱现象，手指捏卷材一侧端面时，端面从外部到卷芯均有变形，即手能捏动卷材；且将卷材直立时，端面不窜卷、无放射状线

5.2.2 **产品规格**

全息防伪膜的产品规格应符合表 2 的规定。

表 2 全息防伪膜的产品规格

项 目 名 称	单位	指 标 要 求
幅宽尺寸误差	mm	小于或等于±0.5
端面整齐度误差	mm	小于或等于±1.0

5.2.3 **产品特性指标**

5.2.3.1 镀层全息防伪膜产品特性指标应符合表 3 的规定。

表 3 镀层全息防伪膜的产品特性指标

项 目 名 称	单位	技术要求	
		金属镀层	介质镀层
衍射效率	%	大于或等于 8	大于或等于 2
信噪比[a]	—	大于或等于 10：1	
光泽度 GS(45°)	%	大于或等于 15	大于或等于 60
同批同色色差	ΔE	小于或等于 4	—
光密度	—	1.10～3.90	—
镀层不均匀度	%	小于或等于 20	—
表面张力[b]	mN/m	大于或等于 36	
镀层附着牢度[c]	%	大于或等于 98	

[a] 满版全息图案的产品不检测信噪比指标。

[b] 无后续加工要求的产品不检测表面张力指标。

[c] 转移型全息防伪膜不检测表面张力、镀层附着牢度。

5.2.3.2 无镀层全息防伪膜产品特性指标如下：

5.2.3.2.1 衍射效率、信噪比、光泽度、表面张力应符合表 3 中介质镀层的指标要求。

5.2.3.2.2 雾度小于或等于 3.5%。

6 试验方法

6.1 试验条件

6.1.1 **试验环境**

温度：23 ℃±5 ℃；相对湿度：30%～65%。

6.1.2 **试样采取**

按 GB/T 18734—2002 中 7.1.2 的规定进行。

6.1.3 试样预处理

在实验环境条件下，试样放置不少于 8 h。

6.2 防伪特性

6.2.1 防伪力度

按 GB/T 19425—2003 中 6.1 的规定进行，其中全息防伪识别特征的数量及内容按附录 A 提供的相关检验方法进行，附录 A 中未包含的项目可按生产企业提供的相关检验方法进行。

6.2.2 身份惟一性

应根据生产企业给出的证明身份惟一性的识别特征，按企业提供的检测方法进行辨识。

6.2.3 稳定期

按生产企业提供的相关检验方法进行。

6.2.4 识别性能

按 GB/T 19425—2003 中 6.4 的规定进行。

6.2.5 使用适应性

根据生产企业注明的当批产品的使用范围，按照生产企业和用户合同中规定的检验方法进行。

6.2.6 使用环境

根据生产企业提出的使用环境，按照生产企业和用户合同中规定的检验方法进行。

6.2.7 技术安全保密性

按 GB/T 19425—2003 中 6.7 的规定进行。

6.2.8 安全期

按 GB/T 19425—2003 中 6.8 的规定进行。

6.3 产品质量

6.3.1 外观质量

将试样放在平板玻璃上，距试样 0.8 m 处设置 60 W 钨灯光源，并以再现角进行照明，观察者距试样 300 mm 处用放大镜或读数显微镜进行观察。

6.3.2 产品规格

使用分度值为 0.1 mm 的测量工具直接测量。

6.3.3 产品特性指标

6.3.3.1 衍射效率

按附录 B 或附录 C 的规定进行。

6.3.3.2 信噪比

按附录 B 的规定进行。

6.3.3.3 光泽度

按 GB/T 8807 的规定进行。

6.3.3.4 同批同色色差

按 GB/T 18734—2002 中 7.4.3 的规定进行。

6.3.3.5 光密度

按 GB/T 18734—2002 中 7.4.7 的规定进行。

6.3.3.6 镀层不均匀度

按本标准 6.3.3.5 中测得的光密值，按公式(1)，计算得到镀层不均匀度。

$$\Delta = \frac{P_M - P_m}{\overline{P}} \times 100\% \quad \cdots\cdots (1)$$

式中：

Δ——镀层不均匀度；

P_M——光密度测量值最大值；

P_m——光密度测量值最小值；

$\overline{P}$——光密度测量值平均值，计算见公式(2)：

$$\overline{P}=\frac{\sum_{i=1}^{6}P_i}{6} \qquad \cdots\cdots(2)$$

式中：

P_i——第 i 次光密度测量值；

6——测量总次数。

6.3.3.7 **表面张力**

6.3.3.7.1 混合液：电晕笔中混合液按 GB/T 14216 的规定。

6.3.3.7.2 检验方法

用装有符合要求(达因值)混合液的电晕笔，在试样表面画一条线，观察画线，两秒钟内应连续成线。

6.3.3.8 **镀层附着牢度**

6.3.3.8.1 **试样制备**

沿膜的纵向裁取宽约 100 mm，长约 250 mm 的试样。将剥离强度为(2.5±0.2)N/cm 的透明压敏胶粘带分别粘贴到膜的镀层面上，而后裁成 15 mm 宽的试样。膜与压敏胶带间应粘贴紧密，不得有气泡、皱折等缺陷。取 5 条试样进行试验。

6.3.3.8.2 **检验方法**

将试样一端剥开 50 mm，把两端分别夹到拉力试验机的夹具上，以(250±25)mm/min 的速度进行拉伸剥离，有效剥离长度为 100 mm。试验后，检验每条试样镀层的脱落情况。

6.3.3.9 **雾度**

按 GB/T 2410 的规定进行。

7 验收规则

7.1 检验种类

检验分为型式检验和出厂检验。

7.2 型式检验

型式检验是按照本标准中规定的技术要求进行的全项检验。在以下情况需进行型式检验。

a) 新产品或者产品转厂生产时；

b) 如材料、工艺、配方等有较大改变，考核对产品性能影响时；

c) 正常生产过程中，定期或积累一定产量后，考核产品质量稳定性时；

d) 产品长期停产后，恢复生产时；

e) 出厂检验结果与上次型式检验结果有较大差异时；

f) 国家质量监督机构提出进行型式检验要求时。

7.3 出厂检验

出厂检验以一次交货为一批，逐批检验。出厂检验项目包括防伪力度中的防伪识别特征的数量、识别性能、外观质量和产品规格。

7.4 验收判定

根据供需双方确定的抽样方案及合格判定数，判定各项指标是否合格。

8 标志、包装、运输、贮存和安全措施

8.1 标志

产品出厂时在外包装或产品合格证上应有下列标志：

a）产品名称。

b）产品规格、数量、批号。

c）生产者名称、地址。

d）生产日期。

e）产品生产所依据的标准编号、名称。

f）生产许可证编号。

g）国家法律法规和相关政策要求标注的内容。

8.2 包装

按 GB/T 19425—2003 中 8.2 的规定。

8.3 运输

运输时应防晒、防潮，不可重压，不得与化学品和污染品混合装运。

8.4 贮存

应贮存在通风、防火及室温和相对湿度满足全息防伪膜要求的仓库内。

8.5 安全措施

全息防伪膜在生产、运输、储存和使用过程中，企业应制定安全措施且有效执行。

9 环保、卫生

全息防伪膜应符合国家环保、卫生标准的要求。

附 录 A
（规范性附录）
全息防伪识别特征及验证

A.1 验证条件

A.1.1 光源

白光点光源。

A.1.2 光源入射方向

点光源从试样上方倾斜入射，目视正向观察。

A.2 全息防伪识别特征

A.2.1 彩虹全息

A.2.1.1 多色（像面）彩虹全息

在像面内全息图像不同位置呈现不同颜色。

A.2.1.2 多色二维/三维图像

不同景深的图像显示不同的颜色。

A.2.1.3 三维全息

全息图像呈三维立体像。

A.2.1.4 真彩色

二维或三维再现像与实物色彩相似，称为真彩色。

A.2.2 点阵全息

A.2.2.1 放射-收缩效果

改变观察方向，全息图案呈现放射-收缩动态变化。

A.2.2.2 旋转效果

改变观察方向，全息图案呈现平面旋转（如扇形）的动态变化。

A.2.2.3 二维超线全息

在像面内的精细超线图案呈多色彩虹。

A.2.2.4 流动型效果

试样经平移或旋转时，其全息图案有在流动的视觉变化。

A.2.3 光透镜效果

A.2.3.1 凹、凸透镜

全息图像呈现凹透镜或凸透镜的效果。

A.2.3.2 明码标记

通过透镜可以看到深层次的文字。

A.2.4 同位异像

转动试样时，能在同一位置先后看到不同的图文。

A.2.5 三维背景

在像面内，由于图像有微小的错位，视觉产生两个不同的景深或连续变化的景深，使图像呈现立体感。

A.2.6 多通道合成全息

A.2.6.1 立体像效果

试样绕垂直轴向转动时，单眼观察可见图像的不同侧面，双眼观察视觉图像为转动着的立体像。

A.2.6.2 连续动作效果

转动试样时，全息图像具有连续动作的动画效果。

A.2.7 消色全息

A.2.7.1 烧白

改变光入射方向时，图文显示相同的白色。

A.2.7.2 碎银

图案中显示有银色颗粒或片状物。

A.2.7.3 金属色

试样绕垂直轴转动时，不同部位先后由亮变暗，亮的部分具有金属颜色。

A.2.8 激光再现

A.2.8.1 用激光笔倾斜照射试样特定部位，在试样的衍射光方向显示特定图文。移动激光笔，可观察到动态图文。

A.2.8.2 用激光球面波倾斜照射试样，在试样的衍射光方向显现特定图文。

A.2.9 微缩图文

使用不小于20倍的显微镜观察试样，其中的微缩图文呈现彩虹效果。

附 录 B
（规范性附录）
彩虹全息防伪产品衍射效率、信噪比[1]的测试方法

B.1 试验环境

暗室 温度：23 ℃±5 ℃；相对湿度：30%～65%。

B.2 试样预处理

在 B.1 试验环境条件下，试样放置不少于 8 h。

B.3 衍射效率

B.3.1 检验原理

直接测量入射光光强 I_0 和衍射光光强（信号光强）I_S，按公式（B.1），计算得到衍射效率。

$$\eta = \frac{I_S}{I_0} \qquad \text{(B.1)}$$

式中：

η——衍射效率；

I_S——衍射光光强（信号光强）；

I_0——入射光光强。

B.3.2 检验仪器

a) 激光器输出功率相对不稳定度小于或等于 1%；测试点的光束直径小于或等于 0.5 mm。

b) 光电接受系统接收面直径大于或等于 6 mm。

c) 能有效接收衍射光的会聚系统。

d) 低倍望远镜。

B.3.3 试样制备

全息防伪标识：将试样贴于便于固定在万向台上的透明介质板上。

全息防伪膜、全息防伪纸，将其裁切成面积不小于 20 mm×20 mm 试样，贴在便于固定在万向台的介质板上。

全息防伪条（线）：将试样展平，贴于透明介质板上，为满足测试需要的面积，可以将展平的全息防伪条（线）拼接。

B.3.4 测试入射光强 I_0（见图 B.1）

激光束直接照射在会聚光学系统上，测量经会聚光学系统射出光强 I_0，它表示去掉因会聚光学系统的吸收、散射、表面反射等造成光强损失后的入射光强。

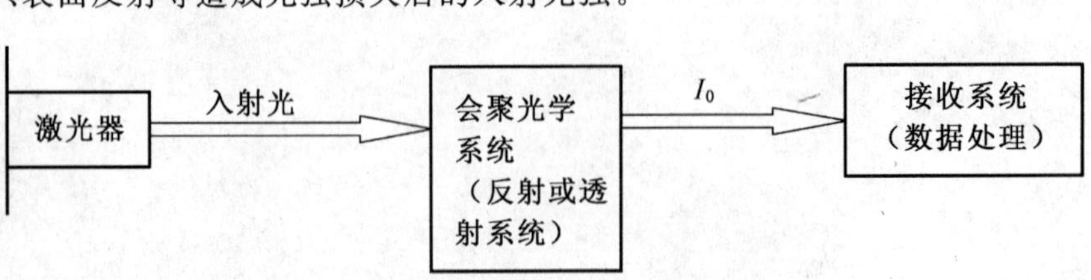

图 B.1 测试入射光强 I_0

1) 体积型反射全息防伪产品的衍射效率、信噪比指标的检测，需根据产品再现光的要求，改变激光器的波长。

B.3.5 测试衍射光强 I_S(见图 B.2)

将试样正向(天头)沿 X 轴方向固定在万向架上,试样的正向(天头)向着入射光,被测点处的光栅应垂直于 X 轴,即试样的法线方向(Z 轴)。

激光束斜照射在试样全息光栅微元点处,改变 θ 角,在 Z 轴方向即试样法线方向上可接收到一个激光衍射图像(狭缝、点、图文等)S,直至该图像最亮,此时记录衍射光光强(信号光强)I_S。

会聚光学系统可采用反射方式,也可用透射方式。为了使衍射光的全部光能进入光电接收系统的接受面上而不损失,要求会聚光学系统入射处的口径大于衍射光形成的图像(狭缝、点、图文等)面积。

激光束斜入射在试样内,形成椭圆光斑,光斑短轴约 0.5 mm,长轴 0.5/cosθ(约 0.8 mm～1.2 mm),如果被测点全息光栅微元面积小于这个椭圆光斑,则要求激光束先经过一个倒置的低倍望远镜,以使激光束的直径小于光栅微元面积,再斜入射至试样。

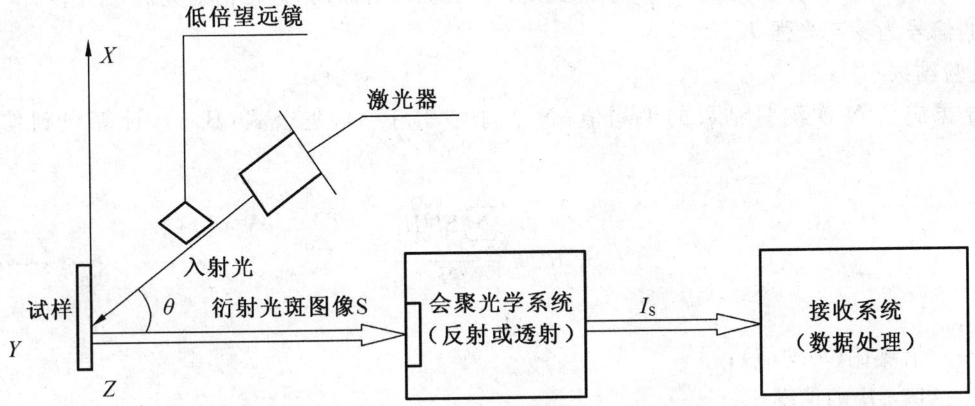

图 B.2 测试衍射光强 I_S

如果试样中有两个或两个以上不同空间深度的图案,则至少要分别测量一个像面图案和一个非像面图案的衍射效率。

B.3.6 检验结果

检验结果应是 N 次测量结果的平均值(N 大于或等于 3),见公式(B.2)、公式(B.3),计算得到像面图案衍射效率和非像面图案衍射效率。

$$\eta = \frac{\sum_{i=1}^{N} \eta_i}{N} \qquad \cdots\cdots(\text{B.2})$$

式中:

η——像面图案衍射效率;

η_i——第 i 次的像面图案衍射效率;

N——测量次数。

$$\eta' = \frac{\sum_{i=1}^{N} \eta'_i}{N} \qquad \cdots\cdots(\text{B.3})$$

式中:

η'——非像面图案衍射效率;

η'_i——第 i 次的非像面图案衍射效率;

N——测量次数。

B.4 信噪比

B.4.1 测试原理

测量噪声光强 I_N，按公式(B.4)，计算得到信噪比。

$$SNR = \frac{I_S}{I_N} \qquad \cdots\cdots(B.4)$$

式中：

SNR——信噪比；

I_S——衍射光光强(信号光强)；

I_N——噪声光强。

B.4.2 测试噪声光强 I_N

将试样移至没有光栅处(见图 B.1)或在会聚光学系统入射面内，遮去衍射光斑(图像)后，此时光电接收器上的信号为噪声光强 I_N。

B.4.3 检验结果

检验结果应是 N 次测量结果的平均值(N 大于或等于 3)，见公式(B.5)，计算得到信噪比(平均值)。

$$SNR = \frac{\sum_{i=1}^{N} SNR_i}{N} \qquad \cdots\cdots(B.5)$$

式中：

SNR——信噪比(平均值)；

SNR_i——第 i 次的信噪比；

N——测量次数。

B.5 着色产品

检测蓝色和绿色全息产品的衍射效率和信噪比时，需根据产品的颜色改变激光器的波长。

附　录　C
（规范性附录）
点阵全息防伪产品衍射效率的测试方法

C.1　试验环境

暗室　温度：23 ℃±5 ℃；相对湿度：30%～65%。

C.2　试样预处理

在C.1试验环境条件下，试样放置不少于8 h。

C.3　衍射效率

C.3.1　检验原理

测量入射光光强 I_0 和衍射光光强（信号光强）I_S，按公式（C.1），计算得到衍射效率。

$$\eta=\frac{I_S}{I_0} \qquad \cdots\cdots\cdots\cdots (C.1)$$

式中：

η——衍射效率；

I_S——衍射光光强（信号光强）；

I_0——入射光光强。

C.3.2　检验仪器

a)　激光器输出功率相对不稳定度小于或等于1%；测试点的光束直径小于或等于0.5 mm。

b)　光电接受系统接收面直径大于或等于6 mm。

c)　能有效接收衍射光的会聚系统。

d)　低倍望远镜。

C.3.3　试样制备

全息防伪标识：将试样贴于便于固定在万向台上的透明介质板上。

全息防伪膜、全息防伪纸，将其裁切成面积不小于20 mm×20 mm试样，贴在便于固定在万向台的介质板上。

全息防伪条（线）：将试样展平，贴于透明介质板上，为满足测试需要的面积，可以将展平的全息防伪条（线）拼接。

C.4　测试衍射光光强（信号光强）I_S（见图C.1）

激光束经过全反射三棱镜的反射，照在被测试样处，零级光沿正反射方向行进，经过位于正中央三棱镜的阻挡，不能进入会聚系统，也不能到达光电接受器，在图中的聚光镜组前，由于三棱镜体积很小，使得正、负一级衍射光进入会聚镜组内，经光电接受器后被记录。聚光镜组的口径只能允许正、负一级的衍射光经过，而正、负二级及以上各级衍射光不能被接收，因此这里得到的光强是正、负一级的衍射光的叠加，实际值应为二分之一，即为衍射光光强（信号光强）I_S。

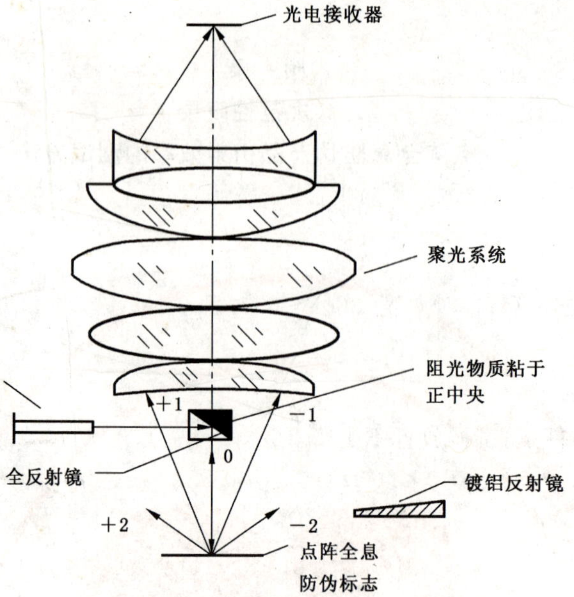

图 C.1 测试原理图

C.5 测试入射光光强 I_0

在被测试样处，移去被测件，放置一个反射率为 R 已知的楔形镀铝反射镜，激光束经过全反射三棱镜的反射，照在有一定倾斜角的镀铝反射镜上，反射光避开正中央三棱镜的阻挡，进入会聚系统，到达光电接收器，此值还应除以镀铝反射镜已知的反射率 R，记为等效入射光光强 I_0。

在测试 I_S 与 I_0 时，要考虑由光路及会聚系统的吸收、反射等损耗带来的影响，要求这个损耗尽可能一致，以减少测量误差。

C.6 检验结果

衍射效率应是 N 次测量结果的平均值（N 大于或等于 3），见公式（C.2），计算得到衍射效率（平均值）。

$$\eta = \frac{\sum_{i=1}^{N} \eta_i}{N} \qquad \cdots\cdots\cdots\cdots (C.2)$$

式中：

η——衍射效率（平均值）；

η_i——第 i 次的衍射效率；

N——测量次数。